Hans-Peter Bäumer

Programmieren mit Fortran 90

Hans-Peter Bäumer

Programmieren mit Fortran 90

Eine umfassende Einführung
für Studenten und Praktiker

Das in diesem Buch enthaltene Programm-Material ist mit keiner Verpflichtung oder Garantie irgendeiner Art verbunden. Der Autor und der Verlag übernehmen infolgedessen keine Verantwortung und werden keine daraus folgende oder sonstige Haftung übernehmen, die auf irgendeine Art aus der Benutzung dieses Programm-Materials oder Teilen davon entsteht.

ISBN 978-3-528-05208-9   ISBN 978-3-322-93859-6 (eBook)
DOI 10.1007/978-3-322-93859-6

Gedruckt auf säurefreiem Papier

Vorwort

Bei einer Auswahl aus dem Spektrum der anwendungsrelevanten imperativen Programmiersprachen mit der Absicht, Programmierkompetenz in dieser Sprache zu erwerben oder zu vertiefen, sind nicht zuletzt die Ziele zu berücksichtigen, die damit verfolgt werden. Aus Erfahrungen mit Forschungsprojekten, aber auch aufgrund von Informationen über Software-Problemlösungen, die insbesondere in außeruniversitären Anwendungsbereichen entwickelt werden, läßt sich herleiten, daß Bedarf an Programmen besteht, deren Hauptaufgabe ist, numerische Werte zu liefern, für die der Entwicklungsaufwand vergleichsweise gering ist, deren Laufzeitverhalten optimiert ist und die problemlos portierbar sind. Zur Entwicklung solcher Programme eignet sich die imperative Programmiersprache Fortran 90 hervorragend. Als ein Beispiel, das zu dieser Einschätzung beigetragen hat, wird die Implementation eines Software-Werkzeugs zur Bestimmung des "Minimalareals" im Kontext der Ökosystemforschung Niedersächsisches Wattenmeer, Teilprojekt B: ELAWAT, angeführt (s.a. Programmbeispiel 9.9 und zum inhaltlichen Kontext Pfeifer, D., Bäumer, H.-P., and Schleier, U. (1996)).

Die Monographie ist als Lehrbuch konzipiert. Die Inhalte sind erheblich beeinflußt von den Erfahrungen aus der Lehrveranstaltung *Programmieren mit Fortran 90*, die regelmäßig für Studenten und Studentinnen der naturwissenschaftlichen Disziplinen der Carl von Ossietzky Universität durchgeführt wird. Aus dieser Konzeption resultiert die Abfolge der Themen, die in den insgesamt 9 Kapiteln behandelt werden. Um die Investitionen des (der) Lesers (Leserin) zu wahren, der (die) sich in die Inhalte des Buchs eingearbeitet, sich mit der Terminologie und den Beispielen vertraut gemacht hat, besteht der Anspruch, daß sich der Text auch als Handbuch verwenden läßt. Daher sind die Abschnitte der einzelnen Kapitel so aufgebaut, daß diese Funktion durch das Buch abgedeckt wird. Wesentliche Merkmale der Syntax von FORTRAN werden in einen Rahmen gesetzt und die zugehörigen weiteren grammatikalischen Regeln nachfolgend übersichtlich zusammengestellt. Besonderheiten der Semantik werden überwiegend im Text hervorgehoben und zusammenhängend erläutert. Die Beispiele im Text, die ausschnittsweise den Quellcode von Programmbeispielen wiedergeben, erleichtern in Verbindung mit dem Querverweis auf das jeweilige Programmbeispiel den schnellen (Wieder-) Einstieg in einen Sprachkontext.

Die Lektüre des Texts eignet sich einerseits für den (die) Leser (Leserin), der (die) noch nicht über Programmiererfahrung mit FORTRAN verfügt und Programmierkompetenz in dieser imperativen Programmiersprache, auch autodidaktisch, erwerben möchte. Liegen grundlegende Kenntnisse in FORTRAN 77 vor, ist ein Quereinstieg ab Kapitel 5 problemlos möglich.

Programmbeispiele und Lösungen zu den Programmieraufgaben sind unter dem Standard Fortran 90 Compilersystem FTN90, Version 2.18, der Hersteller Salford Software

Ltd. und The Numerical Algorithms Group Ltd. bearbeitet worden. Ergänzend zu diesem Compilersystem bieten die Hersteller ein Softwareprodukt an, um den Anwender dabei zu unterstützten, ausführbare Fortran 90 Programme zu entwickeln, die unter Windows NT, Windows 95 und Windows 3.x lauffähig sind. Dieser Teilaspekt wird in diesem Buch nicht behandelt werden.

Mein besonderer Dank gilt vor allem Herrn Michael Falkenhain, der das Manuskript kritisch durchgesehen und das Programm zur Installation von Komponenten der Compilerumgebung von NAG FTN90, Version 2.18, und zum Transfer von Dateien entwickelt hat.

26160 Bad Zwischenahn, im Dezember 1996   Hans-Peter Bäumer

Inhaltsverzeichnis

4 Operationen auf Dateien und Datentransfer 47

5 Festpunktzahlen und einfache Kontrollstrukturen 82

6 Gleitpunktzahlen und abgeleitete Datentypen 115

Allgemeine Hinweise

Hinweise zur Notation

Die Syntax von FORTRAN ist im Standard Fortran 90 in einer Variante der Backus Naur Notation formuliert worden. Im Standard erfolgte jedoch keine vollständige und korrekte Beschreibung der Syntax in einer Metasprache. Auch in diesem Zusammenhang wird auf eine vollständige und formal exakte Beschreibung der Syntax von FORTRAN in einer Metasprache verzichtet. Der Aspekt, dem Einsteiger den Zugang zum Programmieren mit Fortran 90 zu erleichtern, wird als vorrangig bewertet.

Um die Lesbarkeit des Textes zu verbessern und um inhaltliche Bezüge zu verdeutlichen, werden unterschiedliche Schriftarten und Darstellungsformen verwendet werden.

Beispiele, auch (auszugsweise) Programmbeispiele, und die Syntax von FORTRAN werden in der Schriftart `Courier` dargestellt und stets in einen Rahmen gesetzt werden. Dabei werden nicht zu substituierende Angaben, wie Schlüsselwörter und Spezifikationen, in Großbuchstaben wiedergegeben werden. Im laufenden Text verwandte Auszüge aus Beispielen und Bezeichnungen der FORTRAN Syntax werden auch in `Courier` dargestellt werden.

Kommentare im Quellcode und Zeichenkonstanten werden in der üblichen Groß-Kleinschreibweise formuliert werden.

Auch einige syntaktische Metasymbole werden in den folgenden Kapiteln verwandt werden. Eine optionale Angabe in der Syntax wird in die Klammern `[ ]` gesetzt werden. Eine optional zu wiederholende Angabe angabe wird durch das Metasymbol `[angabe]...` beschrieben werden. Dabei schließt `[angabe]...` den Fall mit ein, daß angabe nicht wiederholt wird. Ist die maximale Anzahl j von Wiederholungen im Standard festgelegt, so wird dies mit Hilfe des modifizierten Metasymbols `[angabe]`^{j} präzisiert werden. Auf die Darstellung der Syntax von Name in Abschnitt 2.4 wird exemplarisch verwiesen. Noch zu substituierende Angaben in Beispielen werden in die Klammern `< >` gesetzt werden, wie etwa `FILE='<dateiname1>'` in den Beispielen zur Spezifikation `STATUS=` der Anweisung OPEN in Abschnitt 4.2.

Wird ein Begriff festgelegt, so wird er in der charakterisierenden Beschreibung *kursiv* gesetzt werden.

Hinweise zu den Disketten

Die Programmbeispiele, die in den folgenden Kapiteln überwiegend nur ausschnittsweise angegeben werden, liegen auf der beigefügten Diskette 2/2 im Unterverzeichnis BEISPIEL vollständig als Quellcode und als ausführbarer Maschinencode vor. Je eine Lösung zu den Programmieraufgaben, die bezogen auf den Inhalt der Kapitel 3 bis 9 gestellt werden, ist ebenfalls als Quellcode und als ausführbarer Maschinencode im Unterverzeichnis LÖSUNGEN abgespeichert. Alle Programme sind unter dem Standard Fortran 90 Compilersystem FTN90, Version 2.18, der Hersteller Salford Software Ltd. und The Numerical Algorithms Group Ltd. bearbeitet worden.

Die folgenden Hardwarevoraussetzungen sind zu erfüllen, um die Ausführbarkeit der lauffähigen Standard Fortran 90 Programme zu gewährleisten:

> IBM PC AT oder kompatibel, Intel 80386SX oder höher, 2 MB RAM, 3,5" Laufwerk für 1,44 MB FD, etwa 6 MB Speicherkapazität HD.

Für die Komponenten der Compilerumgebung mit einer Swap-Datei \$\$\$NAG\$\$.\$\$\$ von 2 MByte und für Software-Werkzeuge beträgt der Bedarf an Festplattenspeicher etwa 5 MByte sowie etwa 1 MByte für die Standard Fortran 90 Programme als Quellcode, ausführbarer Maschinencode, für die zugehörigen Daten und die zugehörige Programmausgabe.

In der Datei NAG_V218.TXT sind für die Dateien, die auf der Diskette 1/2 abgespeichert sind, zu dem jeweiligen Dateinamen kurzgefaßt die Aufgaben beschrieben, die der jeweiligen Datei zukommen.

Hinweise zur Installation auf Festplatte

Die Installation von Komponenten der Compilerumgebung von NAG FTN90, Version 2.18, und der Transfer von Dateien sind mit Hilfe eines ausführbaren Programms zu besorgen, das in der Datei INSTALL.EXE auf der Diskette 1/2 abgespeichert ist. Um die Installation zu veranlassen, ist auf das Laufwerk zu wechseln, in dem sich die Diskette 1/2 befindet, und die Ausführung dieses Programms zu initiieren. Alle weiteren Arbeitsschritte zur Installation von Komponenten der Compilerumgebung und zum Transfer von Dateien lassen sich dann über dieses Programm abwickeln. Weitere Hinweise zu dem ausführbaren Programm, das in der Datei INSTALL.EXE abgespeichert ist, werden in der Datei INSTALL.TXT gegeben.

Hinweise zur Ausführung lauffähiger Programme

Nach der erfolgreichen Installation von Komponenten der Compilerumgebung und dem erfolgreichen Transfer von Dateien ist zunächst der DOS-Extender DBOS mit DBOS zu aktivieren, um lauffähige Standard Fortran 90 Programme ausführen zu lassen. Im Fall der Ausführung eines der lauffähigen Standard Fortran 90 Programme wird der Anwender in der Regel mehrfach aufgefordert, einen Dateinamen als Zeichenwert anzugeben. Diese Eingabe erfolgt listengesteuert. Listengesteuerte Ein- und Ausgabe wird einführend in Abschnitt 3.5 behandelt werden. Falls ein Dateiname

▶ keine Leerzeichen, Kommas oder Schrägstriche / enthält, nicht mit einem Anführungs- oder Auslassungszeichen beginnt, nicht mit Ziffern gefolgt von dem Zeichen * beginnt und nicht über einen Datensatz fortgesetzt wird,

soweit dies unter MS-DOS überhaupt zulässig ist, sind einschließende Anführungs- oder Auslassungszeichen in der Angabe des Zeichenwerts entbehrlich.

```
  ┌ Beispiel Anforderung Dateiname ┐

    Bitte, geben Sie Laufwerksbezeichnung und Zugriffspfad
       der Datei für die E i n g a b e
    als Zeichenwert an:
    c:\ftn90\beispiel\beisp5_2.dat

 oder, falls sich die Datei im aktuellen Verzeichnis befindet

    Bitte, geben Sie Laufwerksbezeichnung und Zugriffspfad
       der Datei für die E i n g a b e
    als Zeichenwert an:
    beisp5_2.dat
```

Hinweise zum Austausch der Swap-Datei

Soll die Swap-Datei $$$NAG$$.$$$ von 2 MByte gegen eine Swap-Datei $$$NAG$$.$$$ mit einer Speicherkapazität von 5 MByte ausgetauscht werden, sind die folgenden Arbeitsschritte erforderlich:

▶ Wechsel in das Unterverzeichnis, in dem die Komponenten der Compilerumgebung abgespeichert sind und Aktivieren des DOS-Extenders DBOS mit DBOS

▶ Löschen der Dateien DBOS.CFG und $$$NAG$$.$$$

▶ Kopie der Datei 5MBSWAP.EXE aus dem Unterverzeichnis, in dem die Software-Werkzeuge abgespeichert sind, in das Unterverzeichnis, in dem die Komponenten der Compilerumgebung abgespeichert sind

▶ Ausführen der Datei 5MBSWAP.EXE in dem Unterverzeichnis, in dem die Komponenten der Compilerumgebung abgespeichert sind

▶ Deaktivieren des DOS-Extenders DBOS mit KILL_DBO.

Ist der DOS-Extender DBOS aktiviert, so muß dies Programm mit KILL_DBO aus dem Arbeitsspeicher entfernt werden, sobald die Arbeit mit den Komponenten der Compilerumgebung von NAG FTN90, Version 2.18, eingestellt werden soll.

1 Einleitung

In der Einleitung wird die Entwicklung der imperativen Programmiersprache FORTRAN kurzgefaßt dargestellt, wesentliche Merkmale der Sprache aufgezeigt und die Relation von Standard Fortran 90 und Standard FORTRAN 77 charakterisiert. Dabei wird deutlich, daß FORTRAN seine Bedeutung für die Programmierpraxis im Bereich numerischer, natur-, ingenieurwissenschaftlicher und technischer Anwendungen behauptet hat und mit dem Standard Fortran 90 den Vergleich mit anderen imperativen Programmiersprachen, beispielsweise in bezug auf dynamische Speicherbelegung, für sich entscheidet.

1.1 Entwicklung imperativer Programmiersprachen im Überblick

In den Anfängen der EDV war das Erstellen eines Programms äußerst mühsam und sehr zeitaufwendig. Programme wurden in Maschinensprache, später auch in Assembler codiert. Die Umwandlung in Maschinensprache erfolgte durch Programme. Eine wesentliche Voraussetzung dafür, ein lauffähiges Programm zu erstellen, waren weitreichende Kenntnisse der Eigenschaften der Hardware. Der Aufwand, ein Programm zu entwickeln, bestand vornehmlich darin, die Schwierigkeiten zu überwinden, die sich aufgrund unzulänglicher Eigenschaften der Hardware ergaben, wie z. B. fehlender Indexregister. Der überwiegende Anteil an den Kosten des Betriebs einer Rechenanlage entfiel auf den Bereich Programmierung und Korrektur von Programmierfehlern.

Aufgrund ökonomischer Erwägungen regte John Backus Ende 1953 an, diese Herausforderung anzunehmen. Eine Arbeitsgruppe der IBM entwickelte unter seiner Leitung die erste höhere Programmiersprache: FORTRAN (FORmula TRANslation). Der Compiler wurde unter der Prämisse konstruiert, daß im Vergleich zu konventionellen Programmen der Verlust an Effizienz bezogen auf die Ausführungszeit eines Programms, gemessen in CPU-Zeit, möglichst gering zu halten ist. So umfaßte die Compilation bereits eine Optimierungsphase, um möglichst effizienten Objektcode zu generieren. Die Verfügbarkeit einer höheren Programmiersprache bedeutete eine weitreichende Innovation. Nicht nur Computerexperten, sondern auch andere Wissenschaftler und Ingenieure erhielten Zugang zu den Leistungen von Rechenanlagen. Ein Programmierer mußte nicht mehr in erster Linie Eigenschaften der Hardware kennen und berücksichtigen, sondern konnte sich auf die softwareseitigen Aspekte einer Problemlösung konzentrieren.

Nach mehr als 40 Jahren in der Entwicklung höherer Programmiersprachen haben sich neben FORTRAN weitere imperative Programmiersprachen etabliert. In der folgenden

Übersicht, für die nicht entfernt der Anspruch auf Vollständigkeit erhoben wird, sind einige Hauptentwicklungslinien zusammengefaßt, auf die FORTRAN Einfluß hatte und die auf die Weiterentwicklung von FORTRAN zurückgewirkt haben.

Abbildung 1.1   Ausgewählte imperative Programmiersprachen

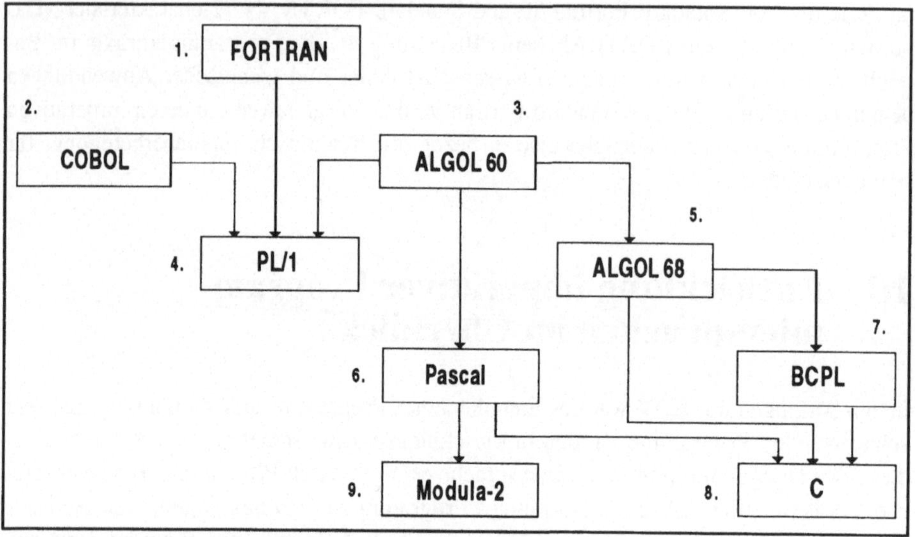

1. 1954 - 57 FORTRAN (**FOR**mula **TRAN**slation)
   Programmiersprache für technisch-naturwissenschaftliche Anwendungen

2. 1959 - 60 COBOL (**CO**mmon **B**usiness **O**riented **L**anguage)
   Programmiersprache für kaufmännische Anwendungen

3. 1958 - 60 ALGOL 60 (**ALGO**rithmic **L**anguage)
   Programmiersprache für mathematisch-naturwissenschaftliche Anwendungen

4. 1963 - 64 PL/1 (**P**rogramming **L**anguage 1)
   Programmiersprache, die aus ALGOL-, COBOL- und FORTRAN-Elementen entwickelt wurde mit dem Ziel, eine einheitliche Programmiersprache für den kommerziellen und den technisch-wissenschaftlichen Bereich zu schaffen

5. 1963 - 68 ALGOL 68
   Weiterentwicklung von ALGOL 60

6. 1968 - 71 Pascal
   Programmiersprache, die strukturiertes Programmieren konzeptionell unterstützt und in der Ausbildung bevorzugt wird

7.   1969 BCPL (**B**asic Combined **P**rogramming **L**anguage)
      Programmiersprache, mit der die Struktur von ALGOL und die Leistungsfähigkeit von Assembler kombiniert werden

8.   1973 - 78 C
      Programmiersprache, die blockstrukturiert ist und sich durch Hardwareunabhängigkeit sowie universelle Einsetzbarkeit auszeichnet

9.   1977 - 80 Modula-2
      Programmiersprache, die auf Pascal basiert, weitgehend maschinenunabhängig ist und Konzepte der Softwaretechnik unterstützt, wie Modularisierung und Module.

1.2 Entwicklung von FORTRAN

Die weitere Entwicklung von FORTRAN wurde in der Anfangsphase dadurch bestimmt, daß sich Sprachdialekte zunehmend ausbreiteten. Daraus resultierte die Forderung nach Standardisierung dieser Programmiersprache.

Im Jahre 1966 veröffentlichte die ASA, die Vorgänger-Institution des American National Standards Institute (ANSI), den ersten Standard einer Programmiersprache: FORTRAN 66. Der Standard FORTRAN 66 bestand im wesentlichen aus einer Teilmenge der vorhandenen Dialekte. Der Sprachstandard wurde an den Eigenschaften der existierenden Hardware-Generation orientiert und nicht auf der Basis eines Sprachkonzepts entwickelt. Da der Sprachumfang des Standards überwiegend als unbefriedigend angesehen wurde, blieb die Weiterentwicklung von Dialekten nicht aus. Dies hatte zur Folge, daß Präprozessoren eingesetzt wurden. Diese Programme dienten dazu, Quellcode, der in einem FORTRAN Dialekt formuliert worden war, in einen Quellcode zu übertragen, bei dem der Sprachstandard eingehalten wurde. Mit Hilfe von Präprozessoren wurde zwar die Portabilität von FORTRAN Programmen gesichert, der so generierte Quellcode war jedoch häufig nur mit erheblichem Aufwand inhaltlich zu erfassen. Daraus resultierte die Forderung, den Sprachstandard weiterzuentwickeln.

Im Jahre 1978 veröffentlichte das ANSI einen neuen Standard: FORTRAN 77. Der Standard bestand weniger aus einer Teilmenge der vorhandenen Dialekte, sondern zielte eher auf eine zu dem Standard FORTRAN 66 aufwärtskompatible Weiterentwicklung der Sprache ab. Mit Aufwärtskompatibilität eines FORTRAN Standards wird die Eigenschaft bezeichnet, daß jedes FORTRAN Programm, bei dem der vorgegangene Sprachstandard eingehalten wurde, auch uneingeschränkt den aktuellen Standard erfüllt. Die Übergangsphase von FORTRAN 66 nach FORTRAN 77 verlief allerdings sehr langwierig. Erst Mitte der 80er Jahre hatte sich der Standard FORTRAN 77 voll durchgesetzt. Der Entwicklungsprozeß von FORTRAN hielt mit der Weiterentwicklung anderer imperativer Programmiersprachen nicht mehr Schritt. Die Integration von Komponenten, die sich bei anderen imperativen Programmiersprachen als positiv erwiesen hatten, ließ in der Folge auf sich warten.

Die Vorteile von FORTRAN,

Standardisierung, Verfügbarkeit umfangreicher Programmbibliotheken und vergleichsweise geringe CPU-Zeit für die Programmausführung

sicherten dieser imperativen Programmiersprache jedoch ihre Dominanz im Bereich der
numerischen, natur- und ingenieurwissenschaftlichen sowie technischen Anwendungen.

1.2.1 Relation von Standard Fortran 90 zu Standard FORTRAN 77

Nach langwierigen Bemühungen veröffentlichte die International Standards Organiza-
tion (ISO) im Jahre 1991 den aktuellen Standard Fortran 90. Diese Standardisierung
zielt auf eine Weiterentwicklung der Sprache ab und ist an den Entwicklungslinien anderer imperativer Programmiersprachen orientiert. Der Standard Fortran 90 ist vollständig aufwärtskompatibel zu dem Standard FORTRAN 77.

Die wesentlichen Merkmale der Weiterentwicklung des Sprachstandards werden im
folgenden zusammengefaßt:

(01) Konzept für die Weiterentwicklung des Sprachstandards

Sprachmerkmale des Standards FORTRAN 77 werden als überflüssig und äußerst
ungebräuchlich charakterisiert, für die empfohlen wird, sie im Standard Fortran 90
aufzugeben. Die Liste der unter Standard Fortran 90 aufgegebenen Sprachmerkmale ist
leer.

Ferner werden Sprachmerkmale des Standards FORTRAN 77 als veraltet
charakterisiert, die überflüssig sind, jedoch gelegentlich verwandt werden. Für diese
Sprachmerkmale wird empfohlen, sie aus dem Sprachumfang des nächsten Standards zu
entfernen.

(02) erweitertes Datentypkonzept

(03) abgeleitete Datentypen, anwenderdefinierte Operatoren und Zuweisungsanweisungen

(04) weitere und erweiterte Kontrollstrukturen

(05) weitere Attribute, die sich Datenobjekten zuordnen lassen

(06) erweiterte Möglichkeiten der Verarbeitung von Feldern

(07) dynamische Speicherbelegung

(08) erweiterte Möglichkeiten, Prozeduren zu codieren

(09) Möglichkeit zur Codierung von Modulen

(10) erweiterter Umfang an Standardunterprogrammen

(11) freie Form eines Quellprogramms

(12) verbesserte Ein- und Ausgabemöglichkeiten.

In dem Standard Fortran 90 wird folgendes spezifiziert:

(01) die Form, die bei der Formulierung eines Programms in Standard Fortran 90
      einzuhalten ist,

(02) die Regeln, um die Bedeutung eines Programms und der von diesem
      Programm zu verarbeitenden Daten zu interpretieren,

(03) die Form von Daten, die einzuhalten ist, um von einem Standard Fortran 90
      Programm verarbeitet zu werden,

(04) die Form der Daten, die während der Ausführung eines Programms erzeugt
      werden.

Demnach werden wesentliche Bereiche, die bei der Verarbeitung von Daten mit Programmen in einer imperativen Programmiersprache von Belang sind, nicht im Standard
festgelegt. Dazu gehört die Darstellungsweise von Zahlen im Arbeitsspeicher, der
Wertebereich darstellbarer Zahlen, Verfahren zur Rundung, näherungsweisen Darstellung oder Berechnung numerischer Werte auf einem Prozessor.

Der Begriff Prozessor wird im Standard sehr weit gefaßt und wie folgt festgelegt: *Prozessor* bezeichnet die Kombination von einem Rechnersystem und dem Vorgang, durch
den ein Programm transformiert wird, um auf diesem Rechnersystem lauffähig zu sein.

Ein wesentlicher Aspekt in bezug auf die Weiterentwicklung der Standardisierung besteht darin, daß Bedingungen festgelegt worden sind, unter denen ein Prozessor dem
Standard Fortran 90 entspricht. Dazu gehört, daß mit einer unerheblichen Einschränkung von einem Compiler die Leistung verlangt wird, aufgegebene und veraltete
Sprachmerkmale, die in einem zu compilierenden Programm auftreten, zur Compilationszeit festzustellen und zu protokollieren. Die insgesamt einzuhaltenden Bedingungen sind von erheblichem Wert bei der Formulierung von korrektem und portierbarem
Quellcode.

1.3 Grundfunktionen und typische Arbeitsschritte eines Compilers

Ein Compiler ist ein Programm, das ein in der Quellsprache formuliertes Programm, das Quellprogramm, liest und in ein äquivalentes Programm einer anderen Sprache, das Zielprogramm, übersetzt.

Eine weitere wichtige Aufgabe eines Compilers besteht darin, den Programmierer über Fehler zu informieren, die im Quellprogramm auftreten.

Abbildung 1.2   Zwei Grundfunktionen eines Compilers

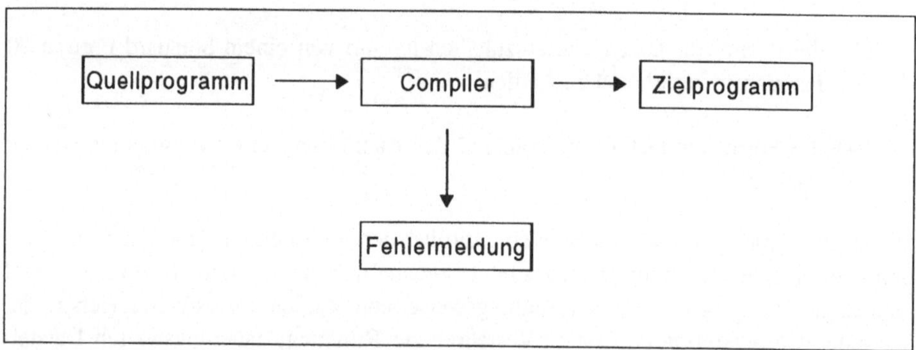

Ein Compiler bewältigt seine Aufgabe im wesentlichen in 2 Arbeitsschritten, in einem **Analyse-** und einem nachfolgenden **Syntheseschritt**.

Die erste Phase besteht aus der lexikalischen Analyse, der syntaktischen oder hierarchischen Analyse und der semantischen Analyse.

Bei der lexikalischen Analyse wird der zu verarbeitende Zeichenstrom in Symbole zerlegt. Ein Symbol bezeichnet eine Zeichenfolge, der eine spezifische Bedeutung zukommt. Beispielsweise wird bei der lexikalischen Analyse festgestellt, daß die Zeichenfolge `quader_of` ein Name ist. In Abschnitt 2.4 wird der Begriff Name noch festgelegt werden. Vorläufig soll ein Name, wie `quader_of` oder `a`, als ein Symbol aufgefaßt werden, das dazu dient, einen Speicherbereich zu identifizieren. Von einem Compiler werden Namen üblicherweise erkannt, indem die sequentielle Bearbeitung der Zeichen solange fortgesetzt wird bis ein Zeichen auftritt, daß in einem Namen unzulässig ist. Diese Zeichenfolge wird aus dem Zeichenstrom eliminiert, zu einem Symbol zusammengefaßt und ein Eintrag in der Symboltabelle vorgenommen.

Diese zeichenorientierte Analyse ist im allgemeinen nicht ausreichend, um in dem Zeichenstrom Ausdrücke oder Anweisungen korrekt zu analysieren. So muß in einem Ausdruck die Korrespondenz von Klammern korrekt erkannt werden, wie etwa in dem folgenden Ausdruck, mit dem die Formel zur Berechnung der Oberfläche eines Quaders beschrieben wird.

```
┌─ Beispiel Ausdruck ─────────┐
│  2.0*(a*b + b*c + c*a)       │
└─────────────────────────────┘
```

Daher ist es erforderlich, dem Zeichenstrom eine Struktur, z.B. eine hierarchische Struktur, zu unterstellen und eine syntaktische oder auch hierarchische Analyse anzuschließen. Die Aufgabe der syntaktischen Analyse besteht darin, die in der lexikalischen Analyse ermittelten Symbole zu grammatikalisch korrekten Sätzen zusammenzufassen.

In der Regel wird die Notation einer Programmiersprache rekursiv definiert. Beispielsweise ließen sich die folgenden Regeln als Teil einer Definition des Begriffs Ausdruck auffassen:

1. Jeder Name ist ein *Ausdruck*.

2. Jede Zahl ist ein *Ausdruck*.

3. Ist *Ausdruck$_1$* und ist *Ausdruck$_2$* ein *Ausdruck*, so gilt

    Ausdruck$_1$ + *Ausdruck$_2$*, *Ausdruck$_1$* - *Ausdruck$_2$*, *Ausdruck$_1$* $*$ *Ausdruck$_2$*,
    Ausdruck$_1$ / *Ausdruck$_2$*, (*Ausdruck$_1$*)

    ist *Ausdruck*.

Dabei stehen die Zeichen +, -, $*$, / in dieser Reihenfolge als Operator für die Addition, die Subtraktion, die Multiplikation und die Division. Das Zeichen (ist als öffnende und) als schließende runde Klammer zu verstehen. Der Begriff Zahl wird in den Kapiteln 5 und 6 präzisiert werden. Vorläufig soll jede endliche Sequenz von Ziffern des Dezimalsystems mit oder ohne Dezimalpunkt, wie `1.975302468` oder `12515`, als Zahl aufgefaßt werden.

In ähnlicher Weise ließe sich auch der Begriff Anweisung rekursiv definieren. Um die Funktion der syntaktischen Analyse zu erläutern, ist zunächst ein Beispiel für eine Anweisung ausreichend.

```
┌─ Beispiel Anweisung ────────────┐
│  quader_of = 2.0*(a*b + b*c + c*a)  │
└─────────────────────────────────┘
```

In dieser Anweisung sind `quader_of`, a, b und c Namen und `2.0` ist Zahl. Für sich genommen bildet beispielsweise `quader_of=2.0*(` keinen grammatikalisch korrekten Satz.

Bei der semantischen Analyse findet eine Überprüfung auf semantische Fehler statt. Dazu gehört u.a. die Überprüfung auf Kompatibilität der Datentypen von Operanden in einem Ausdruck.

Anschaulich formuliert ist der folgende Satz zwar syntaktisch korrekt, nicht jedoch semantisch:

Der Computer denkt.

Die typischen Arbeitsschritte eines Compilers lassen sich in Anlehnung an eine grafische Darstellung in Aho, A.V., Sethi, R., and Ullmann, J.D. (1989a), S. 12, wie folgt übersichtlich zusammenfassen.

Abbildung 1.3   Typische Arbeitsschritte eines Compilers

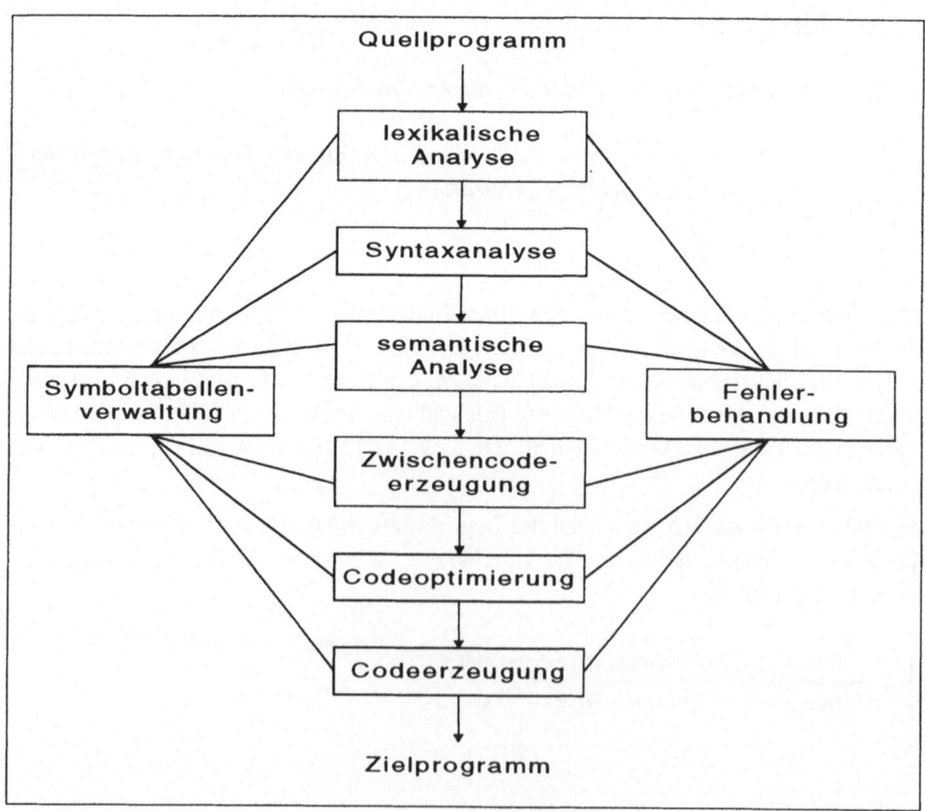

Um seine komplexe Gesamtaufgabe zu erfüllen, ist ein Compiler in eine Softwareumgebung eingebettet. Typische Komponenten einer solchen Softwareumgebung und ihre wesentliche Funktion werden wiederum in Anlehnung an eine Grafik in Aho, A.V., Sethi, R., and Ullmann, J.D. (1989a), S. 5, in Abbildung 1.4 dargestellt.

Die Kenntnis typischer Arbeitsschritte eines Compilers und typischer Komponenten der zugehörigen Softwareumgebung wird die Interpretation von Fehlermeldungen erheblich erleichtern.

Abbildung 1.4   Typische Compilerumgebung

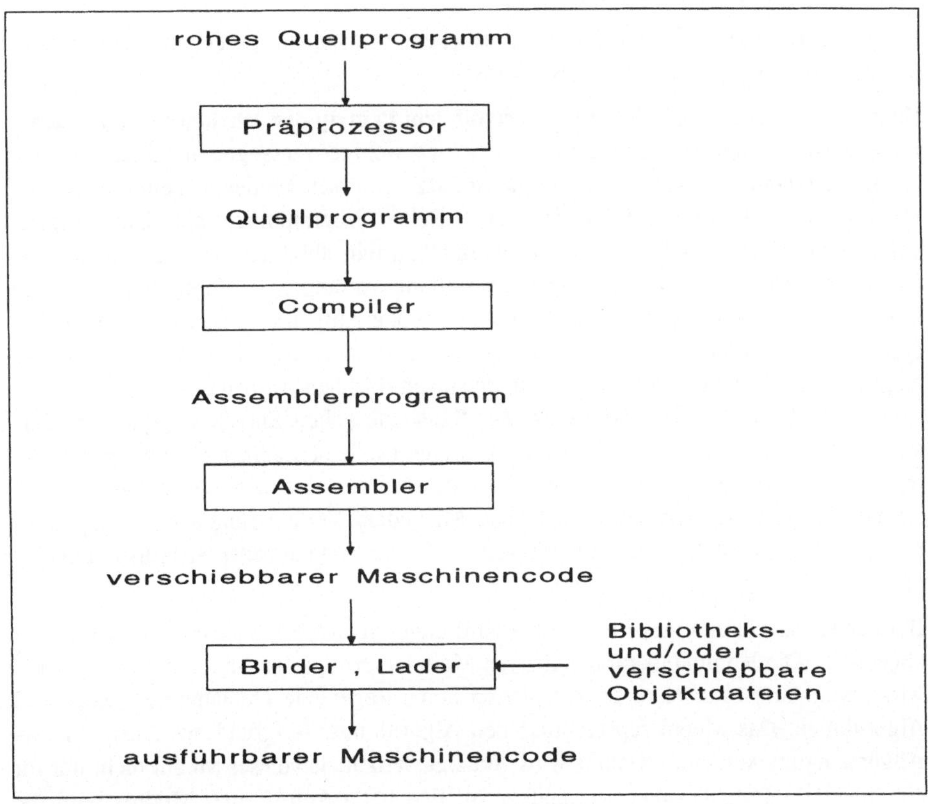

1.4 Modulares und objektorientiertes Programmieren

Mit *Softwaretechnik* wird die praktische Anwendung wissenschaftlicher Erkenntnisse auf den **Entwurf** und die **Konstruktion** von Computerprogrammen bezeichnet.

Für den Entwurf eines Programms gibt es erprobte Techniken. Strategien der Softwareentwicklung werden nach Entwicklungsrichtung oder -schwerpunkt differenziert. Grundlegende Vorgehensweisen, bei denen die Entwicklungsrichtung bestimmend ist, sind Top-Down-Entwurf und Bottom-Up-Entwurf.

Bei einem Bottom-Up-Entwurf werden bestehende Lösungen für Teilaufgaben zusammengeführt, um eine Gesamtaufgabe zu lösen.

Hingegen beruht der Top-Down-Entwurf auf dem **Prinzip der schrittweisen Verfeinerung**. Eine Gesamtaufgabe wird in einfache und weniger umfangreiche Unteraufgaben zerlegt, die dann wiederum in Teilaufgaben aufgeschlüsselt werden, bis ein Niveau von Unteraufgaben erreicht wird, auf dem ein einzelner Programmierer eine Unteraufgabe vollständig erfassen und auf einen Programmbaustein abbilden kann. Bei dem Top-Down-Entwurf ist demnach die Aufgabenstellung vorrangig. In Verbindung mit dem **Prinzip der Modularisierung** wird eine zu lösende Aufgabe als Baustein in den Programmentwurf aufgenommen. Dieser Baustein wird so in Unterbausteine zerlegt, daß hierarchische Schichten von Bausteinen entstehen. Für den Aufbau des einzelnen Bausteins und für die Verknüpfung einzelner Bausteine gelten Entwurfsregeln. Die Verknüpfung einzelner Bausteine wird auch als Schnittstelle bezeichnet. Eine der Entwurfsregeln besteht darin, daß ein Baustein Schnittstellen nur zu einem oder mehreren Bausteinen der darunterliegenden Schicht hat. Mit jedem Verfeinerungsschritt wird demnach die Komplexität der Gesamtaufgabe zu Lasten zunehmender Schnittstellenkomplexität reduziert.

Bei der Konstruktion eines Programms wird dann ein solcher Baustein auf ein Modul abgebildet. Die Kommunikation zwischen Modulen erfolgt über die Schnittstellen und wird durch Aufruf realisiert. Dies impliziert in der Regel eine Trennung von Daten und Algorithmen. Das Modul repräsentiert den Algorithmus. Aufgrund des Anspruchs an Allgemeingültigkeit eines Moduls wird verlangt werden, daß dieses Modul nicht nur für ein singuläres Datenbeispiel verwendbar ist. Erst beim Aufruf eines Moduls wird die Verbindung von Daten und Algorithmus hergestellt. Daher kennt nur der Progammierer die richtige Korrespondenz von Daten und Algorithmen.

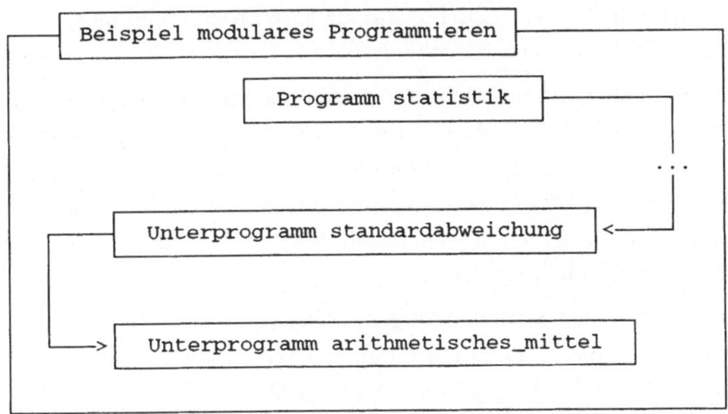

Im Beispiel wird davon ausgegangen, daß die Datenobjekte von lokalem Gültigkeitsbereich sind. Auf das Unterprogramm standardabweichung sei ein geeigneter Algorithmus zur Berechnung des Werts für die Standardabweichung und auf das Unterprogramm arithmetisches_mittel sei ein geeigneter Algorithmus zur Berechnung des Werts des arithmetischen Mittels abgebildet worden.

Zur Berechnung eines Werts für die Standardabweichung erfolgt dann

▶ die Übergabe der Daten an das Unterprogramm standardabweichung,

▶ der Aufruf des Unterprogramms arithmetisches_mittel,

▶ die Übergabe der Daten an das Unterprogramm arithmetisches_mittel,

▶ die Berechnung des Werts des arithmetischen Mittels in dem Unterprogramm arithmetisches_mittel und die Übergabe des Werts des arithmetischen Mittels an das Unterprogramm standardabweichung,

▶ die Berechnung des Werts der Standardabweichung in dem Unterprogramm standardabweichung und die Übergabe des Werts der Standardabweichung an die aufrufende Programmeinheit.

Beim Top-Down Entwurf in Verbindung mit dem **Prinzip der Objektorientierung** wird hingegen eine Gesamtaufgabe zerlegt und auf eine Hierarchie von Objekten und nicht auf eine Hierarchie oder ein Netz von Modulen abgebildet.

Objekt bezeichnet einen abgeschlossenen Baustein, der sowohl die zugehörigen Datenobjekte, die Verfahren zum Zugriff auf die Datenobjekte und die zugehörigen Algorithmen umfaßt. Die Trennung von Daten und Algorithmen wird aufgehoben. Auf der Ebene von Sprachkonzepten wird diese Eigenschaft als Datenkapselung bezeichnet.

Weitere zentrale Merkmale von Sprachen, die objektorientierte Programmierung unterstützen, sind Vererbung und Polymorphie.

Mit Standard Fortran 90 wird objektorientierte Programmierung partiell unterstützt (s.a. Zürn, M, Laun, U. & Küster, U. (1992), S. 41 ff.). Bei der Weiterentwicklung des Standards sollte berücksichtigt werden, den Sprachumfang so zu erweitern, daß alle wesentlichen Merkmale objektorientierter Programmierung einbezogen sind. Im Fall einer imperativen Programmiersprache mit dem Entwicklungsniveau von Fortran 90 wird der Sprachumfang dadurch nur unerheblich zunehmen.

Ferner sollten die Bestrebungen, den Sprachumfang zu erweitern, um Parallelverarbeitung effizient zu unterstützen, in die Weiterentwicklung von Standard Fortran 90 einbezogen werden (s.a. Wojcieszynski, B. & Wojcieszynski, R. (1993), S. 15 ff.).

2 Grundlegende Sprachelemente

In Kapitel 2 werden einige Grundbegriffe eingeführt, wie Hauptprogramm, Programmeinheit, erweiterte alfanumerische Zeichenmenge, Zeichenkontext, Endsymbol (Terminalsymbol), Name, Anweisungsmarke, Schlüsselwort, FORTRAN Zeile, ausführbare und nicht ausführbare Anweisung. Ferner werden wesentliche Merkmale eines Hauptprogramms und von Quellcode in freier wie fester Form behandelt. Ausführbare wie nicht ausführbare Anweisungen werden in einer Übersicht zusammengefaßt. Grundlegende Regeln zur Reihenfolge von Anweisungen in einer Programmeinheit werden angegeben.

Für den Anwender, der mit Standard FORTRAN 77 vertraut ist, sind die Ausführungen zum Quellcode in freier Form in Unterabschnitt 2.6.1 relevant.

2.1 Festlegung einiger Grundbegriffe

Eine *Programmeinheit* ist eine fundamentale Komponente eines FORTRAN Programms. Eine Programmeinheit besteht aus einer Folge von Anweisungen und/oder Kommentaren, die mit einer Anweisung END abgeschlossen wird. Unter Standard Fortran 90 kann eine Programmeinheit ein Hauptprogramm, ein externes Unterprogramm, ein Modul oder eine Blockdaten Programmeinheit sein. Die Anordnung von Programmeinheiten in einem FORTRAN Quellprogramm bleibt dem Programmierer überlassen.

Hauptprogramm bezeichnet die Programmeinheit, die zur Programmausführung unentbehrlich ist. Aus dem Hauptprogramm lassen sich weitere Programmeinheiten aufrufen, jedoch nicht aus anderen Programmeinheiten das Hauptprogramm. Erste Anweisung eines Hauptprogramms kann die Anweisung PROGRAM sein.

Ein Programm besteht aus genau einem Hauptprogramm und optional aus anderen Programmbausteinen. Zunächst wird ausschließlich die Programmeinheit Hauptprogramm behandelt werden. Die Begriffe externes Unterprogramm, Modul und Blockdaten Programmeinheit werden in Kapitel 9 eingeführt werden.

2.2 Grobstruktur eines FORTRAN Hauptprogramms

Ein FORTRAN Hauptprogramm läßt sich vereinfachend in die Teilbereiche Programmkopf, Vereinbarungs- und Ausführungsteil untergliedern. Im Programmkopf wird der Name des Eingangspunkts eines Hauptprogramms explizit festgelegt. Im Vereinbarungsteil eines Hauptprogramms werden Namen Eigenschaften zugeordnet sowie Variablen initial definiert. Initial definierte Variablen werden in Kapitel 7 behandelt werden. Der Ausführungsteil besteht aus mindestens einer ausführbaren Anweisung, der Anweisung END PROGRAM, oder aus einer Folge von Anweisungen, die mit der Anweisung END PROGRAM abgeschlossen wird. Bei der Programmausführung werden die Anweisungen in der angegebenen Reihenfolge abgearbeitet.

Abbildung 2.1   Grobstruktur eines FORTRAN Hauptprogramms

Programmkopf
Vereinbarungsteil
Ausführungsteil

2.3   FORTRAN Zeichenmenge

Neben den 26 Groß- und den 26 Kleinbuchstaben des Alphabets sowie den 10 Ziffern $0,1,2,3,4,5,6,7,8,9$ gehören die folgenden 21 Zeichen zur FORTRAN Zeichenmenge.

Tabelle 2.1   Sonderzeichen

Zeichen	Beschreibung	Zeichen	Beschreibung
	Leerzeichen	!	Ausrufezeichen
.	Punkt	"	Anführungszeichen
(	öffnende runde Klammer	%	Prozentzeichen
+	Pluszeichen	&	kaufmännisches Und
−	Minuszeichen	;	Semikolon
*	Stern	<	Kleinerzeichen
)	schließende runde Klammer	>	Größerzeichen
=	Gleichheitszeichen	?	Fragezeichen
'	Apostroph	:	Doppelpunkt
/	Schrägstrich	$	Dollarzeichen
,	Komma		

In der FORTRAN Syntax sind Groß- und Kleinbuchstaben äquivalent. Eine Ausnahme *besteht hinsichtlich der Verwendung von Groß- und Kleinbuchstaben im Zeichenkontext*. Mit *Zeichenkontext* wird der Fall bezeichnet, in dem Zeichen in einer Zeichenkonstanten oder in einem Textbeschreiber auftreten. Ein Beispiel für eine Zeichenkonstante ist `'Programmieren mit Fortran 90'`. Zeichenkonstanten werden in Abschnitt 3.2 behandelt werden, und der Begriff Textbeschreiber wird in Kapitel 4 eingeführt werden.

Groß- und Kleinbuchstaben heißen auch *Alfazeichen*; die Alfazeichen und die 10 Ziffern werden auch *alfanumerische Zeichen* genannt. Neben den alfanumerischen Zeichen ist der Unterstrich _ als nicht führendes Zeichen in Namen zulässig. Die Zeichenmenge, die aus den alfanumerischen Zeichen und dem Unterstrich besteht, heißt auch *erweiterte alfanumerische Zeichenmenge*.

Die Verwendung aller weiteren darstellbaren Zeichen, die nicht zur FORTRAN Zeichenmenge gehören, ist nur in eng abgegrenztem Rahmen, z.B. im Zeichenkontext, gestattet.

Dasselbe Zeichen kann in unterschiedlichem Zusammenhang Verschiedenes beschreiben. Die FORTRAN Syntax wird daher auch als kontextabhängig bezeichnet. Syntaxdiagramme lassen eine widerspruchsfreie Beschreibung der Grammatik einer kontextabhängigen Sprache nicht zu. Die im Zusammenhang mit Syntaxdiagrammen stehende Differenzierung von Symbolen in End- oder auch Terminalsymbole und Zwischensymbole wird jedoch übertragen. Bestimmte syntaktisch signifikante Folgen von Zeichen aus der erweiterten alfanumerischen Zeichenmenge oder aus der Menge der Sonderzeichen werden als End- oder auch Terminalsymbol bezeichnet. *Endsymbole* sind unter FORTRAN Anweisungsmarken, Namen, Schlüsselwörter, Konstanten mit Ausnahme von Konstanten des Datentyps COMPLEX, Operatoren, Begrenzer und Trennzeichen. Der Ausdruck a*b enthält beispielsweise drei Endsymbole: a,*,b.

Die Begriffe Name, Anweisungsmarke, Schlüsselwort und Trennzeichen werden in den Abschnitten 2.4, 2.5 und 2.6 behandelt werden. Die Begriffe Konstante, Operator und Begrenzer werden in Kapitel 3 eingeführt werden. Als Beispiel für eine Konstante wurde bereits die Zeichenkonstante `'Programmieren mit Fortran 90'` angegeben, + ist ein Beispiel für einen Operator, den Additionsoperator, und ( ) Beispiel für einen Begrenzer.

2.4 Namen

Ein *Name* ist eine Zeichenfolge in einer Programmeinheit, die dazu dient, ein Datenobjekt eindeutig zu identifizieren. Beispielsweise ist `quader_of` der Name einer Variablen. Die Begriffe Datenobjekt und Variable werden in Kapitel 3 eingeführt werden.

Jeder Name hat unter FORTRAN einen Gültigkeitsbereich. Vereinfachend formuliert umfaßt der Gültigkeitsbereich eines Namens die Stellen eines Programms, an denen auf das Datenobjekt, das zu diesem Namen gehört, zugegriffen werden kann. Grundsätzlich werden Namen mit globalem, lokalem oder anweisungsspezifischem Gültigkeitsbereich unterschieden. Gültigkeitsbereich wird unter FORTRAN auch als übergeordneter Begriff verwandt und bezeichnet dann ein ausführbares Programm, eine Gültigkeitseinheit, eine Anweisung oder einen Teil einer Anweisung. Der Begriff Gültigkeitsbereich wird in Kapitel 9 abschließend behandelt werden. Vereinfachend formuliert ist jede Programmeinheit auch eine Gültigkeitseinheit. Ein Name, der nur in bezug auf eine Gültigkeitseinheit bekannt und eindeutig ist, hat lokalen Gültigkeitsbereich. Ein Name heißt global, falls sein Gültigkeitsbereich das gesamte ausführbare Programm umfaßt. Anweisungsspezifischer Gültigkeitsbereich eines Namens liegt vor, falls dieser Name nur in bezug auf eine Anweisung oder einen Teil einer Anweisung bekannt und eindeutig ist.

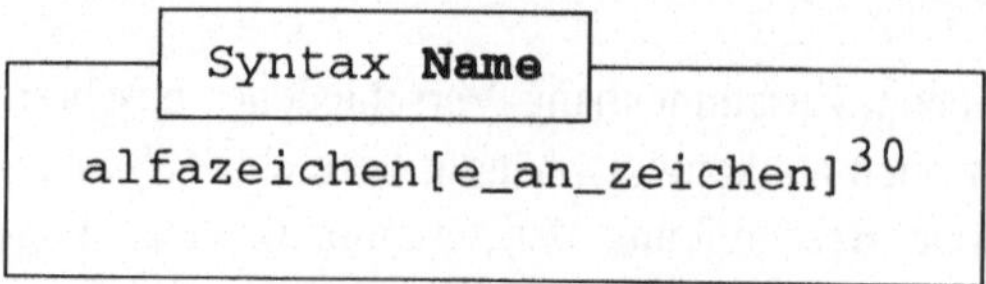

Dabei bezeichnet e_an_zeichen ein Element aus der erweiterten alfanumerischen Zeichenmenge. Namen müssen demnach mit einem Buchstaben beginnen und können mit Zeichen aus der erweiterten alfanumerischen Zeichenmenge fortgesetzt werden. Die maximale Länge eines Namens beträgt 31 Zeichen. Vom Programmierer sind möglichst sinntragende Namen zu vergeben. Dadurch wird die Lesbarkeit von Quellcode erheblich verbessert. Sinntragende Namen werden daher auch als *mnemonische Namen* bezeichnet.

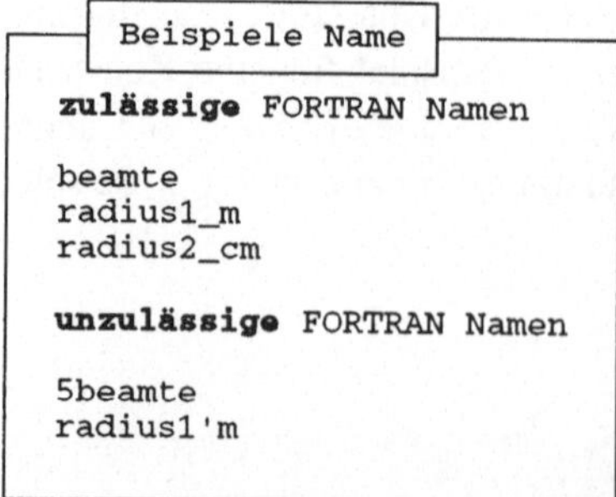

Der Begriff Schlüsselwort wird in Standard Fortran 90 einmal in der Bedeutung von Anweisungsschlüsselwort, zum anderen in der Bedeutung von Argumentschlüsselwort verwandt. Der Begriff Argumentschlüsselwort wird in Kapitel 9 eingeführt werden. Anweisungsschlüsselwort oder kurz *Schlüsselwort* bezeichnet eine Zeichenfolge, die

Teil der Syntax einer Anweisung ist und dazu verwandt wird, diese Anweisung zu identifizieren. So dienen die Schlüsselwörter END PROGRAM zur Identifikation der zugehörigen Anweisung END PROGRAM. Unter FORTRAN sind Schlüsselwörter nicht reserviert. Demnach ließe sich END oder end auch als Name für ein Datenobjekt verwenden. Die Vergabe von Namen, die zu einem Schlüsselwort ähnlich sind, ist zu vermeiden, da dies einerseits die Lesbarkeit eines Programms erheblich beeinträchtigt und andererseits die Fehleranfälligkeit beträchtlich erhöht.

Eine Marke ist eine Zeichenfolge, über die eine Position in einer Programmeinheit identifiziert wird. Eine *Anweisungsmarke* dient dazu, eine einzelne Anweisung innerhalb einer Programmeinheit eindeutig zu markieren. Eine Anweisungsmarke wird auch als Etikett bezeichnet.

```
Syntax Anweisungsmarke

ziffer[ziffer]⁴
```

Eine Anweisungsmarke wird aus mindestens einer und aus bis zu fünf Ziffern gebildet. Mindestens eine Ziffer muß von 0 verschieden sein. Vorlaufende Ziffern 0 sind nicht signifikant. Jede Anweisung, die nicht Teil einer anderen Anweisung ist, kann mit einem Etikett versehen werden. Eine Anweisungsmarke hat stets lokalen Gültigkeitsbereich. Um die Eindeutigkeit der Bezugnahme zu gewährleisten, darf im Gültigkeitsbereich einer Anweisungsmarke nur eine Anweisung mit diesem Etikett markiert sein.

```
Beispiel Anweisungsmarke

1111 END PROGRAM
```

2.5   Rahmenanweisungen eines FORTRAN Hauptprogramms

Die Anweisung PROGRAM und die zugehörige Anweisung END PROGRAM können aufgefaßt werden als die Anweisungen, die den Rahmen eines Hauptprogramms bilden.

```
Syntax PROGRAM

PROGRAM hp_name
```

Die Anweisung PROGRAM dient als erste Anweisung eines Hauptprogramms dazu, den Namen seines Eingangspunkts explizit zu spezifizieren. Ein hp_name ersetzender Name hat globalen Gültigkeitsbereich. Die explizite Festlegung des Namens des Eingangspunkts eines Hauptprogramms ist optional. Die Anweisung PROGRAM sollte jedoch stets verwandt werden, um die Lesbarkeit des Quellcodes zu verbessern. Die zugehörige Anweisung END PROGRAM ist obligatorisch zu verwenden. Sie dient dazu, das Ende eines Hauptprogramms festzulegen.

```
  ┌──  Syntax END PROGRAM  ──┐
  │                          │
  │  END [PROGRAM [hp_name]]  │
  │                          │
  └──────────────────────────┘
```

Ein hp_name ersetzender Name darf in der Anweisung END PROGRAM nur angegeben werden, wenn auch die optionale Anweisung PROGRAM verwandt wird und der angegebene Name mit dem übereinstimmt, der in der Anweisung PROGRAM spezifiziert wird.

2.6   Quellcode in freier und fester Form

Grundelement in der Darstellung von FORTRAN Quellcode ist die *FORTRAN Zeile*. Unter dem Standard FORTRAN 77 wird eine Zeile des Quellcodes auf einen Datensatz mit der festen Länge von 72 Zeichen abgebildet, und diese Zeile ist nach Spaltenbereichen fest strukturiert. Mit dem Standard Fortran 90 ist die Darstellung von Quellcode in dieser festen Form ergänzt worden um eine weitere Möglichkeit, Quellcode zu formulieren, und zwar in freier Form. Ein Wechsel zwischen beiden Darstellungsformen in einer Programmeinheit ist unzulässig.

Eine FORTRAN Zeile, die auf die Anweisung END einer Programmeinheit folgt, gehört nicht zu dieser Programmeinheit.

2.6.1   Quellcode in freier Form

Bei Darstellung des Quellcodes in freier Form kann jede FORTRAN Zeile bis zu 132 Zeichen aufnehmen und enthält in der Regel eine Anweisung, deren Positionierung in der Zeile keinen Beschränkungen unterliegt.

Im Quellcode in freier Form dient das Leerzeichen als Trennzeichen, um beispielsweise ein Schlüsselwort, eine Konstante, einen Namen oder eine Anweisungsmarke von einem angrenzenden Schlüsselwort, einem Namen, einer Konstanten oder einer Anweisungsmarke zu separieren. Mit Ausnahme vom Zeichenkontext ist es daher unzulässig,

Leerzeichen in Endsymbolen zu verwenden. Ansonsten ist jedes Leerzeichen im Quellcode redundant, falls es nicht im Zeichenkontext oder als Trennzeichen verwendet wird. Dann dienen eingefügte Leerzeichen ausschließlich dazu, die optische Lesbarkeit von Quellcode zu verbessern. Beispielsweise ist der Ausdruck a * b syntaktisch äquivalent zu a*b, hingegen ist die Verwendung eines Leerzeichens in dem Namen `quader_of` unzulässig.

```
┌─ Beispiele Verwendung Leerzeichen ─┐
│                                     │
│ zulässige Verwendung von Leerzeichen
│
│ PROGRAM   beamte
│ 1111    END   PROGRAM beamte
│
│ unzulässige Verwendung von Leerzeichen
│
│ P R O G R A M beamte
│
└─────────────────────────────────────┘
```

Mit Ausnahme vom Zeichenkontext ist eine Folge von einem oder mehr Leerzeichen syntaktisch zu einem Leerzeichen äquivalent.

Unter einem Kommentar wird ein den Quellcode erläuternder Text verstanden, der vornehmlich Dokumentationszwecken dient. Jeder Kommentar wird bei der Compilation als den Quellcode lediglich erläuternder Text identifiziert und vom Compiler nicht weiter ausgewertet. Kommentierender Text ist mit dem Endsymbol ! einzuleiten. Die nachfolgenden Zeichen bis zum Ende der FORTRAN Zeile werden dann vom Compiler als Kommentar aufgefaßt. Ist das erste von einem Leerzeichen verschiedene Zeichen in einer FORTRAN Zeile das Ausrufezeichen, so wird diese Zeile als Kommentarzeile bezeichnet. Ferner heißt eine FORTRAN Zeile Kommentarzeile, falls sie nur Leerzeichen oder kein Zeichen enthält.

```
┌─ Beispiele Kommentar ─┐
│                        │
│ ! ----- P r o g r a m m k o p f
│
│ PROGRAM beamte          ! Beginn Hauptprogramm beamte
│
└──────────────────────────────────────────────────────┘
```

Jede FORTRAN Zeile mit Ausnahme einer Kommentarzeile ist fortsetzbar. Die Fortsetzung einer FORTRAN Zeile wird durch das Endsymbol & markiert. Falls & das letzte von einem Leerzeichen verschiedene Zeichen in einer FORTRAN Zeile ohne Kommentar ist, wird diese Zeile in der nächsten FORTRAN Zeile fortgesetzt, die keine Kommentarzeile ist. Nach dem Standard Fortran 90 sind bis zu 39 Fortsetzungszeilen gestattet. Kommentarzeilen zwischen fortzusetzender und fortsetzender FORTRAN Zeile sind zulässig.

Eine FORTRAN Zeile, in der außer dem Sonderzeichen & nur Leerzeichen auftreten, ist syntaktisch unzulässig. Enthält eine FORTRAN Zeile Kommentar und treten vor dem Kommentar einleitenden ! nur das Sonderzeichen & und Leerzeichen auf, so ist auch diese Konstruktion syntaktisch unzulässig.

Um im Zeichenkontext eine FORTRAN Zeile fortzusetzen, muß das Endsymbol & das letzte von einem Leerzeichen verschiedene Zeichen in der fortzusetzenden Zeile sein. Auch nachfolgender Kommentar ist in der fortzusetzenden Zeile unzulässig. In der Fortsetzungszeile muß das Endsymbol & das erste von einem Leerzeichen verschiedene Zeichen sein. Die Zeichenkonstante oder der Textbeschreiber wird dann mit dem nächsten, auf das & folgende Zeichen fortgesetzt.

```
┌─ Beispiel Fortsetzungszeile im Zeichenkontext ─┐
│ titel = ' P r o g r a m m i e r e n   mit&      │
│             & Fortran 90 '                      │
└─────────────────────────────────────────────────┘
```

Steht eine fortsetzbare FORTRAN Zeile nicht im Zeichenkontext und das Endsymbol & ist das letzte von einem Leerzeichen verschiedene Zeichen vor einem Kommentar, dann wird diese Zeile in der nächsten FORTRAN Zeile fortgesetzt, die keine Kommentarzeile ist. Falls das erste von einem Leerzeichen verschiedene Zeichen in einer fortsetzenden Zeile das Endsymbol & ist, wird diese Zeile mit dem nächsten, auf das & folgende Zeichen fortgesetzt. Andernfalls wird die fortzusetzende Zeile mit dem ersten Zeichen in der fortsetzenden Zeile weitergeführt.

Soll ein Terminalsymbol fortgesetzt werden, so muß das erste von einem Leerzeichen verschiedene Zeichen in der fortsetzenden Zeile das Endsymbol & sein, auf das unmittelbar das nächste Zeichen des Terminalsymbols folgen muß.

```
┌─ Beispiele Fortsetzungszeile ─┐
│ PROGRAM   &                    ! Beginn Hauptprogramm
│         beamte
│
│ PRO&
│    &GRAM   beamte   ! Beginn Hauptprogramm beamte
└───────────────────────────────┘
```

Anweisungen lassen sich in einer FORTRAN Zeile durch das Endsymbol ; trennen. Falls auf das Trennzeichen ; kein oder mehrere Leerzeichen und ein oder mehrere Endsymbole ; folgen, so wird diese Zeichenfolge wie ein Trennzeichen interpretiert. Ist das Trennzeichen ; das letzte von einem Leerzeichen verschiedene Zeichen in einer FORTRAN Zeile oder das letzte von einem Leerzeichen verschiedene Zeichen vor einem Kommentar, so wird das ; nicht ausgewertet. Die Lesbarkeit des Quellcodes wird in der Regel nicht verbessert, wenn mehr als eine Anweisung in eine FORTRAN Zeile gesetzt wird.

2.6.2 Quellcode in fester Form

Im Quellcode fester Form ist eine FORTRAN Zeile in Spaltenbereiche gegliedert. Die Spalten 1 bis 5 bilden den Bereich für Anweisungsmarken, Spalte 6 den Bereich zur Festlegung einer Fortsetzungszeile und die Spalten 7 bis 72 den Anweisungsbereich. Im Quellcode fester Form sind Leerzeichen redundant mit Ausnahme ihrer Verwendung im Zeichenkontext.

2.6.2.1 Quellcode in fester Form unter Standard FORTRAN 77

Eine FORTRAN Zeile, die mit einem C oder einem * in Spalte 1 beginnt, ist eine Kommentarzeile. Ebenso ist eine FORTRAN Zeile, die kein Zeichen oder nur Leerzeichen enthält, eine Kommentarzeile.

Eine Kommentarzeile und die Anweisung END sind nicht fortsetzbar. Mit Ausnahme von einer Kommentarzeile markiert jedes von 0 oder einem Leerzeichen verschiedene FORTRAN Zeichen in Spalte 6 einer FORTRAN Zeile, daß die Spaltenpositionen 7 bis 72 die Fortsetzung der nächsten vorangehenden FORTRAN Zeile enthalten, die nicht Kommentarzeile ist. Zwischen fortzusetzender und fortsetzender FORTRAN Zeile sind Kommentarzeilen zulässig. Abgesehen von Kommentarzeilen ist demnach jede FORTRAN Zeile mit einer 0 oder einem Leerzeichen in Spalte 6 eine Anfangszeile und jede mit einem von 0 und einem Leerzeichen verschiedenen FORTRAN Zeichen in Spalte 6 eine Fortsetzungszeile. In den Spaltenpositionen 1 bis 5 einer fortsetzenden FORTRAN Zeile sind ausschließlich Leerzeichen zulässig. Nach dem Standard FORTRAN 77 sind bis zu 19 Fortsetzungszeilen gestattet.

2.6.2.2 Quellcode in fester Form unter Standard Fortran 90

Eine FORTRAN Zeile, die mit einem C oder einem * in Spalte 1 beginnt, ist eine Kommentarzeile. Darüber hinaus leitet wie bei Quellcode in freier Form das Endsymbol ! Kommentar ein. Die Ausführungen zur Darstellung von Kommentaren im Quellcode freier Form sind zu übertragen mit einer wesentlichen Ausnahme. Das Sonderzeichen ! in Spalte 6 einer FORTRAN Zeile ist entweder Zeichen in einem Kommentar oder markiert eine Fortsetzungszeile.

Eine Kommentarzeile ist nicht fortsetzbar. Wie unter Standard FORTRAN 77 markiert jedes von 0 und einem Leerzeichen verschiedene FORTRAN Zeichen in Spalte 6 einer fortsetzbaren FORTRAN Zeile, daß die Spaltenpositionen 7 bis 72 die Fortsetzung der nächsten vorangehenden FORTRAN Zeile enthalten, die keine Kommentarzeile ist. Auch die weiteren Ausführungen zur Fortsetzung einer FORTRAN Zeile unter Standard FORTRAN 77 sind sinngemäß zu übertragen.

Wie bei Quellcode in freier Form lassen sich Anweisungen in einer FORTRAN Zeile durch das Endsymbol ; voneinander trennen. Die weiteren Ausführungen zur Trennung

von Anweisungen in einer FORTRAN Zeile bei Quellcode in freier Form sind zu übertragen.

```
          Programmbeispiel Quellcode in fester Form
*Spaltenleiste
*...|||..1....+....2....+....3....+....4....+....5....+....6....+....7.
*
*
*                   Programmieren mit Fortran 90
*
*              Beispiel 2.1: Grobstruktur eines FORTRAN Hauptprogramms
*                            Quellcode in fester Form
*
*
*
*------------ P r o g r a m m k o p f
*
          PROGRAM beamte
*
*------------ V e r e i n b a r u n g s t e i l
*
*
*------------ A u s f ü h r u n g s t e i l
*
*
*              Ende der Programmeinheit Hauptprogramm
*
          END PROGRAM beamte
```

Der vorangegangene Quellcode wurde in fester Form dargestellt, um dazu ein Beispiel
anzugeben. Die freie Form gestattet, Quellcode so zu gestalten, daß er optisch leichter
lesbar ist. Für alle weiteren Programmbeispiele wird daher die freie Form gewählt werden.

Beim Erfassen von Daten, die von einem FORTRAN Programm verarbeitet werden
sollen, sind nicht etwa die FORTRAN Konventionen zur Darstellung des Quellcodes
einzuhalten. Hinsichtlich der Anordnung von Daten im Datensatz einer Datei ist der
Anwender weitgehend unabhängig von FORTRAN Konventionen. Das folgende Beispiel veranschaulicht die Anordnung von Daten im Datensatz einer Datei.

```
          Beispiel Anordnung von Daten im Datensatz
       Spaltenleiste
       ....+....1....+....2....+....3....+....4....+....5....+....6

          127.3     124.5     131.2     144.0     117.7     109.9
```

Bei Gleitpunktzahlen ist der Punkt Trennzeichen zwischen der Dezimalstelle mit der
Wertigkeit 10^0 und 10^{-1}.

2.7 Ausführbare und nicht ausführbare Anweisungen

Auch unter Standard Fortran 90 werden die Anweisungen nach ausführbaren und nicht ausführbaren Anweisungen untergliedert.

Eine Anweisung heißt *ausführbar*, wenn mit ihr Aktionen, wie die Zuweisung von Information an einen Speicherbereich, die Ausführung von Operationen oder eine Veränderung in der sequentiellen Ausführungsabfolge spezifiziert werden.

Jede Anweisung, die nicht als ausführbare Anweisung klassifiziert wird, heißt *nicht ausführbar*. Nicht ausführbare Anweisungen dienen dazu, die Voraussetzungen für die zuvor erwähnten Aktionen zu schaffen, wie den Namen des Eingangspunkts eines Hauptprogramms explizit zu spezifizieren oder Datenobjekte zu deklarieren. Der Begriff Datenobjekt wird in Abschnitt 3.3 präzisiert werden.

Unter Bezug auf die skizzierte Grobstruktur eines Hauptprogramms werden nicht ausführbare Anweisungen dem Vereinbarungsteil und ausführbare Anweisungen dem Ausführungsteil zuzuordnen sein.

Die Anweisungen, die mit ** markiert sind, gelten nach dem Standard Fortran 90 als veraltet.

Die ausführbaren Anweisungen sind:

ALLOCATE	END FILE	OPEN
ASSIGN**	END FUNCTION	PAUSE**
BACKSPACE	END IF	PRINT
CALL	END PROGRAM	READ
CASE	END SELECT	RETURN
CASE DEFAULT	END SUBROUTINE	alternatives RETURN**
CLOSE	END WHERE	REWIND
CONTINUE	EXIT	SELECT CASE
CYCLE	GOTO	STOP
DEALLOCATE	berechnetes GOTO	WHERE
DO	gesetztes GOTO**	Block WHERE
ELSE	arithmetisches IF**	WRITE
ELSE IF	Block IF	Zeigerassoziationsanweisung
ELSEWHERE	logisches IF	Zuweisungsanweisungen
END	INQUIRE	
END DO	NULLIFY	

Die nicht ausführbaren Anweisungen sind:

ALLOCATABLE	ENTRY	OPTIONAL
BLOCK DATA	EQUIVALENCE	PARAMETER
CHARACTER	EXTERNAL	POINTER
COMMON	FORMAT	PRIVATE
COMPLEX	FUNCTION	PROGRAM
CONTAINS	IMPLICIT	PUBLIC
DATA	INTEGER	REAL
DIMENSION	INTENT	SAVE
DOUBLE PRECISION	INTERFACE	SEQUENCE
END	INTRINSIC	SUBROUTINE
END BLOCK DATA	LOGICAL	TARGET
END INTERFACE	MODULE	TYPE
END MODULE	MODULE PROCEDURE	USE
END TYPE	NAMELIST	

2.8   Reihenfolge von Anweisungen in einer Programmeinheit

Unter FORTRAN gelten einige grundlegende Regeln zur Reihenfolge von Anweisungen.

In der Abbildung 2.2 grenzen horizontale Linien Bereiche so ab, daß Anweisungen aus einem höher angeordneten Bereich nicht nach Anweisungen aus einem tiefer liegenden Bereich auftreten dürfen. Vertikale Linien markieren eine Hierarchie so, daß Anweisungen eines weiter links stehenden Bereichs auf Anweisungen eines weiter rechts angeordneten Bereichs folgen dürfen.

Damit wird auch deutlich, daß eine Programmeinheit nicht strikt in die Teilbereiche Vereinbarungs- und Ausführungsteil gegliedert werden muß. Beispielsweise kann die nicht ausführbare Anweisung DATA sowohl im Vereinbarungs- als auch im Ausführungsteil einer Programmeinheit auftreten. Die Lesbarkeit des Quellcodes einer Programmeinheit wird erheblich begünstigt und die Korrektur von Fehlern beträchtlich erleichtert, wenn der Quellcode nach Programmkopf, Vereinbarungs- und Ausführungsteil strukturiert wird.

Abbildung 2.2   Übersicht zur Reihenfolge von Anweisungen in einer Programm-
                 einheit

<table>
<tr><td rowspan="9">Kommen-
tarzei-
len</td><td colspan="4">Anweisung PROGRAM, FUNCTION, SUBROUTINE, MODULE, BLOCK DATA</td></tr>
<tr><td colspan="4">Anweisungen USE</td></tr>
<tr><td rowspan="5">Anweisungen
FORMAT
und
ENTRY</td><td colspan="3">IMPLICIT NONE</td></tr>
<tr><td>Anweisungen
PARAMETER</td><td colspan="2">Anweisungen
IMPLICIT</td></tr>
<tr><td>Anweisungen
PARAMETER
und
DATA</td><td colspan="2">Anweisungen zur Typ-
deklaration, Verein-
barungen abgeleiteter
Datentypen,
Schnittstellenblöcke,
Anweisungsfunktionen,
Anweisungen, um Attri-
bute zu spezifizieren</td></tr>
<tr><td>Anweisungen
DATA</td><td colspan="2">ausführbare
Anweisungen</td></tr>
<tr><td colspan="3">Anweisung CONTAINS</td></tr>
<tr><td colspan="4">interne Unterprogramme oder Modul-Unterprogramme</td></tr>
<tr><td colspan="4">Anweisung END</td></tr>
</table>

2.9 Übungen zu Kapitel 1 und 2

1. Was sind die Grundfunktionen und die wesentlichen Arbeitsschritte eines
    Compilers?

2. Geben Sie die wesentlichen Softwarekomponenten einer typischen Compiler-
    umgebung an!

3. Worin besteht der fundamentale Unterschied zwischen modularem und
    objektorientiertem Programmentwurf?

4. In welche Teilbereiche läßt sich ein FORTRAN Hauptprogramm unter-
    gliedern?

5. Was wird unter Kontextabhängigkeit einer Programmiersprache verstanden?

6. Was wird unter globalem, lokalem und anweisungsspezifischem Gültigkeits-
    bereich eines Namens verstanden?

7. Sie sollen ein FORTRAN Programm entwickeln, mit dem sich der Flächeninhalt und der Umfang eines Kreises (näherungsweise) berechnen läßt. Geben Sie für die 3 in diesem Zusammenhang auftretenden Variablen unter FORTRAN zulässige, mnemonische Namen an!

8. Was wird mit der Anweisung PROGRAM und was wird mit der Anweisung END PROGRAM spezifiziert?

9. Worin besteht der wesentliche Unterschied zwischen der Darstellung von Quellcode in freier und in fester Form?

10. Charakterisieren Sie für Quellcode in fester Form die Spaltenbereiche einer FORTRAN Zeile!

11. Welche Funktion hat Kommentar im Quellcode und wie wird Kommentar verarbeitet?

12. Was wird unter FORTRAN als Kommentarzeile bezeichnet? Stellen Sie den folgenden Text

```
----- Vereinbarungsteil
```

als Kommentarzeile im Quellcode sowohl in freier als auch in fester Form dar!

13. Wodurch unterscheidet sich die Festlegung einer Zeile als Fortsetzungszeile im Quellcode freier Form und im Quellcode fester Form?

    Formulieren Sie die folgende Anweisung

```
PROGRAM figuren
```

    so, daß als Anfangszeile PROGRAM und als Fortsetzungszeile figuren im Quellcode sowohl in freier als auch in fester Form dargestellt werden!

14. Was ist der Unterschied zwischen einer ausführbaren und einer nicht ausführbaren Anweisung?

    Sind die Anweisungen PROGRAM und END PROGRAM ausführbar oder nicht ausführbar?

3 Einfache Zeichenverarbeitung

In Kapitel 3 wird zunächst das Konzept Datentyp vorgestellt. Die Begriffe Datentyp, Konstante, interner Datentyp, Typparameter und abgeleiteter Datentyp werden festgelegt. Die internen Datentypen werden in einer Übersicht zusammengefaßt. Explizite Typdeklaration wird eingeführt und am Beispiel des Datentyps CHARACTER behandelt. Weitere grundlegende Begriffe werden festgelegt, wie Datenobjekt, Attribut, benannte Konstante, Variable und Bestimmtheitsstatus einer Variablen. Ferner werden Grundlagen des Datentransfers und einführend Syntax und Semantik der beiden wichtigsten Anweisungen für den Datentransfer, der Anweisungen READ und WRITE, erörtert. Listengesteuerte Ein- und Ausgabe wird erläutert. Im Kontext Datentransfer werden weitere Begriffe festgelegt, insbesondere Datei-Einheit Verbindung, formatgebundener, formatfreier und Dateiende-Datensatz, sequentielle Datei, formatgebundene Datei, formatgebundene Ein- und Ausgabe sowie Konversion.

Für den Anwender, der über grundlegende Kenntnisse in FORTRAN 77 verfügt, sind vor allem die Informationen über die Erweiterungen in der Syntax der Anweisung zur Typdeklaration relevant. Am Beispiel des Datentyps CHARACTER wird auf den Typparameter LÄNGE und das Attribut PARAMETER in den Abschnitten 3.3 und 3.4 eingegangen.

3.1 Konzept Datentyp

Unter FORTRAN läßt sich einem Namen ein Datentyp zuordnen, ohne dabei explizit auf die physikalische Darstellung des resultierenden Datenobjekts Bezug zu nehmen. Jeder solche *Datentyp* hat einen Namen und wird durch folgende Merkmale charakterisiert:

▶ eine Wertemenge, mit der die zulässigen Werte festgelegt werden,

▶ eine kennzeichnende Schreibweise für die Elemente der Wertemenge,

▶ eine Menge von Operationen, die dazu dient, die auf der Wertemenge zulässigen Operationen festzulegen.

Jedes Element der zu einem Datentyp gehörigen Wertemenge wird als *Konstante* bezeichnet.

Unter FORTRAN werden 6 vordefinierte Datentypen zur Verfügung gestellt, die als *interne Datentypen* oder Standard Datentypen bezeichnet werden. Darüber hinaus kann der Anwender seinem Problem angemessene Datentypen definieren, die dann *abgeleitete Datentypen* genannt werden. Die Wertemenge eines internen Datentyps kann durch

den Wert eines oder mehrerer Parameter beeinflußt werden. Ein solcher Parameter heißt
Typparameter.

Tabelle 3.1   Interne Datentypen

Datentyp	FORTRAN Schlüsselwort	Art

Festpunktzahl
Gleitpunktzahl
Tupel von Gleitpunktzahlen
	`INTEGER`
	`REAL`
	`COMPLEX`
		numerisch

zweiwertige Logik Zeichenkette	`LOGICAL` `CHARACTER`	nicht numerisch

Der Datentyp INTEGER wird durch Wertemengen charakterisiert, die endliche Teilmengen der ganzen Zahlen repräsentieren. Jedes Element einer solchen Wertemenge
heißt auch Festpunktzahl. Wertemengen, die endliche Teilmengen der rationalen Zahlen
repräsentieren, charakterisieren den Datentyp REAL. Jedes ihrer Elemente heißt auch
Gleitpunktzahl. Der sechste interne Datentyp, der Datentyp DOUBLE PRECISION, ist
lediglich ein Spezialfall zum Datentyp REAL. Die Elemente der zugehörigen Wertemenge werden auch als Gleitpunktzahlen erhöhter Genauigkeit bezeichnet. Der Datentyp COMPLEX wird durch Wertemengen charakterisiert, deren Elemente geordnete
Paare von Elementen aus der gleichen Wertemenge zum Datentyp REAL sind.

Die charakterisierenden Merkmale eines Datentyps werden am Beispiel des internen
Datentyps mit dem Namen LOGICAL erläutert: Die Wertemenge des Datentyps
LOGICAL besteht aus den Elementen 'falsch' und 'wahr'. Unter FORTRAN wird das
Element 'wahr' der Wertemenge durch das Endsymbol .TRUE. beschrieben. Über die
kennzeichnende Schreibweise wird festgelegt, daß .TRUE. vom Datentyp LOGICAL
ist und den spezifischen Wert 'wahr' repräsentiert. Zur Menge der logischen Operatoren
gehört die Konjunktion, die unter FORTRAN durch das Endsymbol .AND. dargestellt
wird. Dann ist .TRUE..AND..TRUE. ein Element der Menge der Operationen, die
den Datentyp LOGICAL charakterisieren.

3.2 Zeichenkonstanten

Eine Konstante ist, wie bereits erwähnt, Element einer Wertemenge, die einen Datentyp
charakterisiert. Mit der kennzeichnenden Schreibweise einer Konstanten wird sowohl
ihr Datentyp als auch ihr spezifischer Wert festgelegt.

Konstanten werden bereits in der Compilationsphase angelegt. Konstanten, deren kennzeichnende Darstellung übereinstimmt, werden auf einen Speicherbereich abgebildet

und haben daher denselben Wert. Dies gilt auch in bezug auf ein ausführbares Programm. Wird im Quellcode eines ausführbaren Programms wiederholt die Konstante .TRUE. verwendet, so wird bei der Programmausführung auf den einen Speicherbereich zugegriffen, der die physikalische Darstellung dieser Konstanten repräsentiert.

Unter FORTRAN kann einer Konstanten ein Name zugeordnet werden. Solch eine Konstante wird als symbolische oder *benannte Konstante* bezeichnet.

Die Elemente einer Wertemenge zum Datentyp CHARACTER sind Zeichenketten. Eine Zeichenkette ist eine endliche Folge fest gewählter Zeichen, die von links nach rechts abzuzählen sind. Die Anzahl der Zeichen in einer Zeichenkette heißt Länge einer Zeichenkette. Jedes Element einer Wertemenge zum Datentyp CHARACTER wird auch als *Zeichenkonstante* bezeichnet.

```
   ┌─ Syntax Zeichenkonstante ─┐
   │                           │
   │      '[zeichen[zeichen]...]'
oder
   │      "[zeichen[zeichen]...]"
   │
   └───────────────────────────
```

Dabei beschreibt zeichen ein darstellbares Zeichen des prozessorabhängigen Zeichensatzes. Im Quellcode fester Form ist jedes Zeichen des prozessorabhängigen Zeichensatzes ein darstellbares Zeichen. Die Menge der darstellbaren Zeichen kann jedoch prozessorabhängig in bezug auf Steuerzeichen eingeschränkt werden. Im Quellcode freier Form ist jedes Zeichen des prozessorabhängigen Zeichensatzes ein darstellbares Zeichen. Demnach wird eine Folge zulässiger Zeichen, die in Auslassungs- oder in Anführungszeichen gesetzt ist, als Element der Wertemenge des zugehörigen Datentyps CHARACTER identifiziert.

Ein Anführungszeichen oder ein Apostroph in der Zeichenfolge einer Zeichenkonstanten läßt sich entweder durch 2 aufeinanderfolgende Anführungs- oder Auslassungszeichen darstellen oder indem die Zeichenfolge durch das jeweils andere Endsymbol eingeschlossen wird.

Der *Wert einer Zeichenkonstanten* besteht aus denjenigen Zeichen in der Zeichenfolge, die nicht der spezifischen Darstellung unter FORTRAN dienen. Diese Zeichen werden auch als signifikant bezeichnet. Beispielsweise ist ein Leerzeichen in einer Zeichenkonstanten stets ein signifikantes Zeichen. Die *Länge einer Zeichenkonstanten* gibt die Anzahl ihrer signifikanten Zeichen an. Falls das einschließende Endsymbol das Apostroph ist, werden beispielsweise 2 aufeinanderfolgende Auslassungszeichen in der Folge als ein Zeichen gewertet. Dies gilt analog für das Anführungszeichen. Die Länge ist ein Typparameter mit einem Wert größer oder gleich 0. Dieser Typparameter wird auch als Typparameter LÄNGE bezeichnet. Die minimale Länge einer Zeichenkonstanten ist also 0. Die maximale Länge ist im Standard Fortran 90 nicht festgeschrieben.

In Abschnitt 2.6 ist die Fortsetzung einer FORTRAN Zeile im Zeichenkontext behandelt worden. Danach läßt sich eine Zeichenkonstante über mehrere FORTRAN Zeilen ausdehnen. Das Endsymbol & muß das letzte von einem Leerzeichen verschiedene Zeichen in der fortzusetzenden Zeile sein. Jede Fortsetzungszeile muß ein & als erstes von einem Leerzeichen verschiedenes Zeichen enthalten. In einer fortzusetzenden Zeile umfaßt die Zeichenkonstante die Zeichen vor dem Endsymbol &. Sie wird in der nächsten Fortsetzungszeile mit dem ersten auf das Endsymbol & folgende Zeichen weitergeführt.

```
Beispiele Zeichenkonstante

' '
"[m/sec]"

'd''Alembert-Differentialgleichung'
"d'Alembert-Differentialgleichung"

"Die d'Alembert-Differentialgleichung ist eine &
  &gewöhnliche Differentialgleichung erster Ordnung."
```

3.3 Typdeklaration

Ein *Datenobjekt* ist eine Konstante, eine Variable oder ein Teilobjekt einer Konstanten. Der Begriff Variable wird im nächsten Abschnitt eingeführt werden. Spezifische Teilobjekte werden in den Kapiteln 6 und 7 behandelt und der Begriff Teilobjekt wird in Kapitel 8 festgelegt werden. Vereinfachend formuliert wird ein Teil eines Datenobjekts als Teilobjekt bezeichnet. Ein Teilobjekt hat keinen eigenen Namen.

Ein Datenobjekt wird durch die Zuordnung eines internen oder abgeleiteten Datentyps charakterisiert. Einem Datenobjekt können weitere Eigenschaften zugeordnet sein. Diese Merkmale sowie die Eigenschaft Datentyp werden *Attribute* genannt.

Unter FORTRAN wird der Datentyp zu einem benannten Datenobjekt entweder explizit durch Typdeklaration oder implizit über den Anfangsbuchstaben im Namen festgelegt. In Abhängigkeit von der Präferenz des Anwenders kann die implizite Zuordnung eines Datentyps ausgebaut oder aber vollständig aufgehoben werden. Dazu dient die Anweisung IMPLICIT. Die implizite Zuordnung eines Datentyps wird auch als implizite Typisierung bezeichnet. Um Fehler zu vermeiden, die zumindest beim Einstieg in die FORTRAN Programmierung häufiger auftreten, wird empfohlen, die implizite Typisierung (zunächst) zu annulieren.

```
Syntax IMPLICIT NONE

IMPLICIT NONE
```

Tritt in einer Gültigkeitseinheit die Anweisung IMPLICIT NONE auf, so gelten in bezug auf diese Gültigkeitseinheit nicht die Regeln impliziter Typisierung. Ist in dieser Gültigkeitseinheit einem Namen kein Datentyp zugeordnet worden, so wird dieser Fehler bei der Compilation festgestellt. Der Begriff Gültigkeitseinheit wird in Kapitel 9 präzisiert werden. Wie bereits erwähnt, ist jede Programmeinheit auch eine Gültigkeitseinheit. Die explizite Zuordnung eines Datentyps erfolgt in einer Anweisung zur Typdeklaration.

```
Syntax Typdeklaration

datentyp [[, attribut]... ::] liste
```

Wird in einer Anweisung zur Typdeklaration zu datentyp eine Typspezifikation angegeben, so wird jedem benannten Datenobjekt, dessen Name in liste auftritt, der spezifizierte Datentyp zugeordnet.

```
Beispiel Deklaration benannte Zeichenkonstante

CHARACTER, PARAMETER :: g_klammer1='{', g_klammer2='}'
```

Mit dieser Typdeklaration werden die benannten Konstanten g_klammer1 und g_klammer2 vom Datentyp CHARACTER mit einer Länge von einem Zeichen für den Ausführungsteil einer Programmeinheit bereitgestellt.

Das Attribut PARAMETER in einer Anweisung zur Typdeklaration dient dazu, benannte Konstanten zu vereinbaren. Die benannten Konstanten werden bereits in der Compilationsphase angelegt. Die Deklaration von benannten Konstanten sollte in den ersten FORTRAN Zeilen des Vereinbarungsteils einer Programmeinheit erfolgen, um mögliche Korrekturen des Quellcodes zu erleichtern. Wird in einer Anweisung zur Typdeklaration das Attribut PARAMETER spezifiziert, dann muß zu jedem Namen ein Ausdruck angegeben werden, mit dem die benannte Konstante initialisiert wird. Die Zuweisung des Werts des Initialisierungsausdrucks an die benannte Konstante erfolgt nach den Regeln, die für die entsprechende Zuweisungsanweisung gelten. Die unter FORTRAN vordefinierten Zuweisungsanweisungen werden auch als interne Zuweisungsanweisungen bezeichnet. Die Syntax der Basisform einer Zuweisungsanweisung und ein grundlegendes Merkmal der internen Zeichenzuweisungsanweisung werden im unmittelbaren Anschluß angegeben werden. Das Attribut PARAMETER wird in Abschnitt 5.2 und der Begriff Initialisierungsausdruck wird in Abschnitt 5.3 ausführlich behandelt werden.

3.4   Variablen vom Datentyp CHARACTER

Eine *Variable* ist ein Datenobjekt, das keine Konstante ist. Ein Teilobjekt einer Variablen ist eine Variable. Vereinfachend formuliert kann eine Variable zur Ausführungszeit eines Programms definiert und redefiniert werden. Die Werte, die für eine Variable zulässig sind, werden durch ihren Datentyp festgelegt.

Eine Variable hat den Status, definiert oder undefiniert zu sein. Dieser Status kann sich während der Ausführung eines Programms ändern. Eine Variable, der kein zulässiger Wert zugewiesen worden ist, hat den Status *undefiniert*. In der Regel hat eine Variable zunächst den Status undefiniert. Ist einer Variablen ein zulässiger Wert zugewiesen worden, so gilt sie als *definiert*. Der Anwender hat zu gewährleisten, daß jede Variable definiert wird und diesen Bestimmheitsstatus während der Programmausführung beibehält. Eine Variable kann initial definiert sein oder aber definiert werden. Eine Möglichkeit, eine Variable zu definieren, besteht in der Zuweisung eines Werts an die Variable mit Hilfe einer Zuweisungsanweisung. Der Begriff initial definiert wird in Kapitel 7 im Zusammenhang mit der Behandlung der Anweisung DATA festgelegt werden. Die Basisform einer Zuweisungsanweisung hat die folgende Syntax.

```
┌──── Syntax Zuweisungsanweisung ────┐

  variable = ausdruck

```

Ein Ausdruck gibt die Referenz auf ein Datenobjekt oder eine Berechnungsvorschrift wieder. Die Auswertung eines Ausdrucks liefert einen Wert. Ein Ausdruck wird in der Regel aus Operanden, Operatoren und aus öffnenden und schließenden runden Klammern gebildet. Ein unter FORTRAN vordefinierter Operator wird auch als interner Operator bezeichnet. Das Endsymbol = heißt auch *Zuweisungssymbol*.

Im Fall der internen Zeichenzuweisungsanweisung müssen die Variable `variable` sowie der Ausdruck `ausdruck` vom Datentyp CHARACTER sein und im Typparameter KIND übereinstimmen.

```
┌──── Beispiele Anwendung interne Zeichenzuweisungsanweisung ────┐

  CHARACTER (LEN=8)  dateiname
  CHARACTER*4        suffix
  ...
  dateiname = 'VERSUCH1'
  suffix    = '.DAT'

```

Zur Syntax der Anweisung zur Typdeklaration für den Datentyp CHARACTER gehört die optionale Spezifikation `typ_parameter`.

```
┌─ Syntax Typdeklaration CHARACTER ─────────────────┐
│                                                   │
│  CHARACTER [typ_parameter] [[, attribut]... ::] liste │
│                                                   │
└───────────────────────────────────────────────────┘
```

Zunächst werden nur die für einfache Anwendungen wesentlichen Aspekte der Syntax von `typ_parameter` hinsichtlich des Typparameters LÄNGE behandelt werden. Auf den Typparameter KIND im Zusammenhang mit dem Datentyp CHARACTER wird im folgenden nicht eingegangen werden.

```
┌─ Syntax Typparameter LÄNGE ──────┐
│                                  │
│        *parameter_länge1 [,]     │
│  oder                            │
│        ( [LEN=] parameter_länge2 )│
│                                  │
└──────────────────────────────────┘
```

Die Angabe des Endsymbols , nach `*parameter_länge1` ist nur dann zulässig, wenn in einer Anweisung zur Typdeklaration nicht das Endsymbol `::` verwandt wird.

```
┌─ Syntax parameter_länge1 ──────┐
│                                │
│        (spezifikationsausdruck)│
│  oder                          │
│        (*)                     │
│  oder                          │
│        i_konstante             │
│                                │
└────────────────────────────────┘
```

Dabei bezeichnet `i_konstante` ein Konstante vom Datentyp INTEGER.

```
┌─ Syntax parameter_länge2 ──────┐
│                                │
│        spezifikationsausdruck  │
│  oder                          │
│        *                       │
│                                │
└────────────────────────────────┘
```

Soweit im folgenden `parameter_länge` ohne nachlaufende Ziffer verwandt wird, gilt die jeweilige Aussage sowohl für `parameter_länge1` als auch für `parameter_länge2`.

In dem vorangegangenen Beispiel wurde `parameter_länge` durch Konstanten vom Datentyp INTEGER spezifiziert. Eine kennzeichnende Schreibweise von Elementen der Wertemengen zum Datentyp INTEGER entspricht der üblichen Notation für ganze Zahlen. Der Datentyp INTEGER wird in Kapitel 5 ausführlich behandelt werden.

Der Ausdruck `spezifikationsausdruck` ist durch einen Spezifikationsausdruck zu substituieren. Vereinfachend formuliert ist ein solcher Ausdruck aus internen Operatoren und aus Konstanten oder benannten Konstanten vom Datentyp INTEGER zu bilden. Seine Auswertung sollte den Wert einer natürlichen Zahl liefern, der größer oder gleich 1 und kleiner oder gleich der maximal zulässigen Länge von Zeichenkonstanten des jeweiligen FORTRAN Sprachdialekts ist. Hat der Wert des Ausdrucks ein negatives Vorzeichen, so wird unter Standard Fortran 90 der Wert von `parameter_länge` auf 0 gesetzt. Wird `parameter_länge` nicht spezifiziert, dann wird die Vorbesetzung des Werts mit 1 wirksam. Der Begriff Spezifikationsausdruck wird in Kapitel 9 festgelegt werden.

Zu jedem Namen in `liste` kann ebenfalls der Wert eines Längenparameters nach folgender Syntax spezifiziert werden.

```
Syntax Längenparameter zu einem Namen

*parameter_länge1
```

Die Angabe bezieht sich auf das in der Liste `liste` unmittelbar vorangehende Datenobjekt vom Datentyp CHARACTER und dominiert in bezug auf dieses Datenobjekt den Wert von `parameter_länge` in der Spezifikation des Typparameters LÄNGE.

Das Endsymbol * wird u.a. im Zusammenhang mit der Deklaration von benannten Konstanten des Datentyps CHARACTER in einer Anweisung zur Typdeklaration verwandt. Die Länge der benannten Konstanten ist dann gleich der Anzahl der signifikanten Zeichen in der zugehörigen Zeichenkonstanten.

```
Beispiele Typparameter LÄNGE

CHARACTER (LEN=45) beamter_1, beamter_2*20

CHARACTER (LEN=*), PARAMETER :: vorname = 'Marc'
```

Im Beispiel hat die Variable `beamter_1` die Länge 45 und `beamter_2` die Länge 20 Zeichen. Die benannte Konstante `vorname` hat die Länge 4 Zeichen.

Die Spezifika der Anweisung zur Typdeklaration beim Datentyp CHARACTER, soweit sie behandelt worden sind, lassen sich syntaktisch wie folgt zusammenfassen. Dabei wird `parameter_länge` mit `p_1` abgekürzt.

```
┌─────────────────────────────────────────────────────────┐
│   vereinfachte Syntax Typdeklaration CHARACTER            │
├──┘                                                        │
│  CHARACTER[*p_l1] name[*p_l1] [, name[*p_l1]]...          │
│                                                           │
│                                                           │
│     CHARACTER[([LEN=]p_l2)] m[*p_l1] [, m[*p_l1]]...      │
│  oder                                                     │
│     CHARACTER[([LEN=]p_l2)],PARAMETER :: n=z [, n=z]...   │
│                                                           │
└───────────────────────────────────────────────────────────┘
```

Dabei stehen name und m jeweils für den Namen einer Variablen, n für den Namen einer benannten Konstanten und z für einen Initialisierungsausdruck. In einem Initialisierungsausdruck sind Konstanten und zuvor definierte benannte Konstanten als Operanden zulässig.

Unter FORTRAN ist der Operator // zur Konstruktion von Ausdrücken mit Operanden vom Datentyp CHARACTER vordefiniert. Ein Ausdruck vom Datentyp CHARACTER wird auch als *Zeichenausdruck* und der Operator // wird auch als *Verkettungsoperator* bezeichnet. Der Anwender kann seinem Problem angemessene Operatoren festlegen, die dann anwenderdefinierte Operatoren genannt werden.

```
┌─────────────────────────────────────────────────────┐
│   Beispiele Anwendung Verkettungsoperator            │
├──────────────────────────────────────────────────┘  │
│  CHARACTER*12 datei1, datei2                          │
│  CHARACTER*4  suffix1, suffix2                        │
│  CHARACTER*8  dateiname                               │
│  ...                                                  │
│  dateiname = 'VERSUCH1'                               │
│  suffix1   = '.DAT'                                   │
│  suffix2   = '.TXT'                                   │
│  ...                                                  │
│  datei1 = dateiname // suffix1                        │
│  datei2 = dateiname // suffix2                        │
│                                                       │
└───────────────────────────────────────────────────────┘
```

Der Variablen datei1 wird der Wert der Zeichenkonstanten 'VERSUCH1.DAT' und der Variablen datei2 der Wert der Zeichenkonstanten 'VERSUCH1.TXT' zugewiesen.

3.5 Datentransfer

Um einem FORTRAN Programm während seiner Ausführung zu verarbeitende Information zur Verfügung zu stellen und von diesem Programm Ergebnisse der Informationsverarbeitung zu erhalten, ist es erforderlich, Daten zu transferieren. Dies veranschaulicht die folgende, einfache Darstellung zum Datentransfer.

Abbildung 3.1   Datentransfer

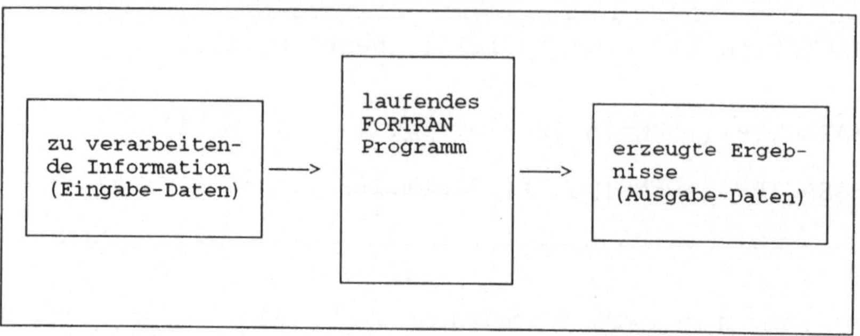

Das Organisationsmodell unter FORTRAN für die Verarbeitung von Eingabe- und Ausgabe-Information ist die *Datei-Einheit Verbindung*.

Grundbaustein einer FORTRAN Datei ist der Datensatz. Ein *Datensatz* ist eine Folge von Werten oder Zeichen. Eine FORTRAN *Datei* besteht aus einer Folge von Datensätzen. Es wird zwischen internen und externen Dateien unterschieden. Eine *interne Datei* ist eine Variable vom Datentyp CHARACTER, die zulässiger Spezifikationswert zu der Spezifikation UNIT= einer Anweisung zum Datentransfer ist. Jede Datei, die nicht interne Datei ist, wird als *externe Datei* bezeichnet. Im wesentlichen gibt diese Differenzierung demnach wieder, ob eine Datei programmintern deklariert worden ist oder nicht. Eine interne Datei dient dem arbeitsspeicherinternen Datentransfer. Eine externe Datei befindet sich häufig auf einem Speichermedium außerhalb des Arbeitsspeichers. Eine Datei hat u.a. die Eigenschaft, über ihren Namen identifiziert zu werden. Die Syntax, nach der der Name einer externen Datei zu bilden ist, kann betriebssystemabhängig sein. Daher wird unter FORTRAN auf eine Datei über eine Einheit Bezug genommen. Die Eigenschaft einer Datei, mit einer Einheit verbunden zu sein, ist gleichwertig zu der Eigenschaft einer Einheit, mit einer Datei verbunden zu sein. Daher wird das Organisationsmodell stets als Datei-Einheit Verbindung bezeichnet.

Analog zu der Differenzierung von Dateien werden auch interne und externe Einheiten unterschieden. Für eine *interne Einheit* besteht stets eine Datei-Einheit Verbindung. Eine *externe Einheit* hat die logisch zweiwertige Eigenschaft, entweder mit einer externen Datei oder nicht mit einer externen Datei verbunden zu sein.

Eine *externe Datei-Einheit Verbindung* ist entweder vordefiniert oder wird durch die Ausführung einer spezifizierten Anweisung OPEN hergestellt. Eine externe Datei-Einheit Verbindung, die bereits zu Beginn der Ausführung eines ausführbaren Programms besteht, heißt vordefiniert. Die Festlegung einer vordefinierten Datei-Einheit Verbindung erfolgt installationsabhängig. Wird die Verbindung von einer Datei zu einer Einheit hergestellt, so heißt dieser Vorgang auch *Öffnen einer Datei*.

Eingabeanweisungen zum Datentransfer dienen dazu, Daten aus einer externen Datei in den Arbeitsspeicher zu übertragen oder Daten aus einer internen Datei im Arbeitsspeicher umzuspeichern. Dieser Vorgang wird als *Lesen aus einer Datei* bezeichnet. Unter FORTRAN ist die Anweisung READ Eingabeanweisung zum Datentransfer.

Mit Ausgabeanweisungen zum Datentransfer werden Daten aus dem Arbeitsspeicher in eine externe oder interne Datei übertragen. Dieser Vorgang heißt *Schreiben in eine Datei*. Unter FORTRAN sind die Anweisungen WRITE und PRINT Ausgabeanweisungen zum Datentransfer.

Neben den Anweisungen zum Datentransfer stehen die folgenden Ein- und Ausgabeanweisungen zur Verfügung: die Anweisungen OPEN und CLOSE, um Datei-Einheit Verbindungen herzustellen, zu modifizieren und aufzulösen, die Anweisung INQUIRE, um während der Ausführung eines ausführbaren Programms Eigenschaften von Dateien oder Einheiten feststellen zu lassen sowie die Anweisungen BACKSPACE, ENDFILE und REWIND, um den Dateizeiger zu positionieren. Der Begriff Dateizeiger wird in Abschnitt 4.1 eingeführt werden. Die Anweisungen OPEN, CLOSE, BACKSPACE, ENDFILE und REWIND werden in den Abschnitten 4.2 und 4.3 ausführlich behandelt werden. Auf die Anweisung INQUIRE wird in Abschnitt 4.2 nur kurz eingegangen werden.

Zunächst wird die Syntax der beiden wichtigsten Anweisungen zum Datentransfer, der Anweisungen READ und WRITE, einführend beschrieben.

Syntax READ

```
READ (liste_e_kontrollspezifikationen) [eingabeliste]
oder
READ format [, eingabeliste]
```

Syntax WRITE

```
WRITE (liste_a_kontrollspezifikationen) [ausgabeliste]
```

Dabei werden `eingabeliste` und `ausgabeliste` in einem ersten Schritt lediglich als eine Sequenz aus Namen von Datenobjekten charakterisiert, wobei das Komma Trennzeichen zwischen zwei aufeinanderfolgenden Namen ist. Beim Datentransfer wird in der Reihenfolge auf die Speicherbereiche zu diesen Datenobjekten zugegriffen, in der ihre Namen in `eingabeliste` oder `ausgabeliste` angeordnet sind. Die Anzahl der Namen in `eingabeliste` und `ausgabeliste` kann 0 sein. Ansonsten erfolgt im Standard keine Festlegung zur Anzahl. Weitere Einzelheiten zur Syntax von `eingabeliste` und `ausgabeliste` werden noch behandelt werden.

Auch die Syntax von `liste_e_kontrollspezifikationen` zur Anweisung
READ und die Syntax von `liste_a_kontrollspezifikationen` zur Anweisung WRITE wird zunächst in eingeschränktem Umfang unter
`liste_kontrollspezifikationen` vorgestellt. In Abschnitt 4.4 wird die Syntax weitergehend erörtert werden.

```
vereinfachte Syntax
            liste_kontrollspezifikationen

[UNIT=] einheit
[FMT=] format
andere_kontrollspezifikation
```

Die Kontrollspezifikation `UNIT=` dient dazu, die Einheit für eine Datei-Einheit Verbindung zu spezifizieren. Die Angabe eines Spezifikationswerts zu dieser Kontrollspezifikation ist obligatorisch. Die Spezifikation `UNIT=` ist anzugeben, falls der zugehörige
Spezifikationswert nicht die erste Angabe in `liste_kontrollspezifikationen`
ist. Falls `UNIT=` verwandt wird, muß auch die Spezifikation `FMT=` angegeben werden.

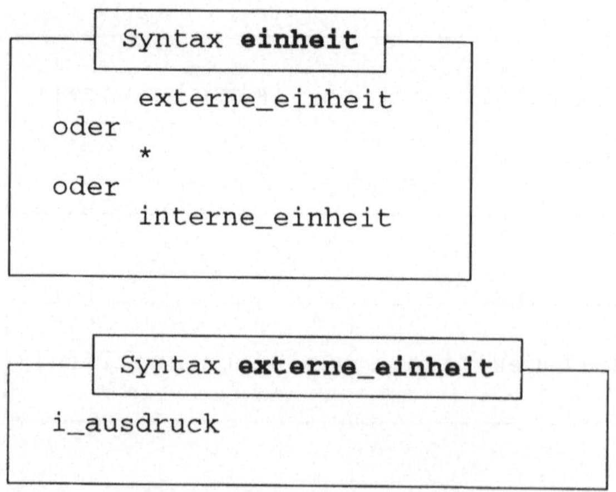

```
Syntax einheit

        externe_einheit
oder
        *
oder
        interne_einheit
```

```
Syntax externe_einheit

i_ausdruck
```

Mit dem Wert von `i_ausdruck`, einem Ausdruck vom Datentyp INTEGER, wird
eine externe Einheit identifiziert, und zwar für alle Programmeinheiten eines ausführbaren Programms. Die Auswertung des Ausdrucks muß den Wert einer ganzen Zahl größer oder gleich 0 liefern. Der zulässige Wertebereich ist im Standard nicht festgelegt
und damit vom Sprachdialekt abhängig. Empfehlenswert ist es, einen Wert aus dem
Wertebereich der ganzen Zahlen zwischen 0 und 99 einschließlich zu wählen.

Mit dem Spezifikationswert * zu `UNIT=` wird auf eine vordefinierte Datei-Einheit Verbindung Bezug genommen.

```
┌─ Beispiel vordefinierte Datei-Einheit Verbindung ─┐
│ CHARACTER (LEN=20) vorname
│ ...
│ READ(UNIT=*,FMT=*) vorname
└
```

```
┌─ Syntax interne_einheit ─┐
│ n_ch_variable
└
```

Dabei bezeichnet `n_ch_variable` den Namen einer Variablen vom Datentyp
CHARACTER. Über diesen Namen wird eine interne Einheit identifiziert, die stets mit
der internen Datei verbunden ist, die durch den Namen der Variablen repräsentiert wird.
Interne Dateien haben spezifische Eigenschaften und unterliegen besonderen Beschränkungen. Interne Dateien werden in Abschnitt 4.5 noch einführend behandelt werden.

Für den Fall, daß die vordefinierte Datei-Einheit Verbindung für die externe Datei
'Bildschirm-Datei' und die Einheit 'Tastatur' besteht, läßt sich der Vorgang des Datentransfers am Beispiel einer Zeichenkonstanten, die der Variablen vorname zugewiesen
werden soll, wie folgt vereinfachend darstellen.

Abbildung 3.2   Datentransfer am Beispiel einer Zeichenkonstanten

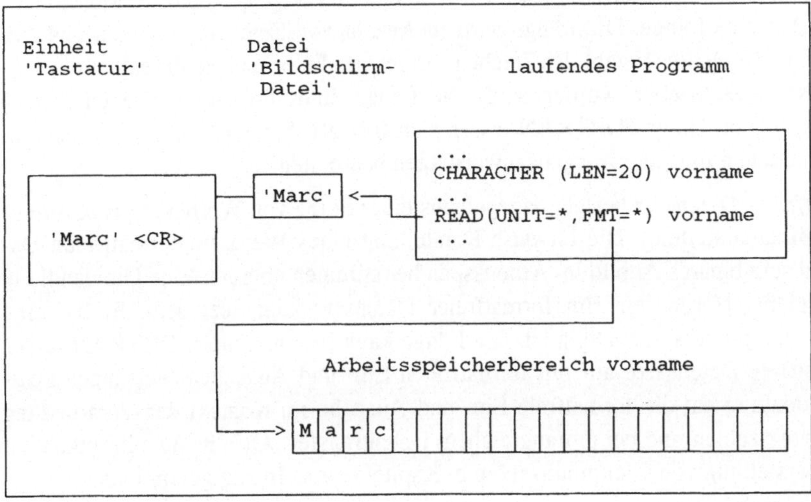

Die vordefinierte Datei-Einheit Verbindung besteht für formatgebundenen Datentransfer bei sequentiellem Zugriff.

Unter FORTRAN gibt es 2 Verfahren des Zugriffs auf einen Datensatz in einer externen
Datei: den sequentiellen und den direkten Zugriff. Von dem gewählten Verfahren hängt
es ab, in welcher Reihenfolge auf die Datensätze in einer Datei zugegriffen werden
kann. Das Zugriffsverfahren wird festgelegt, wenn die Datei-Einheit Verbindung hergestellt wird oder im Fall einer vordefinierten Datei-Einheit Verbindung, wenn die zugehörige Datei erzeugt wird.

Bezogen auf die im Beispiel spezifizierte Anweisung READ wird implizit festgelegt,
daß auf die Datensätze der 'Bildschirm-Datei' sequentiell zugegriffen wird. Ist für eine
Datei ausschließlich sequentieller Zugriff zulässig, dann bestimmt die Reihenfolge ihrer
Datensätze die Reihenfolge, in der auf diese Datensätze zugegriffen wird. Enthält die
Datei mehr als einen Datensatz, dann setzt der Zugriff auf den n-ten Datensatz voraus,
daß zuvor der erste bis (n-1)-te Datensatz im weiteren Sinne verarbeitet worden sind.
Im weiteren Sinne meint, daß der erste bis (n-1)-te Datensatz mindestens überlesen
worden sein müssen, um aus dem n-ten Datensatz zu lesen. Eine Datei, auf deren Datensätze sequentiell zugegriffen wird, heißt auch *sequentielle Datei*. Im Fall einer sequentiellen Datei, die eine hohe Anzahl von Datensätzen enthält, kann der Zugriff auf
den n-ten Datensatz bei großem n sehr ineffizient sein. Das Verfahren des direkten Zugriffs dient dazu, den n-ten Datensatz einer Datei unmittelbar erreichen zu können. Das
Verfahren des direkten Zugriffs wird in Abschnitt 4.6 noch einführend behandelt werden.

Unter FORTRAN werden 3 Typen von Datensatz unterschieden: der formatgebundene,
der formatfreie und der Dateiende-Datensatz.

Ein *formatgebundener Datensatz* besteht aus einer Folge von Zeichen des Maschinencodes und hat eine Länge. Die Länge wird in Anzahl von Zeichen gemessen und (im
wesentlichen) durch die Anzahl der Zeichen festgelegt, die bei seiner Erzeugung in diesen Datensatz geschrieben worden sind. Die Länge eines formatgebundenen Datensatzes kann 0 sein. Unter FORTRAN lassen sich formatgebundene Datensätze nur mit
formatgebundenen Ein- und Ausgabeanweisungen bearbeiten.

Ein *formatfreier Datensatz* besteht dagegen aus einer Folge von Werten in prozessorab-
hängiger Binärdarstellung. Die bitweise Darstellung eines Werts im formatfreien Datensatz und sein binäres Abbild im Arbeitsspeicher stimmen überein. Eine Umwandlung
ist daher nicht erforderlich. Ein formatfreier Datensatz kann leer sein. Er hat eine
Länge, die u.a. prozessorabhängig ist. Die Länge kann 0 sein. Unter FORTRAN lassen
sich formatfreie Datensätze nur mit formatfreien Ein- und Ausgabeanweisungen bearbeiten. Bedeutung hat die formatfreie Ein- und Ausgabe im Kontext der Verarbeitung
von Gleitpunktzahlen und bei umfangreichem Datentransfer. Auf die Ausführungen zur
internen Darstellung von Gleitpunktzahlen in Kapitel 6 wird Bezug genommen.

Der *Dateiende-Datensatz* kennzeichnet das Ende einer sequentiellen Datei. Der Dateiende-Datensatz hat keine Länge. Die Anweisung ENDFILE dient dazu, explizit zu veranlassen, daß ein Dateiende-Datensatz in eine Datei geschrieben wird. Diese Anweisung wird in Abschnitt 4.3 ausführlich behandelt werden. Sind verschiedene Bedingun-

gen erfüllt, dann wird ein Dateiende-Datensatz auch implizit in eine Datei geschrieben. Der Zusammenhang zur Dateiende-Bedingung wird in Kapitel 4 deutlich werden.

Die Datensätze einer internen Datei sind stets formatgebunden. In einer externen Datei müssen ggf. mit Ausnahme des Dateiende-Datensatzes alle Datensätze entweder formatfrei oder formatgebunden sein. Eine Datei, deren Datensätze formatgebunden sind, wird daher als *formatgebundene Datei* bezeichnet. Analog heißt eine Datei, deren Datensätze formatfrei sind, *formatfreie Datei*.

Die Datei 'Bildschirm-Datei' in Abbildung 3.2 enthält einen formatgebundenen Datensatz. Demnach läßt sich dieser Datensatz nur mit Hilfe einer formatgebundenen Anweisung zum Datentransfer bearbeiten. Die in Abbildung 3.2 spezifizierte Anweisung READ ist eine formatgebundene Anweisung zum Datentransfer.

Wird in der Liste der Kontrollspezifikationen einer Anweisung zum Datentransfer `format` spezifiziert, so liegt *formatgebundene Eingabe* oder *Ausgabe* vor.

Ein formatgebundener Datensatz besteht, wie bereits erwähnt, aus einer Folge von Zeichen des Maschinencodes, die zu ihrer Verarbeitung in eine geeignete interne Binärdarstellung umzuwandeln sind. Um eine lesbare externe Darstellung für die Ausgabe zu erzeugen, ist andererseits die interne Binärdarstellung von Information umzuformen. Diese Umwandlung wird auch als *Konversion* bezeichnet. Die Konversion wird mit Hilfe von `format` spezifiziert.

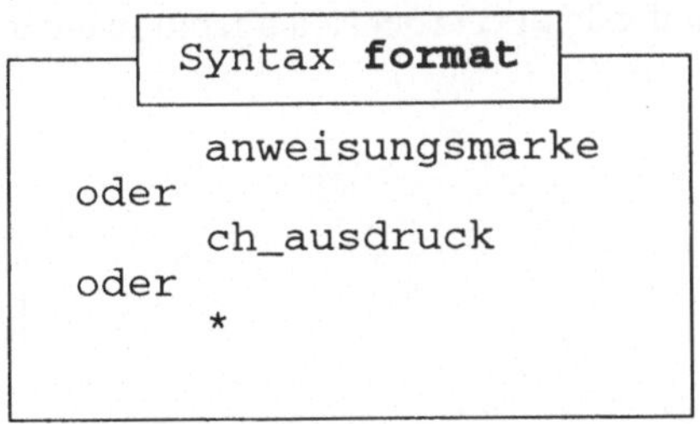

Die Anweisungsmarke muß mit der Anweisungsmarke einer Anweisung FORMAT in derselben Gültigkeitseinheit übereinstimmen. Die Auswertung von `ch_ausdruck`, einem Ausdruck vom Datentyp CHARACTER, muß eine gültige Formatangabe liefern. Eine Formatangabe besteht aus einer Zeichenfolge, die mit einer öffnenden runden Klammer beginnt, mit einer Liste aus Datenfeldbeschreibern, Textbeschreibern und/oder Ein-Ausgabe (E-A) Steuerungsbeschreibern fortgesetzt und mit einer schließenden runden Klammer beendet wird. Auch eine Zeichenkonstante kann demnach ein Spezifikationswert zu `format` sein, sofern sie eine gültige Formatangabe beschreibt. Datenfeldbeschreiber, Textbeschreiber und E-A Steuerungsbeschreiber werden in Abschnitt 4.4 eingeführt werden.

```
┌─────────────────────────────────────────────────────────────┐
│     Beispiel Zeichenkonstante Spezifikationswert zu format    │
│  WRITE(*,FMT='('' Bitte, geben Sie Ihren Nachnamen ein! '')')  │
└─────────────────────────────────────────────────────────────┘
```

Mit dem Spezifikationswert * wird eine spezielle Art des formatgebundenen Datentransfers bei sequentiellem Dateizugriff festgelegt. Diese Formatierung wird kurz als *listengesteuert* bezeichnet. Mit listengesteuerter Formatierung wird die Verarbeitung formatgebundener Datensätze unterstützt, ohne dazu explizit Formatangaben spezifizieren zu müssen. Listengesteuerte Formatierung eignet sich besonders für den Transfer von wenigen Daten. Vereinfachend formuliert erfolgt die Umwandlung der Information in Abhängigkeit vom Datentyp des Datenobjekts, dessen Name in `eingabeliste` oder `ausgabeliste` auftritt. Die Zuordnung eines Datums zu einem Datenobjekt erfolgt positionsabhängig. In Abbildung 3.2 ist das erste Datum im formatgebundenen Datensatz der 'Bildschirm-Datei' die Zeichenfolge `'Marc'` und `vorname` der Name des ersten Datenobjekts in `eingabeliste` der Anweisung READ. Damit ist die Zuordnung des Datums zum Datenobjekt festgelegt. Über den Datentyp CHARACTER der Variablen `vorname` wird bestimmt, wie die Zeichenfolge `'Marc'` intern dargestellt wird.

Im 8 Bit-ASCII-Code würde die Information `'Marc'` auf dem zu `vorname` gehörigen Arbeitsspeicherbereich wie folgt abgespeichert werden, wobei der Arbeitsspeicherbereich mit der internen Darstellung von 16 nachlaufenden Leerzeichen aufgefüllt werden würde.

Abbildung 3.3   Konversion

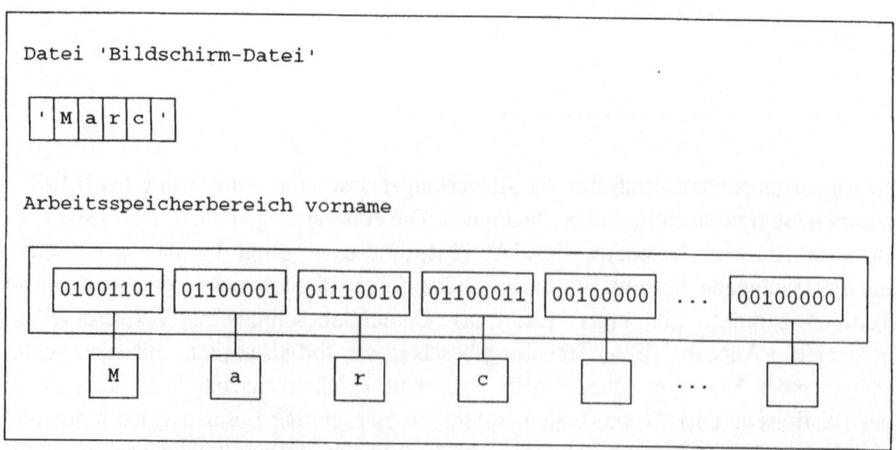

Bei listengesteuerter Formatierung muß die Folge von Zeichen im formatgebundenen Datensatz strukturiert sein, und zwar als Folge von Werten. Die Strukturierung erfolgt mit Hilfe von Trennzeichen. Zulässiges Trennzeichen ist das Leerzeichen, das Komma oder der Schrägstrich. Außerhalb von Zeichenkonstanten wird das Ende eines Datensatzes wie ein Leerzeichen interpretiert. Jedes Trennzeichen kann in eine Folge von Leerzeichen eingebettet sein. Mit der Ausnahme ihrer Verwendung in Zeichenkonstanten werden zwei oder mehr aufeinanderfolgende Leerzeichen wie ein Leerzeichen ausgewertet. Der Vorgang, aus einer Datei bei listengesteuerter Formatierung zu lesen, wird auch kurz als *listengesteuerte Eingabe* bezeichnet. Analog heißt der Vorgang im Fall des Schreibens in eine Datei kurz *listengesteuerte Ausgabe*.

Im Fall von listengesteuerter Eingabe bezeichnet *leerer Wert* eine Zeichensequenz der Länge 0 zwischen zwei Trennzeichen sowie eine Zeichensequenz der Länge 0 oder eine Sequenz von Leerzeichen vor dem ersten Komma oder Schrägstrich im ersten Datensatz, der mit Hilfe einer Anweisung zur listengesteuerten Eingabe zu bearbeiten ist. Die Zuordnung eines leeren Werts zu einem korrespondierenden Datenobjekt verändert nicht dessen Bestimmtheitsstatus.

Ein *Wert bei listengesteuerter Ein- und Ausgabe* ist ein leerer Wert oder eine Zeichensequenz der folgenden Syntax.

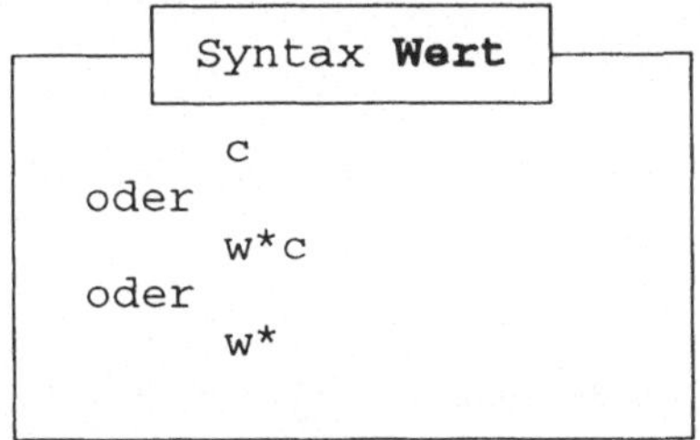

Mit c wird eine Zeichenfolge beschrieben, die der Syntax einer FORTRAN Konstanten entspricht, wobei unter Standard Fortran 90 die Darstellung eines Zeichenwerts auch ohne einschließendes Paar von Anführungs- oder Auslassungszeichen zulässig ist. Ein Leerzeichen in der Darstellung eines Werts ist unzulässig mit Ausnahme seiner Verwendung in einer Zeichenkonstanten c oder in einer Konstanten c vom Datentyp COMPLEX. Der Datentyp COMPLEX wird in Abschnitt 6.3 behandelt werden. Mit w wird eine Konstante vom Datentyp INTEGER bezeichnet, deren Wert größer als 0 ist. Diese Konstante heißt Wiederholungsfaktor. Die Darstellung w*c ist äquivalent zu der w-fachen Wiederholung von c. Insbesondere beschreibt w* die w-fache Wiederholung des leeren Werts.

Im Regelfall ist einem Wert im formatgebundenen Datensatz positionsabhängig der Name eines Datenobjekts in eingabeliste zugeordnet. Jeder Wert c im formatgebundenen Datensatz muß ein Element der Wertemenge zum Datentyp des korrespondierenden Datenobjekts in eingabeliste beschreiben. Für den Fall eines korrespondierenden Datenobjekts vom Datentyp CHARACTER gilt eine Ausnahme.

Die Angabe eines Schrägstrichs als Trennzeichen führt dazu, daß der Datentransfer beendet wird. In bezug auf ein Datenobjekt, dessen Name in eingabeliste nachfolgend angeordnet ist, wird so verfahren als wäre ein leerer Wert zugeordnet worden.

Ein Zeichenwert in Form einer Zeichenkonstanten kann über das Ende eines Datensatzes in weiteren Datensätzen fortgesetzt werden. Tritt das Ende eines Datensatzes in der Darstellung eines Zeichenwerts als einer Zeichenkonstanten auf, so verändert dies nicht den Zeichenwert. Ein fortzusetzender Datensatz darf nicht zwischen zwei Auslassungszeichen enden, wenn die Zeichenkonstante von Auslassungszeichen eingeschlossen wird. Dies gilt analog für das Anführungszeichen.

Unter Standard Fortran 90 darf, wie bereits erwähnt, ein Zeichenwert auch ohne ein einschließendes Paar von Anführungs- oder Auslassungszeichen im formatgebundenen Datensatz dargestellt werden, wenn besondere Bedingungen erfüllt sind. Damit wird gewährleistet, daß die Interpretation eines solchen Werts eindeutig bleibt.

Es bezeichne lä den Wert des Typparameters LÄNGE zum Datentyp CHARACTER eines Datenobjekts und b die Anzahl der signifikanten Zeichen in der Darstellung eines Zeichenwerts als Zeichenkonstante.

Bei listengesteuerter Eingabe gilt dann für den Fall von

$b \leq$ lä,   daß b Zeichen, linksbündig angeordnet, mit (lä-b) nachlaufenden Leerzeichen

und für den Fall von

$b >$ lä,   daß die lä signifikanten Zeichen, die am weitesten links stehen,

in interner Darstellung auf dem korrespondierenden Arbeitsspeicherbereich abgespeichert werden.

Wäre unter sonst gleichen Bedingungen die Information nicht listengesteuert übertragen, sondern mit der internen Zeichenzuweisungsanweisung zugewiesen worden, hätte dies zu demselben Speicherresultat geführt.

Abbildung 3.4   listengesteuerte Eingabe

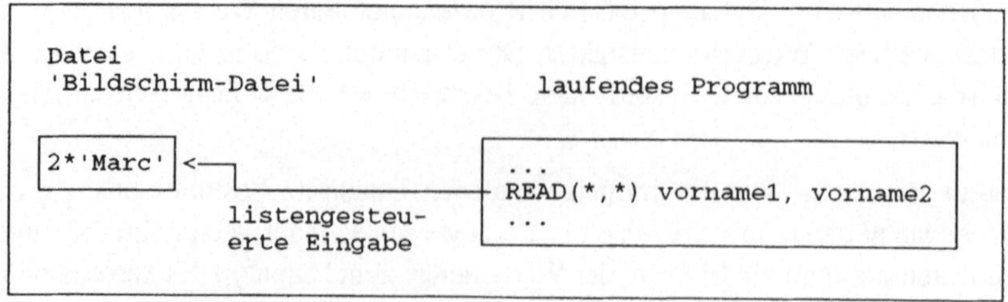

Listengesteuerte Ausgabe wird insbesondere in der Testphase eines Programms eingesetzt, um mit geringem Programmieraufwand bezogen auf einen zu überprüfenden Teilbereich einer Programmeinheit Datenausgabe zu erzeugen.

In der Regel wird bei listengesteuerter Ausgabe eine externe Darstellung erzeugt, wie sie für die listengesteuerte Eingabe erwartet wird. In der externen Darstellung werden Werte durch ein oder mehrere Leerzeichen oder durch ein in Leerzeichen eingebettetes Komma getrennt.

Unter Standard Fortran 90 läßt sich die externe Darstellung von Zeichenkonstanten mit Hilfe einer Spezifikation der Anweisung OPEN modifizieren. Gilt für eine Datei-Einheit Verbindung die Vorbesetzung des Spezifikationswerts zu dieser Spezifikation, so werden Zeichenkonstanten ohne ein einschließendes Paar von Anführungs- oder Auslassungszeichen, ohne vor- oder nachlaufende Trennzeichen, mit einem Apostroph oder Anführungszeichen für jedes signifikante Apostroph oder Anführungszeichen ausgegeben. Wird ferner die externe Darstellung einer Zeichenkonstanten in einem nachfolgenden Datensatz fortgesetzt, so hat dieser Datensatz ein führendes Leerzeichen.

Mit einer Ausnahme beginnt jeder Datensatz in einer Datei, der listengesteuert geschrieben wurde, mit einem Leerzeichen. Die Darstellung von zwei oder mehr gleichen, unmittelbar aufeinanderfolgenden Werten in der Form w*c oder als w-fache Sequenz des gleichen Werts erfolgt systemabhängig.

Abschließend wird darauf hingewiesen, daß in ausgabeliste auch die Angabe von Ausdrücken zulässig ist.

```
┌─ Beispiel Ausdruck in ausgabeliste ─┐
│ CHARACTER (20) vorname, nachname
│ ...
│ WRITE(*,*) nachname // vorname
└
```

Bei den vorangegangenen Programmzeilen handelt es sich um eine auszugsweise Wiedergabe von Programmbeispiel 3.1. Dieses Programm kann als Orientierungshilfe herangezogen werden, um den Inhalt von Kapitel 3 anwendungsbezogen zu rekapitulieren. Ferner dient das Programm dazu, die Bearbeitung der Programmieraufgabe 3.1 vorzubereiten.

3.6 Übung zu Kapitel 3

3.1 Entwickeln Sie ein Standard Fortran 90 Programm so, daß aus einem Datensatz Ihr Nachname, Ihr Vorname und Ihre Anschrift, differenziert nach Straße, Hausnummer, Postleitzahl (PLZ) und Wohnort, über vordefinierte Datei-Einheit Verbindung listengesteuert eingelesen wird und über vordefinierte Datei-Einheit Verbindung listengesteuerte Ausgabe in der folgenden Form erzeugt wird:

<Vorname>   <Nachname>,   <Straße>   <Hausnummer>,   <PLZ> <Wohnort>

4 Operationen auf Dateien und Datentransfer

Wenn auch der FORTRAN Anwender vorrangig Algorithmen programmieren sowie Gleit- und Festpunktzahlen verarbeiten will, so sind doch tiefergehende Kenntnisse zu Operationen auf Dateien und zum Datentransfer Voraussetzung für effiziente und fehlerfreie Verarbeitung von Daten und eine ansprechende Gestaltung der Ausgabe. Mit der in Kapitel 3 eingeführten listengesteuerten Ein- und Ausgabe sind anspruchsvollere Anforderungen an Datentransfer und an die Darstellung von Ergebnissen der Datenverarbeitung nicht realisierbar, so daß auf weitere Varianten formatgebundener Ein- und Ausgabe einzugehen sein wird.

Zwar umfaßt Standard Fortran 90 in Relation zu Standard FORTRAN 77 auch Weiterentwicklungen im Zusammenhang mit der Ein- und Ausgabe von Daten, mit Ausnahme der nicht vorrückenden Anweisung zum Datentransfer aber keine grundsätzlichen Neuerungen. Für den Einsteiger in das Programmieren mit FORTRAN sind jedoch weitere Kenntnisse zu Operationen auf Dateien und zum Datentransfer Voraussetzung dafür, um selbst einfache Programmieraufgaben bearbeiten zu können.

Als ein Schwerpunkt werden in dem vorliegenden Kapitel Syntax und Semantik der Anweisungen OPEN, CLOSE, BACKSPACE, REWIND und ENDFILE behandelt. Wegen der Bedeutung der Anweisung OPEN für das Programmieren werden ergänzend ihre Spezifikationen in einer Kurzbeschreibung tabellarisch zusammengefaßt. Formatgebundene Ein- und Ausgabe bei sequentiellem Dateizugriff bildet einen weiteren thematischen Schwerpunkt. In diesem Kontext werden Syntax und Semantik der Anweisungen READ, WRITE und FORMAT ausführlich erörtert und die Anweisung PRINT einführend behandelt. Eine Kurzbeschreibung der unter Standard Fortran 90 verfügbaren Datenfeldbeschreiber, Textbeschreiber und E-A Steuerungsbeschreiber wird in übersichtlicher Form zusammengestellt. Der A-Formatbeschreiber sowie X- und /-Steuerungsbeschreiber werden eingehender erläutert. Ferner wird auf interne Dateien und externe Dateien in direktem Zugriff eingegangen. Weitere grundlegende Begriffe werden festgelegt, wie aktueller, vorangehender und nachfolgender Datensatz, vorrückende und nicht vorrückende Anweisung zum Datentransfer, Datenfeldbeschreibung, skalares Datenobjekt, skalare Variable, skalarer Ausdruck und Ein- oder Ausgabeanweisung bei sequentiellem Zugriff sowie bei direktem Zugriff.

4.1 Dateiattribute Existenz und Position

Eine externe Datei hat Eigenschaften, die auch als Dateiattribute bezeichnet werden. Dateiattribute können betriebssystemabhängig sein. Einige dieser Dateiattribute sind bereits einführend behandelt worden:

Dateiname, Zugriffsverfahren und Dateiformat (formatgebundene, formatfreie Datei).

Weitere Eigenschaften einer externen Datei sind:

Existenz und Position.

Unter FORTRAN hat eine externe Datei die logisch zweiwertige Eigenschaft, existent oder nicht existent zu sein. Eine externe Datei heißt *existent*, wenn aus einem FORTRAN Programm während seiner Ausführung auf diese Datei zugegriffen werden kann. Die Anzahl der Datensätze in einer existenten Datei kann 0 sein. Eine Datei, die unter dem Betriebssystem angelegt worden ist, mit dem aktuell gearbeitet wird, muß deshalb nicht schon unter FORTRAN existent sein. Eine Datei kann beispielsweise durch Paßwortschutz-Mechanismen vor dem Zugriff aus einem FORTRAN Programm geschützt sein. Eine zuvor nicht existente Datei läßt sich durch die Ausführung einer geeignet spezifizierten Anweisung OPEN, WRITE, PRINT oder ENDFILE erzeugen. Eine so erzeugte Datei hat dann die Eigenschaft, existent zu sein. Eine existente Datei läßt sich durch die Ausführung einer geeignet spezifizierten Anweisung OPEN in Verbindung mit der Anweisung CLOSE löschen. Diese Datei ist dann nicht existent. Mit jeder Anweisung zum Datentransfer und zur Operation auf externen Dateien darf auf eine existente Datei und mit Ausnahme der Anweisungen READ und BACKSPACE auch auf eine nicht existente Datei Bezug genommen werden.

Eine externe Einheit hat ebenfalls die logisch zweiwertige Eigenschaft, existent oder nicht existent zu sein. Die Menge der existenten externen Einheiten ist in der Regel auch systemabhängig. Mit jeder Anweisung zum Datentransfer und zur Operation auf externen Dateien darf auf eine existente externe Einheit Bezug genommen werden. Mit den Anweisungen INQUIRE und CLOSE ist auch die Bezugnahme auf eine nicht existente externe Einheit zulässig.

Besteht für eine Datei eine Datei-Einheit Verbindung, so hat diese Datei die Eigenschaft, positioniert zu sein. Dieses Dateiattribut wird im folgenden anschaulich als Positionierung eines Dateizeigers beschrieben. Die Position des Dateizeigers unmittelbar vor dem ersten Datensatz wird als *Anfangspunkt* bezeichnet. Die Position des Dateizeigers unmittelbar nach dem letzten Datensatz heißt *Endpunkt*. Falls eine Datei keinen Datensatz enthält, fallen Anfangs- und Endpunkt zusammen. Um die Positionierung des Dateizeigers vor und nach dem Transfer von Daten adäquat beschreiben zu können, sind zunächst die Begriffe aktueller, vorangehender und nachfolgender Datensatz zu erläutern.

Ist der Dateizeiger innerhalb eines Datensatzes positioniert, wird damit der *aktuelle Datensatz* festgelegt. Steht der Dateizeiger nicht innerhalb eines Datensatzes, so gibt es keinen aktuellen Datensatz. Eine Datei bestehe aus n Datensätzen. Ist der Dateizeiger im i-ten Datensatz oder zwischen dem (i-1)-ten und i-ten Datensatz positioniert und es gilt 1 < i ≤ n, dann wird der (i-1)-te Datensatz als *vorangehender Datensatz* bezeichnet. Falls 1 ≤ n gilt und der Dateizeiger auf dem Endpunkt steht, ist der n-te Datensatz der vorangehende Datensatz. Falls n=0 gilt oder der Dateizeiger auf dem Anfangspunkt oder im ersten Datensatz steht, gibt es keinen vorangehenden Datensatz. Ist der Dateizeiger im i-ten Datensatz oder zwischen dem i-ten und (i+1)-ten Datensatz positioniert und es gilt 1 ≤ i < n, dann wird der (i+1)-te Datensatz als *nachfolgender Datensatz* bezeichnet. Falls 1 ≤ n gilt und der Dateizeiger auf dem Anfangspunkt steht, ist der erste Datensatz der nachfolgende Datensatz. Falls n=0 gilt oder der Dateizeiger auf dem Endpunkt oder im n-ten Datensatz steht, gibt es keinen nachfolgenden Datensatz.

Eine Anweisung zum Datentransfer heißt *vorrückende Anweisung*, wenn abgesehen vom Fehlerfall nach ihrer Ausführung der Dateizeiger stets unmittelbar hinter dem zuletzt gelesenen oder geschriebenen Datensatz positioniert ist. Eine Anweisung zum Datentransfer heißt *nicht vorrückende Anweisung*, falls nach ihrer Ausführung der Dateizeiger auch im aktuellen Datensatz positioniert sein kann. Nicht vorrückende Ein- oder Ausgabe gestattet, mit mehr als einer Anweisung zum Datentransfer aus einem Datensatz zu lesen oder in einen Datensatz zu schreiben, ohne den Dateizeiger zurücksetzen zu müssen.

Die Positionierung des Dateizeigers **vor** dem Datentransfer hängt vom Zugriffsverfahren ab. Bei sequentiellem Dateizugriff gilt für den Fall von Dateneingabe folgendes: Steht der Dateizeiger im aktuellen Datensatz, wird seine Position nicht verändert. Andernfalls wird der Dateizeiger auf die erste Position des bisher nachfolgenden Datensatzes gesetzt und dieser Datensatz wird zum aktuellen Datensatz. Falls kein nachfolgender Datensatz existiert, ist Dateneingabe unzulässig. Enthält die Datei einen Dateiende-Datensatz, darf der Dateizeiger vor dem Datentransfer nicht hinter den Dateiende-Datensatz positioniert worden sein. In einem solchen Fall läßt sich der Dateizeiger mit der Anweisung REWIND oder mit der Anweisung BACKSPACE geeignet repositionieren. Im Fall von Datenausgabe bei sequentiellem Dateizugriff gilt folgendes: Steht der Dateizeiger im aktuellen Datensatz, wird seine Position nicht verändert. Andernfalls wird ein neuer Datensatz erzeugt. Der Dateizeiger wird auf die erste Position dieses Datensatzes gesetzt, der damit zum aktuellen Datensatz wird.

Beim Datentransfer kann eine Fehlerbedingung, die Datensatzende-Bedingung oder die Dateiende-Bedingung erfüllt werden. Die Menge der Fehlerbedingungen im Zusammenhang mit der Ausführung von Ein- und Ausgabeanweisungen ist systemabhängig. Die Datensatzende-Bedingung tritt ein, wenn bei der Ausführung einer nicht vorrückenden Anweisung READ der Dateizeiger hinter den zuvor aktuellen Datensatz positioniert wird. Die Dateiende-Bedingung ist erfüllt, wenn vereinfachend formuliert bei der Ausführung einer Anweisung READ das Dateiende erreicht wird. Datensatzende-Bedingung und Dateiende-Bedingung werden in Abschnitt 4.2 eingehender behandelt werden.

Für die Position des Dateizeigers **nach** dem Datentransfer bei sequentiellem Dateizugriff gilt folgendes: Falls eine Fehlerbedingung eintritt, wird die Position des Dateizeigers unbestimmt. Wird keine der vorgenannten Bedingungen erfüllt und der Datentransfer erfolgt mit einer nicht vorrückenden Anweisung, so steht der Dateizeiger auch nach dem Datentransfer in dem bisherigen aktuellen Datensatz. Falls die Datensatzende-Bedingung bei der Ausführung einer nicht vorrückenden Anweisung zum Datentransfer erfüllt wird, so wird der aktuelle zum vorangehenden Datensatz und der Dateizeiger ist unmittelbar hinter diesem Datensatz positioniert. In allen anderen Fällen wird der Dateizeiger hinter den zuletzt gelesenen oder geschriebenen Datensatz positioniert und dieser Datensatz wird damit zum vorangehenden Datensatz.

4.2 Datei-Einheit Verbindungen herstellen, modifizieren und auflösen

Die Anweisung OPEN dient dazu, eine externe Datei zu öffnen. Insbesondere läßt sich mit der Anweisung OPEN für eine existente externe Datei eine Datei-Einheit Verbindung herstellen, eine externe Datei erzeugen und für diese Datei eine Datei-Einheit Verbindung herstellen oder zu einer vordefinierten Datei-Einheit Verbindung eine externe Datei erzeugen. Darüber hinaus lassen sich mit der Anweisung OPEN Eigenschaften einer Datei-Einheit Verbindung verändern.

Eine Datei-Einheit Verbindung muß eindeutig sein. Es ist unzulässig, für eine externe Datei, für die bereits eine Datei-Einheit Verbindung besteht, eine Datei-Einheit Verbindung mit einer weiteren externen Einheit zu spezifizieren. Eine spezifizierte Datei-Einheit Verbindung gilt global. Falls mit der Anweisung OPEN in einer Programmeinheit eines ausführbaren Programms eine Datei-Einheit Verbindung spezifiziert wird, kann aus jeder anderen Programmeinheit des ausführbaren Programms auf diese Datei-Einheit Verbindung Bezug genommen werden.

Die Spezifikation einer Datei-Einheit Verbindung in einer Anweisung OPEN ist auch dann bedingt zulässig, wenn für eine Einheit bereits eine Datei-Einheit Verbindung spezifiziert ist. Dabei sind Einschränkungen und Wirkungen nach den folgenden Fällen zu unterscheiden: die externe Datei ist existent oder nicht existent, die Datei-Einheit Verbindung wird für dieselbe Datei oder für eine andere Datei spezifiziert.

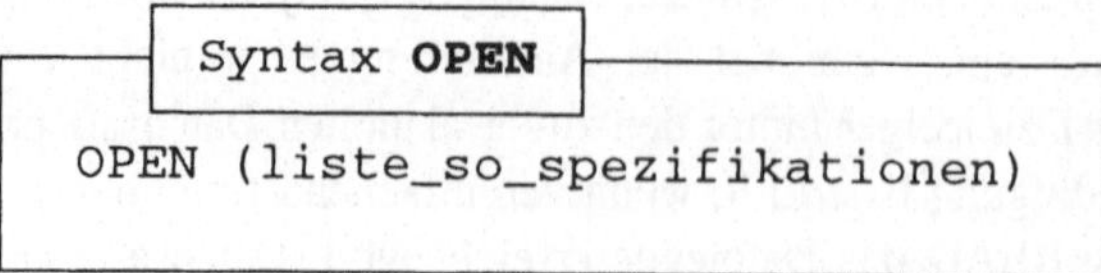

```
┌──────┤ Syntax liste_so_spezifikationen ├──────────┐
│                                                    │
│   [UNIT=]     einheit                              │
│   IOSTAT=     e_a_status                           │
│   ERR=        fehler_anweisungsmarke               │
│   FILE=       dateiname                            │
│   STATUS=     datei_status                         │
│   ACCESS=     zugriffsverfahren                    │
│   FORM=       form_datei_einheit                   │
│   RECL=       länge_datensatz                      │
│   BLANK=      konv_leerzeichen                     │
│   POSITION=   position_datei                       │
│   ACTION=     zul_datentransfer                    │
│   DELIM=      begrenzer_zeichenkonstante           │
│   PAD=        auffüll_leerzeichen                  │
│                                                    │
└────────────────────────────────────────────────────┘
```

Jeder Spezifikationswert zu einer dieser Spezifikationen ist ein skalarer Ausdruck mit Ausnahme eines Spezifikationswerts zu IOSTAT= und ERR=. Ein Datenobjekt, das simultan nur einen Wert aus der Wertemenge des zugehörigen Datentyps annehmen kann, heißt *skalares Datenobjekt*. Bisher sind ausschließlich skalare Datenobjekte behandelt worden. Ein Ausdruck, in dem jeder Operand ein Skalar ist, wird als *skalarer Ausdruck* bezeichnet. Feldwertige Datenobjekte und Feldausdrücke werden in Kapitel 8 erörtert und der Begriff Skalar wird in Kapitel 9 weiter präzisiert werden.

Die Spezifikation UNIT= dient dazu, die Einheit für eine Datei-Einheit Verbindung festzulegen. Die Angabe eines Spezifikationswerts zu dieser Spezifikation ist obligatorisch. Die Spezifikation UNIT= ist anzugeben, falls der zugehörige Spezifikationswert nicht die erste Angabe in liste_so_spezifikationen ist.

```
┌──────┤ Syntax einheit ├──────┐
│                              │
│   i_ausdruck                 │
│                              │
└──────────────────────────────┘
```

Dabei bezeichnet i_ausdruck einen (skalaren) Ausdruck vom Datentyp INTEGER. Dieser Datentyp wird in Abschnitt 5.1 ausführlich behandelt werden. Mit dem Wert des Ausdrucks i_ausdruck wird für alle Programmeinheiten eines ausführbaren Programms eine externe Einheit identifiziert. Die Auswertung des Ausdrucks muß den Wert einer ganzen Zahl größer oder gleich 0 liefern. Der zulässige Wertebereich ist im Standard nicht festgelegt und damit vom Sprachdialekt abhängig. Empfehlenswert ist die Wahl einer ganzen Zahl zwischen 0 und 99 einschließlich.

Die Verwendung jeder weiteren Spezifikation ist optional. Die höchstens einmalige Angabe in einer Anweisung OPEN ist zulässig. Eine Reihenfolge, in der die Spezifikationen anzugeben sind, ist nicht vorgeschrieben.

Spezifikationswert zu FILE= ist ein (skalarer) Ausdruck vom Datentyp CHARACTER, dessen Auswertung einen Dateinamen liefern muß, der unter dem aktuellen Betriebssystem zulässig ist. Für diese externe Datei und die angegebene Einheit wird damit die Datei-Einheit Verbindung spezifiziert. Falls zu FILE= kein Spezifikationswert angegeben wird, muß 'SCRATCH' Spezifikationswert zur Spezifikation STATUS= sein.

Mit der Spezifikation STATUS= wird der Status der externen Datei in der spezifizierten Datei-Einheit Verbindung festgelegt.

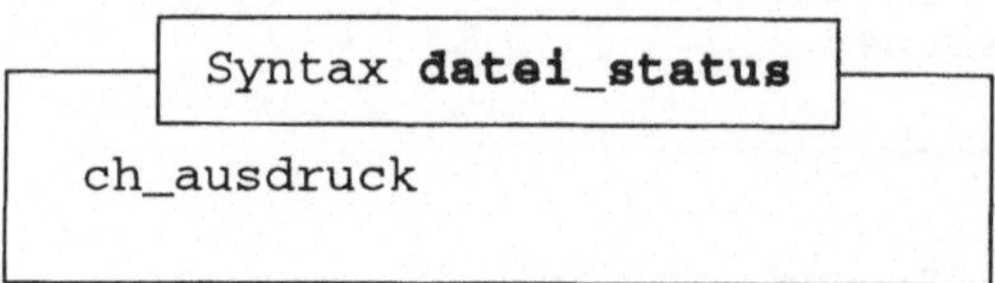

Die Auswertung des (skalaren) Zeichenausdrucks ch_ausdruck muß auf einen der folgenden Werte führen: OLD, NEW, SCRATCH, REPLACE, UNKNOWN. Für den Fall des Spezifikationswerts 'OLD' muß die externe Datei existent sein. Ist 'NEW' Spezifikationswert, so muß die externe Datei die Eigenschaft haben, nicht existent zu sein. Bei erfolgreicher Ausführung der zugehörigen Anweisung OPEN wird die Datei erzeugt, die dann existent ist. Wird der Spezifikationswert 'REPLACE' verwandt und die Datei hat die Eigenschaft, nicht existent zu sein, so wird die Datei erzeugt und ist dann existent. Hat die Datei hingegen die Eigenschaft, existent zu sein, so wird diese Datei gelöscht und eine Datei mit demselben Dateinamen erzeugt, die dann existent ist. Wird STATUS= mit 'OLD', 'NEW' oder 'REPLACE' spezifiziert, so ist ein Spezifikationswert zu FILE= anzugeben. Für den Fall des Spezifikationswerts 'SCRATCH' wird eine Datei erzeugt und für diese Datei die spezifizierte Datei-Einheit Verbindung hergestellt. Die Datei wird spätestens gelöscht, wenn die Ausführung des zugehörigen Programms abgeschlossen wird. Diese Datei hat demnach als Lebensdauer maximal die Laufzeit des zugehörigen ausführbaren Programms. Die Datei wird auch gelöscht, wenn eine Anweisung CLOSE ausgeführt wird, mit der auf die spezifizierte Einheit Bezug genommen wird. Falls der Spezifikationswert 'SCRATCH' verwendet wird, darf, wie bereits erwähnt, FILE= nicht spezifiziert werden. Für den Fall des Spezifikationswerts 'UNKNOWN' ist der Status der externen Datei systemabhängig. Die Spezifikation STATUS= ist mit dem Wert 'UNKNOWN' vorbesetzt.

```
Beispiele Spezifikation STATUS=

OPEN (10, STATUS='OLD', FILE='<dateiname1>')
OPEN (20, STATUS='NEW', FILE='<dateiname2>')
```

Die Spezifikation ACTION= dient dazu, Lese- und/oder Schreibberechtigung für die Datei aus der Datei-Einheit Verbindung zu spezifizieren.

```
┌─── Syntax zul_datentransfer ───┐
│                                │
│   ch_ausdruck                  │
│                                │
└────────────────────────────────┘
```

Die Auswertung des (skalaren) Zeichenausdrucks ch_ausdruck muß auf einen der folgenden Werte führen: READ, WRITE, READWRITE. Im Fall des Spezifikationswerts 'READ' ist die Datei in der spezifizierten Datei-Einheit Verbindung nur für den lesenden, im Fall von 'WRITE' nur für den schreibenden und im Fall von 'READWRITE' für den lesenden und schreibenden Zugriff geöffnet. Die Vorbesetzung für den Spezifikationswert der Spezifikation ist systemabhängig.

```
┌─── Beispiel Spezifikation ACTION= ───┐
│                                      │
│  OPEN (10, STATUS='OLD', FILE='<dateiname>', ACTION='READ')
│                                      │
└──────────────────────────────────────┘
```

Die Spezifikation ACCESS= dient dazu, das Zugriffsverfahren festzulegen. Der Spezifikationswert ist ein (skalarer) Ausdruck vom Datentyp CHARACTER, dessen Auswertung auf einen der folgenden Werte führen muß: SEQUENTIAL, DIRECT. Die Spezifikation ist mit dem Spezifikationswert 'SEQUENTIAL' vorbesetzt.

Die Spezifikation RECL= dient dazu, für eine sequentielle Datei die maximale Länge eines Datensatzes und für eine Datei in direktem Zugriff die Länge ihrer Datensätze zu spezifizieren. Demnach hat jeder Datensatz einer Datei in direktem Zugriff dieselbe Länge. Für eine Datei in direktem Zugriff ist die Angabe eines Spezifikationswerts zu RECL= obligatorisch. Im Fall einer sequentiellen Datei ist die Vorbesetzung des Spezifikationswerts systemabhängig. In bezug auf eine formatgebundene Datei stimmt die Länge eines Datensatzes mit der Anzahl der Zeichen im Datensatz überein. Für den Fall einer formatfreien Datei wird die Datensatzlänge in prozessorabhängigen Einheiten gemessen.

Mit FORM= wird spezifiziert, ob die Datei-Einheit Verbindung für formatgebundene oder formatfreie Ein- oder Ausgabe besteht. Zulässige Spezifikationswerte sind 'FORMATTED' oder 'UNFORMATTED'. Im Fall einer sequentiellen Datei ist die Spezifikation mit dem Spezifikationswert 'FORMATTED', bei direktem Dateizugriff mit dem Spezifikationswert 'UNFORMATTED' vorbesetzt.

Die Spezifikation BLANK= ist nur in Verbindung mit formatgebundener Ein- und Ausgabe zu verwenden. Mit BLANK= wird festgelegt, wie bei der Dateneingabe Leerzeichen in numerisch umzuwandelnden Datenfeldern einer Datei behandelt werden. Zulässige Spezifikationswerte sind `'NULL'` oder `'ZERO'`. Der Spezifikationswert ist mit `'NULL'` vorbesetzt. Leerzeichen werden dann ignoriert bis auf den Fall eines vollständig mit Leerzeichen besetzten Datenfelds. Die Sequenz von Leerzeichen wird dann in eine Gleitpunktzahl `0.` oder eine Festpunktzahl `0` umgewandelt. Im Fall des Spezifikationswerts `'ZERO'` wird mit Ausnahme führender Leerzeichen jedes Leerzeichen wie eine Ziffer `0` ausgewertet.

Mit der Spezifikation `POSITION=` läßt sich für eine sequentielle Datei in der Datei-Einheit Verbindung die Position des Dateizeigers unmittelbar nach Ausführung der Anweisung OPEN spezifizieren. Zulässige Spezifikationswerte sind `'ASIS'`, `'REWIND'` oder `'APPEND'`. Die Spezifikation ist mit dem Spezifikationswert `'ASIS'` vorbesetzt. In diesem Fall bleibt für eine Datei, die existent und bereits geöffnet worden ist, die Position des Dateizeigers unverändert. Besteht hingegen für diese Datei keine Datei-Einheit Verbindung, so ist die Position des Dateizeigers unbestimmt. Wird als Spezifikationswert `'REWIND'` angegeben, so wird für eine existente Datei der Dateizeiger auf den Anfangspunkt gesetzt. Wird zu `POSITION=` der Spezifikationswert `'APPEND'` spezifiziert, so wird für eine existente Datei der Dateizeiger so positioniert, daß der Dateiende-Datensatz der nachfolgende Datensatz ist, falls die Datei einen Dateiende-Datensatz enthält. Andernfalls wird der Dateizeiger auf den Endpunkt positioniert.

Die Spezifikation `DELIM=` dient dazu festzulegen, ob und wie bei listen- oder namenlistengesteuerter Ausgabe die Auslassungs- oder Anführungszeichen dargestellt werden, die eine Zeichenkonstante einschließen. Zulässige Spezifikationswerte sind `'APOSTROPHE'`, `'QUOTE'` oder `'NONE'`. Die Spezifikation ist mit dem Spezifikationswert `'NONE'` vorbesetzt. Jede Zeichenkonstante wird dann ohne Begrenzer dargestellt. Ebenso wird ein Anführungs- oder Auslassungszeichen in einer Zeichenkonstanten als ein Zeichen ausgegeben.

Die Spezifikation `PAD=` dient dazu, die Zuordnung von Datenobjekten in `eingabeliste` einer Anweisung READ, von Datenfeldbeschreibungen und der Information im Datensatz, aus dem gelesen wird, aufeinander abzustimmen. Zulässige Spezifikationswerte sind `'YES'` oder `'NO'`. Die Spezifikation ist mit dem Spezifikationswert `'YES'` vorbesetzt. In diesem Fall wird ein formatgebundener Datensatz logisch mit Leerzeichen aufgefüllt, wenn in bezug auf `eingabeliste` und Formatspezifikation ein Datenunterschuß im Datensatz vorliegt.

Die Bedeutung der Anweisung OPEN für das Programmieren und der Umfang an Spezifikationen legen es nahe, in einer Übersicht deren wesentliche Merkmale zusammenzufassen. In der folgenden Tabelle werden daher die Spezifikationen und eine kurze Beschreibung ihrer operationalen Aufgabe zusammengestellt. Ferner wird differenziert danach, ob und ggf. unter welchen Voraussetzungen die Angabe eines Spezifikationswerts obligatorisch oder optional ist und welche Vorbesetzung einer Spezifikation mit einem Spezifikationswert im Standard Fortran 90 festgelegt worden ist.

Tabelle 4.1   Übersicht Spezifikationen der Anweisung OPEN

Spezifikation	Kurzbeschreibung Festlegung von	Spezifikations- wert obligat, optional	Vorbesetzung Spezifikationswert Standard Fortran 90
`[UNIT=]`	Einheit	obligat	keine
`FILE=`	Datei	obligat, falls `'SCRATCH'` nicht Spezifikationswert zu `STATUS=`	keine
`IOSTAT=`	Status Ein-, Ausgabe	optional	keine
`ERR=`	Fehlerbehandlung	optional	keine
`ACTION=`	Zugriffsart	optional	systemabhängig
`STATUS=`	Status Datei	optional	`'UNKNOWN'`
`FORM=`	formatgebundene, formatfreie Datei	optional	`'FORMATTED'` bei sequentiellem, `'UNFORMATTED'` bei direktem Zugriff
`RECL=`	Länge Datensatz	obligat bei direktem Zugriff	systemabhängig
`POSITION=`	Positionieren Dateizeiger	optional	`'ASIS'`
`ACCESS=`	Zugriffsverfahren	optional	`'SEQUENTIAL'`
`DELIM=`	Darstellung Zeichenkonstanten	optional	`'NONE'`
`BLANK=`	Interpretation Leerzeichen	optional	`'NULL'`
`PAD=`	Auffüllen, Nichtauffüllen Leerzeichen	optional	`'YES'`

Zu den Spezifikationen der Anweisung OPEN, aber auch zu den Spezifikationen der Anweisungen CLOSE, INQUIRE, BACKSPACE, REWIND und ENDFILE gehören `ERR=` und `IOSTAT=`.

Für ein besseres Verständnis der Semantik dieser Spezifikationen zu den vorgenannten Anweisungen ist es erforderlich, zunächst die Dateiende-Bedingung und die Datensatzende-Bedingung ausführlicher zu behandeln, wie in Abschnitt 4.1 bereits angekündigt.

Die Dateiende-Bedingung ist erfüllt, wenn

- ▶ der Dateizeiger in einer externen Datei in sequentiellem Zugriff zwischen dem letzten Datensatz und dem Dateiende-Datensatz positioniert ist und versucht wird, eine Anweisung READ auszuführen

oder

- ▶ der Dateizeiger in einer internen Datei hinter dem letzten Datensatz positioniert ist und versucht wird, aus dieser Datei zu lesen.

Die Datensatzende-Bedingung tritt ein, wenn bei der Ausführung einer nicht vorrückenden Anweisung READ der Dateizeiger hinter den zuvor aktuellen Datensatz positioniert wird.

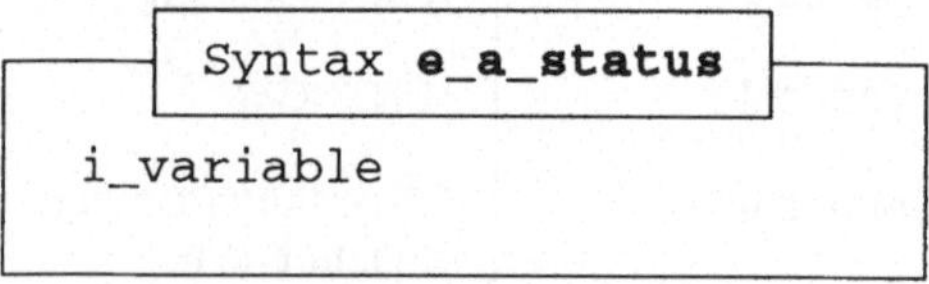

```
Syntax e_a_status

i_variable
```

Die Ausführung einer der vorgenannten Anweisungen, in der IOSTAT= spezifiziert worden ist, bewirkt, daß der Variablen i_variable vom Regeldatentyp INTEGER

- ▶ die Festpunktzahl 0 zugewiesen wird, wenn weder eine Fehlerbedingung noch die Dateiende-Bedingung, noch die Datensatzende-Bedingung erfüllt worden ist,

- ▶ der Wert einer ganzen Zahl größer als 0 zugewiesen wird, wenn eine Fehlerbedingung erfüllt worden ist,

- ▶ der Wert einer ganzen Zahl kleiner als 0 zugewiesen wird, falls die Dateiende-Bedingung oder die Datensatzende-Bedingung erfüllt worden ist, jedoch keine Fehlerbedindung eingetreten ist.

Die Menge der Fehlerbedingungen ist systemabhängig. Der Wert einer ganzen Zahl größer als 0 charakterisiert die zugehörige, systemabhängig festgelegte Fehlerbedingung.

```
Syntax fehler_anweisungsmarke

anweisungsmarke
```

Tritt bei der Ausführung einer der vorgenannten Anweisungen, zu der ERR= spezifiziert worden ist, ein Fehler auf, so wird

▶ die Ausführung dieser Anweisung beendet,

▶ die Position des Dateizeigers in der Datei aus der zugehörigen Datei-Einheit Verbindung unbestimmt,

▶ falls in der Anweisung IOSTAT= spezifiziert wurde, der angegebenen Variablen der systemabhängige Wert einer ganzen Zahl zugewiesen,

▶ die Ausführung des Programms mit der Anweisung fortgesetzt, die mit der zu ERR= spezifizierten Anweisungsmarke markiert ist.

Ein Programmlauf wird abgebrochen, falls bei der Ausführung einer Anweisung zum Datentransfer oder zur Operation auf externen Dateien eine Fehlerbedingung eintritt und in dieser Anweisung weder die Spezifikation IOSTAT= noch ERR= spezifiziert worden ist.

```
 ┌──── Beispiel Spezifikationen ERR= und IOSTAT= ────┐
 │                                                    │
 │ INTEGER fehler                                     │
 │    ...                                             │
 │ OPEN (10, STATUS='OLD', FILE='<dateiname>', ERR=5555,        &
 │           IOSTAT=fehler)                           │
 │    ...                                             │
 │ 5555 WRITE (*,*) ' Fehler beim Öffnen der Datei <dateiname>' │
 │                                                    │
 └────────────────────────────────────────────────────┘
```

Im Beispiel wird mit der Anweisung zur Typdeklaration eine Variable vom Regeldatentyp INTEGER vereinbart. Die Anweisung zur Vereinbarung von Datenobjekten des Datentyps INTEGER wird in Abschnitt 5.1 ausführlich behandelt werden.

Die Anweisung CLOSE dient dazu, eine externe Datei zu schließen. Insbesondere läßt sich mit der Anweisung CLOSE die Datei-Einheit Verbindung zwischen einer externen Datei und einer Einheit auflösen. Darüber hinaus gestattet die Anweisung CLOSE, den Status der Datei nach Auflösung der Datei-Einheit Verbindung zu spezifizieren.

```
 ┌──── Syntax CLOSE ────┐
 │                       │
 │ CLOSE (liste_sc_spezifikationen) │
 │                       │
 └───────────────────────┘
```

```
┌─────Syntax liste_sc_spezifikationen─────┐
│                                          │
│  [UNIT=]     einheit                     │
│  IOSTAT=     e_a_status                  │
│  ERR=        fehler_anweisungsmarke      │
│  STATUS=     datei_status                │
│                                          │
└──────────────────────────────────────────┘
```

Die Spezifikation UNIT= dient dazu, die Einheit für die aufzulösende Datei-Einheit Verbindung festzulegen. Die Angabe eines Spezifikationswerts zu dieser Spezifikation ist obligatorisch. Die Spezifikation UNIT= ist anzugeben, falls der zugehörige Spezifikationswert nicht die erste Angabe in liste_sc_spezifikationen ist.

```
┌─────Syntax einheit─────┐
│                         │
│  i_ausdruck             │
│                         │
└─────────────────────────┘
```

Die Auswertung von i_ausdruck, einem (skalaren) Ausdruck vom Datentyp INTEGER, muß den Wert einer ganzen Zahl größer oder gleich 0 liefern.

Die Verwendung jeder weiteren Spezifikation ist optional. Die höchstens einmalige Angabe in einer Anweisung CLOSE ist zulässig. Eine Reihenfolge, in der die Spezifikationen anzugeben sind, ist nicht vorgeschrieben.

Auf die Spezifikationen ERR= und IOSTAT= ist in diesem Abschnitt bereits eingegangen worden.

Mit der Spezifikation STATUS= wird der Status der externen Datei nach der Auflösung der Datei-Einheit Verbindung festgelegt.

```
┌─────Syntax datei_status─────┐
│                              │
│  ch_ausdruck                 │
│                              │
└──────────────────────────────┘
```

Die Auswertung des (skalaren) Zeichenausdrucks ch_ausdruck muß auf einen der folgenden Werte führen: KEEP, DELETE. Für den Fall des Spezifikationswerts 'DELETE' wird die externe Datei gelöscht und ist dann nicht existent. Wird STATUS= mit 'KEEP' spezifiziert und die externe Datei hat die Eigenschaft, nicht existent zu sein, so bleibt auch nach Ausführung der Anweisung CLOSE die Eigenschaft erhalten, nicht existent zu sein. Andernfalls hat die externe Datei nach Ausführung der Anweisung CLOSE die Eigenschaft, existent zu sein. Ist die Datei mit dem Spezifikationswert

'SCRATCH' geöffnet worden, so ist die Verwendung des Spezifikationswerts 'KEEP' zu STATUS= in der Anweisung CLOSE unzulässig. Wird STATUS= nicht spezifiziert, so wird eine Datei, die mit dem Spezifikationswert 'SCRATCH' zu STATUS= geöffnet worden ist, gelöscht und hat die Eigenschaft, nicht existent zu sein. In diesem Fall ist demnach STATUS= mit dem Spezifikationswert 'DELETE' vorbesetzt. Andernfalls ist STATUS= mit dem Spezifikationswert 'KEEP' vorbesetzt.

```
Beispiel Spezifikation STATUS=
CLOSE (10, STATUS='KEEP')
```

Eine Datei-Einheit Verbindung kann in jeder Programmeinheit eines ausführbaren Programms aufgelöst werden. Hat die spezifizierte Einheit die Eigenschaft, nicht existent zu sein oder besteht für die spezifizierte Einheit keine Datei-Einheit Verbindung, so bleibt die Ausführung der Anweisung CLOSE wirkungslos.

Für eine externe Einheit aus einer aufgelösten Datei-Einheit Verbindung kann erneut eine Datei-Einheit Verbindung spezifiziert werden. Dies gilt analog für eine (benannte) Datei aus einer aufgelösten Datei-Einheit Verbindung, sofern sie nach Ausführung der Anweisung CLOSE die Eigenschaft hat, existent zu sein. Wird die Ausführung eines Programms nicht dadurch beendet, daß eine Fehlerbedingung eintritt, so wird jede Datei-Einheit Verbindung, die nicht durch Ausführung einer Anweisung CLOSE explizit aufgelöst worden ist, implizit aufgelöst. Das implizite Schließen einer Datei wirkt wie die Ausführung einer Anweisung CLOSE mit vorbesetztem Spezifikationswert zu STATUS=.

Mit der Anweisung INQUIRE lassen sich während der Ausführung eines ausführbaren Programms Dateiattribute einer (benannten) externen Datei und Eigenschaften einer Datei-Einheit Verbindung abfragen. Ferner dient die Anweisung INQUIRE dazu, für eine spezifizierte Ausgabeliste die (prozessorabhängige) Datensatzlänge bestimmen zu lassen, die sich bei Verwendung dieser Ausgabeliste als ausgabeliste in einer Anweisung zur formatfreien Ausgabe für den dann erzeugten Datensatz ergäbe.

4.3   Positionieren des Dateizeigers

Die Anweisung BACKSPACE gestattet, für eine geöffnete Datei den Dateizeiger, vereinfachend formuliert, um einen Datensatz zurückzusetzen.

```
┌─ Syntax BACKSPACE ─────────────────────────────────┐
│                                                     │
│        BACKSPACE einheit                            │
│   oder                                              │
│        BACKSPACE (liste_pos_spezifikationen)        │
│                                                     │
└─────────────────────────────────────────────────────┘
```

```
┌─ Syntax liste_pos_spezifikationen ──────────────────┐
│                                                     │
│   [UNIT=]      einheit                              │
│   IOSTAT=      e_a_status                           │
│   ERR=         fehler_anweisungsmarke               │
│                                                     │
└─────────────────────────────────────────────────────┘
```

Die Spezifikation UNIT= dient dazu, die Einheit zu spezifizieren, mit der die Datei verbunden ist, für die der Dateizeiger zurückzusetzen ist. Die Angabe eines Spezifikationswerts ist obligatorisch. Die Spezifikation UNIT= ist anzugeben, falls der zugehörige Spezifikationswert nicht die erste Angabe in liste_pos_spezifikationen ist.

```
┌─ Syntax einheit ────────────────┐
│                                 │
│   i_ausdruck                    │
│                                 │
└─────────────────────────────────┘
```

Die Auswertung von i_ausdruck, einem (skalaren) Ausdruck vom Datentyp INTEGER, muß den Wert einer ganzen Zahl größer oder gleich 0 liefern.

Die Verwendung jeder weiteren Spezifikation ist optional. Die höchstens einmalige Angabe in einer Anweisung BACKSPACE ist zulässig. Eine Reihenfolge, in der die Spezifikationen anzugeben sind, ist nicht vorgeschrieben. Auf die Ausführungen zu den Spezifikationen IOSTAT= und ERR= in Abschnitt 4.2 wird verwiesen.

```
┌─ Beispiele Anweisung BACKSPACE ─────┐
│                                     │
│   BACKSPACE 10                      │
│   BACKSPACE (10, ERR=1111)          │
│                                     │
└─────────────────────────────────────┘
```

Für die Datei, die mit der spezifizierten Einheit in einer Datei-Einheit Verbindung steht, bewirkt die Ausführung einer Anweisung BACKSPACE, daß

► der Dateizeiger vor den aktuellen Datensatz positioniert wird, falls ein aktueller Datensatz existiert,

► der Dateizeiger vor den vorangehenden Datensatz positioniert wird, falls es keinen aktuellen Datensatz gibt. Steht der Dateizeiger auf dem Anfangspunkt, wird seine Position nicht verändert.

Die Ausführung einer Anweisung BACKSPACE bewirkt demnach, daß der Dateizeiger bezogen auf den Grundbaustein einer FORTRAN Datei, den Datensatz, und nicht innerhalb eines Datensatzes zurückgesetzt wird.

Unmittelbar aufeinanderfolgende Anweisungen BACKSPACE, in denen der Spezifikationswert zu UNIT= identisch ist, sind zulässig. Sie bewirken das Zurücksetzen des Dateizeigers um eine entsprechende Anzahl von Datensätzen. Das Umpositionieren des Dateizeigers mit der Anweisung BACKSPACE kann jedoch sehr aufwendig sein und gilt als fehleranfällig.

Falls der vorangehende Datensatz ein Dateiende-Datensatz ist, bewirkt die Ausführung einer Anweisung BACKSPACE die Positionierung des Dateizeigers vor den Dateiende-Datensatz. Falls vor der Ausführung einer Anweisung BACKSPACE zuletzt mit einer Ausgabeanweisung in eine Datei geschrieben worden ist, bewirkt die Ausführung der Anweisung BACKSPACE, daß implizit ein Dateiende-Datensatz in diese Datei geschrieben wird. Der Dateizeiger ist dann vor dem Datensatz positioniert, der dem Dateiende-Datensatz vorangeht.

Die Anweisung BACKSPACE läßt sich nicht auf eine Datei-Einheit Verbindung anwenden, in der auf eine interne Datei, auf eine externe Datei in direktem Zugriff oder auf eine Datei mit der Eigenschaft, nicht existent zu sein, Bezug genommen wird. Ferner ist unzulässig, den Dateizeiger mit der Anweisung BACKSPACE über solche Datensätze zurückzusetzen, die listengesteuert oder namenlistengesteuert in eine Datei geschrieben worden sind. Namenlistengesteuerter Datentransfer wird in Kapitel 8 behandelt werden.

Die Anweisung REWIND dient dazu, den Dateizeiger auf den Anfangspunkt einer Datei zu setzen.

```
  Syntax REWIND

      REWIND einheit
  oder
      REWIND (liste_pos_spezifikationen)
```

Steht der Dateizeiger bereits auf dem Anfangspunkt, so wirkt die Ausführung der Anweisung REWIND nicht auf die Positionierung des Dateizeigers. Mit der Anweisung REWIND ist auch die Bezugnahme auf eine Datei zulässig, für die eine Datei-Einheit Verbindung besteht und die nicht existent ist. Die Ausführung der Anweisung wirkt dann nicht auf die Positionierung des Dateizeigers.

```
  ┌─ Beispiele Anweisung REWIND ─┐
  │                              │
  │ REWIND 10                    │
  │ REWIND (10, ERR=2222)        │
  │                              │
  └──────────────────────────────┘
```

Die Anweisung ENDFILE dient dazu, explizit zu veranlassen, daß ein Dateiende-Datensatz als nachfolgender Datensatz in eine Datei geschrieben wird.

```
  ┌─ Syntax ENDFILE ─┐
  │                  │
  │      ENDFILE einheit
  │ oder
  │      ENDFILE (liste_pos_spezifikationen)
  │
  └──────────────────────────────────────────┘
```

Nach Ausführung der Anweisung ENDFILE ist der Dateizeiger hinter dem Dateiende-Datensatz positioniert. Vor Ausführung einer Anweisung zum Datentransfer, über die auf diese Datei zugegriffen wird, muß dann mit mindestens einer Anweisung BACKSPACE oder mit der Anweisung REWIND der Dateizeiger zurückgesetzt worden sein.

Besteht für eine Datei mit der Eigenschaft, nicht existent zu sein, eine Datei-Einheit Verbindung und wird unter Bezugnahme auf die korrespondierende externe Einheit eine Anweisung ENDFILE ausgeführt, so wird diese Datei erzeugt und ein Dateiende-Datensatz in die Datei geschrieben.

```
  ┌─ Beispiele Anweisung ENDFILE ─┐
  │                               │
  │ ENDFILE 10                    │
  │ ENDFILE (10, ERR=3333)        │
  │                               │
  └───────────────────────────────┘
```

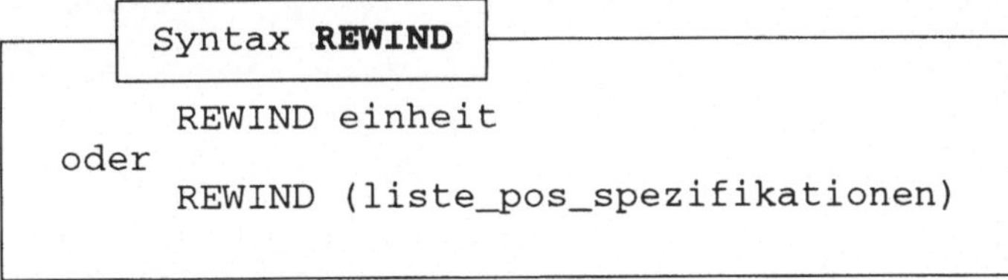

4.4 Formatgebundene Ein- und Ausgabe bei sequentiellem Dateizugriff

Bei sequentiellem Dateizugriff kann Ein- und Ausgabe (E-A) als formatgebundener, formatfreier, listengesteuerter, namenlistengesteuerter, vorrückender, nicht vorrückender oder interner Datentransfer erfolgen. Diese Differenzierung des Datentransfers bei sequentiellem Dateizugriff liefert keine disjunkte Unterteilung. Die bereits behandelte listengesteuerte E-A bei sequentiellem Dateizugriff wird ergänzt durch weitere Varianten formatgebundenen Datentransfers. Formatgebundene E-A impliziert, daß die Darstellung, in der Information vorliegt, umzuwandeln ist. Diese Konversion ist unter FORTRAN eingehend zu beschreiben. Die Spezifikation einer Konversion heißt *Datenfeldbeschreibung*.

Die Anweisungen zum Datentransfer bei sequentiellem Dateizugriff und formatgebundener E-A haben die folgende Syntax.

```
Syntax Anweisungen zum Datentransfer

  READ (liste_e_kontrollspezifikationen) [eingabeliste]
oder
  READ format [, eingabeliste]

  WRITE (liste_a_kontrollspezifikationen) [ausgabeliste]

  PRINT format [, ausgabeliste]
```

Die Anweisungen READ und WRITE sind bereits einführend behandelt worden. Im folgenden werden diese Anweisungen bezogen auf formatgebundenen Datentransfer bei sequentiellem Dateizugriff weiter erörtert werden. Ergänzend wird die Anweisung PRINT eingeführt werden. Auf internen Datentransfer wird in Abschnitt 4.5 kurz eingegangen werden. Namenlistengesteuerter Datentransfer wird zweckmäßig in der Testphase von Programmeinheiten eingesetzt und wird, wie bereits erwähnt, erst in Kapitel 8 erläutert werden.

Die Syntax von `liste_e_kontrollspezifikationen` zur Anweisung READ und die Syntax von `liste_a_kontrollspezifikationen` zur Anweisung WRITE sind wie folgt festgelegt.

```
Syntax liste_e_kontrollspezifikationen

[UNIT=]      einheit
[FMT=]       format
[NML=]       gruppe_name
REC=         datensatznummer
IOSTAT=      e_a_status
ERR=         fehler_anweisungsmarke
END=         dateiende_anweisungsmarke
ADVANCE=     position_dateizeiger
SIZE=        anzahl_üb_zeichen
EOR=         datensatzende_anweisungsmarke
```

```
Syntax liste_a_kontrollspezifikationen

[UNIT=]      einheit
[FMT=]       format
[NML=]       gruppe_name
REC=         datensatznummer
IOSTAT=      e_a_status
ERR=         fehler_anweisungsmarke
ADVANCE=     position_dateizeiger
```

Die Syntax der Spezifikationswerte zu UNIT= und FMT= ist in Abschnitt 3.5 und die
Syntax der Spezifikationswerte zu IOSTAT= und ERR= ist in Abschnitt 4.2 vorgestellt
worden. In diesem Zusammenhang ist auch die Semantik dieser Spezifikationen im we-
sentlichen behandelt worden. Hinsichtlich der Syntax von format zur Spezifikation
FMT= wird bezogen auf das Zwischensymbol anweisungsmarke im folgenden noch
Syntax und Semantik der Anweisung FORMAT nachgetragen werden.

Für das Verständnis der Semantik der Spezifikationen END= und EOR= aus
liste_e_kontrollspezifikationen der Anweisung READ ist es erforderlich,
auf die Ausführungen in Abschnitt 4.2 zur Dateiende- und Datensatzende-Bedingung zu
rekurrieren.

Tritt bei dem Versuch, eine Anweisung READ auszuführen, die Dateiende-Bedingung
ein, so wird die Ausführung der Anweisung READ beendet, und alle Datenobjekte in
eingabeliste erhalten den Status undefiniert. Ist zu einer Anweisung READ weder
IOSTAT= noch END= spezifiziert worden und ist die Dateiende-Bedingung erfüllt, so
wird der Programmlauf abgebrochen.

Die Spezifikation END= dient dazu, die Programmkontrolle an eine markierte ausführbare Anweisung zu übertragen, falls die Dateiende-Bedingung eintritt. Der Spezifikati-

onswert `dateiende_anweisungsmarke` zur Spezifikation `END=` hat die folgende Syntax.

```
Syntax dateiende_anweisungsmarke

anweisungsmarke
```

Die zu `END=` spezifizierte Anweisungsmarke muß mit der Anweisungsmarke einer ausführbaren Anweisung in derselben Programmeinheit übereinstimmen.

Falls bei der Dateneingabe aus einer externen Datei in sequentiellem Zugriff die Dateiende-Bedingung und keine Fehlerbedingung eintritt, so wird, falls `END=` spezifiziert worden ist,

▶ die Ausführung der Anweisung READ beendet,

▶ der Dateizeiger hinter den Dateiende-Datensatz positioniert,

▶ falls zu `IOSTAT=` ein Spezifikationswert angegeben ist, der spezifizierten Variablen der Wert einer ganzen Zahl kleiner als 0 zugewiesen,

▶ die Programmausführung mit der markierten Anweisung fortgesetzt.

```
Beispiel Spezifikation END=

     READ(10, 100, END=1111) nachname, vorname, ort
     ...
1111 WRITE(*, '('' Dateneingabe abgeschlossen'')')
```

Die Spezifikation `ADVANCE=` dient dazu, eine Anweisung READ oder WRITE als vorrückend oder nicht vorrückend zu spezifizieren. Die Verwendung von `ADVANCE=` ist nur in einer Anweisung zum formatgebundenen Datentransfer bei sequentiellem Dateizugriff zulässig.

```
Syntax position_dateizeiger

ch_ausdruck
```

Die Auswertung von `ch_ausdruck`, einem (skalaren) Ausdruck vom Datentyp CHARACTER, muß auf den Wert `YES` oder `NO` führen. Ist der Spezifikationswert

'NO', so wird damit eine nicht vorrückende Anweisung zum Datentranfer spezifiziert. Mit dem Spezifikationswert 'YES' wird festgelegt, daß eine vorrückende Anweisung zum Datentransfer vorliegt. Die Spezifikation ADVANCE= ist mit dem Spezifikationswert 'YES' vorbesetzt.

Für den Fall einer nicht vorrückenden Anweisung READ bewirkt die Verwendung der Spezifikation SIZE=, daß die Anzahl der übertragenen Zeichen ermittelt wird.

```
Syntax anzahl_üb_zeichen

    i_variable
```

Dem Spezifikationswert i_variable, einer Variablen vom Regeldatentyp INTEGER, wird als Wert die Anzahl der Zeichen zugewiesen, die aus dem aktuellen Datensatz übertragen worden sind. Wurde der Datensatz logisch mit Leerzeichen aufgefüllt, so beeinflußt dies nicht den Wert der Anzahl der übertragenen Zeichen.

Im Fall einer nicht vorrückenden Anweisung READ gestattet die Spezifikation EOR=, die Programmkontrolle an eine markierte ausführbare Anweisung zu übertragen, falls die Datensatzende-Bedingung eintritt. Wie bereits in Abschnitt 4.2 erwähnt, wird bei der Ausführung einer nicht vorrückenden Anweisung READ die Datensatzende-Bedingung erfüllt, wenn der Dateizeiger hinter den zuvor aktuellen Datensatz positioniert wird.

```
Syntax datensatzende_anweisungsmarke

    anweisungsmarke
```

Die zu EOR= spezifizierte Anweisungsmarke muß mit der Anweisungsmarke einer ausführbaren Anweisung in derselben Programmeinheit übereinstimmen.

Falls bei der Dateneingabe aus einer externen Datei in sequentiellem Zugriff die Datensatzende-Bedingung eintritt und bei der Ausführung der Anweisung READ keine Fehlerbedingung auftritt, so wird, falls EOR= spezifiziert worden ist,

- ▶ der aktuelle Datensatz ggf. mit Leerzeichen logisch aufgefüllt, falls die Datei aus der zugehörigen Datei-Einheit Verbindung mit dem Spezifikationswert 'YES' zur Spezifikation PAD= geöffnet worden ist,

- ▶ die Ausführung der Anweisung READ beendet,

- ▶ der Dateizeiger hinter den zuvor aktuellen Datensatz positioniert,

- ▶ falls zu IOSTAT= ein Spezifikationswert angegeben ist, der spezifizierten Variablen der Wert einer ganzen Zahl kleiner als 0 zugewiesen,

- ▶ falls zu SIZE= ein Spezifikationswert angegeben ist, der spezifizierten Variablen die Anzahl übertragener Zeichen als Wert zugewiesen,

- ▶ die Programmausführung mit der markierten Anweisung fortgesetzt.

Der Bestimmtheitsstatus bleibt für alle Datenobjekte in eingabeliste auch nach dem Eintritt der Datensatzende-Bedingung erhalten.

Die Anweisung PRINT dient der formatgebundenen Ausgabe bei sequentiellem Dateizugriff.

```
Syntax PRINT

PRINT format [, ausgabeliste]
```

In der Anweisung PRINT wird die Einheit nicht explizit spezifiziert. Die implizit festgelegte Einheit ist identisch mit derjenigen, auf die im Fall der Anweisung WRITE mit dem Spezifikationswert * zu UNIT= Bezug genommen wird. Syntax und Semantik von format und ausgabeliste sind bereits einführend behandelt worden.

Die Verwendung der Anweisung PRINT bietet sich an, wenn Ausgabe in geringem Umfang zu erzeugen ist. In der Regel kann dann darauf verzichtet werden, in der Anweisung zum Datentransfer Spezifikationen zu verwenden, die zur Behandlung von Fehlerbedingungen dienen.

```
Beispiele Anweisung PRINT

        CHARACTER(26) name
        CHARACTER(20) ort
        ...
        PRINT *, ' Dateneingabe abgeschlossen'

        PRINT '(7X, 2A)', name, ort

        PRINT 1000, name, ort
 1000   FORMAT(7X, 2A)
```

Die Anweisung FORMAT ist eine nicht ausführbare Anweisung. Sie dient dazu, bei formatgebundener E-A eine Formatspezifikation festzulegen.

```
Syntax FORMAT

FORMAT fs
```

Jede Anweisung FORMAT muß mit einer Anweisungsmarke versehen werden.

```
Syntax fs

([flist])
```

Dabei besteht flist aus einer nicht leeren Sequenz von Formatangaben. Trennzeichen zwischen zwei Formatangaben ist das Komma.

```
Syntax flist

formatangabe [, formatangabe]...
```

Formatangaben werden differenziert nach Datenfeldbeschreibern, Textbeschreibern und E-A Steuerungsbeschreibern. Ein Datenfeldbeschreiber dient dazu, die externe Zeichendarstellung eines Datums und seine Konversion zu beschreiben. Die Zuordnung von Datenobjekt und Datenfeldbeschreiber erfolgt über die Position. Mit einem Textbeschreiber wird eine Zeichenfolge in der Ausgabe erzeugt, ohne dabei auf Datenobjekte in ausgabeliste zuzugreifen. Ein E-A Steuerungsbeschreiber dient dazu, den Datentransfer zu steuern.

```
┌─ Syntax formatangabe ─────────────────────┐
│                                           │
│         [w]datenfeldbeschreiber           │
│   oder                                    │
│         textbeschreiber                   │
│   oder                                    │
│         e-a_steuerungsbeschreiber         │
│   oder                                    │
│         [w](flist)                        │
│                                           │
└───────────────────────────────────────────┘
```

Dabei bezeichnet w den Wiederholungsfaktor.

```
┌─ Beispiel Datenfeldbeschreiber ──────────┐
│                                          │
│       CHARACTER(10) text1                │
│       ...                                │
│       READ(10,100) text1                 │
│  100  FORMAT(A10)                        │
│                                          │
└──────────────────────────────────────────┘
```

```
┌─ Beispiel Textbeschreiber ───────────────┐
│                                          │
│       WRITE(20,1100)                     │
│  1100 FORMAT( '┌', 24('-'), '┐' )        │
│                                          │
└──────────────────────────────────────────┘
```

```
┌─ Beispiele E-A Steuerungsbeschreiber ────┐
│                                          │
│       CHARACTER(20) strasse, nachname, vorname, ort │
│       ...                                │
│       WRITE(20,2110) strasse             │
│  2110 FORMAT ( 7X, '|', 3X, A17, 4X, '|' ) │
│       ...                                │
│       READ(10, 100, END=1111) nachname, vorname, ort │
│  100  FORMAT ( 2A20, 20X, A, / )         │
│                                          │
└──────────────────────────────────────────┘
```

Im letztgenannten Beispiel ist der Datenfeldbeschreiber 2A20 gleichwertig zu der Sequenz A20,A20 von Datenfeldbeschreibern. Der erste Datenfeldbeschreiber A20 korrespondiert zu nachname, der zweite Datenfeldbeschreiber A20 zu vorname und der dritte Datenfeldbeschreiber A zu ort. Diese Datenfeldbeschreiber werden auch als A-Formatbeschreiber bezeichnet.

Die unter Standard Fortran 90 verfügbaren Datenfeldbeschreiber, Textbeschreiber und E-A Steuerungsbeschreiber werden zunächst in einer tabellarischen Übersicht zusammengestellt und kurz erläutert. Von den Datenfeldbeschreibern wird in diesem Abschnitt der A-Formatbeschreiber und aus den E-A Steuerungsbeschreibern der X- sowie der /-Steuerungsbeschreiber eingehender behandelt werden.

Tabelle 4.2   Übersicht Datenfeldbeschreiber

Formatbe-schreiber	Konversion	Bedeutung [Angaben zur Ausgabe in ( )]
A	Zeichen	Zeichensequenz von datenabhängiger Länge
Ab	Zeichen	Zeichensequenz von angegebener Länge
Bb	numerisch	Zahl in Binärdarstellung
Bb.m	numerisch	Zahl in Binärdarstellung (mit mindestens m Ziffern)
Db.d	numerisch	Gleitpunktzahl (mit Exponent)
Eb.d	numerisch	Gleitpunktzahl (mit Exponent)
Eb.dEe	numerisch	Gleitpunktzahl (mit explizit angegebener Anzahl der Ziffern des Exponenten)
ENb.d	numerisch	Gleitpunktzahl (mit Exponent in technischer Notation)
ENb.dEe	numerisch	Gleitpunktzahl (mit explizit angegebener Anzahl der Ziffern des Exponenten in technischer Notation)
ESb.d	numerisch	Gleitpunktzahl (mit Koeffizient in wissenschaftlicher Notation)
ESb.dEe	numerisch	Gleitpunktzahl (mit Koeffizient in wissenschaftlicher Notation und mit explizit angegebener Anzahl der Ziffern des Exponenten)
Fb.d	numerisch	Gleitpunktzahl (ohne Exponent)
Gb.d	beliebig vordefiniert	beliebiger Wert vordefinierten Datentyps, insbesondere Gleitpunktzahl (ohne oder mit Exponent)
Gb.dEe	beliebig vordefiniert	beliebiger Wert vordefinierten Datentyps, insbesondere Gleitpunktzahl (ohne oder mit Exponent und mit explizit angegebener Anzahl der Ziffern des ggf. vorhandenen Exponenten)
Ib	numerisch	Festpunktzahl
Ib.m	numerisch	Festpunktzahl (mit mindestens m Ziffern)
Lb	logisch	Wert der zweiwertigen Logik
Ob	numerisch	Zahl in Oktaldarstellung
Ob.m	numerisch	Zahl in Oktaldarstellung (mit mindestens m Ziffern)
Zb	numerisch	Zahl in Hexadezimaldarstellung
Zb.m	numerisch	Zahl in Hexadezimaldarstellung (mit mindestens m Ziffern)

In der Spalte Formatbeschreiber von Tabelle 4.2 charakterisiert ein führender Großbuchstabe einen spezifischen Datenfeldbeschreiber, z.B. A den A-Formatbeschreiber.
Jeder Kleinbuchstabe steht für eine Angabe, die vom Anwender durch eine vorzeichenlose ganzzahlige Konstante zu substituieren ist. Diese Konstante ist so darzustellen,
daß nicht explizit auf eine Spezifikation des Typparameters KIND Bezug genommen
wird. Die Syntax der Konstanten vom Datentyp INTEGER wird in Abschnitt 5.2 behandelt werden. Datenfeldbreite bezeichnet die Anzahl der Zeichen, die aufgrund eines
Datenfeldbeschreibers übertragen werden ggf. einschließlich führender Leerzeichen,
des Vorzeichens, Dezimalpunkts und/oder des Exponenten.

In Tabelle 4.2 bezeichnet

b   Datenfeldbreite in der externen Darstellung
      Die b ersetzende ganzzahlige Konstante muß größer oder gleich 1 sein.

d   Anzahl der Zeichen rechts vom Dezimalpunkt
      Die d ersetzende ganzzahlige Konstante muß größer oder gleich 0 sein.

e   Anzahl der Ziffern im Exponenten
      Die e ersetzende ganzzahlige Konstante muß größer oder gleich 1 sein.

m   Anzahl der Ziffern, die mindestens in externer Darstellung wiedergegeben wer-
      den
      Die m ersetzende ganzzahlige Konstante muß größer oder gleich 0 sein.

Die zulässigen Werte für eine vorzeichenlose ganzzahlige Konstante, die d, e oder m
ersetzt, sind abhängig von dem Wert, mit dem die Datenfeldbreite b angegeben wird.
Mit Ausnahme des A-Formatbeschreibers muß die Datenfeldbreite b im Datenfeldbeschreiber stets spezifiziert werden.

Tabelle 4.3   Übersicht Textbeschreiber

Beschrei- ber	Konversion	Bedeutung	E-A
cH	Zeichen	Ausgabe einer Zeichensequenz der angegebenen Länge	A
'	Zeichen	Ausgabe einer Zeichensequenz	A
"	Zeichen	Ausgabe einer Zeichensequenz	A

In der Tabelle 4.3 charakterisiert der Großbuchstabe H den H-Textbeschreiber. Im Standard Fortran 90 ist der H-Textbeschreiber als veraltet ausgewiesen. Der Kleinbuchstabe
c steht für eine Angabe, die vom Anwender durch eine geeignete ganzzahlige Konstante zu substituieren ist.

In Tabelle 4.3 bezeichnet

c   Anzahl der Zeichen
      Die c ersetzende ganzzahlige Konstante muß größer als 0 sein.

Tabelle 4.4   Übersicht E-A Steuerungsbeschreiber

Beschrei-ber	Funktion	Bedeutung	E-A
BN BZ	Steuerung numerischer Eingabe	Leerzeichen werden ignoriert Leerzeichen wird wie Ziffer 0 interpretiert	E E
kP	Skalierungs-faktor	Skalierung bei numerischer Konversion	E-A
SP SS S	Steuerung numerischer Ausgabe	Vorzeichen + wird ausgegeben Vorzeichen + wird nicht ausgegeben Ausgabe von Vorzeichen + systemabhängig	A A A
nX Tn TRn TLn	E-A Tabula-toren	Vorsetzen um n Positionen Vorsetzen oder Zurücksetzen auf Position n Vorsetzen um n Positionen Zurücksetzen um n Positionen	E-A E-A E-A E-A
:	Formatsteue-rung	Verarbeitung der Formatspezifikation beenden	E-A
/	Datensatz-steuerung	Dateizeiger an den Anfang des nächsten Datensatzes positionieren	E-A

In der Spalte Beschreiber von Tabelle 4.4 charakterisieren Großbuchstaben einen spezifischen E-A Steuerungsbeschreiber, z.B. X den X-Steuerungsbeschreiber. Kleinbuchstaben stehen für Angaben, die vom Anwender durch eine geeignete ganzzahlige Konstante zu substituieren sind.

In Tabelle 4.4 bezeichnet

k   Skalierungsfaktor

n   Anzahl von Zeichenpositionen
      Die n ersetzende ganzzahlige Konstante muß größer als 0 sein.

Der Skalierungsfaktor dient dazu, Gleitpunktzahlen bei der Konversion zwischen interner und externer Darstellung mit einer Potenz von 10 zu gewichten. Dabei ist k durch eine ganzzahlige Konstante zu ersetzen.

Mit dem A-Formatbeschreiber wird die Umwandlung zwischen interner und externer Darstellung in bezug auf Datenobjekte vom Datentyp CHARACTER spezifiziert.

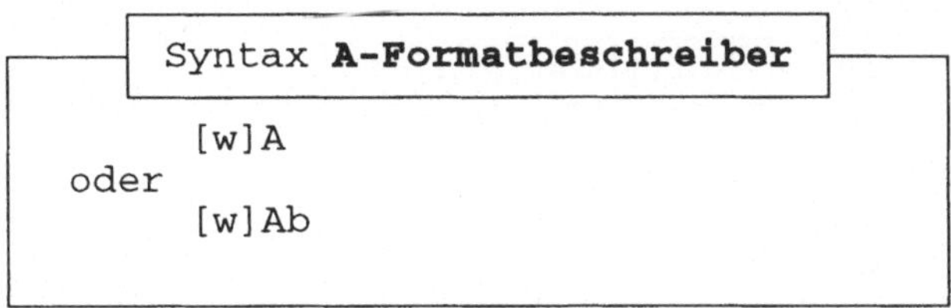

Dabei bezeichnet b eine vorzeichenlose ganzzahlige Konstante größer oder gleich 1, die zur Festlegung der Datenfeldbreite in externer Darstellung dient, und w den Wiederholungsfaktor.

Es bezeichne lä den Wert des Typparameters LÄNGE für das zugeordnete Datenobjekt vom Datentyp CHARACTER. Bei formatgebundener Eingabe und sequentiellem Dateizugriff gilt dann für den Fall von

> b ≤ lä, daß b Zeichen, linksbündig angeordnet, mit (lä-b) nachlaufenden Leerzeichen

und für den Fall von

> b > lä, daß die am weitesten rechts stehenden lä Zeichen

in interner Darstellung auf dem korrespondierenden Arbeitsspeicherbereich abgespeichert werden. Bei formatgebundener Ausgabe und sequentiellem Dateizugriff gilt ferner für den Fall von

> b ≤ lä, daß die am weitesten links abgespeicherten b Zeichen

und für den Fall von

> b > lä, daß lä Zeichen, rechtsbündig angeordnet, mit (b-lä) führenden Leerzeichen

in externer Darstellung ausgegeben werden.

Falls b nicht explizit angegeben wird, gilt b=lä.

Abbildung 4.1   Eingabe mit A-Formatbeschreiber

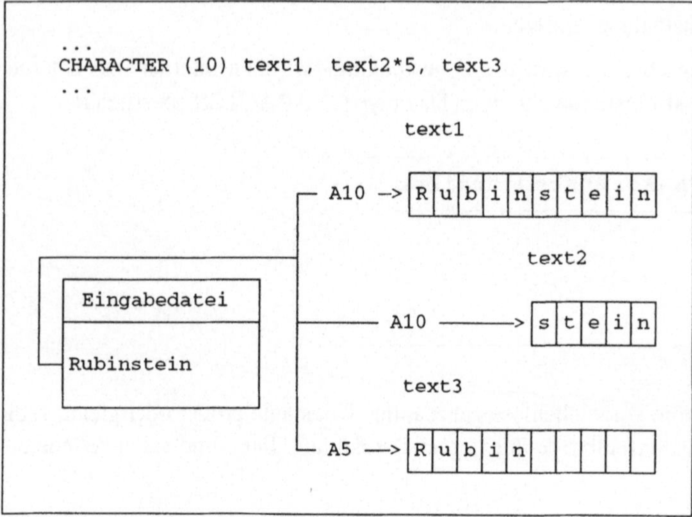

Abbildung 4.2   Ausgabe mit A-Formatbeschreiber

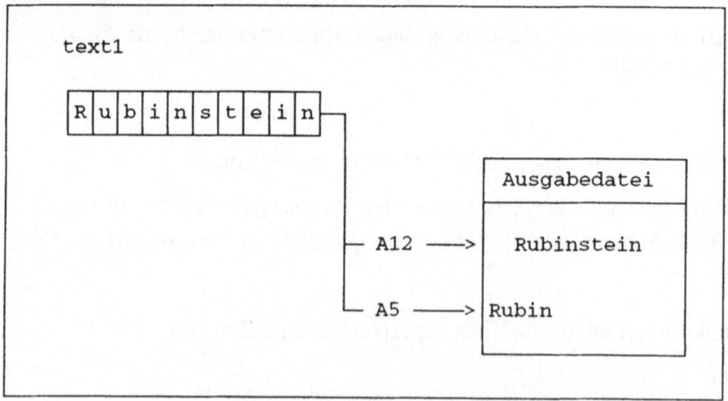

Der X-Steuerungsbeschreiber dient dazu, den Dateizeiger um die angegebene Anzahl von Zeichenpositionen im aktuellen Datensatz nach rechts zu verschieben. Der X-Steuerungsbeschreiber gehört zu den nicht wiederholbaren E-A Steuerungsbeschreibern.

Syntax **X-Steuerungsbeschreiber**

```
nX
```

Dabei bezeichnet n die Anzahl der Zeichenpositionen.

Der X-Steuerungsbeschreiber bewirkt ausschließlich eine Positionsänderung des Dateizeigers im aktuellen Datensatz. In einer Formatspezifikation zur Eingabe darf ein X-Steuerungsbeschreiber so spezifiziert werden, daß die Position des letzten Zeichens im aktuellen Datensatz überschritten wäre, für den Fall, daß keine weitere Eingabe aus diesem Datensatz erfolgen soll. Folgt in einer Formatspezifikation zur Ausgabe auf einen X-Steuerungsbeschreiber ein Datenfeld- oder Textbeschreiber, so wird entsprechend der spezifizierten Anzahl von Positionen der Datensatz mit Leerzeichen aufgefüllt. Nur ein Datenfeld- oder Textbeschreiber, der auf einen X-Steuerungsbeschreiber folgt, kann bewirken, daß bereits im Datensatz existierende Zeichen ersetzt werden.

Der /-Steuerungsbeschreiber dient dazu, den Dateizeiger auf die erste Position im nachfolgenden Datensatz zu positionieren. Der /-Steuerungsbeschreiber gehört zu den wiederholbaren E-A Steuerungsbeschreibern.

```
Syntax /-Steuerungsbeschreiber

[w] /
```

Dabei bezeichnet w den Wiederholungsfaktor. Bei wiederholter Angabe des Steuerungsbeschreibers muß nicht das Trennzeichen , gesetzt werden. Die Angabe 2/ ist äquivalent zur Spezifikation //.

Tritt der /-Steuerungsbeschreiber in einer Formatspezifikation zur Eingabe auf, so werden ggf. Zeichen im zuvor aktuellen Datensatz überlesen, und zwar von der Position des Dateizeigers vor Verarbeitung des /-Steuerungsbeschreibers an. Der Dateizeiger wird auf die erste Position im nachfolgenden Datensatz gesetzt.

Enthält im Fall der Ausgabe ein Datensatz vor der Verarbeitung eines /-Steuerungsbeschreibers kein Zeichen, so wird ein leerer Datensatz erzeugt. Nach der Verarbeitung eines /-Steuerungsbeschreibers steht der Dateizeiger auf der ersten Position im nachfolgenden Datensatz.

In dem Programmbeispiel 4.1 werden die Anweisungen OPEN, CLOSE und REWIND, A-Formatbeschreiber, X- und /-Steuerungsbeschreiber eingesetzt. Dabei werden in eingeschränktem Vorgriff auf den Inhalt von Kapitel 5 zwei benannte Konstanten vom Datentyp INTEGER vereinbart, die als externe Einheiten verwandt werden. Diese Vereinbarung zielt darauf ab, die Korrektur von Quellcode zu erleichtern. Unter Bezug auf die Ausführungen in Abschnitt 4.1 und die Bemerkungen zu dem /-Steuerungsbeschreiber wird auf die unterschiedliche Auswirkung der Anweisung `READ(ein1,'(/A10)')` `text3` in Relation zu `READ(ein1,'(/)')` und `READ(ein1,'(A10)')` `text1` ausdrücklich hingewiesen.

4.5   Interne Dateien

Eine interne Datei ist eine Variable vom Datentyp CHARACTER, die Spezifikationswert zu UNIT= in einer Anweisung READ oder in einer Anweisung WRITE ist.

Dabei ist eine Restriktion zu berücksichtigen, die sich auf die Verwendung von Teilfeldern bezieht, die mit Hilfe eines Indexvektors deklariert werden. Unter Anwendungsaspekten wird diese Einschränkung als nachrangig bewertet. Die Begriffe Feld, Teilfeld und Indexvektor werden in Kapitel 8 eingeführt werden. Vereinfachend formuliert ist ein Feld als Datenobjekt eine geordnete Menge von (skalaren) Datenobjekten, die durch einen Namen gekennzeichnet werden. Jedes der (skalaren) Datenobjekte ist von demselben Datentyp mit denselben Typparametern und wird auch als Feldelement bezeichnet. Anschaulich läßt sich ein Feldelement auffassen wie eine ausgewählte Zeile aus einer Seite Text. Vorausgesetzt jede weitere Zeile der Textseite hat die gleiche Anzahl von Zeichen und die Zeilen sind von der ersten bis zur letzten Zeile fortlaufend numeriert, dann kann anschaulich diese Textseite als ein Feld betrachtet werden.

```
      Beispiel Datenobjekt Feld

 CHARACTER (72) seite (60)
```

Im Beispiel wird ein Feld `seite` vereinbart, das sich aus 60 Feldelementen zusammensetzt, wobei jedes Feldelement vom Datentyp CHARACTER ist und eine Länge von 72 Zeichen hat. Ausnahmsweise wird eine Variante der Deklaration eines Felds gewählt, bei der diese Eigenschaft für ein Datenobjekt nicht als Attribut DIMENSION vereinbart wird. Dieses Attribut wird in Abschnitt 5.1 erwähnt und in Kapitel 8 ausführlich behandelt werden.

Bedeutung haben interne Dateien im Zusammenhang mit der häufigen Konversion von Ziffernsequenzen in Festpunkt- oder Gleitpunktzahlen und umgekehrt von Festpunkt- oder Gleitpunktzahlen in Ziffernsequenzen, so daß es zweckmäßig ist, diesen Datentransfer arbeitsspeicherintern abzuwickeln. Ein Anwendungsfall bestünde in der Modifikation einer umfangsreichen Tabelle, die in einer internen Datei abgespeichert worden ist. Während des weiteren Programmlaufs werden dann wiederholt Ziffernsequenzen aus der internen Datei nach Konversion in numerische Werte zu Berechnungen herangezogen und aufgrund der Ergebnisse von Berechnungen Ziffernsequenzen in die interne Datei geschrieben.

Eine Variable, die ein skalares Datenobjekt ist, wird auch als *skalare Variable* bezeichnet. Falls eine skalare Variable vom Datentyp CHARACTER als interne Datei verwandt wird, so besteht diese interne Datei aus einem Datensatz, dessen Länge dem Wert des Typparameters LÄNGE der Variablen entspricht.

```
┌─ Beispiel interne Datei ─┐
CHARACTER (10) strasse_on
CHARACTER (24) strasse
CHARACTER (26) interne_datei1
   INTEGER hausnummer
      ...
      WRITE( interne_datei1, * ) strasse
      READ ( interne_datei1, * ) strasse_on, hausnummer
```

Die interne Datei `interne_datei1` enthält genau einen Datensatz, dessen Länge 26 Zeichen beträgt. In dem zugehörigen Programmbeispiel 4.2 wird listengesteuert aus einer externen Datei in sequentiellem Zugriff eine Adresse eingelesen und die Information zu Straße und Hausnummer über die interne Datei `interne_datei1` weiterverarbeitet. Bei dem arbeitsspeicherinternen Transfer läßt sich die Hausnummer auch in eine Festpunktzahl umwandeln. Festpunktzahlen werden jedoch erst in Kapitel 5 eingehend behandelt werden.

Falls die Variable vom Datentyp CHARACTER ein Feld ist, entspricht die Ordnung auf den Feldelementen der Ordnung der Datensätze in der internen Datei. Die Länge der Datensätze ist gleich. Wird die Variable `seite`, die in dem zuvor angeführten Beispiel vereinbart worden ist, als eine interne Datei verwendet, dann besteht diese interne Datei aus 60 Datensätzen einer Länge von 72 Zeichen.

Die interne Datei `seite` enthalte Information, die folgende externe Darstellung hat:

```
An der Carl von Ossietzky Universität Oldenburg sind im Wint
ersemester 1992/93 12758 Studentinnen und Studenten immatrik
uliert.
```

Dann könnte es zu Vergleichszwecken oder für Berechnungen wünschenswert sein, die Ziffernsequenz 12758 aus der internen Datei arbeitsspeicherintern zu transferieren und dabei in eine Festpunktzahl `12758` umzuwandeln. Der Zugriff auf den zweiten Datensatz wird spezifiziert wie der Zugriff auf das zweite Feldelement des Felds `seite`. Der Zugriff auf die Ziffernsequenz 12758 im zweiten Datensatz wird spezifiziert wie der Zugriff auf eine Zeichenteilkette mit dem zweiten Feldelement als Elternzeichenkette. Zeichenteilketten werden in Kapitel 7 und Feldelemente in Kapitel 8 behandelt werden.

Eine interne Datei läßt sich nicht öffnen und schließen. Auf eine interne Datei ist nur sequentieller Zugriff zulässig. Die Ein- und Ausgabe erfolgt formatgebunden, wobei namenlistengesteuerter Datentransfer unzulässig ist. Nur auf einen zuvor definierten Datensatz einer internen Datei darf lesend zugegriffen werden. Ein Datensatz in einer internen Datei ist definiert genau dann, wenn die korrespondierende skalare Variable vom Datentyp CHARACTER den Status definiert hat.

Beim Datentransfer in einen Datensatz einer internen Datei darf die Länge des Datensatzes nicht überschritten werden. Falls die Anzahl der Zeichen, die in einen Datensatz einer internen Datei transferiert werden, kleiner ist als die Länge des Datensatzes, wird der Datensatz mit nachlaufenden Leerzeichen aufgefüllt. Vor Beginn eines Datentransfers ist der Dateizeiger in einer internen Datei stets auf dem Anfangspunkt positioniert. Die Positionierung des Dateizeigers über die Anweisungen BACKSPACE und REWIND ist unzulässig.

Ein Leerzeichen wird bei listengesteuerter Eingabe aus einer internen Datei als Trennzeichen interpretiert. Ansonsten wird ein Leerzeichen interpretiert wie im Fall der Eingabe aus einer Datei, die mit dem Spezifikationswert 'NULL' zur Spezifikation BLANK= in der Anweisung OPEN geöffnet worden ist. Im Fall von Datenunterschuß wird verfahren wie im Fall der Eingabe aus einer Datei, die mit dem Spezifikationswert 'YES' zur Spezifikation PAD= in der Anweisung OPEN geöffnet worden ist.

Bei listengesteuerter Ausgabe aus einer internen Datei wird verfahren wie im Fall einer Datei, die mit dem Spezifikationswert 'NONE' zur Spezifikation DELIM= in der Anweisung OPEN geöffnet worden ist.

Mit dem Programmbeispiel 4.2 wird eine einfache Anwendung interner Dateien vorgestellt.

4.6   Externe Dateien in direktem Zugriff

Die Anwendung des direkten Zugriffsverfahrens auf eine Datei erweist sich dann als zweckmäßig, wenn bei der Programmausführung in einer Datei abgespeicherte Daten so verarbeitet werden, daß häufig und nicht sequentiell zwischen zu verarbeitenden Datensätzen gewechselt wird oder häufig ein Datensatz gegen einen Datensatz modifizierten Inhalts auszutauschen ist.

Um eine externe Datei für den direkten Zugriff zu öffnen, ist in einer Anweisung OPEN zur Spezifikation ACCESS= der Spezifikationswert 'DIRECT' anzugeben und die Spezifikation RECL= zu spezifizieren, abgesehen von einer Ausnahme, die im Anwendungskontext als unbedeutend zu bewerten ist.

In diesem Abschnitt wird eine Datei in direktem Zugriff kurz als Datei bezeichnet werden, soweit jede Verwechslung mit einer Datei in sequentiellem Zugriff auszuschließen ist. Eine Datei ist entweder formatgebunden oder formatfrei. Jeder Datensatz einer Datei wird eindeutig über eine positive ganze Zahl identifiziert, die auch als Datensatznummer bezeichnet wird. Die Ordnung auf der Menge der Datensätze entspricht der Ordnung auf der Menge der natürlichen Zahlen. Die Nummer eines Datensatzes wird spezifiziert, wenn dieser Datensatz in eine Datei geschrieben wird. Eine einmal für einen Datensatz vergebene Nummer läßt sich nicht mehr verändern. Ein Datensatz einer Datei läßt sich nur überschreiben, jedoch nicht löschen.

Alle Datensätze in einer Datei haben die gleiche Länge. Mit dem Spezifikationswert zur Spezifikation RECL= der Anweisung OPEN wird die Datensatzlänge für eine Datei festgelegt. Bei einer formatgebundenen Datei wird die Länge jedes Datensatzes in Zeichen gemessen. Die Datensatzlänge einer formatfreien Datei wird in prozessorabhängigen Einheiten bestimmt. Reichen im Fall formatgebundener Ausgabe in eine Datei die Daten, die über eine Anweisung WRITE transferiert werden, nicht aus, um den korrespondierenden Datensatz bis zur festgelegten Datensatzlänge zu füllen, so wird dieser Datensatz durch nachlaufende Leerzeichen ergänzt. Bei formatfreier Ausgabe ist dies nicht der Fall. Die spezifizierte Datensatzlänge darf bei der Ausgabe in eine Datei nicht überschritten werden.

Um aus einer Datei Daten zu transferieren, ist in der zugehörigen Eingabeanweisung READ die Spezifikation REC= mit einem geeigneten Spezifikationswert, einer Datensatznummer, zu besetzen. Analog gilt für die Ausgabe, daß in der zugehörigen Anweisung WRITE ein Spezifikationswert zu REC= anzugeben ist. Aus einer Datei lassen sich Datensätze in beliebiger Reihenfolge lesen und in beliebiger Reihenfolge in eine Datei schreiben. Allerdings darf ein Datensatz nur dann gelesen werden, wenn dieser Datensatz zuvor geschrieben worden ist. In der Regel wird die Adresse eines Datensatzes aus seiner Datensatznummer und der Datensatzlänge ermittelt.

Jede Anweisung zum Datentransfer, in der die Spezifikation REC= besetzt wird, heißt *Ein- oder Ausgabeanweisung bei direktem Zugriff*. Andernfalls heißt sie *Ein- oder Ausgabeanweisung bei sequentiellem Zugriff*.

Mit einer Ein- oder Ausgabeanweisung bei direktem Zugriff läßt sich weder listengesteuerter noch namenlistengesteuerter, noch nicht vorrückender Datentransfer realisieren. Namenlistengesteuerter Datentransfer wird, wie bereits erwähnt, in Kapitel 8 behandelt werden.

Im Standard Fortran 90 ist nicht festgelegt worden, ob auf eine Datei, für die direkter Zugriff zulässig ist, auch im sequentiellen Verfahren zugegriffen werden darf. Gehört der sequentielle Zugriff zur Menge der zulässigen Zugriffsverfahren für eine Datei in direktem Zugriff, so muß diese Datei zunächst geschlossen und mit einer Anweisung OPEN wieder geöffnet werden, in der ACCESS= mit dem Spezifikationswert 'SEQUENTIAL' besetzt ist, bevor der Dateiinhalt sequentiell verarbeitbar wird. Der Dateiende-Datensatz ist in einer Datei in direktem Zugriff nur dann zulässig, wenn für die Datei auch sequentieller Zugriff zur Menge der zulässigen Verfahren gehört. In diesem Fall wird für eine Datei in direktem Zugriff der Dateiende-Datensatz ausgeblendet.

```
┌──── Beispiel Datei in direktem Zugriff ────────────────────┐
│                                                             │
│  CHARACTER (64) dateiname_direkt                            │
│  CHARACTER (60) mathematiker1, mathematiker2, mathematiker3,     &
│                 ber_mathematiker                            │
│    ...                                                       │
│  OPEN( 20, FILE=dateiname_direkt, STATUS='UNKNOWN',             &
│             ACCESS='DIRECT', RECL=60, FORM='FORMATTED' )    │
│    ...                                                       │
│  WRITE( 20, '(A)', REC=3 ) mathematiker3                    │
│  WRITE( 20, '(A)', REC=2 ) mathematiker1                    │
│  WRITE( 20, '(A)', REC=1 ) mathematiker2                    │
│    ...                                                       │
│  READ ( 20, '(A)', REC=1 ) ber_mathematiker                │
│                                                             │
└─────────────────────────────────────────────────────────────┘
```

Bei den vorangegangenen Programmzeilen handelt es sich um eine auszugsweise Wiedergabe von Programmbeispiel 4.3.

4.7 Übungen zu Kapitel 4

4.1 Entwickeln Sie ein Standard Fortran 90 Programm so, daß aus einer externen Datei in sequentiellem Zugriff

> Ihr Vorname aus dem ersten Datensatz,
> Ihr Nachname aus dem zweiten,
> Straßenname und Hausnummer aus dem dritten,
> Postleitzahl und Ortsname aus dem vierten Datensatz

listengesteuert eingelesen werden und in eine externe sequentielle Datei1 Ausgabe mit A-Formatbeschreibern in der folgenden Form erfolgt:

> <Nachname>, <Vorname>, <Straße>, <Wohnort>

Erweitern Sie Ihr FORTRAN Programm so, daß aus der Datei, in der die Eingabedaten abgespeichert sind,

> der Straßenname ohne Hausnummer aus dem dritten Datensatz

mit A-Formatbeschreiber eingelesen wird und listengesteuerte Ausgabe in die Datei1 in der folgenden Form erfolgt:

> <Straße ohne Hausnummer>

Erweitern Sie darüber hinaus Ihr FORTRAN Programm so, daß listengesteuerte Ausgabe in eine externe sequentielle Datei2 (Datei für Zwischenergebnisse) in folgender Form erfolgt:

> <Straße ohne Hausnummer>

> Hinweise:
> Setzen die den Dateizeiger mit der Anweisung REWIND zurück! Erzeugen Sie die Datei2 mit der Anweisung ENDFILE!

4.2 Entwickeln Sie ein Standard Fortran 90 Programm, das die folgende Information

```
Egon Meyer
Uhlhornsweg 45-46
26129 Oldenburg
```

aus einer externen Datei einliest und in der folgenden Form in eine externe Datei ausgibt:

```
Egon Meyer
Uhlhornsweg 45-46
26129 Oldenburg
```

Hinweise:
Vereinbaren Sie benannte Konstanten für die externen Einheiten!
Beispiel:
```
INTEGER, PARAMETER :: ein1=10, aus1=20
```

Verwenden Sie zur Darstellung des Rahmens die entsprechenden Zeichen des erweiterten ASCII Zeichensatzes, z.B. 179_{10} für |!

5 Festpunktzahlen und einfache Kontrollstrukturen

Einen thematischen Schwerpunkt des Kapitels 5 bildet die Verarbeitung von Festpunktzahlen im engeren Sinn. Der Datentyp INTEGER und der Typparameter KIND werden ausführlich behandelt. Merkmale der Konstanten und Variablen vom Datentyp INTEGER werden vorgestellt. Die Hierarchiestufen von Ausdrücken werden für die Stufe 0, die Primärausdrücke, bis zur Stufe 2, die numerischen Ausdrücke, entwickelt. Die numerischen Operatoren werden eingeführt, und die Prioritätsstufen in bezug auf ihre Auswertung übersichtlich zusammengestellt. Auf Spezifika von Rechnerarithmetik im Zusammenhang mit der Verarbeitung von Festpunktzahlen im engeren Sinn wird einführend eingegangen. Die interne numerische Zuweisungsanweisung und Zuweisungskompatibilität bei unterschiedlichen Werten des Typparameters KIND werden erörtert. Die interne numerische Zuweisungsanweisung wird im folgenden kurz als numerische Zuweisungsanweisung bezeichnet. Aus dem Spektrum der numerischen Datenfeldbeschreiber werden I- und Z-Formatbeschreiber behandelt. Wesentliche Begriffe, wie unäre und binäre numerische Operation, numerischer Ausdruck, mathematisch äquivalente numerische Ausdrücke und Initialisierungsausdruck werden festgelegt. Der Inhalt des Abschnitts 5.6 zur internen Darstellung von Festpunktzahlen dient dazu, den thematischen Schwerpunkt zu vertiefen.

Ferner werden Kontrollstrukturen einführend behandelt. Die DO Struktur wird zunächst schwerpunktmäßig als Zählschleife vorgestellt. Auch grundlegende Merkmale der WHILE- und EXIT-Schleife werden miteinbezogen. In diesem Kontext werden weitere Begriffe, wie Block, Blockstruktur, Laufvariable, Anfangs-, End- und Schrittweitenparameter sowie äußere und innere Schleife charakterisiert. Darüber hinaus werden die Sprunganweisungen erörtert und die unbedingte Sprunganweisung eingehender erläutert.

5.1 Festpunktzahl und Datentyp INTEGER

Mit Festpunktzahl wird auf eine spezifische Zahldarstellung Bezug genommen. Jede Zahl wird als Ziffernfolge dargestellt, in der implizit ein Punkt als Markierungszeichen zwischen zwei fest gewählte Stellen im zugehörigen Zahlsystem gesetzt wird. Der Festpunkt tritt demnach in der Zahldarstellung nicht explizit auf. Ein Beispiel für Festpunktzahlen wäre die Darstellung von Geldbeträgen in DM, ohne das Komma als Markierungszeichen zwischen den Stellen mit den Wertigkeiten 10^0 DM und 10^{-1} DM explizit anzugeben: DM 128,35 entspräche demnach die Festpunktzahl 12835. Bei dieser Zahldarstellung wären die beiden am weitesten rechts stehenden Positionen stets als Ziffern nach dem implizit gesetzten Punkt zu verstehen. Ein wesentlicher Vorteil der

Verwendung von Festpunktzahlen auf Digitalrechnern besteht darin, daß sich in der Regel numerische Operationen auf Festpunktzahlen wesentlich schneller ausführen lassen als auf Gleitpunktzahlen. Gleitpunktzahlen werden in Kapitel 6 ausführlich behandelt werden.

Wird der Festpunkt so gesetzt, daß Ziffern nur links vom Festpunkt zugelassen werden, dann werden Zahlen in dieser Darstellung auch als *Festpunktzahlen im engeren Sinn* bezeichnet. In mathematischer Nomenklatur handelt es sich dabei um ganze Zahlen. Im folgenden werden Festpunktzahlen im engeren Sinn kurz Festpunktzahlen genannt. Mit der Verwendung solcher Festpunktzahlen auf digitalen Rechenanlagen verbindet sich ein weiterer Vorteil. Ihre Darstellung im Arbeitsspeicher ist exakt.

Festpunktzahlen haben Bedeutung im Zusammenhang mit der Verarbeitung von Daten zu Anzahlen, wie die Anzahl zu beobachtender Individuen einer Tierart in einem Untersuchungsgebiet, Anzahl der PKW, die einen ausgewählten Straßenabschnitt in einem festen Zeitintervall passieren oder Anzahl von α-Teilchen, die in einem festen Zeitintervall von einer Strahlungsquelle emittiert werden. Nicht zuletzt spielen Festpunktzahlen unter Standard Fortran 90 eine wichtige Rolle bei der Beschreibung von Feldelementen durch Indizes und dabei, die Anzahl zu wiederholender Ausführungen eines Blocks festzulegen. Vereinfachend formuliert bezeichnet ein Block eine zusammenhängende Folge von Anweisungen. Der Begriff Block wird in Abschnitt 5.5 festgelegt werden.

Nach dem Standard ist unter FORTRAN ein interner Datentyp INTEGER bereitzustellen, der durch mindestens eine Wertemenge charakterisiert wird, deren Elemente Festpunktzahlen sind. Jede Wertemenge zum Datentyp INTEGER wird durch den Wert eines Typparameters charakterisiert. Eine kennzeichnende Schreibweise der Elemente einer Wertemenge zum Datentyp INTEGER entspricht der gebräuchlichen Darstellung ganzer Zahlen. Diese Schreibweise kann jedoch unter Bezugnahme auf den Spezifikationswert des zugehörigen Typparameters modifiziert werden. Die Menge der zulässigen Operationen wird bezogen auf die internen numerischen Operatoren und Vergleichsoperatoren festgelegt.

Jede Wertemenge zum Datentyp INTEGER repräsentiert demnach eine endliche Teilmenge der ganzen Zahlen und wird durch den Wert eines Typparameters charakterisiert. Dieser Typparameter heißt auch Typparameter KIND. In der Darstellung der Syntax der Typdeklaration wird der Typparameter KIND abkürzend mit `typ_par` beschrieben werden.

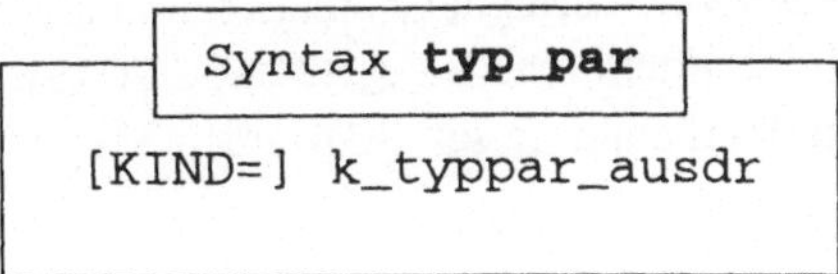

Dabei bezeichnet `k_typpar_ausdr` einen Initialisierungsausdruck, dessen Wert vom Datentyp INTEGER und größer oder gleich 0 ist. Die zulässigen Werte für `k_typpar_ausdr` sind systemabhängig. Wie bereits in Abschnitt 3.4 angedeutet, bezeichnet Initialisierungsausdruck einen Ausdruck, in dem im einfachsten Fall die Operanden Konstanten sind. In einem Initialisierungsausdruck sind auch Operanden zulässig, die nicht Konstanten sind. Beispielsweise ist der Aufruf ausgewählter Standardfunktionen mit einem Initialisierungsausdruck als Argument ein zulässiger Operand. Auf das folgende Beispiel zum Typparameter KIND wird verwiesen. Der Begriff Initialisierungsausdruck wird in Abschnitt 5.3 festgelegt werden.

Die Standardfunktion `KIND` dient dazu, die systemabhängigen Werte des Typparameters KIND zu ermitteln. Wird in einer Anweisung zur Typdeklaration beim Datentyp INTEGER kein Spezifikationswert zu KIND= angegeben, so wird die zugehörige Wertemenge durch den Wert des Typparameters KIND charakterisiert, den der Aufruf `KIND(0)` der Standardfunktion `KIND` lieferte. Mindestens diese Menge von Festpunktzahlen muß unter Standard Fortran 90 zum Datentyp INTEGER bereitgestellt werden und charakterisiert den Regeldatentyp INTEGER.

Zu dem Argument `i_arg`, einer Konstanten oder skalaren Variablen vom Datentyp INTEGER, liefert die Standardfunktion `SELECTED_INT_KIND` den Wert für einen Typparameter KIND, so daß alle ganzen Zahlen n mit $-10^{i_arg} < n < 10^{i_arg}$ durch die korrespondierende Wertemenge repräsentiert werden. Weitere Einzelheiten zu der Standardfunktion `SELECTED_INT_KIND` werden im Anhang A beschrieben. Mit dieser Standardfunktion sind die Voraussetzungen gegeben, Arbeitsspeicherbereiche für Festpunktzahlen problembezogen und compilerunabhängig festzulegen. Auf das Programmbeispiel 5.1 wird in diesem Zusammenhang Bezug genommen.

```
  ┌─ Beispiel Typparameter KIND ─┐
  │                               │
  │  INTEGER (KIND=SELECTED_INT_KIND(3)) var1
  │
```

Hinweis: Unter NAG FTN90, Version 2.18, sind 1, 2 und 3 als Spezifikationswerte für KIND= vorgegeben. Im Fall des Spezifikationswerts 1 werden die Elemente der zugehörigen Wertemenge auf einen 8 Bit umfassenden Speicherbereich, im Fall von 2 auf einen 16 Bit und im Fall von 3 auf einen 32 Bit umfassenden Speicherbereich abgebildet. Auf die Ausführungen zur internen Darstellung von Festpunktzahlen in Abschnitt 5.6 wird verwiesen.

Darüber hinaus stehen weitere Standardfunktionen zur Verfügung, um Eigenschaften von Datenobjekten des Datentyps INTEGER zu ermitteln, wie BIT_SIZE, DIGITS, HUGE, RADIX und RANGE. Die wesentlichen Merkmale dieser Standardfunktionen werden im Anhang A beschrieben.

```
┌─ Syntax Typdeklaration INTEGER ──────────────────┐
│                                                   │
│   INTEGER [::] obj[, obj]...                      │
│ oder                                              │
│   INTEGER, attrib[, attrib]... :: obj[, obj]...   │
│ oder                                              │
│   INTEGER (typ_par) [::] obj[, obj]...            │
│ oder                                              │
│   INTEGER(typ_par), attrib[,attrib]... :: obj[,obj]... │
│                                                   │
└───────────────────────────────────────────────────┘
```

Wird in einer Anweisung zur Typdeklaration beim Datentyp INTEGER der Typparameter KIND nicht spezifiziert, so wird damit der Regeldatentyp INTEGER vereinbart.
Falls nicht durch die Spezifikation einer Anweisung IMPLICIT eine abweichende implizite Typisierung festgelegt worden ist, sind auch benannte Konstanten und Variablen,
deren führendes Alfazeichen im Namen ein i, j, k, 1, m oder n ist, vom Regeldatentyp
INTEGER. Bereits in Abschnitt 3.3 ist angedeutet worden, daß implizite Typdeklaration die Fehleranfälligkeit eines Programms erhöht. Allein das Auslassen eines Zeichens im Namen einer skalaren Variablen, wie beispielsweise im Fall von
`keime_anzahl` und `keim_anzahl`, kann zu folgenschweren Konsequenzen führen.
Als eine Grundregel für das Programmieren mit einer imperativen Progammiersprache
gilt daher, daß alle Datenobjekte, die für den Ausführungsteil bereitzustellen sind, explizit vereinbart werden. Implizite Typisierung wird deshalb auch im folgenden nicht
eingesetzt werden.

```
┌─ Syntax obj ──────────────────────────────────────┐
│                                                    │
│   name                      Name eines Datenobjekts│
│ oder                                               │
│   name=init_ausdr           Name eines Datenobjekts│
│                             und Zuweisung des Werts│
│                             eines Initialisierungs-│
│                             ausdrucks              │
│                                                    │
│ oder                                               │
│   name(dim [, dim]⁶)        Spezifikation eines    │
│                             Felds                  │
│                                                    │
│ oder                                               │
│   name(dim [, dim]⁶)=init_ausdr                    │
│                             Spezifikation eines    │
│                             Felds und Zuweisung des│
│                             Werts eines Initiali-  │
│                             sierungsausdrucks      │
│                                                    │
│ oder                                               │
│   andere_obj_spezifikation                         │
│                                                    │
└────────────────────────────────────────────────────┘
```

Dabei bezeichnet `init_ausdr` einen Initialisierungsausdruck. Die Angabe des Endsymbols `::` in einer Anweisung zur Typdeklaration ist auch obligatorisch, falls in der Anweisung die Zuweisung des Werts eines Initialisierungsausdrucks an ein Datenobjekt spezifiziert wird. Die Syntax von `obj` läßt sich erst in Kapitel 9 vollständig beschreiben. Die Aufnahme des Begriffs Feld in die Beschreibung der Syntax ist lediglich als Hinweis auf die Deklaration von Feldern zu werten. Der Begriff Feld wird in Kapitel 8 eingeführt werden.

```
  Beispiel Typdeklaration INTEGER

  INTEGER fakultaet, l_var
```

Auch die zulässigen Attribute werden zunächst in eingeschränktem Umfang vorgestellt. Das Attribut DIMENSION dient vereinfachend formuliert dazu, in Verbindung mit einer Anweisung zur Typdeklaration Datenobjekten zugleich das Merkmal Feld zuzuordnen. Mit der Spezifikation des Attributs ALLOCATABLE in einer Anweisung zur Typdeklaration werden dynamisch zu erzeugende Felder vereinbart. Zu jedem Attribut korrespondiert eine nicht ausführbare Anweisung, mit der sich die jeweilige Eigenschaft von Datenobjekten auch unabhängig von einer Anweisung zur Typdeklaration vereinbaren läßt. So steht das Attribut DIMENSION in engem Zusammenhang zu der nicht ausführbaren Anweisung DIMENSION. Ferner korrespondiert zu dem Attribut ALLOCATABLE die nicht ausführbare Anweisung ALLOCATABLE. Diese Attribute und Anweisungen werden erst in Kapitel 8 ausführlicher behandelt werden.

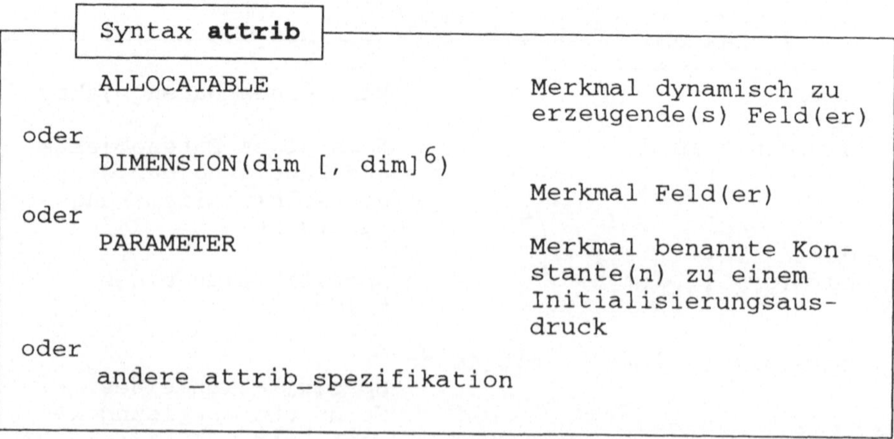

```
  Syntax attrib

        ALLOCATABLE                        Merkmal dynamisch zu
                                           erzeugende(s) Feld(er)
  oder
        DIMENSION(dim [, dim]6)
                                           Merkmal Feld(er)
  oder
        PARAMETER                          Merkmal benannte Kon-
                                           stante(n) zu einem
                                           Initialisierungsaus-
                                           druck
  oder
        andere_attrib_spezifikation
```

Das Attribut PARAMETER dient dazu, benannte Konstanten zu vereinbaren und zu definieren. Eine benannte Konstante gilt als definiert, wenn die Auswertung des Initialisierungsausdrucks einen Wert liefert, der zu der Wertemenge gehört, die den Datentyp der benannten Konstanten charakterisiert. Daher ist zu jedem Namen einer benannten

Konstanten in einer Anweisung zur Typdeklaration ein Initialisierungsausdruck zu spezifizieren. Wie bereits erwähnt, erfolgt die Zuweisung des Werts des Initialisierungsausdrucks an die benannte Konstante nach den Regeln, die für die entsprechende Zuweisungsanweisung gelten. Falls die Auswertung des Initialisierungsausdrucks auf einen zulässigen Wert führt, ist die benannte Konstante definiert. Jede Referenz auf eine benannte Konstante setzt voraus, daß diese benannte Konstante definiert ist. Die Verwendung einer benannten Konstanten in einer Formatspezifikation ist unzulässig.

```
Beispiel Typdeklaration INTEGER, Attribut PARAMETER

INTEGER, PARAMETER :: ein1=10, aus1=20
```

Wie bereits in Abschnitt 4.7 vorgeschlagen, werden zwei benannte Konstanten vom Regeldatentyp INTEGER vereinbart, die dazu dienen, externe Einheiten zu beschreiben.

Zu dem Attribut PARAMETER korrespondiert die Anweisung PARAMETER. Diese Anweisung dient dazu, ein Datenobjekt als benannte Konstante zu definieren. Eine benannte Konstante, die mit einer Anweisung PARAMETER definiert worden ist, hat dieselben Merkmale und unterliegt denselben Restriktionen wie in dem Fall, in dem sie mit einer Anweisung zur Typdeklaration vereinbart und definiert worden wäre.

```
Syntax PARAMETER

PARAMETER(name=init_ausdr [, name=init_ausdr]...)
```

Mit `name` wird der Name einer benannten Konstanten und mit `init_ausdr` ein Initialisierungsausdruck bezeichnet.

```
Beispiel Anweisung PARAMETER

INTEGER ein1, aus1
PARAMETER ( ein1=10, aus1=20 )
```

5.2 Konstanten und Variablen vom Datentyp INTEGER

Zunächst wird die Beschreibung der Syntax der Konstanten vom Datentyp INTEGER vorbereitet. Eine vorzeichenlose Festpunktzahl wird in der folgenden Darstellung der

Syntax kurz mit `vlFpz`, Vorzeichen mit `vz` und der Initialisierungsausdruck `k_typpar_ausdr` zum Typparameter KIND mit `typkind` bezeichnet.

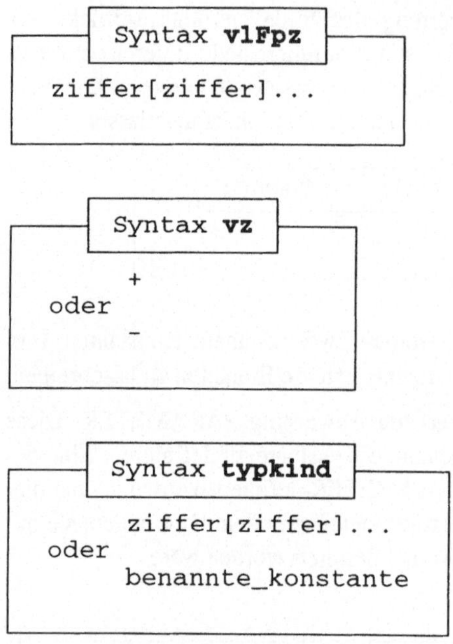

Die skalare benannte Konstante `benannte_konstante` muß Element einer Wertemenge zum Datentyp INTEGER und größer oder gleich 0 sein. Damit läßt sich die Syntax der Konstanten vom Datentyp INTEGER wie folgt beschreiben.

Die Angabe eines positiven Vorzeichens ist optional. Konstanten, zu denen `typkind` nicht spezifiziert wird, sind vom Regeldatentyp INTEGER.

Im Fall der Konstanten `-32768_2` muß 2 ein zulässiger Spezifikationswert zu `KIND=` sein. Demnach muß die Festpunktzahl 2 unter den Werten auftreten, die von der Standardfunktion `KIND` bei einem Aktualparameter vom Datentyp INTEGER angenommen werden können. Für den Fall der Konstanten `-121_kurz` ist Voraussetzung, daß `kurz` benannte Konstante vom Datentyp INTEGER und ihr Wert gültiger Spezifikationswert zu `KIND=` ist. Das nachfolgende Beispiel dient auch dazu, exemplarisch die Vereinbarung einer solchen benannten Konstanten anzugeben.

```
    Beispiele Variable vom Datentyp INTEGER

INTEGER, PARAMETER :: kurz=SELECTED_INT_KIND(3)
INTEGER (kurz) var1
INTEGER var6
   ...
    var1 = 121_kurz
```

Im Beispiel wird die Vereinbarung einer Variablen `var1` vom Datentyp INTEGER so spezifiziert, daß alle ganzen Zahlen n mit $-10^3 < n < 10^3$ durch die Wertemenge repräsentiert werden, die mit dem Wert von `SELECTED_INT_KIND(3)` charakterisiert wird. Ferner wird eine Variable `var6` vom Regeldatentyp INTEGER deklariert.

Nach Standard Fortran 90 ist die Zuweisung des Speicherinhalts einer Variablen, benannten Konstanten oder Konstanten vom Datentyp INTEGER an eine Variable vom Datentyp INTEGER auch bei unterschiedlichen Werten des Typparameters KIND zulässig. Es gilt die Regel, daß der Variablen `variable_1`, der Variablen links von dem Zuweisungssymbol in der numerischen Zuweisungsanweisung, der Wert zugewiesen wird, den der Aufruf `INT(wert_r, KIND(variable_1))` der Standardfunktion `INT` lieferte. Dabei bezeichnet `wert_r` den Wert der Variablen, benannten Konstanten oder Konstanten rechts von dem Zuweisungssymbol in der numerischen Zuweisungsanweisung und `KIND(variable_1)` einen Aufruf der Standardfunktion `KIND`, der den Wert des Typparameters KIND der Variablen `variable_1` lieferte. Die Standardfunktionen `INT` und `KIND` werden im Anhang A beschrieben. In diesem Zusammenhang wird auch auf das Programmbeispiel 5.1 verwiesen.

```
    Beispiel Zuweisungskompatibilität beim Datentyp INTEGER

INTEGER, PARAMETER :: kurz=SELECTED_INT_KIND(3)
INTEGER, PARAMETER :: lang=SELECTED_INT_KIND(9)
INTEGER (lang) var2_zk
   ...
    var2_zk = -121_kurz
```

Im Beispiel wird der Variablen `var2_zk` der Wert zugewiesen, den der Aufruf von `INT(-121, lang)` lieferte. Dargestellt als Konstante, entspricht dieser Wert `-121_lang`.

5.3   Numerischer Ausdruck und Initialisierungs- ausdruck

In Abschnitt 1.3 ist darauf eingegangen worden, daß der Begriff Ausdruck im Kontext einer imperativen Programmiersprache in der Regel rekursiv definiert wird. Diese Vorgehensweise wurde schon in der frühen Entwicklung von FORTRAN bevorzugt. So wird in dem Handbuch mit dem Titel Programmer's Reference Manual, das 1956 von IBM zu FORTRAN I herausgegeben worden ist, zunächst der Begriff Ausdruck charakterisiert und dann in 5 Schritten rekursiv definiert (s.a. Wexelblatt (1981), S. 38). In Abschnitt 3.4 ist der Begriff Ausdruck eingeführt worden. Danach gibt ein Ausdruck die Referenz auf ein Datenobjekt oder eine Berechnungsvorschrift wieder. Die Auswertung eines Ausdrucks liefert einen Wert. Das Ergebnis der Auswertung eines Ausdrucks wird auch als Datengröße bezeichnet. Der Begriff Datengröße, der unter Standard Fortran 90 den Begriff Datenobjekt verallgemeinert, wird in Kapitel 9 präzisiert werden. Ein Ausdruck wird aus Operanden, Operatoren und aus öffnenden und schließenden runden Klammern gebildet. Als Operand ist entweder ein Skalar oder ein Feld zulässig. Operator ist entweder ein interner oder ein vom Anwender definierter Operator. Der Begriff ist demnach nicht rekursiv definiert, sondern lediglich charakterisiert worden. Die Formulierung entspricht im wesentlichen der einführenden Festlegung des Begriffs im ISO Standard. Auf eine rekursive Definition des Begriffs wird verzichtet.

Vereinfachend formuliert lassen sich numerische Ausdrücke dadurch charakterisieren, daß sie aus numerischen Operanden und Operatoren gebildet werden.

```
   ┌─ Beispiel numerischer Ausdruck ─┐
   │
    INTEGER ergeb1, var1, var2
       ...
    ergeb1 = var1 + var2
```

In dem vorangegangenen Beispiel wird rechts von dem Zuweisungssymbol in der numerischen Zuweisungsanweisung ein numerischer Ausdruck angegeben, während im folgenden Beispiel ein nicht numerischer Ausdruck spezifiziert wird.

```
   ┌─ Beispiel nicht numerischer Ausdruck ─┐
   │
    CHARACTER (12)  datei
    CHARACTER (8)   dateiname
    CHARACTER (4)   suffix
       ...
    datei = dateiname // suffix
```

Daraus ergibt sich die Notwendigkeit, Ausdrücke zu klassifizieren und ihre Relationen festzulegen. Vereinfachend formuliert erfolgt die Klassifikation von Ausdrücken nach

Hierarchiestufen. Diese Hierarchiestufen sind in Anlehnung an eine Auswertungshierarchie von Operatorklassen festgelegt worden. Die Syntax von Ausdruck wird differenziert nach Ausdruck der Hierarchiestufe 0, einem Primärausdruck, und nach Ausdruck der Hierarchiestufen 1 bis 5. Dabei schließen die Ausdrücke der Hierarchiestufe k, die Ausdrücke der Hierarchiestufen 0 bis (k-1) ein.

```
Syntax primärausdruck

        konstante
oder
        variable
oder
        (ausdruck)

oder
        konstruiertes strukturobjekt
oder
        teilobjekt_einer_konstanten
oder
        feldbildner_erzeugtes_datenobjekt
oder
        aufruf_funktionsunterprogramm
```

Konstruierte Strukturobjekte werden in Abschnitt 6.6 im Zusammenhang mit der Behandlung abgeleiteter Datentypen eingeführt werden. Teilobjekte von Konstanten werden abschließend in Kapitel 8 erörtert werden. Der Feldbildner wird ebenfalls in Kapitel 8 und der Aufruf von Funktionsunterprogrammen wird in Kapitel 9 behandelt werden.

```
Beispiele Primärausdruck

INTEGER ergeb1, var1, var2
   ...
ergeb1 = 12
   ...
ergeb1 = var1
   ...
ergeb1 = (var1 + var2)
```

Die Klasse der anwenderdefinierten unären Operatoren nimmt die erste Stufe in der Auswertungshierarchie ein. Ein Ausdruck der Hierarchiestufe 1 ist dann ein Primärausdruck oder ein Ausdruck der Hierarchiestufe 0, dem ein vom Anwender definierter unärer Operator vorangeht. Anwenderdefinierte Operatoren werden in Kapitel 9 behandelt werden.

Hat ein Anwender einen Operator zur Inversion einer quadratischen und nicht singulären Matrix A definiert und mit dem Endsymbol .inverse. beschrieben, so läßt sich damit ein Beispiel für einen Ausdruck der Hierarchiestufe 1 wie folgt angeben. Dabei wird vorausgesetzt, daß die Datenobjekte a und b geeignet vereinbart worden sind.

```
┌──┤ Beispiel Ausdruck der Hierarchiestufe 1 ├─────────┐
│        ...                                            │
│   b = .inverse.a                                      │
│                                                       │
└───────────────────────────────────────────────────────┘
```

Die numerischen Operatoren nehmen die zweite Stufe in der Auswertungshierarchie von Operatoren ein. Ein Ausdruck der Hierarchiestufe 2 ist dann ein Ausdruck der Hierarchiestufe 1 oder setzt sich aus Ausdrücken der Hierarchiestufe 1 zusammen, die mit numerischen Operatoren verknüpft sind.

Tabelle 5.1   Numerische Operatoren

numerischer Operator	Funktion
**	Exponentiation
*	Multiplikation
/	Division
+ als unärer und binärer Operator	Addition
− als unärer und binärer Operator	Subtraktion

Ein Ausdruck der zweiten Hierarchiestufe wird im folgenden auch als *numerischer Ausdruck* bezeichnet.

```
┌──┤ Beispiele numerischer Ausdruck ├──────────┐
│   INTEGER ergeb1, var1, var2                  │
│        ...                                    │
│   ergeb1 = -var1                              │
│        ...                                    │
│   ergeb1 = var1 + var2*var1 - 12              │
│        ...                                    │
│   ergeb1 = var2**var1 + 12                    │
│                                               │
└───────────────────────────────────────────────┘
```

Zur Konstruktion numerischer Ausdrücke werden zunächst einige Grundregeln angegeben:

Jeder Operator muß explizit spezifiziert werden.

Die in der Mathematik übliche Schreibweise bc, um das Ergebnis der Multiplikation von b mit c zu beschreiben, ist unter FORTRAN unzulässig. In einem numerischen Ausdruck wird bc als Name interpretiert werden.

Zwei aufeinanderfolgende Operatoren sind unzulässig.

Dies steht im Zusammenhang mit der Auflösung von Ausdrücken (s.a. Aho, A.V. Sethi, R., and Ullmann, J.D. (1989b), S. 578 ff. und S. 902 ff.). Gegebenenfalls sind, wie im Fall des numerischen Ausdrucks a*(-b), geeignet Klammern zu setzen.

Für die numerischen Operatoren gelten Prioritätsstufen in bezug auf ihre Auswertung.

Die festgelegten Prioritätsstufen entsprechen im wesentlichen der mathematischen Konvention. Einzelheiten werden noch in diesem Abschnitt behandelt werden.

Im Standard Fortran 90 werden interne und anwenderdefinierte Operationen unterschieden. Anwenderdefinierte Operatoren und Operationen werden, wie bereits erwähnt, in Kapitel 9 behandelt werden. In den Kapiteln 5 bis 8 wird daher eine interne Operation kurz als Operation bezeichnet werden.

Zunächst wird der Begriff numerische Operation eingeführt. Eine *numerische Operation* ist entweder eine unäre oder eine binäre numerische Operation. Bezeichnet op einen unären numerischen Operator und ist operand2 von (internem) numerischem Datentyp, dann beschreibt op operand2 eine *unäre numerische Operation*. Analog heißt operand1 op operand2 eine *binäre numerische Operation*. Der Datentyp, der Typparameter und die Interpretation einer binären numerischen Operation ist unabhängig von dem Kontext, in dem diese Operation auftritt. Dies ist insbesondere bei numerischen Ausdrücken zu beachten, die aus mehr als einer numerischen Operation bestehen. Ist im Fall einer unären numerischen Operation der Operand oder sind im Fall einer binären numerischen Operation beide Operanden vom Datentyp INTEGER, dann ist auch das Ergebnis der Ausführung der numerischen Operation vom Datentyp INTEGER.

Bei binären numerischen Operationen dürfen die beiden Operanden in ihren Datentypen und im Wert des Typparameters KIND differieren. Die numerischen Datentypen REAL und COMPLEX werden in Kapitel 6 eingeführt werden, so daß auch die Konsequenzen in bezug auf unterschiedliche Datentypen bei einer numerischen Operation in diesem Zusammenhang behandelt werden. Vereinfachend formuliert erfolgt unter FORTRAN im Fall einer numerischen Operation mit Operanden von unterschiedlichem numerischen Datentyp oder Typparameter eine Anpassung des Ergebnisses zu dem Datentyp oder Typparameter, der als höherwertig eingestuft wird. Für den Fall, daß beide Operanden vom Datentyp INTEGER sind, jedoch im Wert des Typparameters KIND differieren, ist dem Ergebnis der binären numerischen Operation der Wert des Typparameters zugeordnet, der zu der Obermenge der beiden charakterisierenden Wertemengen gehört. Auch für diesen Fall werden in Abschnitt 6.4 die Kriterien präzisiert werden, nach denen der Wert des Typparameters KIND festgelegt wird, der dem Ergebnis einer binären numerischen Operation zugeordnet wird. Vor Ausführung der numerischen Operation erfolgt intern eine Anpassung so, als ob dem Datentyp des Operanden, der nicht den Typparameter des Ergebnisses hat, dieser Wert des Typparameters zugeordnet wäre. Dazu wird, vereinfachend formuliert, die interne Darstellung der Werte, die von den beiden Operanden repräsentiert werden, so angeglichen, als ob die Länge der zugehörigen Arbeitsspeicherbereiche mit der Länge des ausgedehnteren Arbeitsspeicherbereichs übereinstimmte.

```
   ┌─ Beispiel unterschiedliche Werte des Typparameters KIND ─┐
   │           bei numerischer Operation                      │
   └──────────────────────────────────────────────────────────┘
   INTEGER, PARAMETER :: kurz=SELECTED_INT_KIND(3)
   INTEGER (kurz) var1
   INTEGER, PARAMETER :: lang=SELECTED_INT_KIND(9)
   INTEGER (lang) var2, ergeb1
      ...
      ergeb1 = var1*var2
```

Im Beispiel ist dem Ergebnis der numerischen Operation `var1*var2` der Wert von `lang` als Wert des Typparameters KIND zugeordnet.

Sind im Fall von `operand1/operand2` beide Operanden vom Datentyp INTEGER, dann ist, wie bereits erwähnt, das Ergebnis der Ausführung der numerischen Operation vom Datentyp INTEGER. Dabei liefert die Ausführung der numerischen Operation den ganzzahligen Anteil des mathematischen Auswertungsergebnisses. Beispielsweise liefert die Auswertung des numerischen Ausdrucks `1/2` die Festpunktzahl `0` und die Auswertung des numerischen Ausdrucks `-8/3` die Festpunktzahl `-2`.

Sind beide Operanden der numerischen Operation `operand1**operand2` vom Datentyp INTEGER, so erfolgt bei negativem Wert des Operanden `operand2` die Interpretation in der Form `1/(operand1**(-operand2))`. Demnach liefert die Auswertung des numerischen Ausdrucks `2**(-3)` die Festpunktzahl `0`.

Besteht ein numerischer Ausdruck aus zwei oder mehr numerischen Operationen, wird die Reihenfolge der Auswertung numerischer Operatoren relevant. In bezug auf die Auswertung numerischer Operatoren gelten die folgenden Prioritätsstufen.

Tabelle 5.2   Prioritätsstufen numerischer Operatoren

numerischer Operator	Prioritätsstufe
**	erste Priorität
* und /	zweite Priorität
+ und -	dritte Priorität

Die unären Operatoren - und + stehen auf derselben Prioritätsstufe in der Auswertungsreihenfolge wie die binären Operatoren - und +.

Öffnende und schließende runde Klammern determinieren die Auswertungsreihenfolge
numerischer Operationen in numerischen Ausdrücken. Im Fall geschachtelter Klammern wird der innerste Primärausdruck als erster ausgewertet und die Schachtelung von
innen nach außen sukzessive abgearbeitet.

Wird die Reihenfolge der Auswertung numerischer Operatoren derselben Prioritätsstufe
nicht durch das Setzen von Klammern erzwungen, erfolgt mit Ausnahme der Exponentiation ihre Auswertung grundsätzlich von links nach rechts. Im Fall der Exponentiation
werden zwei oder mehr Operatoren von rechts nach links abgearbeitet. Auf das Programmbeispiel 5.2 wird in diesem Zusammenhang hingewiesen. Von dieser grundsätzlichen Reihenfolge in der Auswertung numerischer Operatoren derselben Prioritätsstufe
kann abgewichen werden. Beispielsweise ist zulässig, daß ein numerischer Ausdruck
a+b-c von einem Prozessor so bearbeitet wird, daß zunächst a+b ausgewertet und
dann die Subtraktion von c ausgeführt wird oder aber b-c ausgewertet wird und dann
die Addition von a erfolgt. In Abschnitt 6.4 wird ausgeführt werden, daß es im Fall eines solchen numerischen Ausdrucks zweckmäßig sein kann, Klammern zu setzen, um
Zwischenergebnisse von geeigneter Größenordnung zu gewährleisten.

Werden Klammern gesetzt, um eine Reihenfolge in der Auswertung von Operatoren
derselben Prioritätsstufe programmseitig festzulegen, so ist zu beachten, daß ein numerischer Ausdruck gebildet wird, der unter dem Aspekt der Rechnerarithmetik geeignet
und mathematisch äquivalent ist. Zwei numerische Ausdrücke heißen *mathematisch
äquivalent*, falls für alle zulässigen Werte ihrer Primärausdrücke, ihre mathematische
Auswertung zu demselben Wert führt. Die Auswertung mathematisch äquivalenter
Ausdrücke kann auf Rechenanlagen zu unterschiedlichen Ergebnissen in interner Darstellung führen. Darauf wird in Abschnitt 6.4 noch eingegangen werden. Falls Klammern gesetzt werden, kann dies zu mathematisch nicht äquivalenten Ausdrücken führen. Dabei ist zu berücksichtigen, daß die Festlegung der numerischen Operationen auf

einer Wertemenge zum Datentyp INTEGER unter Standard Fortran 90 als mathematische Definition von Operationen auf dieser Menge aufgefaßt wird.

```
       Beispiel mathematisch nicht äquivalente numerische
            Ausdrücke durch Setzen von Klammern

INTEGER ergeb1, ergeb2, var1, var2, var3
   ...
   var1 = 7
   var2 = 3
   var3 = 4
   ...
ergeb1 = var1*(var2/var3)
   ...
ergeb2 = var1*var2/var3
```

Im Beispiel wird `ergeb1` die Festpunktzahl 0 und `ergeb2` die Festpunktzahl 5 zugewiesen. In einem solchen Fall ist es unzulässig, von der grundsätzlichen Reihenfolge in der Auswertung numerischer Operatoren derselben Prioritätsstufe abzuweichen.

Die numerische Zuweisungsanweisung dient auch der Wertzuweisung einer Festpunktzahl an eine Variable vom Datentyp INTEGER. Die Syntax der Basisform einer Zuweisungsanweisung ist bereits in Abschnitt 3.4 angegeben worden. Dabei ist ein wesentliches Merkmal jeder Zuweisungsanweisung unerwähnt geblieben. Die Auswertung der Variablen links von dem Zuweisungssymbol in einer Zuweisungsanweisung und des Ausdrucks rechts von dem Zuweisungssymbol in dieser Zuweisungsanweisung muß voneinander unabhängig erfolgen können. Unter Auswertung der Variablen links von dem Zuweisungssymbol wird verstanden, daß die Adresse des Speicherbereichs ermittelt wird, der dieser Variablen zugeordnet ist. Diese Adresse darf demnach nicht von der Auswertung des Ausdrucks rechts von dem Zuweisungssymbol in dieser Zuweisungsanweisung abhängen.

```
   Syntax numerische Zuweisungsanweisung

variable = ausdruck
```

Dabei bezeichnet `ausdruck` einen numerischen Ausdruck und `variable` eine Variable von numerischem Datentyp. Im Fall der Ausführung einer numerischen Zuweisungsanweisung werden zunächst der numerische Ausdruck `ausdruck` und die Variable `variable` voneinander unabhängig ausgewertet. Dann wird das Resultat der Auswertung des numerischen Ausdrucks der Variablen `variable` zugewiesen. Der Fall, in dem sich der numerische Datentyp des Ergebnisses der Auswertung des numerischen Ausdrucks von dem numerischen Datentyp der Variablen unterscheidet, wird in Abschnitt 6.4 behandelt werden. Der Fall, in dem sowohl das Ergebnis der Auswertung von `ausdruck` als auch die Variable `variable` vom Datentyp INTEGER sind, jedoch unterschiedliche Werte des Typparameters KIND vorliegen, ist im wesentlichen bereits in Abschnitt 5.2 erörtert worden. Nach Standard Fortran 90 gilt, daß der Variablen der Wert zugewiesen wird, den der Aufruf `INT(ausdruck, kind_var)` der Standardfunktion `INT` lieferte. Dabei beschreibt `kind_var` einen Initialisierungsausdruck, dessen Auswertung auf den Wert des Typparameters KIND der Variablen `variable` führt.

Initialisierungsausdruck bezeichnet einen Ausdruck, der dazu dient, Variablen einen Anfangswert zuzuweisen oder benannte Konstanten zu definieren. Initialisierungsausdrücke werden bereits zur Compilationszeit ausgewertet. Primärausdrücke, die in einem Initialisierungsausdruck zulässig sind, unterliegen daher Einschränkungen. In einem Initialisierungsausdruck ist Exponentiation auf Exponenten vom Datentyp INTEGER beschränkt und als Primärausdruck sind nur die folgenden Operanden zulässig:

▶ Konstanten

▶ Teilobjekte von Konstanten unter Einschränkungen

▶ mit Feldbildner erzeugte Konstanten unter Einschränkungen

▶ Strukturkonstanten unter Einschränkungen

Diese Einschränkungen gewährleisten, daß ein Initialisierungsausdruck zur Compilationszeit auswertbar ist, auch wenn er einen Primärausdruck enthält, der Teilobjekt einer Konstanten, mit Feldbildner erzeugte Konstante oder Strukturkonstante ist.

▶ Aufrufe elementweise auswertender Standardfunktionen, falls ihre Auswertung auf ein Ergebnis vom Datentyp INTEGER oder CHARACTER führt und die Aktualparameter Initialisierungsausdrücke sind, deren Auswertung ein Ergebnis vom Datentyp INTEGER oder CHARACTER liefert

Der Begriff Aktualparameter wird in Kapitel 9 eingeführt werden. Vereinfachend betrachtet lassen sich Aktualparameter einer Standardfunktion auffassen wie aktuelle Argumente einer Funktion. Die Klasse der elementweise auswertenden Standardfunktionen wird im Anhang A behandelt werden.

▶ Aufrufe der Standardfunktionen `REPEAT`, `RESHAPE`, `SELECTED_INT_KIND`, `SELECTED_REAL_KIND`, `TRIM` und `TRANSFER`, wobei jeder Aktualparameter ein Initialisierungsausdruck sein muß

Diese Standardfunktionen gehören zu den Transformationsfunktionen und werden im Anhang A beschrieben.

▶   Aufrufe der Standardfunktionen LBOUND, SHAPE, SIZE, UBOUND, LEN,
    BIT_SIZE, KIND, DIGITS, EPSILON, HUGE, MAXEXPONENT,
    MINEXPONENT, PRECISION, RADIX, RANGE und TINY, wobei jeder Aktu-
    alparameter entweder ein Initialisierungsausdruck oder eine Variable ist, deren
    Merkmale Einschränkungen unterliegen

    Diese Standardfunktionen gehören zu den Abfragefunktionen und werden in
    Anhang A beschrieben. Falls der Aufruf einer Abfragefunktion Operand in
    einem Initialisierungsausdruck ist, so müssen die Merkmale bekannt sein, auf
    die sich die Abfrage bezieht.

▶   Initialisierungsausdrücke in runden Klammern.

Strukturkonstanten werden, wie bereits erwähnt, in Abschnitt 6.6 eingeführt werden.
Teilobjekte von Konstanten werden abschließend in Kapitel 8, der Feldbildner wird
ebenfalls in Kapitel 8 und der Aufruf von Funktionsunterprogrammen in Kapitel 9
behandelt werden.

5.4   I- und Z-Formatbeschreiber

I- und Z-Formatbeschreiber gehören zu den numerischen Datenfeldbeschreibern. Unter
dieser Bezeichnung werden I-, B-, O-, Z-, F-, E-, EN-, ES-, D- und G-Formatbeschreiber zusammengefaßt. Für die numerischen Datenfeldbeschreiber gelten einige allgemeine Regeln, die im folgenden erörtert werden, soweit sie auch auf I- und Z-Formatbeschreiber anzuwenden sind. Im Kontext der Behandlung von Gleitpunktzahlen werden in Kapitel 6 die folgenden Regeln geringfügig zu ergänzen sein.

Die externe Zahldarstellung besteht stets aus einer Folge von Zeichen. Im Fall von Eingabe werden führende Leerzeichen in der externen Darstellung nicht ausgewertet. Die
Interpretation nicht führender Leerzeichen erfolgt abhängig von dem Spezifikationswert
zur Spezifikation BLANK= der Anweisung OPEN und abhängig von der Angabe eines
E-A Steuerungsbeschreibers BN oder BZ in der zugehörigen Formatspezifikation. Auf
die Tabelle 4.4, in der die E-A Steuerungsbeschreiber zusammengefaßt sind, wird verwiesen. Ein positives Vorzeichen in der externen Darstellung wird bei der Konversion
nicht ausgewertet. Ein Datenfeld, das nur Leerzeichen enthält, wird in die interne Darstellung einer Gleitpunktzahl 0 . oder einer Festpunktzahl 0 umgewandelt.

Im Fall von Ausgabe kann die externe Darstellung von Werten größer oder gleich 0 mit
einem positiven Vorzeichen erfolgen, z.B. gesteuert über die Angabe des E-A Steuerungsbeschreibers SP in einer Formatspezifikation. Repräsentiert die interne Darstellung einen negativen Wert, so umfaßt die externe Darstellung das Zeichen - als negatives Vorzeichen. Die externe Darstellung erfolgt stets rechtsbündig im Datenfeld. Ist der
Spezifikationswert zu b, der Datenfeldbreite, größer als die Anzahl der Zeichen, die für

die externe Zahldarstellung erzeugt werden, so wird die Datenfeldbreite mit führenden Leerzeichen ausgeschöpft. Ist der Spezifikationswert zu b kleiner als die Anzahl der Zeichen, die abgesehen von optionalen Zeichen für die externe Zahldarstellung erzeugt werden, wird das Datenfeld mit dem Zeichen * ausgefüllt.

Der I-Formatbeschreiber dient dazu, die Umwandlung zwischen interner und externer Darstellung in bezug auf Datenobjekte vom Datentyp INTEGER zu spezifizieren.

```
Syntax I-Formatbeschreiber

[w]Ib[.m]
```

Dabei bezeichnet b eine vorzeichenlose ganzzahlige Konstante größer oder gleich 1, die zur Festlegung der Datenfeldbreite in externer Darstellung dient, und w den Wiederholungsfaktor. Der Wert des Wiederholungsfaktors ist mit der Festpunktzahl 1 vorbesetzt. Ferner bezeichnet m eine vorzeichenlose ganzzahlige Konstante größer oder gleich 0, die dazu dient, für die Ausgabe die Mindestanzahl darzustellender Ziffern zu spezifizieren.

Im Fall der Eingabe wird eine Zeichenfolge erwartet, die b Zeichen umfaßt und abgesehen von Leerzeichen eine Festpunktzahl beschreibt. Die Angabe eines Spezifikationswerts zu m hat keine Auswirkung. Wird in eingabeliste einer Anweisung READ ein Datenobjekt spezifiziert, zu dem über die Position ein I-Formatbeschreiber korrespondiert, dann muß diesem Datenobjekt der Datentyp INTEGER zugeordnet sein.

Im Fall der Ausgabe besteht die externe Darstellung aus führenden Leerzeichen, deren Anzahl größer oder gleich 0 ist, ggf. gefolgt von einem Zeichen - oder + und einer Folge von Ziffern des Dezimalsystems. Nur wenn m spezifiziert wird, sind führende Ziffern 0 in der externen Darstellung möglich. Wird m spezifiziert, dann erfolgt die externe Darstellung mit mindestens der Anzahl von Ziffern, die gleich dem Spezifikationswert zu m ist. Falls die Anzahl der Ziffern, die für die externe Zahldarstellung erzeugt werden, kleiner ist als der Spezifikationswert zu m, wird die Zahldarstellung durch führende Ziffern 0 aufgefüllt. Ist 0 Spezifikationswert zu m und repräsentiert die interne Darstellung die Festpunktzahl 0, so stehen im zugehörigen Datenfeld ausschließlich Leerzeichen. Der Spezifikationswert zu m muß kleiner oder gleich dem Spezifikationswert zu b sein.

```
Beispiele I-Formatbeschreiber

INTEGER :: anz_objekte = 0, anz_einheit = 0, anz_gesamt = 0
   ...
READ(10, '(I5,2X,I3)') anz_einheit, anz_objekte
   ...
WRITE (20, '(22X,'' Gesamtzahl '',I10)') anz_gesamt
```

Unter der Voraussetzung, daß weder eine Fehlerbedingung noch die Dateiende-Bedingung erfüllt sind, bewirkt die Ausführung der Anweisung READ im Beispiel, daß aus dem aktuellen Datensatz der Eingabedatei die ersten 5 Zeichen gelesen, in die interne Darstellung einer Festpunktzahl umgewandelt werden und daß die interne Darstellung dem Speicherbereich mit dem Namen `anz_einheit` zugewiesen wird. Danach wird der Dateizeiger um 2 Zeichenpositionen im aktuellen Datensatz nach rechts verschoben, das achte bis zehnte Zeichen gelesen, in die interne Darstellung einer Festpunktzahl umgewandelt und die interne Darstellung dem Speicherbereich mit dem Namen `anz_objekte` zugewiesen. Der Dateizeiger wird hinter diesen Datensatz positioniert.

Die Ausführung der Anweisung WRITE im Beispiel bewirkt, daß der Dateizeiger auf die Zeichenposition 23 des aktuellen Datensatzes der Ausgabedatei gesetzt wird. Dann werden ein Leerzeichen, die Zeichen `Gesamtzahl` und ein Leerzeichen in den aktuellen Datensatz geschrieben. Der Speicherinhalt von `anz_gesamt` wird interpretiert als die interne Darstellung einer Festpunktzahl, in externe Darstellung umgewandelt und 10 Zeichen in den aktuellen Datensatz geschrieben. Diese 10 Zeichen bestehen ggf. aus führenden Leerzeichen und aus einer Folge von Ziffern des Dezimalsystems.

Der Z-Formatbeschreiber dient dazu, für Datenobjekte vom Datentyp INTEGER die Umwandlung einer externen Darstellung, die in Ziffern des Hexadezimalsystems vorliegen muß, in Binärdarstellung und die Konversion von Speicherinhalten extern in Ziffern des Hexadezimalsystems zu spezifizieren. Die Ziffern des Hexadezimalsystems sind 0,1,2,3,4,5,6,7,8,9,A,B,C,D,E und F. Um 16 Ziffern binär darzustellen, ist ein 4 Bit umfassender Speicherbereich erforderlich, der auch als *Tetrade* bezeichnet wird.

```
        Syntax Z-Formatbeschreiber

[w]Zb[.m]
```

Wie bei dem I-Formatbeschreiber dienen w, b und m dazu, den Wiederholungsfaktor, die Datenfeldbreite in externer Darstellung und die Mindestanzahl darzustellender Ziffern zu spezifizieren. Jeder Ziffer in externer Darstellung entspricht intern eine Tetrade.

Im Fall von Eingabe muß die umzuwandelnde Zeichenfolge, abgesehen von Leerzeichen, aus Ziffern des Hexadezimalsystems bestehen. Ansonsten sind die Ausführungen zum I-Formatbeschreiber zu übertragen. Nach der Konversion ist auf jeder Tetrade exakt die binäre Darstellung der korrespondierenden Ziffer des Hexadezimalsystems der externen Darstellung abgespeichert.

Im Fall der Ausgabe besteht die externe Darstellung aus führenden Leerzeichen und nachfolgenden Ziffern des Hexadezimalsystems. Die Ausführungen zur Mindestanzahl von Ziffern im Fall des I-Formatbeschreibers sind zu übertragen. Die Konversion liefert ein exaktes Abbild des Speicherinhalts in Hexadezimaldarstellung.

```
┌──────┤ Beispiel Ausgabe Z-Formatbeschreiber ├──────────┐
│  INTEGER, PARAMETER :: kurz = SELECTED_INT_KIND(3)      │
│  INTEGER, PARAMETER :: lang = SELECTED_INT_KIND(9)      │
│  INTEGER (lang) var2_zk                                 │
│     ...                                                 │
│         WRITE (20,4020) -121_kurz, var2_zk, var2_zk     │
│    4020 FORMAT (21X, I12, 10X, I12, 10X, Z8)            │
│                                                         │
└─────────────────────────────────────────────────────────┘
```

Auf die Erläuterung der Wirkungen der Ausführung der Anweisung WRITE in bezug auf X-Steuerungsbeschreiber und I-Formatbeschreiber wird verzichtet. Unter der Voraussetzung, daß keine Fehlerbedingung erfüllt ist, bewirkt die Ausführung der Anweisung WRITE hinsichtlich des spezifizierten Z-Formatbeschreibers, daß der Inhalt des Speicherbereichs, dem der Name var2_zk zugeordnet ist und der 32 Bit bzw. 8 Tetraden umfaßt, umgewandelt wird. Der Speicherinhalt jeder Tetrade wird extern als eine Ziffer des Hexadezimalsystems dargestellt. Auf das Programmbeispiel 5.1 und auf die Ausführungen zum Zweierkomplement in Abschnitt 5.6 wird hingewiesen.

Charakteristisches Merkmal des Z-Formatbeschreibers ist, daß im Fall von Eingabe das Speicherresultat exakt ist und daß im Fall von Ausgabe eine exakte Wiedergabe des Speicherinhalts bewirkt wird. Diese Leistung ist vor allem im Zusammenhang mit der Verarbeitung von Gleitpunktzahlen relevant. Nach Standard Fortran 90 ist die Spezifikation der Konversion mit Z-Formatbeschreibern auf Datenobjekte vom Datentyp INTEGER eingeschränkt. Die Erweiterung auf die Konversion im Fall von Datenobjekten vom Datentyp REAL und COMPLEX läßt sich jedoch mit Hilfe der Standardfunktion TRANSFER oder der Anweisung EQUIVALENCE realisieren. Mit Programmbeispiel 6.3 wird eine Anwendung vorgestellt werden.

5.5 Einfache Kontrollstrukturen

Aus der Numerik sind Berechnungsvorschriften bekannt, die dazu dienen, durch ihre wiederholte Anwendung einen Wert zu iterieren. Beispiel ist etwa die Berechnung eines Näherungswerts für das bestimmte Integral über einem reellen Intervall [a,b], indem auf jedes Teilintervall einer disjunkten Zerlegung von [a,b] die Trapezregel angewandt und die Näherungswerte für die Teilintervalle addiert werden. Auch in anderen Gebieten, etwa der Angewandten Statistik, ist die Anwendung von Berechnungsvorschriften gebräuchlich, die in der wiederholten Ausführung eines Berechnungsschritts bestehen. Als Beispiel sei der Algorithmus zur Berechnung des Werts des Schätzers s^2 für die Varianz genannt. Dieser Algorithmus wird im Zusammenhang mit der Aufgabe 6.2 erläutert werden.

Mit den bisherigen FORTRAN Kenntnissen wäre die wiederholte Anwendung einer Berechnungsvorschrift nur sehr umständlich in FORTRAN Quellcode zu übertragen. Daher wird ein Sprachkonstrukt eingeführt werden, mit dem sich kontrollieren läßt, wie häufig eine spezifische Folge von Anweisungen auszuführen ist. Dieses Sprachkonstrukt gehört zu den Kontrollstrukturen. Kontrollstrukturen dienen dazu, die Reihenfolge der Ausführung von Anweisungen zu steuern. Die Ausführungsreihenfolge läßt sich unter Standard Fortran 90 auch durch Sprachkonstrukte kontrollieren, die Blöcke enthalten. Eine solche Kontrollstruktur wird auch als Blockstruktur bezeichnet.

Die folgenden Kontrollstrukturen sind Blockstrukturen:

▶   DO Struktur,

▶   IF Struktur,

▶   CASE Struktur.

Eine Blockstruktur wird stets durch eine spezifische Anfangsanweisung eingeleitet und eine spezifische Abschlußanweisung beendet. Der Transfer der Programmkontrolle an eine Anweisung in einer Blockstruktur unter Umgehung der Anfangsanweisung ist unzulässig. Neben Anfangs- und Abschlußanweisung können weitere Anweisungen zur Syntax einer solchen Struktur gehören. Eine Blockstruktur enthält mindestens einen Block. Ein *Block* besteht aus einer Sequenz ausführbarer Anweisungen zwischen zwei Anweisungen, die zur Syntax der Struktur gehören. Ein Block kann leer sein.

Im Zusammenhang mit der Konstruktion eines Blocks sind folgende Grundregeln zu beachten:

Für den Fall, daß ein Block eine Blockstruktur enthält, muß die Blockstruktur vollständig in diesen Block eingebettet sein.

Es ist unzulässig, die Programmkontrolle von einer Anweisung außerhalb eines Blocks an eine Anweisung in einem Block zu übertragen. Der Transfer der Programmkontrolle innerhalb eines Blocks ist zulässig. Auch die Übertragung der Programmkontrolle aus einem Block in einer Blockstruktur an eine Anweisung außerhalb dieser Blockstruktur ist zulässig.

5.5.1   DO Struktur

Die DO Struktur dient dazu, die wiederholte Ausführung eines Blocks zu spezifizieren. Eine DO Struktur wird auch als Schleife bezeichnet. Mit den Anweisungen EXIT und CYCLE läßt sich die Ausführung einer Schleife modifizieren.

Mit Rücksicht auf die Aufwärtskompatibilität sind unter Standard Fortran 90 auch Konstruktionen eines Wiederholungsbereichs zulässig, der mit der Anweisung DO eingeleitet wird, jedoch keine Blockstruktur ist.

```
┌─────────────────────────────────┐
│   Grundform einer DO Struktur    │
├──────────────────────────────────┴──────────┐
│ Anfangsanweisung DO                          │
│     do_block                                 │
│ Abschlußanweisung                            │
│                                              │
└──────────────────────────────────────────────┘
```

```
┌──────────────────────┐
│   Syntax DO           │
├──────────────────────┴───────────────────────────────┐
│ [do_name:] DO [a_m] [,] l_var=anf_p, end_p [,schritt_p]│
│ oder                                                   │
│ [do_name:] DO [a_m] [,] WHILE (bedingung)              │
│ oder                                                   │
│ [do_name:] DO [a_m]                                    │
│                                                        │
└────────────────────────────────────────────────────────┘
```

Mit der Anweisung DO wird eine DO Struktur eingeleitet. Die Unterschiede in der Syntax der Anweisung DO legen eine weitere Differenzierung der Bezeichnung Schleife nahe, und zwar in Zählschleife im ersten, WHILE-Schleife im zweiten und EXIT-Schleife im dritten Fall.

Abschlußanweisung einer DO Struktur kann die Anweisung END DO sein. Eine DO Struktur kann ferner mit der ausführbaren Anweisung CONTINUE abgeschlossen werden. Die Ausführung einer Anweisung CONTINUE hat keine Wirkung.

```
┌──────────────────────┐
│   Syntax END DO       │
├──────────────────────┴────────┐
│ END DO [do_name]              │
│                               │
└───────────────────────────────┘
```

```
┌──────────────────────┐
│   Syntax CONTINUE     │
├──────────────────────┴────────┐
│ CONTINUE                      │
│                               │
└───────────────────────────────┘
```

Die Übertragung der Programmkontrolle an die Abschlußanweisung einer DO Struktur ist nur aus dem zugehörigen DO Block zulässig.

Eine DO Struktur kann mit einem Namen do_name gekennzeichnet werden. Wenn eine DO Struktur mit einem Namen gekennzeichnet wird, dann muß die Anweisung END DO die DO Struktur abschließen. Der kennzeichnende Name zu den Anweisungen DO und END DO muß übereinstimmen.

```
   ┌─ Beispiel Grundform DO Struktur ─┐
   INTEGER :: l_var = 0
        ...
   schleife_1: DO l_var = 1, 20
             ...
              END DO schleife_1
```

In der Darstellung der Syntax der Anweisung DO bezeichnet a_m eine Anweisungsmarke. Wird in einer Anweisung DO die Anweisungsmarke spezifiziert, so muß die Abschlußanweisung der DO Struktur auch mit diesem Etikett gekennzeichnet werden.

```
   ┌─ Beispiele Kennzeichnung einer DO Struktur durch ─┐
                    eine Anweisungsmarke
   INTEGER :: l_var = 0
        ...
        DO 10 l_var = 1, 10
           ...
   10 CONTINUE
           ...
        DO 20 l_var = 1, 30
           ...
   20 END DO
```

Falls in einer Anweisung DO keine Anweisungsmarke spezifiziert wird, muß diese DO Struktur mit der Anweisung END DO abgeschlossen werden.

Nach der Syntax der Anfangsanweisung einer WHILE-Schleife ist das Zwischensymbol bedingung zu spezifizieren. Mit bedingung wird ein Ausdruck vom Datentyp LOGICAL bezeichnet, mit dem die Abbruchbedingung für die WHILE-Schleife festgelegt wird. Logische Ausdrücke werden ausführlich in Kapitel 7 behandelt werden.

```
   ┌─ Beispiel WHILE-Schleife ─┐
   INTEGER anzahl, var_schritt
        ...
          anzahl = 1
       var_schritt = 1
          DO WHILE ( anzahl < 20 )
            ...
            anzahl = anzahl + var_schritt
            ...
          END DO
```

Zur Syntax der Anfangsanweisung einer Zählschleife gehören l_var, anf_p, end_p und schritt_p. Mit l_var wird der Name einer (skalaren) Variablen vom Datentyp INTEGER bezeichnet. Diese Variable heißt auch *Laufvariable*. Mit anf_p, end_p und schritt_p wird jeweils ein (skalarer) numerischer Ausdruck vom Datentyp

INTEGER bezeichnet. Der `anf_p` substituierende numerische Ausdruck heißt *Anfangsparameter*, der numerische Ausdruck zu `end_p` heißt *Endparameter*, und der `schritt_p` substituierende numerische Ausdruck heißt *Schrittweitenparameter*. Wird `schritt_p` nicht spezifiziert, so ist dem Schrittweitenparameter der Regeldatentyp INTEGER zugeordnet. Der Wert des Schrittweitenparameters ist mit der Festpunktzahl 1 vorbesetzt. Die Auswertung des numerischen Ausdrucks zu `schritt_p` muß einen von Null verschiedenen Wert liefern.

Die Verwendung einer Variablen vom Regeldatentyp REAL oder Datentyp DOUBLE PRECISION als Laufvariable sowie eines numerischen Ausdrucks vom Regeldatentyp REAL oder Datentyp DOUBLE PRECISION als Anfangs-, End- und Schrittweitenparameter ist zulässig, gilt jedoch nach Standard Fortran 90 als veraltet. Falls dies erforderlich ist, wird das Ergebnis der Auswertung des Ausdrucks, der `anf_p`, `end_p` oder `schritt_p` substituiert, implizit dem Datentyp der Laufvariablen angepaßt.

```
Beispiel Zählschleife

     INTEGER, PARAMETER :: aus1=20, n_max=20
     INTEGER :: fakultaet = 1, l_var = 1
        ...
        schleife_1: DO l_var = 1, n_max
                    fakultaet = fakultaet * l_var
                    WRITE ( aus1, 1100 ) l_var, fakultaet
                    END DO schleife_1
```

Im Beispiel wird eine Zählschleife angegeben. Die Anzahl zu wiederholender Ausführungen der Anweisungen des DO Blocks oder auch der Ausführungszyklen ist von vornherein festgelegt und beträgt im Beispiel 20.

Wie bereits im Zusammenhang mit den Grundregeln zur Konstruktion eines Blocks angedeutet worden ist, lassen sich Blockstrukturen in einen Block einbetten. Insbesondere sind demnach DO Strukturen im DO Block einer DO Struktur zulässig. Eine solche Einbettung von DO Strukturen wird auch als Schachtelung bezeichnet. Da eine DO Struktur in einen DO Block vollständig einzubetten ist, heißt die einschließende DO Struktur auch *äußere Schleife* und die eingebettete DO Struktur auch *innere Schleife*.

```
Beispiel Schachtelung von DO Strukturen

  INTEGER :: l_var1 = 1, l_var2 = 1, anf_p = 1, end_p = 9, &
             schritt_p = 2
     ...
  schleife_4: DO l_var1 = anf_p, end_p, schritt_p
                 ...
              schleife_5: DO l_var2 = l_var1, end_p
                             ...
                          END DO schleife_5
                 ...
              END DO schleife_4
```

Das Beispiel dient dazu, die Schachtelung von Schleifen zunächst syntaktisch zu verdeutlichen. In diesem Zusammenhang wird auch auf das Programmbeispiel 5.3 hingewiesen.

Die Ausführung einer DO Struktur läßt sich in 3 Phasen zerlegen: die Initialisierung der Ausführung, die Ausführungszyklen des DO Blocks und den Abschluß der Ausführung.

Eine DO Struktur hat den Status, entweder aktiv oder inaktiv zu sein. Hat eine DO Struktur den Status inaktiv, dann nimmt diese DO Struktur mit der Ausführung ihrer Anfangsanweisung den Status *aktiv* an. Die Ausführung der Anweisung DO einer DO Struktur wird auch als Initialisierung der Ausführung der DO Struktur bezeichnet.

Liegt eine Zählschleife vor, so erfolgt die Initialisierung in drei Schritten:

(01) Auswertung der Ausdrücke `anf_p`, `end_p`, `schritt_p` und ggf. Anpassung des Ergebnisses der Auswertung an den Datentyp der Laufvariablen

(02) Zuweisung des Werts des Ausdrucks `anf_p` an die Laufvariable

(03) Initialisierung eines Zykluszählers mit dem größeren Wert aus der zweielementigen Menge {int_zyklus,0}, wobei int_zyklus den Wert beschreibt, den der Aufruf `INT((end_p-anf_p+schritt_p)/schritt_p)` der Standardfunktion `INT` lieferte.

Auf die Abbildung 5.1 zur Ausführung einer Zählschleife wird hingewiesen. Im vorangegangenen Beispiel zur Zählschleife liefert die Auswertung des Ausdrucks zu `anf_p` die Festpunktzahl 1, des Ausdrucks zu `end_p` die Festpunktzahl 2 0 und der Wert von `schritt_p` ist mit 1 vorbesetzt. Dann wird der Zykluszähler mit 2 0, der größeren der beiden Festpunktzahlen `INT((20-1+1)/1)` und 0, initialisiert.

Liegt eine WHILE-Schleife vor, so besteht die Initialisierung in der Auswertung des logischen Ausdrucks `bedingung`. Ein Zykluszähler wird nicht initialisiert.

Im Fall einer EXIT-Schleife wird unmittelbar in die zweite Phase der Ausführung eingetreten. Ein Zykluszähler wird nicht initialisiert.

Die zweite Phase der Ausführung einer DO Struktur besteht im Fall einer Zählschleife aus den folgenden Schritten:

(01) Überprüfung des Werts des Zykluszählers

Falls der Wert des Zykluszählers größer als 0 ist, wird der DO Block ausgeführt.

(02) Verminderung des Werts des Zykluszählers um 1 und Erhöhung des Werts der Laufvariablen um den in der Initialisierungsphase ermittelten Wert des Ausdrucks zu `schritt_p`

Ansonsten darf im Fall einer DO Struktur, die den Status hat, aktiv zu sein, der Wert der Laufvariablen nicht redefiniert werden oder die Laufvariable den Status undefiniert annehmen. Ist Anfangs-, End- oder Schrittweitenparameter eine Variable, so läßt sich jede dieser Variablen im DO Block redefinieren.

Im Fall einer WHILE-Schleife wird in der zweiten Phase der Ausführung der DO Struktur zunächst der Wert des logischen Ausdrucks bedingung überprüft. Falls die Auswertung des logischen Ausdrucks bedingung den Wert von .TRUE. liefert, wird der DO Block ausgeführt. Andernfalls ist die zweite Phase der Ausführung der DO Struktur abgeschlossen.

Liegt eine EXIT-Schleife vor, so wird der DO Block der DO Struktur ausgeführt. Im Fall der EXIT-Schleife kann die zweite Phase der Ausführung der DO Struktur nur über die Ausführung einer Anweisung EXIT abgeschlossen werden.

Der aktuelle Ausführungszyklus des DO Blocks einer DO Struktur läßt sich mit Hilfe der Anweisung CYCLE beenden.

Die zweite Phase der Ausführung einer DO Struktur läßt sich mit Hilfe der Anweisung EXIT beenden.

Die wesentlichen Merkmale der Anweisungen CYCLE und EXIT werden im Anschluß an die Behandlung der dritten Phase der Ausführung einer DO Struktur eingehender erläutert werden.

Im Fall einer Zählschleife wird in die dritte Phase der Ausführung einer DO Struktur eingetreten, falls der Zykluszähler den Wert 0 annimmt. Dann ist die Ausführung der DO Struktur abgeschlossen und die DO Struktur hat den Status, inaktiv zu sein. Die Laufvariable verbleibt in definiertem Status mit dem zuletzt zugewiesenen Wert. Dabei sind die folgenden drei Fälle zu differenzieren:

(01) Der Zykluszähler hat à priori den Wert 0.

Dann wird in die zweite Phase der Ausführung der DO Struktur nicht eingetreten und der Laufvariablen ist der Wert von `anf_p` zugewiesen worden.

(02) Der Zykluszähler nimmt den Wert 0 an.

Dann ist das Resultat aus der Addition des Werts der Laufvariablen zu Beginn des vorangegangenen Ausführungszyklus und dem Wert des Ausdrucks zu `schritt_p` in der Initialisierungsphase der zuletzt an die Laufvariable zugewiesene Wert.

(03) Der Zykluszähler nimmt nicht den Wert 0 an.

Dann ist der aktuelle Wert von `l_var` der zuletzt an die Laufvariable zugewiesene Wert.

In diesem Zusammenhang wird nochmals auf das Programmbeispiel 5.3 hingewiesen.

Abbildung 5.1   Zählschleife

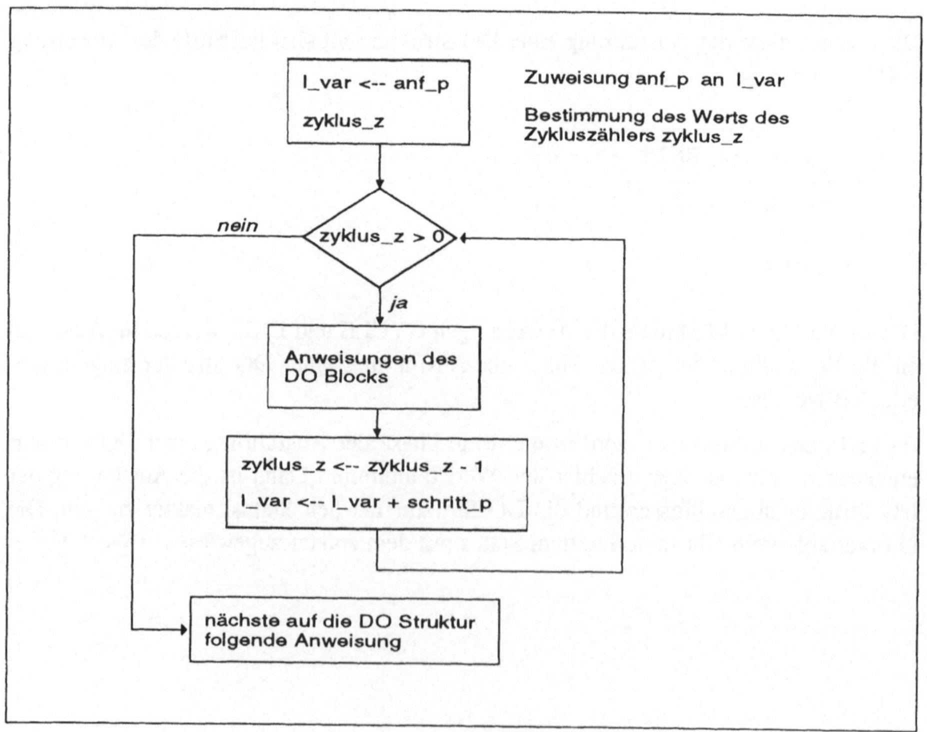

Bei einer WHILE-Schleife wird in die dritte Phase der Ausführung der DO Struktur eingetreten, falls die Auswertung von bedingung den Wert von .FALSE. liefert. Die Ausführung der DO Struktur ist abgeschlossen und die DO Struktur hat den Status, inaktiv zu sein.

Liegt eine EXIT-Schleife vor, so wird über die Ausführung einer Anweisung EXIT die Ausführung der DO Struktur abgeschlossen und die DO Struktur nimmt den Status inaktiv an.

Es gibt weitere Bedingungen, deren Eintreten bewirkt, daß die Ausführung einer DO Struktur abgeschlossen wird, wie der Transfer der Programmkontrolle aus dem DO Block einer DO Struktur an eine Anweisung außerhalb dieser DO Struktur. Weitere Fälle werden in den Kapiteln 7 und 9 behandelt werden. Ergänzend wird auf die Zusammenstellung in ISO/IEC (1991), S. 103 ff. hingewiesen.

Die Anweisung CYCLE darf nur in einer DO Struktur auftreten. Im Standard wird deshalb präzisiert, daß jede Anweisung CYCLE zu einer DO Struktur gehört. Wird in einer Anweisung CYCLE auf den Namen do_name einer DO Struktur Bezug genommen, dann gehört die Anweisung zu dieser DO Struktur und muß in ihr auftreten. Andernfalls gehört die Anweisung zu der innersten Schleife in einer geschachtelten DO Struktur. Nach Ausführung einer Anweisung CYCLE wird im aktuellen Ausführungszyklus keine weitere Anweisung des DO Blocks der DO Struktur ausgeführt, zu der die Anweisung CYCLE gehört. Vereinfachend formuliert entspricht die Wirkung der Ausführung einer Anweisung CYCLE dem Transfer der Programmkontrolle an die Abschlußanweisung der DO Struktur, zu der die Anweisung CYCLE gehört.

Auch die Anweisung EXIT darf nur in einer DO Struktur auftreten. Wird in einer Anweisung EXIT auf den Namen do_name einer DO Struktur Bezug genommen, dann gilt analog, daß die Anweisung zu dieser DO Struktur gehört und in ihr auftreten muß. Andernfalls gehört die Anweisung zu der innersten Schleife in einer geschachtelten DO Struktur. Nach Ausführung einer Anweisung EXIT wird die Programmausführung mit der nächsten ausführbaren Anweisung fortgesetzt, die auf die Abschlußanweisung der DO Struktur folgt, zu der die Anweisung EXIT gehört. Die DO Struktur, zu der die Anweisung EXIT gehört, nimmt den Status inaktiv an.

Anwendungen der Anweisung CYCLE wie der Anweisung EXIT erfordern Kenntnisse mindestens über die logische IF Anweisung. Beispiele werden daher erst in Kapitel 7 behandelt werden.

5.5.2 Sprunganweisungen

Sprunganweisungen dienen dazu, von der sequentiellen Verarbeitung der Anweisungen einer Programmeinheit abzuweichen. Die Verwendung von Sprunganweisungen im Quellcode einer imperativen Programmiersprache ist umstritten. Die Lesbarkeit von Quellcode wird durch die Verwendung von Sprunganweisungen erheblich reduziert. Insbesondere bei der Behandlung von Fehlerbedingungen, aber auch von Dateiende-

Bedingung und Datensatzende-Bedingung, ist der Gebrauch von Sprunganweisungen in der Regel nicht zu vermeiden. Ihre Verwendung ist auf diesen Anwendungsbereich zu beschränken.

Unter Fortran 90 existieren 3 Sprunganweisungen: die unbedingte Sprunganweisung, die berechnete und die gesetzte Sprunganweisung. Die gesetzte Sprunganweisung und die damit in engem Zusammenhang stehende Anweisung ASSIGN gelten nach dem Standard als veraltet. Die berechnete Sprunganweisung ist als überholt anzusehen. Ihre Aufgabe erfüllt unter Standard Fortran 90 auch die CASE Struktur. Die unbedingte Sprunganweisung hat die folgende Syntax.

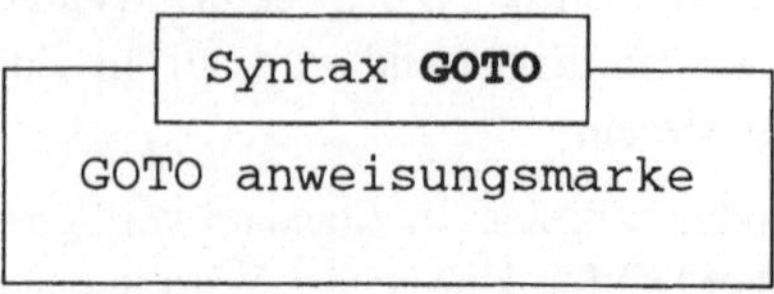

Die Anweisungsmarke `anweisungsmarke` muß eine ausführbare Anweisung in der Gültigkeitseinheit markieren, zu der auch die unbedingte Sprunganweisung gehört. Die Programmkontrolle wird an diese Anweisung übertragen.

Eine ausführbare Anweisung, die im Quellcode unmittelbar auf eine unbedingte Sprunganweisung folgt, muß mit einer Anweisungsmarke versehen sein.

```
  Beispiel unbedingte Sprunganweisung

  INTEGER :: anz_objekte = 0, anz_einheit = 0, eing_fehler = 0
    ...
  READ(10, *, IOSTAT=eing_fehler, ERR=1111) anz_einheit, anz_objekte
    ...
  GOTO 500

!    Fehler Dateneingabe
     1111    WRITE(*,'('' Fehler Dateneingabe'')')
             WRITE(*,'('' Status Eingabe und ggf. systemabhängiger&
                  & Code zur Fehlerbedingung '', I4)')          &
                                                      eing_fehler

!    Schließen Dateien für die Ein- und Ausgabe
  500 CLOSE(10)
```

5.6   Interne Darstellung von Festpunktzahlen

Im Standard Fortran 90 wird nicht festgelegt, wie Festpunktzahlen darzustellen sind. Die verschiedenen Verfahren der Darstellung von Festpunktzahlen sind jedoch im wesentlichen Modifikationen eines Modells, das auch als Basismodell zur Darstellung von Festpunktzahlen bezeichnet wird. Dieses Basismodell wird vorgestellt und am Beispiel

der Darstellung von Festpunktzahlen im Zweierkomplement eingehender erläutert werden.

Basismodell zur Darstellung von Festpunktzahlen

$$i = s \times \sum_{k=1}^{q} w_k \times r^{k-1}$$

Im Basismodell bezeichnet

s   den Faktor -1 oder +1
Mit s wird das Vorzeichen festgelegt.

r   eine ganze Zahl größer als 1
Mit r wird das Zahlsystem festgelegt.

w_k eine ganze Zahl mit $0 \leq w_k < r$
Mit w_k wird eine Ziffer des ausgewählten Zahlsystems festgelegt.

q   eine ganze Zahl größer als 1
Mit q wird die maximale Anzahl darstellbarer Stellen im ausgewählten Zahlsystem festgelegt.

Bei binärer interner Darstellung ist r der Wert 2 zugeordnet. Wird ein 32 Bit umfassender Arbeitsspeicherbereich für die Darstellung einer Festpunktzahl bereitgestellt, so hat q den Wert 31 und für s wird ein Bit, das Vorzeichenbit, vorgesehen. In der Regel ist das Vorzeichenbit das am weitesten links angeordnete Bit und die Wertigkeit der Bitposition im Dualsystem nimmt von rechts nach links zu. Die am weitesten rechts angeordnete Bitposition hat demnach die Wertigkeit 2^0 und die am weitesten links stehende Bitposition die Wertigkeit 2^{30}. Der Festpunkt ist implizit rechts von dem Bit gesetzt, dem die Wertigkeit 2^0 zugeordnet ist.

Abbildung 5.2   interne Darstellung von Festpunktzahlen

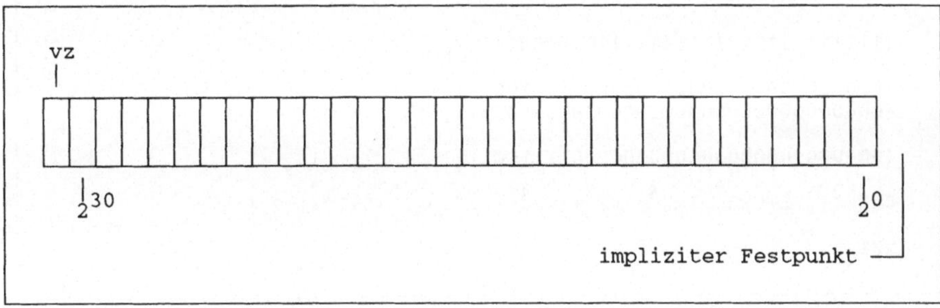

Gebräuchlich ist die Dualzahldarstellung von Festpunktzahlen im Zweierkomplement. Das Zweierkomplement zu einer Festpunktzahl im Dualsystem wird erhalten, indem jedes w_k invertiert und die Dualzahl 1 aufaddiert wird. Die korrespondierende interne Darstellung von Festpunktzahlen hat einen wesentlichen Vorteil. Addition und Subtraktion lassen sich unabhängig vom Vorzeichen mit einer Addiererschaltung realisieren. Merkmale des Zweierkomplements und seine Bedeutung für die Ausführung numerischer Operationen werden u.a. in Coy, W. (1992), S. 119 ff. und S. 203 ff. beschrieben.

Abbildung 5.3   interne Darstellung von Festpunktzahlen im Zweierkomplement

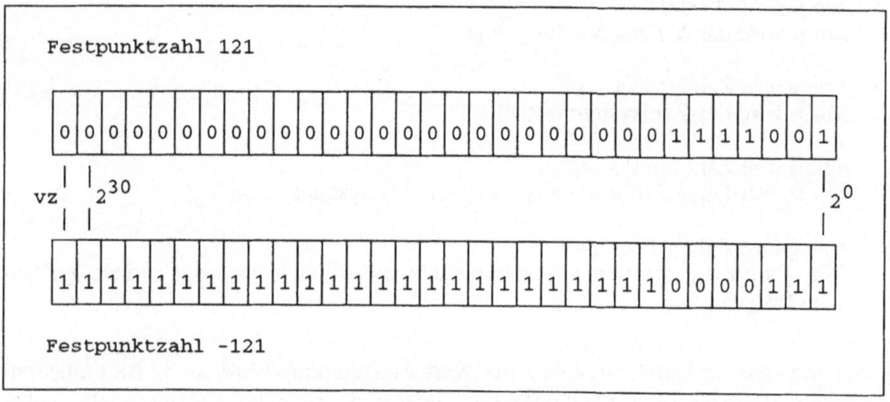

Der Zusammenhang zwischen der Darstellung im Dual- und im Dezimalsystem wird am Beispiel der Festpunktzahlen 121 und -121 aufgezeigt.

Beispiele Zusammenhang Darstellung im Dual- und Dezimalsystem

$+(00000000000000000000000001111001)_2 =$

$0x2^{30}+\ldots+0x2^7+1x2^6+1x2^5+1x2^4+1x2^3+0x2^2+0x2^1+1x2^0 =$

121_{10}

$-\ (11111111111111111111111110000111)_{2k} \sim$

$-[(00000000000000000000000001111000)_2 +$
$\ \ (00000000000000000000000000000001)_2^2] =$

$-\ (00000000000000000000000001111001)_2 =$

$-(0x2^{30}+\ldots+0x2^7+1x2^6+1x2^5+1x2^4+1x2^3+0x2^2+0x2^1+1x2^0) =$

$-\ 121_{10}$

Erfolgt die Dualzahldarstellung von Festpunktzahlen im Zweierkomplement und wird ein 32 Bit umfassender Arbeitsspeicherbereich für die interne Darstellung bereitgestellt, dann repräsentiert die zugehörige Wertemenge diejenigen ganzen Zahlen n mit $-2^{31} \leq n \leq 2^{31}-1$. Auch in diesem Zusammenhang wird auf das Programmbeispiel 5.1 hingewiesen. Nach Standard Fortran 90 ist die Festpunktzahl 0 weder positiv noch negativ. Die interne Darstellung der Festpunktzahlen 0, +0 und –0 stimmt überein.

5.7 Übungen zu Kapitel 5

5.1a Entwickeln Sie ein Standard Fortran 90 Programm, mit dem f(n)=n! für n=1,...,20 als Wert einer Variablen vom Regeldatentyp INTEGER berechnet wird!

Geben Sie den Wert von n und den für f(n) berechneten Wert in eine externe Datei aus und verwenden Sie zur Konversion sowohl I- als auch Z-Formatbeschreiber!

> Hinweise:
> Vereinbaren Sie benannte Konstanten für die externen Einheiten!
> > Beispiel:
> > ```
> > INTEGER, PARAMETER :: ein1=10, aus1=20
> > ```
> Konstruieren Sie einen Wiederholungsbereich, in dem schrittweise f(n)=n!=(n-1)! × n unter Verwendung des bereits berechneten Werts von (n-1)! bestimmt wird!
> Es gilt: n! = 1 × ... × (n-1) × n für n ≥ 2 mit 1!=1.

5.1b Modifizieren Sie Ihr Standard Fortran 90 Programm so, daß f(n)=n! für n=1,...,10 berechnet wird als Wert einer Variablen vom Datentyp INTEGER mit einem Wert des Typparameters KIND, der durch den Aufruf SELECTED_INT_KIND(4) der Standardfunktion SELECTED_INT_KIND erhalten wird!

5.2 Entwickeln Sie ein Standard Fortran 90 Programm, mit dem die Gesamtzahl beobachteter Objekte aus beobachteten Anzahlen von Zeitintervallen oder Gebietseinheiten mit einer festen Anzahl von Objekten bestimmt wird!

Bestimmen Sie mit Hilfe einer DO Struktur die Anzahl der Fälle, für die gilt, daß die Anzahl der Zeitintervalle oder Gebietseinheiten von 0 verschieden ist! Mit diesem Schritt wird vorbereitet, im Fall der Eingabe umfangreicher Daten eine Pseudo-Zufallsstichprobe auszugeben, um die Korrektheit der Dateneingabe zu überprüfen.

Bestimmen Sie anschließend mit Hilfe einer Zählschleife die Gesamtzahl der Objekte!

Lassen Sie mit Hilfe Ihres FORTRAN Programms beispielhaft die Berechnung der Gesamtzahl von Objekten für die Daten durchführen, die in den Dateien AUFG5_2A.DAT und AUFG5_2B.DAT abgespeichert sind!

Hinweise:
Die beobachteten Daten sind wie folgt in einer Datei abgespeichert:

        [Einheiten]   [Objekte]
        < Anzahl zu 0 >   0
        < Anzahl zu 1 >   1
        ...   ...

Nur die beobachteten Anzahlen von Zeitintervallen oder Gebietseinheiten sind abgespeichert, die von 0 verschieden sind.

6 Gleitpunktzahlen und abgeleitete Datentypen

Mit dem Datentyp INTEGER werden unter FORTRAN endliche Teilmengen der ganzen Zahlen zur Verfügung gestellt. Jedes Element einer solchen Teilmenge wird als Festpunktzahl bezeichnet. Der Datentyp REAL dient dazu, diese sehr begrenzte Menge verfügbarer Zahlen um mindestens zwei endliche Teilmengen der rationalen Zahlen zu erweitern. Ein Element jeder dieser Teilmengen heißt Gleitpunktzahl.

Auch mit Gleitpunktzahl wird auf eine spezifische Zahldarstellung Bezug genommen. Rationale Zahlen p werden in der Form $p=mb^e$ repräsentiert. Dabei bezeichnet m die Mantisse, b die Basis, e den Exponenten zur Basis b und b,e sind ganze Zahlen. In der Regel wird durch Normalisierung der Mantisse eine eindeutige Zahldarstellung gewährleistet. Ein mögliches Kriterium für eine Normalisierung wäre $(0.1)_b \leq m < 1_b$ im Fall von $m \neq 0$. Häufig wird als Basis 2 oder 16 gewählt. Für den Fall von 2 als Basis ist dann $(0.1110001)_2 \times 2^4$ ein Beispiel für eine normalisierte Darstellung von 14.125 als Gleitpunktzahl. Mit dieser Zahldarstellung verbinden sich neben dem Vorteil, daß endliche Teilmengen der rationalen Zahlen auf Digitalrechnern verfügbar werden, auch erhebliche Nachteile. Dazu zählen das Auftreten von Rundungseffekten und die Abhängigkeit des euklidischen Abstands zweier benachbarter Gleitpunktzahlen vom Wert des Exponenten (s.a. Coy, W. (1992), S. 213 ff.).

Gleitpunktzahlen haben Bedeutung im Zusammenhang mit allen Berechnungen numerischer Werte, für die sich die Wertemengen zum Datentyp INTEGER als nicht ausreichend erweisen. Dazu gehören beispielsweise Berechnungen von Näherungswerten für Funktionswerte trigonometrischer Funktionen oder von Flächeninhalten, für Wahrscheinlichkeiten oder von Schätzwerten.

Unter Standard Fortran 90 sind mindestens zwei Mengen von Gleitpunktzahlen zur Verfügung zu stellen. Zu jeder dieser Mengen von Gleitpunktzahlen gehört ein Darstellungsverfahren, das durch einen Wert des Typparameters KIND charakterisiert wird.

Gleitpunktzahlen haben zwei wesentliche, systemabhängige Eigenschaften, und zwar die Genauigkeit und den Exponentenbereich. Die Genauigkeit wird auch als Darstellungsgenauigkeit bezeichnet. Die Darstellungsgenauigkeit wird in der Regel als Anzahl der signifikanten Dezimalstellen einer Gleitpunktzahl angegeben. Der Exponentenbereich wird in der Regel durch die größte ganze Zahl angegeben, die als Exponent zur Basis 10 realisierbar ist. Der Exponentenbereich bestimmt im wesentlichen den darstellbaren Wertebereich von Gleitpunktzahlen im Dezimalsystem.

6.1 Datentyp REAL

Die zwei Mengen von Gleitpunktzahlen, die mindestens zur Verfügung zu stellen sind, werden auch als die Menge der Gleitpunktzahlen einfacher Genauigkeit und als die Menge der Gleitpunktzahlen doppelter Genauigkeit bezeichnet. Unter Standard Fortran 90 ist lediglich festgelegt, daß die Darstellungsgenauigkeit bei Gleitpunktzahlen doppelter Genauigkeit größer als bei Gleitpunktzahlen einfacher Genauigkeit sein muß. Eine Gleitpunktzahl doppelter Genauigkeit wird daher im folgenden als Gleitpunktzahl erhöhter Genauigkeit bezeichnet.

Die systemabhängigen Werte für die Darstellungsgenauigkeit lassen sich mit Hilfe der Standardfunktion PRECISION und für den Exponentenbereich mit Hilfe der Standardfunktion RANGE ermitteln. Diese Standardfunktionen werden im Anhang A beschrieben.

In Analogie zur Syntax der Anweisung zur Typdeklaration beim Datentyp INTEGER gehört der Typparameter KIND auch zur Syntax der Anweisung zur Vereinbarung von Datenobjekten des Datentyps REAL.

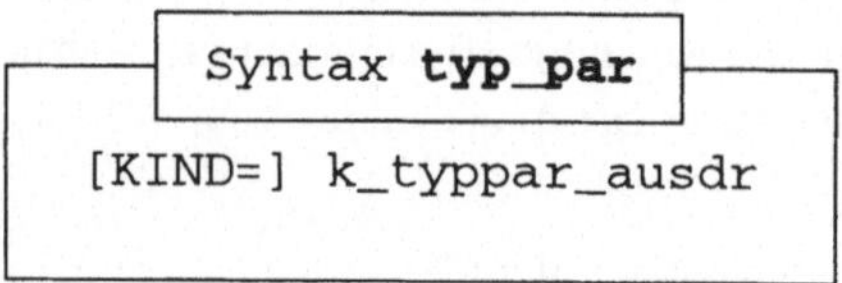

Dabei bezeichnet k_typpar_ausdr einen (skalaren) Initialisierungsausdruck, dessen Wert vom Datentyp INTEGER und größer oder gleich 0 ist. Die zulässigen Werte für k_typpar_ausdr sind systemabhängig.

Wird in einer Anweisung zur Typdeklaration beim Datentyp REAL typ_par nicht spezifiziert, so ist die zugehörige Wertemenge die Menge der Gleitpunktzahlen einfacher Genauigkeit. Der so charakterisierte Datentyp wird auch als Regeldatentyp REAL bezeichnet.

Die Standardfunktion KIND dient dazu, die systemabhängigen Werte des Typparameters KIND zu ermitteln. Auf das Programmbeispiel 6.1 wird in diesem Zusammenhang Bezug genommen.

Die Standardfunktion SELECTED_REAL_KIND liefert den Wert für einen Typparameter KIND, der zu einer Wertemenge zum Datentyp REAL gehört, deren Elemente mindestens die vorgegebene Anzahl signifikanter Dezimalstellen repräsentieren und/oder die mindestens den Exponentenbereich repräsentieren, der mit dem Wert vorgegeben wird, der den Exponentenbereich charakterisiert, falls eine solche Wertemenge existiert. Auch in diesem Zusammenhang wird auf das Programmbeispiel 6.1 hingewiesen. Die Standardfunktion SELECTED_REAL_KIND wird im Anhang A beschrieben.

```
┌─ Beispiel Typparameter KIND ─────────────────────────┐
│                                                       │
│  INTEGER, PARAMETER :: f10 = SELECTED_REAL_KIND(10, 20)│
│  REAL (KIND=f10) fakul_f10                             │
│                                                       │
└───────────────────────────────────────────────────────┘
```

Hinweis: Unter NAG FTN90, Version 2.18, sind 1 und 2 als Spezifikationswerte für KIND=
            vorgegeben. Im Fall des Spezifikationswerts 1 werden die Elemente der zugehörigen
            Wertemenge auf einen 32 Bit umfassenden Speicherbereich und im Fall von 2 auf ei-
            nen 64 Bit umfassenden Speicherbereich abgebildet. Auf die Ausführungen zur inter-
            nen Darstellung von Gleitpunktzahlen in Abschnitt 6.7 wird verwiesen.

6.2 Konstanten und Variablen vom Datentyp REAL

Zunächst wird die Syntax der Konstanten vom Datentyp REAL eingeführt.

```
┌─ Syntax vorzeichenlose Dezimalzahl ohne ─────────────┐
│            Dezimalpunkt                               │
│                                                       │
│  ziffer[ziffer]...                                    │
│                                                       │
└───────────────────────────────────────────────────────┘
```

Eine vorzeichenlose Dezimalzahl ohne Dezimalpunkt wird in der folgenden Darstellung
der Syntax kurz mit vlDoD bezeichnet werden.

```
┌─ Syntax Exponent ────┐
│                      │
│  vlDoD               │
│                      │
└──────────────────────┘
```

Damit wird vorbereitet, Konstanten vom Datentyp REAL auch in technischer und wissenschaftlicher Notation darstellen zu können. Der Wert von Exponent ist Hochzahl zur
Basis 10. Exponent wird in der folgenden Darstellung der Syntax mit expo abgekürzt
werden.

```
        Syntax vorzeichenlose Dezimalzahl

        vlDoD.vlDoD
oder
        vlDoD.
oder
        .vlDoD
```

Eine vorzeichenlose Dezimalzahl wird in der folgenden Darstellung der Syntax kurz mit vlD, positives oder negatives Vorzeichen werden mit vz und der Initialisierungsausdruck zum Typparameter KIND wird mit typkind bezeichnet werden.

```
        Syntax Konstante vom Datentyp REAL

        [vz]vlD
oder
        [vz]vlDE[vz]expo
oder
        [vz]vlDoDE[vz]expo
oder
        [vz]vlD_typkind
oder
        [vz]vlDE[vz]expo_typkind
oder
        [vz]vlDoDE[vz]expo_typkind
```

Die Angabe eines positiven Vorzeichens ist optional. Die Syntax der externen Darstellung von Gleitpunktzahlen für den Fall von Dateneingabe und teilweise auch für den Fall von Ausgabe wird in Abschnitt 6.5 behandelt werden.

```
        Beispiele Konstante vom Datentyp REAL

-12.
-12.34
-.12
+12.34
 12.34
-1536.E-2
+3456E-2

-12._1
-15.36E-2_2
+3456E-2_f10
```

Eine Konstante ohne Angabe von _typkind ist eine Konstante vom Regeldatentyp REAL. Eine Konstante mit Angabe von _typkind ist ein Element derjenigen Wertemenge zum Datentyp REAL, die durch den Wert des Initialisierungsausdrucks typkind charakterisiert wird. Im Fall der Konstanten -12._1 muß 1, im Fall der Konstanten -15.36E-2_2 muß 2 ein zulässiger Spezifikationswert zu KIND= sein. Für den Fall der Konstanten +3456E-2_f10 ist Voraussetzung, daß f10 benannte Konstante vom Datentyp INTEGER und ihr Wert gültiger Spezifikationswert zu KIND= ist.

Die Menge der Gleitpunktzahlen erhöhter Genauigkeit charakterisiert den Datentyp DOUBLE PRECISION. Die Elemente der Wertemenge zum Datentyp DOUBLE PRECISION haben die folgende kennzeichnende Schreibweise.

```
       Syntax Konstante vom Datentyp DOUBLE PRECISION

            [vz]vlDD[vz]expo
   oder
            [vz]vlDoDD[vz]expo
```

```
       Beispiele Konstante vom Datentyp DOUBLE PRECISION

   -12.D0
   -12.34D+2
   -.12D-2
   +3456D-2
```

Es ist zulässig, eine Konstante vom Datentyp REAL oder vom Datentyp DOUBLE PRECISION mit mehr Dezimalstellen anzugeben als der Darstellungsgenauigkeit der Elemente der korrespondierenden Wertemenge entspricht.

```
       Beispiel Konstante vom Regeldatentyp REAL bei einer Dar-
              stellungsgenauigkeit von 6-7 Dezimalstellen

   REAL alfa
   ...
   alfa = 0.333333333
```

Erfolgt die Darstellung von Gleitpunktzahlen einfacher Genauigkeit im IEEE Format, dann beträgt die Darstellungsgenauigkeit 6-7 Dezimalstellen. Auf die Ausführungen zur Darstellungsgenauigkeit in Abschnitt 6.7 wird Bezug genommen.

Die Anweisung zur Vereinbarung von Datenobjekten des Datentyps REAL hat die folgende Syntax.

```
         Syntax Typdeklaration REAL

     REAL [::] obj[, obj]...
oder
     REAL, attrib[, attrib]... :: obj[, obj]...
oder
     REAL (typ_par) [::] obj[, obj]...
oder
     REAL(typ_par), attrib[, attrib]... :: obj[, obj]...
```

Die Syntax des Typparameters typ_par ist bereits in Abschnitt 6.1 angegeben worden. Die Spezifikation des Endsymbols :: ist in den beiden Fällen obligatorisch, die bereits in Abschnitt 5.1 beschrieben worden sind. Die Ausführungen zur Syntax von obj und attrib in Abschnitt 5.1 treffen auch im Fall des Datentyps REAL zu. Syntax und Semantik von obj und attrib werden, wie bereits erwähnt, vollständig erst in Kapitel 9 beschrieben werden.

Wird in einer Anweisung zur Typdeklaration beim Datentyp REAL der Typparameter KIND nicht spezifiziert, so wird damit der Regeldatentyp REAL vereinbart. Falls nicht durch die Spezifikation einer Anweisung IMPLICIT eine abweichende implizite Typisierung festgelegt worden ist, sind auch die benannten Konstanten und Variablen, deren führendes Alfazeichen im Namen ein a, b, c, d, e, f, g, h, o, p, q, r, s, t, u, v, w, x, y oder z ist, vom Regeldatentyp REAL. Aus den in Abschnitt 5.1 dargelegten Gründen wird auf implizite Typisierung verzichtet werden.

Die Anweisung zur Vereinbarung von Datenobjekten des Datentyps DOUBLE PRECISION hat die folgende Syntax.

```
         Syntax Typdeklaration DOUBLE PRECISION

     DOUBLE PRECISION [::] obj[, obj]...
oder
     DOUBLE PRECISION, attrib[,attrib]... :: obj[,obj]...
```

Die Ausführungen zur Syntax von obj und attrib treffen auch im Fall des Datentyps DOUBLE PRECISION zu.

Vereinbarungen von Datenobjekten des Datentyps REAL und des Datentyps DOUBLE PRECISION werden exemplarisch in Programmbeispiel 6.1 spezifiziert, das im folgenden auszugsweise wiedergegeben wird.

```
┌─ Beispiele Typdeklaration REAL und DOUBLE PRECISION ─┐
│                                                      │
│  REAL x_real, fakultaet                              │
│   ...                                                │
│  DOUBLE PRECISION x_dble                             │
│   ...                                                │
│  INTEGER, PARAMETER :: f10=SELECTED_REAL_KIND(10,20) │
│  REAL (f10) fakul_f10                                │
│   ...                                                │
│  REAL ( KIND(0.0) ) fakul_regel                      │
│  REAL ( KIND(0.D0) ) fakul_dble                      │
│                                                      │
└──────────────────────────────────────────────────────┘
```

6.3 Datentyp COMPLEX

Der Datentyp COMPLEX wird durch Wertemengen charakterisiert, deren Elemente geordnete Paare von Elementen aus der gleichen Wertemenge zum Datentyp REAL sind. Die kennzeichnende Schreibweise für die Elemente der Wertemenge erfolgt in der Form von Tupeln. Die Syntax der Konstanten vom Datentyp COMPLEX und die Interpretation numerischer Operationen werden im folgenden kurz erörtert werden. Die Elemente der Wertemengen zum Datentyp COMPLEX lassen sich als geordnete Paare rationaler Zahlen auffassen mit Festsetzungen über Gleichheit, Addition und Multiplikation, die den mathematischen Konventionen auf der Menge der komplexen Zahlen entsprechen. Mit dem Datentyp COMPLEX stehen dem FORTRAN Anwender daher endliche Teilmengen der komplexen Zahlen zur Verfügung.

Diese endlichen Teilmengen sind für Berechnungen im Kontext zweidimensionaler Probleme relevant, die sich anschaulich als Drehstreckungen interpretieren lassen. Auf naturwissenschaftlich-technischem Gebiet sind beispielsweise Anwendungen in der Elektrotechnik erwähnenswert.

Unter Standard Fortran 90 ist festgelegt, daß zu jeder Wertemenge zum Datentyp REAL auch eine korrespondierende Wertemenge zum Datentyp COMPLEX zur Verfügung zu stellen ist.
Zunächst wird die Syntax der Konstanten vom Datentyp COMPLEX eingeführt.

```
┌─ Syntax Konstante vom Datentyp COMPLEX ─┐
│                                         │
│  (x, y)                                 │
│                                         │
└─────────────────────────────────────────┘
```

Dabei bezeichnen x und y eine Konstante vom Datentyp INTEGER oder REAL. Wird die Konstante als komplexe Zahl interpretiert, dann beschreibt x den Real- und y den Imaginärteil. Es ist zulässig, daß sich x und y in Datentyp und Typparameter unterscheiden. In einem solchen Fall erfolgt intern eine Anpassung von Datentyp und Typparameter so, als läge ein Paar von Konstanten des Datentyps REAL mit gleichem Wert des Typparameters vor. Sind beide Konstanten vom Datentyp INTEGER, so wird ihnen intern der Regeldatentyp REAL zugeordnet. Typparameter einer Konstanten vom Datentyp COMPLEX ist der intern dem Konstantenpaar des Tupels zugeordnete Wert des Typparameters.

Tabelle 6.1   Typparameter einer Konstanten vom Datentyp COMPLEX

Daten-typ x y	Kriterium	Typparameter Konstante
I I		entspricht dem Regeldatentyp REAL
I R		`KIND(y)`
R R	`PRECISION(x) < PRECISION(y)` `PRECISION(x) > PRECISION(y)`	`KIND(y)` `KIND(x)`

In Tabelle 6.1 bezeichnet

x,y   Konstante vom Datentyp INTEGER oder REAL
I   Datentyp INTEGER
R   Datentyp REAL.

Die Standardfunktion PRECISION ist bereits in Abschnitt 6.1 erwähnt worden. Aus Tabelle 6.1 läßt sich der Typparameter einer Konstanten vom Datentyp COMPLEX unmittelbar ermitteln. Beispielsweise ist einer Konstanten vom Datentyp COMPLEX mit x, y vom Datentyp REAL und einer Darstellungsgenauigkeit der Wertemenge von x, die kleiner ist als die Darstellungsgenauigkeit, die zu der Wertemenge von y gehört, der Typparameter zugeordnet, den die Auswertung der Standardfunktion KIND mit y als Argument lieferte.

```
┌─ Beispiele Konstante vom Datentyp COMPLEX ─┐
│
│   ( 12, 12 )
│   ( -12., 12 )
│   ( -12.D0, 12 )
│   ( -12._1, 12 )
│   ( 12.34, -1536.E-2 )
│   ( 1234.D-2, -1536.E-2 )
│   ( -12._1, -15.36E-2_2 )
│
└────────────────────────────────────────────┘
```

Einer Konstanten vom Datentyp REAL ohne Angabe von `_typkind` ist, wie bereits erwähnt, der Regeldatentyp REAL zugeordnet. Eine Konstante mit Angabe von `_typkind` ist ein Element derjenigen Wertemenge zum Datentyp REAL, die durch den Wert des Initialisierungsausdrucks `typkind` charakterisiert wird. Im Fall der Konstanten `-12._1` muß 1, im Fall der Konstanten `-15.36E-2_2` muß 2 ein zulässiger Spezifikationswert zu `KIND=` sein. Beispielsweise ist `(-12._1, -15.36E-2_2)` die Festpunktzahl 2 als Typparameter zugeordnet. In der Regel empfiehlt es sich, eine Konstante vom Datentyp COMPLEX durch Konstanten vom Datentyp REAL mit gleichem Wert des Typparameters zu spezifizieren. Sind beide Konstanten des Tupels vom Regeldatentyp REAL, dann liegt eine Konstante vom Regeldatentyp COMPLEX vor.

Die Syntax der externen Darstellung von Gleitpunktzahlen für den Fall von Dateneingabe und teilweise auch für den Fall von Ausgabe wird, wie bereits erwähnt, in Abschnitt 6.5 erörtert werden. In diesem Kontext wird darauf hingewiesen, daß im Fall des Datentransfers bei einer skalaren Variablen vom Datentyp COMPLEX ein Paar von Gleitpunktzahlen in externer Darstellung erwartet oder aber erzeugt wird. Es gilt nicht die Syntax der Konstanten vom Datentyp COMPLEX. Auf das Programmbeispiel 6.2 wird auch in diesem Zusammenhang Bezug genommen.

Tabelle 6.2   numerische Operatoren

Operator	Funktion	mathematische Beschreibung
$+$	Addition unäre Operation binäre Operation	algebraische Darstellungsform $z_1=x_1+iy_1,\ z_2=x_2+iy_2$ $+z_1=x_1+iy_1$ $z_1+z_2=(x_1+x_2)+i(y_1+y_2)$
$-$	Subtraktion unäre Operation binäre Operation	$-z_1=-x_1-iy_1$ $z_1-z_2=(x_1-x_2)+i(y_1-y_2)$
$*$	Multiplikation	$z_1*z_2=(x_1x_2-y_1y_2)+i(x_1y_2+y_1x_2)$
$/$	Division	$z_2\neq0+0i$ $z_1/z_2=(x_1x_2+y_1y_2)/w+i(x_2y_1-x_1y_2)/w$ mit $w=x_2x_2+y_2y_2$
$**$	Exponentiation	$z_1\neq0+0i$ $z_1**z_2=\exp(z_2\ln_H(z_1))$

Im Fall der Exponentiation wird unter Standard Fortran 90 ein Näherungswert für den Hauptwert der Exponentiation berechnet. Sei $z_1 \neq 0+0i$ und $z_1 = |z_1| \exp(\varphi_1 i)$ die Exponentialform der Darstellung von z_1. Dann ist $\ln(z_1) = \ln|z_1| + i(\varphi_H + 2k\pi)$, $\varphi_1 = \varphi_H + 2k\pi$, $k \in Z$, und $\ln_H(z_1) = \ln|z_1| + i\varphi_H$ mit $-\pi < \varphi_H \leq \pi$ ist Hauptwert des natürlichen Logarithmus von z_1. Hauptwert der Exponentiation ist dann $\exp(z_2 \ln_H(z_1))$. Dabei handelt es sich lediglich um eine Ausdehnung der bekannten Operation Exponentiation auf der Menge der reellen Zahlen, wie mit dem folgenden Beispiel demonstriert wird: $5^4 = \exp(\ln(5))^4 = \exp(4\ln(5))$. Auf das Programmbeispiel 6.2 wird hingewiesen.

```
Beispiel Hauptwert der Exponentiation

Sei z₁=3+2i und z₂=2+2i. Dann ist lnH(z₁)=ln[(13)½]+iφH Hauptwert

des natürlichen Logarithmus von z₁ mit φH=arc tan(2/3):

exp[z₂lnH(z₁)] = exp[ (2+2i) {ln[(13)½]+iφH} ]

             = exp[ (2ln[(13)½]-2φH) ] {cos[ 2ln[(13)½]+2φH ] +

                                  isin[ 2ln[(13)½]+2φH ]}

             ≈ -3.311546 -2.262449i
```

Die Anweisung zur Deklaration von Datenobjekten des Datentyps COMPLEX hat die folgende Syntax.

```
Syntax Typdeklaration COMPLEX

   COMPLEX [::] obj[, obj]...
oder
   COMPLEX, attrib[, attrib]... :: obj[, obj]...
oder
   COMPLEX (typ_par) [::] obj[, obj]...
oder
   COMPLEX (typ_par), attrib[,attrib]... :: obj[,obj]...
```

Die Ausführungen zur Spezifikation des Endsymbols :: sowie zur Syntax von `obj` und `attrib` in Abschnitt 5.1 treffen auch im Fall des Datentyps COMPLEX zu.

```
Beispiele Typdeklaration COMPLEX

INTEGER, PARAMETER :: f10=SELECTED_REAL_KIND(10,20)
   ...
COMPLEX z1, z2
COMPLEX (f10) z3
COMPLEX ( KIND(0.0) ) z4
COMPLEX ( KIND(0.D0) ) z5
```

Eine Variable ist vom Regeldatentyp COMPLEX, wenn der Typparameter KIND nicht spezifiziert wird oder der Wert des Typparameters mit dem Wert übereinstimmt, den der Aufruf KIND(0.0) der Standardfunktion KIND liefert. Im Beispiel sind demnach die Variablen $z1$, $z2$ und $z4$ vom Regeldatentyp COMPLEX.

6.4 Numerische Operationen und Zuweisungskompatibilität

In Abschnitt 5.3 ist bereits erwähnt worden, daß bei binären numerischen Operationen die beiden Operanden in Datentyp und Typparameter differieren dürfen.

Zunächst wird der Fall behandelt, in dem sich die beiden Operanden im Datentyp unterscheiden. In bezug auf die numerischen Operatoren +, -, * und / wird die folgende absteigende Rangordnung der numerischen Datentypen festgelegt:

Datentyp COMPLEX,

Datentyp REAL,

Datentyp INTEGER.

Für den betrachteten Fall wird dem Ergebnis einer numerischen Operation mit einem der numerischen Operatoren +, -, *, / der ranghöhere Datentyp der beiden Operanden zugeordnet.

```
  Beispiel Datentyp des Ergebnisses numerischer Operationen

27 + 5.0 + (2.0, 3.0)
```

Im Beispiel ist das Ergebnis der Auswertung der numerischen Operationen vom Regeldatentyp COMPLEX.

Im Fall der Operatoren +, -, *, / erfolgt die Ausführung einer numerischen Operation stets so, als läge ein Operandenpaar von gleichem Datentyp vor. Vereinfachend formuliert wird vor der Ausführung der numerischen Operation für den Operanden von rangniedrigerem Datentyp eine Anpassung an den ranghöheren Datentyp vorgenommen. Diese Anpassung des Datentyps läßt sich mit Hilfe der Standardfunktionen REAL, CMPLX und KIND beschreiben, die im Anhang A erläutert werden. Intern wird der rangniedrigere Datentyp dem Datentyp angepaßt, der dem Wert zugeordnet ist, den die Auswertung der in Tabelle 6.3 jeweils angegebenen Standardfunktion lieferte.

Tabelle 6.3   Interpretation einer binären numerischen Operation im Fall der Operatoren +, -, *, /
Anpassung des Datentyps

Datentyp a	Datentyp b INTEGER (I)	REAL (R)	COMPLEX (C)
I	`a ◊ b`	`REAL(a,KIND(b)) ◊ b`	`CMPLX(a,KIND(b)) ◊ b`
R	`a ◊ REAL(b,KIND(a))`	`a ◊ b`	`CMPLX(a,KIND(a)) ◊ b`
C	`a ◊ CMPLX(b,KIND(a))`	`a ◊ CMPLX(b,KIND(a))`	`a ◊ b`

In Tabelle 6.3 bezeichnet

a,b   Operand von numerischem Datentyp
◊   numerischer Operator +, -, *, /.

Mit Ausnahme der Fälle, in denen einer der beiden Operanden vom Datentyp INTEGER ist, wird bei den Angaben in Tabelle 6.3 vorausgesetzt, daß die Werte des Typparameters KIND beider Operanden übereinstimmen. Mit dieser Einschränkung lassen sich Datentyp und Typparameter KIND des Ergebnisses einer numerischen Operation im Fall der Operatoren +, -, *, / aus Tabelle 6.3 herleiten. Beispielsweise ist dem Ergebnis der numerischen Operation a ◊ b, a vom Datentyp COMPLEX und b vom Datentyp REAL, der Datentyp COMPLEX und der Wert des Typparameters KIND zugeordnet, den die Auswertung der Standardfunktion KIND mit a als Argument lieferte. Die Fälle, in denen die Operanden einer binären numerischen Operation mit einem der Operatoren +, -, *, / von gleichem Datentyp sind oder ein Operand vom Datentyp REAL und ein Operand vom Datentyp COMPLEX ist, jedoch die zugehörigen Werte des Typparameters KIND verschieden sind, werden im Anschluß behandelt werden. In Tabelle 6.4a wird für diese Fälle der Wert des Typparameters KIND des Ergebnisses numerischer Operationen mit Hilfe der Standardfunktion KIND dargestellt werden.

Sind beide Operanden vom Datentyp INTEGER, so wird der Wert des Typparameters KIND des Ergebnisses der numerischen Operation von den Exponentenbereichen abhängig gemacht, die von den zugehörigen Wertemengen repräsentiert werden. Der Typparameter, der zu der Wertemenge gehört, die den größeren Exponentenbereich repräsentiert, wird dem Ergebnis der numerischen Operation zugeordnet. Sind zu dem Datentyp der Operanden unterschiedliche Werte des Typparameters KIND vereinbart worden und die Werte gleich, die den jeweils zugehörigen Exponentenbereich charakterisieren, dann wird dem Ergebnis der numerischen Operation systemabhängig einer dieser Werte des Typparameters KIND zugeordnet. Intern wird eine numerische Operation so ausgeführt, als wäre der Wert des Typparameters KIND zu beiden Operanden gleich.

Für den Fall, daß beide Operanden vom Datentyp REAL oder beide vom Datentyp COMPLEX sind oder ein Operand vom Datentyp REAL und ein Operand vom Datentyp COMPLEX ist, wird der Wert des Typparameters KIND des Ergebnisses der numerischen Operation von den Darstellungsgenauigkeiten abhängig gemacht, die von den zugehörigen Wertemengen repräsentiert werden. Der Typparameter, der die Wertemenge charakterisiert, zu der die höhere Darstellungsgenauigkeit gehört, wird dem Ergebnis der numerischen Operation zugeordnet. Unterscheiden sich die Darstellungsgenauigkeiten nicht, dann wird dem Ergebnis der numerischen Operation systemabhängig einer der beiden Werte des vereinbarten Typparameters zugeordnet. Intern wird eine numerische Operation so ausgeführt, als wären beide Operanden vom Datentyp REAL oder vom Datentyp COMPLEX mit gleichem Wert des Typparameters KIND.

Tabelle 6.4a   Typparameter KIND des Ergebnisses einer binären numerischen Operation mit Operanden von unterschiedlichem Wert des Typparameters KIND im Fall der Operatoren +, -, *, /

Datentyp a	b	Kriterium	Typparameter KIND Ergebnis
I	I	`RANGE(a) < RANGE(b)` `RANGE(a) > RANGE(b)`	`KIND(b)` `KIND(a)`
R	R	`PRECISION(a) < PRECISION(b)` `PRECISION(a) > PRECISION(b)`	`KIND(b)` `KIND(a)`
C	C	`PRECISION(a) < PRECISION(b)` `PRECISION(a) > PRECISION(b)`	`KIND(b)` `KIND(a)`
R	C	`PRECISION(a) < PRECISION(b)` `PRECISION(a) > PRECISION(b)`	`KIND(b)` `KIND(a)`
C	R	`PRECISION(a) < PRECISION(b)` `PRECISION(a) > PRECISION(b)`	`KIND(b)` `KIND(a)`

Die Interpretation numerischer Operationen wird mit Hilfe der Standardfunktionen INT, REAL, CMPLX und KIND in Tabelle 6.4b beschrieben.

Tabelle 6.4b   Interpretation einer binären numerischen Operation mit Operanden von unterschiedlichem Wert des Typparameters KIND im Fall der Operatoren +, −, *, /

Daten-typ a b		Kriterium	Interpretation der Operation
I	I	RANGE(a) < RANGE(b) RANGE(a) > RANGE(b)	INT(a,KIND(b)) ◊ b a ◊ INT(b,KIND(a))
R	R	PRECISION(a) < PRECISION(b) PRECISION(a) > PRECISION(b)	REAL(a,KIND(b)) ◊ b a ◊ REAL(b,KIND(a))
C	C	PRECISION(a) < PRECISION(b) PRECISION(a) > PRECISION(b)	CMPLX(a,KIND(b)) ◊ b a ◊ CMPLX(b,KIND(a))
R	C	PRECISION(a) < PRECISION(b) PRECISION(a) > PRECISION(b)	CMPLX(a,KIND(b)) ◊ b CMPLX(a,KIND(a)) ◊ CMPLX(b,KIND(a))
C	R	PRECISION(a) < PRECISION(b) PRECISION(a) > PRECISION(b)	CMPLX(a,KIND(b)) ◊ CMPLX(b,KIND(b)) a ◊ CMPLX(b,KIND(a))

In den Tabelle 6.4a und 6.4b bezeichnet

a,b   Operand von numerischem Datentyp
I   Datentyp INTEGER
R   Datentyp REAL
C   Datentyp COMPLEX
◊   numerischer Operator +, −, *, /.

Die Standardfunktionen RANGE und PRECISION sind bereits in Abschnitt 6.1 erwähnt worden. Datentyp und Typparameter KIND des Ergebnisses einer numerischen Operation eingeschränkt auf die Operatoren +, −, *, / lassen sich für die Fälle, die in Tabelle 6.3 nicht erfaßt worden sind, aus der Tabelle 6.4b unmittelbar ermitteln. Beispielsweise ist dem Ergebnis der numerischen Operation a ◊ b, a vom Datentyp COMPLEX, b vom

Datentyp REAL und einer Darstellungsgenauigkeit der Wertemenge von a, die kleiner ist als die Darstellungsgenauigkeit, die zu der Wertemenge von b gehört, der Datentyp COMPLEX und der Wert des Typparameters KIND zugeordnet, den die Auswertung der Standardfunktion KIND mit b als Argument lieferte.

Die vorangegangenen Ausführungen verdeutlichen auch, daß numerische Ausdrücke mit Operanden von gleichem Datentyp und Typparameter gebildet werden sollten. Falls davon abgewichen wird, sollte die erforderliche Anpassung von Datentyp und Typparameter eines Operanden im Quellcode explizit mit Hilfe der Standardfunktionen INT, REAL, CMPLX und KIND spezifiziert werden. Die Analyse von Quellcode wird dadurch erheblich erleichtert.

Im Fall der Exponentiation unterscheidet sich die Interpretation einer numerischen Operation von denjenigen, die in den Tabellen 6.3 und 6.4b zusammengestellt worden sind, wenn der Operand b vom Datentyp INTEGER ist.

Tabelle 6.5   Typparameter KIND des Ergebnisses
Interpretation einer numerischen Operation im Fall des Operators * *

Datentyp a b		Kriterium	Typparameter Ergebnis Interpretation der Operation
I	I	RANGE(a) > RANGE(b)	KIND(a) a**b
R	I		KIND(a) a**b
C	I		KIND(a) a**b

In Tabelle 6.5 bezeichnet

a,b   Operand von numerischem Datentyp
I   Datentyp INTEGER
R   Datentyp REAL
C   Datentyp COMPLEX.

Demnach wird beispielsweise für den Fall, daß die Operanden a und b vom Datentyp INTEGER sind und die Wertemenge, die durch den Typparameter des Operanden a charakterisiert wird, den größeren Exponentenbereich repräsentiert, der Typparameter des Operanden b aus naheliegenden Gründen nicht angepaßt. Die Exponentiation läßt sich direkt auf wiederholte Multiplikation zurückführen.

Hinweis: Unter NAG FTN90, Version 2.18, liefert die Exponentiation nur in Ausnahmefällen
           den Wert einer Gleitpunktzahl Null, wenn Basis eine positive Konstante oder be-
           nannte Konstante vom Datentyp REAL ist und wenn der ganzzahlige Wert des Expo-
           nenten kleiner ist als der Wert, der durch Aufruf der Standardfunktion
           MINEXPONENT mit einem Ausdruck vom Datentyp und Typparameter der Basis als
           Aktualparameter erhalten wird. Abgesehen von diesen wenigen Fällen wird die Com-
           pilation mit einer Fehlermeldung abgebrochen.

Die folgenden numerischen Operationen sind auch nach Standard Fortran 90 unzulässig:

▶   Division durch Null,

▶   Exponentiation für den Fall, daß die Basis den Wert Null hat und der Wert des
     Exponenten Null oder verschieden von Null und negativ ist,

▶   Exponentiation für den Fall, daß der Wert der Basis negativ ist und dem Daten-
     objekt, das den Exponenten repräsentiert, der Datentyp REAL zugeordnet ist.

Wie bereits in Abschnitt 5.3 erwähnt worden ist, kann die Auswertung mathematisch
äquivalenter Ausdrücke auf Rechenanlagen unterschiedliche Speicherresultate liefern.
So sind die Ausdrücke `1./3.*3.D0` und `1.D0/3.D0*3.D0` zwar mathematisch
äquivalent, aber ihre Auswertung kann zu unterschiedlichen Ergebnissen in interner
Darstellung führen. Auf das Programmbeispiel 6.2, Beispiel 2.1, wird hingewiesen.

Falls die Reihenfolge der Auswertung numerischer Operatoren gleicher Prioritätsstufe
nicht systemseitig optimiert wird, kann es von Belang sein, in einem numerischen Ausdruck Klammern zu setzen, um Werte von Primärausdrücken in geeigneter Größenordnung zu gewährleisten. Für den Fall der internen Darstellung von Gleitpunktzahlen einfacher Genauigkeit im IEEE Format ist dann beispielsweise zu empfehlen, den numerischen Ausdruck `0.78125E-02+0.13107253125E+06-0.13107251625E+06`
in der Form `0.78125E-02+(0.13107253125E+06-0.13107251625E+06)`
auswerten zu lassen. Auf die Ausführungen in Abschnitt 6.7 und das Programmbeispiel
6.2, Beispiel 6.1, wird hingewiesen. Dabei liefert die Auswertung des numerischen
Ausdrucks `0.13107253125E+06-0.13107251625E+06` ein Ergebnis, das nur
noch in den zwei führenden Dezimalstellen korrekt ist.

Zuweisungskompatibilität steht in einem inhaltlich engen Zusammenhang zu den internen und anwenderdefinierten Zuweisungsanweisungen. Die Syntax der Basisform einer
Zuweisungsanweisung wird nochmals angegeben.

```
Syntax Zuweisungsanweisung

variable = ausdruck
```

Diejenigen Fälle, für die eine Zuweisung des Ergebnisses der Auswertung eines Ausdrucks `ausdruck` an eine Variable `variable` mit einer Zuweisungsanweisung unter Standard Fortran 90 zulässig ist, legen die *Zuweisungskompatibilität* fest.

Die numerische Zuweisungsanweisung ist in Abschnitt 5.3 eingeführt worden. Dabei ist jedoch der Fall nicht erörtert worden, daß sich der Datentyp des Ergebnisses der Auswertung des numerischen Ausdrucks `ausdruck` von dem numerischen Datentyp der Variablen `variable` unterscheidet. Eingeschränkt auf skalare Datenobjekte gilt in bezug auf die numerische Zuweisungsanweisung folgende Zuweisungskompatibilität.

Tabelle 6.6 numerische Zuweisungsanweisung und Zuweisungskompatibilität

Datentyp `variable`	Datentyp `ausdruck`
INTEGER	INTEGER, REAL, COMPLEX
REAL	INTEGER, REAL, COMPLEX
COMPLEX	INTEGER, REAL, COMPLEX
DOUBLE PRECISION	INTEGER, REAL, COMPLEX

Sind der numerische Datentyp der Variablen `variable` und des Ergebnisses der Auswertung von `ausdruck` verschieden, werden Datentyp und Typparameter des Ergebnisses implizit dem Datentyp und Typparameter von `variable` angepaßt. Falls sich bei gleichem Datentyp der Typparameter KIND der Variablen `variable` vom Typparameter KIND des Ergebnisses der Auswertung des Ausdrucks `ausdruck` unterscheidet, wird der Typparameter des Ergebnisses implizit dem Typparameter von `variable` angeglichen. Diese implizite Anpassung von Datentyp und/oder Typparameter wird in Tabelle 6.7 mit Hilfe der Standardfunktionen INT, REAL, CMPLX, DBLE und KIND beschrieben.

Die explizite Spezifikation der impliziten Anpassung von Datentyp und/oder Typparameter mit Hilfe der Standardfunktionen `INT`, `REAL`, `CMPLX`, `DBLE` und `KIND` erleichtert die Analyse von Quellcode erheblich.

Tabelle 6.7   numerische Zuweisungsanweisung und implizite Anpassung von
                     Datentyp und/oder Typparameter KIND

Datentyp `variable`	Datentyp und Typparameter des Ergebnisses der Auswertung von `ausdruck` nach impliziter Anpassung
INTEGER	`INT(ausdruck,KIND(variable))`
REAL	`REAL(ausdruck,KIND(variable))`
COMPLEX	`CMPLX(ausdruck,KIND(variable))`
DOUBLE PRECISION	`DBLE(ausdruck,KIND(variable))`

Aus der Tabelle 6.7 läßt sich für die numerische Zuweisungsanweisung das Ergebnis
impliziter Anpassung von Datentyp und/oder Typparameter unmittelbar herleiten. Um
ihre Auswirkungen weiter zu verdeutlichen, werden die folgenden 4 Fälle ausführlicher
erläutert. Liefert die Auswertung des numerischen Ausdrucks ein Ergebnis, dem der
Datentyp REAL zugeordnet ist, und die Variable `variable` ist vom Datentyp
INTEGER, dann wird der ganzzahlige Anteil des Ergebniswerts durch Abschneiden
ermittelt, in eine Festpunktzahl umgewandelt und `variable` zugewiesen. Ist das Ergebnis, das die Auswertung des numerischen Ausdrucks liefert, vom Datentyp
COMPLEX und `variable` vom Datentyp INTEGER, dann wird der ganzzahlige Anteil des ersten Werts im Tupel durch Abschneiden bestimmt, in eine Festpunktzahl umgewandelt und auf `variable` abgespeichert. Ist das Ergebnis der Auswertung von
`ausdruck` vom Datentyp COMPLEX und `variable` vom Datentyp REAL, dann
wird die erste Gleitpunktzahl aus dem Tupel in eine Gleitpunktzahl mit dem Typparameter von `variable` umgewandelt und `variable` zugewiesen. Führt die Auswertung des numerischen Ausdrucks auf ein Ergebnis vom Datentyp INTEGER und ist
`variable` vom Datentyp COMPLEX, dann wird die Festpunktzahl in eine Gleitpunktzahl mit dem Typparameter von `variable` umgewandelt und dem Realteil als
Wert zugewiesen. Die Gleitpunktzahl Null mit dem Typparameter von `variable` bildet den Imaginärteil.

6.5   F-, E-, D-, EN-, ES-Formatbeschreiber und P-,T-Steuerungsbeschreiber

F-, E-, D-, EN- und ES-Formatbeschreiber gehören zu den numerischen Datenfeldbeschreibern. Für die numerischen Datenfeldbeschreiber gelten einige allgemeine Regeln, die bereits in Abschnitt 5.4 zusammengefaßt worden sind, soweit sie auch auf I- und Z-Formatbeschreiber zutreffen. In bezug auf F-, E-, D-, EN- und ES-Formatbeschreiber sind diese Regeln wie folgt zu ergänzen.

Im Fall von Eingabe dominiert die Angabe des Dezimalpunkts in der externen Darstellung die Spezifikation von d im numerischen Datenfeldbeschreiber. Es ist zulässig, in der externen Darstellung einer Gleitpunktzahl mehr Dezimalstellen anzugeben als erforderlich sind, um die korrespondierende interne Darstellung zu realisieren. Auf die Ausführungen zur Darstellungsgenauigkeit von Gleitpunktzahlen in Abschnitt 6.7 wird Bezug genommen.

Im Fall von Ausgabe wird das Datenfeld auch dann mit Zeichen * ausgefüllt, wenn zur Konversion ein E-, EN- oder ES-Formatbeschreiber mit einem Spezifikationswert zu e angegeben wird, der kleiner ist als die Anzahl der Ziffern, die für die externe Darstellung des Exponenten erzeugt werden.

Der F-Formatbeschreiber dient dazu, die Umwandlung zwischen interner und externer Darstellung in bezug auf Datenobjekte vom Datentyp REAL oder COMPLEX zu spezifizieren.

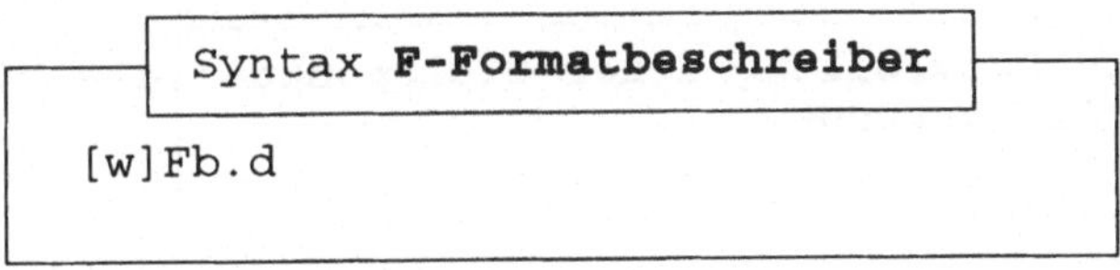

Dabei bezeichnet b eine vorzeichenlose ganzzahlige Konstante größer oder gleich 1, die zur Festlegung der Datenfeldbreite in externer Darstellung dient, und w den Wiederholungsfaktor. Der Wert des Wiederholungsfaktors ist mit der Festpunktzahl 1 vorbesetzt. Ferner bezeichnet d eine vorzeichenlose ganzzahlige Konstante größer oder gleich 0, die dazu dient, die Anzahl der Ziffern rechts vom Dezimalpunkt zu spezifizieren.

Im Fall der Eingabe wird eine Zeichenfolge erwartet, die b Zeichen umfaßt und eine Gleitpunktzahl beschreibt. Die externe Darstellung einer Gleitpunktzahl hat die folgende Grundform.

> Syntax **Grundform der externen Darstellung einer Gleitpunktzahl**
> **Eingabe**
>
> $[vz]z_1 \ldots z_i[.]z_{i+1} \ldots z_k$

Dabei bezeichnet vz das Vorzeichen. Im Fall einer negativen Gleitpunktzahl ist die Angabe des negativen Vorzeichens obligatorisch. Ferner bezeichnet z_j eine Ziffer des Dezimalsystems oder ein Leerzeichen. Falls `'ZERO'` Spezifikationswert zur Spezifikation BLANK= der Anweisung OPEN ist oder der BZ-Steuerungsbeschreiber den Datentransfer beeinflußt, wird jedes Leerzeichen zwischen zwei Ziffern des Dezimalsystems als Ziffer 0 interpretiert. Ansonsten werden Leerzeichen in der Zeichensequenz $z_1 \ldots z_i z_{i+1} \ldots z_k$ nicht ausgewertet, die im folgenden auch kurz als *LZiffernfolge* bezeichnet wird. Falls weder ein Vorzeichen noch der Dezimalpunkt angegeben werden, so hat der Index k den Wert von b. Wird in der externen Darstellung kein Dezimalpunkt gesetzt, so bestimmt der Spezifikationswert von d die Anzahl der Ziffern nach dem Dezimalpunkt. Die d Zeichen der LZiffernfolge, die als Ziffern interpretiert werden und im Datenfeld am weitesten rechts positioniert sind, werden als Dezimalstellen nach dem Dezimalpunkt ausgewertet.

Es ist zulässig, die externe Darstellung einer Gleitpunktzahl durch die Angabe eines Exponenten zu ergänzen.

> Syntax **externe Darstellung einer Gleitpunktzahl mit Exponent**
> **Eingabe**
>
> $\qquad [vz]z_1 \ldots z_i[.]z_{i+1} \ldots z_k E[lz][vz]e_1 \ldots e_j$
> oder
> $\qquad [vz]z_1 \ldots z_i[.]z_{i+1} \ldots z_k D[lz][vz]e_1 \ldots e_j$
> oder
> $\qquad [vz]z_1 \ldots z_i[.]z_{i+1} \ldots z_k vze_1 \ldots e_j$

Dabei beschreibt lz eine Folge von Leerzeichen, deren Anzahl größer oder gleich 0 ist, und $e_1 \ldots e_j$ eine LZiffernfolge. Die unterschiedliche Darstellung des Exponenten mit E oder D hat keine Auswirkung auf die Auswertung der LZiffernfolge $e_1 \ldots e_j$.

Wird in eingabeliste einer Anweisung READ ein Datenobjekt spezifiziert, zu dem über die Position ein F-Formatbeschreiber korrespondiert, dann muß diesem Datenobjekt der Datentyp REAL oder COMPLEX zugeordnet sein.

Im Fall der Ausgabe besteht die externe Darstellung aus führenden Leerzeichen, deren Anzahl größer oder gleich 0 ist, ggf. gefolgt von einem Zeichen - oder +, und einer

Folge von Ziffern des Dezimalsystems, in der ein Dezimalpunkt gesetzt ist. Die externe
Darstellung wird auf die Anzahl von Dezimalstellen nach dem Dezimalpunkt gerundet,
die gleich dem Spezifikationswert zu d ist. Ein Algorithmus, nach dem die Rundung
vorzunehmen ist, wird im Standard nicht festgelegt. Die Rundung erfolgt demnach systemabhängig. Abgesehen von einer Ausnahme treten führende Ziffern 0 in der externen Darstellung nicht auf. Falls die Konversion jedoch auf eine externe Darstellung
führt, so daß der Absolutbetrag des zu repräsentierenden Werts kleiner als 1.0 ist, hat
die externe Darstellung eine führende Ziffer 0 links vom Dezimalpunkt als optionales
Zeichen. Führt die Konversion auf eine externe Darstellung, so daß außer der führenden
Ziffer 0 keine weitere Ziffer im Datenfeld auftritt, dann muß diese Ziffer ausgegeben
werden.

```
┌──┌────────────────────────────────────┐──────────────────────────────┐
│  │   Beispiele F-Formatbeschreiber    │                              │
│  └────────────────────────────────────┘                              │
│                                                                      │
│  CHARACTER (28)  :: artikel_bez                                      │
│  INTEGER         :: artikel_nr, artikel_anz                          │
│  REAL            :: artikel_epreis                                   │
│     ...                                                              │
│     READ (10,  '(I5,1X,A,1X,I3,1X,F7.0)')                         & │
│                             artikel_nr, artikel_bez,              & │
│                             artikel_anz, artikel_epreis             │
│                                                                      │
│     ...                                                              │
│     WRITE (20,  '(4X,I5,2X,A28,2X,I8,2X,F10.2,//)')               & │
│                             artikel_nr, artikel_bez,              & │
│                             artikel_anz, artikel_epreis             │
│                                                                      │
└──────────────────────────────────────────────────────────────────────┘
```

Auf Erläuterungen zur Wirkung des I-, des A-Formatbeschreibers und der X-Steuerungsbeschreiber wird verzichtet. Unter der Voraussetzung, daß weder eine Fehlerbedingung noch die Dateiende-Bedingung erfüllt sind, bewirkt die Ausführung der Anweisung READ im Beispiel, daß mit dem F-Formatbeschreiber F7.0 aus dem aktuellen Datensatz der Eingabedatei von Zeichenposition 40 bis 46 sieben Zeichen gelesen,
in die interne Darstellung einer Gleitpunktzahl umgewandelt werden und daß die interne Darstellung dem Speicherbereich mit dem Namen artikel_epreis zugewiesen wird. Zur Spezifikation von d ist die Festpunktzahl 0 angegeben worden. Da der
Dezimalpunkt im Datenfeld gesetzt ist, hat der Spezifikationswert zu d keine Auswirkung auf die Konversion.

Die Ausführung der Anweisung WRITE im Beispiel bewirkt, daß mit dem F-Formatbeschreiber in das Datenfeld von Zeichenposition 52 bis 61 des aktuellen Datensatzes der
Ausgabedatei geschrieben wird. Der Speicherinhalt von artikel_epreis wird interpretiert als die interne Darstellung einer Gleitpunktzahl, in externe Darstellung umgewandelt und 10 Zeichen in den aktuellen Datensatz geschrieben. Diese 10 Zeichen
bestehen ggf. aus führenden Leerzeichen und einer Folge von Ziffern des Dezimalsystems. Zur Spezifikation von d ist die Festpunktzahl 2 angegeben worden. Der Dezimalpunkt wird auf die Zeichenposition 59 gesetzt und die externe Darstellung der
Gleitpunktzahl auf zwei Dezimalstellen nach dem Dezimalpunkt systemabhängig ge-

rundet. Auf das Programmbeispiel 6.3 wird hingewiesen. Mit dem Programmbeispiel 6.4 wird die Aufgabe, eine einfache Lagerbestandstabelle zu erstellen, inhaltlich aufgegriffen.

Der P-Steuerungsbeschreiber gestattet, in einer Formatspezifikation bezogen auf nachfolgende F-, E-, D-, EN-, ES- oder G-Formatbeschreiber einen Skalierungsfaktor zu spezifizieren.

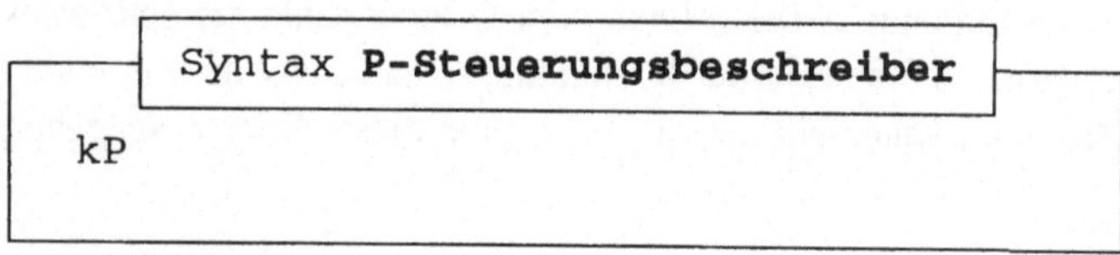

Dabei bezeichnet k eine ganzzahlige Konstante, die zur Festlegung des Skalierungsparameters dient. Hat der Skalierungsparameter den Wert k, so ist der zugehörige Skalierungsfaktor, mit dem die externe Zahldarstellung gewichtet wird, im Fall von Eingabe 10^{-k}, sofern die externe Zahldarstellung ohne Exponent erfolgt. Im Fall von Ausgabe hängt die Wirkung eines P-Steuerungsbeschreibers von dem jeweiligen nachfolgenden Datenfeldbeschreiber ab.

Zu Beginn der Ausführung einer Anweisung zum formatgebundenen Datentransfer hat der Skalierungsparameter stets den Wert 0. Wird in einer Formatspezifikation ein P-Steuerungsbeschreiber angegeben, so daß der Wert des Skalierungsparameters von 0 verschieden ist, dann wirkt ein Skalierungsfaktor auf die Konversion bei nachfolgenden F-, E-, D-, EN-, ES- oder G-Formatbeschreibern bis die Ausführung der zugehörigen Anweisung zum Datentransfer abgeschlossen ist oder der Skalierungsparameter auf den Wert 0 zurückgesetzt wird.

Im Fall von Eingabe hat die Spezifikation eines P-Steuerungsbeschreibers keine Wirkung, falls die umzuwandelnde Gleitpunktzahl in externer Darstellung mit einem Exponenten spezifiziert worden ist.

Liegt eine Gleitpunktzahl ohne Exponent in externer Darstellung vor und wird zu ihrer Konversion ein F-Formatbeschreiber angegeben, dem ein P-Steuerungsbeschreiber vorangeht, dann wird intern ein Näherungswert für die mit 10^{-k} gewichtete Gleitpunktzahl abgespeichert.

Wird im Fall von Ausgabe zur Konversion der internen Darstellung einer Gleitpunktzahl ein F-Formatbeschreiber spezifiziert, dem ein P-Steuerungsbeschreiber vorangeht, dann ist die extern dargestellte Gleitpunktzahl ein Näherungswert für die mit 10^{k} gewichtete Gleitpunktzahl in interner Darstellung. Auf das Programmbeispiel 6.3 wird hingewiesen, das im folgenden auszugsweise wiedergegeben wird.

```
┌─ Beispiel P-Steuerungsbeschreiber und F-Formatbeschreiber ─┐
│  REAL pi1, pi3                                              │
│       ...                                                   │
│       READ (10, '(-1P,F7.5)') pi1                           │
│       ...                                                   │
│       WRITE (20, 3200) pi3                                  │
│  3200 FORMAT(' P-Steuerungs- und F-Formatbeschreiber'    / &│
│             '       Ausgabe'                             / &│
│             '         Skalierungsparameter -1'           / &│
│             '       pi3 ', -1P, F10.7                  /// )│
└────────────────────────────────────────────────────────────┘
```

Im Beispiel bewirke die Eingabeanweisung den Datentransfer der Gleitpunktzahl
3.141593 in externer Darstellung. Dann wird auf dem Speicherbereich mit dem Namen pi1 ein Näherungswert für die Gleitpunktzahl 31.41593 in interner Darstellung
abgespeichert. Dem Speicherbereich mit dem Namen pi3 sei ein Näherungswert für
die Gleitpunktzahl 3.141593 zugewiesen worden. P-Steuerungsbeschreiber und nachfolgender F-Formatbeschreiber bewirken dann, daß extern ein Näherungswert für die
Gleitpunktzahl 0.3141593 dargestellt wird.

E- und D-Formatbeschreiber dienen ebenfalls dazu, die Umwandlung zwischen interner
und externer Zahldarstellung in bezug auf Datenobjekte vom Datentyp REAL oder
COMPLEX zu spezifizieren.

```
┌─ Syntax E- und D-Formatbeschreiber ─┐
│                                      │
│         [w]Eb.d                      │
│   oder                              │
│         [w]Eb.dEe                    │
│                                      │
│   [w]Db.d                            │
│                                      │
└──────────────────────────────────────┘
```

Wie im Fall des F-Formatbeschreibers dient b zur Festlegung der Datenfeldbreite in
externer Darstellung und w zur Spezifikation des Wiederholungsfaktors. Der Wert des
Wiederholungsfaktors ist mit der Festpunktzahl 1 vorbesetzt. Ebenso dient d dazu, die
Anzahl der Ziffern nach dem Dezimalpunkt zu spezifizieren, sofern im Fall von Ausgabe der Datentransfer nicht durch einen P-Steuerungsbeschreiber mit einem Skalierungsparameter größer als 1 beeinflußt wird. Darüber hinaus bezeichnet e eine vorzeichenlose ganzzahlige Konstante größer oder gleich 1, die dazu dient, die Anzahl der
Ziffern des Exponenten zur Basis 10 in externer Darstellung festzulegen.

Im Fall von Eingabe hat die Spezifikation von e keine Wirkung. Für die Konversion
mit einem E-Formatbeschreiber wird die externe Darstellung einer Gleitpunktzahl wie
im Fall eines F-Formatbeschreibers erwartet. Die Konversion in interne Darstellung erfolgt mit einem E-Formatbeschreiber wie mit einem analog spezifizierten F-Formatbe-

schreiber. Insbesondere dominiert die Angabe des Dezimalpunkts in der externen Darstellung die Spezifikation von d im numerischen Datenfeldbeschreiber.

Wird in einer Formatspezifikation zu einer Ausgabeanweisung ein E-Formatbeschreiber angegeben und hat der Skalierungsparameter den Wert 0, so wird die folgende externe Darstellung einer Gleitpunktzahl erzeugt.

```
Syntax externe Darstellung einer Gleitpunkt-
       zahl
       Ausgabe
       Konversion mit E-Formatbeschreiber
       Skalierungsparameter vom Wert 0
```

$$[vz][0].z_1...z_d exp_e$$

Dabei bezeichnet vz das Vorzeichen, $z_1, ..., z_d$ die Ziffern der Gleitpunktzahl und exp_e die Darstellung des Exponenten zur Basis 10. Die Darstellung des Exponenten erfolgt teilweise systemabhängig in einer der folgenden Formen.

Tabelle 6.8   Darstellungsformen des Exponenten bei Konversion mit E-Format-beschreiber

	Absolutbetrag des Werts des Exponenten	Darstellungsform des Exponenten
Eb.d	$\|e_1 e_2\| \leq 99$	$E \pm e_1 e_2$ oder $\pm 0 e_1 e_2$
	$99 < \|e_1 e_2 e_3\| \leq 999$	$\pm e_1 e_2 e_3$
Eb.dEe	$\|e_1...e_j\| \leq 10^j - 1$	$E \pm e_1 e_2 ... e_j$

In Tabelle 6.8 bezeichnet

$\|x\|$ Absolutbetrag von x
$\pm$ positives oder negatives Vorzeichen des Exponenten
j   Anzahl der Dezimalstellen, die mit e spezifiziert wird.

Für den Fall, daß der Wert des Exponenten größer als 999 ist, muß im E-Formatbeschreiber e spezifiziert werden. Der Exponent wird stets mit Vorzeichen dargestellt. Ist der Wert des Exponenten 0, dann wird + als Vorzeichen gesetzt.

Wird ein E-Formatbeschreiber nach der Syntax Eb.d spezifiziert, so ist darauf zu achten, daß der Spezifikationswert zu b größer oder gleich dem Spezifikationswert zu d zzgl. 7 ist. Dann sind das Vorzeichen, die Ziffer 0 vor dem Dezimalpunkt, der Dezimalpunkt und die Zeichen zur Darstellung des Exponenten bei der Spezifikation der Datenfeldbreite berücksichtigt. Erfolgt die Spezifikation eines E-Formatbeschreiber nach der Syntax Eb.dEe, dann ist der Spezifikationswert zu b größer oder gleich der Summe aus den Spezifikationswerten zu d und e zzgl. 5 zu wählen. Das Vorzeichen, die Ziffer 0 vor dem Dezimalpunkt, der Dezimalpunkt, das Endsymbol E und das Vorzeichen des Exponenten sind dann berücksichtigt.

Der einzige Unterschied zwischen E- und D-Formatbeschreiber besteht darin, daß im Fall eines D-Formatbeschreibers das Endsymbol D anstelle von E in der externen Darstellung einer Gleitpunktzahl erzeugt werden darf.

Bei der Eingabe wirkt sich ein P-Steuerungsbeschreiber, der einem E-Formatbeschreiber vorangeht, so aus wie im Fall eines nachfolgenden F-Formatbeschreibers.

Geht in der Formatspezifikation zu einer Ausgabeanweisung einem E-Formatbeschreiber ein P-Steuerungsbeschreiber voran, so wird damit die Position des Dezimalpunkts in der externen Darstellung einer oder mehrerer Gleitpunktzahlen gesteuert. Hat der Skalierungsparameter den Wert k mit $-d < k \leq 0$, d Gesamtzahl der Ziffern nach dem Dezimalpunkt, dann folgen auf den Dezimalpunkt zunächst $|k|$ führende Ziffern 0. Gilt hingegen $0 < k < d+2$, dann erfolgt die externe Zahldarstellung mit k Ziffern vor und d-k+1 Ziffern nach dem Dezimalpunkt. Ein Wert des Skalierungsparameters, der keine der beiden Bedingungen erfüllt, ist unzulässig.

```
 ┌─────────────────────────────────────────────────────────────┐
 │  Beispiel P-Steuerungsbeschreiber und E-Formatbeschreiber    │
─┤ └─────────────────────────────────────────────────────────────
 │ REAL pi4
 │    ...
 │       READ (10, '(-1P,E7.5)') pi4
 │       ...
 │       WRITE (20, 4000) pi4
 │ 4000 FORMAT(' P-Steuerungs- und E-Formatbeschreiber'    / &
 │             '    Ausgabe'                                / &
 │             '        Skalierungsparameter -1'            / &
 │             '    pi4 ', -1P, E14.7                      /// )
 │
 └─────────────────────────────────────────────────────────────
```

Beschreibt die Eingabeanweisung den Datentransfer der Gleitpunktzahl 3.141593 in externer Darstellung, dann wird auf dem Speicherbereich mit dem Namen pi4 ein Näherungswert für die Gleitpunktzahl 31.41593 abgespeichert. P-Steuerungsbeschreiber und nachfolgender E-Formatbeschreiber in der Formatspezifikation zur Ausgabeanweisung bewirken, daß extern der Näherungswert 0.0314159E+03 für die intern dargestellte Gleitpunktzahl erzeugt wird. Auf das Programmbeispiel 6.3 wird hingewiesen.

Auch der EN- und der ES-Formatbeschreiber dienen dazu, die Umwandlung zwischen interner und externer Darstellung in bezug auf Datenobjekte vom Datentyp REAL oder *COMPLEX zu spezifizieren. Ein EN-Formatbeschreiber in einer Formatspezifikation* zu einer Ausgabeanweisung bewirkt, daß die externe Darstellung einer Gleitpunktzahl in technischer Notation erzeugt wird. Mit einem ES-Formatbeschreiber erfolgt die externe Darstellung einer Gleitpunktzahl in wissenschaftlicher Notation.

```
Syntax EN- und ES-Formatbeschreiber

        [w]ENb.d
  oder
        [w]ENb.dEe

        [w]ESb.d
  oder
        [w]ESb.dEe
```

Die Beschreibung von w, b und e stimmt mit der im Fall des E-Formatbeschreibers überein.

Für den EN-Formatbeschreiber gelten im Fall von Eingabe die Ausführungen zum E-Formatbeschreiber analog. Im Fall von Ausgabe erfolgt die externe Darstellung einer Gleitpunktzahl in technischer Notation. Ein P-Steuerungsbeschreiber, der einem EN-Formatbeschreiber vorangeht, hat keine Wirkung auf die Konversion.

```
Syntax externe Darstellung einer Gleitpunkt-
       zahl
       Ausgabe
       Konversion mit EN-Formatbeschreiber

[vz]y_1[y_2[y_3]].z_1...z_dexp_en
```

Dabei bezeichnet vz das Vorzeichen, y_1,y_2,y_3 die Ziffern der Gleitpunktzahl vor dem Dezimalpunkt, $z_1,...,z_d$ die Ziffern nach dem Dezimalpunkt und exp_en die Darstellung des Exponenten zur Basis 10. Die Darstellung des Exponenten erfolgt teilweise systemabhängig in einer der Formen, die für den E-Formatbeschreiber in Tabelle 6.8 zusammengefaßt worden sind. Der Wert des Exponenten ist stets durch 3 teilbar. Der Exponent wird stets mit Vorzeichen dargestellt. Ist der Wert des Exponenten 0, dann wird + als Vorzeichen gesetzt. Falls die extern darzustellende Gleitpunktzahl von Null verschieden ist, gilt $1 \leq y_1y_2y_3 < 10^3$.

Auch für den ES-Formatbeschreiber gelten im Fall von Eingabe die Ausführungen zum E-Formatbeschreiber analog. Im Fall von Ausgabe wird die externe Darstellung einer Gleitpunktzahl in wissenschaftlicher Notation erzeugt. Ein P-Steuerungsbeschreiber, der einem ES-Formatbeschreiber vorangeht, wirkt sich nicht auf die Konversion aus.

```
         Syntax externe Darstellung einer Gleitpunkt-
                zahl
                Ausgabe
                Konversion mit ES-Formatbeschreiber

[vz]y.z_1...z_d exp_es
```

Dabei bezeichnet vz das Vorzeichen, y die Ziffer der Gleitpunktzahl vor dem Dezimalpunkt, $z_1,...,z_d$ die Ziffern nach dem Dezimalpunkt und exp_es die Darstellung des Exponenten zur Basis 10. Die Darstellung des Exponenten erfolgt teilweise systemabhängig in einer der Formen, die für den E-Formatbeschreiber in Tabelle 6.8 zusammengefaßt worden sind. Der Exponent wird stets mit Vorzeichen dargestellt. Ist der Wert des Exponenten 0, dann wird + als Vorzeichen gesetzt. Falls die extern darzustellende Gleitpunktzahl von Null verschieden ist, gilt $1 \leq y < 10$. EN- und ES-Formatbeschreiber werden in dem Programmbeispiel 6.3 spezifiziert.

T-, TL- und TR-Steuerungsbeschreiber dienen dazu, den Dateizeiger im aktuellen Datensatz vor- oder zurückzusetzen. Diese Steuerungsbeschreiber werden im folgenden auch kurz als T-Steuerungsbeschreiber bezeichnet, soweit Mißverständnisse auszuschließen sind. Die Wirkung der T-Steuerungsbeschreiber hat Ähnlichkeit zu dem Setzen eines Tabulators.

```
         Syntax T-Steuerungsbeschreiber

              Tn
       oder
              TLn
       oder
              TRn
```

Dabei bezeichnet n eine vorzeichenlose ganzzahlige Konstante größer oder gleich 0, mit der die Zeichenposition spezifiziert wird, auf die der Dateizeiger zu setzen ist, oder die Anzahl der Zeichenpositionen, um die der Dateizeiger vor- oder zurückzusetzen ist.

Die Position des Dateizeigers im aktuellen Datensatz zu Beginn der Ausführung einer Anweisung zum Datentransfer wird als *linke Tabulatorgrenze* bezeichnet. Wird mit einer Anweisung zum Datentransfer mehr als ein Datensatz übertragen, so ist die erste Zeichenposition im aktuellen Datensatz linke Tabulatorgrenze.

Wird in einer Formatspezifikation der T-Steuerungsbeschreiber T mit einer geeigneten Konstanten k spezifiziert, dann wird der Dateizeiger auf die Zeichenposition im aktuellen Datensatz gesetzt, die relativ zur linken Tabulatorgrenze k-te Zeichenposition ist.

Nachfolgender Datentransfer erfolgt von dieser Zeichenposition an. Mit dem TR-Steuerungsbeschreiber wird der Dateizeiger relativ zur Ausgangsposition um die spezifizierte
Anzahl von Positionen nach rechts verschoben. Nachfolgender Datentransfer erfolgt
von dieser Zeichenposition an. Die Wirkung von TR-und X-Steuerungsbeschreibers
stimmt überein. Analog wird der Dateizeiger mit dem TL-Steuerungsbeschreiber relativ
zur Ausgangsposition um die spezifizierte Anzahl von Positionen nach links verschoben. Nachfolgender Datentransfer erfolgt von dieser Zeichenposition an. Ist die Anzahl
der Zeichenpositionen zwischen Ausgangsposition ausschließlich und linker Tabulatorgrenze kleiner oder gleich dem Spezifikationswert zu n, dann beginnt der nachfolgende
Datentransfer von der linken Tabulatorgrenze.

```
┌──  Beispiel T-Steuerungsbeschreiber ─────────────────────┐
│ REAL lager_gesamtwert
│    ...
│        WRITE (20, 3000) lager_gesamtwert
│   3000 FORMAT (' ',72('-')                                    // &
│              '       Gesamtwert des Lagerbestands',T62,'DM',F10.2 )
└──────────────────────────────────────────────────────────┘
```

Die Spezifikation des T-Steuerungsbeschreibers bewirkt, daß der Dateizeiger auf die
Zeichenposition 62 im aktuellen Datensatz gesetzt wird. Da der Datentransfer von dieser Zeichenposition an fortgesetzt wird, werden die signifikanten Zeichen der Zeichenkonstanten 'DM' auf die Zeichenpositionen 62 und 63 des aktuellen Datensatzes übertragen. Die Zeichenpositionen 33 bis 61 werden mit Leerzeichen aufgefüllt. Auf das
Programmbeispiel 6.4 wird verwiesen.

Die T-Steuerungsbeschreiber wirken lediglich auf die Position des Dateizeigers. Ausschließlich nachfolgende Formatspezifikationen zu einer Ausgabeanweisung führen
dazu, daß Zwischenpositionen mit Leerzeichen aufgefüllt oder Zeichen im aktuellen
Datensatz überschrieben werden.

6.6 Abgeleitete Datentypen

Unter Standard Fortran 90 kann der Anwender seinem Problem angemessene Datentypen vereinbaren und dazu Datenobjekte deklarieren. Vom Anwender lassen sich demnach strukturierte Datentypen formulieren, mit denen der inhaltliche Zusammenhang
von Daten adäquat wiedergegeben wird. Anwenderdefinierte Datentypen werden be-
rechtigt als abgeleitete Datentypen bezeichnet, da sie sich aus internen Datentypen oder
anwenderdefinierten Datentypen zusammensetzen, die sich wiederum auf interne Datentypen zurückführen lassen.
Mit den Kenntnissen insbesondere über die internen Datentypen REAL, INTEGER und
CHARACTER sind die Voraussetzungen gegeben, abgeleitete Datentypen zu vereinbaren, die anwendungsrelevant sind. Sollen beispielsweise Informationen über die Artikel

im Lagerbestand eines Betriebs auf einem Rechner verarbeitet werden, so stehen etwa die Angaben zur Artikelbezeichnung, zur Artikelanzahl und zum Artikelpreis in einem inhaltlichen Zusammenhang. Der korrespondierende strukturierte Datentyp ließe sich aus den internen Datentypen CHARACTER, INTEGER und REAL konstruieren.

Die Vereinbarung abgeleiteter Datentypen erfolgt nach den folgenden grammatischen Regeln.

```
Syntax  Vereinbarung abgeleiteter Datentyp

TYPE [[, zugriff] ::] name_abgl_datentyp
  [PRIVATE]
  [SEQUENCE]
   spez_datentyp [[, attr_a_liste] ::] komp_d_liste
  [spez_datentyp [[, attr_a_liste] ::] komp_d_liste]...
END TYPE [name_abgl_datentyp]
```

Damit die folgenden Erläuterungen zur Syntax leichter zugänglich sind, wird zunächst ein Beispiel zur Vereinbarung eines abgeleiteten Datentyps angegeben. Auf das Programmbeispiel 6.4 wird in diesem Zusammenhang hingewiesen.

```
Beispiel Vereinbarung abgeleiteter Datentyp

TYPE lagerbestand
   SEQUENCE
      INTEGER           :: artikel_nr
      CHARACTER (28)    :: artikel_bez
      INTEGER           :: artikel_anz
      REAL              :: artikel_epreis, artikel_gpreis
END TYPE lagerbestand
```

Im Beispiel wird der abgeleitete Datentyp lagerbestand vereinbart. Dieser strukturierte Datentyp wird durch Aggregation aus den internen Datentypen INTEGER und CHARACTER in Verbindung mit einem Spezifikationswert zum Typparameter LÄNGE sowie dem internen Datentyp REAL aufgebaut. Die Auswahl ist inhaltlich motiviert. Artikelnummer und -anzahl, Artikelbezeichung, Einzelpreis eines Artikels und der Gesamtwert des Bestands an einem Artikel werden in bezug auf die zu bearbeitende Aufgabe als inhaltlich zusammengehörig angesehen.

Jedes Listenelement in komp_d_liste, wie artikel_nr oder artikel_bez im Beispiel, wird im folgenden auch kurz als *Typkomponente* bezeichnet.

Eine Spezifikation von zugriff in der Anfangsanweisung TYPE ist zulässig nur im Fall der Vereinbarung eines abgeleiteten Datentyps in einem Modul. Die Programmeinheit Modul wird, wie bereits erwähnt, in Kapitel 9 behandelt werden.

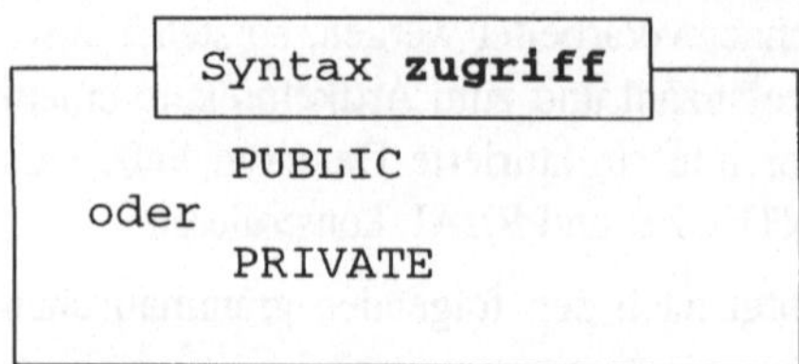

Die Spezifikation zugriff ist mit dem Spezifikationswert PUBLIC vorbesetzt. Jeder abgeleitete Datentyp, der im Vereinbarungsteil eines Moduls spezifiziert wird, ist dann für jede Gültigkeitseinheit zugänglich, in der das Modul referenziert wird. Der Zugang zu abgeleiteten Datentypen, die in einem Modul spezifiziert werden, läßt sich abgestuft einschränken. Wird für einen abgeleiteten Datentyp im Vereinbarungsteil eines Moduls zugriff mit PRIVATE spezifiziert, dann ist dieser Datentyp nur in dieser Programmeinheit verfügbar. Die Angabe des Endsymbols :: ist obligatorisch, falls zugriff spezifiziert wird.

Auch die Anweisung PRIVATE läßt sich nur im Fall der Vereinbarung eines abgeleiteten Datentyps im Vereinbarungsteil eines Moduls verwenden. Alle Typkomponenten eines so spezifizierten abgeleiteten Datentyps sind dann nur in diesem Modul bekannt. Falls in der Vereinbarung eines abgeleiteten Datentyps die Anweisung PRIVATE verwandt, jedoch zugriff nicht oder mit PUBLIC spezifiziert wird, bleibt der abgeleitete Datentyp für alle Gültigkeitseinheiten zugänglich, in denen das Modul referenziert wird.

Der Name eines abgeleiteten Datentyps, der name_abgl_datentyp substituiert, muß eindeutig sein. Der Name eines internen Datentyps ist daher als Name eines abgeleiteten Datentyps unzulässig. Der Name muß auch von den Namen abgeleiteter Datentypen verschieden sein, die über die Referenz auf Module zugänglich sind.

Unter FORTRAN werden numerische Speichereinheiten, Zeichenspeichereinheiten und unspezifische Speichereinheiten unterschieden. Ein skalares Datenobjekt von abgeleitetem Datentyp, in dessen Vereinbarung die Anweisung SEQUENCE nicht spezifiziert worden ist, belegt eine einzelne unspezifische Speichereinheit. Wird hingegen SEQUENCE angegeben, so entspricht die Reihenfolge der Speichereinheiten zu einem Datenobjekt von diesem abgeleiteten Datentyp der Anordnung der Typkomponenten in der Anweisung zur Vereinbarung dieses Datentyps. Ferner bilden diese Speichereinheiten eine Speicherfolge. Mit Speicherfolge werden physikalisch unmittelbar aufeinanderfolgende Speichereinheiten bezeichnet. Ein abgeleiteter Datentyp, zu dem die Anweisung SEQUENCE spezifiziert wird, heißt auch *abgeleiteter Datentyp in Speicherfolge*. Wird zu einem abgeleiteten Datentyp in Speicherfolge eine Typkomponente von abgeleitetem Datentyp spezifiziert, so muß in der Vereinbarung dieses Datentyps die Anweisung SEQUENCE angegeben sein. Auf die Ausführungen zu dem Begriffen Speichereinheit und Speicherfolge in Abschnitt 6.7 wird hingewiesen.

Soll ein abgeleiteter Datentyp in verschiedenen Programmeinheiten verwendet werden, gilt unter FORTRAN als einfachste und zudem sicherste Vorgehensweise, diesen Datentyp im Vereinbarungsteil eines Moduls zu spezifizieren und den Zugriff auf das Modul in diesen Programmeinheiten zu vereinbaren. Gleichheit von zwei abgeleiteten Datentypen, die in unterschiedlichen Gültigkeitseinheiten vereinbart werden, gilt nur dann, falls

▶ die Namen der abgeleiteten Datentypen übereinstimmen,

▶ die Typkomponenten des jeweiligen abgeleiteten Datentyps zugänglich sind,

▶ abgeleitete Datentypen in Speicherfolge vorliegen,

▶ die Anzahl der Typkomponenten in beiden Datentypen übereinstimmt,

▶ die Typkomponenten, die aufgrund ihrer Anordnung in den beiden Vereinbarungen der abgeleiteten Datentypen miteinander korrespondieren, im Namen, zugeordnetem Datentyp, in Typparameter(n) und Attributen übereinstimmen.

```
 ┌──────── Syntax spez_datentyp ────────┐
 │                                      │
 │        INTEGER [(typ_par)]           │
 │ oder                                 │
 │        REAL [(typ_par)]              │
 │ oder                                 │
 │        DOUBLE PRECISION              │
 │ oder                                 │
 │        COMPLEX [(typ_par)]           │
 │ oder                                 │
 │        CHARACTER [typ_parameter]     │
 │ oder                                 │
 │        LOGICAL [(typ_par)]           │
 │ oder                                 │
 │        TYPE (name_abgl_datentyp)     │
 │                                      │
 └──────────────────────────────────────┘
```

Mit `spez_datentyp` wird der Datentyp für mindestens eine Typkomponente spezifiziert. In der Vereinbarung eines abgeleiteten Datentyps ist die Spezifikation einer oder mehrerer Typkomponenten von abgeleitetem Datentyp zulässig. Eine Typkomponente von abgeleitetem Datentyp wird vereinbart, indem `name_abgl_datentyp` in `TYPE(name_abgl_datentyp)` durch den Namen des zuzuordnenden Datentyps ersetzt wird. Die Anweisung TYPE dient hingegen dazu, Datenobjekte von abgeleitetem Datentyp zu vereinbaren. Sie wird in diesem Abschnitt erläutert werden. Der interne Datentyp LOGICAL wird in Kapitel 7 ausführlich behandelt werden.

Zulässige Attribute, um `attr_a_liste` zu spezifizieren, sind DIMENSION und POINTER. Diese Attribute werden in Kapitel 8 behandelt werden. Die Angabe des Endsymbols : : in der Spezifikation des Datentyps zu einer oder mehreren Typkomponenten ist obligatorisch, falls `attr_a_liste` spezifiziert wird. Die Lesbarkeit der Vereinbarung eines abgeleiteten Datentyps wird allerdings durch die Angabe dieses Endsymbols eher verbessert.

```
Syntax komp_d_liste

typ_komp [, typ_komp]...
```

```
Syntax typ_komp

komp_name [(komp_feld_spez)] [*parameter_länge1]
```

Dabei bezeichnet `komp_name` den Namen einer Typkomponente des Datentyps, der `spez_datentyp` substituiert. Nach der Syntax ist zu einem abgeleiteten Datentyp mindestens eine Typkomponente zu spezifizieren. Wie bereits erwähnt, kann einer Typkomponente auch das Attribut DIMENSION zugeordnet werden. Die Syntax von `komp_feld_spez` wird im Zusammenhang mit der Behandlung von Feldern in Kapitel 8 festgelegt werden. Ferner wird mit `parameter_länge1` der Längenparameter zu dem Namen einer Typkomponente vom Datentyp CHARACTER spezifiziert. Die Syntax zur Spezifikation eines Längenparameters zu einem Namen ist in Abschnitt 3.4 behandelt worden. Die ersten Erläuterungen in Abschnitt 3.4 zu dem Begriff Spezifikationsausdruck lassen sich insoweit präzisieren als damit ein skalarer Ausdruck vom Datentyp INTEGER bezeichnet wird. Ein Spezifikationsausdruck ist aus internen Operatoren und Operanden zu bilden, die Konstanten sind oder solche Variablen, die spezifische Bedingungen erfüllen. Neben der Spezifikation des Längenparameters zu einem Datenobjekt vom Datentyp CHARACTER in einer Anweisung zur Typdeklaration lassen sich Spezifikationsausdrücke beispielsweise auch dazu verwenden, die Indexgrenzen in einer Dimension eines Felds mit expliziter Gestalt zu spezifizieren. Die Verwendung von Spezifikationsausdrücken wird daher in Kapitel 8 weiter erörtert werden. Der Begriff wird jedoch erst in Kapitel 9 festgelegt werden.

Die Vereinbarung eines abgeleiteten Datentyps wird mit der Anweisung END TYPE abgeschlossen. Wird in der Abschlußanweisung des abgeleiteten Datentyps `name_abgl_datentyp` spezifiziert, dann muß der Name, der `name_abgl_datentyp` substituiert, mit dem Namen in der Anfangsanweisung TYPE übereinstimmen.

Jeder Datentyp wird, wie bereits in Abschnitt 3.1 erläutert worden ist, durch eine Wertemenge, eine kennzeichnende Schreibweise ihrer Elemente und eine Menge von Operationen charakterisiert. Die Wertemenge eines abgeleiteten Datentyps mit k Typkomponenten läßt sich auffassen als das kartesische Produkt aus den Wertemengen, die zu der ersten bis k-ten Typkomponente des abgeleiteten Datentyps gehören. Dann sind die Elemente dieser Wertemenge k-Tupel, die aus Elementen der k Wertemengen gebildet werden, die zu den k Typkomponenten gehören. Jedes Element einer Wertemenge von abgeleitetem Datentyp wird als *Strukturkonstante* bezeichnet. Die kennzeichnende Schreibweise von Strukturkonstanten hat die folgende Syntax.

```
Syntax Strukturkonstante

name_abgl_datentyp(konst_ausdr_liste)
```

Dabei bezeichnet `konst_ausdr_liste` eine Liste konstanter Ausdrücke. Die Anzahl konstanter Ausdrücke muß mit der Anzahl der Typkomponenten des abgeleiteten Datentyps übereinstimmen. Ein konstanter Ausdruck in der Liste, die `konst_ausdr_liste` substituiert, korrespondiert zu der Typkomponente, die positionsgleich ist in bezug auf die Anordnung der Typkomponenten in der Vereinbarung des abgeleiteten Datentyps. Ein konstanter Ausdruck muß zuweisungskompatibel sein. Für den Fall, daß die korrespondierende Typkomponente von internem Datentyp ist und die zugeordneten Datentypen oder Typparameter nicht übereinstimmen, wird das Ergebnis der Auswertung des konstanten Ausdrucks nach den Regeln umgewandelt, die für die implizite Anpassung von Datentyp und/oder Typparameter in bezug auf die zugehörige interne Zuweisungsanweisung gelten.

Jeder Operator auf der Wertemenge zu einem abgeleiteten Datentyp und jede nicht interne Zuweisungsanweisung muß vom Anwender explizit festgelegt werden. Dazu sind vom Anwender spezifische Funktionsunterprogramme, Subroutinen und Schnittstellenblöcke bereitzustellen. Auf die Ausführungen zu anwenderdefinierten Operatoren und Zuweisungsanweisungen in Kapitel 9 wird Bezug genommen.

Die Anweisung TYPE dient dazu, Datenobjekte von abgeleitetem Datentyp zu vereinbaren. In der Beschreibung der Syntax wird `name_abgl_datentyp` kurz mit `n_abgl_dtyp` bezeichnet.

```
Syntax Typdeklaration abgeleiteter Datentyp

TYPE (n_abgl_dtyp) obj[, obj]...
oder
  TYPE (n_abgl_dtyp), attrib[,attrib]... :: obj[,obj]...
```

Die Erläuterungen in Abschnitt 5.1 zur Spezifikation des Endsymbols :: sowie zur Syntax von `obj` und `attrib` lassen sich auf den Fall abgeleiteter Datentypen übertragen.

```
         Beispiel Typdeklaration abgeleiteter Datentyp
                 und Strukturkonstante

TYPE lagerbestand
   SEQUENCE
   INTEGER                 :: artikel_nr
   CHARACTER (28)          :: artikel_bez
   INTEGER                 :: artikel_anz
   REAL                    :: artikel_epreis, artikel_gpreis
END TYPE lagerbestand
   ...
TYPE (lagerbestand) artikel_lager
   ...
artikel_lager=
       lagerbestand(0, 'Artikelbezeichnung', 0, 0., 0.)      &
```

Ein skalares Datenobjekt von abgeleitetem Datentyp wird auch als *Strukturobjekt* bezeichnet. Eine Variable von abgeleitetem Datentyp heißt auch *Strukturvariable*. Die Vereinbarung eines abgeleiteten Datentyps impliziert, daß ein korrespondierender Strukturbildner verfügbar ist. Ein Strukturbildner dient dazu, skalare Werte des korrespondierenden abgeleiteten Datentyps zu konstruieren. Ein solcher skalarer Wert heißt auch *konstruiertes Strukturobjekt*.

```
         Syntax konstruiertes Strukturobjekt

name_abgl_datentyp(ausdr_liste)
```

Dabei bezeichnet `ausdr_liste` eine Liste von Ausdrücken. Die Anzahl der Ausdrücke muß mit der Anzahl der Typkomponenten des abgeleiteten Datentyps übereinstimmen. Über die Position des Ausdrucks in der Liste wird die korrespondierende Typkomponente festgelegt. Die Auswertung eines Ausdrucks muß einen Wert liefern, der zuweisungskompatibel ist. Zu jeder Typkomponente von abgeleitetem Datentyp ist in `ausdr_liste` ein geeignetes konstruiertes Strukturobjekt zu spezifizieren. Für den Fall, daß die korrespondierende Typkomponente von internem Datentyp ist und die zugeordneten Datentypen oder Typparameter nicht übereinstimmen, wird das Ergebnis der Auswertung des Ausdrucks nach den Regeln umgewandelt, die für die implizite Anpassung von Datentyp und/oder Typparameter in bezug auf die zugehörige interne Zuweisungsanweisung gelten. Falls jeder Ausdruck in `ausdr_liste` eines konstruierten Strukturobjekts ein konstanter Ausdruck ist, liegt eine Strukturkonstante vor. Mit Hilfe einer Strukturkonstanten läßt sich auch eine benannte Konstante vereinbaren. Einer Typkomponente kann, wie bereits erwähnt, das Attribut DIMENSION zugeordnet sein. Dann werden der Feldbildner und ggf. die Standardfunktion RESHAPE verwandt, um einen geeigneten Ausdruck in `ausdr_liste` einzubetten. Der Feldbildner dient dazu, eine Sequenz skalarer Werte zu spezifizieren, die als eindimensionales Feld interpretiert wird. Das Attribut DIMENSION und der Feldbildner werden, wie bereits erwähnt, in Kapitel 8 erläutert werden. Die Standardfunktion RESHAPE wird im Anhang A beschrieben.

```
Beispiel konstruiertes Strukturobjekt

TYPE lagerbestand
   SEQUENCE
      INTEGER               :: artikel_nr
      CHARACTER (28)        :: artikel_bez
      INTEGER               :: artikel_anz
      REAL                  :: artikel_epreis, artikel_gpreis
END TYPE lagerbestand
   ...
CHARACTER (28) artikelbezeichnung
REAL einzelpreis
TYPE (lagerbestand) artikel_lager
   ...
      artikelbezeichnung = 'Vibrationsschleifer'
      einzelpreis        = 124.87
   ...
artikel_lager=                                                     &
      lagerbestand(0, artikelbezeichnung, 0, einzelpreis, 0. )
```

Der Aufbau eines Datenobjekts von abgeleitetem Datentyp entspricht dem Aufbau dieses abgeleiteten Datentyps. Jede Komponente eines Datenobjekts von abgeleitetem Datentyp, die zu einer Typkomponente dieses Datentyps korrespondiert, wird als *Strukturkomponente* bezeichnet. Die Dualität von Strukturkomponente eines Datenobjekts und Referenz auf eine Strukturkomponente ist zu beachten. Jede Strukturkomponente läßt sich auch als Teilobjekt auffassen. Jedes Teilobjekt ist Teil eines Elterndatenobjekts und selbst Datenobjekt. Die Referenz auf ein Teilobjekt erfolgt jedoch über einen Bezeichner. Der Teilobjektbezeichner besteht aus dem Namen des Elterndatenobjekts und mindestens einem nachfolgenden Auswahlbezeichner. Die Spezifikation der Referenz auf eine Strukturkomponente als Teilobjekt eines Strukturobjekts erfolgt nach der folgenden Syntax.

```
Syntax Referenz auf eine Strukturkomponente
       eines Strukturobjekts

name_strukturobj[%name_teil_i]...%name_teil_k
```

Dabei bezeichnet `name_strukturobj` den Namen eines Strukturobjekts. Eine Strukturkomponente hat keinen eigenen Namen. Mit `name_teil_i`, `name_teil_k` wird der Name einer Typkomponente beschrieben. Jede Typkomponente, deren Name ein Zwischensymbol `name_teil_i` substituiert, ist von abgeleitetem Datentyp. Die

Sequenz der substituierenden Namen von Typkomponenten legt eine Referenz eindeutig fest. Die Typkomponente, deren Name ein nachfolgendes `name_teil_i` oder `name_teil_k` substituiert, gehört zu der Vereinbarung des abgeleiteten Datentyps, der Datentyp zu der Typkomponente ist, deren Name das vorangehende `name_teil_i` substituiert. Einem Teilobjekt Strukturkomponente ist der Datentyp und ggf. Typparameter der Typkomponente zugeordnet, deren Name `name_teil_k` substituiert.

Ein Teilobjekt Strukturkomponente hat das Attribut PARAMETER, falls das Elterndatenobjekt dieses Attribut hat.

Eingeschränkt auf interne Zuweisungsanweisungen gilt für skalare Datenobjekte von abgeleitetem Datentyp Zuweisungskompatibilität nur dann, wenn dem Ergebnis der Auswertung des Ausdrucks rechts von dem Zuweisungssymbol der gleiche abgeleitete Datentyp wie der Variablen links von dem Zuweisungssymbol in dieser Zuweisungsanweisung zugeordnet ist.

```
  Beispiele Referenz auf eine Strukturkomponente

TYPE lagerbestand
   SEQUENCE
   INTEGER                   :: artikel_nr
   CHARACTER (28)            :: artikel_bez
   INTEGER                   :: artikel_anz
   REAL                      :: artikel_epreis, artikel_gpreis
END TYPE lagerbestand
   ...
TYPE (lagerbestand) artikel_lager
   ...
artikel_lager%artikel_gpreis = REAL(artikel_lager%artikel_anz) &
                        * artikel_lager%artikel_epreis


TYPE rechnung_kopf
   CHARACTER (16)            :: firma_name
   ...
END TYPE rechnung_kopf
   ...
TYPE gesamtrechnung
   TYPE(rechnung_kopf)       :: komp_rechnung_kopf
   ...
END TYPE gesamtrechnung
   ...
TYPE (gesamtrechnung) akt_gesamtrechnung
   ...
READ(10,'(A)') akt_gesamtrechnung%komp_rechnung_kopf%firma_name
```

Im Beispiel ist das Strukturobjekt mit dem Namen `artikel_lager` Elterndatenobjekt zu dem Teilobjekt mit dem Teilobjektbezeichner `artikel_lager%artikel_gpreis` und dem Auswahlbezeichner `%artikel_gpreis`. In Kapitel 8 werden die Begriffe Teilobjekt sowie Teilobjektbezeichner festgelegt und Teilobjekte abschließend behandelt werden.

6.7 Interne Darstellung von Gleitpunktzahlen

Im Standard Fortran 90 wird nicht festgelegt, wie Gleitpunktzahlen darzustellen sind. Die verschiedenen Verfahren der Darstellung von Gleitpunktzahlen sind jedoch im wesentlichen Modifikationen eines Modells, das auch als Basismodell zur Darstellung von Gleitpunktzahlen bezeichnet wird. Dieses Basismodell wird vorgestellt und am Beispiel des IEEE Formats zur Darstellung von Gleitpunktzahlen eingehender erläutert werden.

Basismodell zur Darstellung von Gleitpunktzahlen

$$
g = \begin{cases} 0 \\ s \times r^e \times \sum_{k=1}^{q} f_k \times r^{-k} \end{cases}
$$

Im Basismodell bezeichnet

s den Faktor -1 oder +1
Mit s wird das Vorzeichen festgelegt.

r eine ganze Zahl größer als 1
Mit r wird das Zahlsystem festgelegt.

e eine ganze Zahl mit $e_{min} \leq e \leq e_{max}$
Mit e wird der Exponent festgelegt.

f_k eine ganze Zahl mit $0 \leq f_k < r$ und $f_1 > 0$
Mit f_k wird eine Ziffer des ausgewählten Zahlsystems festgelegt.

q eine ganze Zahl größer als 1
Mit q wird die maximale Anzahl darstellbarer Stellen im ausgewählten Zahlsystem festgelegt.

Im IEEE Format umfaßt der Arbeitsspeicherbereich für die Darstellung einer Gleitpunktzahl einfacher Genauigkeit 32 Bit, die aufgeteilt sind in

23   Bit für die Nachpunktstellen,

8   Bit für den Exponenten (zur Basis 2) in 127-Überschreitungsnotation,

1   Bit für das Vorzeichen der dargestellten Zahl.

Die Darstellung erfolgt so in normalisierter Form, daß der Binärdarstellung der Nachpunktstellen implizit eine 1 vor dem Gleitpunkt vorangeht.

Abbildung 6.1   interne Darstellung von Gleitpunktzahlen im IEEE Format

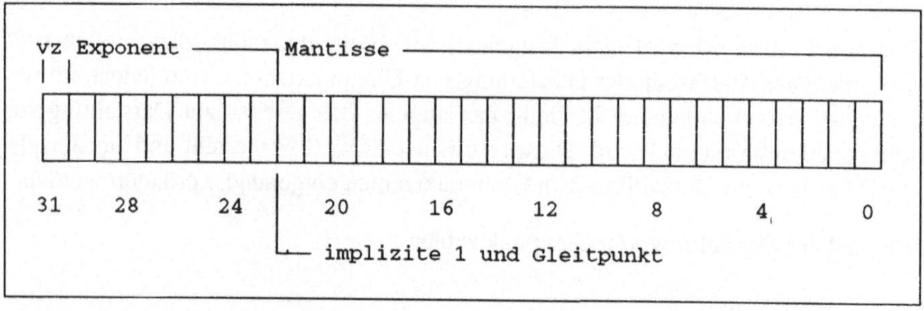

Das IEEE Format zur Darstellung von Gleitpunktzahlen einfacher Genauigkeit weicht demnach geringfügig vom Basismodell ab:

$$g = \begin{cases} 0 \\ s \times 2^{(e-127)} \times (1 + \sum_{k=1}^{23} f_k \times 2^{-k}) \end{cases}$$

$$\text{mit } 0 < e < 255.$$

Beispielsweise wird die rationale Zahl 0.75 als Gleitpunktzahl einfacher Genauigkeit im IEEE Format wie folgt dargestellt.

Abbildung 6.2   interne Darstellung von 0.75 als Gleitpunktzahl einfacher
                  Genauigkeit im IEEE Format

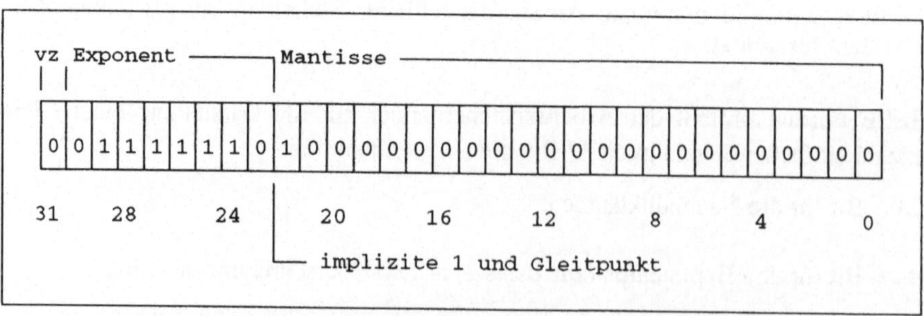

In der Schreibweise des geringfügig modifizierten Basismodells läßt sich die interne Darstellung von 0.75 wie folgt formulieren:

$$(+1) \times 2^{(126-127)} \times (1 + 1 \times 2^{-1} + 0 \times 2^{-2} + \ldots + 0 \times 2^{-23}).$$

Hinweis: Unter NAG FTN90, Version 2.18, wird lediglich eine Menge von Gleitpunktzahlen einfacher und eine Menge von Gleitpunktzahlen erhöhter Genauigkeit zur Verfügung gestellt. Gleitpunktzahlen einfacher Genauigkeit werden in einer Variante dargestellt, die geringfügig vom Basismodell und vom IEEE Format abweicht.

$$g = \begin{cases} 0 \\ s \ \times \ 2^{(e-126)} \ \times \ (2^{-1} + \sum\limits_{k=2}^{24} f_k \ \times \ 2^{-k}) \end{cases}$$

$$\text{mit} \ 0 < e < 255.$$

Für die Darstellung einer Gleitpunktzahl erhöhter Genauigkeit wird im IEEE Format ein 64 Bit umfassender Arbeitsspeicherbereich aufgeteilt in

52   Bit für die Nachpunktstellen,

11   Bit für den Exponenten (zur Basis 2) in 1023-Überschreitungsnotation,

1   Bit für das Vorzeichen der dargestellten Zahl.

Auch die Darstellung von Gleitpunktzahlen erhöhter Genauigkeit im IEEE Format weicht geringfügig vom Basismodell ab:

$$g = \begin{cases} 0 \\ s \ \times \ 2^{(e-1023)} \ \times \ (1 + \sum\limits_{k=1}^{52} f_k \ \times \ 2^{-k}) \end{cases}$$

$$\text{mit} \ 0 < e < 2047.$$

Hinweis: Unter NAG FTN90, Version 2.18, werden Gleitpunktzahlen erhöhter Genauigkeit in einer Variante des Basismodells dargestellt, die sich ebenfalls geringfügig vom IEEE Format unterscheidet:

$$g = \begin{cases} 0 \\ s \ \times \ 2^{(e-1022)} \ \times \ (2^{-1} + \sum\limits_{k=2}^{53} f_k \ \times \ 2^{-k}) \end{cases}$$

$$\text{mit} \ 0 < e < 2047.$$

Ferner liegt der 4 Byte umfassende Arbeitsspeicherbereich, in dem Bit 0 bis 31 zur Darstellung eines Teils der Mantisse abgespeichert sind, physikalisch vor dem 4 Byte umfassenden Bereich von Bit 32 bis 63.

Auf die Tabelle 6.9 und das Programmbeispiel 6.5 wird in diesem Zusammenhang Bezug genommen.

Tabelle 6.9 Übersicht zur Darstellung von Gleitpunktzahlen im IEEE Format

Differenzierung des Speicherbereichs

 bei Gleitpunktzahlen einfacher Genauigkeit

  s eeee eeee fff ffff ffff ffff ffff ffff

 bei Gleitpunktzahlen erhöhter Genauigkeit

  s eee eeee eeee ffff ffff ffff ffff ffff ffff ffff ffff ffff ffff ffff ffff

	einfache Genauigkeit	erhöhte Genauigkeit
s : Vorzeichen e : Exponent mit Bias f : Nachpunktstellen gesamt	1 (Bit 31) 8 (Bit 30,...,23) 23 (Bit 22,...,0) 32	1 (Bit 63) 11 (Bit 62,...,52) 52 (Bit 51,...,0) 64
Vorzeichen s positives Vorzeichen negatives Vorzeichen	 0 1	 0 1
normalisierte Zahldarstellung Bias von e Wertebereich von e Wertebereich von f Koeffizient vollständig	 +127 $0 < e < 255$ 0 oder 1 1.f ... f	 +1023 $0 < e < 2047$ 0 oder 1 1.f ... f
Darstellung Null (vorzeichenbehaftet) e Koeffizient vollständig	 0 0.0 ... 0	 0 0.0 ... 0
Wertebereiche (gerundet) größte positive darstellbare Zahl kleinste positive darstellbare Zahl	 $3{,}4 \times 10^{38}$ $1{,}2 \times 10^{-38}$	 $1{,}8 \times 10^{308}$ $2{,}2 \times 10^{-308}$
Darstellungsgenauigkeit in Dezimalstellen	6 - 7	15 - 16

Ferner werden im IEEE Standard zur herstellerunabhängigen Implementierung von Gleitpunktzahlen spezifische Bitwerte für den Exponenten- und Mantissenteil vorgeschlagen, um Maschinenunendlich und NaNs darzustellen. NaN ist eine Abkürzung für Not a Number. NaNs, deren Erzeugung ein Fehlersignal auslöst, führen zu einen Abbruch der Programmausführung.

Bei einer Darstellung von Gleitpunktzahlen einfacher Genauigkeit im IEEE Format beträgt die Darstellungsgenauigkeit näherungsweise

$$\log_{10}(2^{23}) \approx 6.92 \text{ oder 6-7 Dezimalstellen.}$$

Wie in Abschnitt 6.1 bereits erwähnt worden ist, dient die Standardfunktion PRECISION dazu, die Darstellungsgenauigkeit für eine Wertemenge von Gleitpunktzahlen zu ermitteln. Für die Wertemenge der Gleitpunktzahlen einfacher Genauigkeit bei einer Zahldarstellung im IEEE Format liefert diese Standardfunktion als Wert den ganzzahligen Anteil von $(23+1-1)\log_{10}(2)+0$.

Bei einer Darstellung von Gleitpunktzahlen erhöhter Genauigkeit im IEEE Format wird eine Darstellungsgenauigkeit von näherungsweise

$$\log_{10}(2^{52}) \approx 15.65 \text{ oder 15-16 Dezimalstellen}$$

ermittelt.

Die Standardfunktion RANGE, die auch in Abschnitt 6.1 bereits erwähnt worden ist, liefert für jedes Element aus einer Wertemenge zum Datentyp INTEGER, REAL oder COMPLEX einen Wert, der Kenngröße für den Exponentenbereich der Wertemenge ist.

Im Programmbeispiel 6.5 werden ferner auch explizit die Standardfunktionen TINY und HUGE verwandt. Als Argument der Standardfunktion HUGE ist auch jedes Element aus einer Wertemenge zu den Datentypen INTEGER und REAL zulässig. Die Standardfunktion HUGE liefert das größte positive Element in der charakterisierenden Wertemenge. Analog liefert die Standardfunktion TINY das kleinste Element größer als Null in der zugehörigen Wertemenge. Im Anhang A werden die Standardfunktionen TINY und HUGE ausführlicher beschrieben.

Da die Speicherbelegung bei Gleitpunktzahlen erhöhter Genauigkeit unter NAG FTN90, Version 2.18, geringfügig vom IEEE Format abweicht, wurde im Programmbeispiel 6.5 neben der Standardfunktion TRANSFER auch die Anweisung EQUIVALENCE verwandt, um ein exaktes Abbild von Speicherinhalten in externer Darstellung mit Hilfe von Z-Formatbeschreibern zu erhalten.

Die Standardfunktion TRANSFER liefert als Wert den Speicherinhalt, der zu dem ersten Argument gehört, und ordnet diesem Speicherinhalt sowohl den Datentyp als auch den Typparameter des zweiten Arguments zu. Weitere Merkmale dieser Standardfunktion werden im Anhang A beschrieben.

Syntax und Semantik der Anweisung EQUIVALENCE werden im folgenden einführend behandelt. Die Bedeutung der Anweisung EQUIVALENCE wird vor allem aus dem zeitbezogen Entwicklungsstatus imperativer Programmiersprachen und digitaler Rechenanlagen verständlich. In einer Entwicklungsphase, in der dynamische Speicherverwaltung noch nicht zum Leistungsstandard imperativer Programmiersprachen gehörte und die Speicherkapazität von Arbeitsspeichern aus Kostengründen gering ausgelegt war, diente die Anweisung EQUIVALENCE vor allem dazu, diesen hardwareseitigen Engpaß zu relativieren. Mit der nicht ausführbaren Anweisung läßt sich spezifizieren, daß sich zwei oder mehrere Äquivalenzobjekte einer Gültigkeitseinheit einen Arbeitsspeicherbereich teilen. *Äquivalenzobjekt* bezeichnet den Namen einer Variablen, ein Feldelement oder eine Zeichenteilkette. Dabei sind spezifische Einschränkungen zu berücksichtigen, auf die im einzelnen nicht eingegangen wird. Beispielsweise ist der Name einer Variablen von abgeleitetem Datentyp, der nicht abgeleiteter Datentyp in Speicherfolge ist, kein Äquivalenzobjekt.

```
 ┌─ Syntax EQUIVALENCE ─┐
 │                      └──────────────────────────────────┐
 │  EQUIVALENCE (äq_obj_liste) [, (äq_obj_liste)]...       │
 │                                                         │
 └─────────────────────────────────────────────────────────┘
```

Das Zwischensymbol `äq_obj_liste` beschreibt eine Liste, die mindestens zwei Äquivalenzobjekte umfaßt und im folgenden als Äquivalenzliste bezeichnet wird. Trennzeichen zwischen zwei Äquivalenzobjekten ist das Komma.

Die Äquivalenzobjekte in einer Äquivalenzliste sind einander über Speicher zugeordnet. In der Regel sind für die Softwareentwicklung in Standard Fortran 90 Kenntnisse über physikalische Merkmale der Speicherbelegung nachrangig. Im Fall der Zuordnung über Speicher sind jedoch auch solche Merkmale zu berücksichtigen. Unter Speichereinheit ist, wie bereits erwähnt, eine numerische, unspezifische oder Zeichenspeichereinheit zu verstehen. Zu einem skalaren Datenobjekt vom Regeldatentyp INTEGER oder REAL gehört beispielsweise eine numerische Speichereinheit. Einem skalaren Datenobjekt vom Regeldatentyp COMPLEX oder vom Datentyp DOUBLE PRECISION sind zwei unmittelbar aufeinanderfolgende numerische Speichereinheiten zugeordnet. Physikalisch unmittelbar aufeinanderfolgende Speichereinheiten werden, wie bereits erwähnt, als Speicherfolge bezeichnet. Eine Speicherfolge der Länge 0 ist zulässig und heißt dann leere Speicherfolge. Datenobjekte stehen in einer *Zuordnung über den Speicher*, wenn ihre Speicherfolgen mindestens eine gemeinsame Speichereinheit haben oder wenn ihre Speichereinheiten unmittelbar aufeinanderfolgen.

Im Fall von nichtleeren Speicherfolgen beginnt die Speicherbelegung für jedes Äquivalenzobjekt in einer Äquivalenzliste mit derselben Speichereinheit. Die erste Speichereinheit, die zu einem Äquivalenzobjekt in einer Äquivalenzliste gehört, wird über den Speicher der ersten Speichereinheit aller weiteren Äquivalenzobjekte dieser Äquivalenzliste zugeordnet. Die weitere Zuordnung ergibt sich aus der Speicherfolge der

Äquivalenzobjekte. Wird in einer Äquivalenzliste der Name eines nicht leeren Felds spezifiziert, so ist dies gleichwertig zur Angabe des ersten Feldelements.

Enthält eine Äquivalenzliste ein Äquivalenzobjekt vom Regeldatentyp INTEGER, REAL, COMPLEX, LOGICAL, vom Datentyp DOUBLE PRECISION oder von abgeleitetem Datentyp in Speicherfolge, wobei jede Typkomponente schließlich auf einen der vorgenannten Regeldatentypen oder DOUBLE PRECISION zurückzuführen ist, dann müssen alle weiteren Äquivalenzobjekte dieser Äquivalenzliste von einem der zuvor genannten Datentypen sein.

```
┌─ Beispiel Anweisung EQUIVALENCE ─┐
│                                                              │
│   INTEGER i_wert_r                                           │
│   INTEGER, DIMENSION(2) :: i_wert_d                          │
│   !        i_wert_d      Feld, das 2 Feldelemente, i_wert_d(1)│
│   !                      und i_wert_d(2), umfaßt             │
│   REAL r_wert                                                │
│   DOUBLE PRECISION d_wert                                    │
│      EQUIVALENCE (r_wert, i_wert_r), (d_wert, i_wert_d)      │
│                                                              │
└──────────────────────────────────────────────────────────────┘
```

Im Beispiel sind r_wert und i_wert_r sowie d_wert und i_wert_d über den Speicher einander zugeordnet.

Abbildung 6.3   Zuordnung über Speicher

Bei der Spezifikation einer Anweisung EQUIVALENCE dürfen die Regeln für die Speicherbelegung bei Variablen nicht verletzt werden.

> ▶ **Die Speicherbelegung muß eindeutig sein.**

> ▶ **Die Speicherfolge von Äquivalenzobjekten darf nicht aufgehoben werden.**

Zeichenteilketten werden in Abschnitt 7.6, Feldelemente werden, wie bereits erwähnt, in Kapitel 8 und Felder in den Kapiteln 8 und 9 ausführlich behandelt werden.

Die Leistungen, die sich mit der Anweisung EQUIVALENCE realisieren lassen, sind in der Regel unter Standard Fortran 90 auch mit Hilfe anderer Anweisungen oder Standardfunktionen zu erzielen. Aus dieser Sicht erweist sich die Anweisung

EQUIVALENCE als redundant. Schon deshalb sollte darauf verzichtet werden, diese Anweisung einzusetzen.

6.8   Übungen zu Kapitel 6

6.1   Berechnen Sie mit einem Standard Fortran 90 Programm Schätzwerte für den Erwartungswert mit Hilfe des Schätzers arithmetisches Mittel

$$\bar{x}_{am} = \frac{1}{N} \sum_{k=1}^{N} x_k$$

sowie für die Varianz und Standardabweichung (einer Zufallsvariablen) mit Hilfe der Schätzer

$$s^2 = \frac{1}{N-1} \sum_{k=1}^{N} (x_k - \bar{x}_{am})^2 = \frac{1}{N-1} \left(\sum_{k=1}^{N} x_k^2 - N\bar{x}_{am}^2 \right) \text{ und } s = (s^2)^{1/2} \, !$$

Die Algorithmen zur Bestimmung der Schätzwerte sind so auf ein Standard Fortran 90 Programm abzubilden, daß der Stichprobenumfang N nicht als bekannt vorgegeben wird!

Bestimmen Sie für die Schätzwerte, die nach den beiden Algorithmen für den Schätzer der Varianz berechnet werden, den Absolutbetrag ihrer Differenz!

Die -mindestens stichprobenartige- Überprüfung der Korrektheit der Dateneingabe ist vorzusehen.

Führen Sie mit dem von Ihnen entwickelten Programm eine Auswertung für die Stichprobenwerte durch, die in der Datei AUFGB6_1.DAT abgespeichert sind!

6.2   Entwickeln Sie ein Standard Fortran 90 Programm, mit dem sich die Funktion
$f(c,\tau,t,h) = \exp(-\tau(t+h))\exp(c\tau t)[t(\exp(c\tau h)-1)+h\exp(c\tau h)]$
auswerten läßt!

Diese Funktion beschreibt den zu erwartenden Wert für die Nettozunahme an Partikeln im Zeitintervall [t,t+h] für einen spezifischen Poissonschen Punktprozeß $\xi(t)$.

Führen Sie eine Auswertung für die folgenden Werte der Argumente der Funktion durch:

τ=0.001; c=0.0,1.75(0.25); h=0.1,2.0(0.1); t=1. und 5000.

τ=0.01; c=0.0,1.75(0.25); h=0.1,2.0(0.1); t=1. und 5000.

τ=0.1; c=0.0,1.75(0.25); h=0.1,2.0(0.1); t=1. und 5000.

Gestalten Sie die Ausgabe in folgender Form:

τ=0.001

t=1.0

c	0.00	0.25	...	1.75
h 0.1	$a_{1,1}$	$a_{1,2}$		$a_{1,8}$
...				
2.0	$a_{20,1}$	$a_{20,2}$		$a_{20,8}$

mit $a_{ij}=f(c_j,\tau,t,h_i)$ und $c_j=j \times 0.25$, j=0,...,7, $h_i=i \times 0.1$, i=1,...,20

Hinweise:
Verwenden Sie zur Gestaltung der Tabelle auch nicht vorrückende Ausgabeanweisungen!
Verwenden Sie für die Darstellung der Werte von a_{ij} ES-Formatbeschreiber und wählen Sie 3 als Spezifikationswert für e!

6.3   Entwickeln Sie ein Standard Fortran 90 Programm, um Rechnungen zu erstellen!

Verwenden Sie dazu abgeleitete Datentypen!

Erstellen sie exemplarisch eine Rechnung aus den Daten, die in der Datei
AUFGB6_3.DAT abgespeichert sind!

Strukturieren Sie die Ausgabe in folgender Form!

rechnungs_kopf

kunden_adresse

ort_datum

rechnungs_positionen

rechnungs_betrag

zahlungs_bedingungen

7 Logischer Ausdruck und Vergleichsausdruck

Bereits in Abschnitt 3.1 ist der Datentyp LOGICAL erwähnt worden, um an diesem Beispiel die charakterisierenden Merkmale eines internen Datentyps zu erläutern. In diesem Zusammenhang wurde angeführt, daß die Wertemengen zum Datentyp LOGICAL der Menge der Wahrheitswerte $W_2=\{wahr,falsch\}$ der zweiwertigen Logik entsprechen. Im Fall des Regeldatentyps LOGICAL wird der Wahrheitswert wahr durch das Endsymbol .TRUE. und der Wahrheitswert falsch durch das Endsymbol .FALSE. beschrieben. Weitere Einzelheiten werden in den Abschnitten 7.1 und 7.2 behandelt werden.

Neben der zweiwertigen Logik gibt es verschiedene formale Systeme mehrwertiger Logik. Dreiwertige Logik kann auf der Menge der Wahrheitswerte $W_3=\{wahr,falsch,unbestimmt\}$ basieren. Ein typisches Anwendungsbeispiel dreiwertiger Logik sind Selektionskriterien in Datenbanksystemen, falls unbestimmte Aussagen, die auch Nullwerte genannt werden, als Attributwerte explizit unterstützt werden. Hat beispielsweise x den Wahrheitswert wahr und y den Wahrheitswert unbestimmt, dann hat x $\wedge$ y den Wahrheitswert unbestimmt.

Unter Standard Fortran 90 wird lediglich zweiwertige Logik durch den internen Datentyp LOGICAL und die Konstruktion aussagenlogischer Verknüpfungen durch interne logische Operatoren unterstützt. Für den Anwender besteht jedoch die Möglichkeit, endliche formale Systeme mehrwertiger Logik auf abgeleitete Datentypen und die zugehörigen Operatoren auf anwenderdefinierte Operatoren abzubilden.

Zweiwertige Logik hat vor allem Bedeutung im Zusammenhang mit der Steuerung des Kontrollflusses aufgrund dualer Entscheidungen. Ist etwa der Wert des Arguments einer Funktion größer oder gleich Null, so wird die Funktion ausgewertet. Andernfalls wird die Funktion nicht ausgewertet, weil die Menge der reellen Zahlen, die kleiner als Null sind, nicht zum Definitionsbereich der Funktion gehört. Vergleichsausdrücke eignen sich dazu, solche Fallunterscheidungen auf Quellcode abzubilden. Daher werden neben logischen Ausdrücken auch Vergleichsausdrücke und die eng damit im Zusammenhang stehenden IF Anweisungen, die IF Struktur und die CASE Struktur erörtert werden.

Ergänzend werden Möglichkeiten präzisiert werden, Variablen initial zu definieren. In diesem Kontext wird die Anweisung DATA eingeführt werden. Das Teilobjekt Zeichenteilkette wird behandelt werden, auch um auf die Einführung von Feldern in Kapitel 8 vorzubereiten.

7.1 Datentyp LOGICAL

Nach dem Standard ist unter FORTRAN ein interner Datentyp LOGICAL bereitzustellen, der durch mindestens eine Wertemenge charakterisiert wird, deren Elemente die Wahrheitswerte wahr und falsch repräsentieren. Jede Wertemenge zum Datentyp LOGICAL wird durch einen Wert des Typparameters KIND charakterisiert. Im Fall des Regeldatentyps LOGICAL ist .TRUE. und .FALSE. eine kennzeichnende Schreibweise der Elemente der zugehörigen Wertemenge. Diese Schreibweise kann jedoch unter Bezugnahme auf den Spezifikationswert des zugehörigen Typparameters KIND modifiziert werden. Die Menge der zulässigen Operationen wird bezogen auf die internen logischen Operatoren festgelegt.

Der Typparameter KIND wird in der Darstellung der Syntax der Anweisung zur Vereinbarung von Datenobjekten des Datentyps LOGICAL abkürzend mit `typ_par` beschrieben werden.

```
  ┌─ Syntax typ_par ─────────────────┐
  │                                  │
  │   [KIND=] k_typpar_ausdr         │
  │                                  │
  └──────────────────────────────────┘
```

Dabei bezeichnet `k_typpar_ausdr` einen Initialisierungsausdruck, dessen Wert vom Datentyp INTEGER und größer oder gleich 0 ist. Die zulässigen Werte für `k_typpar_ausdr` sind systemabhängig.

Wird in einer Anweisung zur Vereinbarung von Datenobjekten des Datentyps LOGICAL der Typparameter KIND nicht spezifiziert, so werden damit Datenobjekte vom Regeldatentyp LOGICAL deklariert. Auch beim Datentyp LOGICAL dient die Standardfunktion `KIND` dazu, die systemabhängigen Werte des Typparameters KIND zu ermitteln. Der Aufruf `KIND(.TRUE.)` der Standardfunktion `KIND` liefert den Wert des Typparameters KIND, der zu der Wertemenge gehört, die den Regeldatentyp LOGICAL charakterisiert.

```
  ┌─ Beispiel Typparameter KIND ─────────────────┐
  │                                              │
  │   INTEGER, PARAMETER :: lang = KIND(.TRUE.)  │
  │   LOGICAL (lang) l_var1_lang                 │
  │                                              │
  └──────────────────────────────────────────────┘
```

Hinweis: Unter NAG FTN90, Version 2.18, sind 1 und 3 als Spezifikationswerte für KIND= vorgegeben. Im Fall des Spezifikationswerts 1 werden die Elemente der zugehörigen Wertemenge auf einen 8 Bit umfassenden Speicherbereich und im Fall von 3 auf einen 32 Bit umfassenden Speicherbereich abgebildet.

Zur Anpassung des Typparameters steht die Standardfunktion LOGICAL zur Verfügung. Diese Standardfunktion wird im Anhang A beschrieben.

7.2 Konstanten und Variablen vom Datentyp LOGICAL

Zunächst wird die Syntax der Konstanten vom Datentyp LOGICAL eingeführt. In der folgenden Darstellung der Syntax wird der Initialisierungsausdruck k_typpar_ausdr zum Typparameter KIND kurz mit typkind bezeichnet.

```
Syntax typkind

        ziffer[ziffer]...
oder
        benannte_konstante
```

Die skalare benannte Konstante benannte_konstante muß Element einer Wertemenge zum Datentyp INTEGER und größer oder gleich 0 sein. Damit läßt sich die Syntax der Konstanten vom Datentyp LOGICAL wie folgt beschreiben.

```
Syntax Konstanten vom Datentyp LOGICAL

        .TRUE.
oder
        .TRUE._typkind

        .FALSE.
oder
        .FALSE._typkind
```

Konstanten, zu denen typkind nicht spezifiziert wird, sind vom Regeldatentyp LOGICAL.

```
Beispiele Konstante vom Datentyp LOGICAL

.FALSE._1
.TRUE._lang
```

Im Fall der Konstanten .FALSE._1 muß 1 ein zulässiger Spezifikationswert zu
KIND= sein. Für den Fall der Konstanten .TRUE._lang ist Voraussetzung, daß
lang benannte Konstante vom Datentyp INTEGER und ihr Wert gültiger Spezifikationswert zu KIND= ist.

Die Anweisung zur Typdeklaration beim Datentyp LOGICAL hat die folgende Syntax.

```
 Syntax Typdeklaration LOGICAL

    LOGICAL [::] obj[, obj]...
oder
    LOGICAL, attrib[, attrib]... :: obj[, obj]...
oder
    LOGICAL (typ_par) [::] obj[, obj]...
oder
    LOGICAL(typ_par), attrib[,attrib]... :: obj[,obj]...
```

Die Syntax des Typparameters typ_par ist bereits in Abschnitt 7.1 angegeben worden. Die Ausführungen zur Spezifikation des Endsymbols :: sowie zur Syntax von
obj und attrib in Abschnitt 5.1 gelten auch für den Fall der Anweisung zur Typdeklaration beim Datentyp LOGICAL. Syntax und Semantik von obj und attrib werden, wie bereits wiederholt erwähnt, vollständig erst in Kapitel 9 behandelt werden.

Exemplarische Vereinbarungen von Datenobjekten des Datentyps LOGICAL erfolgen
in Programmbeispiel 7.1, das im folgenden auszugsweise wiedergegeben wird.

```
 Beispiele Typdeklaration LOGICAL

INTEGER, PARAMETER :: lang = KIND(.TRUE.)
LOGICAL (lang) l_var1_lang
LOGICAL l_var1_regel
```

Zu einem skalaren Datenobjekt vom Regeldatentyp LOGICAL gehört eine einzelne
numerische Speichereinheit. Ansonsten ist einem skalaren Datenobjekt vom Datentyp
LOGICAL eine einzelne unspezifische Speichereinheit zugeordnet.

7.3   Vergleichsausdruck

Vergleichsausdrücke haben vor allem Bedeutung in bezug auf die Steuerung des Kontrollflusses. Ein Vergleichsausdruck wird aus zwei numerischen Ausdrücken und einem
Vergleichsoperator oder aus zwei Zeichenausdrücken und einem Vergleichsoperator
gebildet.

```
┌─────────────────────────────────────┐
│   Syntax vergleichsausdruck   │
├───────────────────────────────┴─────┤
│ ausdruck1 ≗ ausdruck2               │
│                                     │
└─────────────────────────────────────┘
```

Dabei bezeichnen `ausdruck1` und `ausdruck2` entweder zwei numerische Ausdrücke oder zwei Zeichenausdrücke. Das Symbol ≗ steht für einen Vergleichsoperator.
Ein Vergleichsausdruck mit mehr als einem Vergleichsoperator ist syntaktisch unzulässig. Einer Festlegung von Prioritätsstufen in bezug auf die Auswertung von Vergleichsoperatoren bedarf es daher nicht.

Tabelle 7.1   Vergleichsoperatoren

Vergleichsoperator	Bezeichnung
`.LT.` `<`	Kleiner-als-Operator
`.LE.` `<=`	Kleiner-oder-gleich- Operator
`.GT.` `>`	Größer-als-Operator
`.GE.` `>=`	Größer-oder-gleich- Operator
`.EQ.` `==`	Gleichheitsoperator
`.NE.` `/=`	Ungleichheitsoperator

Vergleichsausdrücke sind nur als Operanden in logischen Ausdrücken zulässig. Logische Ausdrücke werden in Abschnitt 7.4 behandelt werden. Die Auswertung eines Vergleichsausdrucks muß daher auf einen Wert führen, der Element einer Wertemenge zum
Datentyp LOGICAL ist. In der folgenden Tabelle werden zulässige Datentypen der
Operanden in einem Vergleichsausdruck und der Datentyp des Ergebnisses der Aus-

wertung eines Vergleichsausdrucks mit Operanden vom jeweiligen Datentyp zusammengestellt.

Tabelle 7.2　　　　　　　Datentypen von Operanden eines Vergleichsausdrucks

Operator	Datentyp ausdruck1	Datentyp ausdruck2	Datentyp Vergleichsausdruck
.EQ. == .NE. /=	INTEGER REAL COMPLEX CHARACTER	INTEGER, REAL, COMPLEX INTEGER, REAL, COMPLEX INTEGER, REAL, COMPLEX CHARACTER	Regeldatentyp LOGICAL
.LT. < .LE. <= .GT. > .GE. >=	 INTEGER REAL CHARACTER	 INTEGER, REAL INTEGER, REAL CHARACTER	 Regeldatentyp LOGICAL

Die Operatoren .EQ. und ==, .NE. und /=, .LT. und <, .LE. und <=, .GT. und > sowie .GE. und >= gelten stets als synonym. Es wird unterstrichen, daß im Fall eines numerischen Ausdrucks, dessen Auswertung auf einen Wert führt, der Element einer Wertemenge zum Datentyp COMPLEX ist, ausschließlich die Vergleichsoperatoren .EQ., .NE., == oder /= zulässig sind.

Für einen Vergleichsausdruck mit numerischen Ausdrücken als Operanden gilt, daß der Vergleichsausdruck den Wert von .TRUE. annimmt, falls die Werte der numerischen Ausdrücke die Vergleichsrelation erfüllen. Andernfalls hat der Vergleichsausdruck den Wert von .FALSE.. Sind die numerischen Ausdrücke von unterschiedlichem Datentyp und/oder Typparameter, so erfolgt vor der Ausführung des Vergleichs eine interne Anpassung von Datentyp und/oder Typparameter des Ergebnisses ihrer Auswertung an den Datentyp und Typparameter des numerischen Ausdrucks ausdruck1+ausdruck2.

Die interne Umformung eines Vergleichsausdrucks zur Bestimmung seines Werts in einen äquivalenten Vergleichsausdruck ist unter Standard Fortran 90 gestattet. Zwei Vergleichsausdrücke heißen äquivalent, falls für jeden zulässigen Wert ihrer Primärausdrücke ihre Auswertung auf den gleichen Wahrheitswert führt.

Der Vergleich kann intern beispielsweise auch für die Differenz der Resultate der Auswertung der beiden beteiligten numerischen Ausdrücke nach interner Anpassung von Datentyp und Typparameter bezogen auf die Null der zugehörigen Wertemenge durchgeführt werden. Sind `int_i` und `int_j` die Namen zweier Variablen vom Regeldatentyp INTEGER, dann darf der Vergleichsausdruck `int_i>int_j` intern auch so ausgewertet werden als wäre im Quellcode der Vergleichsausdruck `int_i-int_j>0` spezifiziert worden.

```
          Beispiel Vergleichsausdruck mit numerischen Aus-
                drücken von unterschiedlichem Datentyp

INTEGER int_i, int_j
REAL r_var1, r_var2
LOGICAL l_var1_regel
   ...
l_var1_regel = r_var1+r_var2 > int_i*int_j
```

Im Beispiel ist der numerische Ausdruck `r_var1+r_var2` vom Regeldatentyp REAL und der numerische Ausdruck `int_i*int_j` vom Regeldatentyp INTEGER. Dann ist dem numerischen Ausdruck `r_var1+r_var2+int_i*int_j` der Regeldatentyp REAL zugeordnet. Das Resultat der Auswertung des Ausdrucks `int_i*int_j` wird daher in eine Gleitpunktzahl einfacher Genauigkeit umgewandelt.

Bei der Anwendung von Vergleichsausdrücken mit einem Operanden vom Datentyp REAL oder COMPLEX ist zu beachten, daß eine Gleitpunktzahl in der Regel nur einen Näherungswert für eine reelle Zahl repräsentiert.

Für einen Vergleichsausdruck mit Operanden vom Datentyp CHARACTER gilt, daß der Vergleichsausdruck den Wert von `.TRUE.` annimmt, falls die Werte der Zeichenausdrücke die Vergleichsrelation erfüllen. Andernfalls hat der Vergleichsausdruck den Wert von `.FALSE.`. Die Werte der beiden Ausdrücke vom Datentyp CHARACTER werden zeichenweise verglichen. Sind die Operanden von unterschiedlicher Länge, so wird der Vergleich so ausgeführt, als wäre der Wert des Zeichenausdrucks von geringerer Länge nach rechts mit Leerzeichen bis zur Länge des Werts des anderen Ausdrucks vom Datentyp CHARACTER aufgefüllt. In den Vergleich wird mit den beiden Zeichen eingetreten, die in dem jeweiligen Wert der beiden Ausdrücke am weitesten links stehen. Der zeichenweise Vergleich wird nach rechts fortgesetzt. Falls jedes Zeichen im Wert des ersten Ausdrucks mit dem korrespondierenden Zeichen im Wert des zweiten Ausdrucks übereinstimmt und ferner bei unterschiedlicher Länge der Operanden der weitere Vergleich auf Leerzeichen im Wert des Operanden größerer Länge beschränkt ist, dann gelten beide Ausdrücke als gleich. Haben beide Operanden die Länge 0, so gelten sie ebenfalls als gleich. Andernfalls gelten die beiden Ausdrücke als ungleich. Die Anordnung des Zeichens in der Zeichenreihenfolge an der Position, an der erstmals der Wert des ersten Ausdrucks vom Wert des zweiten Ausdrucks abweicht, bestimmt dann das Ergebnis des lexikalischen Vergleichs. Steht das erste abweichende Zeichen im Wert des ersten Ausdrucks in der Zeichenreihenfolge vor dem Zeichen an gleicher Position im Wert des zweiten Ausdrucks, so gilt der erste Zeichenausdruck als kleiner. Andernfalls wird der erste Zeichenausdruck als größer bewertet. Wird bei dem Vergleich von zwei Zeichenausdrücken ein anderer Operator als `.EQ.`, `.NE.`, `==` oder `/=` verwendet, so hängt demnach das Ergebnis der Auswertung des Vergleichsausdrucks von der Zeichenreihenfolge ab. Die Zeichenreihenfolge ist prozessorabhängig.

```
         Beispiel Vergleichsausdruck mit Operanden vom
                    Datentyp CHARACTER

CHARACTER zeichen
    ...
... zeichen .EQ. 'A' ...
```

7.4 Logischer Ausdruck

Ein logischer Ausdruck wird aus logischen Operanden und logischen Operatoren gebildet. Ein logischer Operand kann beispielsweise eine logische Konstante, eine Variable vom Datentyp LOGICAL, ein logischer Ausdruck in runden Klammern oder ein Vergleichsausdruck sein. Die Auswertung eines logischen Ausdrucks liefert einen Wert, der zu einer Wertemenge des Datentyps LOGICAL gehört.

Tabelle 7.3   logische Operatoren

Operator	Bezeichnung
.NOT.	Negation
.AND.	Konjunktion
.OR.	(nicht ausschließende) Disjunktion
.EQV.	Äquivalenz
.NEQV.	Antivalenz

In der zweiwertigen Aussagenlogik wird gezeigt, daß mit den Operatoren Negation, Konjunktion und (nicht ausschließende) Disjunktion jede andere aussagenlogische Verknüpfung dargestellt werden kann. Auf die Analogie zu Operatoren der nichtaxiomatischen Mengenlehre wird hingewiesen: die Negation entspricht dem Komplementoperator, die Konjunktion dem Durchschnitts- und die Disjunktion dem Vereinigungsoperator.

Die Wirkung der logischen Operatoren läßt sich auch durch eine Tabelle von Wahrheitswerten verdeutlichen. Dabei wird in der folgenden Tabelle ein Operand mit op_1 oder op_2 abgekürzt.

Tabelle 7.4   Wahrheitswert logischer Ausdrücke

op_1	op_2	$.NOT. op_1$	op_1 $.AND. op_2$	op_1 $.OR. op_2$	op_1 $.EQV. op_2$	op_1 $.NEQV. op_2$
wahr	wahr	falsch	wahr	wahr	wahr	falsch
wahr	falsch	falsch	falsch	wahr	falsch	wahr
falsch	wahr	wahr	falsch	wahr	falsch	wahr
falsch	falsch	wahr	falsch	falsch	wahr	falsch

Zu den logischen Operatoren gehört demnach kein Operator, dem die aussagenlogische Verknüpfung der ausschließenden Disjunktion entspräche.

Die logischen Operatoren sind in der Reihenfolge angegeben, die den Prioritätsstufen im Fall ihrer Auswertung entspricht. Der Operator $.NOT.$ hat die erste Priorität, gefolgt von $.AND.$, gefolgt von $.OR.$, gefolgt von $.EQV.$ und $.NEQV.$.

Enthält ein logischer Ausdruck mehr als einen logischen Operator, so gelten die folgenden Regeln:

▶ Liegen Operatoren derselben Prioritätsstufe vor, so erfolgt die Verknüpfung von Operanden und Operatoren von links nach rechts.

▶ Treten Operatoren unterschiedlicher Prioritätsstufen auf, so bestimmt ihre Prioritätsstufe die Reihenfolge der Verknüpfung von Operanden und Operatoren.

Die Hierarchie- und Prioritätsstufen in bezug auf die Auswertung interner numerischer Operatoren, des Verkettungsoperators, der internen Vergleichsoperatoren und der internen logischen Operatoren werden in der folgenden Tabelle zusammengestellt.

Tabelle 7.5   Hierarchie- und Prioritätsstufen interner Operatoren

	Operator	Hierarchiestufen Prioritätsstufen
numerische Operatoren		zweite Hierarchiestufe
	**	erste Priorität
	*, /	zweite
	unäres + oder –	dritte Priorität
	binäres + oder –	
Verkettungsoperator		dritte Hierarchiestufe
	//	
Vergleichsoperatoren		vierte Hierarchiestufe
	.EQ., ==, .NE., /= .LT., <, .LE., <= .GT., >, .GE., >=	
logische Operatoren		fünfte Hierarchiestufe
	.NOT.	erste Priorität
	.AND.	zweite
	.OR.	dritte
	.EQV. oder .NEQV.	vierte Priorität

Aufeinanderfolgende logische Operatoren sind nur in den folgenden Fällen zulässig:
.AND..NOT., .OR..NOT., .EQV..NOT. und .NEQV..NOT..

Öffnende und schließende runde Klammern legen die Auswertungsreihenfolge logischer Operationen in logischen Ausdrücken fest. Im Fall geschachtelter Klammern wird der innerste Primärausdruck als erster ausgewertet und die Schachtelung von innen nach außen sukzessive abgearbeitet.

```
Beispiel Prioritätsstufen in der Auswertung
         logischer Operationen

Seien a, b, c vom Datentyp LOGICAL.

a .OR. b .AND. c  entspricht  a .OR. (b .AND. c)
```

Stimmen die Werte des Typparameters KIND der Operanden einer binären logischen Operation überein, so sind der Wert des Typparameters der Operanden und des Ergebnisses dieser logischen Operation gleich. Unterscheiden sich die Werte des Typparameters KIND der beiden Operanden, so wird dem Ergebnis der logischen Operation systemabhängig einer der beiden Werte des Typparameters KIND zugeordnet.

Die interne logische Zuweisungsanweisung, die im folgenden kurz als logische Zuweisungsanweisung bezeichnet werden wird, hat die folgende Syntax.

```
Syntax logische Zuweisungsanweisung

variable = ausdruck
```

Eine Zuweisung des Ergebnisses der Auswertung eines Ausdrucks ausdruck mit der logischen Zuweisungsanweisung an eine Variable variable vom Datentyp LOGICAL ist zulässig, falls ausdruck durch einen logischen Ausdruck oder einen Vergleichsausdruck substituiert wird. Eingeschränkt auf skalare Datenobjekte gilt in bezug auf die logische Zuweisungsanweisung folgende Zuweisungskompatibilität.

Tabelle 7.6   logische Zuweisungsanweisung und Zuweisungskompatibilität

Datentyp variable	Datentyp ausdruck
LOGICAL	LOGICAL

Nach Standard Fortran 90 ist die Zuweisung des Werts, den die Auswertung eines logischen Ausdrucks oder eines Vergleichsausdrucks liefert, an eine Variable variable vom Datentyp LOGICAL auch bei unterschiedlichen Werten des Typparameters KIND

zulässig. Es gilt die Regel, daß der Variablen der Wert zugewiesen wird, den der Aufruf
`LOGICAL(ausdruck, KIND(variable))` der Standardfunktion `LOGICAL` lieferte. Dabei bezeichnet `ausdruck` den Wert, auf den die Auswertung des Ausdrucks
führt und `KIND(variable)` einen Aufruf der Standardfunktion `KIND`, der den Wert
des Typparameters KIND der Variablen `variable` lieferte. In diesem Zusammenhang
wird auch auf das Programmbeispiel 7.1 hingewiesen.

Tabelle 7.7   logische Zuweisungsanweisung und Anpassung des
                     Typparameters

Datentyp `variable`	Datentyp und Typparameter des Ergebnisses der Auswertung von `ausdruck` nach impliziter Anpassung
LOGICAL	`LOGICAL(ausdruck,KIND(variable))`

```
Beispiele Zuweisungskompatibilität beim Datentyp LOGICAL

INTEGER int_i, int_j
INTEGER, PARAMETER :: kurz = 1
LOGICAL (kurz) l_var2_kurz, l_var3_kurz
INTEGER, PARAMETER :: lang = KIND(.TRUE.)
LOGICAL (lang) l_var2_lang, l_var3_lang
LOGICAL l_var3_regel
   ...
   l_var3_kurz = int_i < int_j
   l_var3_lang = l_var2_kurz
   l_var2_kurz = l_var2_lang
   l_var3_regel = l_var2_kurz .AND. l_var2_lang
```

Nach Standard Fortran 90 werden im wesentlichen zwei Alternativen in bezug auf die
Auswertung von Ausdrücken zugelassen, sofern die Regel zur Auswertung eines Pri-
märausdrucks in runden Klammern eingehalten wird:

▶   die Auswertung eines mathematisch äquivalenten Ausdrucks im Fall interner
    numerischer Operationen,

    die Auswertung eines äquivalenten Ausdrucks im Fall interner Zeichenopera-
    tionen, Vergleichsoperationen oder logischer Operationen

▶   die verkürzte Auswertung eines Ausdrucks im Fall interner Operationen.

Die alternative Auswertung eines mathematisch äquivalenten Ausdrucks im Fall interner numerischer Operationen ist in Abschnitt 5.3 und die alternative Auswertung eines

äquivalenten Vergleichsausdrucks im Fall interner Vergleichsoperationen ist in Abschnitt 7.3 erörtert worden.

Zwei logische Ausdrücke gelten als äquivalent, falls für jeden zulässigen Wert ihrer Primärausdrücke ihre Auswertung auf den gleichen Wahrheitswert führt. Zur Bestimmung des Werts eines logischen Ausdrucks ist unter den genannten Voraussetzungen intern die Auswertung eines äquivalenten logischen Ausdrucks zulässig.

```
Beispiel äquivalenter logischer Ausdruck

Seien a, b, c vom Datentyp LOGICAL.

a .OR. b .OR. c  ist äquivalent zu  a. OR. (b .OR. c)
```

Die verkürzte Auswertung eines Ausdrucks ist vor allem im Fall interner logischer Operationen relevant. Falls das Ergebnis der Auswertung eines logischen Ausdrucks feststeht, bevor alle internen logischen Operationen des Ausdrucks abgearbeitet worden sind, so ist eine nicht vollständige Auswertung zulässig.

```
Beispiel nicht vollständige Auswertung

LOGICAL herr_meier, frau_meier, ergebnis
...
ergebnis = .NOT.herr_meier .OR. frau_meier
```

Führt die Auswertung von .NOT.herr_meier auf den Wert von .TRUE., so hat -unabhängig von dem Wert der Variablen frau_meier- der logische Ausdruck .NOT.herr_meier.OR.frau_meier den Wert von .TRUE.. Eine verkürzte Auswertung des logischen Ausdrucks ist dann zulässig.

Auf das Problem von Nebenauswirkungen, die sowohl bei vollständiger als auch bei nicht vollständiger Auswertung auftreten können, wird hingewiesen.

```
Beispiel Nebenauswirkung bei vollständiger Auswertung

INTEGER nenner, zaehler, wert
...
IF ( nenner .NE. 0 .AND. zaehler / nenner .EQ. 3 ) wert = 5*wert
```

Im Fall der vollständigen Auswertung des logischen Ausdrucks und einer auf nenner abgespeicherten Festpunktzahl 0 träte die unzulässige numerische Operation einer Division durch Null ein.

Auf Nebenauswirkungen bei nicht vollständiger Auswertung logischer Ausdrücke wird nicht weiter eingegangen werden. Der Aspekt, Nebenauswirkungen bei der Auswertung

logischer Ausdrücke à priori zu vermeiden, führt nicht zu einem Auswahlkriterium.
Nicht vollständige Auswertung erweist sich jedoch in vielen Fällen als effizienter.

7.5 L- und G-Formatbeschreiber

Der L-Formatbeschreiber dient dazu, die Umwandlung zwischen interner und externer
Darstellung in bezug auf Datenobjekte vom Datentyp LOGICAL zu spezifizieren.

```
Syntax L-Formatbeschreiber

[w]Lb
```

Dabei bezeichnet b eine vorzeichenlose ganzzahlige Konstante größer oder gleich 1, die
zur Festlegung der Datenfeldbreite in externer Darstellung dient, und w den Wiederholungsfaktor. Der Wert des Wiederholungsfaktors ist mit der Festpunktzahl 1 vorbesetzt.

Wird in eingabeliste einer Anweisung READ oder in ausgabeliste einer
Ausgabeanweisung ein Datenobjekt spezifiziert, zu dem über die Position ein L-Formatbeschreiber korrespondiert, dann muß dieses Datenobjekt vom Datentyp LOGICAL
sein.

Im Fall der Eingabe wird im Datenfeld eine Zeichenfolge der folgenden Grundform erwartet, um mit Hilfe eines L-Formatbeschreibers in interne Darstellung umgewandelt
und dem Speicherbereich zugewiesen zu werden, der zu dem Datenobjekt vom Datentyp LOGICAL in eingabeliste korrespondiert.

```
Syntax externe Darstellung eines Wahrheits-
       werts zweiwertiger Logik
       Konversion mit L-Formatbeschreiber
       Eingabe

       [ ]...[.]T[z]...
oder
       [ ]...[.]F[z]...
```

Dabei bezeichnet [ ]... die optionale Angabe von Leerzeichen, [.] die optionale
Angabe des Zeichens Punkt und [z]... die optionale Angabe weiterer Zeichen.
Demnach wird über den ersten Buchstaben im Datenfeld festgelegt, welche interne Dar-
stellung erzeugt und dem korrespondierenden Speicherbereich zugewiesen wird. Falls

der prozessorabhängige Zeichensatz Kleinbuchstaben umfaßt, ist es auch zulässig, t anstelle von T und von f anstelle von F zu spezifizieren.

Im Fall von Ausgabe und einem Spezifikationswert b für die Datenfeldbreite besteht die externe Darstellung aus (b-1) führenden Leerzeichen gefolgt von dem Buchstaben F oder dem Buchstaben T.

```
┌─ Beispiele L-Formatbeschreiber ─┐
│                                         │
│  INTEGER, PARAMETER :: lang = KIND(.TRUE.)
│  LOGICAL (lang) l_var1_lang
│     ...
│       READ (10, '(L8)') l_var1_lang
│     ...
│       WRITE (20, '(L5)') l_var1_lang
│                                         │
└─────────────────────────────────────────┘
```

Unter der Voraussetzung, daß weder eine Fehlerbedingung noch die Dateiende-Bedingung erfüllt sind, bewirkt die Ausführung der Anweisung READ im Beispiel, daß mit dem L-Formatbeschreiber L8 aus dem aktuellen Datensatz der Eingabedatei 8 Zeichen gelesen und in interne Darstellung umgewandelt werden. Die interne Darstellung wird dem Speicherbereich mit dem Namen l_var1_lang zugewiesen. Die Ausführung der Anweisung WRITE im Beispiel bewirkt, daß mit dem L-Formatbeschreiber L5 der Speicherinhalt von l_var1_lang in externe Darstellung umgewandelt wird und daß 5 Zeichen in den aktuellen Datensatz der Ausgabedatei geschrieben werden. Diese 5 Zeichen bestehen aus 4 führenden Leerzeichen und einem nachfolgenden Großbuchstaben T oder F. Auf das Programmbeispiel 7.1 wird hingewiesen.

Der G-Formatbeschreiber gestattet, die Konversion zwischen interner und externer Darstellung in bezug auf Datenobjekte jedes internen Datentyps zu beschreiben.

```
┌─ Syntax G-Formatbeschreiber ─┐
│                                      │
│         [w]Gb.d
│  oder
│         [w]Gb.dEe
│                                      │
└──────────────────────────────────────┘
```

Mit einem Spezifikationswert zu b wird die Datenfeldbreite in externer Darstellung festgelegt. Ein Spezifikationswert zu w gibt den Wert des Wiederholungsfaktors an. Zulässiger Spezifikationswert zu w ist eine vorzeichenlose ganzzahlige Konstante größer oder gleich 1. Der Wert des Wiederholungsfaktors ist mit der Festpunktzahl 1 vorbesetzt. Wird mit einem G-Formatbeschreiber die Konversion eines Speicherinhalts in die externe Darstellung einer Gleitpunktzahl spezifiziert, so hängt diese Darstellung von der Größenordnung des Werts der Gleitpunktzahl in externer Darstellung ab. Für den Fall von Ausgabe läßt sich daher nur vereinfachend formulieren, daß ein Spezifikationswert zu d dazu dient, die Anzahl der Ziffern nach dem Dezimalpunkt mit festzulegen. Ein Spezifikationswert zu e legt im Fall von Ausgabe entweder die Anzahl nachlaufender Leerzeichen mit fest oder gibt die Anzahl der Ziffern des Exponenten zur Basis 10 in externer Darstellung an.

Korrespondiert zu einem G-Formatbeschreiber über die Position ein Datenobjekt vom Datentyp CHARACTER, INTEGER oder LOGICAL in eingabeliste einer Anweisung READ oder ausgabeliste einer Ausgabeanweisung, so wirkt der G-Formatbeschreiber wie ein analog spezifizierter A-, I- oder L-Formatbeschreiber. Beim Datentransfer in bezug auf Datenobjekte vom Datentyp CHARACTER ist nach der Syntax des G-Formatbeschreibers eine Spezifikation wie im Fall des A-Formatbeschreiber ohne Angabe eines Spezifikationswerts zur Datenfeldbreite unzulässig. Spezifikationswerte zu d und e beeinflussen den Datentransfer nicht.

Ein G-Formatbeschreiber, der über die Position zu einem Datenobjekt vom Datentyp REAL oder COMPLEX in eingabeliste einer Anweisung READ korrespondiert, wirkt wie ein F-Formatbeschreiber. Ein Spezifikationswert zu e hat keine Wirkung.

Korrespondiert zu einem Datenobjekt vom Datentyp REAL oder COMPLEX in ausgabeliste einer Ausgabeanweisung über die Position ein G-Formatbeschreiber, so erfolgt die externe Darstellung der Gleitpunktzahl abhängig vom Absolutbetrag ihres Werts in externer Darstellung. Beschreibt b den Spezifikationswert zur Datenfeldbreite, d den Spezifikationswert zur Anzahl der Ziffern nach dem Dezimalpunkt und v den Wert der Gleitpunktzahl in externer Darstellung, dann wirkt ein G-Formatbeschreiber ähnlich wie ein F-Formatbeschreiber, falls

$$v \text{ Null ist oder } 0.1\text{-}0.5\text{x}10^{-d-1} \leq |v| < 10^{d}\text{-}0.5 \text{ gilt.}$$

Die externe Darstellung einer Gleitpunktzahl im Datenfeld weicht geringfügig von der externen Darstellung im Fall eines F-Formatbeschreibers ab. Für den Fall der Spezifikation eines G-Formatbeschreibers nach der Syntax Gb.d werden 4 nachlaufende Leerzeichen in das Datenfeld geschrieben, so daß für die Darstellung von Vorzeichen, Ziffern, Dezimalpunkt und führenden Leerzeichen b-4 Zeichenpositionen verbleiben. Beschreibt v den Wert Null, so werden mindestens ein führendes Leerzeichen und (d-1) Ziffern 0 nach dem Dezimalpunkt in das Datenfeld geschrieben. Liegt der Absolutbetrag von v in dem nach rechts halboffenen Intervall [$10^{m}\text{-}0.5\text{x}10^{-d+m}$; $10^{m+1}\text{-}0.5\text{x}10^{-d+(m+1)}$), m=-1,0,...,d-1, dann umfaßt die externe Darstellung der Gleitpunktzahl d-(m+1) Ziffern nach dem Dezimalpunkt.

Unter den Bedingungen, für die ein G-Formatbeschreiber wie die erläuterte Variante des F-Formatbeschreibers wirkt, beeinflußt ein spezifizierter Skalierungsparameter nicht die externe Darstellung. Bezeichnet unter diesen Bedingungen ferner e den Spezifikationswert zur Spezifikation e eines G-Formatbeschreibers, dann erfolgt die externe Darstellung einer Gleitpunktzahl mit e+2 nachlaufenden Leerzeichen im Datenfeld.

Korrespondiert zu einem Datenobjekt vom Datentyp REAL oder COMPLEX in ausgabeliste einer Ausgabeanweisung über die Position ein G-Formatbeschreiber und gilt für den Absolutbetrag des Werts v der Gleitpunktzahl in externer Darstellung

$$0 < |v| < 0.1\text{-}0.5x10^{-d-1} \text{ oder } 10^d\text{-}0.5 \le |v|,$$

so wirkt ein G-Formatbeschreiber wie ein analog spezifizierter E-Formatbeschreiber. In diesem Fall beeinflußt die Spezifikation eines Skalierungsparameters auch die externe Darstellung einer Gleitpunktzahl.

Auf das Programmbeispiel 7.1 wird hingewiesen, das im folgenden auszugsweise wiedergegeben wird.

```
      Beispiele G-Formatbeschreiber und korrespondierendes Daten-
                objekt vom Datentyp REAL in ausgabeliste

REAL r_var1, r_var3
     ...
WRITE (20, 8000) r_var1, r_var3
8000 FORMAT(                                                          &
     ' Eingabewert 0.D0                                    ',    / &
     ' externe Darstellung wie F11.3,4X                    ', G15.4 // &
     ' Absolutbetrag'                                           / &
     ' Eingabewert aus [0.1-0.5*10**(-5);10**(+4)-0.5) ',       / &
     ' externe Darstellung wie F11.s,4X, mit s=d-(m+1) ', G15.4    )
```

Die Ausführung der Anweisung WRITE im Beispiel bewirkt, daß die Konversion des Speicherinhalts zu `r_var1` in die externe Darstellung einer Gleitpunktzahl erfolgt und 6 führende Leerzeichen, `0.000` und 4 nachlaufende Leerzeichen in das 15 Zeichen umfassende Datenfeld geschrieben werden. Dem Speicherbereich zu `r_var3` ist ein Näherungswert für die Gleitpunktzahl `-10.0168` in externer Darstellung zugewiesen worden. Konversion und Datentransfer aufgrund des G-Formatbeschreibers `G15.4` bewirken, daß 5 führende Leerzeichen, `-10.02` und 4 nachlaufende Leerzeichen in das zugehörige Datenfeld geschrieben werden.

7.6 Zeichenteilkette

Im Fall einer skalaren Variablen, eines Feldelements, einer skalaren Strukturkomponente und einer skalaren Konstanten vom Datentyp CHARACTER gestattet FORTRAN den Zugriff auf einen zusammenhängenden Teilbereich dieser Datenobjekte. Ein solches Datenobjekt wird im folgenden auch als *Elternzeichenkette* bezeichnet. Der zusammenhängende Teilbereich einer Elternzeichenkette heißt *Zeichenteilkette* und ist ebenfalls vom Datentyp CHARACTER. Jede Zeichenteilkette ist Teilobjekt. Teilobjekte sind bereits in Abschnitt 6.6 erwähnt worden und werden in Kapitel 8 abschließend behandelt werden.

An einem Beispiel soll zunächst die hinter der Spezifikation des Zugriffs stehende Idee vermittelt werden. Damit wird auch die Behandlung von Feldern in den Kapiteln 8 und 9 vorbereitet.

Abbildung 7.1   Strukturkomponente `artikel_lager%artikel_bez`

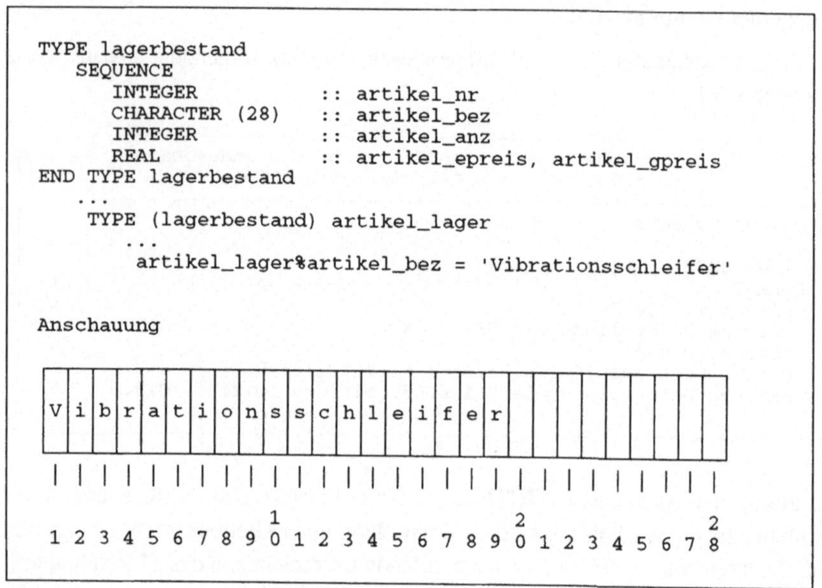

```
TYPE lagerbestand
   SEQUENCE
      INTEGER              :: artikel_nr
      CHARACTER (28)       :: artikel_bez
      INTEGER              :: artikel_anz
      REAL                 :: artikel_epreis, artikel_gpreis
END TYPE lagerbestand
   ...
   TYPE (lagerbestand) artikel_lager
      ...
        artikel_lager%artikel_bez = 'Vibrationsschleifer'
```


In der Abbildung wird auf den Vereinbarungsteil des Programmbeispiels 6.4 Bezug genommen. Die Strukturkomponente `artikel_lager%artikel_bez` läßt sich als Speicherfolge von 28 Speichereinheiten darstellen. Jede Speichereinheit dient dazu, die interne Darstellung eines Zeichens aufzunehmen. Die 28 Speichereinheiten lassen sich mit 1 beginnend aufsteigend durchnumerieren. Die Nummer, die jeder Speichereinheit zugeordnet ist, läßt sich auch als Position in der Speicherfolge auffassen. Ist die Adresse der ersten Speichereinheit, also die Anfangsadresse der Elternzeichenkette bekannt, dann ist die Adresse jeder anderen Speichereinheit der Elternzeichenkette einfach zu ermitteln. Beschreibt anf_adresse die Anfangsadresse, so hat die Speichereinheit, auf der das achte Zeichen abgespeichert ist, die Adresse anf_adresse+8-1. Wäre `artikel_lager%artikel_bez(8:8)` eine syntaktisch zulässige Spezifikation, so ließe sich damit eindeutig der Zugriff auf die achte Speichereinheit, die interne Darstellung des Kleinbuchstabens o in der Elternzeichenkette, angeben.

```
      ┌─────────────────────────────────┐
──────┤  Syntax  Zeichenteilkette       ├──────────────────────
│     └─────────────────────────────────┘                      │
│         e_zeichenkette(anf_pos:end_pos)                       │
│  oder                                                         │
│         e_zeichenkette([anf_pos]:end_pos)                     │
│  oder                                                         │
│         e_zeichenkette(anf_pos:[end_pos])                     │
│  oder                                                         │
│         e_zeichenkette([anf_pos]:[end_pos])                   │
│                                                               │
└───────────────────────────────────────────────────────────── ┘
```

Dabei bezeichnet `e_zeichenkette` den Namen einer Elternzeichenkette. Eine Zeichenteilkette hat demnach keinen eigenen Namen. Der skalare Ausdruck `anf_pos` vom Datentyp INTEGER dient dazu, die Position des Zeichens in der Elternzeichenkette festzulegen, mit dem die Zeichenteilkette beginnen soll. Diese Position heißt auch kurz Anfangsposition und ist mit dem Wert 1 vorbesetzt. Der skalare Ausdruck `end_pos` vom Datentyp INTEGER dient dazu, die Position des Zeichens in der Elternzeichenkette festzulegen, das letztes Zeichen in der Zeichenteilkette sein soll. Diese Position heißt auch kurz Endposition und ist mit dem Wert der Länge der Elternzeichenkette vorbesetzt. Hat die Elternzeichenkette die Länge 0, so ist jede ihrer Zeichenteilketten von der Länge 0. Falls die Länge der Elternzeichenkette von 0 verschieden ist und `anf_pos` $\leq$ `end_pos` gilt, müssen die Ausdrücke Werte zwischen 1 und der Länge der Elternzeichenkette annehmen. Die Zeichenteilkette besteht dann aus den Zeichen der Elternzeichenkette, für die `anf_pos` $\leq$ `end_pos` gilt. Ist der Wert von `anf_pos` größer als der Wert von `end_pos`, dann liegt eine Zeichenteilkette der Länge 0 vor. Die Länge einer Zeichenteilkette wird demnach durch das Maximum der zweielementigen Menge {end_pos-anf_pos+1,0} festgelegt.

```
      ┌───────────────────────────────────┐
──────┤  Beispiele Zeichenteilkette       ├──────────────────────
│     └───────────────────────────────────┘                      │
│  CHARACTER (10) ch_var1, ch_var2, ch_var3                       │
│  CHARACTER (28) ch_var4                                         │
│  TYPE lagerbestand                                              │
│        INTEGER                :: artikel_nr                     │
│        CHARACTER (28)         :: artikel_bez                    │
│        INTEGER                :: artikel_anz                    │
│        REAL                   :: artikel_epreis, artikel_gpreis │
│  END TYPE lagerbestand                                          │
│  ...                                                            │
│  TYPE (lagerbestand) artikel_lager                              │
│  ...                                                            │
│        artikel_lager%artikel_bez = 'Vibrationsschleifer'        │
│  ...                                                            │
│        ch_var1 = artikel_lager%artikel_bez(4:9)                 │
│        ch_var2 = artikel_lager%artikel_bez(:9)                  │
│        ch_var3 = artikel_lager%artikel_bez(20:)                 │
│        ch_var4 = artikel_lager%artikel_bez(:)                   │
│  ...                                                            │
│        ch_var1 = 'Vibrationsschleifer'(:9)                      │
│                                                                 │
└─────────────────────────────────────────────────────────────── ┘
```

In dem vorangegangenen Beispiel bezeichnet `artikel_lager%artikel_bez` ein Teilobjekt zu dem Strukturobjekt `artikel_lager`, während `artikel_lager%artikel_bez(4:9)` Teilobjekt zu der Elternzeichenkette mit dem Teilobjektbezeichner `artikel_lager%artikel_bez` ist. Der Variablen `ch_var1` wird, als Zeichenkonstante beschrieben, `'ration'`, der Variablen `ch_var2` `'Vibration'`, `ch_var3` 9 Leerzeichen, `ch_var4` der Speicherinhalt der Strukturkomponente `artikel_lager%artikel_bez` und schließlich `ch_var1`, wiederum als Zeichenkonstante beschrieben, `'Vibration'` in interner Darstellung zugewiesen.

7.7   Initial definierte Variable

In Abschnitt 3.4 ist bereits erwähnt worden, daß eine Variable den Status hat, definiert oder aber nicht definiert zu sein und daß eine Variable initial definiert sein kann. Eine Variable heißt *initial definiert*, falls ihr in einer Compilationsphase ein zulässiger Wert zugewiesen wird und die Variable zu Beginn der Ausführung des Programms den Status hat, definiert zu sein. Der zugewiesene Wert wird auch als *Anfangswert* bezeichnet. Eine Variable läßt sich mit der Anweisung zur Deklaration ihres Datentyps oder mit der Anweisung DATA initial definieren. Die Syntax der Anweisung zur Typdeklaration, die Attribute PARAMETER, ALLOCATABLE und DIMENSION sowie die Syntax von `obj` werden in Hinsicht darauf kurzgefaßt behandelt, Variablen mit der Anweisung zur Typdeklaration initial zu definieren.

```
Syntax Typdeklaration

datentyp [, attrib[, attrib]...] :: obj[, obj]...
```

Wie bereits wiederholt erwähnt worden ist, werden Syntax und Semantik von `attrib` vollständig erst in Kapitel 9 beschrieben werden. Da im aktuellen inhaltlichen Zusammenhang ausschließlich Variablen betrachtet werden, ist das in Abschnitt 5.1 behandelte Attribut PARAMETER nicht von Belang. In Abschnitt 5.1 sind ferner die Attribute ALLOCATABLE und DIMENSION explizit genannt worden. Eine dynamisch zu erzeugende Variable läßt sich nicht initial definieren. Ansonsten läßt sich eine Variable, der das Attribut DIMENSION zugeordnet ist, mit der Anweisung zur Deklaration ihres Datentyps initial definieren.

Die Syntax von `datentyp` wird im folgenden ergänzend angegeben. Ferner hat `obj` für den Fall, in dem eine Variable mit der Anweisung zur Deklaration ihres Datentyps initial definiert wird, die spezifische Syntax von `obj_init_def`, die ebenfalls im folgenden präzisiert wird.

```
┌─ Syntax datentyp ─────────────────────────────┐
│                                                │
│        INTEGER [(typ_par)]                     │
│   oder                                         │
│        REAL [(typ_par)]                        │
│   oder                                         │
│        DOUBLE PRECISION                        │
│   oder                                         │
│        COMPLEX [(typ_par)]                     │
│   oder                                         │
│        CHARACTER [typ_parameter]               │
│   oder                                         │
│        LOGICAL [(typ_par)]                     │
│   oder                                         │
│        TYPE (name_abgl_datentyp)               │
│                                                │
└────────────────────────────────────────────────┘
```

```
┌─ Syntax obj_init_def ─────────────┐
│                                    │
│  name=init_ausdr                   │
│                                    │
└────────────────────────────────────┘
```

Dabei bezeichnet name den Namen einer Variablen, die mit der Anweisung zur Deklaration ihres Datentyps initial definiert wird, und init_ausdr einen Initialisierungsausdruck. Der Begriff Initialisierungsausdruck ist in Abschnitt 5.3 ausführlich behandelt worden.

```
┌─ Beispiele Typdeklaration und initial definierte ─┐
│              Variablen                             │
│                                                   │
│ CHARACTER(4) :: ch_var1 = 'Marc', ch_var_2 = ' '  │
│                                                   │
│    INTEGER, PARAMETER :: aus1 = 20                │
│ INTEGER :: int_var1 = 9*aus1, int_var2 = MOD(9,2) │
│                                                   │
│ REAL (KIND(0.D0)) :: r_var1 = 1.D0, r_var2 = 0.D0 │
│                                                   │
│ COMPLEX (KIND(0.D0)) :: c_var1 = ( 1.D0, 2.D0 )   │
│                                                   │
│    LOGICAL, PARAMETER :: wahr = .TRUE.            │
│ LOGICAL :: l_var1 = wahr, l_var2 = .NOT.wahr      │
│                                                   │
│    TYPE lagerbestand                              │
│       INTEGER :: artikel_nr                       │
│       CHARACTER (28) :: artikel_bez               │
│       INTEGER :: artikel_anz                      │
│       REAL :: artikel_epreis, artikel_g_preis     │
│    END TYPE lagerbestand                          │
│ TYPE (lagerbestand) :: artikel_lager =          & │
│                    lagerbestand (0, ' ', 0, 0., 0.)│
│                                                   │
└───────────────────────────────────────────────────┘
```

Werden Variablen mit einer Anweisung zur Typdeklaration initial definiert, so ist wie im Fall einer Zuweisungsanweisung Zuweisungskompatibilität zu gewährleisten. Stimmen die zugeordneten Datentypen und/oder Typparameter nicht überein, so wird der Datentyp und/oder Typparameter des Resultats der Auswertung des Ausdrucks `init_ausdr` nach den Regeln angepaßt, die für die implizite Anpassung von Datentyp und Typparameter in bezug auf die zugehörige interne Zuweisungsanweisung gelten.

Bis auf eine Ausnahme hat jede Variable, die mit einer Anweisung zur Typdeklaration initial definiert wird, das Attribut SAVE. Dieses Attribut hat vor allem Bedeutung in bezug auf die Eigenschaften von Datenobjekten, die in einer Gültigkeitseinheit vereinbart werden, die von der Gültigkeitseinheit Hauptprogramm verschieden ist. Die zuvor erwähnte Ausnahme, die im Zusammenhang mit benannten COMMON Blöcken steht, wird in Kapitel 9 präzisiert und das Attribut SAVE eingehend behandelt werden.

Neben der Variante, im Kontext der Typdeklaration Variablen initial zu definieren, gestattet auch die Anweisung DATA, Variablen einen Anfangswert zuzuweisen. Die Leistung, die von der Anweisung DATA erbracht wird, ist jedoch nicht redundant. Mit der Anweisung DATA lassen sich explizit auch Zeichenteilketten und Teilfelder initial definieren.

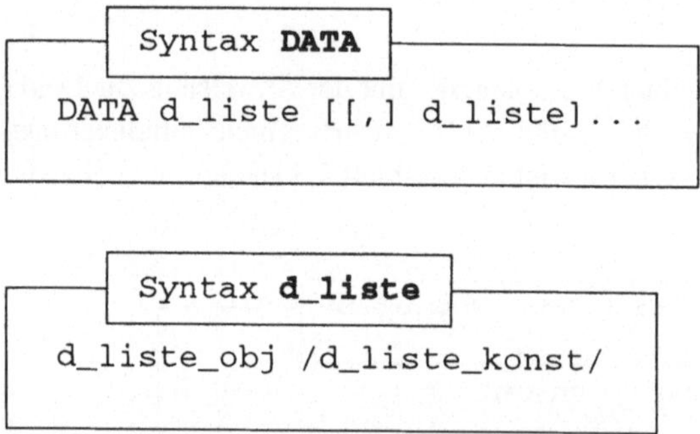

Dabei bezeichnet `d_liste_obj` eine Liste von Variablen und/oder impliziten Schleifen. Trennzeichen ist das Komma. Zulässig ist die Angabe von skalaren Variablen, von Feldern, Teilfeldern, Feldelementen, Strukturkomponenten und Zeichenteilketten. Dabei sind Ausnahmen zu berücksichtigen. Beispielsweise ist die Spezifikation des Namens eines Gesamtfelds mit dem Attribut ALLOCATABLE in `d_liste_obj` unzulässig. Diese Ausnahmen werden vollständig in Kapitel 9 erörtert werden. Felder, Teilfelder, Feldelemente sowie implizite Schleifen werden in Kapitel 8 eingeführt werden. Eine solche Liste von Namen und Bezeichnern ist aufzufassen als würde aus den zugehörigen Datenobjekten eine Sequenz von skalaren Variablen aufgebaut. Ist beispielsweise ein Name in `d_liste_obj` der Name eines Gesamtfelds, so trüge in Feldelementreihenfolge jedes Feldelement eine skalare Variable zu dieser Sequenz bei. Die Feldelementreihenfolge wird in Abschnitt 8.1 ausführlich erläutert werden. Ferner trägt auch eine Variable vom Datentyp CHARACTER mit dem Wert 0 für den Typparameter LÄNGE eine skalare Variable zu dieser Sequenz bei. Eine solche Variable wird adäquat mit der Zeichenkonstanten ' ' initial definiert.

Zu der Liste von Variablen und/oder impliziten Schleifen korrespondiert eine Liste `d_liste_konst` von Konstanten. Trennzeichen ist das Komma. Eine Konstante in `d_liste_konst` hat die folgende Syntax.

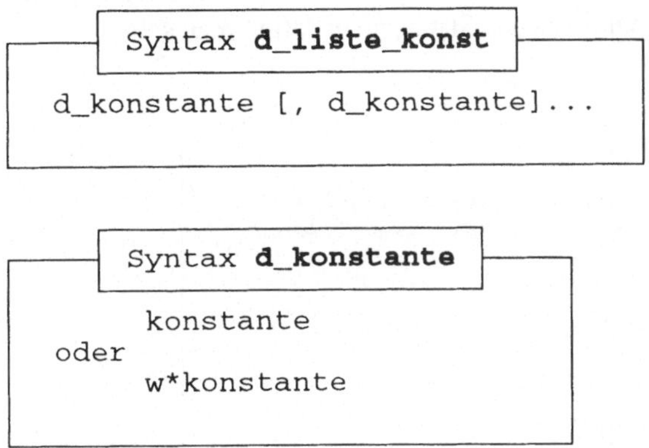

Dabei bezeichnet `konstante` eine skalare Konstante, binäre, oktale oder hexadezimale Konstante, eine vorzeichenbehaftete Konstante vom Datentyp INTEGER, REAL oder DOUBLE PRECISION oder ein konstruiertes Strukturobjekt. Ferner bezeichnet w eine vorzeichenlose, ganzzahlige Konstante größer oder gleich 0. Damit wird die Anzahl der Wiederholungen von `konstante` festgelegt. Die Spezifikation eines Werts w für w wirkt wie die w-fach wiederholte Angabe des Werts der nachfolgenden Konstanten. Eine zuvor vereinbarte, benannte Konstante ist ein zulässiger Spezifikationswert von w. Der Wert des Wiederholungsfaktors ist mit der Festpunktzahl 1 vorbesetzt.

Analog zu `d_liste_obj` ist `d_liste_konst` aufzufassen als würde aus ihr eine Sequenz aus Werten skalarer Konstanten entwickelt. Ist der Wert des Wiederholungsfaktors 0, so trägt die nachfolgende Konstante keinen Wert zu der Sequenz skalarer Konstanten bei. Jeder skalaren Variablen in der Sequenz muß eindeutig über die Position der Wert einer skalaren Konstanten in der Sequenz zugeordnet sein und umgekehrt jeder skalaren Konstanten in der Sequenz eindeutig über die Position eine skalare Variable in der Sequenz. Insbesondere muß daher die Länge der Sequenz der skalaren Variablen mit der Länge der Sequenz der skalaren Konstanten übereinstimmen.

Der Datentyp zu einem Namen, der in `d_liste_obj` auftritt, muß zuvor vereinbart worden sein. Das Attribut DIMENSION zu einem Namen, der in `d_liste_obj` auftritt, muß ebenfalls zuvor vereinbart worden sein. Auch eine benannte Konstante, die in `d_liste_konst` auftritt, muß zuvor vereinbart worden sein. Ist `konstante` ein konstruiertes Strukturobjekt, dann sind in `ausdr_liste` nur Initialisierungsausdrücke zulässig. Zu einer Zeichenteilkette in `d_liste_obj` sind `anf_pos` und `end_pos` als Initialisierungsausdrücke zu spezifizieren.

Eine Variable oder ein Teil einer Variablen darf in einem ausführbaren Programm höchstens einmal initial definiert werden. Wird ein Teil einer Variablen initial definiert, so gilt die Variable als initial definiert. In diesem Fall wie auch bei Variablen, die über Speicher einander zugeordnet sind, ist besonders zu beachten, daß eine Variable höchstens einmal initial definiert werden darf. Jede nicht initial definierte Variable hat zu Beginn der Ausführung eines Programms den Status, nicht definiert zu sein.

```
┌──┤ Beispiel Anweisung DATA ├──────────────────────────┐
│                                                        │
│  CHARACTER(64) dateiname_ausgabe                       │
│  INTEGER, PARAMETER :: anzahl = 6                      │
│  INTEGER l_var_1, l_var_2, l_var_3, l_var_4, l_var_5   │
│  LOGICAL herr_meier, frau_meier, tim, kai, uwe, loesung│
│                                                        │
│  TYPE lagerbestand                                     │
│     INTEGER :: artikel_nr                              │
│     CHARACTER (28) :: artikel_bez                      │
│     INTEGER :: artikel_anz                             │
│     REAL :: artikel_epreis, artikel_g_preis            │
│  END TYPE lagerbestand                                 │
│  TYPE (lagerbestand) :: artikel_lager1, artikel_lager2 │
│     ...                                                │
│  DATA dateiname_ausgabe                              & │
│     / ' ' /,                                         & │
│       l_var_1, l_var_2, l_var_3, l_var_4, l_var_5   & │
│     / 5*0 /,                                         & │
│       herr_meier, frau_meier, tim, kai, uwe, loesung& │
│     / anzahl*.FALSE. /,                              & │
│       artikel_lager1                                & │
│     / lagerbestand (0, ' ', 0, 0., 0.) /,           & │
│       artikel_lager2%artikel_epreis                 & │
│     / 0. /,                                          & │
│       artikel_lager2%artikel_bez (:9)               & │
│     / 'Vibration' /,                                   │
│                                                        │
└────────────────────────────────────────────────────────┘
```

Im Beispiel wird der Variablen `dateiname_ausgabe` zunächst ein Leerzeichen zugewiesen, der zugehörige Speicherbereich mit nachlaufenden 63 Leerzeichen aufgefüllt und damit die Variable initial definiert. Die 5 skalaren Variablen vom Datentyp INTEGER werden mit der Festpunktzahl 0 und die 6 skalaren Variablen vom Datentyp LOGICAL werden mit dem Wert von `.FALSE.` initial definiert. Die Strukturvariable `artikel_lager1` wird mit der Strukturkonstanten `lagerbestand ( 0, ' ', 0, 0., 0.)`, die Strukturkomponente `artikel_lager2%artikel_epreis` wird mit der Gleitpunktzahl `0.` und die Zeichenteilkette `artikel_lager2%artikel_bez(:9)` wird mit der Zeichenkonstanten `'Vibration'` initial definiert.

Eine Variable mit eigenem Namen hat das Attribut SAVE, falls diese Variable oder ein Teilobjekt dieser Variablen in einer Anweisung DATA initial definiert wird. Die Ausnahme, die bereits im Zusammenhang damit erwähnt worden ist, eine Variable mit der

Anweisung zur Deklaration ihres Datentyps initial zu definieren, gilt analog. Auf die Übersicht zur Differenzierung des Begriffs Variable in Kapitel 8 wird hingewiesen. Zeichenteilketten und Strukturkomponenten gehören zu den Teilobjekten. Teilobjekte werden abschließend in Kapitel 8 behandelt werden.

Tabelle 7.8 Anweisung DATA und Kompatibilität von Datentypen

Datentyp Name, Teilobjektbezeichner in `d_liste_obj`	Datentyp Konstante in `d_liste_konst`
CHARACTER	CHARACTER
INTEGER	INTEGER, REAL, COMPLEX
REAL	INTEGER, REAL, COMPLEX
COMPLEX	INTEGER, REAL, COMPLEX
LOGICAL	LOGICAL
abgeleiteter Datentyp	gleicher abgeleiteter Datentyp

Ist eine skalare Variable in der Sequenz vom Datentyp INTEGER, dann ist es zulässig, die korrespondierende skalare Konstante in der Sequenz auch als eine binäre, oktale oder hexadezimale Konstante zu spezifizieren.

Der Wert einer skalaren Konstanten in der Sequenz muß zuweisungskompatibel zu der korrespondierenden skalaren Variablen in der Sequenz sein. Stimmt der Typparameter einer skalaren Konstanten in der Sequenz nicht mit dem Typparameter der korrespondierenden skalaren Variablen überein, so erfolgt die implizite Anpassung nach den Regeln, die in bezug auf die zugehörige interne Zuweisungsanweisung gelten. Für den Fall der Zuweisungskompatibilität und der erfolgreichen Anpassung des Typparameters wird die skalare Variable in der Sequenz mit dem Wert der eineindeutig zugeordneten skalaren Konstanten initial definiert.

In Abschnitt 2.8 ist auch erwähnt worden, daß die Anweisung DATA sowohl im Vereinbarungs- als auch im Ausführungsteil einer Programmeinheit spezifiziert werden darf. Zweckmäßig ist jedoch, die Anweisung(en) DATA im Vereinbarungsteil nach den Anweisungen zur Typdeklaration anzuordnen.

7.8 IF Anweisungen und IF Struktur

Unter FORTRAN existieren 3 IF Anweisungen: die arithmetische IF Anweisung, die logische IF Anweisung und die Block IF Anweisung. Die arithmetische IF Anweisung gilt nach dem Standard als veraltet. Im Fall der logischen IF Anweisung wird in Abhängigkeit von dem Wert eines logischen Ausdrucks eine Anweisung ausgeführt oder nicht ausgeführt. Mit der Block IF Anweisung wird eine IF Struktur eingeleitet. In Abhängigkeit vom Wert eines oder mehrerer logischer Ausdrücke wird höchstens ein Block in einer IF Struktur ausgeführt.

Mit der logischen IF Anweisung wird die Ausführung einer Anweisung von dem Wert eines logischen Ausdrucks abhängig gemacht.

```
Syntax logisches IF

IF(log_ausdruck) ausf_anw
```

Dabei bezeichnet `log_ausdruck` einen skalaren logischen Ausdruck und `ausf_anw` eine ausführbare Anweisung. Es ist zulässig, daß in dem logischen Ausdruck einer logischen IF Anweisung der Aufruf eines Funktionsunterprogramms so spezifiziert wird, daß die Ausführung des Funktionsunterprogramms das Ergebnis der Ausführung der Anweisung modifiziert, die `ausf_anw` substituiert. Durch die Verwendung von Nebenauswirkungen wird die Lesbarkeit von Quellcode erheblich reduziert und die Fehleranfälligkeit eines Programms beträchtlich erhöht. Nebenauswirkungen sind daher zu vermeiden. Liefert die Auswertung des logischen Ausdrucks, der `log_ausdruck` substituiert, den Wert von .TRUE., so wird eine zulässige Anweisung ausgeführt. Andernfalls wird die Programmausführung mit der nächsten ausführbaren Anweisung fortgesetzt, die auf die logische IF Anweisung folgt.

```
Beispiel logische IF Anweisung

LOGICAL loesung
    ...
    IF (.NOT.loesung) WRITE(20,'(''    Es wurde keine Lösung'',    &
                      '' für das Problem gefunden!'')' )
CLOSE (20)
```

Hat im Beispiel der logische Ausdruck `.NOT.loesung` den Wert von `.TRUE.`, so wird die Anweisung WRITE bearbeitet. Andernfalls wird die Anweisung CLOSE ausgeführt. Auf das Programmbeispiel 7.2 wird hingewiesen.

Es ist unzulässig, die Ausführung einer der folgenden Anweisungen von dem Wert des logischen Ausdrucks in einer logischen IF Anweisung abhängig zu machen:

▶ logische IF Anweisung

▶ Anweisung END, END PROGRAM, END FUNCTION oder END SUBROUTINE

▶ Anweisung DO, END DO

▶ Block IF Anweisung, Anweisung ELSE, ELSE IF oder END IF

▶ Anweisung CASE, SELECT CASE oder END SELECT

▶ Anweisung WHERE, ELSE WHERE oder END WHERE.

Die zur IF Struktur gehörigen Anweisungen werden im Anschluß eingeführt. Die zur CASE Struktur gehörigen Anweisungen werden in Abschnitt 7.9, die Anweisungen WHERE, ELSE WHERE und END WHERE werden in Kapitel 8, die Anweisungen END FUNCTION und END SUBROUTINE werden in Kapitel 9 behandelt werden.

Auch die IF Struktur ist eine Blockstruktur. Eine Blockstruktur wird stets durch eine spezifische Anfangsanweisung eingeleitet und eine spezifische Abschlußanweisung beendet. Neben Anfangs- und Abschlußanweisung können weitere Anweisungen zur Syntax einer Blockstruktur gehören. Eine Blockstruktur enthält mindestens einen Block. Der Begriff Block ist in Abschnitt 5.5 festgelegt worden. Kurzgefaßt rekapituliert besteht ein Block aus keiner oder mehr ausführbaren Anweisungen zwischen zwei Anweisungen, die zur Syntax einer Blockstruktur gehören. Ein Block ist als Einheit aufzufassen, aber die Ausführung eines Blocks impliziert nicht, daß jede Anweisung ausgeführt wird, die zu dem Block gehört.

Die IF Struktur dient dazu, in Abhängigkeit vom Wert eines oder mehrerer logischer Ausdrücke die Auswahl unter Blöcken so zu spezifizieren, daß höchstens ein Block ausgeführt wird. Eine IF Struktur wird durch die Block IF Anweisung eingeleitet und die Anweisung END IF abgeschlossen. Zur Steuerung des Kontrollflusses in einer IF Struktur dienen die Anweisungen ELSE und ELSE IF.

```
 Syntax Block IF

[if_name:] IF ( log_ausdruck1 ) THEN
```

Dabei bezeichnet `log_ausdruck1` einen skalaren logischen Ausdruck und `if_name` einen Namen, mit dem sich eine IF Struktur kennzeichnen läßt. Hat der logische Ausdruck `log_ausdruck1` den Wert von `.TRUE.`, so werden die Anweisungen des nachfolgenden Blocks ausgeführt. Dieser Block wird auch als IF Block bezeichnet. Andernfalls werden die Anweisungen des IF Blocks nicht ausgeführt. Gehören weder eine Anweisung ELSE noch Anweisungen ELSE IF zu einer IF Struktur, dann wird die Ausführung der IF Struktur beendet. Damit liegt die einfachste der drei Grundformen einer IF Struktur vor. Die Anweisungen höchstens des IF Blocks werden ausgeführt.

```
      erste Grundform einer IF Struktur

[if_name:] IF ( log_ausdruck1 ) THEN

                IF Block

         END IF [if_name]
```

Jede IF Struktur ist mit einer Anweisung END IF abzuschließen. Demnach muß zu jeder Block IF Anweisung eine korrespondierende Anweisung END IF existieren. Die Ausführung einer Anweisung END IF ist ohne Wirkung.

```
      Syntax END IF

END IF [if_name]
```

```
      Beispiel Block IF Anweisung

LOGICAL herr_meier, frau_meier, tim, kai, uwe, loesung
...
IF ( (.NOT.herr_meier.OR.frau_meier)      .AND.                    &
     (uwe.OR.kai)                         .AND.                    &
     (frau_meier.NEQV.tim)                .AND.                    &
     (tim.EQV.kai)                        .AND.                    &
     (.NOT.uwe.OR.kai.AND.herr_meier) )       THEN

     WRITE(20,'(''    Von der Familie Meier sind'',               &
                  '' als Gäste  zu erwarten:'' /)'                 )
        IF (herr_meier)   WRITE(20,'(''     Herr Meier'')')
        IF (frau_meier)   WRITE(20,'(''     Frau Meier'')')
        IF (tim)          WRITE(20,'(''     Tim''      )')
        IF (kai)          WRITE(20,'(''     Kai''      )')
        IF (uwe)          WRITE(20,'(''     Uwe''      )')
        IF (.NOT.(herr_meier .OR. frau_meier .OR. tim .OR. kai &
           .OR. uwe))     WRITE(20,'(''     Niemand''   )')
        loesung = .TRUE.
ENDIF
```

Führt die Auswertung des logischen Ausdrucks im Beispiel auf den Wert von .TRUE., dann wird der IF Block bearbeitet und die Ausführung der IF Struktur abgeschlossen. Andernfalls wird die Ausführung der IF Struktur beendet. In diesem Fall ist keine der Anweisungen des IF Blocks ausgeführt worden. Auf das Programmbeispiel 7.2 wird hingewiesen.

Soll eine IF Struktur durch einen Namen gekennzeichnet werden, so ist zu der Block IF Anweisung und der Anweisung END IF derselbe Name anzugeben. Zu jeder Anweisung ELSE IF und zu der Anweisung ELSE in dieser IF Struktur darf dieser Name dann ebenfalls spezifiziert werden. Andernfalls darf zu keiner der Anweisungen ein Name angegeben werden. Die Vergabe eines kennzeichnenden Namens für eine IF Struktur erweist sich vor allem bei der Schachtelung von IF Strukturen als vorteilhaft in bezug auf die Lesbarkeit des Quellcodes.

Mit der Anweisung ELSE IF wird ein alternativer Pfad der Programmausführung in einer IF Struktur eingeleitet.

```
  Syntax ELSE IF

ELSE IF ( log_ausdruck2 ) THEN [if_name]
```

Dabei bezeichnet `log_ausdruck2` einen skalaren logischen Ausdruck und `if_name` einen Namen, mit dem sich eine IF Struktur kennzeichnen läßt.

Die Gesamtheit der ausführbaren Anweisungen nach einer Anweisung ELSE IF bis zur nächstfolgenden Anweisung ELSE IF, ELSE oder END IF ausschließlich bildet den zugehörigen ELSE IF Block.

Falls weder eine Anweisung ELSE noch weitere Anweisungen ELSE IF in einer IF Struktur verwandt werden, liegt die zweite der drei Grundformen einer IF Struktur vor.

```
  zweite Grundform einer IF Struktur

[if_name:] IF ( log_ausdruck1 ) THEN

                   IF Block

         ELSE IF ( log_ausdruck2 ) THEN [if_name]

                ELSE IF Block

         END IF [if_name]
```

Höchstens ein Block, der IF Block oder der ELSE IF Block, wird ausgeführt. Hat der logische Ausdruck `log_ausdruck1` den Wert von `.TRUE.`, so wird der IF Block bearbeitet und die Ausführung der IF Struktur abgeschlossen. Hat der logische Ausdruck `log_ausdruck1` den Wert von `.FALSE.` und der logische Ausdruck `log_ausdruck2` den Wert von `.TRUE.`, so wird der ELSE IF Block bearbeitet und die Ausführung der IF Struktur abgeschlossen. Haben die logischen Ausdrücke `log_ausdruck1` und `log_ausdruck2` den Wert von `.FALSE.`, so werden weder der IF Block noch der ELSE IF Block bearbeitet und die Ausführung der IF Struktur beendet.

Mit der Anweisung ELSE wird ein alternativer Pfad der Programmausführung in einer IF Struktur eingeleitet. In jeder IF Struktur gibt es höchstens eine Anweisung ELSE.

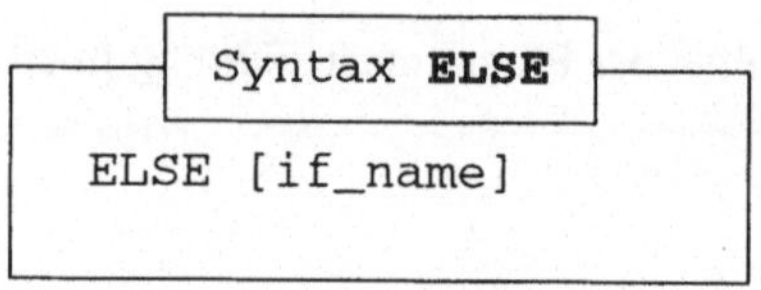

```
Syntax ELSE

ELSE [if_name]
```

Die Gesamtheit der ausführbaren Anweisungen nach einer Anweisung ELSE bis zur Anweisung END IF ausschließlich bildet den ELSE Block.

Falls keine Anweisungen ELSE IF in der IF Struktur verwandt werden, liegt die dritte Grundform einer IF Struktur vor.

```
dritte Grundform einer IF Struktur

[if_name:] IF ( log_ausdruck1 ) THEN

                IF Block

        ELSE [if_name]

              ELSE Block

      END IF [if_name]
```

Genau ein Block, der IF Block oder der ELSE Block, wird ausgeführt. Hat der logische Ausdruck `log_ausdruck1` den Wert von `.TRUE.`, so wird der IF Block ausgeführt. Hat der logische Ausdruck `log_ausdruck1` den Wert von `.FALSE.`, so wird der ELSE Block ausgeführt.

```
┌─────────────────────────┐
│   Syntax IF Struktur    │
┴─────────────────────────┴──────────────────────────────────────────

  [if_name:] IF ( log_ausdruck1 ) THEN

                      IF Block

           [ELSE IF ( log_ausdruck2 ) THEN [if_name]

                  ELSE IF Block] ...

           [ELSE [if_name]

                  ELSE Block]

       END IF [if_name]
```

Die logischen Ausdrücke in einer IF Struktur werden in der Reihenfolge ausgewertet, in der sie im Quellcode spezifiziert worden sind. Liefert die Auswertung erstmals den Wert von .TRUE., so wird der Block bearbeitet, der auf die zugehörige Anweisung IF oder ELSE IF folgt, und die Ausführung der IF Struktur wird abgeschlossen. Demnach beeinflußt der Wahrheitswert nachfolgender logischer Ausdrücke in einer IF Struktur nicht die Ausführung der IF Struktur. Führt die Auswertung jedes logischen Ausdrucks in einer IF Struktur auf den Wert von .FALSE., so wird der ELSE Block ausgeführt, falls in der IF Struktur die Anweisung ELSE spezifiziert worden ist. Andernfalls wird kein Block der IF Struktur bearbeitet und die Ausführung der IF Struktur beendet.

Es ist zulässig, eine Anweisungsmarke zu der Block IF Anweisung, der Anweisung ELSE, ELSE IF und END IF zu spezifizieren. Wird zu einer Anweisung ELSE oder ELSE IF eine Anweisungmarke angegeben, darf mit keiner anderen Anweisung des Quellcodes auf sie Bezug genommen werden. Auf die zu einer Block IF Anweisung spezifizierte Anweisungsmarke darf mit einer Anweisung außerhalb der IF Struktur, auf die zu einer Anweisung END IF spezifizierte Anweisungsmarke darf mit einer Anweisung innerhalb und außerhalb der IF Struktur Bezug genommen werden. Nach Standard Fortran 90 gilt die Referenz auf die Anweisungsmarke zu einer Anweisung END IF von außerhalb der zugehörigen IF Struktur als veraltet.

Aus einer der Grundregeln zur Konstruktion von Blöcken, die in Abschnitt 5.5 behandelt worden sind, folgt insbesondere, daß die Übertragung der Programmkontrolle an eine Anweisung in einem Block einer IF Struktur von außerhalb oder aus einem anderen Block dieser IF Struktur unzulässig ist. Der Transfer der Programmkontrolle innerhalb eines Blocks ist gestattet. Aus einem IF, ELSE oder ELSE IF Block darf die Programmkontrolle an die Anweisung END IF der IF Struktur oder an eine Anweisung außerhalb der IF Struktur übertragen werden.

```
┌─ Beispiel IF Struktur ─────────────────────────────────────────┐
│                                                                 │
│  INTEGER anz_a, anz_e, anz_i, anz_o, anz_u, anz_rest            │
│  CHARACTER zeichen                                              │
│       ...                                                       │
│  analyse_zeichen: IF                                         &  │
│          ( .NOT.(zeichen .EQ. 'E' .OR. zeichen .EQ. 'e'     &  │
│             .OR. zeichen .EQ. 'A' .OR. zeichen .EQ. 'a'     &  │
│             .OR. zeichen .EQ. 'I' .OR. zeichen .EQ. 'i'     &  │
│             .OR. zeichen .EQ. 'O' .OR. zeichen .EQ. 'o'     &  │
│             .OR. zeichen .EQ. 'U' .OR. zeichen .EQ. 'u') )  &  │
│          THEN                                                   │
│                anz_rest = anz_rest + 1                          │
│          ELSE IF (zeichen .EQ. 'E' .OR. zeichen .EQ. 'e') THEN  │
│                anz_e = anz_e + 1                                │
│          ELSE IF (zeichen .EQ. 'A' .OR. zeichen .EQ. 'a') THEN  │
│                anz_a = anz_a + 1                                │
│          ELSE IF (zeichen .EQ. 'I' .OR. zeichen .EQ. 'i') THEN  │
│                anz_i = anz_i + 1                                │
│          ELSE IF (zeichen .EQ. 'O' .OR. zeichen .EQ. 'o') THEN  │
│                anz_o = anz_o + 1                                │
│          ELSE                                                   │
│                anz_u = anz_u + 1                                │
│          END IF analyse_zeichen                                 │
│                                                                 │
└─────────────────────────────────────────────────────────────────┘
```

Im Kontext der Ausführung der IF Struktur `analyse_zeichen` wird zunächst der logische Ausdruck ausgewertet, dessen Wahrheitswert angibt, ob die Variable `zeichen` als Wert einen Vokal oder keinen Vokal in interner Darstellung hat. Für den Fall, daß die Auswertung des logischen Ausdrucks den Wert von `.TRUE.` liefert, wird der Wert des numerischen Ausdrucks `anz_rest+1` ermittelt, dieser Wert der Variablen `anz_rest` zugewiesen und die Ausführung der IF Struktur `analyse_zeichen` abgeschlossen. Andernfalls wird der logische Ausdruck `zeichen.EQ.'E'.OR.zeichen.EQ.'e'` ausgewertet und analog fortgefahren. Falls jeder der logischen Ausdrücke in der IF Struktur den Wert von `.FALSE.` annimmt, wird der Wert des numerischen Ausdrucks `anz_u+1` ermittelt, der Variablen `anz_u` zugewiesen und die Ausführung der IF Struktur beendet. Auf das Programmbeispiel 7.3 wird hingewiesen.

Es ist zulässig, in eine IF Struktur weitere IF Strukturen einzubetten. Dabei muß eine innere IF Struktur vollständig in den IF Block oder ELSE Block oder in einen ELSE IF Block der äußeren IF Struktur eingebettet sein. Eine solche Konstruktion wird auch als geschachtelte IF Struktur bezeichnet. Ist eine innere IF Struktur in den ELSE oder einen ELSE IF Block eingebettet, so läßt sich diese IF Struktur in der Regel durch einen ELSE IF Zweig in der äußeren IF Struktur substituieren. In bezug auf den Transfer der Programmkontrolle sind die vorgenannten Regeln zu beachten. Auch in einer geschachtelten IF Struktur ist jeder Block IF Anweisung genau eine Anweisung END IF zuzuordnen. Um die Korrespondenz zwischen diesen Anweisungen zu verdeutlichen, kann jede IF Struktur mit einem Namen gekennzeichnet werden.

Aber auch die Analyse des IF Niveaus bietet ein Hilfsmittel, um den Anwender bei der Konstruktion geschachtelter IF Strukturen zu unterstützen. Das *IF Niveau* einer ausführbaren Anweisung in einer Programmeinheit wird festgelegt durch die natürliche Zahl

$$n_1 - n_2,$$

wobei n_1 die Anzahl der Block IF Anweisungen von der ersten Anweisung der Programmeinheit bis zu dieser ausführbaren Anweisung einschließlich und n_2 die Anzahl der Anweisungen END IF bis zu dieser ausführbaren Anweisung ausschließlich bezeichnet.

```
┌─ Beispiel IF Niveau ──────────────────────────────────────────┐
│                                                                │
│                                                     IF Niveau  │
│                                                        0       │
│  ...                                                           │
│      str1: IF (log_ausdruck1) THEN                     1       │
│      ...                                                       │
│                   str2: IF (log_ausdruck2) THEN        2       │
│                   ...                                          │
│                         ELSE IF (log_ausdruck3) THEN   str2  2 │
│                   ...                                          │
│                         ELSE     str2                  2       │
│                   ...                                          │
│                       ENDIF str2                       2       │
│      ...                                                       │
│            ELSE IF (log_ausdruck4)   str1              1       │
│      ...                                                       │
│            ELSE     str1                               1       │
│      ...                                                       │
│         ENDIF str1                                     1       │
│  ...                                                   0       │
│                                                                │
└────────────────────────────────────────────────────────────────┘
```

In engem Anwendungszusammenhang zur logischen IF Anweisung und zur IF Struktur stehen die Anweisungen CYCLE und EXIT, die nach den Ausführungen in Abschnitt 5.5 ausschließlich in DO Strukturen zulässig sind. In Abschnitt 5.5 sind die Syntax und die wesentlichen Merkmale dieser Anweisungen behandelt worden. Nachdem nun die logische IF Anweisung und die IF Struktur eingeführt worden sind, werden, wie bereits angekündigt, Anwendungsbeispiele nachgetragen.

Kurzgefaßt rekapituliert läßt sich mit der Anweisung EXIT die Ausführung mindestens einer DO Struktur und mit der Anweisung CYCLE der aktuelle Ausführungszyklus des DO Blocks einer DO Struktur beenden.

```
┌─ Beispiel Anweisung EXIT und Anweisung CYCLE ─┐
│                                               │
  INTEGER l_var_1, l_var_2, l_var_3, l_var_4, l_var_5
  LOGICAL frau_meier, log_ausdruck1
     ...
         v_meier: DO l_var_1 = 0,1
                   ...

            m_meier: DO l_var_2 = 0,1
                       frau_meier = l_var_2 .EQ. 1
                       IF (frau_meier) CYCLE m_meier

               s_tim: DO l_var_3 = 0,1
                       ...

                  s_kai: DO l_var_4 = 0,1
                          ...

                     s_uwe: DO l_var_5 = 0,1
                             ...

         if_1: IF ( log_ausdruck1 ) THEN
                       ...
                       EXIT v_meier
               ENDIF if_1

                       END DO    s_uwe
                     END DO    s_kai
                  END DO    s_tim
               END DO    m_meier
            END DO    v_meier

  CLOSE ( 20 )
```

Im Beispiel wird mit der Anweisung EXIT auf den Namen der DO Struktur v_meier
Bezug genommen. Demnach gehört die Anweisung EXIT zu dieser DO Struktur. Ihre
Ausführung bewirkt, daß die Ausführung der DO Struktur v_meier und jeder DO
Struktur abgeschlossen wird, die in die DO Struktur v_meier eingebettet ist. Die DO
Strukturen s_uwe, s_kai, s_tim, m_meier und v_meier nehmen daher den Status inaktiv an. Die Programmausführung wird fortgesetzt mit der Anweisung CLOSE,
der nächsten, auf die DO Struktur v_meier folgenden ausführbaren Anweisung. Mit
der Anweisung CYCLE wird auf den Namen der DO Struktur m_meier Bezug genommen. Demnach gehört die Anweisung CYCLE zu dieser DO Struktur. Die Ausführung der Anweisung CYCLE bewirkt, daß der aktuelle Ausführungszyklus der DO
Struktur m_meier beendet wird. Auf die Programmbeispiele 7.2 und 7.4 wird in diesem Zusammenhang hingewiesen.

7.9 CASE Struktur

Auch die CASE Struktur ist Blockstruktur. Die CASE Struktur dient dazu, um unter
mehreren Blöcken höchstens einen Block zur Ausführung auszuwählen. Der wesentli-

che Unterschied zur IF Struktur besteht darin, daß über den Wert lediglich eines Ausdrucks entschieden wird, welcher Block zur Ausführung ausgewählt wird. Eine solche Konstruktion läßt sich auch als Fallunterscheidung auffassen, wobei unter den betrachteten Fällen höchstens einer ausgewählt wird.

```
Syntax CASE Struktur

[case_name:]  SELECT CASE (ausw_ausdruck)

                  [CASE fall_auswahl [case_name]

                  block]...

              END SELECT [case_name]
```

```
Syntax SELECT CASE

[case_name:]  SELECT CASE (ausw_ausdruck)
```

Dabei bezeichnet `ausw_ausdruck` einen skalaren Ausdruck, über dessen Wert die Auswahl festgelegt wird. Dieser Ausdruck heißt daher auch Auswahlausdruck. Der Auswahlausdruck muß vom Datentyp INTEGER, LOGICAL oder CHARACTER sein. Mit dem Namen `case_name` läßt sich eine CASE Struktur kennzeichnen. Die Regeln, die in diesem Zusammenhang in bezug auf die IF Struktur behandelt worden sind, gelten analog für die CASE Struktur. Anzumerken bleibt, daß ein Name eine Blockstruktur in einer Gültigkeitseinheit eindeutig kennzeichnen muß.

Die Ausführung einer SELECT CASE Anweisung bewirkt, daß `ausw_ausdruck` ausgewertet wird. Der für `ausw_ausdruck` ermittelte Wert wird auch als Fallindex bezeichnet.

Jeder alternative Block in einer CASE Struktur wird durch eine Anweisung CASE eingeleitet.

```
Syntax CASE

CASE fall_auswahl [case_name]
```

```
┌─── Syntax fall_auswahl ───┐

         (fall_ausw_liste)
   oder
         DEFAULT
```

Dabei bezeichnet `fall_ausw_liste` eine Liste, die aus Auswahlwerten und/oder Auswahlwertebereichen gebildet wird.

```
┌─── Syntax fall_ausw_liste ───┐

   ausw_wert_ber [, ausw_wert_ber]...
```

```
┌─── Syntax ausw_wert_ber ───┐

         wert
   oder
         wert:
   oder
         :wert
   oder
         wert1:wert2
```

Mit `wert`, `wert1`, `wert2` wird jeweils ein skalarer Initialisierungsausdruck bezeichnet. Der Begriff Initialisierungsausdruck ist in Abschnitt 5.3 eingeführt worden. Kurzgefaßt rekapituliert wird ein Ausdruck, der sich bereits während der Compilation vollständig auswerten läßt, als Initialisierungsausdruck bezeichnet. Die Primärausdrücke, die in Initialisierungsausdrücken zulässig sind, unterliegen daher Beschränkungen. Eine Konstante sowie ein in runde Klammern gesetzter Initialisierungsausdruck sind als Primärausdruck gestattet.

Der Wert jedes Initialisierungsausdrucks `wert`, `wert1`, `wert2` muß vom gleichen Datentyp wie der Auswahlausdruck sein. Für den Fall eines Auswahlausdrucks vom Datentyp LOGICAL ist es unzulässig, einen Auswahlwertebereich zu spezifizieren. Falls der Auswahlausdruck vom Datentyp CHARACTER ist, sind Differenzen zwischen den Werten des Typparameters LÄNGE zu dem Auswahlausdruck und zu den Initialisierungsausdrücken zulässig, die `wert`, `wert1`, `wert2` substituieren.

Die in den Anweisungen CASE einer CASE Struktur spezifizierten Auswahlwertebereiche müssen disjunkt sein. Die spezifizierten Auswahlwerte müssen verschieden sein.

Ein Auswahlwert, der in einem spezifizierten Auswahlwertebereich liegt, ist unzulässig. Damit wird gewährleistet, daß unter den Blöcken in einer CASE Struktur höchstens ein Block zur Ausführung ausgewählt wird.

Stimmt der Fallindex mit einem spezifizierten Auswahlwert überein oder liegt der Fallindex in einen spezifizierten Auswahlwertebereich, so werden die Anweisungen des zugehörigen CASE Blocks ausgeführt. Im einzelnen läßt sich die Bedingung, die für die Ausführung eines CASE Blocks zu erfüllen ist, auch als Vergleichsausdruck beschreiben, der den Wert von `.TRUE.` hat. Dazu wird `f_index` als Name einer Variablen mit dem Datentyp des Auswahlausdrucks eingeführt, die den aktuellen Wert von `ausw_ausdruck` repräsentiert.

Tabelle 7.9   Bedingung für die Ausführung eines CASE Blocks

Datentyp Auswahlaus- druck	Syntax `ausw_wert_ber`	substituie- render Initi- alisierungs- ausdruck	Vergleichsausdruck Wert von `.TRUE.`
LOGICAL	`wert`	`i_ausdr`	`f_index .EQV. i_ausdr`
CHARACTER INTEGER	`wert`	`i_ausdr`	`f_index == i_ausdr`
	`wert1:wert2`	`i_ausdr1` `i_ausdr2`	`i_ausdr1 <= f_index` `.AND.` `f_index <= i_ausdr2`
	`wert:`	`i_ausdr`	`i_ausdr <= f_index`
	`:wert`	`i_ausdr`	`f_index <= i_ausdr`

Ist für eine Anweisung CASE in einer CASE Struktur eine der vorgenannten Bedingungen erfüllt, so wird der zugehörige CASE Block bearbeitet und die Ausführung der CASE Struktur abgeschlossen. Stimmt der Fallindex mit keinem der Auswahlwerte überein und liegt er in keinem der Auswahlwertebereiche, die zu den Anweisungen CASE in einer CASE Struktur angegeben worden sind, aber `fall_auswahl` ist mit DEFAULT in einer der Anweisungen CASE spezifiziert worden, so wird der CASE Block bearbeitet, der auf diese Anweisung CASE folgt. Die Ausführung der CASE Struktur wird abgeschlossen. Ist für keine der Anweisungen CASE eine der vorgenannten Bedingungen erfüllt und `fall_auswahl` nicht mit DEFAULT in einer der Anweisungen CASE spezifiziert worden, so wird die Ausführung der CASE Struktur beendet. Jede CASE Struktur wird mit einer Anweisung END SELECT abgeschlossen.

```
 Syntax END SELECT

END SELECT [case_name]
```

```
 Beispiel CASE Struktur

INTEGER anz_a, anz_e, anz_i, anz_o, anz_u, anz_rest

CHARACTER zeichen
    ...

 analyse_zeichen: SELECT CASE (zeichen)
                     CASE ( 'A', 'a' )
                        anz_a = anz_a + 1
                     CASE ( 'E', 'e' )
                        anz_e = anz_e + 1
                     CASE ( 'I', 'i' )
                        anz_i = anz_i + 1
                     CASE ( 'O', 'o' )
                        anz_o = anz_o + 1
                     CASE ( 'U', 'u' )
                        anz_u = anz_u + 1
                     CASE DEFAULT
                        anz_rest = anz_rest + 1
                  END SELECT analyse_zeichen
```

Im Kontext der Ausführung der CASE Struktur `analyse_zeichen` wird zunächst der Fallindex ermittelt. Stimmt der Fallindex mit einem der Auswahlwerte überein, die `wert` in der jeweiligen Liste zu den Anweisungen CASE substituieren, die `fall_ausw_liste` ersetzt, so wird der zugehörige CASE Block bearbeitet. Hat beispielsweise die Variable `zeichen` als Wert die interne Darstellung des Kleinbuchstabens o, so wird der Wert des numerischen Ausdrucks `anz_o+1` ermittelt und der Variablen `anz_o` zugewiesen. Die Ausführung der CASE Struktur `analyse_zeichen` wird abgeschlossen. Stimmt hingegen der Fallindex mit keinem der Auswahlwerte überein, die ein `wert` in der jeweiligen Liste zu den Anweisungen CASE substituieren, die `fall_ausw_liste` ersetzt, so wird der numerische Ausdruck `anz_rest+1` ausgewertet und das Resultat der Variablen `anz_rest` zugewiesen. Die Ausführung der CASE Struktur `analyse_zeichen` wird abgeschlossen. Im Vergleich wirkt der Quellcode der CASE Struktur `analyse_zeichen` in Programmbeispiel 7.5 übersichtlicher als der Quellcode der IF Struktur `analyse_zeichen` in Programmbeispiel 7.3. Bei der Anordnung logischer Ausdrücke in einer IF Struktur ist ihre sequentielle Auswertung während der Programmausführung mitzuberücksichtigen.

Es ist zulässig, zu jeder der Anweisungen SELECT CASE, CASE, END SELECT eine Anweisungsmarke anzugeben. Wird zu einer Anweisung CASE eine Anweisungsmarke spezifiziert, darf mit keiner anderen Anweisung des Quellcodes auf sie Bezug genommen werden. Auf die zu einer Anweisung SELECT CASE spezifizierte Anweisungsmarke darf nur mit einer Anweisung außerhalb der CASE Struktur, auf die zu einer Anweisung END SELECT spezifizierte Anweisungsmarke darf nur mit einer Anweisung innerhalb der CASE Struktur Bezug genommen werden.

Wie im Fall der IF Struktur gilt nach einer der Regeln zur Konstruktion von Blöcken insbesondere, daß die Übertragung der Programmkontrolle an eine Anweisung in einem Block einer CASE Struktur von außerhalb oder aus einem anderen Block dieser CASE Struktur unzulässig ist. Der Transfer der Programmkontrolle innerhalb eines Blocks ist gestattet. Aus einem CASE Block darf die Programmkontrolle an die Anweisung END SELECT dieser CASE Struktur oder an eine Anweisung außerhalb der CASE Struktur übertragen werden.

In eine CASE Struktur lassen sich weitere CASE Strukturen einbetten. Dabei muß eine innere CASE Struktur vollständig in einen CASE Block eingebettet sein. Eine solche Konstruktion wird auch als geschachtelte CASE Struktur bezeichnet. In bezug auf den Transfer der Programmkontrolle sind die vorgenannten Regeln zu beachten. Auch in einer geschachtelten CASE Struktur ist jeder Anweisung SELECT CASE genau eine Anweisung END SELECT zuzuordnen. Um die Korrespondenz zwischen diesen Anweisungen zu verdeutlichen, kann jede CASE Struktur mit einem Namen gekennzeichnet werden. Es ist zulässig, IF in CASE Strukturen und CASE in IF Strukturen einzubetten. Dabei muß eine innere Struktur vollständig in einen Block der äußeren Struktur eingebettet sein.

7.10 Übungen zu Kapitel 7

7.1 Ändern Sie das von Ihnen entwickelte Standard Fortran 90 Programm zur Aufgabe 6.1 dahingehend ab, daß als Algorithmus für den Schätzer der Varianz (einer Zufallsvariablen) ausschließlich

$$s^2 = \frac{1}{N-1} \left(\sum_{k=1}^{N} x_k^2 - N \bar{x}_{am}^2 \right)$$

gewählt wird!

Damit entfällt auch die Bestimmung des Absolutbetrags der Differenz der Schätzwerte nach beiden Algorithmen für den Schätzer der Varianz, die in Aufgabe 6.1 angegeben sind.

Erweitern Sie das modifizierte Standard Fortran 90 Programm so, daß die Elimination von Ausreißern zugelassen wird, die zuvor in der Stichprobe nach statistischen und/oder substanzwissenschaftlichen Kriterien identifiziert worden sind!

Führen Sie mit dem von Ihnen weiterentwickelten Programm mindestens eine Auswertung für die Stichprobenwerte durch, die in der Datei AUFGB7_1.DAT abgespeichert sind!

Hinweise:
Gestalten Sie die Elimination von Ausreißern aus der Stichprobe so, daß der Wertebereich der Stichprobenwerte nach unten und/oder nach oben eingeschränkt werden kann! Verwenden Sie dazu die logische IF Anweisung und die Anweisung CYCLE!

7.2 Entwickeln Sie ein Standard Fortran 90 Programm, um dem Sohn der Familie Meier mit einer Antwort behilflich zu sein, der morgens am Frühstückstisch leicht verärgert fragt: "Wann gibt es endlich wieder ein Frühstücksei?" Der gereizte Ton ihres Sohns mißfällt Frau Meier. "Du müßtest eigentlich längst wissen, an welchen Tagen der Woche wir Eier zum Frühstück bekommen", ist daher ihre Reaktion und sie erläutert weiter: "Wenn es weder am Mittwoch noch am Sonntag Eier zum Frühstück gibt, dann stehen donnerstags Frühstückseier auf dem Tisch. Falls es samstags kein Ei zum Frühstück gibt, dann bekommen wir auch montags keine Frühstückseier. Ist Mittwoch ein Tag, an dem es Frühstückseier gibt, dann auch der Montag, jedoch nicht der Dienstag." Obwohl der Sohn inzwischen leicht irritiert ist und seinen Tonfall schon bereut, fährt Mutter Meier unbeirrt fort: "Falls es entweder am Mittwoch oder am Freitag Eier gibt, dann bekommen wir auch sonntags Eier zum Frühstück. Wenn es jedoch entweder am Mittwoch oder am Sonntag Frühstückseier gibt, dann ist der Samstag kein Eiertag. Falls Freitag ein Tag ohne Frühstückseier ist, dann gibt es zwar auch am Donnerstag keine, wohl aber am Samstag. Wenn es allerdings am Mittwoch keine Eier gibt, stehen montags Eier auf dem Frühstückstisch. Sollte es schließlich sowohl am Montag als auch freitags Frühstückseier geben, ist auch Dienstag Eiertag." Der Sohn antwortet zwar:" Aha, so ist das", aber an welchen Tagen der Woche es nun Eier zum Frühtsück gibt, weiß er - im Gegensatz zu Ihnen als FORTRAN ProgrammiererIn - noch längst nicht.

(nach einer "Logelei von Zweistein", ZEITMAGAZIN 4/86)

Hinweis:
Falls bereits die Kenntnisse vorhanden sind, um unter FORTRAN Felder zu deklarieren und Feldelemente zu referenzieren, läßt sich der Quellcode zur Lösung der Aufgabe eleganter mit Hilfe eines Felds vom Basisdatentyp LOGICAL und der Standardfunktion MOD formulieren.

7.3 Entwickeln Sie ein Standard Fortran 90 Programm, um die korrekte Korrespondenz öffnender und schließender runder Klammern in Standard Fortran 90
Programmen zu prüfen, deren Quellcode in freier Form vorliegt!

Untersuchen Sie mit dem von Ihnen entwickelten Programm den Quellcode
zur Aufgabe 7.2 auf korrekte Korrespondenz öffnender und schließender runder Klammern!

Hinweis:
Es darf vorausgesetzt werden, daß die Sonderzeichen ! und & nicht in Zeichenkonstanten als Zeichen auftreten.

7.4 Entwickeln Sie ein Standard Fortran 90 Programm zur Berechnung von Näherungswerten für die Funktionswerte der Funktion exp(x), und zwar unter Verwendung

a)   der Standardfunktion EXP

b)   der Reihenentwicklung von exp(x):

$$\exp(x) = \sum_{n=0}^{\infty} \frac{x^n}{n!}.$$

Verwenden Sie in numerischen Ausdrücken Gleitpunktzahlen erhöhter Genauigkeit und brechen Sie die iterative Berechnung des jeweiligen Funktionswerts
in geeigneter Weise ab! Veranlassen Sie, daß der Wert des Reihenglieds bei
Abbruch der Iteration ausgegeben wird!

Wegen des beschränkten Darstellungsbereichs von Gleitpunktzahlen erhöhter Genauigkeit bestimmen Sie näherungsweise den minimalen und maximalen Wert des Arguments für die Funktion, der für eine Approximation noch geeignet ist! Setzen Sie für kleinere Werte des Arguments den Näherungswert für den Funktionswert auf die kleinste positive Gleitpunktzahl erhöhter Genauigkeit! Für größere Werte des Arguments setzen Sie den Näherungswert für den Funktionswert auf die größte positive Gleitpunktzahl erhöhter Genauigkeit! Veranlassen Sie, daß der Anwender Ihres Programms mit einer Warnung über einen solchen Fall informiert wird!

Führen Sie mit dem von Ihnen entwickelten Programm mindestens eine Auswertung für die Werte des Arguments durch, die in der Datei AUFGB7_4.DAT abgespeichert sind!

Hinweise:
Der Wertebereich von Gleitpunktzahlen erhöhter Genauigkeit im IEEE Format ist näherungsweise
$$[-1.797\text{E}+308\ ;\ -2.2\text{E}-308\ ;\ 0.\ ;\ 2.2\text{E}-308\ ;\ 1.797\text{E}+308\ ].$$
Verwenden Sie zur Bestimmung der kleinsten positiven Gleitpunktzahl erhöhter Genauigkeit die Standardfunktion TINY und zur Bestimmung der größten positiven Gleitpunktzahl erhöhter Genauigkeit die Standardfunktion HUGE!

8 Felder mit fester und offener Gestalt

Das logische oder mathematische Modell einer Organisationsform von Daten wird als Datenstruktur bezeichnet. Als einfachste Datenstruktur gilt das Feld. Diese Datenstruktur läßt sich mathematisch als n-faches kartesisches Produkt einer Menge beschreiben. Die Aneinanderreihung von gleichartigen Komponenten, auf die über einen Index direkt zugegriffen wird, gilt als ein allgemeines Merkmal der Datenstruktur Feld. Über die Formulierung Aneinanderreihung wird miteinbezogen, daß im Fall von Datenstrukturen, die mit Hilfe des Konstruktors Aggregation aufgebaut werden, auch die Reihenfolge relevant sein kann, in der die Mengen angegeben werden, aus denen eine Datenstruktur aufgebaut wird.

Die compilerseitige Realisierung einer Datenstruktur wird als interner strukturierter Datentyp bezeichnet. Die Elemente der Wertemenge zu einem strukturierten Datentyp Feld lassen sich dann als n-Tupel auffassen, wobei jede Komponente im n-Tupel ein Element der Wertemenge des zugehörigen Basisdatentyps repräsentiert. Bezeichnet R die Wertemenge zum Regeldatentyp REAL unter Standard Fortran 90, dann läßt sich in mathematischer Notation mit R X R X R die Wertemenge zu einem strukturierten Datentyp Feld und mit (r_1, r_2, r_3) ein Element dieser Wertemenge beschreiben. Jede der Komponenten r_1, r_2, r_3 in dem Tripel repräsentiert ein Element aus der Wertemenge zum Regeldatentyp REAL. Um dieses wesentliche Merkmal jedes strukturierten Datentyps Feld weiter zu verdeutlichen, wird auf das Beispiel des abgeleiteten Datentyps lagerbestand zurückgegriffen, der in Abschnitt 6.6 eingeführt worden ist. Die Wertemenge zu diesem Datentyp entsteht durch Aggregation aus der Wertemenge zum Regeldatentyp INTEGER, der Wertemenge zum Datentyp CHARACTER mit dem Wert 28 für den Typparameter LÄNGE, der Wertemenge zum Regeldatentyp INTEGER, der Wertemenge zum Regeldatentyp REAL und schließlich der Wertemenge zum Regeldatentyp REAL. Der abgeleitete Datentyp lagerbestand unterscheidet sich daher grundsätzlich von einem strukturierten Datentyp Feld. Die Wertemengen, aus denen die Wertemenge dieses abgeleiteten Datentyps aufgebaut wird, gehören zu unterschiedlichen internen Datentypen. Ein strukturierter Datentyp, der durch Aggregation aus Wertemengen zu unterschiedlichen Datentypen aufgebaut wird, heißt auch Datentyp Record.

Die Relation zwischen den verschiedenen Ebenen, auf denen Feld als Datenstruktur, als strukturierter Datentyp, als deklariertes Datenobjekt und als Arbeitsspeicherbereich betrachtet wird, gibt vereinfachend die folgende Übersicht wieder.

Übersicht 8.1   Datenstruktur Feld und Ebenen der Realisierung

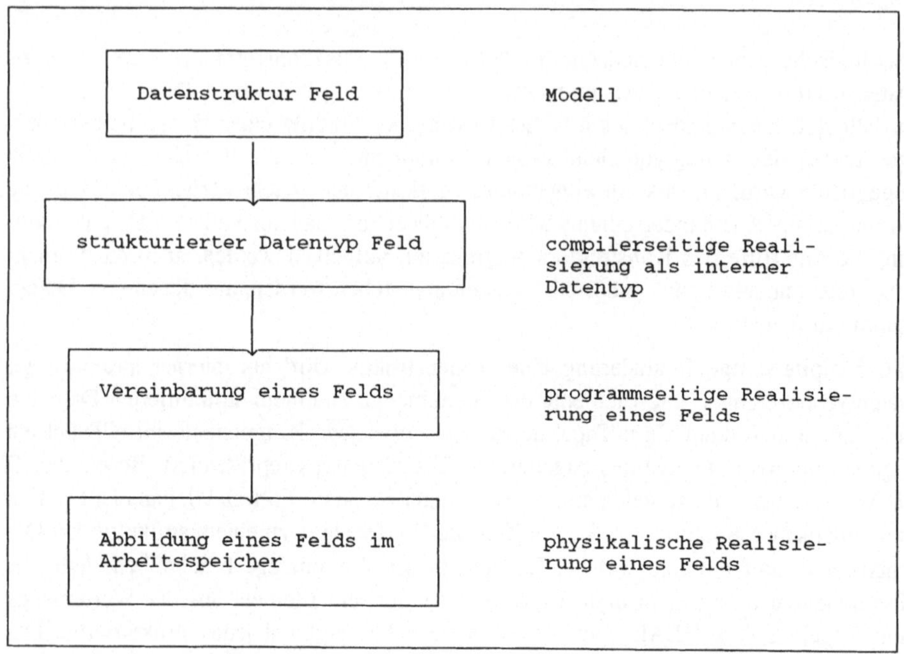

Diese Ebenen der Realisierung der Datenstruktur Feld sind compilerseitig so zu ergänzen, daß sich programmseitig die Referenz sowohl auf ein Feld als auch auf Teilobjekte
eines Felds spezifizieren läßt.

In Abschnitt 7.7 sind zur Syntax von datentyp die internen Datentypen angegeben
worden, die unter Standard Fortran 90 bereitzustellen sind. Demnach wird ein interner
strukturierter Datentyp Feld unter Standard Fortran 90 nicht zur Verfügung gestellt.
Feld wird als eine spezifische Eigenschaft eines Datenobjekts aufgefaßt. Ein Datenobjekt, dem das Attribut DIMENSION zugeordnet worden ist, hat das Merkmal Feld. Im
folgenden werden Felder mit fester Gestalt und unter dem Aspekt des Zugriffs Gesamtfelder, Teilfelder und Feldelemente behandelt. Ferner werden Felder mit offener Gestalt
erörtert. Dazu gehören die dynamisch speicherbaren Felder, aber auch die Felder, denen
das Merkmal Zeiger zugeordnet ist. Auch Zeiger wird unter Standard Fortran 90 als
eine spezifische Eigenschaft eines Datenobjekts aufgefaßt. Analog hat ein Datenobjekt,
dem das Attribut POINTER zugeordnet worden ist, das Merkmal Zeiger.

In diesem inhaltlichen Zusammenhang sind die Attribute ALLOCATABLE,
DIMENSION, POINTER sowie TARGET relevant, so daß diese Attribute und die zu
ihnen korrespondierenden Anweisungen behandelt werden.

Ferner werden Feldausdrücke, die interne Feldzuweisungsanweisung, die Anweisung WHERE und die Blockstruktur WHERE zur maskengesteuerten Ausführung interner Feldzuweisungsanweisungen sowie Zeigerausdrücke erörtert.

Ergänzend werden implizite Schleifen, der Feldbildner, mit Feldbildner erzeugte Datenobjekte, die im folgenden kurz als feldbildnererzeugte Datenobjekte bezeichnet werden, und namenlistengesteuerter Datentransfer erläutert.

8.1 Feld mit fester Gestalt

Im aktuellen Standard wird *Feld* als Aneinanderreihung von skalaren Konstanten oder skalaren Variablen von demselben Datentyp mit denselben Typparametern festgelegt. Dieser Datentyp heißt auch Basisdatentyp eines Felds.

Eine skalare Konstante oder skalare Variable aus einer solchen Aneinanderreihung wird als *Feldelement* bezeichnet. Syntaktisch ist ein Feldelement die Referenz auf ein skalares Teilobjekt eines Felds. In bezug auf die Adressen der Speicherbereiche, die im Arbeitsspeicher zu den Feldelementen eines Felds korrespondieren, ist im Standard keine Festlegung getroffen worden. In der Regel sind die zugehörigen Speicherbereiche im Arbeitsspeicher sequentiell angeordnet.

Ein Feld, das einen eigenen Namen hat und auf das ausschließlich über diesen Namen zugegriffen wird, heißt *Gesamtfeld*. Jedes Gesamtfeld muß vereinbart werden. Dazu bestehen verschiedene Möglichkeiten, unter denen zunächst die Vereinbarung eines Gesamtfelds mit der Anweisung zur Deklaration des Basisdatentyps am Beispiel vorgestellt wird.

```
Beispiel Typdeklaration Datenobjekt vom Regeldatentyp REAL
        als Basisdatentyp,
        Zuordnung des Attributs DIMENSION

REAL, DIMENSION(1:10, -1:1) :: r_feld
```

Im folgenden werden einige Begriffe eingeführt und anhand dieses Beispiels erläutert. Ein kartesisches Produkt aus Teilmengen der Wertemenge zum Regeldatentyp INTEGER läßt sich als Menge der Indizes der Feldelemente eines Felds auffassen. Im Fall des Felds `r_feld` ließe sich aus den Teilmengen $D_1=\{1,...,10\}$ und $D_2=\{-1,0,1\}$ das kartesische Produkt $D_1 \times D_2$ bilden, das die Menge der Indizes der Feldelemente zu `r_feld` beschriebe. Beispiel für ein Element dieser Menge wäre dann das Tupel (3,-1). Auf Feldelemente und ihre Indizierung wird in diesem Abschnitt sowie in Abschnitt 8.4 noch eingegangen werden. Jede der Teilmengen der Wertemenge zum Regeldatentyp INTEGER in einem solchen kartesischen Produkt heißt *Dimension*. Ein Feld von n Dimensionen wird auch als *n-dimensionales Feld* bezeichnet. Der *Rang ei-

nes Felds gibt die Anzahl der Dimensionen eines Felds an. Das Feld `r_feld` hat den Rang 2. Maximal zulässig unter Standard Fortran 90 ist ein Rang von 7. Jeder Skalar hat den Rang 0. Die Anzahl der Elemente einer Dimension heißt *Ausdehnung einer Dimension*. Das Feld `r_feld` hat in der zweiten Dimension die Ausdehnung 1-(-1)+1, also 3. Die Anzahl der Feldelemente eines Felds heißt *Größe eines Felds*. Das Feld `r_feld` hat die Größe 30, die mit der Anzahl der Elemente von D_1 X D_2 übereinstimmt. Übertragen auf den Fall eines n-dimensionalen Felds gilt dann, daß die Größe eines Felds gleich dem Wert des Produkts aus den n Ausdehnungen der Dimensionen dieses Felds ist. Der Rang und die Ausdehnung in jeder Dimension eines Felds legen die *Gestalt eines Felds* fest. Das Feld `r_feld` hat die Gestalt <<10,3>>. Zwei Felder werden als *konform* bezeichnet, wenn sie von derselben Gestalt sind. Jedes Feld ist zu jedem Skalar konform. Mit dem Gesamtfeld `r_feld` wird demnach ein zweidimensionales Feld der Gestalt <<10,3>> und der Größe 30 vereinbart.

Jedes Element einer Dimension wird auch als Index bezeichnet. Der kleinste Wert in einer Dimension heißt *untere Indexgrenze* und der größte Wert in einer Dimension heißt *obere Indexgrenze*. Das Feld `r_feld` hat in der zweiten Dimension $D_2=\{-1,0,1\}$ die untere Indexgrenze -1 und 1 als obere Indexgrenze. Die Indizes in einer Dimension bilden nach ihrem Wert aufsteigend angeordnet die *Indexwertesequenz zu einer Dimension*. Bezeichnet o_dim_index die obere und u_dim_index die untere Indexgrenze in einer Dimension, so gibt o_dim_index - u_dim_index + 1 den Wert der Ausdehnung dieser Dimension an.

Der Wert der unteren Indexgrenze in einer Dimension läßt sich mit der Standardfunktion LBOUND, der Wert der oberen Indexgrenze mit der Standardfunktion UBOUND ermitteln. Diese Standardfunktionen werden im Anhang A behandelt.

Unter dem Aspekt des Zugriffs sind Gesamtfeld, Feldelement und Teilfeld zu differenzieren. Ein Gesamtfeld ist, wie bereits erwähnt, ein Feld, das einen eigenen Namen hat und auf das ausschließlich über diesen Namen zugegriffen wird. Ein Gesamtfeld ist eine benannte Feldkonstante oder eine Variable. Eine benannte Feldkonstante besteht aus einer Aneinanderreihung skalarer Konstantenausdrücke, wobei auch Ausdrücke in impliziten Schleifen zulässig sind. Implizite Schleifen werden in Abschnitt 8.3 behandelt werden. Auf das Programmbeispiel 8.1 wird hingewiesen.

Tritt der Name eines Gesamtfelds in einer nicht ausführbaren Anweisung auf, so werden damit Attribute des Gesamtfelds vereinbart. Tritt der Name eines Gesamtfelds in einer ausführbaren Anweisung auf, so wird damit die Referenz auf jedes Feldelement spezifiziert.

Die Indexgrenzen in den Dimensionen eines Felds werden in einer Feldspezifikation festgelegt.

```
┌─ Syntax Feldspezifikation ──────────┐
│                                      │
│  (dim [, dim]⁶)                      │
│                                      │
└──────────────────────────────────────┘
```

Mit dim werden die Indexgrenzen in einer Dimension spezifiziert. Felder lassen sich nach unterschiedlichen Kriterien in Klassen zusammenfassen. Die Syntax von dim ist danach zu differenzieren, welcher Klasse das zu vereinbarende Feld angehört.

```
┌─ Syntax dim ────────────────────────┐
│                                      │
│       [u_dim_index:] o_dim_index     │
│  oder                                │
│       [u_dim_index]:                 │
│  oder                                │
│       :                              │
│                                      │
└──────────────────────────────────────┘
```

Dabei bezeichnet u_dim_index einen Spezifikationsausdruck, mit dem die untere Indexgrenze in einer Dimension spezifiziert wird. Ein Spezifikationsausdruck ist ein skalarer Ausdruck vom Datentyp INTEGER, in dem ausschließlich interne Operatoren zulässig sind und dessen Primärausdrücke Beschränkungen unterliegen. Der Begriff Spezifikationsausdruck wird in Abschnitt 9.7 festgelegt werden. Ferner ist o_dim_index durch einen Spezifikationsausdruck oder durch das Endsymbol * zu substituieren, um die obere Indexgrenze in einer Dimension zu spezifizieren.

Zunächst wird die Klasse der Felder mit expliziter Gestalt betrachtet. Vereinfachend formuliert sind in dieser Klasse diejenigen Felder zusammengefaßt, deren Rang feststeht, für die es jedoch in Unterprogrammen zulässig ist, die untere Indexgrenze und die obere Indexgrenze in einer Dimension auch durch einen variablen Spezifikationsausdruck zu spezifizieren. Die Gestalt eines solchen Felds kann dann in Abhängigkeit von dem Wert eines solchen Ausdrucks variieren.

Für ein Feld mit expliziter Gestalt sind die Indexgrenzen in einer Dimension nach folgender Syntax zu spezifizieren.

```
┌─ Syntax dim für ein Feld mit expliziter ─┐
│         Gestalt                           │
│                                           │
│  [u_dim_index:] o_dim_index               │
│                                           │
└───────────────────────────────────────────┘
```

Dabei bezeichnen sowohl `u_dim_index` als auch `o_dim_index` einen Spezifikationsausdruck. Wird `u_dim_index` nicht spezifiziert, ist die untere Indexgrenze mit dem Wert 1 vorbesetzt.

Zu der Klasse der Felder mit expliziter Gestalt gehören neben den Feldern mit fester Gestalt auch die automatisch erzeugbaren Felder. Automatisch erzeugbare Felder werden in Abschnitt 9.7 erörtert werden.

Im Fall eines Felds mit fester Gestalt ist jeder Primärausdruck in einem Spezifikationsausdruck, der ein `u_dim_index` oder ein `o_dim_index` substituiert, eine Konstante oder ein Teilobjekt einer Konstanten. Die Anweisung zur Deklaration des Basisdatentyps von Datenobjekten in Verbindung mit der Zuordnung des Merkmals Feld hat dann die folgende Syntax.

```
Syntax Typdeklaration Basisdatentyp,
       Feld mit fester Gestalt

  datentyp [typ_param] [, g_attr [, g_attr]...],        &
      DIMENSION (f_spez) [, g_attr [, g_attr]...] ::    &
          n_feld[(f_spez)] [=init_ausdr]               &
          [, n_feld[(f_spez)] [=init_ausdr]]...
  oder
    CHARACTER [typ_param] [, g_attr [, g_attr]...],     &
      DIMENSION (f_spez) [, g_attr [, g_attr]...] ::    &
          n_feld[(f_spez)] [*p_l] [=init_ausdr]        &
          [, n_feld[(f_spez)] [*p_l] [=init_ausdr]]...
  oder
    datentyp [typ_param] [, g_attr [, g_attr]...],      &
          n_feld (f_spez) [=init_ausdr]                &
          [, n_feld (f_spez) [=init_ausdr]]...
  oder
    CHARACTER [typ_param] [, g_attr [, g_attr]...],     &
          n_feld(f_spez) [*p_l] [=init_ausdr]          &
          [, n_feld(f_spez) [*p_l] [=init_ausdr]]...
```

Dabei bezeichnet `datentyp` den Basisdatentyp des Gesamtfelds `n_feld`, `typ_param` zulässige Typparameter, `(f_spez)` eine Feldspezifikation für ein Feld mit fester Gestalt, `*p_l` den Längenparameter zu dem Namen eines Datenobjekts vom Datentyp CHARACTER und `g_attr` ein zulässiges Attribut. Einem Feld läßt sich das Attribut PARAMETER, aber auch das Attribut ALLOCATABLE, POINTER oder TARGET sowie das Attribut INTENT, OPTIONAL, PRIVATE, PUBLIC oder SAVE zuordnen. Felder mit dem Attribut ALLOCATABLE werden in Abschnitt 8.5 und Felder mit dem Attribut POINTER oder dem Attribut TARGET werden in Abschnitt 8.6 behandelt werden. Die Attribute INTENT und OPTIONAL werden in Abschnitt 9.1, das Attribut SAVE in Abschnitt 9.2 sowie die Attribute PRIVATE und PUBLIC in Abschnitt 9.5 erörtert werden. Einem Feld mit fester Gestalt, das in einem Hauptprogramm vereinbart wird, läßt sich lediglich das Attribut PARAMETER zuordnen. Ferner bezeichnet `init_ausdr` einen Initialisierungsausdruck, für den Zuweisungskompatibilität gelten muß.

Nach der Syntax erfolgt die Zuordnung des Attributs DIMENSION in einer Anweisung zur Typdeklaration mit Hilfe des Endsymbols DIMENSION und einer nachfolgenden Feldspezifikation. Weitere Merkmale, die im Zusammenhang mit der Zuordnung dieses Attributs relevant sind, werden in Abschnitt 8.2 erörtert werden. Wird in einer Anweisung zur Deklaration des Basisdatentyps das Attribut DIMENSION nicht spezifiziert, so läßt sich einem Datenobjekt das Merkmal Feld auch zuordnen, indem zu dessen Namen eine Feldspezifikation angegeben wird. In der Regel ist eine explizite Zuordnung des Attributs DIMENSION zu bevorzugen, um ein Datenobjekt mit dem Merkmal Feld zu deklarieren. Im folgenden Beispiel ist der Initialisierungsausdruck zu der benannten Konstanten `kon_r_vektor` ein feldbildnererzeugtes Datenobjekt. Der Feldbildner wird in Abschnitt 8.3 erörtert werden. Auf das Programmbeispiel 8.1 wird hingewiesen.

```
        Beispiele Typdeklaration Datenobjekt vom Basisdatentyp REAL,
                Feld mit fester Gestalt

REAL, DIMENSION(10, -1:1) :: r_feld = 0.
REAL (KIND(0.D0)), DIMENSION(10, -1:1) :: r_feld_2 = 0.D0
REAL, DIMENSION(4), PARAMETER :: kon_r_vektor = (/1.2,1.5,1.7,1.0/)

REAL r_imp_dim_1(10, -1:1)
REAL :: r_imp_dim_2(10, -1:1) = 0.
```

Darüber hinaus gestattet die Anweisung DIMENSION, ein Gesamtfeld zu vereinbaren. Diese Anweisung wird im Zusammenhang mit dem Attribut DIMENSION in Abschnitt 8.2 behandelt werden. Der Name eines Gesamtfelds mit spezifischen Merkmalen läßt sich auch mit der Anweisung ALLOCATABLE, POINTER, TARGET oder COMMON vereinbaren. Mit Ausnahme der Anweisung TARGET gestatten diese Anweisungen auch, den Rang eines Felds zu spezifizieren. Die Gestalt eines Felds läßt sich mit der Anweisung zur Typdeklaration des Basisdatentyps, mit der Anweisung DIMENSION, ALLOCATE, TARGET oder COMMON festlegen. Die Anweisungen ALLOCATABLE und ALLOCATE werden in Verbindung mit dem Attribut ALLOCATABLE in Abschnitt 8.5, die Anweisungen POINTER und TARGET werden in Verbindung mit den Attributen POINTER und TARGET in Abschnitt 8.6 und die Anweisung COMMON wird in Abschnitt 9.6 behandelt werden. Im folgenden werden Gesamtfelder bevorzugt so vereinbart, daß in der Anweisung zur Deklaration des Basisdatentyps das Attribut DIMENSION spezifiziert wird.

Teilfelder, die zugleich Strukturkomponente sind, sowie Teilfelder einer Strukturkomponente und Feldelemente zu einer Strukturkomponente werden separat in Abschnitt 8.4 behandelt werden, da für diesen Fall einige wichtige Besonderheiten zu berücksichtigen sind.

Ein Feldelement ist eine skalare Konstante oder skalare Variable vom Basisdatentyp des zugehörigen Felds. Wie bereits erwähnt, ist ein Feldelement syntaktisch die Referenz auf ein skalares Teilobjekt eines Felds. Ist das zugehörige Feld keine Strukturkomponente, so wird diese Referenz mit Hilfe eines Feldelementbezeichners, der mit dem Namen des zugehörigen Felds übereinstimmt, und einer nachfolgenden Indexliste beschrieben. Diese Indexliste hat folgende Syntax.

```
Syntax Indexliste

(index [, index]⁶)
```

Dabei ist `index` durch einen skalaren Ausdruck vom Datentyp INTEGER zu substituieren, der auch als Indexausdruck bezeichnet wird. Die Auswertung eines Indexausdrucks muß den Wert eines Indexes aus der Indexwertesequenz zu der korrespondierenden Dimension liefern. Demnach gilt für jeden Index in einer Indexliste, daß sein Wert größer oder gleich der unteren Indexgrenze und kleiner oder gleich der oberen Indexgrenze in der zugehörigen Dimension sein muß. Ferner ist zu jeder Dimension des zugehörigen Felds ein Indexausdruck in der Indexliste zu spezifizieren.

Ein Feldelement hat das Attribut PARAMETER, TARGET oder INTENT, falls das zugehörige Feld das jeweilige Attribut hat. In keinem Fall hat ein Feldelement das Attribut POINTER.

Die Werte jedes Indexausdrucks in der Indexliste bestimmen die Position eines Feldelements in der Feldelementreihenfolge mit. Diese Position wird auch als Wert der Indexordnung bezeichnet. Die Feldelementreihenfolge ist von Bedeutung beim Datentransfer in bezug auf Felder, im Zusammenhang mit feldbildnererzeugten Datenobjekten, im Fall von Feldern mit übernommener Größe sowie im Fall einiger Standardfunktionen, wie der Standardfunktion MAXLOC. Diese Standardfunktion wird im Anhang A beschrieben. Vereinfachend formuliert ist die Anordnung der Feldelemente eines Felds in Feldelementreihenfolge so festgelegt, daß die Indizes der Indexwertesequenz zu der n-ten Dimension vor den Indizes der Indexwertesequenz zu der (n+1)-ten Dimension variiert werden. Wird ein zweidimensionales Feld vereinfachend als Matrix betrachtet, so erfolgt die Anordnung der Feldelemente in Feldelementreihenfolge spaltenorientiert. Am Beispiel eines zweidimensionalen Felds wird die Feldelementreihenfolge zunächst anschaulich vorgestellt.

Abbildung 8.1   Feldelementreihenfolge und Werte der Indexordnung

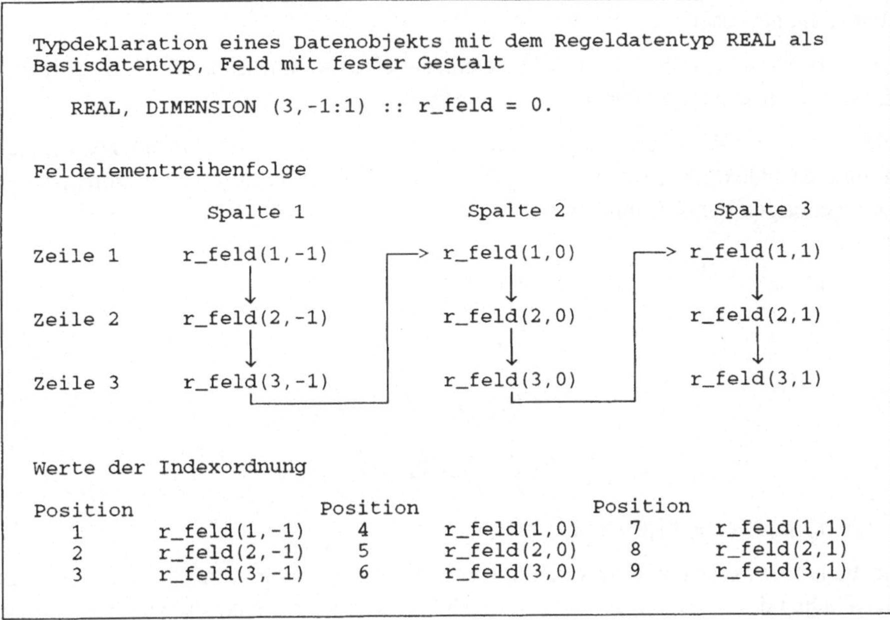

Die Werte der Indexordnung der Feldelemente eines Teilfelds sind in Relation zu diesem Teilfeld festgelegt.

Innerhalb einer Gültigkeitseinheit hängt der Wert der Indexordnung, der den Zugriff auf ein Feldelement aktuell festlegt, von den Werten der Indexausdrücke, die in der Indexliste eines Feldelements spezifiziert werden, sowie von den Werten der unteren und oberen Indexgrenze in jeder Dimension des zugehörigen Felds ab, das in dieser Gültigkeitseinheit vereinbart ist. Falls r der Wert der Indexordnung ist, wird auf das r-te Feldelement zugegriffen.

Der Wert der Indexordnung und der Wert des Indexausdrucks in der Indexliste eines Feldelements müssen selbst bei einem eindimensionalen Feld nicht übereinstimmen, wie das folgende Beispiel zeigt.

```
     Beispiel Wert der Indexordnung eines Feldelements,
           Wert des Indexausdrucks in der Indexliste

INTEGER :: l_var_1 = 0
REAL, DIMENSION (10, -1:1) :: r_feld = 0.
REAL, DIMENSION (-5: 5) :: alfa_coeff = 0.

   ...
   l_var_1 = 2
   alfa_coeff(l_var_1) = r_feld(l_var_1, 0)
```

Der Wert der Indexordnung des Feldelements `alfa_coeff(l_var_1)` ist 8, der Wert des Indexausdrucks `l_var_1` in der Indexliste ist 2. Auf das Programmbeispiel 8.1 wird hingewiesen.

Der Wert der Indexordnung eines Feldelements eines n-dimensionalen Felds wird bestimmt als Funktionswert der Indexordnungsfunktion S:

Seien $i_1,...,i_n$ die Werte der Indexausdrücke in der Indexliste des Feldelements, $u_1,...,u_n$ die unteren Indexgrenzen und $o_1,...,o_n$ die oberen Indexgrenzen in den n Dimensionen des zugehörigen Felds. Dann gilt:

$$S: (i_1,...,i_n) \to S[\,(i_1,...,i_n)\,] = 1 + (i_1 - u_1)$$
$$+ (i_2 - u_2)*d_1$$
$$+ (i_3 - u_3)*d_1*d_2$$
$$+ ...$$
$$+ (i_m - u_m)*d_1*...*d_{m-1}$$
$$+ ...$$
$$+ (i_n - u_n)*d_1*...*d_{n-1}$$

mit $d_k=\max\{o_k-u_k+1,0\}$, $k=1,...,n-1$.

Die Funktionswerte der Indexordnungsfunktion hängen nicht von d_n, dem Wert der Ausdehnung der n-ten Dimension des zugehörigen Felds, ab. Falls das zugehörige Feld nicht leer ist, gilt $u_j \le i_j \le o_j$, $j=1,...,n$, und d_k, $k=1,...,n-1$, gibt die Ausdehnung der k-ten Dimension des zugehörigen Felds an. Leere Felder werden noch in diesem Abschnitt behandelt werden.

```
┌──  Beispiel Wert der Indexordnung eines Feldelements  ──┐
│  REAL, DIMENSION (-10:10, 5, 3) :: r_feld_5 = 0.        │
│     ...                                                 │
│        r_feld_5(-5, 3, 2) = 15.                         │
└─────────────────────────────────────────────────────────┘
```

Der Wert der Indexordnung des Feldelements `r_feld_5(-5,3,2)` ist 153. Auf das Programmbeispiel 8.1 wird hingewiesen.

Erfolgt im Arbeitsspeicher die Anordnung der Speicherbereiche, die zu den Feldelementen eines Gesamtfelds korrespondieren, entsprechend der Feldelementreihenfolge, dann gilt zeilenorientierter Zugriff auf Feldelemente als ineffizient.

Ein Teilfeld ist Teilobjekt zu einem Gesamtfeld und selbst ein Feld. Teilobjekte haben, wie bereits erwähnt, keinen eigenen Namen, sondern die Bezugnahme auf ein Teilobjekt erfolgt über einen Teilobjektbezeichner. Ein Teilfeld wird durch den Namen des zugehörigen Gesamtfelds und eine Teilfeldindexliste spezifiziert. Syntaktisch ist ein Teilfeld eine Referenz auf ein Teilobjekt eines Gesamtfelds, dessen Rang größer als 0 ist. Unter Standard Fortran 90 ist es nicht zulässig, die Referenz auf ein Teilfeld zu einem Teilfeld zu spezifizieren.

Ein Teilfeld kann auch Teilobjekt vom Rang größer als 0 einer Strukturkomponente oder ein Teilfeld kann zugleich Strukturkomponente sein. Ferner läßt sich zu einem Teilfeld eines Gesamtfelds vom Basisdatentyp CHARACTER ein Zeichenteilbereich spezifizieren. Der Rang und die Gestalt eines Teilfelds können von dem Rang und der Gestalt des zugehörigen Gesamtfelds abweichen. Hat ein Gesamtfeld das Attribut PARAMETER, TARGET oder INTENT, so ist auch jedem Teilfeld zu diesem Gesamtfeld das jeweilige Attribut zugeordnet. Hat hingegen ein Gesamtfeld das Attribut POINTER, so ist keinem Teilfeld zu diesem Gesamtfeld das Merkmal Zeiger zugeordnet.

Falls ein Teilfeld weder Teilfeld einer Strukturkomponente noch Strukturkomponente, noch Teilfeld ist, zu dem ein Zeichenteilbereich angegeben wird, gilt folgende Syntax, um die Referenz auf ein Teilfeld eines Gesamtfelds zu spezifizieren. Das zugehörige Gesamtfeld wird dann auch als Elternfeld bezeichnet.

```
Syntax Teilfeld, das weder Strukturkomponente
       noch Teilfeld einer Strukturkomponen-
       te, noch Teilfeld ist, zu dem ein Zei-
       chenteilbereich spezifiziert wird

f_name(tf_index [, tf_index]...)
```

Dabei bezeichnet `f_name` den Namen des zugehörigen Elternfelds. Ein Teilfeldindex `tf_index` ist ein Indexausdruck, ein Indextripel oder ein Indexvektor. Die Anzahl der Teilfeldindizes in der Teilfeldindexliste muß mit dem Rang des Elternfelds übereinstimmen.

Ein *Indexausdruck* ist, wie bereits erwähnt, ein skalarer Ausdruck, dessen Auswertung einen Wert vom Datentyp INTEGER liefert, der abgesehen von einer Ausnahme innerhalb der Indexgrenzen in der betreffenden Dimension des Elternfelds liegen muß. Die Ausnahme bezieht sich auf den Fall, daß ein leeres Teilfeld spezifiziert wird. Leere Teilfelder werden noch in diesem Abschnitt erörtert werden. Wird ein Teilfeldindex in der Teilfeldindexliste als Indexausdruck spezifiziert und liegt ein n-dimensionales Elternfeld vor, so hat das zugehörige Teilfeld den Rang (n-1).

```
Beispiel Indexausdruck

INTEGER :: l_var_1 = 0
REAL, DIMENSION (10, -1:1) :: r_feld   = 0.
REAL, DIMENSION ( 4, 3)    :: r_feld_1 = 0.
  ...
   l_var_1 = 1
r_feld_1(l_var_1, :) = r_feld(l_var_1+3, :)
```

Zum Teilfeld gehören diejenigen Feldelemente des Elternfelds, deren Indizes die Bedingungen erfüllen, die für die Teilfeldindizes in der Teilfeldindexliste spezifiziert werden. Das Teilfeld zu dem Gesamtfeld `r_feld` im Beispiel besteht aus den Feldelementen `r_feld(4,-1)`, `r_feld(4,0)`, `r_feld(4,1)`. Da der erste Teilfeldindex in der Teilfeldindexliste als Indexausdruck, der zweite Teilfeldindex jedoch nicht als Indexausdruck spezifiziert worden ist, liegt ein Teilfeld vom Rang 1 vor. Das eindimensionale Teilfeld zu dem Gesamtfeld `r_feld_1` besteht aus den Feldelementen `r_feld_1(1,1)`, `r_feld_1(1,2)`, `r_feld_1(1,3)`. Dabei ist der jeweils zweite Teilfeldindex in den Teilfeldindexlisten als Indextripel spezifiziert worden. Wird ein Teilfeldindex als Indextripel spezifiziert, so wird damit eine aufsteigende oder absteigende Teilsequenz aus der Indexwertesequenz zu der korrespondierenden Dimension des Elternfelds festgelegt. Dazu lassen sich mit einem *Indextripel* der Anfangswert der Teilsequenz, eine untere oder obere Teilsequenzgrenze und die Schrittweite zwischen zwei aufeinanderfolgenden Indizes aus der zugehörigen Indexwertesequenz angeben, aus denen die Teilsequenz aufzubauen ist. Es ist zulässig, eine leere Teilsequenz zu spezifizieren. Falls die Teilsequenz zu einem Teilfeldindex leer ist, liegt ein *leeres Teilfeld* vor.

```
┌─ Syntax Indextripel ─────────────────────────────────────┐
│                                                          │
│  [anf_t_i_grenze]  :  [end_t_i_grenze]  [:schritt_t_index]│
│                                                          │
└──────────────────────────────────────────────────────────┘
```

Dabei bezeichnet `anf_t_i_grenze` einen Indexausdruck, mit dem der Anfangswert der Teilsequenz festgelegt wird. Um die untere oder obere Teilsequenzgrenze anzugeben, ist `end_t_i_grenze` durch einen skalaren Ausdruck vom Datentyp INTEGER zu substituieren. Mit `schritt_t_index`, einem skalaren Ausdruck vom Datentyp INTEGER, wird die Schrittweite zwischen zwei aufeinanderfolgenden Indizes aus der zugehörigen Indexwertesequenz spezifiziert, aus denen die Teilsequenz aufzubauen ist. Jeder Indexwert der Teilsequenz muß größer oder gleich der unteren Indexgrenze und kleiner oder gleich der oberen Indexgrenze in der zugehörigen Dimension des Elternfelds sein. Der Wert der oberen Teilsequenzgrenze darf größer als die obere Indexgrenze und der Wert der unteren Teilsequenzgrenze kleiner als die untere Indexgrenze in der zugehörigen Dimension des Elternfelds sein, sofern die vorgenannte Bedingung erfüllt ist. Spezifiziert das Endsymbol : ein Indextripel, so stimmen für die korrespondierende Dimension die Indexwertesequenzen von Teil- und Elternfeld überein.

Der Wert des Indexausdrucks, der `anf_t_i_grenze` substituiert, ist der Anfangswert a_wert der Teilsequenz für einen Teilfeldindex. Wird `anf_t_i_grenze` nicht spezifiziert, so wird als Anfangswert der Teilsequenz die untere Indexgrenze in der zugehörigen Dimension des Elternfelds angenommen. Wird `end_t_i_grenze` nicht spezifiziert, so ist der Endwert der Teilsequenz die obere Indexgrenze in der zugehörigen Dimension des Elternfelds. Wird `schritt_t_index` nicht spezifiziert, so hat die

Schrittweite den Wert 1. Der Wert von `schritt_t_index` muß von 0 verschieden sein. Ist der Wert der Schrittweite größer als 0 und der Wert der oberen Teilsequenzgrenze kleiner als der Anfangswert oder der Wert der Schrittweite kleiner als 0 und der Wert der unteren Teilsequenzgrenze größer als der Anfangswert, dann ist die zugehörige Teilsequenz leer.

```
  Beispiel Indextripel
REAL (KIND(0.D0)), DIMENSION (10, -1:1) :: r_feld_2 = 0.D0
  ...
      WRITE ( 20, '(/ E23.16)' ) r_feld_2(2:10:2, 0)
```

Das Teilfeld zu dem Gesamtfeld `r_feld_2` im Beispiel besteht aus den Feldelementen `r_feld_2(2,0)`, `r_feld_2(4,0)`, `r_feld_2(6,0)`, `r_feld_2(8,0)` und `r_feld_2(10,0)`. Auf das Programmbeispiel 8.1 wird hingewiesen.

Ist der Wert w_schritt von `schritt_t_index` größer als 0, dann gehören die Indexwerte i_wert zur Teilsequenz, für die i_wert=a_wert + k x w_schritt, k=0,1,2,..., gilt und die kleiner oder gleich dem Wert der oberen Teilsequenzgrenze sind. Im Fall von w_schritt kleiner als 0 bilden die Indexwerte i_wert die Teilsequenz, für die i_wert=a_wert - k x |w_schritt| gilt und die größer oder gleich dem Wert der unteren Teilsequenzgrenze sind.

Während ein Teilfeldindex als Indextripel eine aufsteigende oder absteigende Teilsequenz von Indexwerten spezifiziert, gestattet ein Teilfeldindex als Indexvektor, Indexwerte aus der Indexwertesequenz zu der korrespondierenden Dimension des Elternfelds in beliebiger Reihenfolge zusammenzufassen. Syntaktisch ist ein *Indexvektor* ein Feld vom Rang 1, dem der Basisdatentyp INTEGER zugeordnet ist. Ein numerischer Ausdruck, dessen Auswertung ein Feld vom Rang 1 des Basisdatentyps INTEGER liefert, ist als Indexvektor zulässig. Sofern ein Indexvektor Gesamtfeld ist, muß dieser Indexvektor vereinbart werden. Ein Indexvektor läßt sich dann auch mit einer Anweisung zur Deklaration des Basisdatentyps INTEGER vereinbaren.

```
  vereinfachte Syntax  Typdeklaration Basisda-
                       tentyp INTEGER,
                       Indexvektor

  INTEGER, DIMENSION (dim) :: n_index_v                   &
    [=(/ind_ausdr [, ind_ausdr].../)]                     &
    [, n_index_v [=(/ind_ausdr [, ind_ausdr].../)]]...
  oder
  INTEGER, DIMENSION (dim), PARAMETER :: n_index_v        &
    [=(/ind_ausdr [, ind_ausdr].../)]                     &
    [, n_index_v [=(/ind_ausdr [, ind_ausdr].../)]]...
```

Dabei bezeichnet (dim) eine Feldspezifikation wie im Fall eines Felds mit fester Gestalt und ind_ausdr einen Indexausdruck, dessen Auswertung einen Indexwert größer oder gleich der unteren Indexgrenze und kleiner oder gleich der oberen Indexgrenze in der korrespondierenden Dimension des Elternfelds liefert. Für einen Indexvektor ist zu gewährleisten, daß jeder Indexausdruck den Status hat, definiert zu sein.

```
┌─ Beispiele Indexvektor ──────────────────────────┐
│                                                  │
│ INTEGER :: l_var_1 = 0                            │
│ INTEGER, DIMENSION (4) :: index_v_2 = (/2,1,4,3/) │
│ REAL, DIMENSION (10, -1:1) :: r_feld   = 0.       │
│ REAL, DIMENSION ( 4, 3)    :: r_feld_1 = 0.       │
│   ...                                             │
│   l_var_1 = 3                                     │
│   index_v_2 = (/2, l_var_1, l_var_1+1, 3/)        │
│   r_feld(2:8:2, 0) = r_feld_1(index_v_2, 2)       │
│   ...                                             │
│   WRITE(20, '(/ E14.7)') r_feld((/2,1/), (/-1,1/))│
│                                                  │
└──────────────────────────────────────────────────┘
```

Das Teilfeld zu dem Gesamtfeld r_feld_1 im Beispiel besteht aus den Feldelementen r_feld_1(2,2), r_feld_1(3,2), r_feld_1(4,2), r_feld_1(3,2) und das Teilfeld zu dem Gesamtfeld r_feld aus den Feldelementen r_feld(2,0), r_feld(4,0), r_feld(6,0), r_feld(8,0). Dem Feldelement r_feld(2,0) wird der Speicherinhalt von r_feld_1(2,2), r_feld(4,0) der Speicherinhalt von r_feld_1(3,2), r_feld(6,0) der Speicherinhalt von r_feld_1(4,2) und schließlich r_feld(8,0) der Speicherinhalt von r_feld_1(3,2) zugewiesen. Ferner besteht das Teilfeld zu dem Gesamtfeld r_feld in ausgabeliste der Anweisung WRITE aus den Feldelementen r_feld(2,-1), r_feld(1,-1), r_feld(2,1), r_feld(1,1) in der angegebenen Reihenfolge, deren Speicherinhalte in dieser Reihenfolge ausgegeben werden. Auf das Programmbeispiel 8.1 wird hingewiesen. Im Beispiel werden wiederum feldbildnererzeugte Datenobjekte verwandt. In Abschnitt 8.3 werden feldbildnererzeugte Datenobjekte erörtert werden.

Es ist zulässig, daß in der Sequenz von Indexausdrücken eines Indexvektors Indexausdrücke auftreten, deren Auswertung den gleichen Indexwert liefert, falls dieser Indexvektor nicht dazu dient, einen Teilfeldindex in der Teilfeldindexliste eines Teilfelds zu spezifizieren, an dessen Feldelemente Werte zugewiesen werden sollen. Das Ergebnis der Zuweisung wäre dann nicht eindeutig festgelegt. Aus diesem Grund ist es ebenfalls unzulässig, in eingabeliste einer Anweisung READ ein solches Teilfeld anzugeben.

Die Verwendung eines Teilfelds, in dessen Teilfeldindexliste mindestens ein Indexvektor auftritt, als interne Datei ist unzulässig. Ferner darf ein so spezifiziertes Teilfeld nicht als Ziel in einer Zeigerassoziationsanweisung angegeben werden. Die Zeigerassoziationsanweisung wird im Zusammenhang mit dem Attribut POINTER in Abschnitt 8.6 behandelt werden. Eine weitere Einschränkung in der Verwendung von Teilfeldern als Aktualparameter, in deren Teilfeldindexliste mindestens ein Indexvektor auftritt, wird in Abschnitt 9.7 ergänzend erwähnt werden.

Leere Felder sind unter Standard Fortran 90 zulässig. Ist beispielsweise die obere Indexgrenze in einer Dimension eines Felds kleiner als die untere Indexgrenze, so liegt ein leeres Feld vor. Auf das Programmbeispiel 8.1 wird hingewiesen.

```
Beispiel leeres Feld

REAL, DIMENSION (15:10) :: l_feld
```

Zwei leere Felder von gleichem Rang müssen nicht von gleicher Gestalt sein, so daß die Felder nicht konform sind. Jedes Feld ist, wie bereits erwähnt, zu jedem Skalar konform. Demnach ist es zulässig, mit Hilfe einer Zuweisungsanweisung einem leeren Feld einen Skalar zuzuweisen. Ein leeres Feld hat stets den Status, definiert zu sein.

In Abschnitt 7.6 ist die Syntax von Zeichenteilkette vorgestellt worden. Dazu wird die Syntax von Zeichenteilbereich nachgetragen.

```
Syntax Zeichenteilbereich

([anf_pos]:[end_pos])
```

Dabei bezeichnen `anf_pos` und `end_pos` einen skalaren Ausdruck vom Datentyp INTEGER. Mit dem Ausdruck, der `anf_pos` substituiert, wird die Anfangsposition, mit dem Ausdruck, der `end_pos` substituiert, wird die Endposition für die Zeichen in der Elternzeichenkette angegeben, aus denen die Zeichenteilkette gebildet wird. Auf die Ausführungen zu Zeichenteilketten in Abschnitt 7.6 wird Bezug genommen.

Wird die Referenz auf ein Teilfeld zu einem Elternfeld vom Datentyp CHARACTER spezifiziert, so ist die Angabe eines Zeichenteilbereichs zulässig. Syntaktisch gilt, daß der Zeichenteilbereich nach der Teilfeldindexliste zu spezifizieren ist. Ein solches Teilobjekt eines Teilfelds ist wiederum ein Teilfeld mit dem Rang und der Gestalt des Elternteilfelds. Jedes Feldelement eines solchen Teilobjekts eines Teilfelds repräsentiert eine Zeichenteilkette mit dem korrespondierenden Feldelement des Elternteilfelds als Elternzeichenkette.

8.2 Attribut und Anweisung DIMENSION

Das Attribut DIMENSION dient dazu, einem Datenobjekt in Verbindung mit der Deklaration des Basisdatentyps das Merkmal Feld zuzuordnen sowie in einer Feldspezifikation dessen Rang oder dessen Rang und Gestalt zu vereinbaren.

Die Syntax der Feldspezifikation und der Indexgrenzen in einer Dimension sind in Abschnitt 8.1 angegeben worden. Ferner wird auf die Ausführungen zur Syntax der Anweisung zur Deklaration des Basisdatentyps eines Datenobjekts, das Feld mit fester Gestalt ist, in Abschnitt 8.1 Bezug genommen. Wird in einer Anweisung zur Deklaration des Basisdatentyps von Datenobjekten das Attribut DIMENSION spezifiziert, dann hat jedes dieser Datenobjekte den Rang oder den Rang und die Gestalt, die in der Feldspezifikation zu dem Attribut DIMENSION angegeben wird. Die Feldspezifikation, die zu einem Namen in einer Anweisung zur Deklaration des Basisdatentyps angegeben wird, in der das Attribut DIMENSION spezifiziert wird, dominiert die Feldspezifikation zu dem Attribut DIMENSION. Analog gilt dies für Typkomponenten in der Vereinbarung eines abgeleiteten Datentyps.

```
  Beispiele Zuordnung Attribut DIMENSION

REAL, DIMENSION (10, -1:1) :: r_feld = 0.
REAL (KIND(0.D0)), DIMENSION (10, -1:1) :: r_feld_2 = 0.D0,    &
                        r_mod_dim_1(-5:5, -3:3, 7) = 0.D0
```

Im Beispiel werden die zweidimensionalen Felder `r_feld` und `r_feld_2` der Gestalt <<10,3>> vereinbart, wobei jedem der 30 Feldelemente der Datentyp REAL zugeordnet ist, sich die Werte des Typparameters KIND jedoch unterscheiden. Mit `r_mod_dim_1` wird ein dreidimensionales Feld der Gestalt <<11,7,7>> vom Basisdatentyp REAL deklariert.

Wie bereits erwähnt, korrespondiert zu dem Attribut die Anweisung DIMENSION. Diese Anweisung dient dazu, einem Datenobjekt das Attribut DIMENSION zuzuordnen und dessen Rang oder dessen Rang und Gestalt zu vereinbaren. Der Basisdatentyp des Datenobjekts ist in einer Anweisung zur Typdeklaration zu vereinbaren, die der Anweisung DIMENSION vorangehen sollte. Die nicht ausführbare Anweisung DIMENSION hat die folgende Syntax.

```
  Syntax Anweisung DIMENSION

  DIMENSION [::] n_feld(f_spez) [, n_feld(f_spez)]...
 oder
  DIMENSION [::] n_feld(f_spez) [*p_l]                         &
                    [, n_feld(f_spez) [*p_l]]...
```

Dabei bezeichnet n_feld den Namen des Datenobjekts, (f_spez) eine Feldspezifikation und *p_l den Längenparameter zu dem Namen eines Datenobjekts, falls dieses Datenobjekt, dessen Name n_feld substituiert, vom Datentyp CHARACTER ist.

Die Deklaration des Basisdatentyps und die Zuordnung des Attributs DIMENSION in zwei Schritten hat den Nachteil, daß in der Anweisung zur Typdeklaration nicht deutlich wird, daß beabsichtigt ist, ein Feld zu vereinbaren und aus der spezifizierten Anweisung DIMENSION der Basisdatentyp des Datenobjckts nicht unmittelbar erkennbar ist. In der Regel ist die Zuordnung des Attributs DIMENSION in der Anweisung zur Typdeklaration des Basisdatentyps zu bevorzugen.

Neben der Zuordnung des Attributs DIMENSION in einer Anweisung zur Typdeklaration des Basisdatentyps eines Datenobjekts oder in einer Anweisung DIMENSION gestattet FORTRAN auch, das Merkmal Feld für ein Datenobjekt mit der Anweisung COMMON zu vereinbaren. Im Fall der Zuordnung des Merkmals Feld mit der Anweisung COMMON ist der zugehörige Speicherbereich aus verschiedenen Gültigkeitseinheiten zugreifbar. Jede Programmeinheit ist eine Gültigkeitseinheit. Es gibt jedoch weitere Gültigkeitseinheiten. Der Begriff Gültigkeitseinheit wird in der Einleitung zu Kapitel 9 festgelegt werden, und die Anweisung COMMON wird, wie bereits erwähnt, in Abschnitt 9.6 eingeführt werden.

8.3 Implizite Schleife, Feldbildner

8.3.1 Implizite Schleife

Zu eingabeliste einer Anweisung READ oder zu ausgabeliste einer Anweisung WRITE oder PRINT ist es zulässig, auch implizite Schleifen zu spezifizieren. Eine implizite Schleife wird wie eine Zählschleife abgearbeitet. In der Regel werden implizite Schleifen bei der Ein- oder Ausgabe von Teilfeldern eingesetzt.

```
┌─ Beispiele implizite Schleife ─────────────────────────┐
│                                                        │
│  INTEGER l_var_1                                       │
│  REAL, DIMENSION (10) :: r_feld                        │
│     ...                                                │
│     READ (10,*) (r_feld(l_var_1), l_var_1=1,10,2)      │
│       ...                                              │
│     WRITE (20,1100) (l_var_1, r_feld(l_var_1), l_var_1=1,10,2) │
│  1100  FORMAT(/I5, 5X, E14.7)                          │
│                                                        │
└────────────────────────────────────────────────────────┘
```

Bei fehlerfreier Ausführung der Anweisung READ wird l_var_1 die Festpunktzahl 1 zugewiesen. Aus dem aktuellen Datensatz erfolgt die listengesteuerte Eingabe eines numerischen Werts, der nach Konversion auf r_feld(1) abgebildet wird. In den folgenden 4 Ausführungszyklen erfolgt sukzessive die Abspeicherung auf `r_feld(3)`,...,`r_feld(9)`. Danach wird die Ausführung dieser impliziten Schleife abgeschlossen. Im Fall der fehlerfreien Ausführung der Anweisung WRITE wird `l_var_1` die Festpunktzahl 1 zugewiesen, der Speicherinhalt von `l_var_1` entsprechend dem spezifizierten I-Formatbeschreiber und der Speicherinhalt von `r_feld(1)` entsprechend dem spezifizierten E-Formatbeschreiber in externe Darstellung umgewandelt und ausgegeben. Analog zu den Schritten in der zweiten Phase der Ausführung einer Zählschleife wird die implizite Schleife in den 4 weiteren Ausführungszyklen abgearbeitet. Danach wird die Ausführung dieser impliziten Schleife abgeschlossen.

Eine implizite Schleife zu `eingabeliste` und `ausgabeliste` hat die folgende Syntax.

```
Syntax implizite Schleife in eingabeliste und
       ausgabeliste

( e_a_liste, l_var = anf_p, end_p [, schritt_p] )
```

Syntax und Semantik von `l_var`, `anf_p`, `end_p` und `schritt_p` entsprechen in dieser Reihenfolge der Syntax und Semantik der Laufvariablen, des Anfangs-, End- und Schrittweitenparameters der Anfangsanweisung einer DO Struktur, die Zählschleife ist. Auf die Ausführungen in Abschnitt 5.1 wird Bezug genommen. Die Liste, die `e_a_liste` substituiert, bildet den Wirkungsbereich der impliziten Schleife. Die skalare Variable vom Datentyp INTEGER, die `l_var` substituiert, bezieht sich auf den Wirkungsbereich der impliziten Schleife.

Mit `e_a_liste` wird im Fall einer Anweisung READ eine Liste von Variablen oder impliziten Schleifen und im Fall einer Ausgabeanweisung eine Liste von Ausdrücken oder impliziten Schleifen festgelegt. Im Fall einer Eingabeanweisung ist nicht zulässig, daß eine Variable in der Liste, die `e_a_liste` substituiert, zugleich Laufvariable der impliziten Schleife ist oder zu der Laufvariablen assoziiert ist. Der Begriff der Assoziation von Zeiger und Zeigerziel wird in Abschnitt 8.6 eingeführt werden. Äquivalenzobjekte und Zuordnung über Speicher sind in Abschnitt 6.7 einführend erörtert worden.

Wird zu `eingabeliste` einer Anweisung READ oder zu `ausgabeliste` einer Ausgabeanweisung ein nicht leeres Feld spezifiziert, so erfolgt beim Datentransfer die Referenz auf die Feldelemente in Feldelementreihenfolge. Im Fall eines nicht leeren Felds in der Liste, die `eingabeliste` einer Anweisung READ substituiert, ist es nicht zulässig, daß ein Feldelement dieses Felds auf den Wert eines Ausdrucks wirkt, der dazu beiträgt, das Feld zu spezifizieren. Unter den vorgenannten Bedingungen ist es ferner nicht zulässig, daß ein Feldelement mehrfach referenziert wird. Diese Beschränkungen, die dazu dienen, die Eindeutigkeit des Datentransfers zu gewährleisten, sind insbesondere zu beachten, wenn in bezug auf ein nicht leeres Teilfeld mit Hilfe einer impliziten Schleife zu `eingabeliste` einer Anweisung READ Datentransfer spezifiziert wird.

```
┌─ Beispiel implizite Schleife und Eindeutigkeit der ─┐
│            Dateneingabe                              │

INTEGER l_var_1
INTEGER, DIMENSION(12) :: index = 0, i1_feld = 0
  ...
index = (/ (l_var_1, l_var_1=1,12) /)
READ (10, '(5I5)') (i1_feld ( index(l_var_1) ), l_var_1=1,5)
```

Unzulässig ist hingegen, zu `eingabeliste` einer Anweisung READ eine implizite Schleife zu spezifizieren, wie

`READ(10,*) (i1_feld(i1_feld(l_var_1)), l_var_1=1,5)` oder

`READ(10,'(5I5)') (i1_feld(index(l_var_1)),l_var_1=1,5)` im Fall der Gleichheit von zwei Speicherinhalten des Teilfelds `index(1:5)`.

Tritt eine Fehlerbedingung oder die Dateiende-Bedingung ein, wird die Ausführung einer impliziten Schleife abgebrochen. Im Gegensatz zur Laufvariablen einer DO Struktur hat dann die Laufvariable der impliziten Schleife den Status, undefiniert zu sein.

Mit der Laufvariablen einer impliziten Schleife muß nicht zu einem Teilfeld oder Feldelement in der Liste, die `e_a_liste` substituiert, ein Indexausdruck spezifiziert werden, wie mit dem folgenden Beispiel demonstriert wird.

```
┌─ Beispiel implizite Schleife und skalare Variable ─┐

INTEGER l_var_1
CHARACTER :: zeichen1='a', zeichen2 = 'b', zeichen3 = 'c'
  ...
WRITE (20, 7100) zeichen1, (zeichen2, zeichen3, ' ', l_var_1=1,5)
7100 FORMAT(A/5(3A))
```

Wie bereits angedeutet worden ist, lassen sich implizite Schleifen schachteln, die wie geschachtelte Zählschleifen abgearbeitet werden. Vereinfachend formuliert müssen sich im Fall geschachtelter impliziter Schleifen die Namen der spezifizierten Laufvariablen unterscheiden.

```
┌─ Beispiel geschachtelte implizite Schleifen ─┐

INTEGER l_var_1, l_var_2
INTEGER, DIMENSION (5,5) :: ein_matrix_5
  ...
WRITE ( 20, 4100 ) (( ein_matrix_5(l_var_1, l_var_2),          &
                      l_var_2=1,5), l_var_1=1,5)
4100 FORMAT(/5(E12.5,2X))
```

Im Fall der fehlerfreien Ausführung der Anweisung WRITE wird der Speicherinhalt
von `ein_matrix_5(1,1)`, `ein_matrix_5(1,2)`,...,`ein_matrix_5(5,5)`
entsprechend dem spezifizierten E-Formatbeschreiber umgewandelt und ausgegeben.
Die Reihenfolge, in der die Feldelemente des Felds `ein_matrix_5` ausgegeben werden, entspricht der Matrixelementanordnung und nicht der Feldelementreihenfolge.

Auch in `d_liste_obj` einer Anweisung DATA sind implizite Schleifen zulässig. Auf
die Ausführungen zur Anweisung DATA in Abschnitt 7.7 wird hingewiesen. Eine implizite Schleife in `d_liste_obj` hat die folgende Syntax.

```
Syntax implizite Schleife in d_liste_obj

( is_d_liste_obj, l_var = anf_p, end_p [, schritt_p] )
```

Dabei steht `is_d_liste_obj` für eine Liste von Feldelementen, skalaren Strukturkomponenten und/oder impliziten Schleifen. In der Liste, die `is_d_liste_obj` substituiert, sind ausschließlich Variablen zulässig. Jeder Index eines Feldelements oder einer skalaren Strukturkomponente in der Liste, die `is_d_liste_obj` substituiert,
muß ein Ausdruck sein, dessen Primärausdrücke Konstanten oder Laufvariablen der zugehörigen impliziten Schleifen sind. Auch die Primärausdrücke, aus denen sich die
skalaren Ausdrücke zu `anf_p`, `end_p` und `schritt_p` vom Datentyp INTEGER zusammensetzen, müssen Konstanten oder Laufvariablen äußerer impliziter Schleifen
sein. Vereinfachend formuliert müssen sich im Fall geschachtelter impliziter Schleifen
die Namen der spezifizierten Laufvariablen unterscheiden. Der Name der Laufvariablen
einer impliziten Schleife in der Liste, die `is_d_liste_obj` substituiert, hat den
Wirkungsbereich dieser impliziten Schleife als Gültigkeitsbereich. Demnach wirkt sich
der Bestimmtheitsstatus einer solchen Laufvariablen nicht auf den Bestimmtheitsstatus
einer Variablen gleichen Namens in derselben Gültigkeitseinheit aus.

Zu der Sequenz von skalaren Variablen, die aus den Datenobjekten und/oder impliziten
Schleifen in der Liste aufgebaut wird, die `d_liste_obj` zu einer Anweisung DATA
substituiert, trägt die Auswertung einer impliziten Schleife eine Teilsequenz aus Feldelementen und/oder skalaren Strukturkomponenten bei. Im Fall eines leeren Felds in der
Liste, die `is_d_liste_obj` substituiert, wird jedoch keine skalare Variable in die
Teilsequenz aufgenommen. Hat der Zykluszähler zu einer impliziten Schleife à priori
den Wert 0, dann ist die Teilsequenz leer.

```
┌─── Beispiel implizite Schleife und Anweisung DATA ───┐
│  INTEGER faktor, l_var_1
│  REAL, DIMENSION(5,5) :: ein_matrix_5
│     ...
│  DATA faktor, (ein_matrix_5(l_var_1,l_var_1), l_var_1=1,5)   &
│     / 5, 5*1.0 /
└──────────────────────────────────────────────────────┘
```

Bezogen auf das Beispiel wird die zugehörige Sequenz von skalaren Variablen aus `faktor`, `ein_matrix_5(1,1)`,...,`ein_matrix_5(5,5)` und die zugehörige Sequenz skalarer Konstanten aus 5, `1.0`,...,`1.0` gebildet.

Implizite Schleifen lassen sich ebenfalls dazu verwenden, feldbildnererzeugte Datenobjekte zu spezifizieren. Wie bereits erwähnt, dient der Feldbildner dazu, eine Sequenz skalarer Ausdrücke zu konstruieren, die als Feld vom Rang 1 interpretiert wird. Eine implizite Schleife in einem feldbildnererzeugten Datenobjekt hat folgende Syntax.

```
┌─── Syntax implizite Schleife in feldbildner- ───┐
│           erzeugtem Datenobjekt
│  ( fb_ausdr_liste, l_var = anf_p, end_p [, schritt_p] )
└──────────────────────────────────────────────────┘
```

Mit `fb_ausdr_liste` wird eine Liste von skalaren Ausdrücken oder impliziten Schleifen festgelegt. Die Auswertung jedes Ausdrucks in der Liste muß auf einen Wert von demselben Datentyp und Typparameter führen. Vereinfachend formuliert müssen sich im Fall geschachtelter impliziter Schleifen die Namen der spezifizierten Laufvariablen unterscheiden.

Analog zu dem Namen einer Laufvariablen einer impliziten Schleife zu `d_liste_obj` hat auch der Name der Laufvariablen einer impliziten Schleife zu `fb_ausdr_liste` als Gültigkeitsbereich den Wirkungsbereich der impliziten Schleife.

```
┌─── Beispiel implizite Schleife und feldbildnererzeugte Daten- ───┐
│           objekte
│  INTEGER, PARAMETER :: n = 3840
│  INTEGER faktor, l_var_1
│  INTEGER, DIMENSION(4), PARAMETER :: index_v_1 =              &
│                  (/ (l_var_1, l_var_1=2,8,2) /)
│  INTEGER, DIMENSION(15) :: i2_feld = 0
│  DATA faktor / 5 /
│     ...
│  i2_feld = (/ ( n/l_var_1, l_var_1=2,10,2 ),                 &
│              ( faktor*l_var_1, l_var_1=11,20 ) /)
└──────────────────────────────────────────────────────────────────┘
```

Im Beispiel werden die Feldelemente des Felds `index_v_1` in Feldelementreihenfolge
mit folgenden Festpunktzahlen initialisiert: 2, 4, 6, 8. Ferner wird den Feldelementen
des Felds `i2_feld` in Feldelementreihenfolge der Wert der folgenden ganzen Zahlen
in interner Darstellung zugewiesen: 1920, 960, 640, 480, 384, 55, 60, 65, 70, 75, 80, 85,
90, 95, 100.

8.3.2   Feldbildner

Der Feldbildner dient dazu, eine Sequenz von skalaren Werten zu spezifizieren, die als
eindimensionales Feld interpretiert wird. Damit lassen sich feldbildnererzeugte Konstanten und Variablen spezifizieren. Feldbildnererzeugte Konstanten eignen sich vor
allem dazu, benannte Feldkonstanten zu vereinbaren und Felder oder Teilfelder zu in-
itialisieren.

```
Syntax feldbildnererzeugtes Datenobjekt

(/ fb_ausdr_impl_do [, fb_ausdr_impl_do]... /)
```

Dabei bezeichnet `fb_ausdr_impl_do` einen Ausdruck oder eine implizite Schleife.
Wird `fb_ausdr_impl_do` durch einen skalaren Ausdruck substituiert, so wird das
Ergebnis seiner Auswertung als Wert in die Sequenz eingereiht. Falls
`fb_ausdr_impl_do` durch einen feldwertigen Ausdruck ersetzt wird, dann werden
die Werte, die aus der Auswertung des Ausdrucks resultieren, als skalare Werte in die
Sequenz aufgenommen. Die Reihenfolge, in der die skalaren Werte in der Sequenz positioniert werden, entspricht der Feldelementreihenfolge. Beschreibt
`fb_ausdr_impl_do` eine implizite Schleife, dann werden die skalaren Werte, die
sich aus der Auswertung der impliziten Schleife ergeben, in die Sequenz eingeordnet.
Die Reihenfolge, in der die skalaren Werte in die Sequenz aufgenommen werden, entspricht der Abfolge, in der sie bei der Auswertung der impliziten Schleife erzeugt werden. Auf die Ausführungen im vorangegangenen Unterabschnitt zu impliziten Schleifen
in feldbildnererzeugten Datenobjekten wird Bezug genommen.

Die skalaren Werte in der Sequenz müssen in Datentyp und Typparameter übereinstimmen. Dem feldbildnererzeugten Datenobjekt ist dieser Datentyp und Typparameter
zugeordnet. Eine leere Sequenz liefert ein leeres Feld vom Rang 1. Falls jeder Ausdruck, der ein `fb_ausdr_impl_do` substituiert, ein konstanter Ausdruck ist und falls
der Wirkungsbereich jeder impliziten Schleife, die ein `fb_ausdr_impl_do` substituiert, als Liste ausschließlich von Konstanten spezifiziert wird, dann liegt eine feldbildnererzeugte Konstante vor. Andernfalls wird eine feldbildnererzeugte Variable spezifiziert. Mit einer feldbildnererzeugten Konstanten läßt sich eine benannte Feldkonstante vereinbaren.

Soll ein feldbildnererzeugtes Datenobjekt einem Feld zugewiesen werden, dessen Rang größer als 1 ist, so läßt sich mit der Standardfunktion RESHAPE die Anpassung der Gestalt des Datenobjekts an die Gestalt dieses Felds spezifizieren. Die Standardfunktion RESHAPE wird im Anhang A beschrieben. In den Programmbeispielen 8.1 und 8.3 sind auch die folgenden feldbildnererzeugten Datenobjekte spezifiziert worden.

```
Beispiele feldbildnererzeugtes Datenobjekt

INTEGER, DIMENSION(4), PARAMETER :: index_v_3 = (/ 1,1,0,-1 /)
REAL (KIND(0.D0)), DIMENSION (6) :: e_messung_kl = 0.D0
   ...
     e_messung_kl = (/ 1.25D0,1.26D0,1.25D0,1.24D0,1.25D0,1.25D0 /)
```

8.4 Strukturkomponenten, Teilfeld und Feldelement

Wie bereits in Abschnitt 6.6 erwähnt worden ist, läßt sich einer Typkomponente in der Vereinbarung eines abgeleiteten Datentyps auch das Attribut DIMENSION zuordnen. Zu den Ausführungen in Abschnitt 6.6 ist die Syntax von komp_feld_spez nachzutragen.

```
Syntax komp_feld_spez

(komp_dim [, komp_dim]⁶)
```

```
Syntax komp_dim

      [u_dim_index:] o_dim_index
oder
      :
```

Ist einer Typkomponente das Attribut DIMENSION, jedoch nicht das Attribut POINTER zugeordnet, dann ist auch die Gestalt des Felds explizit zu spezifizieren. Ein solches Feld gehört demnach zur Klasse der Felder mit expliziter Gestalt. Ist einer solchen Typkomponente das Attribut POINTER zugeordnet, dann ist der Rang des Felds zu spezifizieren. Ein solches Feld gehört zur Klasse der Felder mit offener Gestalt. Diese Klasse besteht aus den dynamisch speicherbaren Feldern und den Feldern mit dem Attribut POINTER. Wie bereits erwähnt worden ist, werden dynamisch speicher-

bare Felder in Abschnitt 8.5 und Felder mit dem Attribut POINTER in Abschnitt 8.6
behandelt werden.

```
     Beispiel Vereinbarung einer Typkomponente mit dem Merkmal
             Feld,
             Typdeklaration Datenobjekt mit abgeleitetem Daten-
             tentyp als Basisdatentyp,
             Feld mit fester Gestalt

TYPE gammarus_sal
   SEQUENCE
      REAL (KIND(0.D0))                         :: kl_mittel
      REAL (KIND(0.D0)), DIMENSION(3,2)         :: kl_orig
      INTEGER                                   :: geschlecht
      REAL (KIND(0.D0))                         :: rel_n_masse,           &
                                                   rel_t_masse
END TYPE gammarus_sal
   ...
TYPE (gammarus_sal), DIMENSION(50)  ::  ind_gam_sal
```

Eine Variante, um ein Feld mit fester Gestalt zu vereinbaren, besteht darin, eine Anweisung zur Typdeklaration geeignet zu spezifizieren, wie bereits in Abschnitt 8.1 erörtert
worden ist. Dies gilt auch für den Fall eines Felds mit fester Gestalt, dessen Basisdatentyp ein abgeleiteter Datentyp ist. Die Ausführungen zu Teilfeldern und Feldelementen eines Felds mit expliziter Gestalt in Abschnitt 8.1 sind jedoch zu ergänzen. Teilfelder, die zugleich Strukturkomponente sind, Teilfelder einer Strukturkomponente und
Feldelemente zu einer Strukturkomponente werden im folgenden behandelt. In Abschnitt 6.6 ist bereits die Dualität von Strukturkomponente eines Datenobjekts und der
Referenz auf eine Strukturkomponente hervorgehoben worden. Die Syntax der Referenz
auf ein Teilfeld, das zugleich Strukturkomponente ist, auf ein Teilfeld einer Strukturkomponente und auf ein Feldelement zu einer Strukturkomponente erweitert die Syntax
der Referenz auf eine Strukturkomponente als Teilobjekt, die in Abschnitt 6.6 vorgestellt worden ist.

```
     Syntax Referenz Strukturkomponente, Teil-
            feld einer Strukturkomponente, Feld-
            element zu einer Strukturkomponente

n_stv[(tf_il)][%n_teil_i[(tf_il)]...]%n_teil_k[(tf_il)]
```

Dabei bezeichnet n_stv den Namen einer Strukturvariablen und n_teil_i,
n_teil_k den Namen einer Typkomponente. Auf die Ausführungen in Abschnitt 6.6
wird Bezug genommen. Ferner steht tf_il für eine Teilfeldindexliste. Jeder Teilfeldindex ist, wie in Abschnitt 8.1 erläutert, als Indexausdruck, Indextripel oder Indexvektor
zu spezifizieren. Auch die Anzahl der Teilfeldindizes in der Teilfeldindexliste zu einer

Strukturkomponente muß mit dem Rang der korrespondierenden Typkomponente übereinstimmen.

Wird die Referenz auf ein Teilfeld, das zugleich Strukturkomponente ist, auf ein Teilfeld einer Strukturkomponente oder auf ein Feldelement zu einer Strukturkomponente spezifiziert, so ist die Strukturvariable, deren Name `n_stv` substituiert, in dieser Referenz Elterndatenobjekt.

Wird zu einer Strukturkomponente keine Teilfeldindexliste angegeben, dann hat diese Strukturkomponente den Rang der korrespondierenden Typkomponente. Wird hingegen zu einer Strukturkomponente eine Teilfeldindexliste spezifiziert, dann legt die Anzahl der als Indextripel oder Indexvektor angegebenen Teilfeldindizes den Rang dieser Strukturkomponente fest. Der Rang der Strukturkomponente in der aktuell spezifizierten Referenz ergibt sich demnach aus dem Rang der korrespondierenden Typkomponente reduziert um die Anzahl der Indexausdrücke, die zu der Teilfeldindexliste spezifiziert werden. Nach der Syntax zur Vereinbarung eines abgeleiteten Datentyps ist es zulässig, mehr als einer Typkomponente das Attribut DIMENSION zuzuordnen. Wird die Referenz auf eine Strukturkomponente oder auf ein Teilfeld einer Strukturkomponente spezifiziert, so ist jedoch nur eine Angabe zu `tf_il` vom Rang größer als 0 gestattet. Diese Einschränkung wird mit Anforderungen an die Übersichtlichkeit von Quellcode begründet und im folgenden als einschränkende Rangbedingung bezeichnet.

Wird zu der Strukturkomponente, die `n_teil_k` substituiert, eine Teilfeldindexliste mit mindestens einem Teilfeldindex als Indextripel oder Indexvektor angegeben, dann wird die Referenz auf ein Teilfeld dieser Strukturkomponente spezifiziert, sofern die einschränkende Rangbedingung erfüllt ist. In der aktuell spezifizierten Referenz muß dann sowohl die Strukturvariable als auch jede Strukturkomponente, die ein `n_teil_i` substituiert, den Rang 0 haben. Daraus folgt, daß im Fall der Referenz auf ein Teilfeld einer Strukturkomponente dieser Referenz der Rang und die Gestalt dieses Teilfelds zugeordnet ist. Falls in der Teilfeldindexliste jeder Teilfeldindex als Indexausdruck spezifiziert wird, liegt demnach die Referenz auf ein Feldelement zu der Strukturkomponente vor, die `n_teil_k` substituiert.

Wird zu einer Strukturkomponente, die ein `n_teil_i` oder ein `n_teil_k` substituiert, keine Teilfeldindexliste spezifiziert, und hat diese Strukturkomponente einen Rang größer als 0 und ist ferner die einschränkende Rangbedingung erfüllt, dann wird die Referenz auf ein Teilfeld spezifiziert, das zugleich Strukturkomponente ist. Wird ein Teilfeld zu der Strukturvariablen spezifiziert, die `n_stv` substituiert, und wird zu der Strukturkomponente, die `n_teil_k` substituiert, keine Teilfeldindexliste angegeben und ist die einschränkende Rangbedingung erfüllt, dann liegt ebenfalls die Referenz auf ein Teilfeld vor, das zugleich Strukturkomponente ist. Wird die Referenz auf ein Teilfeld spezifiziert, das zugleich Strukturkomponente ist, so wird dieser Referenz der Rang und die Gestalt des Teilfelds zugeordnet.

Wird die Referenz auf eine Strukturkomponente spezifiziert, so ist dieser Referenz das Attribut PARAMETER zugeordnet, falls das Elterndatenobjekt dieses Attribut hat, wie bereits in Abschnitt 6.6 erwähnt worden ist. Dies gilt analog für das Attribut TARGET und INTENT, jedoch nicht für das Attribut POINTER. Wird die Referenz auf eine Strukturkomponente spezifiziert, so ist dieser Referenz das Attribut POINTER zugeordnet, falls die Strukturkomponente, die `n_teil_k` substituiert, das Attribut POINTER hat. Wird die Referenz auf eine Strukturkomponente spezifiziert und hat in dieser Referenz eine Strukturkomponente, die ein `n_teil_i` substituiert, einen Rang größer als 0, dann ist es unzulässig, daß einer nachfolgenden Strukturkomponente das Attribut POINTER zugeordnet ist.

Im folgenden werden Referenzen auf ein Teilfeld, das zugleich Strukturkomponente ist, auf ein Teilfeld einer Strukturkomponente und auf ein Feldelement zu einer Strukturkomponente angegeben, die dem Quellcode des Beispielprogramms 8.3 entlehnt sind.

```
     Beispiel konstruiertes Strukturobjekt,
            Referenz auf ein Teilfeld einer Strukturkomponente,
            auf ein Feldelement zu einer Strukturkomponente und
            auf ein Teilfeld, das Strukturkomponente ist

INTEGER, PARAMETER :: geschlecht_m = 1
INTEGER :: index = 1, ind1 = 2, ind2 = 8, l_var_1 = 0, l_var_2 = 0
REAL (KIND(0.D0)), PARAMETER :: max_n_masse = 57.1D0,                    &
                                max_t_masse =  9.8D0
REAL (KIND(0.D0)) :: messwert_n_masse = 0.D0,                           &
                     messwert_t_masse = 0.D0
REAL (KIND(0.D0)), DIMENSION(6) :: e_messung_kl = 0.D0
   ...
TYPE gammarus_sal
   SEQUENCE
      REAL (KIND(0.D0))                       :: kl_mittel
      REAL (KIND(0.D0)), DIMENSION(3,2)       :: kl_orig
      INTEGER                                 :: geschlecht
      REAL (KIND(0.D0))                       :: rel_n_masse, rel_t_masse
END TYPE gammarus_sal
   ...
TYPE (gammarus_sal), DIMENSION(50) :: ind_gam_sal
   ...
  e_messung_kl = (/1.25D0, 1.26D0, 1.25D0, 1.24D0, 1.25D0, 1.25D0/)
   ...
messwert_n_masse = 32.7D0
messwert_t_masse =  5.1D0
   ...
ind_gam_sal(index) =                                              &
      gammar_sal ( 1.25D0,                                        &
                   RESHAPE(SOURCE=e_messung_kl, SHAPE=(/3,2/)),   &
                   geschlecht_m, messwert_n_masse/max_n_masse,    &
                   messwert_t_masse/max_t_masse                   )
   ...
!      Referenz auf ein Teilfeld einer Strukturkomponente
l_var_1 = 2
ind_gam_sal(index)%kl_orig(l_var_1,:) = (/1.21D0, 1.22D0/)
   ...
!      Referenz auf Feldelemente zu einer Strukturkomponente
WRITE(20, 4300) ( (ind_gam_sal(index)%kl_orig(l_var_1,l_var_2),   &
                   l_var_1 = 1,3), l_var_2 = 1,2 )
   ...
!      Referenz auf ein Teilfeld, das Strukturkomponente ist
WRITE(20, 5000) ind_gam_sal(ind1:ind2:2)%kl_mittel
WRITE(20, 6000) ind_gam_sal(index)%kl_orig
```

Auch für den Fall, daß die Referenz auf ein Teilfeld einer Strukturkomponente spezifiziert wird, ist in einer solchen Referenz die Angabe eines Zeichenteilbereichs zulässig, falls die korrespondierende Typkomponente den Basisdatentyp CHARACTER hat. Syntaktisch gilt, daß der Zeichenteilbereich nach der Teilfeldindexliste anzugeben ist. Wird die Referenz auf ein Teilfeld spezifiziert, das zugleich Strukturkomponente ist, und ist die skalare Strukturkomponente, die n_teil_k substituiert, vom Datentyp CHARACTER, dann läßt sich zu dieser Strukturkomponente ebenfalls ein Zeichenteilbereich angeben. Jedes solche Teilobjekt eines Teilfelds ist ebenfalls ein Teilfeld und hat den Rang und die Gestalt des Elternteilfelds. Im Fall eines solchen Teilobjekts zu einem Teilfeld einer Strukturkomponente repräsentiert jedes Feldelement des Teilobjekts eine Zeichenteilkette mit dem korrespondierenden Feldelement der Strukturkomponente als Elternzeichenkette. Im Fall eines solchen Teilobjekts zu einem Teilfeld, das zugleich Strukturkomponente ist, repräsentiert jedes Feldelement des Teilobjekts eine Zeichenteilkette mit der skalaren Strukturkomponente, die n_teil_k substituiert, als Elternzeichenkette. Auf das Programmbeispiel 8.4 wird hingewiesen.

```
     Beispiel Teilfeld, das zugleich Strukturkomponente ist,
            Angabe eines Zeichenteilbereichs

  TYPE rechnung_kopf
     CHARACTER (16)          :: firma_name
     CHARACTER (24)          :: firma_strasse
     CHARACTER (32)          :: firma_orte
     CHARACTER (16)          :: firma_tel
     CHARACTER (16)          :: firma_fax
  END TYPE rechnung_kopf

  TYPE rechnung_betrag
     REAL                    :: gesamtbetrag_netto
     REAL                    :: mehrwertsteuer
     REAL                    :: gesamtbetrag_brutto
  END TYPE rechnung_betrag

  TYPE gesamtrechnung
     TYPE(rechnung_kopf)     :: komp_rechnung_kopf
     TYPE(rechnung_betrag)   :: komp_rechnung_betrag
  END TYPE gesamtrechnung
  ...
  TYPE (gesamtrechnung), DIMENSION (10) ::  akt_gesamtrechnung
  ...
  akt_gesamtrechnung(3)%komp_rechnung_kopf =                      &
        rechnung_kopf ('Werkzeug KG', 'Schleusenstr. 41',        &
                      '26382 Wilhelmshaven', '(04421) 77831',    &
                      '(04421) 77631'                            )

  ...
  akt_gesamtrechnung(5)%komp_rechnung_kopf =                      &
        rechnung_kopf ('Laborbedarf GmbH', 'Langenstr. 76',      &
                      '28195 Bremen', '(0421) 175990',           &
                      '(0421) 15830'                             )

  ...
  WRITE(20,'(6/'' Kunden'' /'' Vorwahl Telefon '' // (1X,A))')   &
     akt_gesamtrechnung (3:5:2)%komp_rechnung_kopf%firma_tel(:7)
```

8.5 Dynamisch speicherbare und gespeicherte Felder

Ein Feld, das Variable ist und dem das Attribut ALLOCATABLE zugeordnet ist, wird als dynamisch speicherbar bezeichnet. Das Merkmal dynamischer Speicherbarkeit läßt sich einem Feld in der Anweisung zur Deklaration des Basisdatentyps oder mit der Anweisung ALLOCATABLE zuordnen.

Wie bereits erwähnt, gehören die dynamisch speicherbaren Felder zur Klasse der Felder mit offener Gestalt. Im Fall eines Felds mit offener Gestalt wird mit der Feldspezifikation lediglich der Rang des Felds angegeben. Die Feldspezifikation hat dann die folgende Syntax.

```
          Syntax Feldspezifikation
                 Feld mit offener Gestalt

(: [, :]⁶)
```

Die Gestalt eines dynamisch speicherbaren Felds wird im Zusammenhang mit der Ausführung einer geeignet spezifizierten Anweisung ALLOCATE zur Laufzeit eines Programms festgelegt. Im folgenden Beispiel wird mit `dyn_feld1` ein zweidimensionales und mit `dyn_feld2` ein dreidimensionales dynamisch speicherbares Feld deklariert.

```
     Beispiele Typdeklaration Variable vom Basisdatentyp REAL,
               dynamisch speicherbares Feld

     REAL, ALLOCATABLE, DIMENSION (:,:) :: dyn_feld1, dyn_feld2(:, :, :)
```

Das Attribut ALLOCATABLE läßt sich nur einem Feld zuordnen. Es ist unzulässig, einem Feld mit dem Merkmal dynamischer Speicherbarkeit zugleich das Attribut PARAMETER oder das Attribut POINTER zuzuordnen. Ein dynamisch speicherbares Feld ist stets eine Variable. Wird einem Feld das Attribut POINTER zugeordnet, so handelt es sich zwangsläufig um ein dynamisch speicherbares Feld. Zulässig ist es hingegen, einem dynamisch speicherbaren Feld das Attribut TARGET, PRIVATE, PUBLIC oder SAVE zuzuordnen.

Die Anweisung ALLOCATABLE dient dazu, einem Feld, das Variable ist, das Merkmal dynamischer Speicherbarkeit zuzuordnen. Diese nicht ausführbare Anweisung hat die folgende Syntax.

```
 Syntax Anweisung ALLOCATABLE

ALLOCATABLE [::] n_feld[(f_spez)]                              &
                  [, n_feld[(f_spez)]]...
oder
 ALLOCATABLE [::] n_feld[(f_spez)] [*p_l]                      &
                  [, n_feld[(f_spez) [*p_l]]]...
```

Dabei bezeichnet `n_feld` den Namen eines Felds, das Variable ist. Der Name, der
`n_feld` substituiert, ist weder als Formalparameter noch als Name für das Ergebnis
der Ausführung eines Funktionsunterprogramms zulässig. Der Begriff Formalparameter
wird in Abschnitt 9.1 festgelegt werden, Funktionsunterprogramme werden in den Abschnitten 9.2, 9.4 und 9.8 behandelt werden. Falls das Datenobjekt, dessen Name
`n_feld` substituiert, vom Datentyp CHARACTER ist, bezeichnet `*p_l` den Längenparameter zu dem Namen. Ferner ist `(f_spez)` durch eine Feldspezifikation für ein
Feld mit offener Gestalt zu ersetzen. Neben der Zuordnung des Attributs DIMENSION
in einer Anweisung zur Deklaration des Basisdatentyps eines Felds oder in einer Anweisung DIMENSION gestattet FORTRAN auch, dieses Merkmal für ein dynamisch
speicherbares Feld mit der Anweisung ALLOCATABLE zu vereinbaren.

Die Deklaration des Basisdatentyps und die Zuordnung des Attributs ALLOCTABLE in
zwei Anweisungen ist ähnlich nachteilig, wie bereits im Zusammenhang mit den Ausführungen zur Anweisung DIMENSION erläutert worden ist. In der Regel ist die Zuordnung des Attributs ALLOCATABLE und ggf. weiterer Attribute in der Anweisung
zur Deklaration des Basisdatentyps eines Felds zu bevorzugen.

Während der Laufzeit eines Programms hat jedes dynamisch speicherbare Feld einen
Existenz- und einen Bestimmtheitsstatus. Der Existenzstatus eines dynamisch speicherbaren Felds kann existent, nicht existent und undefiniert sein.

Ein dynamisch speicherbares Feld hat den Existenzstatus, existent zu sein, falls

▶   dem Namen des Felds nach erfolgreicher Ausführung einer geeignet spezifi-
     zierten Anweisung ALLOCATE Speicher zugeordnet ist und diese Zuordnung
     nicht durch die Ausführung einer Anweisung DEALLOCATE annuliert wor-
     den ist.

Hat ein dynamisch speicherbares Feld den Existenzstatus, existent zu sein, wird es auch
als dynamisch gespeichertes Feld bezeichnet. Nur im Fall eines dynamisch gespeicherten Felds ist eine weitere Referenz auf das Gesamtfeld sowie jede Referenz auf ein Teilfeld oder ein Feldelement zulässig. Demnach kann nur ein dynamisch gespeichertes
Feld den Bestimmtheitsstatus haben, definiert zu sein. Der Existenzstatus eines dynamisch speicherbaren Felds, existent zu sein, läßt sich mit Hilfe einer geeignet spezifizierten Anweisung DEALLOCATE wiederaufheben.

Ein dynamisch speicherbares Feld hat den Existenzstatus, nicht existent zu sein, falls

▶   dem Namen des Felds bisher kein Speicher über die Ausführung einer Anweisung ALLOCATE zugeordnet worden ist

▶   dem Namen des Felds über die Ausführung einer Anweisung ALLOCATE Speicher zugeordnet worden war und diese Zuordnung durch die Ausführung einer Anweisung DEALLOCATE wiederaufgehoben worden ist.

Die Wiederfreigabe zugeordneten Speichers über die Ausführung einer Anweisung DEALLOCATE wird auch als Löschen eines dynamisch gespeicherten Felds bezeichnet. In diesem Fall läßt sich über die Ausführung einer Anweisung ALLOCATE dem Namen des dynamisch speicherbaren Felds erneut Speicher zuordnen. Erst danach ist jede weitere Referenz auf das Gesamtfeld, ein Teilfeld oder ein Feldelement zulässig. Die Standardfunktion ALLOCATED, die im Anhang A beschrieben wird, dient dazu, den Existenzstatus eines dynamisch speicherbaren Felds zu ermitteln.

Ein dynamisch speicherbares Feld hat undefinierten Existenzstatus, falls

▶   auf ein dynamisch gespeichertes Feld, dem, vereinfachend formuliert, nicht das Attribut SAVE zugeordnet ist, nach Abschluß der Ausführung eines Unterprogramms aus keiner weiteren Gültigkeitseinheit, die sich aktuell in Ausführung befindet, Zugriff besteht.

Auf die Erläuterungen zum Bestimmtheitsstatus von lokalen Variablen nach Abschluß der Ausführung eines Unterprogramms und zum Attribut SAVE in Abschnitt 9.2 wird in diesem Zusammenhang hingewiesen. Falls ein dynamisch speicherbares Feld undefinierten Existenzstatus hat, so ist jede Referenz auf das Gesamtfeld, ein Teilfeld oder ein Feldelement unzulässig. Insbesondere läßt sich dem Namen des Felds weder über die Ausführung einer Anweisung ALLOCATE Speicher zuordnen noch läßt sich über die Ausführung einer Anweisung DEALLOCATE die Zuordnung von Speicher aufheben. Auch der Aufruf der Standardfunktion ALLOCATED mit dem Namen eines Felds als Aktualparameter, das undefinierten Existenzstatus hat, führt zu einem nicht vorhersagbaren Ergebnis. Schon daraus resultiert, daß jedes dynamisch gespeicherte Feld explizit gelöscht werden sollte, falls die Speicherinhalte des zugeordneten Speichers nicht mehr benötigt werden.

Die Anweisung ALLOCATE dient auch dazu, die Gestalt eines dynamisch zu speichernden Felds festzulegen und dem Namen dieses Felds dynamisch Speicher zuzuordnen. Die ausführbare Anweisung hat die folgende Syntax.

```
Syntax ALLOCATE

ALLOCATE ( alloc_liste [, STAT=stat_dyn] )
```

Die Spezifikation STAT= dient dazu, Laufzeitfehler zu behandeln, die bei der dynamischen Erzeugung eines Felds eintreten. Der Spezifikationswert stat_dyn ist eine Variable vom Datentyp INTEGER. Nach fehlerfreier Ausführung der Anweisung ALLOCATE wird dieser Variablen als Wert die Festpunktzahl 0 zugewiesen. Andernfalls nimmt diese Variablen den systemabhängigen Wert einer ganzen Zahl größer als 0 an, der den aufgetretenen Laufzeitfehler charakterisiert. Wird beispielsweise der Name eines dynamisch gespeicherten Felds in alloc_liste einer Anweisung ALLOCATE spezifiziert, tritt eine Fehlerbedingung ein. Ist STAT= nicht spezifiziert worden und tritt bei der Ausführung einer Anweisung ALLOCATE eine Fehlerbedingung ein, so wird die Programmausführung beendet.

```
Syntax alloc_liste

n_feld(f_spez) [, n_feld(f_spez)]...
```

Dabei bezeichnet n_feld den Namen eines dynamisch speicherbaren Felds und (f_spez) eine Feldspezifikation. Die Anzahl der Dimensionen in der Feldspezifikation muß mit dem Rang des dynamisch speicherbaren Felds übereinstimmen. Die Indexgrenzen in einer Dimension eines dynamisch zu speichernden Felds sind nach folgender Syntax zu spezifizieren.

```
Syntax dim

[u_dim_index:] o_dim_index
```

Dabei bezeichnet u_dim_index einen skalaren Ausdruck vom Datentyp INTEGER, mit dem die untere Indexgrenze in einer Dimension spezifiziert wird. Ferner ist o_dim_index durch einen skalaren Ausdruck vom Datentyp INTEGER zu substituieren, um die obere Indexgrenze in einer Dimension zu spezifizieren. In einem solchen skalaren Ausdruck ist als Primärausdruck der Aufruf einer Standardfunktion zur Abfrage von Eigenschaften eines Felds unzulässig, falls Aktualparameter der Name eines Felds ist, der in alloc_liste derselben Anweisung ALLOCATE auftritt. Ist in einer Dimension der Wert der oberen Indexgrenze kleiner als der Wert der unteren Indexgrenze, dann hat diese Dimension die Ausdehnung 0, so daß ein leeres Feld dynamisch zu speichern ist. Der Begriff Aktualparameter wird, wie bereits erwähnt, in Abschnitt 9.1 festgelegt werden.

Bei der Ausführung einer Anweisung ALLOCATE werden zunächst die Werte der unteren und der oberen Indexgrenze in jeder Dimension ermittelt, um die Gestalt des dynamisch zu speichernden Felds zu bestimmen. Danach erfolgt die Zuordnung von Speicher, die bis zur Wiederfreigabe durch die Ausführung einer Anweisung DEALLOCATE bestehenbleibt. Nachfolgende Operationen, die den Wert oder den Bestimmtheitsstatus einer Indexgrenze modifizieren, sind zulässig. Auswirkungen auf die Indexgrenzen des dynamisch gespeicherten Felds resultieren daraus nicht.

Felder mit dem Attribut ALLOCATABLE dürfen weder in einer Anweisung COMMON noch in einer Anweisung DATA oder EQUIVALENCE auftreten.

```
┌─ Beispiel dynamisch gespeichertes Feld ─┐
│                                          │
│  INTEGER :: n = 0, stat_dyn = 0          │
│  REAL, DIMENSION (:), ALLOCATABLE  :: r_feld │
│     ...                                  │
│     READ( 10, * ) n                      │
│     ALLOCATE ( r_feld(n), STAT=stat_dyn )│
│                                          │
└──────────────────────────────────────────┘
```

Die Anweisung DEALLOCATE dient auch dazu, den Speicherbereich, der von einem dynamisch gespeicherten Feld belegt wird, während der Laufzeit wiederfreizugeben.

```
┌─ Syntax DEALLOCATE ─────────────────────────┐
│                                              │
│  DEALLOCATE ( dealloc_liste [, STAT=stat_dyn] ) │
│                                              │
└──────────────────────────────────────────────┘
```

Die Spezifikation STAT= dient dazu, Laufzeitfehler zu behandeln, die bei der Wiederfreigabe des Speicherbereichs eines dynamisch gespeicherten Felds eintreten. Der Spezifikationswert stat_dyn ist eine Variable vom Datentyp INTEGER. Nach fehlerfreier Ausführung der Anweisung DEALLOCATE wird dieser Variablen als Wert die Festpunktzahl 0 zugewiesen. Andernfalls nimmt diese Variable den systemabhängigen Wert einer ganzen Zahl größer als 0 an, der den aufgetretenen Laufzeitfehler charakterisiert. Wird beispielsweise der Name eines dynamisch speicherbaren Felds, das den Existenzstatus hat, nicht existent zu sein, in der Liste zu einer Anweisung DEALLOCATE angegeben, die dealloc_liste substituiert, tritt eine Fehlerbedingung ein. Ist STAT= nicht spezifiziert worden und tritt bei der Ausführung der Anweisung DEALLOCATE eine Fehlerbedingung ein, so wird die Programmausführung beendet.

```
┌─ Syntax dealloc_liste ──────┐
│                              │
│  n_feld [, n_feld]...        │
│                              │
└──────────────────────────────┘
```

Dabei bezeichnet n_feld den Namen eines dynamisch gespeicherten Felds.

```
┌─ Beispiel Löschen eines dynamisch gespeicherten Felds ─┐
 INTEGER :: n = 0, stat_dyn = 0
 REAL, DIMENSION (:), ALLOCATABLE :: r_feld
    ...
    READ( 10, * ) n
    ALLOCATE ( r_feld(n), STAT=stat_dyn )
       ...
        DEALLOCATE ( r_feld, STAT=stat_dyn )
```

Um zu vermeiden, daß der Existenzstatus eines dynamisch gespeicherten Felds undefiniert wird, sollte, wie bereits erwähnt, jedes dynamisch gespeicherte Feld explizit gelöscht werden. Unter Standard Fortran 90 ist zwar nicht festgelegt, daß wiederfreigegebene Speicherbereiche systemintern zu verknüpfen und wiederzuverwenden sind. Verfügt ein Compiler über diese Fähigkeit, ergibt sich daraus eine weitere Begründung, ein dynamisch gespeichertes Feld explizit zu löschen, falls die Speicherinhalte des zugeordneten Speichers nicht mehr benötigt werden.

Im Kontext der programmseitigen Behandlung von Laufzeitfehlern läßt sich auch die Anweisung STOP einsetzen. Dies gilt insbesondere für den Fall, daß bei der Ausführung einer Anweisung ALLOCATE oder DEALLOCATE eine Fehlerbedingung erfüllt wird. Auf das Programmbeispiel 8.7 wird in diesem Zusammenhang hingewiesen. Die Anweisung STOP dient dazu, die Ausführung eines Programms zu beenden.

```
┌─ Syntax STOP ─┐

  STOP [zif_zeich]
```

Dabei bezeichnet zif_zeich eine Folge von maximal 5 Ziffern oder eine skalare Zeichenkonstante.

```
┌─ Beispiel Anweisung STOP ─┐
  STOP 'Programmausführung beendet (siehe Datei Ausgabe)'
```

Die angegebene Ziffernfolge oder Zeichenkonstante wird systemabhängig bereitgestellt, bevor die Ausführung des Programms beendet wird. In der Regel erfolgt die Ausgabe in die Datei aus der vordefinierten Datei-Einheit Verbindung.

8.6 Zeiger

Um die wesentlichen Merkmale von Zeigern anschaulich zu vermitteln, werden in der Literatur unterschiedliche Varianten alltäglicher Erfahrung beispielhaft herangezogen. Ausgeprägte Parallelen zu den Eigenschaften eines Zeigers hat ein Fußnotenzeichen in einem laufenden Text als Querverweis auf eine Fuß- oder Endnote. Ein Fußnotenzeichen wird häufig als hochgestellte Ziffer realisiert. Mit einem Fußnotenzeichen in einem laufenden Text wird auf die Stelle verwiesen, wird die Adresse angegeben, an der die zugehörige inhaltliche Erläuterung, eine inhaltliche Information, abgelegt ist. Ungewöhnlicher, aber durchaus zulässig ist, daß eine solche Fußnote wiederum ein Fußnotenzeichen enthält, mit dem auf eine weitere Fußnote verwiesen wird. Für Zeiger hingegen sind diese Merkmale der indirekten Bezugnahme auf eine inhaltliche Information, einen Wert, über eine Adresse und die Verkettung solcher Bezugnahmen grundlegend. Im folgenden wird auf diese Basiseigenschaften von Zeigern wiederholt eingegangen.

Unter Standard Fortran 90 ist ein *Zeiger* eine Variable, der das Attribut POINTER zugeordnet ist. Dabei wird vereinfachend formuliert ein Zeiger als eine direkte Bezugnahme auf eine Variable und eine indirekte Bezugnahme auf den Wert dieser Variablen aufgefaßt. Von dem Zeigerkonzept anderer imperativer Programmiersprachen wird, wie bereits erwähnt, schon insofern abgewichen als kein interner Datentyp Zeiger bereitgestellt wird. Eine Zeigerkonstante, in der Regel mit NIL bezeichnet, Felder, deren Feldelemente Zeiger sind, sowie Adreßarithmetik sind unter FORTRAN nicht vorgesehen.

Bei der Programmentwicklung erweist es sich in unterschiedlichen inhaltlichen Zusammenhängen als zweckmäßig, nicht direkt auf den Wert eines Datenobjekts, sondern indirekt mit Hilfe eines weiteren Datenobjekts Bezug zu nehmen. Die Bedeutung von Zeigern im Anwendungskontext wird zunächst an einem Beispiel vermittelt. Ein Sportverein verwaltet die Adressen seiner Mitglieder, um relevante Informationen, wie eine Einladung zur Jahreshauptversammlung, an jedes Mitglied übermitteln zu können. In der Regel ist nur zu einem festen Zeitpunkt bekannt, wieviele solcher Adressen zu verwalten sind. Mitglieder beenden ihre Mitgliedschaft durch Kündigung, neue Mitglieder werden für den Sportverein hinzugewonnen. Darüber hinaus verändern sich Daten der Mitglieder, wie die Anschrift, die Telefonnummer. Demnach liegt eine Liste von Informationen zu jedem Mitglied vor, die laufend zu korrigieren und zu ergänzen ist, ohne dabei die Einträge nicht betroffener Mitglieder zu beeinflussen. Derartige Listen lassen sich programmseitig adäquat mit Hilfe von Zeigern aufbauen und verwalten. Unter Standard Fortan 90 ließe sich dazu ein abgeleiteter Datentyp `info_mitglied` vereinbaren, zu dem mindestens eine Typkomponente gehört, der das Attribut POINTER zugeordnet ist. Eine verkettete Liste der Einträge zu jedem Mitglied ließe sich dann konstruieren, indem, vereinfachend formuliert, die Einträge des unmittelbar vorangehenden Mitglieds durch einen Zeiger ergänzt werden, der auf die Einträge zu dem nächstfolgenden Mitglied verweist.

Abbildung 8.2   Über Zeiger verkettete Informationen zu Mitgliedern eines Vereins

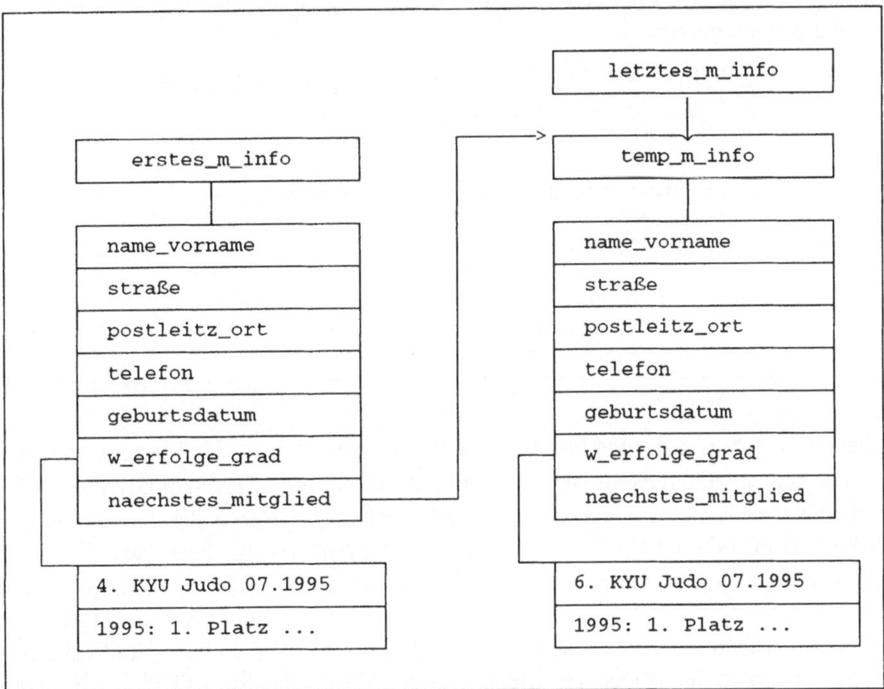

Einem Datenobjekt, das Variable ist, läßt sich das Merkmal Zeiger in der Anweisung zur Deklaration seines Basisdatentyps oder mit Hilfe einer Anweisung POINTER zuordnen. Ein Zeiger belegt eine einzelne unspezifische Speichereinheit, die sich als Speichereinheit von der Speichereinheit zu jedem anderen Datenobjekt, das kein Zeiger ist, unterscheidet. Ferner kann sie in Abhängigkeit von Datentyp, Typparametern und Rang des Zeigers als Speichereinheit auch von der einzelnen unspezifischen Speichereinheit eines anderen Zeigers verschieden sein.

```
Beispiel Typdeklaration Datenobjekt von abgeleitetem
        Datentyp als Basisdatentyp,
        Attribut POINTER

TYPE info_mitglied
    CHARACTER (30) :: name, vorname, strasse
    CHARACTER (40) :: postleitz_ort
    CHARACTER (16) :: telefon
    CHARACTER (10) :: geburtsdatum
    CHARACTER (60), DIMENSION (50) :: w_erfolg_grad
    TYPE(info_mitglied), POINTER    :: naechstes_mitglied
END TYPE info_mitglied
    ...
TYPE (info_mitglied), TARGET :: erstes_m_info
TYPE (info_mitglied), POINTER :: temp_m_info, letztes_m_info
```

Im Beispiel wird den Variablen `temp_m_info` und `letztes_m_info` in der Anweisung zur Typdeklaration das Attribut POINTER zugeordnet. Auf das Programmbeispiel 8.5 wird hingewiesen.

Die Anweisung POINTER dient dazu, einer Variablen das Merkmal Zeiger zuzuordnen. Diese nicht ausführbare Anweisung hat die folgende Syntax.

```
Syntax Anweisung POINTER

   POINTER [::] n_var[(f_spez)] [, n_var[(f_spez)]]...
oder
   POINTER [::] n_var[(f_spez)] [*p_l]                       &
                   [, n_var[(f_spez) [*p_l]]]...
```

Dabei bezeichnet `n_var` den Namen einer Variablen und `*p_l` den Längenparameter, falls das Datenobjekt, dessen Name `n_var` substituiert, vom Datentyp CHARACTER ist. Ferner bezeichnet `(f_spez)` eine Feldspezifikation. Neben der Zuordnung des Attributs DIMENSION in einer Anweisung zur Deklaration des Basisdatentyps eines Zeigers oder in einer Anweisung DIMENSION gestattet FORTRAN auch, das Merkmal Feld für einen Zeiger mit der Anweisung POINTER zu vereinbaren. Ein Zeiger, dem das Merkmal Feld zugeordnet ist, wird auch als *Feldzeiger* bezeichnet. Ein Feldzeiger gehört zur Klasse der Felder mit offener Gestalt. Mit der Feldspezifikation wird dann lediglich der Rang des Felds festgelegt. Wie bereits erwähnt, hat die Feldspezifikation für ein Feld mit offener Gestalt die folgende Syntax.

```
Syntax Feldspezifikation
       Feld mit offener Gestalt

   (: [, :]⁶)
```

Die Deklaration des Basisdatentyps und die Zuordnung des Attributs POINTER in zwei Anweisungen ist ähnlich nachteilig, wie bereits im Zusammenhang mit den Ausführungen zur Anweisung DIMENSION und zur Anweisung ALLOCATABLE erläutert worden ist. In der Regel ist die Zuordnung des Attributs POINTER und ggf. weiterer Attribute in der Anweisung zur Deklaration des Basisdatentyps zu bevorzugen.

Einem Zeiger läßt sich das Attribut DIMENSION, OPTIONAL, PRIVATE, PUBLIC oder SAVE zuordnen. Insbesondere ist es daher unzulässig, zu einem Zeiger das Attribut PARAMETER, ALLOCATABLE oder TARGET zu vereinbaren. Ein Zeiger ist stets eine Variable, ein Feldzeiger zwangsläufig ein dynamisch speicherbares Feld und ein Zeiger stets zugleich auch ein Zeigerziel.

Die Referenz auf eine Variable mit dem Merkmal Zeiger ist erst dann zulässig, falls dieser Zeiger mit Hilfe einer Zeigerassoziationsanweisung oder einer Anweisung ALLOCATE zu einem Zeigerziel assoziiert worden ist. Ein Datenobjekt muß besondere Bedingungen erfüllen, um für einen Zeiger als Zeigerziel geeignet zu sein. Insbesondere müssen Zeiger und Zeigerziel im Datentyp, Typparametern und Rang übereinstimmen.

Während der Laufzeit eines Programms hat jeder Zeiger einen Assoziationsstatus und einen Besimmtheitsstatus. Der Assoziationsstatus eines Zeigers kann assoziiert, disassoziiert und undefiniert sein.

Ein Zeiger hat den Assoziationsstatus, assoziiert zu sein, falls

- ▶ dem Zeiger nach erfolgreicher Ausführung einer geeignet spezifizierten Anweisung ALLOCATE Speicher zugeordnet ist

- ▶ der Zeiger über eine Zeigerassoziationsanweisung zu einem Zeigerziel assoziiert worden ist, das selbst assoziierter Zeiger ist

- ▶ der Zeiger über eine Zeigerassoziationsanweisung zu einem Datenobjekt als Zeigerziel assoziiert worden ist, dem das Attribut TARGET zugeordnet ist und das den Existenzstatus hat, existent zu sein.

Ein Zeiger hat den Assoziationsstatus, disassoziiert zu sein, falls

- ▶ mit einer Anweisung NULLIFY oder mit einer Anweisung DEALLOCATE die Assoziation zu einem Zeigerziel aufgelöst worden ist

- ▶ der Zeiger über eine Zeigerassoziationsanweisung zu einem disassoziierten Zeiger assoziiert worden ist.

Der Assoziationsstatus eines Zeigers ist undefiniert, falls

- ▶ der Zeiger bisher weder assoziiert noch disassoziiert worden ist

- ▶ das Zeigerziel ein dynamisch speicherbares Feld ist, das den Existenzstatus hat, nicht existent zu sein

- ▶ das Zeigerziel nach Ausführung einer Anweisung RETURN oder der Anweisung END eines Unterprogramms den Bestimmheitsstatus hat, undefiniert zu sein

- ▶ das Zeigerziel oder ein Teilobjekt des Zeigerziels gelöscht worden ist, und zwar nicht über diesen Zeiger.

Die Standardfunktion ASSOCIATED gestattet, den Assoziationsstatus eines Zeigers zu ermitteln. Diese Standardfunktion wird im Anhang A beschrieben. Den Bestimmtheitsstatus übernimmt ein Zeiger von seinem Zeigerziel.

Ein Zeiger läßt sich mit einem anderen Zeiger oder mit einem Datenobjekt assoziieren, das Variable mit dem Merkmal Ziel eines Zeigers ist. Dieses Merkmal wird einem Datenobjekt in der Anweisung zur Typdeklaration als Attribut TARGET oder mit Hilfe der Anweisung TARGET zugeordnet. Eine Variable, die weder das Attribut TARGET noch das Attribut POINTER hat, ist als Zeigerziel unzulässig. Einer Variablen, die kein Zeiger ist und die zur Laufzeit eines Programms Zeigerziel wird, muß demnach das Attribut TARGET zugeordnet sein. Diese Einschränkung dient dazu, die Effizienz von FORTRAN Programmen zu verbessern.

```
┌─────────────────────────────────────────┐
│   Beispiel dynamisch speicherbares Feld, │
│          Attribut TARGET                 │
├──────────────────────────────────────────┘
│ REAL, ALLOCATABLE, DIMENSION(:), TARGET :: dyn_feld1
│
└
```

Ist einer Variablen das Attribut TARGET zugeordnet, dann hat jedes Teilobjekt zu diesem Elterndatenobjekt ebenfalls das Attribut TARGET, sofern nicht im Fall eines Teilfelds ein Teilfeldindex als Indexvektor spezifiziert wird.

Die Anweisung TARGET dient dazu, einer Variablen das Merkmal Ziel eines Zeigers zuzuordnen. Diese nicht ausführbare Anweisung hat die folgende Syntax.

```
┌──────────────────────────────────────────┐
│  Syntax Anweisung TARGET                  │
├──────────────────────────────────────────┘
│  TARGET [::] n_var[(f_spez)] [, n_var[(f_spez)]]...
│  oder
│  TARGET [::] n_var[(f_spez)] [*p_1]                    &
│                  [, n_var[(f_spez) [*p_1]]]...
│
└
```

Dabei bezeichnet n_var den Namen einer Variablen, die nicht das Merkmal Zeiger hat, und *p_1 den Längenparameter, falls das Datenobjekt, dessen Name n_var substituiert, vom Datentyp CHARACTER ist. Ferner bezeichnet (f_spez) eine Feldspezifikation.

Neben der Zuordnung des Attributs DIMENSION in einer Anweisung zur Deklaration des Basisdatentyps oder in einer Anweisung DIMENSION gestattet FORTRAN auch, das Merkmal Feld für Zeigerziele mit der Anweisung TARGET zu vereinbaren.

Die Typdeklaration und die Zuordnung des Attributs TARGET in zwei Anweisungen ist ähnlich nachteilig, wie bereits im Zusammenhang mit den Ausführungen zur Anweisung DIMENSION, ALLOCATABLE und POINTER erläutert worden ist. In der Regel ist die Zuordnung des Attributs TARGET und ggf. weiterer Attribute in der Anweisung zur Typdeklaration zu bevorzugen.

Es ist unzulässig, einer Variablen mit dem Merkmal Ziel eines Zeigers eines der Attribute PARAMETER, POINTER, EXTERNAL oder INTRINSIC zuzuordnen.

Die Zeigerassoziationsanweisung dient dazu, einen Zeiger mit einem Zeigerziel zu assoziieren. Hat ein solcher Zeiger den Assoziationsstatus, assoziiert zu sein, so wird die bisherige Assoziation implizit aufgehoben. Die Zeigerassoziationsanweisung hat die folgende Syntax.

```
Syntax Zeigerassoziationsanweisung

   zeiger => zeigerziel
```

Dabei bezeichnet `zeiger` den Namen eines Zeigers und `zeigerziel` den Namen eines zulässigen Zeigerziels. Wie bereits erwähnt, müssen Zeiger und Zeigerziel in Datentyp, Typparametern und Rang übereinstimmen und dem Zeigerziel muß das Attribut TARGET oder das Attribut POINTER zugeordnet sein. Zulässig ist als Zeigerziel auch ein Ausdruck, dessen Auswertung einen Zeiger liefert. Als Zeigerziel unzulässig ist hingegen ein Teilfeld, zu dem ein Teilfeldindex als Indexvektor spezifiziert wird.

Ist das Zeigerziel ein assoziierter Zeiger, dann hat der Zeiger, dessen Name `zeiger` substituiert, das Zeigerziel dieses assoziierten Zeigers ebenfalls als Zeigerziel. Falls ein disassoziierter Zeiger `zeigerziel` substituiert, so hat auch der Zeiger, dessen Name `zeiger` ersetzt, den Assoziationsstatus, disassoziiert zu sein. Dies gilt analog für den Assoziationsstatus, undefiniert zu sein. Wird ein Feldzeiger mit einem Zeigerziel assoziiert, muß dieses Feld den Existenzstatus haben, existent zu sein.

Besteht eine Assoziation zwischen einem Zeiger und einem Zeigerziel, so läßt sich diese Assoziation wiederaufheben. Ist ein Zeiger über die Ausführung einer Anweisung ALLOCATE zu dem Zeigerziel assoziiert worden, so läßt sich diese Assoziation wiederaufheben, indem das Zeigerziel mit Hilfe einer Anweisung DEALLOCATE gelöscht wird. Ferner dient die Anweisung NULLIFY dazu, die Assoziation zwischen einem Zeiger und einem Zeigerziel zu annulieren.

```
Syntax NULLIFY

   NULLIFY (zeiger [, zeiger]...)
```

Dabei bezeichnet `zeiger` den Namen einer skalaren Variablen, der das Attribut POINTER zugeordnet ist, eine Strukturkomponente, wobei die zugehörige Typkomponente das Attribut POINTER hat, oder den Namen eines Feldzeigers.

Die Ausführung einer Anweisung NULLIFY bewirkt nicht, daß ein Zeigerziel gelöscht wird. Ist das Zeigerziel zu einem Zeiger, dessen Name `zeiger` substituiert, über die Ausführung einer Anweisung ALLOCATE erzeugt worden, dann wird das Zeigerziel unerreichbar.

Die Anweisung ALLOCATE dient auch dazu, zu einem Zeiger ein Zeigerziel zu erzeugen und den Zeiger mit diesem Zeigerziel zu assoziieren. Die Anweisung ALLOCATE hat dann die folgende Syntax.

```
Syntax ALLOCATE

ALLOCATE ( z_alloc_liste [, STAT=stat_z_al] )
```

Die Spezifikation `STAT=` dient dazu, Laufzeitfehler zu behandeln, die im Zusammenhang mit der Erzeugung des Zeigerziels eintreten. Der Spezifikationswert `stat_z_al` ist eine Variable vom Datentyp INTEGER. Nach fehlerfreier Ausführung der Anweisung ALLOCATE wird dieser Variablen als Wert die Festpunktzahl 0 zugewiesen. Andernfalls nimmt diese Variable den systemabhängigen Wert einer ganzen Zahl größer als 0 an, mit dem der aufgetretene Laufzeitfehler charakterisiert wird. Ist `STAT=` nicht spezifiziert worden und tritt bei der Ausführung der Anweisung ALLOCATE eine Fehlerbedingung ein, so wird die Programmausführung beendet.

```
Syntax z_alloc_liste

zeiger [, zeiger]...
```

Dabei bezeichnet `zeiger` den Namen einer Variablen, der das Attribut POINTER zugeordnet ist, oder eine Strukturkomponente, wobei die zugehörige Typkomponente das Attribut POINTER hat. Wird `zeiger` durch den Namen eines Feldzeigers substituiert, gelten die Ausführungen zur Feldspezifikation im Fall eines dynamisch zu speichernden Felds analog.

Hat der Zeiger, dessen Name `zeiger` substituiert, den Assoziationsstatus, assoziiert zu sein, so wird diese Assoziation implizit aufgehoben. Wird ein Zeigerziel über die Ausführung einer Anweisung ALLOCATE erzeugt und diese Assoziation aufgehoben, dann ist das Zeigerziel entweder gelöscht oder unerreichbar, falls es nicht mit einem anderen Zeiger assoziiert ist.

Die Referenz auf einen so assoziierten Feldzeiger in ausführbaren Anweisungen unterscheidet sich nicht von der Referenz auf ein Feld. Allerdings läßt sich ein Feldzeiger zu einem anderen geeigneten Zeigerziel assoziieren, wie sich zwischen diesem Zeigerziel und anderen geeigneten Zeigern eine Assoziation herstellen läßt.

Damit wird deutlich, daß sich nach dem Zeigerkonzept unter Standard Fortran 90 dynamisch gespeicherte Felder auch über Zeiger realisieren lassen. Jedes dynamisch gespeicherte Feld wird über die Ausführung einer Anweisung ALLOCATE erzeugt. Der Unterschied hinsichtlich des zugeordneten Attributs ALLOCATABLE im Fall eines dynamisch speicherbaren Felds oder des zugeordneten Attributs POINTER im Fall eines Feldzeigers wirkt sich syntaktisch nicht aus, um die Referenz auf das dynamisch gespeicherte Feld zu spezifizieren.

```
       Beispiel Erzeugen eines Zeigerziels über die
              Ausführung einer Anweisung ALLOCATE

INTEGER :: n = 1, stat_z_al = 0
REAL, DIMENSION (:, :), POINTER :: feld_z
...
    READ ( 10, * ) n
      ...
    ALLOCATE ( feld_z(n,n), STAT=stat_z_al)
```

Die Assoziation zwischen einem Zeiger und einem Zeigerziel, das über die Ausführung einer Anweisung ALLOCATE erzeugt und assoziiert worden ist, läßt sich mit Hilfe der Anweisung DEALLOCATE wiederaufheben. Der zugeordnete Speicher wird wiederfreigegeben und das Zeigerziel gilt als gelöscht. Die Anweisung DEALLOCATE hat dann die folgende Syntax.

```
Syntax DEALLOCATE

DEALLOCATE ( z_dealloc_liste [, STAT=stat_z_dal] )
```

Die Spezifikation STAT= dient dazu, Laufzeitfehler zu behandeln, die im Zusammenhang damit eintreten, die Assoziation zwischen Zeiger und Zeigerziel aufzuheben. Der Spezifikationswert stat_z_dal ist eine Variable vom Datentyp INTEGER. Nach fehlerfreier Ausführung der Anweisung DEALLOCATE wird dieser Variablen als Wert die Festpunktzahl 0 zugewiesen. Andernfalls nimmt diese Variable den systemabhängigen Wert einer ganzen Zahl größer als 0 an, der den aufgetretenen Laufzeitfehler charakterisiert. Wird beispielsweise der Name eines Zeigers mit dem Assoziationsstatus, disassoziiert zu sein, in z_dealloc_liste angegeben, tritt eine Fehlerbedingung ein. Ist STAT= nicht spezifiziert worden und tritt bei der Ausführung der Anweisung DEALLOCATE eine Fehlerbedingung ein, so wird die Programmausführung beendet.

```
┌─ Syntax z_dealloc_liste ─────────────────┐
│                                           │
│  zeiger [, zeiger]...                      │
│                                           │
└───────────────────────────────────────────┘
```

Dabei bezeichnet `zeiger` den Namen einer Variablen, der das Attribut POINTER zugeordnet ist, oder eine Strukturkomponente, wobei die zugehörige Typkomponente das Attribut POINTER hat.

Nach Ausführung einer solchen Anweisung DEALLOCATE hat jeder Zeiger, dessen Name in `z_dealloc_liste` spezifiziert wird, den Assoziationsstatus, disassoziiert zu sein. Ist ein zu löschendes Zeigerziel oder ein Teilobjekt dieses Zeigerziels auch Zeigerziel eines weiteren Zeigers, dessen Name in `z_dealloc_liste` nicht auftritt, dann hat dieser Zeiger nach Ausführung der Anweisung DEALLOCATE undefinierten Assoziationsstatus.

```
┌─ Beispiel Löschen eines Zeigerziels ──────┐
│                                           │
│ INTEGER :: n = 1, stat_z_dal = 0, stat_z_al = 0 │
│ REAL, DIMENSION (:, :), POINTER :: feld_z │
│ ...                                       │
│     READ ( 10, * ) n                      │
│       ...                                 │
│     ALLOCATE ( feld_z(n,n), STAT=stat_z_al ) │
│       ...                                 │
│     DEALLOCATE( feld_z, STAT=stat_z_dal ) │
│                                           │
└───────────────────────────────────────────┘
```

In den folgenden Fällen ist es unzulässig, die Assoziation zwischen einem Zeiger und einem Zeigerziel mit Hilfe der Anweisung DEALLOCATE aufzuheben:

▶	der Zeiger hat den Assoziationsstatus, undefiniert oder disassoziiert zu sein

▶	das assoziierte Zeigerziel ist nicht mit einer Anweisung ALLOCATE erzeugt worden

▶	das assoziierte Zeigerziel ist ein dynamisch gespeichertes Feld

▶	das assoziierte Zeigerziel ist Teilobjekt eines Elterndatenobjekts.

Wie bereits erwähnt, ist unter Standard Fortran 90 nicht festgelegt, daß wiederfreigegebene Speicherbereiche systemintern zu verknüpfen und wiederzuverwenden sind. Verfügt ein Compiler über diese Fähigkeit, ist für den Fall nicht mehr benötigter Zeigerziele die explizite Wiederfreigabe von zugeordnetem Arbeitsspeicher über die Ausführung einer Anweisung DEALLOCATE zu empfehlen.

Abschließend wird betont, daß sich im Fall eines assoziierten Zeigers jede Referenz auf das zu diesem Zeiger assoziierte Zeigerziel bezieht.

```
┌─ Beispiel Referenz auf einen assoziierten Zeiger ─┐

    INTEGER :: m = 1, stat_dyn = 0
    REAL, DIMENSION (:), POINTER :: spalte, zeile
    REAL, DIMENSION (:, :), ALLOCATABLE, TARGET :: r_feld
      ...
        READ ( 10, * ) m
          ...
            ALLOCATE ( r_feld(m,m), STAT=stat_dyn )
                r_feld = 0.
              ...
                spalte => r_feld(:, 1)
                zeile  => r_feld(1, :)
                ...
                    spalte = 5.0
                    zeile = spalte
```

8.7   Feldausdruck, Zeigerausdruck

Jedes Datenobjekt, dessen Rang größer als 0 ist, wird auch als feldwertiges Datenobjekt bezeichnet. Ein Ausdruck, der mindestens einen feldwertigen Operanden enthält, heißt *Feldausdruck*. Ist jeder Operator in einem Ausdruck vordefiniert, so sind als Operanden die Namen konformer Gesamtfelder, die Teilobjektbezeichner konformer Teilfelder, konforme feldbildnererzeugte Datenobjekte, die Namen für konforme feldwertige Ergebnisse der Ausführung eines Funktionsunterprogramms und skalare Datenobjekte zulässig. Jeder Skalar in einem Feldausdruck wird implizit so aufgefaßt, als läge ein Feld vor, das zu den feldwertigen Operanden konform ist, wobei jedes Feldelement den Wert des skalaren Datenobjekts hat. Ein Feld mit übernommener Größe ist als Operand in einem Feldausdruck unzulässig. Felder mit übernommener Größe werden in Abschnitt 9.7 behandelt werden. Das feldwertige Resultat der Auswertung eines Feldausdrucks ist konform zu den feldwertigen Operanden dieses Feldausdrucks.

Im Fall einer binären Operation verknüpft der interne Operator korrespondierende Feldelemente der beiden Operanden. Auch unäre Operationen werden ausgeführt, indem der unäre interne Operator elementweise wirkt. Analog gilt dies für einen Teil der Standardfunktionen, wie beispielsweise die Standardfunktionen zur Berechnung eines Näherungswert für den Funktionswert trigonometrischer Funktionen. Ist ein Feldausdruck Aktualparameter einer solchen Standardfunktion, dann operiert die Standardfunktion elementweise auf dem feldwertigen Resultat der Auswertung des Feldausdrucks. Demnach entspricht eine binäre numerische Operation in einem Feldausdruck mit Operanden, die von numerischem Datentyp, konform und vom Rang 2 sind, nicht dem aus der linearen Algebra geläufigen Matrixprodukt. Die Standardfunktion MATMUL dient dazu, das Matrixprodukt für zwei geeignete Operanden numerisch auswerten zu lassen. Diese Standardfunktion wird im Anhang A beschrieben.

Die interne Feldzuweisungsanweisung hat die folgende Syntax.

```
Syntax Feldzuweisungsanweisung

fw_variable = f_ausdruck
```

Dabei bezeichnet `f_ausdruck` einen Feldausdruck und `fw_variable` eine feldwertige Variable, die zu dem Ergebnis der Auswertung des Feldausdrucks konform ist. Nach der Auswertung des Feldausdrucks erfolgt die Zuweisung elementweise an das jeweils korrespondierende Feldelement der feldwertigen Variablen nach den Regeln, die für die zugehörige interne Zuweisungsanweisung gelten. Ein Feldelement des Resultats der Auswertung des Feldsausdrucks korrespondiert zu dem Feldelement der feldwertigen Variablen, das denselben Wert der Indexordnung hat. Die Auswertung des Feldausdrucks und der feldwertigen Variablen muß unabhängig voneinander erfolgen können. Auch ein Teilfeld, zu dem ein Teilfeldindex als Indexvektor so spezifiziert wird, daß mindestens ein Indexwert aus der Indexwertesequenz zu der korrespondierenden Dimension mehrfach auftritt, ist unzulässig als feldwertige Variable, die `fw_variable` substituiert.

Bei Anwendungen der Feldzuweisungsanweisung stellt sich mitunter das Problem, nur die Feldelemente eines Felds, die eine spezifische Bedingung erfüllen, redefinieren zu wollen. Ist beispielsweise für ein Gesamtfeld vom Basisdatentyp REAL elementweise ein Näherungswert für den natürlichen Logarithmus zu berechnen, so ist jedes Feldelement auszublenden, das den Wert einer Gleitpunktzahl kleiner oder gleich 0. repräsentiert. Die elementweise auswertende Standardfunktion LOG, die im Anhang A beschrieben wird, liefert einen Näherungswert für den natürlichen Logarithmus des Aktualparameters. Die Anweisung WHERE dient dazu, eine interne Feldzuweisungsanweisung maskengesteuert ausführen zu lassen. Diese Anweisung hat die folgende Syntax.

```
Syntax Anweisung WHERE

WHERE (log_f_ausdruck) fw_variable = f_ausdruck
```

Dabei bezeichnet `log_f_ausdruck` einen feldwertigen logischen Ausdruck. Ferner steht `f_ausdruck` für einen Feldausdruck und `fw_variable` für eine feldwertige Variable in einer internen Feldzuweisungsanweisung. Die Felder, die `log_f_ausdruck` und `fw_variable` substituieren, müssen konform sein.

Der feldwertige logische Ausdruck wird ausgewertet und das Auswertungsergebnis intern zwischengespeichert. Ist für den feldwertigen logischen Ausdruck ein Wert von .TRUE. ermittelt worden, so wird der Feldausdruck für das korrespondierende Feldelement ausgewertet. Das Resultat der Auswertung wird dem korrespondierenden Feldelement der feldwertigen Variablen, die fw_variable substituiert, nach den Regeln zugewiesen, die für die zugehörige interne Zuweisungsanweisung gelten. Der Feldausdruck wird nur für diejenigen Feldelemente ausgewertet, zu denen der Wert von .TRUE. in der Auswertung des feldwertigen logischen Ausdrucks korrespondiert. Eine Wertzuweisung erfolgt wiederum nur an die dazu korrespondierenden Feldelemente der feldwertigen Variablen. Diese selektive Auswertung eines Feldausdrucks und selektive Wertzuweisung an eine feldwertige Variable in Abhängigkeit von dem jeweiligen Wahrheitswert eines feldwertigen logischen Ausdrucks rechtfertigt, den logischen Ausdruck, der log_f_ausdruck substituiert, auch als Maske zu bezeichnen.

```
 ┌─ Beispiel Anweisung WHERE ─────────────────────────────┐
 │                                                        │
 │  INTEGER :: i=0, j=0                                   │
 │    REAL, DIMENSION(5, 5) :: einh_matrix = 0.          │
 │     LOGICAL, DIMENSION(5, 5) :: maske = .TRUE.        │
 │        ...                                             │
 │  maske = RESHAPE ( (/ (( i==j, i=1,5), j=1,5) /), (/5, 5/) ) │
 │  WHERE (maske) einh_matrix = 1.                       │
 │                                                        │
 └────────────────────────────────────────────────────────┘
```

Nach Ausführung der Anweisung WHERE im Beispiel repräsentieren die Feldelemente des Gesamtfelds einh_matrix mit dem gleichen Wert in der Indexwertesequenz zu beiden Dimensionen eine Gleitpunktzahl 1.0 einfacher Genauigkeit.

Die Blockstruktur WHERE gestattet, die maskierte Ausführung auch mehrerer interner Feldzuweisungsanweisungen zu spezifizieren. Die Blockstruktur WHERE hat die folgende Syntax.

```
 ┌─ Syntax Blockstruktur WHERE ──────────────────┐
 │                                               │
 │  WHERE (log_f_ausdruck)                       │
 │     [fw_variable = f_ausdruck]...             │
 │  [ELSEWHERE                                   │
 │     [fw_variable = f_ausdruck]...]            │
 │  END WHERE                                     │
 │                                               │
 └───────────────────────────────────────────────┘
```

Wie im Fall der Anweisung WHERE bezeichnet log_f_ausdruck einen feldwertigen logischen Ausdruck und fw_variable eine feldwertige Variable sowie f_ausdruck einen Feldausdruck in einer internen Feldzuweisungsanweisung. Die Felder, die log_f_ausdruck und fw_variable substituieren, müssen konform sein. Anfangsanweisung der Blockstruktur ist die Anweisung WHERE, Abschlußan-

weisung ist die Anweisung END WHERE. Die Feldzuweisungsanweisungen, die auf
die Anfangsanweisung der Blockstruktur folgen, bilden den WHERE Block, die Feldzuweisungsanweisungen, die auf die Anweisung ELSEWHERE folgen, bilden den
ELSEWHERE Block.

Zunächst wird der feldwertige logische Ausdruck, der `log_f_ausdruck` substituiert,
ausgewertet und das Resultat intern zwischengespeichert. Danach wird jede Feldzuweisungsanweisung im WHERE Block maskengesteuert ausgeführt. Werden in einem
WHERE Block mehrere Feldzuweisungsanweisungen spezifiziert, so erfolgt ihre Ausführung sequentiell in der angegebenen Reihenfolge. Jede Feldzuweisungsanweisung
im ELSEWHERE Block wird ebenfalls maskengesteuert bearbeitet. Der Feldausdruck
in der jeweiligen Feldzuweisungsanweisung wird nur für diejenigen Feldelemente ausgewertet, zu denen der Wert von `.FALSE.` der Maske korrespondiert. Der so ermittelte
Wert eines Feldelements des Feldausdrucks wird dem korrespondierenden Feldelement
der feldwertigen Variablen, die `fw_variable` in dieser Feldzuweisungsanweisung
ersetzt, nach den Regeln zugewiesen, die im Fall der zugehörigen internen Zuweisungsanweisung gelten. Wird bei der maskengesteuerten Ausführung der Feldzuweisungsanweisungen in der Blockstruktur der Wert eines oder mehrerer Feldelemente redefiniert,
so daß sich das Resultat der Auswertung des feldwertigen logischen Ausdrucks verän-
derte, beeinflußt dies nicht die Wahrheitswerte der Maske. Ferner ist zulässig, daß bei
der Auswertung des feldwertigen logischen Ausdrucks eine Funktion referenziert wird,
deren Aufruf auf Werte von Variablen wirkt, die in den Feldzuweisungsanweisungen
der Blockstruktur auftreten.

Auf die Anweisungsmarke zu einer Anweisung WHERE sowie auf die Anweisungsmarke zu der Anfangsanweisung einer Blockstruktur WHERE ist die Bezugnahme mit
einer anderen Anweisung (der Gültigkeitseinheit) zulässig.

Wird in einem Feldausdruck, der ein `f_ausdruck` substituiert, eine nicht elementweise auswertende Standardfunktion oder ein anwenderdefiniertes Funktionsunterprogramm referenziert, so wird jeder Ausdruck, der Aktualparameter einer solchen Funktion ist, sowie diese Funktion nicht maskengesteuert, sondern vollständig ausgewertet.

```
Beispiel Blockstruktur WHERE

REAL (KIND(0.D0)), DIMENSION (9), PARAMETER :: q_matrix_init =     &
   (/ -5.D0, 1.D03, 1.D01, 1.D0, 6.D0, -1.D01, 0.D0, 0.D0, 2.D0 /)
REAL (KIND(0.D0)), DIMENSION(3, 3) :: q_matrix_1 =
   RESHAPE( q_matrix_init, (/ 3, 3 /) )                            &
   ...
   WHERE (q_matrix_1 > 1.D0)
      q_matrix_1 = LOG (q_matrix_1)
   ELSEWHERE
      q_matrix_1 = -q_matrix_1 + 1.001D0
      q_matrix_1 = q_matrix_1 / SUM(LOG(q_matrix_1))
   END WHERE
```

Die Standardfunktion SUM dient dazu, die Werte der Elemente eines Felds oder die Werte der Feldelemente jeweils über eine Dimension eines Felds (maskengesteuert) zu addieren. Diese Transformationsfunktion wird im Anhang A beschrieben. Der Feldausdruck LOG(q_matrix_1) der Feldzuweisungsanweisung im WHERE Block wird nur für diejenigen Feldelemente des Felds q_matrix_1 ausgewertet, für die der Wahrheitswert der Maske wahr ist. In der zweiten Feldzuweisungsanweisung des ELSEWHERE Blocks ist LOG(q_matrix_1) hingegen Aktualparameter der nicht elementweise auswertenden Standardfunktion SUM, so daß die elementweise auswertende Standardfunktion LOG nicht maskengesteuert, sondern für jedes Feldelement ausgewertet wird. Auf das Programmbeispiel 8.7 wird hingewiesen.

Im Gegensatz zu anderen imperativen Programmiersprachen wird in der Notation von FORTRAN nicht explizit unterschieden zwischen der Referenz auf einen Zeiger als Bezugnahme auf die Adresse eines Datenobjekts und der Referenz auf ein Zeigerziel als Bezugnahme auf den oder die Werte eines Datenobjekts. Um sich mit einem Zeiger nicht auf die Adresse eines Datenobjekts, sondern auf den oder die Werte eines Datenobjekts zu beziehen, muß daher unter FORTRAN ein Zeiger nicht explizit dereferenziert werden. Ein Zeiger wird unter FORTRAN kontextabhängig implizit dereferenziert.

Hat ein Zeiger den Assoziationsstatus, assoziiert zu sein, und den Bestimmtheitsstatus, definiert zu sein, so ist der Name dieses Zeigers als Operand in einem Ausdruck zulässig, in dem sich das assoziierte Zeigerziel als Operand angeben ließe. Der so verwendete Zeiger wird implizit dereferenziert und auf das Zeigerziel Bezug genommen. Wird der Name eines Zeigers mit dem Assoziationsstatus, assoziiert zu sein, links von einem Zuweisungssymbol in einer Zuweisungsanweisung spezifiziert, so wird der Zeiger implizit dereferenziert und dem Zeigerziel, das zu diesem Zeiger assoziiert ist, das Resultat der Auswertung des Ausdrucks rechts von dem Zuweisungssymbol zugewiesen, sofern Zuweisungskompatibilität gegeben ist. Auf das Programmbeispiel 8.7 wird hingewiesen.

```
  ┌─ Beispiele Zeigerausdruck ─┐
  │                            │
  INTEGER :: stat_dyn = 0
     REAL, TARGET :: add_1 =1.
     REAL, POINTER :: p_skalar
     REAL, DIMENSION ( 4, 5 ), TARGET :: r_matrix_1 = 0.,        &
                                         r_matrix_3 = 0.
     REAL, DIMENSION ( :, : ), POINTER :: p_matrix_1, p_matrix_2

        ...
        p_skalar => add_1
        ALLOCATE ( p_matrix_2( 4, 5 ), STAT=stat_dyn )
           ...
        p_matrix_1 => r_matrix_3
           ...
     IF ( ASSOCIATED(p_matrix_1) .AND. ASSOCIATED(p_skalar) ) THEN
           p_matrix_2 = 0.5*SQRT(p_matrix_1) + p_skalar*p_skalar
     ELSE
           p_matrix_1 => r_matrix_1
           p_matrix_2 = r_matrix_3*p_matrix_1 - add_1
     ENDIF
```

Unter Standard Fortran 90 wird kein Prüfverfahren vorgegeben, um festzustellen, ob die Referenz auf ein Teilfeld oder ein Feldelement im korrekten Adreßbereich erfolgt. In der Regel wird ein Fortran Compiler dem Anwender über eine Compileroption erlauben, eine solche Überprüfung durchführen zu lassen oder aber darauf zu verzichten, um die Effizienz eines Programms nicht negativ zu beeinflussen. In der Entwicklungs- und Testphase eines Programms sollte eines solches Prüfverfahren, sofern es verfügbar ist, vom Anwender auch eingesetzt werden.

Hinweis: Unter NAG FTN90, Version 2.18, wird mit der Compileroption /CHECK_SUBS /CS ein solches Prüfverfahren aktiviert.

Neben dem Aspekt, dem Programmierer ein gut lesbare Notation für die Referenz auf Gesamtfelder und Teilfelder zu bieten, tragen die Festlegungen zur Feldverarbeitung unter Standard Fortran 90 auch dazu bei, insbesondere im Fall der Ausführung von FORTRAN Programmen auf Parallelrechnern die traditionellen Vorzüge von FORTRAN zu wahren, die bereits in Kapitel 1 hervorgehoben worden sind.

8.8   Namenlistengesteuerter Datentransfer

In der Testphase eines Programms kann es sich als vorteilhaft erweisen, Datentransfer in bezug auf Variable, die in einem Problemzusammenhang stehen, gemeinsam unter Angabe eines Gruppennamens ausführen zu lassen und dabei im Fall von Eingabe die Daten, die an diese Variablen oder an einige von diesen Variablen zu übertragen sind, sowie im Fall von Ausgabe die externe Darstellung der zu transferierenden Information direkt mit einem Hinweis auf den Namen der jeweiligen Variablen zu versehen bzw. versehen zu lassen. Diese Aufgabe übernimmt namenlistengesteuerter Datentransfer.

Namenlistengesteuerter Datentransfer hat zwar einerseits Ähnlichkeit mit listengesteuertem Datentransfer, andererseits bestehen grundlegende Unterschiede. Eine dieser Abweichungen ist, daß `eingabeliste` oder `ausgabeliste` einer Anweisung zum Datentransfer im Fall namenlistengesteuerter Ein- und Ausgabe stets leer ist. Hingegen ist zu der Spezifikation NML= der Anweisungen READ und WRITE ein Gruppenname als Spezifikationswert anzugeben. Sowohl dieser Gruppenname als auch die zugehörigen Namen von Variablen und die zugehörigen Teilobjektbezeichner werden mit einer Anweisung NAMELIST vereinbart. Diese nicht ausführbare Anweisung hat die folgende Syntax.

```
 Syntax NAMELIST

 NAMELIST /gruppe_name/ var_liste                    &
          [[,] /gruppe_name/ var_liste]...
```

Dabei bezeichnet `gruppe_name` den Gruppennamen, unter dem die Namen der Variablen und die Teilobjektbezeichner in `var_liste` zusammengefaßt werden. Jeder Gruppenname hat lokalen Gültigkeitsbereich. Ist einem Gruppennamen in einem Modul das Attribut PUBLIC zugeordnet worden, dann muß jede Variable und jeder Teilobjektbezeichner in `var_liste` das Attribut PUBLIC haben. Die Liste der Variablen und/oder Teilobjektbezeichner läßt sich mit nachfolgenden Anweisungen NAMELIST in der Gültigkeitseinheit erweitern. Die Liste von Namen und Teilobjektbezeichnern, die `var_liste` substituiert, ist nach der folgenden Syntax zu bilden.

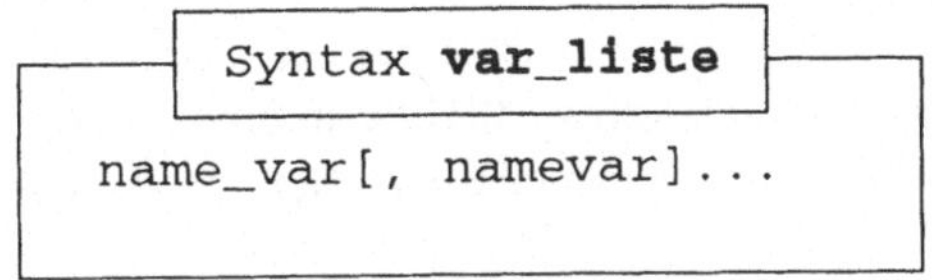

Dabei steht `name_var` für einen zulässigen Teilobjektbezeichner oder für den Namen einer zulässigen Variablen. Eine Variable, deren Name in der Liste auftritt, die `var_liste` substituiert, muß zugänglich sein, oder die Variable muß in der Gültigkeitseinheit deklariert worden sein. Eine Variable gilt, vereinfachend formuliert, für eine Gültigkeitseinheit als zugänglich, falls der Zugriff auf das Datenobjekt besteht, obwohl es in einer anderen Gültigkeitseinheit deklariert worden ist. Die Menge der Namen von Variablen und der Teilobjektbezeichner, die in `var_liste` zulässig sind und die zu einer Anweisung NAMELIST spezifiziert werden, muß nicht disjunkt sein zu der Menge der Namen von Variablen und der Teilobjektbezeichner, die zu einer anderen Anweisung NAMELIST angegeben werden.

Nicht zulässig in einer Liste, die `var_liste` substituiert, ist

▶ der Name einer Variablen, die dynamisch speicherbar ist

▶ der Name einer Variablen, der das Attribut POINTER zugeordnet ist

▶ der Name eines Felds, das Formalparameter ist und zu dem mindestens eine variable Indexgrenze spezifiziert wird

▶ der Name einer Variablen vom Datentyp CHARACTER, deren Typparameter LÄNGE nicht als Konstante spezifiziert wird

▶ der Name einer automatisch erzeugbaren Variablen

▶ der Name einer Variablen von abgeleitetem Datentyp, sofern sich eine Typkomponente schließlich auf eine Typkomponente zurückführen läßt, der das Attribut POINTER zugeordnet ist.

Felder, die Formalparameter sind und zu denen mindestens eine variable Indexgrenze spezifiziert wird, sowie automatisch erzeugbare Variablen werden in Abschnitt 9.7 behandelt werden.

Wie bereits erwähnt, ist zu der Spezifikation NML= einer Anweisung zum Datentransfer ein Gruppenname, und zwar genau ein Gruppenname als Spezifikationswert anzugeben. Diese Spezifikation und die Spezifikation FMT= schließen sich gegenseitig aus. Wird die Spezifikation NML= nicht explizit in liste_e_kontrollspezifikationen einer Anweisung READ oder in liste_a_kontrollspezifikationen einer Anweisung WRITE angegeben, dann muß der Gruppenname der zweite Spezifikationswert nach dem Spezifikationswert sein, mit dem die externe Einheit spezifiziert wird. Ist der Name einer internen Datei Spezifikationswert zu UNIT= in einer Anweisung READ oder in einer Anweisung WRITE, dann ist namenlistengesteuerter Datentransfer unzulässig.

Im Fall von namenlistengesteuerter Eingabe sind in dem korrespondierenden Datensatz oder in den korrespondierenden Datensätzen sowohl der Gruppenname als auch die Namen der Variablen und die Teilobjektbezeichner, auf die Werte zu übertragen sind, nach folgender Syntax zu spezifizieren.

Syntax Datensätze namenlistengesteuerte Eingabe

```
&gruppe_name [name_werte_liste] /
```

Dabei bezeichnet gruppe_name einen Gruppennamen und name_werte_liste eine Liste aus Namen und Teilobjektbezeichnern, die unter dem Gruppennamen zusammengefaßt sind, wobei jedem Namen und Teilobjektbezeichner die externe Darstellung eines Werts oder einer Sequenz von Werten zugeordnet ist. Diese Liste ist nach der folgenden Syntax zu bilden.

Syntax name_werte_liste

$$\texttt{name_var=wert[}_{tz}\texttt{wert]}\dots\texttt{[}_{tz}\texttt{name_var=wert[}_{tz}\texttt{wert]}\dots\texttt{]}\dots$$

Dabei bezeichnet name_var den Namen einer zulässigen Variablen oder einen zulässigen Teilobjektbezeichner. Gehört zu einem Gruppennamen der Name eines Gesamtfelds, dann läßt sich name_var auch durch die Angabe eines Teilfelds substituieren. Zu einem Teilfeld ist die Teilfeldindexliste und zu einem Feldelement die Indexliste ausschließlich mit Konstanten vom Regeldatentyp INTEGER zu spezifizieren. Die Angabe des Namens eines leeren Felds, einer Variablen vom Datentyp CHARACTER, die eine Zeichensequenz der Länge 0 repräsentiert, und eines Teilobjektbezeichners, der für ein leeres Teilfeld oder eine Zeichenteilkette der Länge 0 steht, ist unzulässig. Ferner steht `wert` für die externe Darstellung eines Werts, der in der Regel nach der Syntax von Wert im Fall listengesteuerter Eingabe zu bilden ist. Allerdings ist ein Zeichenwert stets in Begrenzer einzuschließen. Für jede externe Darstellung eines Werts muß gewährleistet sein, daß Zuweisungskompatibilität gilt. Darüber hinaus bezeichnet $_{tz}$ ein Trennzeichen. Wie im Fall listengesteuerter Eingabe ist ein Leerzeichen, ein Komma oder ein Schrägstrich als Trennzeichen zulässig. Das Ende eines Datensatzes wird wie ein Leerzeichen ausgewertet, falls der Datensatz nicht in der externen Darstellung eines Zeichenwerts beendet wird. Jedes Trennzeichen kann in eine Sequenz von Leerzeichen eingebettet werden. Zwei oder mehr aufeinanderfolgende Leerzeichen werden als ein Leerzeichen ausgewertet, falls sie nicht in der externen Darstellung eines Zeichenwerts auftreten. Die Angabe eines Schrägstrichs als Trennzeichen bewirkt, daß die namenlistengesteuerte Eingabe beendet wird. Auf die Ausführungen zu listengesteuerter Eingabe in Abschnitt 3.5 wird hingewiesen.

Außer in ihrer Funktion als Trennzeichen sind Leerzeichen in einem Datensatz für namenlistengesteuerte Eingabe zulässig vor dem Endsymbol &, nach dem Gruppennamen, vor und nach dem Endsymbol = und vor dem Endsymbol /, mit dem ein Datensatz oder eine Sequenz von Datensätzen für die namenlistengesteuerte Eingabe stets abzuschließen ist.

Repräsentiert ein Name oder Teilobjektbezeichner, der ein `name_var` substituiert, ein Gesamtfeld, ein Teilfeld oder eine Variable von abgeleitetem Datentyp, so ist diese Angabe aufzufassen als würde aus dem zugehörigen Datenobjekt eine Sequenz von skalaren Variablen von internem Datentyp aufgebaut. Wird beispielsweise `name_var` durch den Namen eines Gesamtfelds ersetzt, so trüge in Feldelementreihenfolge jedes Feldelement eine skalare Variable zu dieser Sequenz bei. Analog ist eine Liste der externen Darstellung von Werten, die `wert[`$_{tz}$`wert]`... substituiert, aufzufassen als würde aus ihr eine Sequenz skalarer Konstanten entwickelt. Ist der Wert des Wiederholungsfaktors 0, so trägt die nachfolgende Konstante keinen Wert zu der Sequenz skalarer Konstanten bei. Jeder skalaren Konstanten in der Sequenz muß eindeutig über die Position eine skalare Variable in der Sequenz zugeordnet sein. Ist die Sequenz der skalaren Variablen länger als die Sequenz der skalaren Konstanten, werden die skalaren Variablen aus der Sequenz, denen keine skalare Konstante zugeordnet ist, nicht definiert oder redefiniert.

Die Reihenfolge, in der sich Namen oder Teilobjektbezeichner zu einem Gruppennamen in einem Datensatz für namenlistengesteuerte Eingabe angeben lassen, hängt nicht von der Reihenfolge ab, in der die Namen und Teilobjektbezeichner zu dem Gruppennamen in einer oder mehreren Anweisungen NAMELIST spezifiziert werden. Ferner ist nicht erforderlich, daß in bezug auf einen Gruppennamen jeder zugehörige Name oder Teilobjektbezeichner in den Datensätzen für namenlistengesteuerte Eingabe auftritt.

Bevor Datensätze für namenlistengesteuerte Eingabe exemplarisch angegeben werden, soll zunächst der Quellcode des zugehörigen Programmbeispiels 8.8 auszugsweise wiedergegeben werden.

```
Beispiel namenlistengesteuerter Datentransfer

TYPE gammarus_sal
  SEQUENCE
   REAL (KIND(0.D0))                        :: kl_mittel
   REAL (KIND(0.D0)), DIMENSION( 3, 2 )     :: kl_orig
   INTEGER                                  :: geschlecht
   REAL (KIND(0.D0))                        :: rel_n_masse,        &
                                               rel_t_masse
END TYPE gammarus_sal

   TYPE rechnung_kopf
        CHARACTER (16) :: firma_name
        CHARACTER (24) :: firma_strasse
        CHARACTER (32) :: firma_ort
        CHARACTER (16) :: firma_tel
        CHARACTER (16) :: firma_fax
   END TYPE rechnung_kopf

   TYPE rechnung_betrag
        REAL            :: gesamtbetrag_netto
        REAL            :: mehrwertsteuer
        REAL            :: gesamtbetrag_brutto
   END TYPE rechnung_betrag

   TYPE gesamtrechnung
        TYPE(rechnung_kopf)            :: komp_rechnung_kopf
        TYPE(rechnung_betrag)          :: komp_rechnung_betrag
   END TYPE gesamtrechnung

   INTEGER        :: nml_var_1 = 0
   CHARACTER(10)  :: nml_var_2 = ' '
   REAL           :: nml_var_3 = 0.
   COMPLEX        :: nml_var_4 = (0., 0.)
   LOGICAL        :: nml_var_5 = .TRUE.

   TYPE (gammarus_sal), DIMENSION(5) :: ind_gam_sal
   TYPE (gesamtrechnung), DIMENSION(2) :: akt_gesamtrechnung

   NAMELIST /kor_datentr/ ind_gam_sal, nml_var_1, nml_var_2,    &
                          nml_var_3, nml_var_4, nml_var_5
   NAMELIST /kor_rechnung/ akt_gesamtrechnung
        ...
        READ(10, NML=kor_datentr)
        READ(10, NML=kor_rechnung)
        ...
        WRITE(20, NML=kor_datentr)
        WRITE(20, NML=kor_rechnung)
```

Die im Beispiel spezifizierten Anweisungen READ dienen zur namenlistengesteuerten Eingabe der im folgenden angegeben Datensätze.

```
┌──── Beispiel Datensätze namenlistengesteuerte Eingabe ────┐

  &kor_datentr ind_gam_sal(1)%kl_mittel = 1.25D0
              ind_gam_sal(1)%kl_orig(1:3,1) = 1.25D0, 1.26D0, 1.25D0
                                              1.24D0, 1.25D0, 1.25D0
              ind_gam_sal(1)%geschlecht = 1
              ind_gam_sal(5)%kl_mittel = 1.50D0
              ind_gam_sal(5)%geschlecht = 1
              ind_gam_sal(5)%rel_n_masse = 1.D0
              ind_gam_sal(5)%rel_t_masse = 1.D0
              nml_var_2 = 'Rubinstein'
              nml_var_1 = 5
              nml_var_3 = 0.5
              nml_var_4 = (15.3, 17.5)
              nml_var_5 = .T. /

  &kor_rechnung
  akt_gesamtrechnung(1)%komp_rechnung_kopf%firma_name = 'Werkzeug KG'
  akt_gesamtrechnung(1)%komp_rechnung_kopf%firma_strasse =
                                          'Schleusenstr. 41'
  akt_gesamtrechnung(1)%komp_rechnung_betrag%gesamtbetrag_netto =
                                          240.00
  akt_gesamtrechnung(2)%komp_rechnung_kopf%firma_name =
                                          'Laborbedarf GmbH'
  akt_gesamtrechnung(2)%komp_rechnung_kopf%firma_tel =
                                          '(0421) 175990' /
```

Im Fall namenlistengesteuerter Ausgabe wird der erste Ausgabedatensatz mit dem Zeichen & eingeleitet, auf das unmittelbar der Gruppenname folgt. Jeder Name oder Teilobjektbezeichner aus der Liste, die `var_liste` zu diesem Gruppennamen substituiert, tritt gefolgt von dem Zeichen = und einer nachfolgenden Liste der zugehörigen Speicherinhalte in externer Darstellung in dem Ausgabedatensatz oder den Ausgabedatensätzen auf. Dabei bestimmt die Reihenfolge der Namen und Teilobjektbezeichner in `var_liste` die Reihenfolge, in der die Werte, die von den Variablen und Teilobjekten repräsentiert werden, extern dargestellt werden. Diese externe Darstellung entspricht der externen Darstellung von Werten wie sie im Fall namenlistengesteuerter Eingabe erwartet wird mit Ausnahme der externen Darstellung von Gleitpunktzahlen, Zeichenwerten und logischen Werten. Die Konversion erfolgt in bezug auf die externe Darstellung von Gleitpunktzahlen, Zeichenwerten und logischen Werten nach einer impliziten, für namenlistengesteuerte Ausgabe festgelegten Datenfeldbeschreibung. Mit Ausnahme des Falls, in dem die externe Darstellung von Zeichenwerten nicht in Auslassungs- oder Anführungszeichen erfolgt, wird die externe Darstellung von zwei aufeinanderfolgenden Werten durch ein oder mehrere Leerzeichen oder durch ein Komma getrennt, das in Leerzeichen eingebettet sein kann. Stimmt die externe Darstellung von zwei aufeinanderfolgenden Werten überein, ist die Angabe eines Wiederholungsfaktors in der externen Darstellung zulässig. Abschließend wird das Zeichen / in den letzten Datensatz geschrieben, der mit einer Anweisung zur namenlistengesteuerten Ausgabe erzeugt worden ist.

Im folgenden Beispiel werden Datensätze, die mit namenlistengesteuerter Ausgabe erzeugt worden sind, auszugsweise wiedergegeben. Auf das Programmbeispiel 8.8 wird hingewiesen.

```
 Beispiele Datensatz namenlistengesteuerte Ausgabe

&KOR_DATENTR IND_GAM_SAL =       1.2500000000000000   1.2500000000000000
 ...
 0.0000000000000000E+000 1   1.0000000000000000   1.0000000000000000,
 NML_VAR_1 = 5, NML_VAR_2 = Rubinstein, NML_VAR_3 =    0.500000,
 NML_VAR_4 = (  15.300000,  17.500000), NML_VAR_5 = T/
 ...
&KOR_RECHNUNG AKT_GESAMTRECHNUNG = Werkzeug KG        Schleusenstr. 41
 ...
 (0421) 175990                      0.0000000E+00   0.0000000E+00
 0.0000000E+00/
```

8.9 Übungen zu Kapitel 8

8.1 Nach ihrem numerischen Wert aufsteigend sind n Gleitpunktzahlen einfacher Genauigkeit zu sortieren.

Das eindimensionale Feld, auf dem die zu sortierenden Gleitpunktzahlen abgespeichert werden, ist dynamisch zu erzeugen!

Bilden Sie den unter der Bezeichnung 'direkte Auswahl' bekannten Sortieralgorithmus auf ein Standard Fortran 90 Programm ab! Dieser Sortieralgorithmus ist wie folgt aufzubauen:

Im 1. Schritt des Algorithmus wird durch paarweisen Vergleich und geeignetes Umspeichern der numerisch kleinste Wert x_1 auf das Feldelement mit dem Wert 1 der Indexordnung abgespeichert.

Im k. Schritt des Algorithmus wird durch paarweisen Vergleich und geeignetes Umspeichern der Wert x_k mit $x_1 \leq x_2 \leq ... \leq x_{k-1} \leq x_k$ dem Feldelement mit dem Wert k der Indexordnung zugewiesen.

Auf den Feldelementen mit den Werten 1,...,k der Indexordnung sind nach dem k. Schritt die k kleinsten Werte $x_1 \leq x_2 \leq ... \leq x_{k-1} \leq x_k$ abgespeichert.

Verarbeiten Sie mit dem von Ihnen entwickelten FORTRAN Programm die Daten, die in der Datei AUFGB8_1.DAT abgespeichert sind! Im ersten Datensatz dieser Datei wird die Anzahl der zu sortierenden Gleitpunktzahlen angegeben.

8.2 Nach ihrem numerischen Wert aufsteigend sind n Gleitpunktzahlen erhöhter Genauigkeit zu sortieren.

Bilden Sie dazu den unter der Bezeichnung 'Heapsort' bekannten Sortieralgorithmus auf ein Standard Fortran 90 Programm ab!

Sei M={ a_i | i=1,...,n } die Menge der zu sortierenden Gleitpunktzahlen. Gilt $a_j \leq a_{j/2}$ für $2 \leq j \leq n$, dann heißt M ein Heap. Mit Heap wird demnach ein spezifisch strukturierter Baum bezeichnet.

Die Gleitpunktzahlen 5.1, 4.5, 2.7, 5.1, und 9.8 sind in der folgenden Abbildung so angeordnet, daß die Heap-Eigenschaft erfüllt ist, denn es gilt:
   für j=5 ist j/2=2 und a_5 =4.5 $\leq a_2$=5.1,
   für j=4 ist j/2=2 und a_4 =5.1 $\leq a_2$=5.1,
   für j=3 ist j/2=1 und a_3 =2.7 $\leq a_1$=9.8,
   für j=2 ist j/2=1 und a_2 =5.1 $\leq a_1$=9.8.

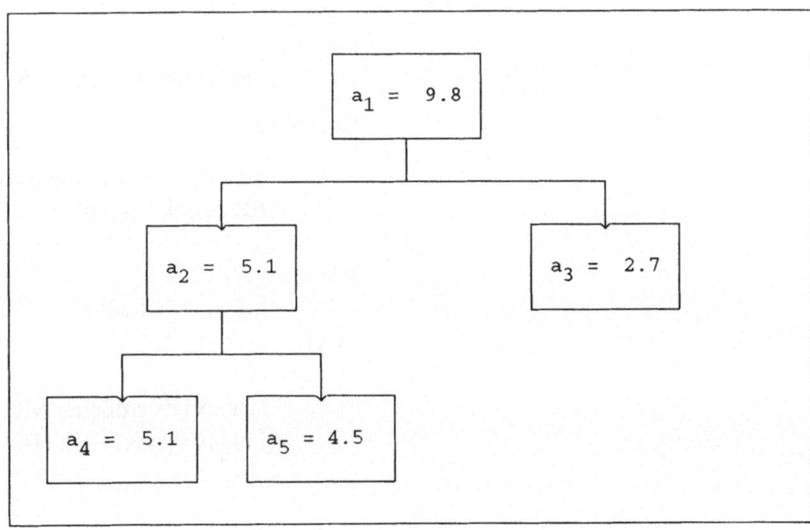

Um n Gleitpunktzahlen zu sortieren, wird im 1. Schritt ein Heap konstruiert. In diesem spezifisch strukturierten Baum ist ein Elternknoten (EK) a_i dadurch charakterisiert, daß es zu a_i mindestens einen Nachkommen (NK) a_{2i} mit $a_{2i} \leq a_i$ gibt. Jeder EK a_i hat höchstens zwei direkte NK, a_{2i} und a_{2i+1}. Im Beispiel ist a_2 EK und a_3 kein EK. Die Gesamtzahl der EK im Heap wird mit l bezeichnet. Die Heap-Eigenschaft wird erreicht, indem jeder EK, der kleiner als mindestens einer seiner direkten NK ist, durch Austausch auf die Position des tiefsten dieser NK absinkt. Ein Algorithmus zur Konstruktion eines Heaps läßt sich (nach Knuth, D.E. (1968), 3, S. 146 ff.) wie folgt angeben:

heap 1.0: $l \leftarrow n/2+1$

                              l Anzahl der EK zzgl. 1

heap 1.1:   Falls l > 1

                    $l \leftarrow l-1$

                              l Anzahl der noch nicht bearbeiteten EK

                    $a \leftarrow a_l$

                              Zwischenspeichern des aktuell tiefsten EK

                    $i \leftarrow l$ und $j \leftarrow 2l$

                              i Index dieses EK, j Index seines ersten NK

heap 1.2:   Falls $j \leq n$

                    heap 1.3:   Falls $j < n$ und falls $a_j < a_{j+1}$

                                    $j \leftarrow j+1$

                                          j Index des größeren NK

                                    Falls $a < a_j$

                                          aktueller EK < größerer NK

                                          EK 'falsch besetzt'

                                  $a_i \leftarrow a_j$

                                          größerer NK auf EK

                                  $i \leftarrow j$

                                  $j \leftarrow 2j$

                                          i Index des größeren NK

                                          j Index seines ersten NK

                                          Gehe zu heap1.2

                    Andernfalls

                                        gehe zu heap1.4

heap 1.4: $a_i \leftarrow a$

> Speichere a, den Zwischenspeicher für den (ehemaligen) EK a_1 zurück. Ist kein direkter NK zu EK größer als EK, so behält EK seine Position 1 bei. Andernfalls sinkt EK auf die Position desjenigen seiner ehemaligen NK ab, so daß seine noch verbliebenen NK auch nach ihrem Wert Nachkommen sind.

Gehe zu heap1.1

Im 2. Schritt wird aus einem konstruierten Heap sortiert. In der Wurzel a_1 eines Heaps steht der größte Wert. Dieser Wert wird nach a_n umgespeichert. Das bisherige a_n sinkt solange in den verbleibenden $a_2,...,a_{n-1}$ ab, bis für $a_1,...,a_{n-1}$ die Heap-Eigenschaft wiederhergestellt ist. Der größte Wert steht dann wieder auf a_1 und wird nach a_{n-1} umgespeichert. Mit dem bisherigen a_{n-1} wird wie zuvor mit a_n verfahren. Ein Algorithmus zum Sortieren aus einem Heap läßt sich (nach Knuth, D.E. (1968), 3, S. 146 ff.) wie folgt angeben:

heap 2.0: $r \leftarrow n$

heap 2.1:   Falls $r > 1$

> $b \leftarrow a_r$
>
> Zwischenspeichern des untersten noch nicht bearbeiteten NK
>
> $a_r \leftarrow a_1$
>
> Umspeichern des größten, noch nicht sortierten Werts
>
> $a_r,...,a_n$ sind dann aufsteigend nach dem Wert sortiert
>
> $r \leftarrow r-1$
>
> i Index dieses EK, j Index seines ersten NK

> > **heap 2.2:**   Falls $r = 1$
> >
> > $a_1 \leftarrow b$
> > Sortiervorgang abgeschlossn

> $i \leftarrow 1$
> $j \leftarrow 2$

Wiederherstellen der Heap-Eigenschaft mit a_{r-1} als EK in Bezug auf $a_2,...,a_{r-2}$

heap 2.3:   Falls $j \leq r$

> **heap 2.4:**   Falls $j < r$ und falls $a_j < a_{j+1}$
>
> $j \leftarrow j+1$
>
> > j Index des größeren NK
>
> Falls $b < a_j$
>
> > aktueller EK < größerer NK
> > EK 'falsch besetzt'
>
> $a_i \leftarrow a_j$
>
> > größerer NK auf EK
>
> $i \leftarrow j$
> $j \leftarrow 2j$
>
> > i Index des größeren NK
> > j Index seines ersten NK
>
> > > *Gehe zu heap2.3*
>
> Andernfalls
>
> > *gehe zu heap2.5*

heap 2.5: $a_i \leftarrow b$

Gehe zu heap2.1

Um die Konstruktion eines Heaps und das Sortieren aus einem Heap zu verdeutlichen, ist der Sortieralgorithmus in zwei disjunkte Schritte zerlegt worden. Wird in dem Teilalgorithmus, der auf heap2.3: folgt, r durch n und b durch a ersetzt sowie die Sprungziele heap2.3: mit heap1.2: und heap2.5: mit heap1.4: identifiziert, dann ist dieser Teilalgorithmus mit dem Teilalgorithmus identisch, der auf heap 1.3: folgt.

Das eindimensionale Feld, auf dem die zu sortierenden Gleitpunktzahlen abgespeichert werden, ist dynamisch zu erzeugen.

Verarbeiten Sie mit dem von Ihnen entwickelten FORTRAN Programm die Daten, die in der Datei AUFGB8_2.DAT abgespeichert sind! Im ersten Datensatz dieser Datei wird wieder die Anzahl der zu sortierenden Gleitpunktzahlen angegeben.

8.3   Ein zweidimensionales, rechteckförmiges Versuchsfeld sei in mindestens 3 und höchstens 8 Versuchsflächen pro Zeile sowie in mindestens 3 und höchstens 8 Versuchsflächen pro Spalte unterteilt. Die Versuchsflächen seien quadratisch, disjunkt und von gleichem Flächeninhalt. Ferner lasse sich eine Versuchsfläche höchstens von einem Individuum einer Art (beispielsweise der Art Arenicola marina [Pierwurm]) besiedeln. Um dieses Versuchsfeld liege ein Gebietsstreifen von der Breite einer Versuchsfläche, der für Organismen der betrachteten Art nicht besiedelbar ist (beispielsweise aufgrund einer aufgebrachten Abdeckfolie).

Der Geburts- und Todesprozeß im Versuchsfeld verlaufe in diskreten Zeitschritten gleicher Länge. Grenzen an eine im aktuellen Zeitintervall unbesiedelte Versuchsfläche 3 besiedelte Versuchsflächen, so wird diese Versuchsfläche Lebensraum für einen Organismus der betrachteten Art im nächsten Zeitintervall. Ein Individuum, das im aktuellen Zeitintervall 2 oder 3 Nachbarn hat, überlebt diesen Zeitschritt. Andernfalls überlebt der Organismus nicht.

Entwickeln Sie ein Standard Fortran 90 Programm, mit dem für eine vorgebbare Anzahl von Versuchsflächen pro Zeile und Spalte, für eine vorgebbare Anfangsbesiedlung sowie für eine vorgebbare Anzahl von Zeitschritten die Besiedlungsstruktur in jedem Zeitintervall bestimmt und als Rasterfläche in eine Datei ausgegeben wird!

Legen Sie die maximal zugelassene Anzahl von Zeitschritten programmseitig geeignet fest!

Hinweise:
Gestalten Sie die Ausgabe der Besiedlungsstruktur im jeweiligen Zeitintervall wie beispielhaft im folgenden angegeben:

Anfangsbesiedlung

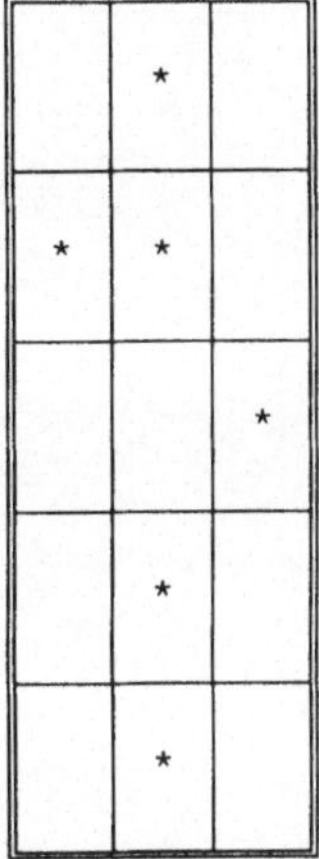

Besiedlungsstruktur im   2. Zeitintervall

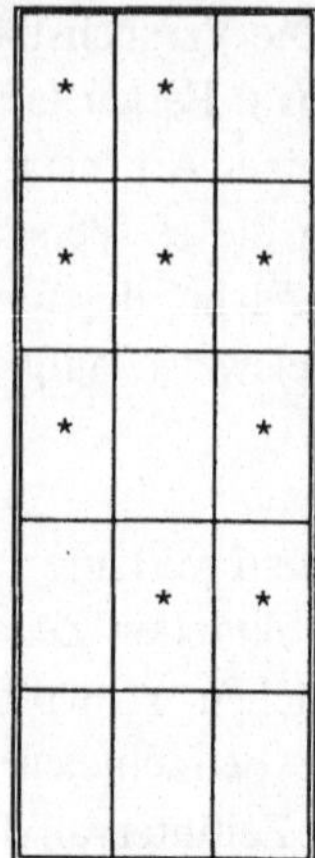

usw.

9   Programmbausteine

Um das in Abschnitt 1.4 skizzierte Prinzip der (hierarchischen) Modularisierung im Zusammenhang mit dem Top-Down-Entwurf eines Softwaresystems nach Abschluß der Entwurfsphase auch adäquat bei der Implementierung der einzelnen Moduln umsetzen zu können, unterstützen imperative Programmiersprachen konzeptionell strukturiertes Programmieren. Dabei differieren sowohl die Sprachkonzepte der imperativen Programmiersprachen, die bei der Implementierung überwiegend eingesetzt werden, als auch die Realisierung dieser Sprachkonzepte nicht unerheblich.

Da nach wie vor in technischen, ingenieur- und naturwissenschaftlichen Aufgabenbereichen die Notwendigkeit zur Eigenentwicklung von Software besteht, sollten Grundlagen der Softwaretechnik in der Ausbildung von Ingenieuren und Naturwissenschaftlern vermittelt und Entwurfs- wie Implementierungsprizipien in der Programmierpraxis auch befolgt werden. Darüber hinaus werden die inzwischen erworbenen Erfahrungen mit dem Entwurf und der Implementierung von Standard Fortran 90 Programmen einfachen Schwierigkeitsgrads verdeutlicht haben, daß die Fehleranfälligkeit eines Programms mit zunehmendem Umfang des Quellcodes wächst und die Korrektur insbesondere von Laufzeitfehlern schwieriger wird.

Nach dem Standard Fortran 90 werden die folgenden Programmbausteine bereitgestellt, um den Softwareentwickler dabei zu unterstützen, modular zu programmieren.

Abbildung 9.1   Programmbausteine unter Standard Fortran 90

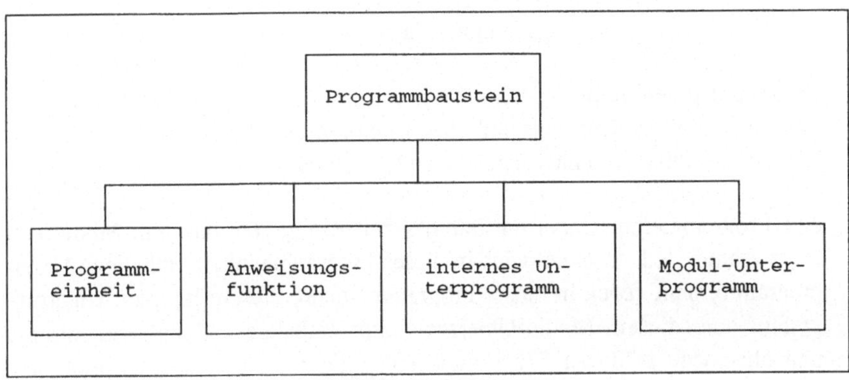

Als Programmeinheit werden unter Standard Fortran 90 die folgenden Programmbausteine bezeichnet.

Abbildung 9.2   Übersicht Programmeinheiten

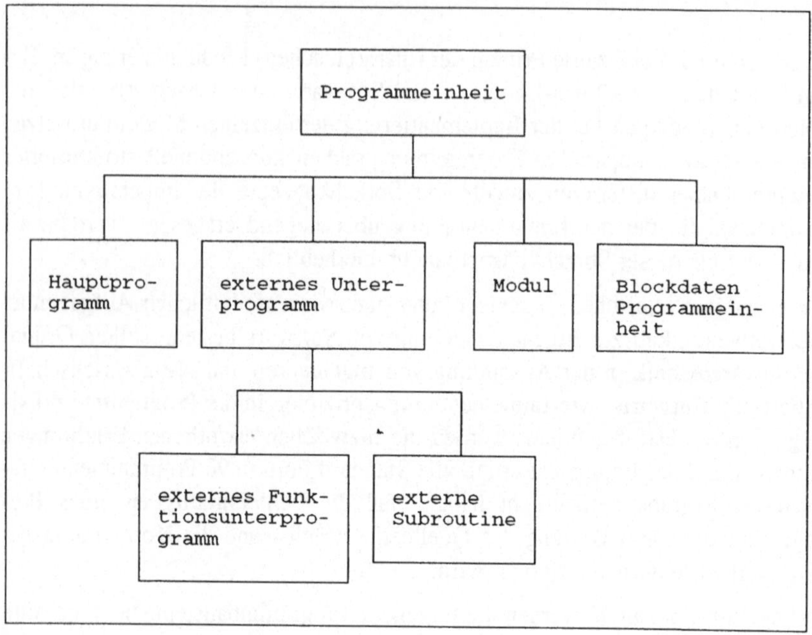

Jede Programmeinheit setzt sich aus disjunkten Gültigkeitseinheiten zusammen. Als *Gültigkeitseinheit* gilt

▶   die Vereinbarung eines abgeleiteten Datentyps

▶   ein Schnittstellenrumpf, jedoch ohne jeden in diesem Schnittstellenrumpf enthaltenen Schnittstellenrumpf und ohne jede in diesem Schnittstellenrumpf enthaltene Vereinbarung eines abgeleiteten Datentyps

▶   eine Programmeinheit oder ein internes Unterprogramm oder ein Modul-Unterprogramm, jedoch ohne jedes in dieser Programmeinheit enthaltene Unterprogramm, ohne jeden in dieser Programmeinheit, diesem internen Unterprogramm oder diesem Modul-Unterprogramm enthaltenen Schnittstellenrumpf und ohne jede in dieser Programmeinheit, diesem internen Unterprogramm oder diesem Modul-Unterprogramm enthaltene Vereinbarung eines abgeleiteten Datentyps.

Der Begriff Schnittstellenrumpf steht in engem Zusammenhang mit dem Begriff Schnittstellenblock. Schnittstellenblöcke werden in Abschnitt 9.1 behandelt werden.

Als Programmeinheit ist bisher ausschließlich das Hauptprogramm behandelt worden. Auf die Ausführungen zur Grobstruktur eines Hauptprogramms in Abschnitt 2.2 und zu den Rahmenanweisungen eines Hauptprogramms in Abschnitt 2.5 wird Bezug genommen. Nach dem aktuellen Standard sind als Programmbausteine auch interne Unterprogramme zugelassen, so daß die in Abschnitt 2.2 vorgestellte Grobstruktur eines Hauptprogramms zu verfeinern ist, um den formalen Aufbau eines Hauptprogramms zu charakterisieren.

Abbildung 9.3   formaler Aufbau eines Hauptprogramms

```
[PROGRAM [hp_name]]

   [Vereinbarungsteil]
   [Ausführungsteil]
   [CONTAINS
       [interne Unterprogramme]]

END [PROGRAM [hp_name]]
```

Auf die Anweisung CONTAINS und auf interne Unterprogramme wird im folgenden noch eingegangen werden.

Ein Funktionsunterprogramm oder eine Subroutine, die nicht in den Quellcode eines Hauptprogramms, eines anderen externen Funktionsunterprogramms, einer anderen externen Subroutine oder eines Modul-Unterprogramms eingebettet und keine Modul-Unterprogramme sind, werden als externes Unterprogramm bezeichnet.

Auf ein Funktionsunterprogramm ist aus konzeptioneller Sicht ein Algorithmus abzubilden, der zur Ausführungszeit einen Wert, den Funktionswert, liefert. In der Anfangsphase der Entwicklung von FORTRAN war dieser Wert im Regelfall ein Näherungswert für den Funktionswert einer mathematischen Funktion. Ein Funktionsunterprogramm wird ausgeführt, indem das Funktionsunterprogramm, in der Regel versorgt mit Aktualparametern, aufgerufen wird. Der Begriff Aktualparameter wird in Abschnitt 9.1 festgelegt und der Aufruf eines Unterprogramms in den Abschnitten 9.2 bis 9.5 und 9.8 behandelt werden. Funktionsunterprogramme dienen auch dazu, die Wirkung anwenderdefinierter Operatoren zu spezifizieren. Ein solches Funktionsunterprogramm wird auch als Operator-Funktionsunterprogramm bezeichnet. Ein Operator-Funktionsunterprogramm wird aufgerufen, wenn die zugehörige Operation auszuführen ist. Externe Funktionsunterprogramme werden ausführlich in Abschnitt 9.2 und Operator-Funktionsunterprogramme werden in Abschnitt 9.8 erörtert werden. Der formale Aufbau eines externen Funktionsunterprogramms läßt sich wie folgt charakterisieren.

Abbildung 9.4   formaler Aufbau eines externen Funktionsunterpro-
                   gramms

```
[p_f] FUNCTION f_name ( [f_p_liste] ) [RESULT(erg_n)]

    [Vereinbarungsteil]
    [Ausführungsteil]
    [CONTAINS
        [interne Unterprogramme]]

END [FUNCTION [f_name]]
```

Eine Subroutine dient dazu, Algorithmen in einem Unterprogramm zusammenzufassen,
um Aufgaben zu bearbeiten, die mit komplexerem Informationsaustausch verbunden
sind. Eine Subroutine wird ausgeführt, indem das Unterprogramm, in der Regel versorgt mit Aktualparametern, mit Hilfe der Anweisung CALL aufgerufen wird. Subroutinen dienen auch dazu, um anwenderdefinierte Zuweisungsanweisungen zu spezifizieren. Ein solche Subroutine wird dann aufgerufen, wenn die zugehörige Zuweisungsanweisung auszuführen ist. Externe Subroutinen werden ausführlich in Abschnitt 9.3 und
anwenderdefinierte Zuweisungsanweisungen werden in Abschnitt 9.8 erörtert werden.
Der formale Aufbau einer externen Subroutine läßt sich wie folgt charakterisieren.

Abbildung 9.5   formaler Aufbau einer externen Subroutine

```
[RECURSIVE] SUBROUTINE s_name [ ( [f_p_liste] ) ]

    [Vereinbarungsteil]
    [Ausführungsteil]
    [CONTAINS
        [interne Unterprogramme]]

END [SUBROUTINE [s_name]]
```

Abgesehen von der unterschiedlichen Syntax der Rahmenanweisungen, unterscheidet
sich demnach der formale Aufbau der Programmeinheiten Hauptprogramm, externes
Funktionsunterprogramm und externe Subroutine nicht.

Modul bezeichnet unter Standard Fortran 90 eine nicht ausführbare Programmeinheit.
Ein Modul dient dazu, Datentyp und Attribute von Datenobjekten zu deklarieren, abgeleitete Datentypen zu vereinbaren, Schnittstellenblöcke sowie Modul-Unterprogramme
zu spezifizieren, so daß sie, vereinfachend formuliert, für andere Gültigkeitseinheiten
potentiell zugänglich sind. Modul-Unterprogramme werden in einem Modul nach einer
Anweisung CONTAINS als Modul-Funktionsunterprogramm oder als Modul-Subroutine spezifiziert. Syntaktisch unterscheidet sich ein Modul-Funktionsunterprogramm nur
geringfügig von einem externen Funktionsunterprogramm. Dies trifft analog auf die

Syntax einer Modul-Subroutine und einer externen Subroutine zu. Für ein Modul-Unterprogramm ist das Modul umgebende Gültigkeitseinheit. Dann sind über Umgebungszuordnung aus einem Modul-Unterprogramm, vereinfachend formuliert, u.a. Datenobjekte des Moduls zugreifbar, deren Name in dem Modul-Unterprogramm nicht lokal ist. Der Begriff Umgebungszuordnung wird in Abschnitt 9.4 festgelegt werden. In einem Modul lassen sich auch Anweisungen USE und Schnittstellenblöcke spezifizieren. Schnittstellenblöcke werden, wie bereits erwähnt, in Abschnitt 9.1, die Anweisung USE und Module werden in Abschnitt 9.5 behandelt werden. Ein Modul hat den folgenden formalen Aufbau.

Abbildung 9.6   formaler Aufbau eines Moduls

```
MODULE [mod_name]

    [Vereinbarungsteil Modul]
    [CONTAINS
        [Modul-Unterprogramme]]

END [MODULE [mod_name]]
```

Mit Blockdaten Programmeinheit wird ebenfalls eine nicht ausführbare Programmeinheit bezeichnet. Eine Blockdaten Programmeinheit dient ausschließlich dazu, Datenobjekte initial zu definieren, deren Namen zu benannten gemeinsamen Speicherbereichen spezifiziert werden. Gemeinsame Speicherbereiche werden mit der Anweisung COMMON vereinbart. Diese Anweisung und die Blockdaten Programmeinheit werden in Abschnitt 9.6 behandelt werden. Falls ein Datenobjekt eines benannten gemeinsamen Speicherbereichs in einer Blockdaten Programmeinheit initial definiert wird, so muß jedes weitere Datenobjekt, dessen Name zu diesem benannten gemeinsamen Speicherbereich spezifiziert wird, in dieser Blockdaten Programmeinheit vereinbart werden, auch wenn es nicht initial definiert wird. Eine Blockdaten Programmeinheit hat daher den folgenden formalen Aufbau.

Abbildung 9.7   formaler Aufbau einer Blockdaten Programmeinheit

```
BLOCK DATA [b_d_name]

    [Vereinbarungsteil Blockdaten Programmeinheit]

END [BLOCK DATA [b_d_name]]
```

Eine Anweisungsfunktion wird in einer nicht ausführbaren Anweisung spezifiziert. Eine Anweisungsfunktion wird ausgeführt, indem die Anweisungsfunktion, in der Regel versorgt mit Aktualparametern, aufgerufen wird. Der Aufruf einer Anweisungsfunktion ist zulässig nur in dem ausführbaren Programmbaustein, in dem diese Anweisungsfunktion vereinbart worden ist, und liefert einen skalaren Wert.

```
  Syntax Anweisungsfunktion

 af_name([af_p_liste]) = skal_ausdruck
```

Dabei bezeichnet `af_name` den Namen der Anweisungsfunktion, `af_p_liste` eine Liste von Formalparametern und `skal_ausdruck` einen Ausdruck, der aus skalaren Operanden sowie Operanden, deren Auswertung einen Skalar liefert, und internen Operatoren aufgebaut ist. Der Begriff Formalparameter wird in Abschnitt 9.1 festgelegt werden. Wird eine Anweisungsfunktion spezifiziert, so sind einige Einschränkungen zu berücksichtigen. Dazu gehört, daß eine Anweisungsfunktion nach Anweisungen USE und IMPLICIT sowie nach den Anweisungen zur Typdeklaration der Formalparameter und vor der ersten ausführbaren Anweisung des Programmbausteins, der die Anweisungsfunktion enthält, zu spezifizieren ist. Auf die Abbildung 2.2 wird hingewiesen. Die Anweisung USE wird in Abschnitt 9.5 behandelt werden.

Die Bedeutung von Anweisungsfunktionen für die Entwicklung von Standard Fortran 90 Programmen wird als gering bewertet. Jede Anweisungsfunktion läßt sich unmittelbar in ein internes Funktionsunterprogramm überführen und interne Funktionsunterprogramme sind erheblich flexibler einsetzbar.

```
  Beispiel Anweisungsfunktion

    LOGICAL implikation
    LOGICAL :: a, b
    LOGICAL :: x = .TRUE., y = .FALSE.
    ...
    implikation (a, b) = .NOT.a .OR. b
    ...
        WRITE(20, 3000) x, y, implikation(x,y)
 3000 FORMAT (' Anweisungsfunktion implikation'   / &
              '  x '                     / 2X, L4  / &
              '  y '                     / 2X, L4  / &
              '  implikation (x, y) '  / 2X, L4    )
```

Im Beispiel ist `implikation` der Name einer Anweisungsfunktion, a, b sind Formalparameter und `skal_ausdruck` wird substituiert durch den skalaren logischen Ausdruck `.NOT.a .OR. b`. Der Aufruf der Anweisungsfunktion erfolgt mit den Aktualparametern x und y. Die Syntax von Aktualparameter, die grundlegenden Eigenschaften von Formalparametern sowie die grundlegenden Merkmale der Relation von Formal- und Aktualparameter werden in Abschnitt 9.1 erläutert werden. Der Aufruf der Anweisungsfunktion `implikation` liefert den Wert von `.FALSE.`. Auf das Programmbeispiel 9.1 wird hingewiesen.

Ein Funktionsunterprogramm oder eine Subroutine, die auf eine Anweisung CONTAINS in einem Hauptprogramm, einem externen Unterprogramm oder in einem Modul-Unterprogramm folgen, werden als internes Unterprogramm bezeichnet.

Das jeweilige Hauptprogramm, externe Unterprogramm oder Modul-Unterprogramm ist umgebende Gültigkeitseinheit zu dem internen Unterprogramm. Eine solche umgebende Gültigkeitseinheit wird auch als umgebender Programmbaustein bezeichnet. Wie bereits im Zusammenhang mit den einführenden Bemerkungen zu Modul-Unterprogrammen angedeutet worden ist, besagt umgebende Gültigkeitseinheit, daß über Umgebungszuordnung aus einem internen Unterprogramm u.a. spezifische Datenobjekte des umgebenden Programmbausteins zugreifbar sind.

Ein internes Funktionsunterprogramm wird aufgrund eines Aufrufs ausgeführt, der in dem umgebenden Programmbaustein oder in einem internen Unterprogramm dieses Programmbausteins spezifiziert wird. Es ist unzulässig, ein internes Funktionsunterprogramm in einem anderen als dem umgebenden Programmbaustein oder dessen internen Unterprogrammen aufzurufen. Ein Operator-Funktionsunterprogramm läßt sich nicht als internes Funktionsunterprogramm vereinbaren. Interne Funktionsunterprogramme werden in Abschnitt 9.4 erörtert werden. Der formale Aufbau eines internen Funktionsunterprogramms läßt sich wie folgt charakterisieren.

Abbildung 9.8   formaler Aufbau eines internen Funktionsunterprogramms

```
[p_f] FUNCTION f_name ( [f_p_liste] ) [RESULT(erg_n)]

    [Vereinbarungsteil]
    [Ausführungsteil]

END FUNCTION [f_name]
```

Eine interne Subroutine wird aufgrund eines Aufrufs ausgeführt, der mit Hilfe der Anweisung CALL spezifiziert wird. Da der Name der Eingangsstelle jedes internen Unterprogramms lokal in bezug auf den umgebenden Programmbaustein ist, läßt sich eine interne Subroutine ebenfalls nur in dem umgebenden Programmbaustein oder in dessen internen Unterprogrammen aufrufen. Eine anwenderdefinierte Zuweisungsanweisung läßt sich nicht mit Hilfe einer internen Subroutine spezifizieren. Interne Subroutinen werden ausführlich in Abschnitt 9.4 behandelt werden. Der formale Aufbau einer internen Subroutine läßt sich wie folgt charakterisieren.

Abbildung 9.9   formaler Aufbau einer internen Subroutine

```
[RECURSIVE] SUBROUTINE s_name [ ( [f_p_liste] ) ]

    [Vereinbarungsteil]
    [Ausführungsteil]

END SUBROUTINE [s_name]
```

Aus den Abbildungen 9.8 und 9.9 wird deutlich, daß sich in einem internen Unterprogramm **kein** weiteres Unterprogramm vereinbaren läßt.

Ein Modul-Unterprogramm ist, wie bereits erwähnt, ein Modul-Funktionsunterprogramm oder eine Modul-Subroutine. Abgesehen von geringfügigen Abweichungen stimmt die Syntax eines Modul-Funktionsunterprogramms mit der Syntax eines externen Funktionsunterprogramms und die Syntax einer Modul-Subroutine mit der Syntax einer externen Subroutine überein. Insbesondere lassen sich in einem Modul-Unterprogramm auch interne Unterprogramme spezifizieren. Für ein Modul-Unterprogramm ist, wie bereits erwähnt, das Modul umgebende Gültigkeitseinheit. Da jedes Modul-Unterprogramm lokal in bezug auf das umgebende Modul ist, läßt sich ein Modul-Unterprogramm nur in dem umgebenden Modul, einem Modul-Unterprogramm des umgebenden Moduls oder in einer Gültigkeitseinheit aufrufen, in der das umgebende Modul referenziert wird und für die das Modul-Unterprogramm zugänglich ist. Dem Namen des Modul-Unterprogramms muß dann das Attribut PUBLIC zugeordnet sein. Die Referenz auf ein Modul, das Attribut PUBLIC und Modul-Unterprogramme werden in Abschnitt 9.5 ausführlich behandelt werden. Ein Modul-Funktionsunterprogramm hat den folgenden formalen Aufbau.

Abbildung 9.10   formaler Aufbau eines Modul-Funktionsunterprogramms

```
[p_f] FUNCTION f_name ( [f_p_liste] ) [RESULT(erg_n)]

    [Vereinbarungsteil]
    [Ausführungsteil]
    [CONTAINS
        [interne Unterprogramme]]

END FUNCTION [f_name]
```

Der formale Aufbau einer Module-Subroutine läßt sich wie folgt charakterisieren.

Abbildung 9.11   formaler Aufbau einer Modul-Subroutine

```
  [RECURSIVE] SUBROUTINE s_name [ ( [f_p_liste] ) ]

      [Vereinbarungsteil]
      [Ausführungsteil]
      [CONTAINS
          [interne Unterprogramme]]

  END SUBROUTINE [s_name]
```

9.1   Basismerkmale des Informationstransfers zwischen Programmbausteinen

Im folgenden werden unter der Kurzbezeichnung Unterprogramm die Begriffe externes, internes und Modul-Unterprogramm subsumiert.

Grundlegende Merkmale eines Unterprogramms sind seine Klassifikation als Funktionsunterprogramm oder als Subroutine sowie die charakteristischen Eigenschaften der Formalparameter in der Formalparameterliste zu diesem Unterprogramm. Im Fall eines Funktionsunterprogramms kommen die charakteristischen Eigenschaften des Ergebnisses als grundlegendes Merkmal hinzu. Externe Funktionsunterprogramme werden, wie bereits erwähnt, in Abschnitt 9.2 und externe Subroutinen in Abschnitt 9.3 ausführlich erörtert werden. Zunächst werden sowohl Syntax und Semantik von Formalparameter als auch Aktualparameter behandelt und grundlegende Merkmale des Informationstransfers zwischen Programmbausteinen erläutert werden.

Unter den Möglichkeiten, den Informationsaustausch zwischen einem aufrufenden Programmbaustein und einem aufgerufenen Unterprogramm zu spezifizieren, gilt als wichtigste, die Referenz auf ein Unterprogramm mit einer Liste von Aktualparametern zu verknüpfen, die zu einer Liste von Formalparametern des aufgerufenen Unterprogramms korrespondiert.

Grundregel ist, daß die eineindeutige Zuordnung zwischen einem Aktualparameter in der Aktualparameterliste, die zu dem Aufruf eines Unterprogramms in dem aufrufenden Programmbaustein spezifiziert wird, und einem Formalparameter in der Formalparameterliste des referenzierten Unterprogramms über die Position in der jeweiligen Liste erfolgt. Die eineindeutige Zuordnung von Aktualparameter und Formalparameter wird auch als *Argumentassoziation* bezeichnet.

Unter dem Begriff *Datengröße* werden sowohl der Begriff Datenobjekt als auch der Wert, den der Aufruf eines Funktionsunterprogramms liefert, und der Wert eines Ausdrucks subsumiert.

Ist ein Aktualparameter Datengröße, so gilt als Grundregel, daß Aktualparameter und korrespondierender Formalparameter im Datentyp, im Typparameter KIND für den Fall eines internen Datentyps und im Rang übereinstimmen müssen. Diese einfache Grundregel für den Informationstransfer zwischen aufrufendem Programmbaustein und aufgerufenem Unterprogramm trifft allerdings uneingeschränkt nur für den Fall zu, daß ein Formalparameter skalares Formaldatenobjekt ist. Daher wird diese Grundregel noch in diesem Abschnitt zu erweitern und zu modifizieren sein. Der Begriff Formaldatenobjekt wird ebenfalls noch in diesem Abschnitt festgelegt werden.

```
Beispiel eineindeutige Zuordnung von Aktualparameter und
           Formalparameter über die Position

PROGRAM wert_ref_param
   ...
       INTEGER, PARAMETER :: int_kon = 9
       INTEGER            :: int_erg = 0, int_var = 7
   ...
       CALL wert_par ( int_var*int_var+int_kon, int_kon, int_erg )
   ...
END PROGRAM wert_ref_param

   SUBROUTINE wert_par ( int_ausdruck, int_sub, int_sub_erg)
   ...
       INTEGER :: int_ausdruck, int_sub
       INTEGER, INTENT(OUT) :: int_sub_erg
   ...
   END SUBROUTINE wert_par
```

Im Beispiel bildet `int_var*int_var+int_kon, int_kon, int_erg` die Aktualparameterliste zu dem Aufruf der Subroutine `wert_par` und `int_ausdruck, int_sub, int_sub_erg` die Formalparameterliste der aufgerufenen Subroutine. Der Aktualparameter `int_var*int_var+int_kon` ist über die Position in der Aktualparameterliste eineindeutig dem Formalparameter `int_ausdruck` zugeordnet. Ferner ist der Aktualparameter `int_kon` dem Formalparameter `int_sub` und der Aktualparameter `int_erg` dem Formalparameter `int_sub_erg` zugeordnet. Auf das Programmbeispiel 9.1 wird hingewiesen.

Von der Grundregel, daß die eineindeutige Zuordnung zwischen einem Aktualparameter und einem Formalparameter über die Position in der jeweiligen Liste erfolgt, kann unter Standard Fortran 90 abgewichen werden. Ein Aktualparameter läßt sich auch als Schlüsselwortparameter spezifizieren.

Die vorgenannte Grundregel impliziert, daß die Anzahl der Aktualparameter in der Aktualparameterliste, die zu dem Aufruf eines Unterprogramms in dem aufrufenden Programmbaustein spezifiziert wird, mit der Anzahl der Formalparameter in der Formalparameterliste des referenzierten Unterprogramms übereinstimmen muß. Auch davon kann unter Standard Fortran 90 abgewichen werden, indem einem oder mehreren Formalparametern in einer Formalparameterliste das Attribut OPTIONAL zugeordnet wird. Aktualparameter als Schlüsselwortparameter und das Attribut OPTIONAL werden noch in diesem Abschnitt behandelt werden.

Ein Aktualparameter a_par hat die folgende Syntax.

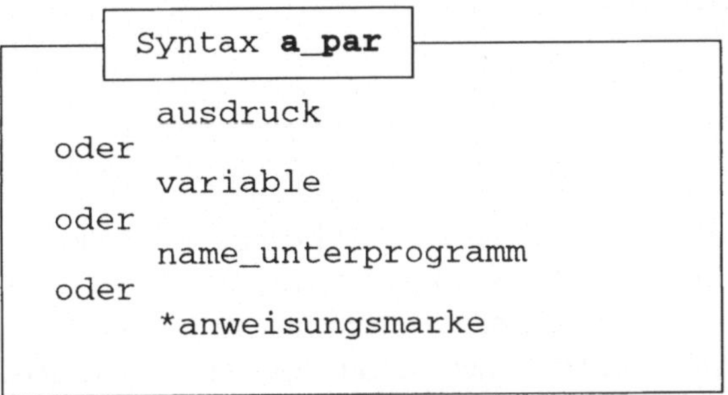

Dabei bezeichnet ausdruck einen Ausdruck und damit insbesondere den Aufruf eines Funktionsunterprogramms, variable eine Variable und name_unterprogramm den spezifischen Namen der Haupt- oder einer Nebeneingangsstelle eines Unterprogramms oder einer Standardfunktion, deren spezifischer Name als Aktualparameter zulässig ist. Eine Anweisungsfunktion, der Name eines internen Unterprogramms, der generische Name eines Unterprogramms, der Name einer Standardsubroutine sowie spezifische Namen einiger Standardfunktionen sind als Aktualparameter unzulässig. Die Begriffe spezifischer und generischer Name eines Unterprogramms werden noch in diesem Abschnitt, der Begriff Nebeneingangsstelle wird in Abschnitt 9.2 festgelegt werden. Diejenigen Standardfunktionen, deren spezifischer Name nicht als Aktualparameter zulässig ist, werden im Anhang A angegeben. Mit *anweisungsmarke wird ein alternatives Rücksprungziel spezifiziert. Ein alternatives Rücksprungziel dient dazu, aus einem aufgerufenen Unterprogramm den Kontrollfluß im aufrufenden Programmbaustein zu beeinflussen. Dies wird auch als alternativer Rücksprung bezeichnet. Unter Standard Fortran 90 läßt sich stets eine Blockstruktur CASE spezifizieren, deren Ausführung die Leistung adäquat substituiert, die von einem alternativen Rücksprung erbracht wird. Der alternative Rücksprung wird im aktuellen Standard als veraltet charakterisiert.

Ein Formalparameter ist ein Platzhalter. Gültigkeitsbereich des Namens eines Formalparameters ist die Gültigkeitseinheit, in deren Formalparameterliste der Name spezifiziert wird. Ein Formalparameter ist entweder ein Formaldatenobjekt, ein Formalparameter-Unterprogramm oder ein Platzhalter für ein alternatives Rücksprungziel. Ein solcher Formalparameter wird mit dem Endsymbol * spezifiziert. Ein Formalparameter f_par hat daher die folgende Syntax.

```
┌──── Syntax f_par ────┐
│        formaldatenobjekt
│   oder
│        formalpar_unterprogramm
│   oder
│        *
└──────────────────────
```

Charakteristische Eigenschaften eines Formaldatenobjekts sind deklarierter Datentyp, vereinbarte Typparameter, vereinbarte Gestalt sowie zugeordnetes Attribut INTENT, OPTIONAL, POINTER und TARGET. Ferner sind die übernommene Gestalt für ein Formaldatenobjekt, das ein Feld mit übernommener Gestalt repräsentiert, die übernommene Größe für ein Formaldatenobjekt, das ein Feld mit übernommener Größe repräsentiert, und der übernommene Wert des Typparameters LÄNGE zu einem Formaldatenobjekt, das ein Datenobjekt vom Datentyp CHARACTER repräsentiert, charakteristische Eigenschaften eines Formaldatenobjekts. Felder mit übernommener Größe und Felder mit übernommener Gestalt werden in Abschnitt 9.7 behandelt werden. Für den Fall, daß ein Typparameter, der zu einem Formaldatenobjekt spezifiziert wird, oder die Indexgrenze in einer Dimension eines Felds, das von einem Formaldatenobjekt repräsentiert wird, ein Ausdruck ist, der von einer anderen Datengröße abhängt, so kommt diese Abhängigkeit als charakteristische Eigenschaft eines Formaldatenobjekts hinzu.

Es ist unzulässig, dem Namen eines Formaldatenobjekts das Attribut PARAMETER und/oder das Attribut SAVE zuzuordnen.

Ist ein Aktualparameter Datengröße, muß der korrespondierende Formalparameter Formaldatenobjekt sein. Entsprechend der Grundregel für den Informationstransfer zwischen aufrufendem Programmbaustein und aufgerufenem Unterprogramm müssen dann Aktualparameter und korrespondierendes Formaldatenobjekt

>   im Datentyp sowie im Typparameter KIND für den Fall eines internen Datentyps

übereinstimmen. Bei der Parameterübergabe erfolgt demnach keine implizite Anpassung von Datentyp und/oder Typparameter KIND einer Datengröße als Aktualparameter an den Datentyp und/oder Typparameter KIND, der zu dem korrespondierenden Formaldatenobjekt vereinbart ist. Ferner müssen ein Aktualparameter als Datengröße und das korrespondierende Formaldatenobjekt

>   im Rang übereinstimmen, falls das Formaldatenobjekt als Skalar vereinbart ist

>   in Rang und Gestalt übereinstimmen, falls dem Formaldatenobjekt das Attribut POINTER zugeordnet ist.

Repräsentiert das Formaldatenobjekt ein Feld, so sind weitere Fälle zu berücksichtigen, in denen der Rang oder der Rang und die Gestalt von Aktualparameter und Formaldatenobjekt übereinstimmen müssen. Diese Fälle werden in Abschnitt 9.7 zusammengestellt werden.

Für ein skalares Formaldatenobjekt vom Datentyp CHARACTER muß der Wert des Typparameters LÄNGE, der zu diesem Formaldatenobjekt vereinbart ist, kleiner oder gleich dem Wert des Typparameters LÄNGE des korrespondierenden Aktualparameters sein. Wird der Wert des Typparameters LÄNGE, der zu einem Formaldatenobjekt vom Datentyp CHARACTER vereinbart wird, mit dem Endsymbol * spezifiziert, so wird bei der Parameterübergabe der Wert des Typparameters LÄNGE des korrespondierenden Aktualparameters übernommen. Ein solches Formaldatenobjekt wird daher auch als Formaldatenobjekt mit übernommenem Wert des Typparameters LÄNGE bezeichnet. Ist ein Aktualparameter ein Feld, Teilfeld oder Feldausdruck vom Basisdatentyp CHARACTER, dann bestimmt der Wert des Typparameters LÄNGE des jeweiligen Felds, Teilfelds oder Feldausdrucks den Wert des Typparameters LÄNGE des Aktualparameters. Repräsentiert ein Formaldatenobjekt ein Feld mit übernommener Gestalt vom Basisdatentyp CHARACTER, dann muß nach der Argumentassoziation der Wert des Typparameters LÄNGE von Formaldatenobjekt und korrespondierendem Aktualparameter übereinstimmen. Ansonsten muß, vereinfachend formuliert, die Gesamtlänge des Formaldatenobjekts kleiner oder gleich der Gesamtlänge des korrespondierenden Aktualparameters sein.

```
┌──────────────────────────────────────────────────────────┐
│   Beispiel Formaldatenobjekt mit übernommenem Wert des Typ-│
│            parameters LÄNGE                                │
└──────────────────────────────────────────────────────────┘

PROGRAM num_integration
    ...
       CHARACTER (64) :: dateiname_ausgabe=' '
    ...
       wert_int_ab = ber_int_sim_reg ( dateiname_ausgabe, aus1, a,
                                        b, n, ber_aktual_f          )
    ...
END PROGRAM num_integration

FUNCTION ber_int_sim_reg ( dateiname_ausgabe, aus1, a, b, n,        &
                           formal_f )        RESULT( w_b_integral )
    ...
       CHARACTER (*), INTENT(IN) :: dateiname_ausgabe
    ...
END FUNCTION ber_int_sim_reg
```

Im Beispiel ist der Formalparameter `dateiname_ausgabe` in der Formalparameterliste zu dem externen Funktionsunterprogramm `ber_int_sim_reg` Formaldatenobjekt mit übernommenem Wert des Typparameters LÄNGE. Das externe Funktionsunterprogramm `ber_int_sim_reg` wird aus dem Hauptprogramm so aufgerufen, daß der Aktualparameter `dateiname_ausgabe` zu dem Formaldatenobjekt `dateiname_ausgabe` korrespondiert. Dann sind nach der Argumentassoziation der

Wert des Typparameters LÄNGE des Aktualparameters und der Wert des Typparameters LÄNGE des Formaldatenobjekts gleich. Auf das Programmbeispiel 9.2 wird hingewiesen.

Die charakteristischen Eigenschaften eines Formalparameter-Unterprogramms sind die Bestimmtheit seiner Schnittstelle, die grundlegenden Merkmale als Unterprogramm, falls die Schnittstelle des Formalparameter-Unterprogramms explizit ist, und zugeordnetes Attribut OPTIONAL. Der Begriff Schnittstelle sowie Syntax und Semantik eines Schnittstellenblocks werden noch in diesem Abschnitt behandelt werden.

Ein Formalparameter, der mit dem Endsymbol * spezifiziert wird, ist, wie bereits erwähnt, ein Platzhalter für ein alternatives Rücksprungziel. Ein solcher Formalparameter hat keine charakteristischen Eigenschaften.

Die folgenden vier Konzepte der Parameterübergabe werden im Fall imperativer Programmiersprachen häufiger realisiert:

▶ Übergabe als Referenzparameter

▶ Übergabe als Wertparameter

▶ Übergabe als Kombination von Wert- und Referenzparameter

▶ Übergabe als Namensparameter.

Im aktuellen Standard sind Konzepte der Parameterübergabe nicht festgelegt worden, die von einem standardkonformen Compiler einzuhalten sind. Unter einem Standard Fortran 90 Compiler werden die Übergabe als Referenzparameter und die Übergabe als Wertparameter von Bedeutung sein. Kurzgefaßt formuliert wird im Fall der Übergabe als Referenzparameter die Speicheradresse des Aktualparameters übergeben. Dagegen wird bei der Übergabe als Wertparameter der Wert des Aktualparameters übergeben. Die Parameterübergabe als Wertparameter verhindert (unerwünschte) Nebenauswirkungen. Die Parameterübergabe als Wertparameter wird unter FORTRAN Compilern dann eingesetzt, wenn der Aktualparameter eine Konstante, eine benannte Konstante oder ein Ausdruck ist. Die Parameterübergabe als Referenzparameter wird in der Regel dann realisiert, wenn der Aktualparameter eine Variable ist. Erfolgt die Parameterübergabe als Referenzparameter, kann der Fall eintreten, daß ein Aktualparameter zu zwei Formalparametern in der Formalparameterliste zu einem referenzierten Unterprogramm korrespondiert. Dieser Fall ist nur dann als unbedenklich zu bewerten, falls beide Formalparameter Eingabeparameter sind. Auf das Programmbeispiel 9.1, insbesondere auf den Aufruf der externen Subroutine unfug im Hauptprogramm, wird hingewiesen.

Ein Formalparameter heißt *Eingabeparameter,* falls der Formalparameter dazu dient, Information aus dem aufrufenden Programmbaustein in den aufgerufenen Programmbaustein zu übernehmen, jedoch keine Ergebnisse der Ausführung des referenzierten Programmbausteins an den aufrufenden Programmbaustein zurückzuliefern. Ein Formalparameter in der Formalparameterliste einer Anweisungsfunktion oder einer Standardfunktion ist stets Eingabeparameter.

Ein Formalparameter heißt *Ausgabeparameter*, falls über den Formalparameter Ergebnisse der Ausführung des aufgerufenen Unterprogramms an den aufrufenden Programmbaustein zurückgeliefert werden, jedoch keine Information aus dem aufrufenden Programmbaustein in das referenzierte Unterprogramm übernommen wird.

Ein Formalparameter heißt *Ein-Ausgabeparameter*, falls der Formalparameter dazu dient, sowohl Information aus dem aufrufenden Programmbaustein in das aufgerufene Unterprogramm zu übernehmen als auch Ergebnisse der Ausführung des referenzierten Unterprogramms an den aufrufenden Programmbaustein zurückzuliefern.

Läßt sich aus dem Quellcode eines Unterprogramms unmittelbar die Verwendung eines Formalparameters als Eingabe-, Ausgabe- oder Ein-Ausgabeparameter erkennen, so wird damit die Lesbarkeit des Quellprogramms verbessert. Darüber hinaus bewirkt die explizite Vereinbarung der Verwendung eines Formalparameters als Eingabe-, Ausgabe- oder Ein-Ausgabeparameter, daß die Fehleranfälligkeit des Informationstransfers zwischen aufrufendem Programmbaustein und aufgerufenem Unterprogramm reduziert wird. Nach dem aktuellen Standard dient das Attribut INTENT dazu, einem Formalparameter, der eine Variable ohne das Attribut POINTER repräsentiert, das Merkmal Eingabe-, Ausgabe- oder Ein-Ausgabeparameter zuzuordnen.

Das Attribut INTENT läßt sich einem solchen Formalparameter nur in der Vereinbarung eines Unterprogramms oder eines Schnittstellenblocks zuordnen, und zwar entweder in der Anweisung zur Deklaration des Datentyps des Formaldatenobjekts oder mit Hilfe der Anweisung INTENT. Diese nicht ausführbare Anweisung hat die folgende Syntax.

```
Syntax INTENT

INTENT (e_a_f_param) [::] f_param[, f_param]...
```

Dabei bezeichnet f_param einen Formalparameter, der Platzhalter für eine Variable ohne das Attribut POINTER ist. Ferner dient e_a_f_param dazu, für einen Formalparameter, dessen Name f_param substituiert, die Verwendung als Eingabe-, Ausgabe- oder Ein-Ausgabeparameter zu spezifizieren. Dieses Zwischensymbol hat die folgende Syntax.

```
┌─────────────────────────────┐
│   Syntax e_a_f_param        │
├─────────────────────────────┴──────┐
│       IN                           │
│   oder                             │
│       OUT                          │
│   oder                             │
│       INOUT                        │
│                                    │
└────────────────────────────────────┘
```

Mit IN wird die Verwendung eines Formalparameters als Eingabeparameter spezifiziert. OUT dient dazu, einem Formalparameter das Merkmal Ausgabeparameter zuzuordnen. In diesem Fall muß zu dem Formalparameter eine Variable als Aktualparameter
korrespondieren. Diese Variable hat zu dem Zeitpunkt, zu dem die Argumentassoziation hergestellt wird, den Status, undefiniert zu sein. Mit INOUT wird die Verwendung
eines Formalparameters als Ein-Ausgabeparameter spezifiziert. Dann muß der Formalparameter Platzhalter für eine Variable als Aktualparameter sein. Falls ein Aktualparameter ein Teilfeld ist, zu dem ein Teilfeldindex als Indexvektor spezifiziert wird, ist als
korrespondierender Formalparameter ein Ausgabe- oder ein Ein-Ausgabeparameter unzulässig.

```
┌─────────────────────────────────────────┐
│   Beispiele Zuordnung Attribut INTENT    │
├──────────────────────────────────────────┴────┐
│  SUBROUTINE wert_par ( int_ausdruck, int_sub, int_sub_erg )   │
│     ...                                         │
│        INTEGER, INTENT(OUT) :: int_sub_erg      │
│     ...                                         │
│  END SUBROUTINE wert_par                        │
│                                                 │
│                                                 │
│  FUNCTION ber_int_ta_reg ( dateiname_ausgabe, aus1,     &  │
│                            a, b, n, formal_f         )   &  │
│                                RESULT( w_b_integral )      │
│     ...                                         │
│        INTEGER :: aus1                          │
│        INTENT(IN) aus1                          │
│     ...                                         │
│  END FUNCTION ber_int_ta_reg                    │
└─────────────────────────────────────────────────┘
```

In den Beispielen wird der Formalparameter int_sub_erg als Ausgabe- und der
Formalparameter aus1 als Eingabeparameter spezifiziert. Auf die Programmbeispiele
9.1 und 9.2 wird hingewiesen.

Ist einem Formalparameter nicht das Attribut INTENT zugeordnet, so bestimmen die
Eigenschaften des Aktualparameters, ob sich der Formalparameter als Eingabe-, Aus-
gabe- oder Ein-Ausgabeparameter verwenden läßt.

Es ist, wie bereits erwähnt, unter Standard Fortran 90 zulässig, einem Formalparameter
in der Formalparameterliste zu einem Unterprogramm das Attribut OPTIONAL zuzu-

ordnen. Dann muß die Schnittstelle dieses Unterprogramms für den aufrufenden Programmbaustein explizit sein. Ferner läßt sich ein Aktualparameter in der Aktualparameterliste, die zu dem Aufruf eines Unterprogramms spezifiziert wird, auch als Schlüsselwortparameter angeben, falls die Schnittstelle des referenzierten Unterprogramms explizit ist. Bevor Formalparameter mit dem Attribut OPTIONAL und Aktualparameter als Schlüsselwortparameter behandelt werden, ist es daher zweckmäßig, zunächst die Begriffe explizite und implizite Schnittstelle festzulegen sowie Syntax und Semantik eines Schnittstellenblocks einführend zu behandeln.

Die Schnittstelle eines Unterprogramms besteht aus den grundlegenden Merkmalen des Unterprogramms, dem Namen des Unterprogramms, dem Namen und den charakteristischen Eigenschaften jedes Formalparameters der Formalparameterliste zu diesem Unterprogramm sowie ggf. dem generischen Namen des Unterprogramms. Die grundlegenden Merkmale eines Unterprogramms dürfen sich zwischen verschiedenen Gültigkeitseinheiten nicht unterscheiden. Die Begriffe generischer und spezifischer Name eines Unterprogramms werden noch in diesem Abschnitt festgelegt werden.

Ist ein Unterprogramm aus einem Programmbaustein referenzierbar, so ist die Schnittstelle dieses Unterprogramms entweder explizit oder implizit für diesen Programmbaustein. Die Schnittstelle eines internen Unterprogramms ist explizit für den umgebenden Programmbaustein. Die Schnittstelle eines Modul-Unterprogramms ist für das umgebende Modul sowie für jeden Programmbaustein explizit, in dem das umgebende Modul referenziert wird und für den das Modul-Unterprogramm zugänglich ist. Die Schnittstelle eines Standardunterprogramms ist stets explizit. Die Schnittstelle einer rekursiv aufrufbaren Subroutine ist für diese Subroutine und die Schnittstelle eines rekursiv aufrufbaren Funktionsunterprogramms ist für dieses Funktionsunterprogramm explizit. Die Schnittstelle eines externen Unterprogramms ist für einen anderen Programmbaustein nur dann explizit, falls in diesem Programmbaustein ein Schnittstellenblock für das externe Unterprogramm spezifiziert oder über die Referenz auf ein Modul zugänglich ist. Dies gilt analog für die Schnittstelle eines Formalparameter-Unterprogramms. Ansonsten ist die Schnittstelle eines externen Unterprogramms oder eines Formalparameter-Unterprogramms implizit. Die Schnittstelle einer Anweisungsfunktion ist stets implizit.

Die Schnittstelle eines aufgerufenen Unterprogramms muß, wie bereits erwähnt, für den aufrufenden Programmbaustein explizit sein, falls

▶   in der Referenz auf das Unterprogramm ein Schlüsselwortparameter spezifiziert wird

▶   einem Formalparameter in der Formalparameterliste zu dem Unterprogramm das Attribut OPTIONAL zugeordnet ist.

Ferner muß die Schnittstelle eines Unterprogramms für den aufrufenden Programmbaustein explizit sein, falls das Unterprogramm

▶ ein Operator-Funktionsunterprogramm ist

▶ eine Subroutine ist, mit der eine anwenderdefinierte Zuweisungsanweisung vereinbart wird

▶ mit seinem generischen Namen referenziert wird

▶ ein Funktionsunterprogramm mit einer Ergebnisvariablen ist, der das Attribut DIMENSION oder das Attribut POINTER zugeordnet ist

▶ ein Funktionsunterprogramm mit einer Ergebnisvariablen vom Datentyp CHARACTER und der Wert des Typparameters LÄNGE weder konstant noch übernommener Wert ist

▶ ein Formaldatenobjekt in der Formalparameterliste hat, das ein Feld mit übernommener Gestalt oder eine Variable mit Attribut POINTER oder mit Attribut TARGET repräsentiert.

Die Schnittstelle eines internen Unterprogramms, eines externen Unterprogramms, eines Modul-Unterprogramms oder eines Formalparameter-Unterprogramms wird spezifiziert

▶ in einer Anweisung FUNCTION, SUBROUTINE oder ENTRY

▶ in Anweisungen zur Vereinbarung der Attribute der Formalparameter sowie der Ergebnisvariablen im Fall eines Funktionsunterprogramms.

Diese Anweisungen dienen mit Ausnahme der Anweisung ENTRY auch dazu, einen Schnittstellenblock zu spezifizieren. Mit der Anweisung ENTRY, die in Abschnitt 9.2 behandelt werden wird, läßt sich eine Nebeneingangsstelle zu einem externen Unterprogramm oder einem Modul-Unterprogramm vereinbaren.

Ein Schnittstellenblock läßt sich im Hauptprogramm, in internen und externen Unterprogrammen, in Modulen und Modul-Unterprogrammen spezifizieren. Ein Schnittstellenblock, der in einem umgebenden Programmbaustein spezifiziert wird, ist auch für die Unterprogramme sichtbar, die in diesem umgebenden Programmbaustein vereinbart sind. Jeder Schnittstellenblock ist nach Anweisungen USE und IMPLICIT und vor der ersten ausführbaren Anweisung eines Programmbausteins zu spezifizieren. Auf die Abbildung 2.2 zur Reihenfolge von Anweisungen in einer Programmeinheit wird hingewiesen. Ein Schnittstellenblock hat die folgende Syntax.

```
┌─ Syntax Schnittstellenblock ─────────┐
│                                       │
│  INTERFACE [gen_name_anw_def]         │
│     [schnittstellenrumpf]...          │
│     [MODULE PROCEDURE mod_up_nam_liste]...
│  END INTERFACE                        │
│                                       │
└───────────────────────────────────────┘
```

Unter Standard Fortran 90 werden 4 Typen von Schnittstellenblock unterschieden: der einfache Schnittstellenblock, der Schnittstellenblock mit generischem Namen, der Schnittstellenblock eines Operator-Funktionsunterprogramms und der Schnittstellenblock einer Subroutine, mit der eine anwenderdefinierte Zuweisungsanweisung vereinbart wird. Der Schnittstellenblock eines Operator-Funktionsunterprogramms wird auch als Operator-Schnittstellenblock und der Schnittstellenblock einer Subroutine, mit der eine anwenderdefinierte Zuweisungsanweisung vereinbart wird, auch als Zuweisungs-anweisung-Schnittstellenblock bezeichnet. Mit der Anweisung INTERFACE wird festgelegt, welcher Typ von Schnittstellenblock spezifiziert wird. Die Anweisung INTERFACE hat die folgende Syntax.

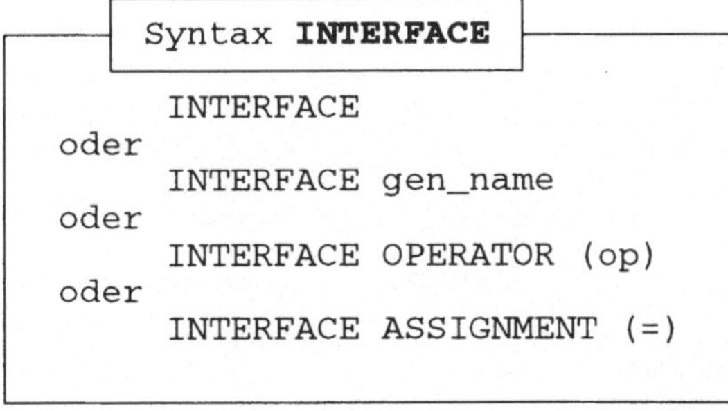

```
┌─ Syntax INTERFACE ─────────┐
│                            │
│         INTERFACE          │
│  oder                      │
│         INTERFACE gen_name │
│  oder                      │
│         INTERFACE OPERATOR (op)
│  oder                      │
│         INTERFACE ASSIGNMENT (=)
│                            │
└────────────────────────────┘
```

Dabei bezeichnet gen_name den Namen eines Schnittstellenblocks mit generischem Namen und op das Endsymbol für einen Operator.

Zunächst wird der einfache Schnittstellenblock erörtert werden. Der Schnittstellenblock mit generischem Namen wird noch in diesem Abschnitt, der Operator-Schnittstellenblock und der Zuweisungsanweisung-Schnittstellenblock werden in Abschnitt 9.8 behandelt werden. Mit schnittstellenrumpf wird, vereinfachend formuliert, die Schnittstelle eines Unterprogramms bezeichnet.

```
┌─ Syntax schnittstellenrumpf ──────────────────────────────┐
│                                                            │
│  [p_f] FUNCTION f_name ( [f_p_liste] ) [RESULT(erg_n)]     │
│            [eingeschränkter Vereinbarungsteil]             │
│          END [FUNCTION [f_name]]                           │
│  oder                                                      │
│   [RECURSIVE] SUBROUTINE s_name [ ( [f_p_liste] ) ]        │
│                 [eingeschränkter Vereinbarungsteil]        │
│             END SUBROUTINE [s_name]                        │
│                                                            │
└────────────────────────────────────────────────────────────┘
```

Die Anweisungen FUNCTION und END FUNCTION werden in Abschnitt 9.2, die
Anweisungen SUBROUTINE und END SUBROUTINE werden in Abschnitt 9.3 behandelt werden. Die Anweisungen des Vereinbarungsteils eines Unterprogramms, die
eingeschränkter Vereinbarungsteil substituieren, sind, vereinfachend formuliert, diejenigen nicht ausführbaren Anweisungen, die für die spezifizierte Schnittstelle dieses Unterprogramms relevant sind. Diese Anweisungen des Vereinbarungsteils
eines Unterprogramms werden auch als Schnittstellendeklaration bezeichnet. Anweisungen FORMAT, DATA, ENTRY und Anweisungsfunktionen sind in einer Schnittstellendeklaration unzulässig.

```
┌─ Beispiel einfacher Schnittstellenblock ──────────────────┐
│                                                            │
│  PROGRAM num_integration                                   │
│     ...                                                    │
│  INTERFACE                                                 │
│     FUNCTION ber_int_ta_reg ( dateiname_ausgabe, aus1, int_a,    &
│                          int_b, anz_teilint, formal_f )          &
│                                     RESULT ( w_b_integral )       │
│        EXTERNAL formal_f                                    │
│        CHARACTER (*), INTENT(IN), OPTIONAL :: dateiname_ausgabe  │
│        INTEGER, INTENT(IN), OPTIONAL :: aus1                │
│        INTEGER, INTENT(IN) :: anz_teilint                   │
│        REAL(KIND(0.D0)), INTENT(IN) :: int_a, int_b         │
│        REAL(KIND(0.D0)) :: w_b_integral, formal_f           │
│     END FUNCTION ber_int_ta_reg                            │
│  END INTERFACE                                             │
│                                                            │
└────────────────────────────────────────────────────────────┘
```

Der einfache Schnittstellenblock im Beispiel beschreibt die Schnittstelle eines externen
Funktionsunterprogramms im Hauptprogramm. Die Formalparameterliste zu diesem
Funktionsunterprogramm enthält zwei Formalparameter, denen das Attribut
OPTIONAL zugeordnet ist. Der einfache Schnittstellenblock wird im aufrufenden Pro-
grammbaustein, dem Hauptprogramm, spezifiziert, damit die Schnittstelle des externen
Funktionsunterprogramms für das Hauptprogramm explizit ist. Auf das Programmbei-
spiel 9.2 wird hingewiesen.

Wird im Fall der Referenz auf ein Unterprogramm, dessen Schnittstelle für den aufrufenden Programmbaustein implizit ist, in dem aufrufenden Programmbaustein kein

Schnittstellenblock spezifiziert, so werden Fehler bei dem Informationstransfer zwischen aufrufendem Programmbaustein und zu referenzierendem Unterprogramm, wenn überhaupt, erst zur Laufzeit festgestellt. Daher ist zu empfehlen, eine Schnittstelle, die für den aufrufenden Programmbaustein implizit und nicht die Schnittstelle einer Anweisungsfunktion ist, stets explizit zu machen. Dann lassen sich bereits bei der Compilation formale Merkmale des Informationstransfers zwischen aufrufendem Programmbaustein und zu referenzierendem Unterprogramm überprüfen. Eine der Möglichkeiten, eine Schnittstelle für einen aufrufenden Programmbaustein explizit zu machen, besteht darin, in dem aufrufenden Programmbaustein einen einfachen Schnittstellenblock für das aufzurufende Unterprogramm geeignet zu spezifizieren.

Wie bereits erwähnt, gestattet Standard Fortran 90, einem Formalparameter in der Vereinbarung eines Unterprogramms oder eines Schnittstellenblocks das Attribut OPTIONAL zuzuordnen, und zwar entweder in der Anweisung zur Deklaration des Datentyps eines Formaldatenobjekts oder mit Hilfe der Anweisung OPTIONAL. Zu einem Formalparameter mit dem Attribut OPTIONAL muß kein Aktualparameter in der Aktualparameterliste des aufrufenden Programmbausteins korrespondieren. Die nicht ausführbare Anweisung OPTIONAL hat die folgende Syntax.

```
┌─ Syntax Anweisung OPTIONAL ─┐

   OPTIONAL [::] f_param[, f_param]...
```

Es ist unzulässig, einem Formalparameter das Attribut OPTIONAL zuzuordnen, der Platzhalter für ein alternatives Rücksprungziel ist.

Die Standardfunktion PRESENT erlaubt, in einem aufgerufenen Unterprogramm überprüfen zu lassen, ob in der Aktualparameterliste ein Aktualparameter zu einem Formalparameter mit dem Attribut OPTIONAL in der Formalparameterliste des referenzierten Unterprogramms korrespondiert. Die wesentlichen Merkmale dieser Abfragefunktion werden im Anhang A beschrieben. Auf das Programmbeispiel 9.2 wird hingewiesen.

```
┌─ Beispiele Zuordnung Attribut OPTIONAL ─┐

   FUNCTION ber_int_ta_reg ( dateiname_ausgabe, aus1,         &
                             a, b, n, formal_f                ) &
                                      RESULT( w_b_integral )
      ...
      CHARACTER (*), INTENT(IN), OPTIONAL :: dateiname_ausgabe
      INTEGER :: aus1
      ...
      OPTIONAL aus1
      ...
   END FUNCTION ber_int_ta_reg
```

Im Beispiel wird dem Formalparameter `dateiname_ausgabe` und dem Formalparameter `aus1` das Attribut OPTIONAL zugeordnet. Auf das Programmbeispiel 9.2 wird hingewiesen.

Ein Aktualparameter in der Aktualparameterliste, die zu dem Aufruf eines internen Unterprogramms, eines Modul-Unterprogramms oder eines Standardunterprogramms spezifiziert wird, läßt sich auch als Schlüsselwortparameter angeben. Die Schnittstelle des referenzierten internen Unterprogramms oder Modul-Unterprogramms muß für den aufrufenden Programmbaustein explizit sein. Daraus geht insbesondere hervor, daß es unzulässig ist, einen Aktualparameter in der Aktualparameterliste einer Anweisungsfunktion als Schlüsselwortparameter zu spezifizieren. Ferner läßt sich ein Aktualparameter in der Aktualparameterliste, die zu dem Aufruf eines externen Unterprogramms spezifiziert wird, nur dann als Schlüsselwortparameter angeben, falls eine der folgenden Voraussetzungen erfüllt ist:

▶ in dem aufrufenden Programmbaustein ist ein Schnittstellenblock mit der Schnittstellendeklaration dieses externen Unterprogramms spezifiziert oder für den aufrufenden Programmbaustein ist ein Schnittstellenblock mit der Schnittstellendeklaration dieses externen Unterprogramms über die Referenz auf ein Modul zugänglich

▶ in der Vereinbarung des externen Unterprogramms wird ein direkt rekursiver Aufruf dieses Unterprogramms spezifiziert.

Der direkt und der indirekt rekursive Aufruf eines externen Funktionsunterprogramms werden in Abschnitt 9.2, der direkt und der indirekt rekursive Aufruf einer externen Subroutine werden in Abschnitt 9.3 behandelt werden.

Der Name eines Formalparameters in der Formalparameterliste zu einem Formalparameter-Unterprogramm darf nur dann als Schlüsselwortparameter verwandt werden, wenn

▶ in dem aufrufenden Programmbaustein ein Schnittstellenblock mit der Schnittstellendeklaration des Formalparameter-Unterprogramms spezifiziert oder für den aufrufenden Programmbaustein ein Schnittstellenblock mit der Schnittstellendeklaration des Formalparameter-Unterprogramms über die Referenz auf ein Modul zugänglich ist, also die Schnittstelle des Formalparameter-Unterprogramms für den aufrufenden Programmbaustein explizit ist.

Ein Schlüsselwortparameter hat die folgende Syntax.

```
Syntax Schlüsselwortparameter

name_f_par = a_par
```

Dabei bezeichnet `name_f_par` den Namen eines Formalparameters und `a_par` einen Aktualparameter.

Wird ein Aktualparameter nicht als Schlüsselwortparameter spezifiziert, dann erfolgt die Argumentassoziation über die Position. Wird ein Aktualparameter als Schlüsselwortparameter spezifiziert, so ist jeder nachfolgende Aktualparameter in der zugehörigen Aktualparameterliste ebenfalls als Schlüsselwortparameter anzugeben. Korrespondiert in einer Aktualparameterliste zu einem Formalparameter mit dem Attribut OPTIONAL weder ein Aktualparameter über die Position noch als Schlüsselwortparameter, so ist jeder nachfolgende Aktualparameter in dieser Aktualparameterliste als Schlüsselwortparameter zu spezifizieren.

```
 Beispiel Schlüsselwortparameter

   EXTERNAL ber_aktual_f

   INTERFACE

      FUNCTION ber_int_ta_reg ( dateiname_ausgabe, aus1, int_a,      &
                                int_b, anz_teilint, formal_f )       &
                                          RESULT ( w_b_integral )
         EXTERNAL formal_f
         CHARACTER (*), INTENT(IN), OPTIONAL :: dateiname_ausgabe
         INTEGER, INTENT(IN), OPTIONAL :: aus1
         INTEGER, INTENT(IN) :: anz_teilint
         REAL(KIND(0.D0)), INTENT(IN) :: int_a, int_b
         REAL(KIND(0.D0)) :: w_b_integral, formal_f
      END FUNCTION ber_int_ta_reg

   END INTERFACE
      ...
         INTEGER :: n = 0
         REAL (KIND(0.D0)) :: a = 0.D0, b=0.D0, wert_int_ab = 0.D0
         REAL (KIND(0.D0)) :: ber_aktual_f
      ...
   wert_int_ab = ber_int_ta_reg ( int_a=a, int_b=b,                  &
                                  anz_teilint=n, formal_f=ber_aktual_f )
```

Im Beispiel sind die Aktualparameter a, b, n und `ber_aktual_f` als Schlüsselwortparameter zu spezifizieren. Auf das Programmbeispiel 9.2 wird hingewiesen.

Für den Fall einer Datengröße als Aktualparameter ist eine grundlegende Bedingung für den Informationstransfer zwischen aufrufendem Programmbaustein und referenziertem Unterprogramm, daß Aktual- und korrespondierender Formalparameter in Datentyp und Typparameter KIND übereinstimmen. Wie bereits erwähnt, erfolgt bei der Parameterübergabe keine Anpassung von Datentyp und/oder Typparametern. Wird beispielsweise auf ein externes Funktionsunterprogramm ein Algorithmus abgebildet, um einen Näherungswert für den Funktionswert der Wahrscheinlichkeitsdichte der Standardnormalverteilung in Abhängigkeit von dem Wert des Arguments der Funktion berechnen zu lassen, wird für den Formalparameter, der das Argument der Funktion im Funktionsunterprogramm repräsentiert, in der Regel der Datentyp REAL und ein Wert des Typparameters KIND vereinbart werden, so daß Wertemenge die Menge der Gleitpunktzahlen erhöhter Genauigkeit ist. Jede Referenz auf dieses Funktionsunterprogramm mit einem Aktualparameter, der im Datentyp oder Typparameter KIND von dem Datentyp oder Typparameter KIND des korrespondierenden Formalparameters abweicht, verletzt die Grundregel für den Informationstransfer zwischen aufrufendem Programmbaustein und aufgerufenem Unterprogramm. Dies Problem bestünde auch für Standardfunktionen, die Näherungswerte für Funktionswerte mathematischer Funktionen liefern, wie etwa im Fall der Standardfunktion ACOS. Daher gestattet Standard Fortran 90, mehrere Subroutinen oder mehrere Funktionsunterprogramme in einem Schnittstellenblock mit generischem Namen zusammenzufassen. Ein solcher Schnittstellenblock hat die folgende Syntax.

```
Syntax Schnittstellenblock mit generischem
       Namen

INTERFACE gen_name
    [schnittstellenrumpf]...
    [MODULE PROCEDURE mod_up_nam_liste]...
END INTERFACE
```

Dabei bezeichnet gen_name den generischen Namen für diejenigen externen Unterprogramme oder Formalparameter-Unterprogramme, deren Schnittstelle im Schnittstellenblock spezifiziert wird. Es ist zulässig, daß der Name, der gen_name substituiert, mit dem Namen eines Unterprogramms übereinstimmt, das zu diesem Schnittstellenblock gehört. Der Schnittstellenblock mit generischem Namen für Modul-Unterprogramme wird im Anschluß behandelt werden. Die Anweisung MODULE PROCEDURE ist nur in einem solchen Schnittstellenblock zulässig.

Unterprogramme, die in einem Schnittstellenblock mit generischem Namen zusammengefaßt werden, haben dann jeweils einen spezifischen und gemeinsam einen generischen Namen. Erfolgt die Referenz auf ein solches Unterprogamm mit seinem generischen Namen, dann muß diese Referenz eindeutig auflösbar sein.

Wird in einer Gültigkeitseinheit zu mehreren Schnittstellenblöcken mit generischem Namen derselbe Name spezifiziert oder ist ein weiterer Schnittstellenblock mit diesem generischem Namen über die Referenz auf ein Modul zugänglich, so werden diese Schnittstellenblöcke als ein Schnittstellenblock mit diesem generischen Namen interpretiert.

Da sich in einem Schnittstellenblock mit generischem Namen entweder nur Funktionsunterprogramme oder nur Subroutinen zusammenfassen lassen, entscheiden über die Eindeutigkeit der Referenz die Eigenschaften der Formalparameter in der jeweiligen Formalparameterliste zu den Unterprogrammen, die zu einem Schnittstellenblock mit generischem Namen gehören. Für jedes Paar von Unterprogrammen in einem Schnittstellenblock mit generischem Namen muß daher gelten, daß in der Formalparameterliste zu mindestens einem der beiden Unterprogramme ein Formalparameter ohne Attribut OPTIONAL auftritt,

▶ der über die Position zu keinem Formalparameter in der Formalparameterliste zu dem anderen Unterprogramm korrespondiert oder der andernfalls von unterschiedlichem Datentyp oder unterschiedlichem Typparameter KIND oder unterschiedlichen Rang ist

und

▶ dessen Name verschieden ist von dem Namen jedes Formalparameters in der Formalparameterliste zu dem anderen Unterprogramm oder der sich andernfalls von dem Formalparameter gleichen Namens im Datentyp oder im Typparameter KIND oder im Rang unterscheidet.

```
  Beispiel Schnittstellenblock mit generischem Namen

INTERFACE exp_reihe

    REAL(KIND(0.D0)) FUNCTION exp_reihe_i ( x_int )                   &
                                    RESULT ( w_exp_reihe_i )
        INTEGER, INTENT(IN) :: x_int
    END FUNCTION exp_reihe_i

    REAL(KIND(0.D0)) FUNCTION exp_reihe_r  ( x_real )                 &
                                    RESULT ( w_exp_reihe_r )
        REAL, INTENT(IN) :: x_real
    END FUNCTION exp_reihe_r

    REAL(KIND(0.D0)) FUNCTION exp_reihe_r_e ( x_real_e )             &
                                    RESULT ( w_exp_reihe_r_e )
        REAL(KIND(0.D0)), INTENT(IN) :: x_real_e
    END FUNCTION exp_reihe_r_e

END INTERFACE
```

Im Beispiel ist `exp_reihe` generischer Name der Funktionsunterprogramme mit den spezifischen Namen `exp_reihe_i`, `exp_reihe_r` und `exp_reihe_r_e`. Beide Bedingungen für die Eindeutigkeit der Referenz sind erfüllt. Auf das Programmbeispiel 9.3 wird hingewiesen. Wäre jedoch `x_int` mit dem Regeldatentyp REAL vereinbart worden, so wäre die erste Eindeutigkeitsbedingung verletzt und damit die Eindeutigkeit der Referenz nicht gegeben.

Ein Schnittstellenblock mit generischem Namen für Modul-Unterprogramme hat die folgende Syntax.

Syntax Schnittstellenblock mit generischem
Namen für Modul-Unterprogramme

```
INTERFACE gen_name
   MODULE PROCEDURE mod_up_nam [, mod_up_nam]...
   [MODULE PROCEDURE mod_up_nam [, mod_up_nam]...]...
END INTERFACE
```

Dabei bezeichnet `mod_up_nam` den Namen eines Modul-Unterprogramms des umgebenden Moduls oder ein Modul-Unterprogramm, das über die Referenz auf ein Modul zugänglich ist. Ein Schnittstellenblock mit generischem Namen für Modul-Unterprogramme läßt sich in einem Programmbaustein, der nicht umgebendes Modul all dieser Modul-Unterprogramme ist, nur spezifizieren, falls jedes Modul-Unterprogramm, dessen Name ein `mod_up_nam` substituiert, Modul-Unterprogramm des umgebenden Programmbausteins oder in diesem Programmbaustein über die Referenz auf Module zugänglich ist.

9.2   Externes Funktionsunterprogramm

Wie bereits in Abschnitt 9.1 einleitend erwähnt worden ist, sind neben den charakteristischen Eigenschaften der Formalparameter in der Formalparameterliste die charakteristischen Eigenschaften des Ergebnisses grundlegende Merkmale eines Funktionsunterprogramms. Unter Standard Fortran 90 wird zwischen Ergebnis und Ergebnisvariabler eines Funktionsunterprogramms differenziert. Auf diese Unterscheidung wird im folgenden noch eingegangen werden. Die charakteristischen Eigenschaften des Ergebnisses eines Funktionsunterprogramms sind deklarierter Datentyp, vereinbarte Typparameter, Rang und zugeordnetes Attribut POINTER. Ist dem Ergebnis eines Funktionsunterprogramms das Attribut DIMENSION und nicht das Attribut POINTER zugeordnet, so ist ferner die Gestalt des Ergebnisses charakteristische Eigenschaft. Darüber hinaus ist der übernommene Wert des Typparameters LÄNGE eines Ergebnisses vom Datentyp CHARACTER charakteristische Eigenschaft. Für den Fall, daß ein Typparameter des Ergebnisses oder eine Indexgrenze, die zu dem Ergebnis eines Funktionsunterprogramms mit dem Attribut DIMENSION spezifiziert wird, ein Ausdruck ist, der als Operanden eine Variable oder Variablen hat, so kommt die Abhängigkeit zu anderen Datengrößen als charakteristische Eigenschaft hinzu.

Ein externes Funktionsunterprogramm ohne jedes in diesem Funktionsunterprogramm enthaltene interne Unterprogramm, ohne jeden in diesem Funktionsunterprogramm enthaltenen Schnittstellenrumpf und ohne jede in diesem Funktionsunterprogramm enthaltene Vereinbarung eines abgeleiteten Datentyps bildet eine Gültigkeitseinheit. Wie bereits in Abschnitt 2.4 erwähnt worden ist, werden Namen mit globalem, lokalem oder anweisungsspezifischem Gültigkeitsbereich unterschieden. Ist der Gültigkeitsbereich eines Namens auf eine Gültigkeitseinheit beschränkt, so wird der Gültigkeitsbereich des Namens als lokal bezeichnet. Lokalen Gültigkeitsbereich hat

▶ der Name einer Variablen, dessen Gültigkeitsbereich nicht anweisungsspezifisch ist, der Name einer benannten Konstanten, der Name einer benannten Feldkonstanten, der Name einer benannten Strukturkonstanten, der Name einer Anweisungsfunktion, der Name eines internen Unterprogramms, der Name eines Modul-Unterprogramms, der Name eines Formalparameter-Unterprogramms, der Name eines Standardunterprogramms, der Name eines Schnittstellenblocks mit generischem Namen, der Name eines abgeleiteten Datentyps, der Gruppenname zu einer Anweisung NAMELIST

▶ der Name einer Typkomponente zu einem abgeleiteten Datentyp

▶ ein Schlüsselwortparameter.

Ein Name von lokalem Gültigkeitsbereich heißt auch kurz *lokaler Name*. Die Namen der Typkomponenten zu einem abgeleiteten Datentyp bilden eine separate Klasse lokaler Namen. Ebenso bilden die Schlüsselwortparameter zu einem Unterprogramm eine separate Klasse lokaler Namen. Auch in einer Gültigkeitseinheit ist es zulässig, daß ein lokaler Name in verschiedenen Klassen lokaler Namen auftritt. Darüber hinaus läßt sich ein Name von lokalem Gültigkeitsbereich in einer anderen Gültigkeitseinheit als lokaler oder als globaler Name verwenden. Ein Name, dessen Gültigkeitsbereich das gesamte ausführbare Programm umfaßt, wird als globaler Name bezeichnet. Globalen Gültigkeitsbereich hat

▶ der Name des Eingangspunkts des Hauptprogramms

▶ der Name der Haupteingangsstelle sowie der Name einer Nebeneingangsstelle eines externen Unterprogramms

▶ der Name des Eingangspunkts eines Moduls

▶ der Name des Eingangspunkts einer Blockdaten Programmeinheit

▶ der Name eines benannten gemeinsamen Speicherbereichs.

Abgesehen von wenigen Ausnahmen ist es unzulässig, in einer Gültigkeitseinheit einen globalen Namen auch als lokalen Namen zu spezifizieren, sofern er nicht als Name einer Typkomponente oder als Schlüsselwortparameter verwandt wird. Die Ausnahmen gelten für den Namen eines benannten gemeinsamen Speicherbereichs sowie für den Namen der Haupt- und jeder Nebeneingangsstelle eines externen Funktionsunterprogramms. Schon um die Lesbarkeit des Quellcodes zu verbessern, sollte in der Regel darauf verzichtet werden, die vorgenannten Ausnahmen bei der Vergabe von Namen auszuschöpfen.

Jedes Funktionsunterprogramm wird mit der Anweisung FUNCTION eingeleitet und mit der Anweisung END FUNCTION abgeschlossen. Die nicht ausführbare Anweisung FUNCTION hat die folgende Syntax.

```
Syntax FUNCTION

[p_f] FUNCTION f_name ( [f_p_liste] ) [RESULT(erg_n)]
```

Mit f_name wird der Name der Haupteingangsstelle eines Funktionsunterprogramms vereinbart.

Ein Funktionsunterprogramm, das nicht in den Quellcode eines Hauptprogramms, eines anderen externen Funktionsunterprogramms, einer externen Subroutine oder eines Modul-Unterprogramms eingebettet und kein Modul-Unterprogramm ist, wird, wie bereits erwähnt, als externes Funktionsunterprogramm bezeichnet. Im Fall eines externen Funktionsunterprogramms ist der Gültigkeitsbereich des Namens, der f_name substituiert, global. Es ist zulässig, zu einem externen Funktionsunterprogramm eine oder mehrere Nebeneingangsstellen zu spezifizieren. Dazu dient die Anweisung ENTRY, die noch in diesem Abschnitt behandelt werden wird.

Wird zu RESULT in einer Anweisung FUNCTION kein Name spezifiziert, der erg_n substituiert, dann ist der f_name ersetzende Name auch Name einer lokalen Variablen, der Ergebnisvariablen des Funktionsunterprogramms. Der Name, der f_name substituiert, hat dann eine duale Aufgabe. Dieser Name identifiziert einerseits die Haupteingangsstelle des Funktionsunterprogramms und ist andererseits Name der Ergebnisvariablen des Funktionsunterprogramms. Dem Namen (oder dem Namen einer Nebeneingangsstelle) muß dann zur Ausführungszeit mindestens einmal ein Wert zugewiesen werden.

Datentyp und Typparameter des Ergebnisses eines Funktionsunterprogramms lassen sich entweder mit der Anweisung FUNCTION vereinbaren oder indem der Name der Ergebnisvariablen des Funktionsunterprogramms in einer Anweisung zur Typdeklaration spezifiziert wird. Das Attribut DIMENSION sowie das Attribut POINTER lassen sich dem Ergebnis eines Funktionsunterprogramms nur zuordnen, indem für die Ergebnisvariable das jeweilige Attribut vereinbart wird. Datentyp und Typparameter des Ergebnisses eines Funktionsunterprogramms lassen sich mit der Anweisung FUNCTION vereinbaren, indem das Zwischensymbol p_f spezifiziert wird. Dieses Zwischensymbol hat die folgende Syntax.

```
┌──────┤ Syntax p_f ├──────────────────┐
│                                       │
│        datentyp                       │
│  oder                                 │
│        RECURSIVE                      │
│  oder                                 │
│        RECURSIVE datentyp             │
│  oder                                 │
│        datentyp RECURSIVE             │
│                                       │
└───────────────────────────────────────┘
```

Die Syntax von datentyp ist bereits in Abschnitt 7.7 angegeben worden und wird lediglich rekapituliert. Mit dem Endsymbol RECURSIVE wird spezifiziert, daß ein Funktionsunterprogramm rekursiv aufrufbar ist. Das Endsymbol RECURSIVE und der rekursive Aufruf von Funktionsunterprogrammen werden noch in diesem Abschnitt behandelt werden.

```
┌──────┤ Syntax datentyp ├──────────────────────┐
│                                                │
│        INTEGER [(typ_par)]                     │
│  oder                                          │
│        REAL [(typ_par)]                        │
│  oder                                          │
│        DOUBLE PRECISION                        │
│  oder                                          │
│        COMPLEX [(typ_par)]                     │
│  oder                                          │
│        CHARACTER [typ_parameter]               │
│  oder                                          │
│        LOGICAL [(typ_par)]                     │
│  oder                                          │
│        TYPE (name_abgl_datentyp)               │
│                                                │
└─────────────────────────────────────────────────┘
```

```
┌──────┤ Beispiel Deklaration Datentyp und Typparameter für das
│           Ergebnis eines Funktionsunterprogramms mit der
│           Anweisung FUNCTION ├─────────────────────────────┐
├────────────────────────────────────────────────────────────┤
│  REAL (KIND(0.D0)) FUNCTION varianz ( stichprobe, n )      │
└────────────────────────────────────────────────────────────┘
```

Im Beispiel wird für das Ergebnis des Funktionsunterprogramms varianz der Datentyp REAL mit dem Wert des Typparameters KIND vereinbart, den der Aufruf KIND(0.D0) der Standardfunktion KIND liefert. Auf das Programmbeispiel 9.4 wird hingewiesen.

```
┌──── Beispiel Deklaration Datentyp und Typparameter für das Er-
│            gebnis eines Funktionsunterprogramms, indem Daten-
│            typ und Typparameter der Ergebnisvariablen dekla-
│            riert werden
│
│   FUNCTION arith_mittel ( stichprobe, n, fehler_wert_n )
│      ...
│      REAL (KIND(0.D0)) arith_mittel
│
└──────────────────────────────────────────────────────────────
```

Im Beispiel wird der Name `arith_mittel` der Ergebnisvariablen des Funktionsunterprogramms `arith_mittel` in einer Anweisung zur Typdeklaration spezifiziert. Der Ergebnisvariablen wird der Datentyp REAL mit dem Wert des Typparameters KIND zugeordnet, den der Aufruf `KIND(0.D0)` der Standardfunktion `KIND` liefert. Damit sind auch Datentyp und Typparameter des Ergebnisses des Funktionsunterprogramms festgelegt. Auf das Programmbeispiel 9.4 wird hingewiesen.

Für den bisher betrachteten Fall, daß in einer Anweisung FUNCTION zu RESULT kein Name spezifiziert wird, gilt, daß zur Ausführungszeit des Funktionsunterprogramms mit dem Namen, der `f_name` substituiert, die Ergebnisvariable des Funktionsunterprogramms referenziert wird.

Wird hingegen zu dem Endsymbol RESULT ein Name angegeben, der `erg_n` substituiert, wird damit der Name der Ergebnisvariablen des Funktionsunterprogramms spezifiziert. Dieser Name muß von dem Namen verschieden sein, der in der Anweisung FUNCTION `f_name` substituiert. Um zu vermeiden, daß der Name, der `f_name` ersetzt, die duale Aufgabe erfüllt, einerseits die Haupteingangsstelle und andererseits die Ergebnisvariable eines Funktionsunterprogramms zu identifizieren, wird in stilistisch gut formuliertem Quellcode daher in der Regel RESULT und zu diesem Endsymbol ein Name spezifiziert werden. In diesem Fall ist es unzulässig, den Namen, der `f_name` ersetzt, in einer Anweisung des Vereinbarungsteils des Funktionsunterprogramms zu verwenden.

```
┌──── Beispiel Name, der erg_n zu RESULT substituiert, als Name
│            der Ergebnisvariablen eines Funktionsunterprogramms
│
│   FUNCTION stand_abw ( stichprobe, n ) RESULT (w_stand_abw)
│      ...
│      REAL (KIND(0.D0)) w_stand_abw
│
└──────────────────────────────────────────────────────────────
```

Im Beispiel ist `w_stand_abw` Name der Ergebnisvariablen des Funktionsunterprogramms `stand_abw`. Datentyp und Typparameter KIND werden dem Namen der Ergebnisvariablen in einer Anweisung zur Typdeklaration zugeordnet. Auf das Programmbeispiel 9.4 wird hingewiesen.

Für den Fall, daß in einer Anweisung FUNCTION zu RESULT ein Name spezifiziert wird, gilt, daß zur Ausführungszeit des Funktionsunterprogramms mit dem Namen, der `f_name` substituiert, das Funktionsunterprogramm direkt rekursiv referenziert wird. Die rekursive Referenz auf ein rekursiv aufrufbares Unterprogramm wird als direkt bezeichnet, wenn dieses Unterprogramm oder eines seiner weiteren Unterprogramme aus diesem Unterprogramm aufgerufen wird. Andernfalls heißt eine rekursive Referenz indirekt rekursiv. Damit ein Funktionsunterprogramm direkt rekursiv aufrufbar ist, muß neben dem Endsymbol `RECURSIVE` auch das Endsymbol `RESULT` und dazu der Name der Ergebnisvariablen des Funktionsunterprogramms spezifiziert werden. Die Schnittstelle eines direkt rekursiv aufrufbaren Funktionsunterprogramms ist, wie bereits erwähnt, für dieses Funktionsunterprogramm explizit.

In jedem der beiden betrachteten Fälle, `RESULT(erg_n)` in einer Anweisung FUNCTION zu spezifizieren oder nicht zu spezifizieren, ist es unzulässig, die Ergebnisvariable eines Funktionsunterprogramms initial zu definieren.

In der Darstellung der Syntax der Anweisung FUNCTION wird ferner mit `f_p_liste` eine Liste von Formalparametern zu einem Funktionsunterprogramm bezeichnet. Die Namen von Formalparametern sind lokal. Die Klammern müssen gesetzt werden, auch wenn die Formalparameterliste in einer Anweisung FUNCTION leer ist. Es ist unzulässig, den Namen eines Formalparameters zu einer Anweisung DATA, EQUIVALENCE, INTRINSIC, PARAMETER oder SAVE zu spezifizieren oder dem Namen eines Formalparameters das Attribut INTRINSIC, PARAMETER oder SAVE zuzuordnen. Zu einer Anweisung COMMON darf der Name eines Formalparameters nur als Name eines benannten gemeinsamen Speicherbereichs spezifiziert werden. Gemeinsame Speicherbereiche und die damit in engem Zusammenhang stehende Anweisung COMMON werden, wie bereits erwähnt, in Abschnitt 9.6 behandelt werden. Ein Formalparameter in der Formalparameterliste zu einem Funktionsunterprogramms sollte in der Regel Eingabeparameter sein.

Der Aufruf eines Funktionsunterprogramms hat die folgende Syntax.

```
Syntax Aufruf Funktionsunterprogramm

funktion_name ( [a_p_liste] )
```

Mit `funktion_name` wird der Name der Haupteingangsstelle oder einer Nebeneingangsstelle eines Funktionsunterprogramms und mit `a_p_liste` die Liste von Aktualparametern zu der Referenz auf das Funktionsunterprogramm bezeichnet. Ein Aktualparameter `funktion_a_p` in der Aktualparameterliste hat die folgende Syntax.

```
┌─────────────────────────────┐
│   Syntax funktion_a_p        │
├─────────────────────────────┴──┐
│ f_a_par                         │
│ name_f_par = f_a_par            │
│                                 │
└─────────────────────────────────┘
```

Dabei bezeichnet `name_f_par` den Namen eines Formalparameters und `f_a_par` einen Aktualparameter, sofern dieser Aktualparameter nicht dazu dient, ein alternatives Rücksprungziel zu spezifizieren. Auf die Darstellung der Syntax eines Aktualparameters `a_par` sowie eines Schlüsselwortparameters in Abschnitt 9.1 wird hingewiesen. Wie bereits erwähnt worden ist, sind Anweisungsfunktionen, der Name eines internen Unterprogramms, der generische Name eines Unterprogramms, der Name einer Standardsubroutine sowie spezifische Namen einiger Standardfunktionen als Aktualparameter unzulässig. Diejenigen spezifischen Namen der Standardfunktionen, die als Aktualparameter unzulässig sind, werden im Anhang A mit dem Symbol ♦ gekennzeichnet. Hingegen ist als Aktualparameter jeder spezifische, nicht mit dem Symbol ♦ im Anhang A markierte Name einer Standardfunktion, der spezifische Name eines externen Unterprogramms, eines Modul-Unterprogramms und eines Formalparameter-Unterprogramms zulässig, wenn der korrespondierende Formalparameter Formalparameter-Unterprogramm ist. Auch der Name eines Formalparameters in der Formalparameterliste zu dem Programmbaustein, aus dem ein Funktionsunterprogramm referenziert wird, ist als Aktualparameter in der Aktualparameterliste zu dem Aufruf des Funktionsunterprogramms zulässig.

```
┌──────────────────────────────────────────────────────────────┐
│   Beispiel Aufruf externes Funktionsunterprogramm             │
├──────────────────────────────────────────────────────────────┴──┐
│ PROGRAM extern_funktion                                          │
│   ...                                                            │
│ INTERFACE                                                        │
│    FUNCTION arith_mittel ( stichprobe, n, fehler_wert_n )        │
│       INTEGER, INTENT(IN) :: n                                   │
│       INTEGER, INTENT(OUT) :: fehler_wert_n                      │
│       REAL ( KIND(0.D0) ), DIMENSION (n), INTENT(IN) :: stichprobe │
│       REAL ( KIND(0.D0) ) arith_mittel                           │
│    END FUNCTION arith_mittel                                     │
│ END INTERFACE                                                    │
│    ...                                                           │
│    INTEGER :: fehler_n = 0, n = 0, stat_dyn = 0                  │
│    REAL ( KIND(0.D0) ) :: sw_arith_mittel = 0.D0                 │
│    REAL ( KIND(0.D0) ), ALLOCATABLE, DIMENSION (:) :: stichpr_feld │
│    ...                                                           │
│       READ ( ein1, * ) n                                         │
│          SELECT CASE ( n )                                       │
│             CASE (:1)                                            │
│                      WRITE ( 20, 3000 ) n                        │
│             CASE (2:)                                            │
│                      ALLOCATE ( stichpr_feld(n), STAT=stat_dyn ) │
│          END SELECT                                              │
│    ...                                                           │
│ sw_arith_mittel = arith_mittel ( stichpr_feld, n, fehler_n )     │
│                                                                  │
└──────────────────────────────────────────────────────────────────┘
```

Der einfache Schnittstellenblock im Beispiel beschreibt die Schnittstelle des externen Funktionsunterprogramms `arith_mittel` im Hauptprogramm. Damit ist die Schnittstelle des externen Funktionsunterprogramms `arith_mittel` für die aufrufende Programmeinheit explizit. Aktualparameter sind das dynamisch gespeicherte Feld `stichpr_feld` sowie die Variablen n und `fehler_n`. Die eineindeutige Zuordnung zwischen den Aktualparametern in der Aktualparameterliste, die zu dem Aufruf des Funktionsunterprogramms `arith_mittel` in der aufrufenden Programmeinheit spezifiziert wird, und den Formalparametern in der Formalparameterliste des referenzierten Funktionsunterprogramms erfolgt nach der Grundregel der Argumentassoziation. Ist die Ausführung des Funktionsunterprogramms `arith_mittel` abgeschlossen, so steht das Ergebnis des Funktionsunterprogramms an der Aufrufstelle im Hauptprogramm `extern_funktion` bereit und wird der Variablen `sw_arith_mittel` zugewiesen. Auf das Programmbeispiel 9.4 wird hingewiesen.

Wird zu der Anweisung FUNCTION das Endsymbol `RECURSIVE` spezifiziert, dann ist das zugehörige Funktionsunterprogramm und jedes mit einer Anweisung ENTRY in diesem Funktionsunterprogramm vereinbarte weitere Funktionsunterprogramm rekursiv aufrufbar. Die Anweisung ENTRY wird, wie bereits erwähnt, noch in diesem Abschnitt behandelt werden. Zu jeder rekursiven Referenz auf ein rekursiv aufrufbares Unterprogramm wird eine eigenständige Unterprogrammkopie erzeugt, zu der unabhängig von anderen Unterprogrammkopien Formalparameter und nicht gesicherte Datenobjekte von lokalem Gültigkeitsbereich gehören. Der Begriff gesicherte Variable wird noch in diesem Abschnitt festgelegt und das damit in engem Zusammenhang Attribut SAVE behandelt werden. Jede andere Datengröße wird im Fall eines externen Unterprogramms von allen Unterprogrammkopien geteilt. Mit dem folgenden einfachen Beispiel zu dem direkt rekursiven Aufruf eines externen Funktionsunterprogramms wird partiell Programmbeispiel 9.5 wiedergegeben.

Im diesem Beispiel wird das externe Funktionsunterprogramm `n_zahl_expon` zunächst aus dem Hauptprogramm `direkt_rekursiv_f` referenziert. Der lokalen Variablen `akt_expon` wird die Festpunktzahl 3 zugewiesen. Daher wird in die Ausführung der Anweisungen des ELSE Blocks der IF Struktur eingetreten und `akt_expon` die Festpunktzahl 2 zugewiesen. Das Funktionsunterprogramm `n_zahl_expon` wird direkt rekursiv aufgerufen und die erste Kopie des Funktionsunterprogramms `n_zahl_expon` erzeugt. Da `akt_expon` die Festpunktzahl 2 zugewiesen ist, wird erneut in die Ausführung der Anweisungen des ELSE Blocks eingetreten und `akt_expon` die Festpunktzahl 1 zugewiesen. Das Funktionsunterprogramm `n_zahl_expon` wird wiederum direkt rekursiv aufgerufen und die zweite Kopie des Funktionsunterprogramms `n_zahl_expon` erzeugt. Da `akt_expon` die Festpunktzahl 1 zugewiesen ist, wird in die Ausführung der Anweisung des IF Blocks eingetreten, der lokalen Variablen zwischen näherungsweise die Gleitpunktzahl 2.7 zugewiesen und darauf die Ausführung der zweiten Kopie des Funktionsunterprogramms `n_zahl_expon` abgeschlossen. Die Ausführung der ersten Kopie des Funktionsunterprogramms `n_zahl_expon` wird fortgesetzt, `zwischen` näherungsweise die Gleitpunktzahl 7.29 zugewiesen und darauf die Ausführung der ersten Kopie des Funktionsunterprogramms n_zahl_expon abgeschlossen. Danach wird die Ausführung der Anweisungen des ELSE Blocks des Funktionsunterprogramms n_zahl_expon fortgesetzt, zwischen näherungsweise die Gleitpunktzahl 19.683 zugewiesen, die Ausführung des Funktionsunterprogramms n_zahl_expon abgeschlossen und das Ergebnis des Funktionsunterprogramms an der Aufrufstelle im Hauptprogramm direkt_rekursiv_f bereitgestellt.

```
     Beispiel direkt rekursiver Aufruf eines externen Funk-
            tionsunterprogramms

PROGRAM direkt_rekursiv_f
  ...
     INTEGER :: exponent = 3
     REAL    :: basis = 2.7
        ...
     WRITE ( aus1, 4000 ) n_zahl_expon ( basis, exponent )
   ...
END PROGRAM direkt_rekursiv_f

RECURSIVE FUNCTION n_zahl_expon ( f_basis, f_expon )                  &
                                      RESULT ( erg_expon )
  ...
     INTEGER, INTENT(IN) :: f_expon
     INTEGER :: akt_expon = 0
     REAL, INTENT(IN) :: f_basis
     REAL :: erg_expon
     REAL :: zwischen = 1.0
        ...
     akt_expon = f_expon
     IF ( akt_expon .EQ. 1 ) THEN
        zwischen = f_basis
     ELSE
        akt_expon = akt_expon - 1
        zwischen = f_basis * n_zahl_expon ( f_basis, akt_expon )
     END IF
```

Darüber hinaus wird noch auf das Beispiel, das zu dem direkt rekursiven Aufruf einer Subroutine in Abschnitt 9.3 angegeben wird, sowie auf das Programmbeispiel 9.6 hingewiesen.

Zur Laufzeit eines Programms wird an den aufrufenden Programmbaustein derjenige Wert zurückgegeben, der vor Ausführung einer Anweisung RETURN oder der Anweisung END FUNCTION zuletzt der Ergebnisvariablen eines Funktionsunterprogramms zugewiesen worden ist. Die Anweisungen RETURN und END FUNCTION werden im Anschluß behandelt werden. Falls dem Ergebnis eines Funktionsunterprogramms das Attribut POINTER und das Merkmal Feld zugeordnet sind, wird die Gestalt des Ergebnisses, das von dem aufgerufenen Funktionsunterprogramm an den aufrufenden Programmbaustein zurückgegeben wird, von der Gestalt der Ergebnisvariablen des Funktionsunterprogramms bestimmt. Ferner muß eine Ergebnisvariable mit dem Attribut POINTER entweder zu einem Zeigerziel assoziiert sein oder den Assoziationsstatus haben, disassoziiert zu sein.

Ein Funktionsunterprogramm wird mit der Anweisung END FUNCTION abgeschlossen. Diese ausführbare Anweisung hat die folgende Syntax.

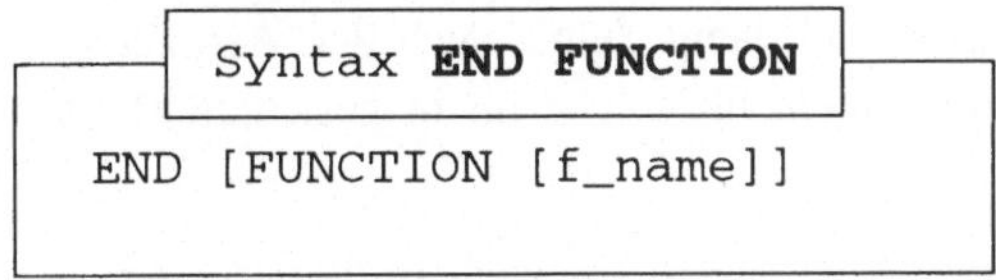

Ein f_name ersetzender Name in der Anweisung END FUNCTION muß mit dem Namen der Haupteingangsstelle des Funktionsunterprogramms übereinstimmen.

Im Fall der fehlerfreien Ausführung eines aufgerufenen Funktionsunterprogramms wird abschließend die Anweisung END FUNCTION oder eine Anweisung RETURN ausgeführt. Die Argumentassoziation zwischen den Aktualparametern in der Aktualparameterliste und den korrespondierenden Formalparametern in der Formalparameterliste zu dem aufgerufenen Funktionsunterprogramm wird aufgehoben. Die Programmkontrolle wird an den aufrufenden Programmbaustein zurückgegeben. Ist ein externes Funktionsunterprogramm referenziert worden, das kein Operator-Funktionsunterprogramm ist, so steht das Ergebnis des Funktionsunterprogramms an der Aufrufstelle im aufrufenden Programmbaustein bereit.

Die Anweisung RETURN ist ausschließlich in einem externen Unterprogramm, einem internen Unterprogramm und einem Modul-Unterprogramm zulässig. Diese Anweisung dient dazu, die fehlerfreie Ausführung eines Unterprogramms, in der diese Anweisung RETURN spezifiziert ist, vor Ausführung der zugehörigen Abschlußanweisung END FUNCTION oder END SUBROUTINE zu beenden und ggf. aus einer referenzierten Subroutine den Kontrollfluß im aufrufenden Programmbaustein zu beeinflussen. Die ausführbare Anweisung RETURN hat die folgende Syntax.

```
Syntax RETURN
RETURN [ anz_f_rücksp_ziel ]
```

Dabei bezeichnet anz_f_rücksp_ziel einen skalaren Ausdruck vom Datentyp INTEGER, der dazu dient, eine Anweisung RETURN für ein alternatives Rücksprungziel zu spezifizieren. Nach dem aktuellen Standard gilt eine solche Anweisung RETURN als veraltet. Eine Anweisung RETURN für ein alternatives Rücksprungziel ist in einem (externen, internen und Modul-) Funktionsunterprogramm unzulässig. Die Ausführung einer Anweisung RETURN, die in einem Funktionsunterprogramm spezifiziert ist, wirkt wie die Ausführung der Anweisung END FUNCTION.

Wird die Ausführung eines Unterprogramms mit einer Anweisung RETURN oder der zugehörigen Anweisung END abgeschlossen, dann nehmen alle (nicht gesicherten) lokalen Variablen des Unterprogramms sowie jeder erzeugten Unterprogrammkopie den Bestimmtheitsstatus an, undefiniert zu sein, und damit Zeiger auch den Assoziationsstatus, undefiniert zu sein. Dies gilt jedoch nicht für solche (nicht gesicherten) Variablen,

▶ die zu einem unbenannten gemeinsamen Speicherbereich spezifiziert sind

▶ die zu einem benannten gemeinsamen Speicherbereich spezifiziert sind, der in einer Gültigkeitseinheit auftritt, aus der das Unterprogramm direkt oder indirekt referenziert worden ist

▶ die aus dem Unterprogramm zugreifbare Variablen des umgebenden Programmbausteins sind

▶ die initial definiert worden sind

▶ die für das Unterprogramm zugängliche Variablen eines Moduls sind, falls das Unterprogramm direkt oder indirekt aus einer anderen Gültigkeitseinheit referenziert worden ist und diese Variablen für diese Gültigkeitseinheit ebenfalls zugänglich sind.

Um den Wert einer Variablen, die in einem referenzierten Unterprogramm spezifiziert ist und keine der vorgenannten Bedindungen erfüllt, nach Abschluß der Ausführung des Unterprogramms zu sichern, ist einer solchen Variablen das Attribut SAVE zuzuordnen. Eine Variable, der das Attribut SAVE zugeordnet ist, wird auch als *gesicherte Variable* bezeichnet. Das Attribut SAVE läßt sich nur einer Variablen oder dem Namen eines benannten gemeinsamen Speicherbereichs zuordnen, und zwar mit Hilfe einer Anweisung SAVE sowie im Fall einer Variablen auch in der Anweisung zur Typdeklaration. Die nicht ausführbare Anweisung SAVE hat die folgende Syntax.

```
Syntax Anweisung SAVE

      SAVE
oder
      SAVE [::] nam_bgs [, nam_bgs]...
```

Das Zwischensymbol nam_bgs hat die folgende Syntax.

> **Syntax nam_bgs**
>
> ```
>         lokal_var_name
> oder
>         / ben_common /
> ```

Dabei bezeichnet `lokal_var_name` den Namen einer Variablen von lokalem Gültigkeitsbereich und `ben_common` den Namen eines benannten gemeinsamen Speicherbereichs.

Es ist unzulässig, das Attribut SAVE einem Formaldatenobjekt, dem Namen des Eingangspunkts des Hauptprogramms, dem Namen der Haupt- sowie dem Namen einer Nebeneingangsstelle eines Unterprogramms, der Ergebnisvariablen eines Funktionsunterprogramms, dem Namen einer automatisch erzeugbaren Variablen, dem Gruppennamen zu einer Anweisung NAMELIST und dem Namen einer Variablen zuzuordnen, die zu einem gemeinsamen Speicherbereich gehört. In Abschnitt 9.6 wird die Bezeichnungsweise - Variable, die zu einem gemeinsamen Speicherbereich gehört - präzisiert werden. Der Begriff automatisch erzeugbare Variable wird in Abschnitt 9.7 festgelegt werden. Wird in der Liste zu einer Anweisung SAVE ein `/ ben_common /` spezifiziert, dann ist jedem Datenobjekt, das zu dem gemeinsamen Speicherbereich gehört, dessen Name `ben_common` substituiert, das Attribut SAVE zugeordnet.

Wird das Attribut SAVE einem zulässigen Namen im Hauptprogramm zugeordnet, so hat dies keine Wirkung. Wird hingegen einem zulässigen Namen in einem vom Hauptprogramm verschiedenen Programmbaustein das Attribut SAVE zugeordnet, dann bleiben auch nach Abschluß der Ausführung des Programmbausteins die folgenden Eigenschaften erhalten:

▶   der Bestimmtheitsstatus

▶   der Assoziationsstatus eines Zeigers

▶   der Existenzstatus eines dynamisch speicherbaren Felds

▶   der Wert oder die Werte auf der oder den Speichereinheiten, die von diesem Namen identifiziert wird oder werden, oder die Werte auf den Speichereinheiten der Speicherfolge des benannten gemeinsamen Speicherbereichs, dessen Name ein `ben_common` substituiert. Der Begriff Speicherfolge einer gemeinsamen Speichereinheit wird in Abschnitt 9.6 festgelegt werden.

Für ein vom Anwender vereinbartes Unterprogramm werden die lokalen gesicherten Variablen in allen Unterprogrammkopien dieses Unterprogramms gemeinsam verwendet. Wird von einem Unterprogramm ein Modul referenziert, so bleiben nach Abschluß der Ausführung des Unterprogramms die Eigenschaften einer gesicherten Variablen für die Variablen erhalten, die in diesem Modul vereinbart sind und denen das Attribut SAVE zugeordnet ist.

Einer initial definierten Variablen, die nicht zu einem gemeinsamen Speicherbereich gehört, ist implizit das Attribut SAVE zugeordnet. Einer solchen Variablen darf das Attribut SAVE ferner in der Anweisung zur Typdeklaration oder mit Hilfe einer Anweisung SAVE zugeordnet werden.

Wird in einer Gültigkeitseinheit die Anweisung SAVE ohne eine Liste spezifiziert, dann hat jede zulässige Variable und jede Variable, die zu einem benannten gemeinsamen Speicherbereich gehört, das Attribut SAVE. In diesem Fall ist jede weitere Zuordnung des Attributs in einer Anweisung zur Typdeklaration oder mit einer Anweisung SAVE unzulässig.

Ist einer Variablen explizit das Attribut SAVE zugeordnet, läßt sich dieser Variablen weder das Attribut INTENT, noch das Attribut OPTIONAL, noch das Attribut EXTERNAL, noch das Attribut INTRINSIC zuordnen.

```
 Beispiele Zuordnung Attribut SAVE

FUNCTION min_stichpr ( stichpr_wert, index )                          &
                                 RESULT( w_index_min_stichpr )
   ...
      INTEGER, SAVE :: zw_index = 1
      INTEGER :: anz_aufrufe = 1
   ...
      REAL (KIND(0.D0)) :: w_stichpr_min
      SAVE w_stichpr_min
```

Im Beispiel ist den Variablen `zw_index` und `w_stichpr_min` explizit und der Variablen `anz_aufrufe` implizit das Attribut SAVE zugeordnet. Auf das Programmbeispiel 9.4 wird hingewiesen.

Mit dem Namen, der `f_name` in einer Anweisung FUNCTION substituiert, wird der Name der Haupteingangsstelle eines Funktionsunterprogramms spezifiziert. Wie bereits erwähnt worden ist, lassen sich zu externen Unterprogrammen und zu Modul-Unterprogrammen darüber hinaus eine oder mehrere Nebeneingangsstellen spezifizieren. Dazu dient die Anweisung ENTRY. Diese nicht ausführbare Anweisung hat die folgende Syntax.

```
 Syntax ENTRY

     ENTRY f_n_name ( [e_f_p_liste] ) [RESULT(erg_n)]
 oder
     ENTRY sub_n_name [ ( [e_f_p_liste] ) ]
```

Dabei bezeichnet `f_n_name` den Namen einer Nebeneingangsstelle eines externen Funktionsunterprogramms oder eines Modul-Funktionsunterprogramms. Ferner steht `sub_n_name` für den Namen einer Nebeneingangsstelle einer externen Subroutine oder einer Modul-Subroutine sowie `e_f_p_liste` für eine Formalparameterliste und `erg_n` für den Namen der Ergebnisvariablen eines Funktionsunterprogramms.

Eine Anweisung ENTRY ist im Ausführungsteil eines externen Unterprogramms oder Modul-Unterprogramms zu spezifizieren, jedoch weder in einer IF Struktur noch in einer CASE Struktur noch in einer DO Struktur. Weitere Merkmale der Syntax und Semantik der Anweisung ENTRY werden im folgenden überwiegend für den Fall behandelt werden, daß diese Anweisung in einem externen Funktionsunterprogramm spezifiziert wird.

In einem externen Funktionsunterprogramm wird mit einer Anweisung ENTRY ein weiteres Funktionsunterprogramm vereinbart. Demnach läßt sich mit einem Unterprogramm, das Anweisungen ENTRY enthält, mehr als ein Unterprogramm spezifizieren. Ein weiteres Funktionsunterprogramm hat, vereinfachend formuliert, mit dem Funktionsunterprogramm, das die Anweisung ENTRY enthält, die Anweisungen des Vereinbarungsteils gemeinsam und teilt mit diesem Funktionsunterprogramm die Anweisungen zwischen dieser Anweisung ENTRY und der zugehörigen Anweisung END FUNCTION. Das Funktionsunterprogramm, das die Anweisung ENTRY enthält, wird daher auch kurz als Eltern-Funktionsunterprogramm bezeichnet. Wird ein weiteres Funktionsunterprogramm aufgerufen, so wird eine Variante des Eltern-Funktionsunterprogramms erzeugt, die ebenfalls als Unterprogrammkopie bezeichnet wird.

Der Name, der `f_n_name` in der Anweisung ENTRY substituiert, ist Name dieses weiteren Funktionsunterprogramms und damit Name der Nebeneingangsstelle des Eltern-Funktionsunterprogramms. Dieser Name ist als Name eines Formalparameters in der Formalparameterliste zu dem Eltern-Funktionsunterprogramm oder zu einem anderen weiteren Funktionsunterprogramm unzulässig. Ferner ist es unzulässig, diesen Namen zu einer Anweisung EXTERNAL sowie zu einer Anweisung INTRINSIC im Eltern-Funktionsunterprogramm zu spezifizieren. Falls zu RESULT ein Name angegeben wird, der `erg_n` substituiert, so wird damit der Name der Ergebnisvariablen dieses weiteren Funktionsunterprogramms spezifiziert. Dieser Name muß von dem Namen, der `f_n_name` substituiert, verschieden sein. Der Name, der `f_n_name` ersetzt, identifiziert dann ausschließlich die Nebeneingangsstelle. Andernfalls ist der Name, der `f_n_name` substituiert, sowohl Name der Nebeneingangsstelle als auch Name der Ergebnisvariablen des weiteren Funktionsunterprogramms.

Die charakteristischen Eigenschaften des Ergebnisses eines weiteren Funktionsunterprogramms werden durch die charakteristischen Eigenschaften der Ergebnisvariablen festgelegt. Stimmen die charakteristischen Eigenschaften des Ergebnisses des weiteren Funktionsunterprogramms und des Ergebnisses des Eltern-Funktionsunterprogramms überein, so identifizieren die Ergebnisvariablen dieselbe Variable. Ferner sind die Ergebnisvariable eines weiteren Funktionsunterprogramms und des Eltern-Funktionsunterprogramms über den Speicher einander zugeordnet, wenn jede der beiden Ergebnisvariablen eine skalare Variable ohne Attribut POINTER repräsentiert und beide Ergebnisvariablen entweder vom Regeldatentyp CHARACTER mit gleichem Wert des Typparameters LÄNGE oder vom Regeldatentyp INTEGER, Regeldatentyp REAL, Datentyp DOUBLE PRECISION, Regeldatentyp COMPLEX oder Regeldatentyp LOGICAL sind. Identifizieren die Ergebnisvariable eines weiteren Funktionsunterprogramms und die Ergebnisvariable des Eltern-Funktionsunterprogramms nicht dieselbe Variable und sind die Ergebnisvariablen auch nicht über den Speicher einander zugeordnet, dann muß die Ergebnisvariable eines weiteren Funktionsunterprogramms den Bestimmtheitsstatus haben, definiert zu sein, bevor die Ausführung dieses weiteren Funktionsunterprogramms abgeschlossen wird.

Die Formalparameterliste, die `e_f_p_liste` substituiert, ist Formalparameterliste zu dem weiteren Funktionsunterprogramm. Die Formalparameter in der Formalparameterliste, die `e_f_p_liste` substituiert, dürfen sich in ihrem Namen, im Datentyp, im Typparameter KIND, in ihrer Anzahl und in der Reihenfolge ihrer Angabe von den Formalparametern in der Formalparameterliste zu dem Eltern-Funktionsunterprogramm unterscheiden. Der Name eines Formalparameters in der Formalparameterliste, die `e_f_p_liste` substituiert, darf in einer ausführbaren Anweisung des Eltern-Funktionsunterprogramms nur dann auftreten, falls der Name auch Name eines Formalparameters in der Formalparameterliste zu dem Eltern-Funktionsunterprogramm oder zu einem weiteren Funktionsunterprogramm ist, wobei dann die zugehörige Anweisung ENTRY der ausführbaren Anweisung vorangehen muß. Darüber hinaus unterliegt die Verwendung eines Formalparameters in der Formalparameterliste, die `e_f_p_liste` substituiert, weiteren Beschränkungen.

Damit aus einem Funktionsunterprogramm, das mit einer Anweisung ENTRY vereinbart wird, dieses Funktionsunterprogramm, ein weiteres Funktionsunterprogramm des Eltern-Funktionsunterprogramms oder das Eltern-Funktionsunterprogramm rekursiv aufrufbar ist, muß in der Anweisung FUNCTION des Eltern-Funktionsunterprogramms das Endsymbol `RECURSIVE` spezifiziert werden. Wird darüber hinaus in der Anweisung ENTRY zu `RESULT` ein Name spezifiziert, dann ist die Schnittstelle des weiteren Funktionsunterprogramms für dieses weitere Funktionsunterprogramm explizit.

Da mit einer Anweisung ENTRY ein weiteres Funktionsunterprogramm vereinbart wird, sind die Regeln für die Referenz eines Funktionsunterprogramms auf die Referenz eines weiteren Funktionsunterprogramms zu übertragen. Wird ein solches Funktionsunterprogramms referenziert, so beginnt nach der Argumentassoziation die Ausführung des referenzierten Funktionsunterprogramms mit der ersten ausführbaren Anweisung, die auf die zugehörige Anweisung ENTRY folgt. Im Fall der fehlerfreien Ausführung des Funktionsunterprogramms wird abschließend die nächstfolgende Anweisung RETURN oder die Anweisung END FUNCTION ausgeführt.

Da sich unter Standard Fortran 90 sowohl interne Unterprogramme als auch Module vereinbaren lassen, kann in der Regel vermieden werden, Nebeneingangsstellen zu externen Unterprogrammen und Modul-Unterprogrammen zu spezifizieren. Auf die Angabe eines Beispiels wird daher auch verzichtet.

Wird dem Namen eines externen Funktionsunterprogramms oder eines Formalparameters in der Anweisung zur Typdeklaration das Attribut EXTERNAL zugeordnet, dann läßt sich dieser Name auch als Aktualparameter verwenden und repräsentiert im Fall des Namens eines Formalparameters ein Formalparameter-Funktionsunterprogramm. Die Anweisung EXTERNAL dient darüber hinaus dazu, dem Namen eines externen Unterprogramms, eines Formalparameter-Unterprogramms oder einer Blockdaten Programmeinheit das Attribut EXTERNAL zuzuordnen. Hat der Name eines externen Unterprogramms oder eines Formalparameters das Attribut EXTERNAL, dann läßt sich ein solcher Name als Aktualparameter verwenden und repräsentiert im Fall eines Formalparameters ein Formalparameter-Unterprogramm. Die nicht ausführbare Anweisung EXTERNAL hat die folgende Syntax.

```
Syntax Anweisung EXTERNAL

EXTERNAL ext_name [, ext_name]...
```

Dabei bezeichnet ext_name den Namen eines externen Unterprogramms, eines Formalparameters oder einer Blockdaten Programmeinheit. Es ist unzulässig, in einer Gültigkeitseinheit einem Namen mehrfach das Attribut EXTERNAL zuzuordnen.

Wird in einer Gültigkeitseinheit für ein externes Unterprogramm, dessen Name als Aktualparameter verwendet werden soll, kein Schnittstellenblock spezifiziert, dann muß dem Namen des externen Unterprogramms das Attribut EXTERNAL zugeordnet werden. Wird der Name eines externen Unterprogramms als Aktualparameter in der Aktualparameterliste zu der Referenz auf ein Unterprogramm spezifiziert, dann muß dem Namen des korrespondierenden Formalparameters in der Formalparameterliste zu diesem Unterprogramm das Attribut EXTERNAL zugeordnet sein.

Bezogen auf das nachfolgende Beispiel wird im Hauptprogramm kein Schnittstellenblock für das externe Funktionsunterprogramm ber_aktual_f spezifiziert. Aus dem Hauptprogramm wird das externe Funktionsunterprogramm ber_int_ta_reg referenziert und als Aktualparameter in der Aktualparameterliste der Name des externen Funktionsunterprogramms ber_aktual_f angegeben. Dann muß im Hauptprogramm diesem Namen in der Anweisung zur Typdeklaration oder mit Hilfe einer Anweisung EXTERNAL das Attribut EXTERNAL zugeordnet werden. Dies wird durch die im Hauptprogramm spezifizierte Anweisung EXTERNAL gewährleistet. Für den Formalparameter formal_f in der Formalparameterliste zu dem externen Funktionsunterprogramm ber_int_ta_reg wird der Datentyp REAL mit dem Wert des Typparameters KIND vereinbart, den der Aufruf KIND(0.D0) der Standardfunktion KIND liefert. Ferner wird dem Namen dieses Formalparameters in dem externen Funktionsunterprogramm `ber_int_ta_reg` mit Hilfe einer Anweisung EXTERNAL das Attribut EXTERNAL zugeordnet. Damit repräsentiert der Formalparameter `formal_f` ein Formalparameter-Funktionsunterprogramm. Auf das Programmbeispiel 9.2 wird hingewiesen.

```
  Beispiel Zuordnung Attribut EXTERNAL

PROGRAM num_integration
   ...
   EXTERNAL ber_aktual_f

INTERFACE
   FUNCTION ber_int_ta_reg ( dateiname_ausgabe, aus1, int_a,       &
                             int_b, anz_teilint, formal_f  )       &
                                         RESULT ( w_b_integral )
      EXTERNAL formal_f
         CHARACTER (*), INTENT(IN), OPTIONAL :: dateiname_ausgabe
            INTEGER, INTENT(IN), OPTIONAL :: aus1
            INTEGER, INTENT(IN) :: anz_teilint
               REAL(KIND(0.D0)), INTENT(IN) :: int_a, int_b
               REAL(KIND(0.D0)) :: w_b_integral, formal_f
   END FUNCTION ber_int_ta_reg
END INTERFACE
   ...
      INTEGER :: n = 0
   ...
      REAL (KIND(0.D0)) :: a = 0.D0, b=0.D0, wert_int_ab = 0.D0
      REAL (KIND(0.D0)) :: ber_aktual_f
   ...
      IF ( a .LT. b ) THEN
         wert_int_ab = ber_int_ta_reg ( int_a=a, int_b=b,          &
                           anz_teilint=n, formal_f=ber_aktual_f )
         ...
      ENDIF
   ...
END PROGRAM num_integration
   ...
   FUNCTION ber_int_ta_reg ( dateiname_ausgabe, aus1, a, b, n,     &
                             formal_f )  RESULT ( w_b_integral )
      ...
      EXTERNAL formal_f
      ...
      REAL(KIND(0.D0)) :: formal_f
      ...
   END FUNCTION ber_int_ta_reg
   ...
   FUNCTION ber_aktual_f ( x ) RESULT ( w_f_x )
      ...
      REAL(KIND(0.D0)) :: w_f_x
      ...
   END FUNCTION ber_aktual_f
```

Wird in einer Gültigkeitseinheit dem Namen eines Standardunterprogramms das Attribut EXTERNAL zugeordnet, so ist aus dieser Gültigkeitseinheit nicht das Standardunterprogramm, sondern ein vom Anwender bereitgestelltes, externes Unterprogramm oder eine vom Anwender spezifizierte Blockdaten Programmeinheit gleichen Namens referenzierbar.

Um den spezifischen Namen einer Standardfunktion als Aktualparameter verwenden zu können, ist diesem Namen das Attribut INTRINSIC zuzuordnen. Dem spezifischen Namen einer Standardfunktion läßt sich dieses Attribut in der Anweisung zur Typdeklaration oder mit Hilfe einer Anweisung INTRINSIC zuordnen. Diejenigen spezifischen Namen von Standardfunktionen, die als Aktualparameter unzulässig sind, werden, wie bereits wiederholt erwähnt, im Anhang A ausgewiesen. Die Anweisung INTRINSIC dient dazu, dem Namen eines Unterprogramms das Attribut INTRINSIC zuzuordnen und damit festzulegen, daß dieser Name der Name eines Standardunterprogramms ist. Die nicht ausführbare Anweisung INTRINSIC hat die folgende Syntax.

```
Syntax Anweisung INTRINSIC

INTRINSIC intr_name [, intr_name]...
```

Dabei bezeichnet `intr_name` den Namen eines Standardunterprogramms. Es ist unzulässig, in einer Gültigkeitseinheit einem Namen mehrfach das Attribut INTRINSIC und einem Namen sowohl das Attribut INTRINSIC als auch das Attribut EXTERNAL zuzuordnen.

9.3   Externe Subroutine

Die Klassifikation eines Unterprogramms als Subroutine und die charakteristischen Eigenschaften der Formalparameter in der Formalparameterliste sind die charakteristischen Merkmale einer Subroutine. Eine Subroutine, die nicht in den Quellcode eines Hauptprogramms, eines externen Funktionsunterprogramms, einer anderen externen Subroutine oder eines Modul-Unterprogramms eingebettet und kein Modul-Unterprogramm ist, wird als externe Subroutine bezeichnet. Eine externe Subroutine ohne jedes in dieser Subroutine enthaltene interne Unterprogramm, ohne jeden in dieser Subroutine enthaltenen Schnittstellenrumpf und ohne jede in dieser Subroutine enthaltene Vereinbarung eines abgeleiteten Datentyps bildet eine Gültigkeitseinheit.

Jede Subroutine wird mit der Anweisung SUBROUTINE eingeleitet und mit der Anweisung END SUBROUTINE abgeschlossen. Die nicht ausführbare Anweisung SUBROUTINE hat die folgende Syntax.

```
Syntax SUBROUTINE

[RECURSIVE] SUBROUTINE s_name [ ( [f_p_liste] ) ]
```

Mit `s_name` wird der Name der Haupteingangsstelle einer Subroutine vereinbart. Der Name, der `s_name` substituiert, ist spezifischer Name einer Subroutine. Es ist zulässig, Schnittstellenblöcke mit generischem Namen für externe Subroutinen, Formalparameter-Subroutinen sowie Modul-Subroutinen zu vereinbaren. Im Fall einer externen Subroutine ist der Gültigkeitsbereich des Namens, der `s_name` substituiert, global. Es ist zulässig, zu einer externen Subroutine eine oder mehrere Nebeneingangsstellen zu spezifizieren. Dazu dient die Anweisung ENTRY, die in bezug auf externe Funktionsunterprogramme in Abschnitt 9.2 behandelt worden ist. Wie bereits in diesem Zusammenhang erwähnt worden ist, läßt es sich in der Regel unter Standard Fortran 90 vermeiden, Nebeneingangsstellen zu externen Unterprogrammen und Modul-Unterprogrammen zu spezifizieren. Daher wird die Bedeutung der Anweisung ENTRY unter Anwendungsaspekten als gering bewertet. Merkmale der Syntax und Semantik der Anweisung ENTRY werden deshalb nicht separat für den Fall behandelt werden, daß diese Anweisung in einer externen Subroutine spezifiziert wird.

Neben dem bereits in Abschnitt 9.1 erwähnten konzeptionellen Unterschied zwischen einer Subroutine und einem Funktionsunterprogramm besteht eine weitere wesentliche Differenz darin, daß der Name der Haupteingangsstelle oder einer Nebeneingangsstelle einer Subroutine stets ausschließlich die Haupteingangsstelle oder Nebeneingangsstelle identifiziert. Der Name der Haupteingangsstelle oder einer Nebeneingangsstelle einer Subroutine dient nicht dem Informationstransfer zwischen referenzierendem Programmbaustein und aufgerufener Subroutine. Information zwischen aufrufendem Programmbaustein und referenzierter externer Subroutine wird transferiert, indem eine Aktualparameterliste zu dem Aufruf einer externen Subroutine spezifiziert wird oder über gemeinsame Speicherbereiche oder über die Referenz auf Module. Module werden in Abschnitt 9.5 und gemeinsame Speicherbereiche in Abschnitt 9.6 behandelt werden. In diesem Zusammenhang werden weitere Merkmale des Informationstransfers zwischen Programmbausteinen ergänzend erörtert werden.

Mit `f_p_liste` wird eine Liste von Formalparametern zu einer Subroutine bezeichnet. Der Name eines Formalparameters ist lokal. Es ist unzulässig, den Namen eines Formalparameters zu einer Anweisung DATA, EQUIVALENCE, INTRINSIC, PARAMETER oder SAVE zu spezifizieren oder dem Namen eines Formalparameters das Attribut INTRINSIC, PARAMETER oder SAVE zuzuordnen. Zu einer Anweisung COMMON darf der Name eines Formalparameters nur als Name eines benannten gemeinsamen Speicherbereichs spezifiziert werden. Gemeinsame Speicherbereiche und die damit in engem Zusammenhang stehende Anweisung COMMON werden, wie bereits wiederholt erwähnt, in Abschnitt 9.6 behandelt werden. In der Regel wird mindestens ein Formalparameter in der Formalparameterliste zu einer Subroutine Ausgabeparameter sein. Nach der Syntax der Anweisung SUBROUTINE ist es jedoch zulässig, daß die Liste der Formalparameter leer ist.

Ein weiterer Unterschied zwischen einer Subroutine und einem Funktionsunterprogramm besteht darin, daß es zulässig ist, Formalparameter in der Formalparameterliste zu einer Subroutine als Platzhalter für alternative Rücksprungziele zu spezifizieren. Auf die Ausführungen zu alternativen Rücksprungzielen und zum Informationstransfer zwischen Programmbausteinen in Abschnitt 9.1 wird hingewiesen.

Wird zu der Anweisung SUBROUTINE das Endsymbol RECURSIVE spezifiziert, dann ist die zugehörige Subroutine und jede mit einer Anweisung ENTRY in dieser Subroutine vereinbarte weitere Subroutine rekursiv aufrufbar. Auf direkt und indirekt rekursiv aufrufbare Subroutinen wird im folgenden noch eingegangen werden.

Eine Subroutine wird mit der Anweisung END SUBROUTINE abgeschlossen. Diese ausführbare Anweisung hat die folgende Syntax.

```
Syntax END SUBROUTINE

END [SUBROUTINE [s_name]]
```

Ein s_name ersetzender Name in der Anweisung END SUBROUTINE muß mit dem Namen Haupteingangsstelle der Subroutine übereinstimmen.

```
Beispiel Rahmenanweisungen einer externen Subroutine

SUBROUTINE anfrage ( ein_bild, aus_bild, antwort )
  ...
   CHARACTER, INTENT(OUT) :: antwort
   INTEGER, INTENT(IN) :: ein_bild, aus_bild
  ...
END SUBROUTINE anfrage
```

Im Beispiel wird mit der Anweisung SUBROUTINE der Name anfrage der Haupteingangsstelle einer externen Subroutine festgelegt. Die Liste von Formalparametern zu dieser Subroutine besteht aus den Namen der Formalparameter ein_bild, aus_bild und antwort. Die Formalparameter ein_bild und aus_bild sind als Eingabeparameter, der Formalparameter anwort ist als Ausgabeparameter spezifiziert. Die externe Subroutine wird mit der Anweisung END SUBROUTINE abgeschlossen. Auf das Programmbeispiel 9.6 wird hingewiesen.

Im Fall der fehlerfreien Ausführung einer aufgerufenen Subroutine wird abschließend die Anweisung END SUBROUTINE oder eine Anweisung RETURN ausgeführt. Die Argumentassoziation zwischen den Aktualparametern in der Aktualparameterliste und den korrespondierenden Formalparametern in der Formalparameterliste zu der aufgerufenen Subroutine wird aufgehoben. Die Programmkontrolle wird an eine ausführbare Anweisung des aufrufenden Programmbausteins übertragen.

Die Anweisung RETURN ist ausschließlich in einem externen Unterprogramm, einem internen Unterprogramm und einem Modul-Unterprogramm zulässig. Diese Anweisung dient dazu, die fehlerfreie Ausführung eines Unterprogramms, in der diese Anweisung

RETURN spezifiziert ist, vor Ausführung der zugehörigen Abschlußanweisung END
FUNCTION oder END SUBROUTINE zu beenden und ggf. aus einer referenzierten
Subroutine den Kontrollfluß im aufrufenden Programmbaustein zu beeinflussen. Nach
dem aktuellen Standard gilt es als veraltet, eine Anweisung RETURN für ein alternatives Rücksprungziel zu spezifizieren. Die ausführbare Anweisung RETURN hat die folgende Syntax.

```
Syntax RETURN

RETURN [ anz_f_rücksp_ziel ]
```

Dabei bezeichnet `anz_f_rücksp_ziel` einen skalaren Ausdruck vom Datentyp
INTEGER, der dazu dient, eine Anweisung RETURN für ein alternatives Rücksprungziel zu spezifizieren. Die Ausführung einer Anweisung RETURN, die in einer externen
Subroutine ohne einen skalaren Ausdruck, der `anz_f_rücksp_ziel` substituiert,
spezifiziert wird, wirkt wie die Ausführung der Anweisung END SUBROUTINE.

```
Beispiel Anweisung RETURN in externer Subroutine

SUBROUTINE spielen ( ein_bild, aus_bild, aus1_datei, aus2_datei,   &
                     anz_scheiben )
   ...
   INTEGER, INTENT(IN) :: ein_bild, aus1_datei
   INTEGER, INTENT(INOUT) :: anz_scheiben, aus_bild, aus2_datei
   ...
   INTEGER :: anz_versuche = 0
   ...
      IF ( anz_versuche == 3 ) THEN
      ...
         RETURN
      END IF
   ...
END SUBROUTINE spielen
```

Bezogen auf das Beispiel wird für den Fall der Referenz auf die externe Subroutine
`spielen` die Ausführung dieser Subroutine mit der Anweisung RETURN abgeschlossen, wenn die Variable `anz_versuche` die Festpunktzahl 3 repräsentiert. Auf das
Programmbeispiel 9.6 wird hingewiesen.

Eine Subroutine wird referenziert, wenn eine Anweisung CALL oder eine anwenderdefinierte Zuweisungsanweisung ausgeführt wird. Anwenderdefinierte Zuweisungsanweisungen werden, wie bereits erwähnt, in Abschnitt 9.8 behandelt werden. Die ausführbare Anweisung CALL hat die folgende Syntax.

```
┌──────┤ Syntax CALL ├─────────────────────────────────┐
│                                                        │
│  CALL s_name [ ( [a_p_liste] ) ]                       │
│                                                        │
└────────────────────────────────────────────────────────┘
```

Mit s_name wird der Name der Haupteingangsstelle oder einer Nebeneingangsstelle einer Subroutine und mit a_p_liste die Liste von Aktualparametern zu der Referenz auf diese Subroutine bezeichnet. Ein Aktualparameter sub_a_p in der Aktualparameterliste hat die folgende Syntax.

```
┌──────┤ Syntax sub_a_p ├──────────────────────────────┐
│                                                        │
│  a_par                                                 │
│  name_f_par = a_par                                    │
│                                                        │
└────────────────────────────────────────────────────────┘
```

Dabei bezeichnet name_f_par den Namen eines Formalparameters und a_par einen Aktualparameter. Auf die Darstellung der Syntax eines Aktualparameters a_par sowie eines Schlüsselwortparameters in Abschnitt 9.1 wird hingewiesen. In einer Aktualparameterliste sind alternative Rücksprungziele vor Schlüsselwortparametern zu spezifizieren. Eine Anweisungsfunktion, der Name eines internen Unterprogramms, der generische Name eines Unterprogramms, der Name einer Standardsubroutine sowie spezifische Namen einiger Standardfunktionen sind als Aktualparameter unzulässig. Diejenigen spezifischen Namen der Standardfunktionen, die als Aktualparameter unzulässig sind, werden im Anhang A mit dem Symbol ♦ gekennzeichnet. Hingegen ist als Aktualparameter jeder spezifische, nicht mit dem Symbol ♦ im Anhang A markierte Name einer Standardfunktion, der spezifische Name eines externen Unterprogramms, eines Modul-Unterprogramms und eines Formalparameter-Unterprogramms zulässig, wenn der korrespondierende Formalparameter Formalparameter-Unterprogramm ist. Auch der Name eines Formalparameters in der Formalparameterliste zu dem Programmbaustein, aus dem eine Subroutine referenziert wird, ist als Aktualparameter in der Aktualparameterliste zu der Referenz auf diese Subroutine zulässig.

Wird eine Anweisung CALL ausgeführt, erfolgt zunächst die erforderliche Auswertung von Aktualparametern und danach die Argumentassoziation. Wird die Ausführung einer Subroutine mit einer Anweisung RETURN oder der zugehörigen Anweisung END abgeschlossen, dann ist auch die Ausführung der zugehörigen Anweisung CALL abgeschlossen. Alle nicht gesicherten lokalen Variablen der referenzierten Subroutine sowie jeder erzeugten Kopie nehmen den Bestimmtheitsstatus an, undefiniert zu sein, und damit Zeiger auch den Assoziationsstatus, undefiniert zu sein, mit den Ausnahmen, die in Abschnitt 9.2 behandelt worden sind. Das Ergebnis der Ausführung der Subroutine ist in dem Programmbaustein verfügbar, aus dem die Subroutine referenziert worden ist, und die Programmkontrolle wird an eine ausführbare Anweisung des aufrufenden Programmbausteins übertragen.

```
┌─ Beispiel Aufruf einer externen Subroutine ─────────────────────┐
│  PROGRAM tuerme_von_hanoi                                        │
│     ...                                                          │
│     INTERFACE                                                    │
│     ...                                                          │
│        SUBROUTINE spielen ( ein_bild, aus_bild, aus1_datei,    & │
│                             aus2_datei, anz_scheiben )           │
│           INTEGER, INTENT(IN) :: ein_bild, aus1_datei            │
│           INTEGER, INTENT(INOUT) :: anz_scheiben, aus_bild,    & │
│                             aus2_datei                           │
│        END SUBROUTINE spielen                                    │
│     END INTERFACE                                                │
│     ...                                                          │
│     INTEGER :: anz_scheiben = 3, aus_bild = 6, aus1_datei = 20, & │
│              aus2_datei = 30, ein_bild = 5                       │
│     ...                                                          │
│     CALL spielen ( ein_bild, aus_bild, aus1_datei, aus2_datei, & │
│              anz_scheiben )                                      │
│     ...                                                          │
│  END PROGRAM tuerme_von_hanoi                                    │
│     ...                                                          │
│  SUBROUTINE spielen ( ein_bild, aus_bild, aus1_datei, aus2_datei, & │
│              anz_scheiben )                                      │
│     ...                                                          │
│     INTEGER, INTENT(IN) :: ein_bild, aus1_datei                 │
│     INTEGER, INTENT(INOUT) :: anz_scheiben, aus_bild, aus2_datei │
│     ...                                                          │
│  END SUBROUTINE spielen                                          │
└─────────────────────────────────────────────────────────────────┘
```

Im Beispiel wird die externe Subroutine `spielen` aus dem Hauptprogramm `tuerme_von_hanoi` referenziert. In dem aufrufenden Programmbaustein ist ein einfacher Schnittstellenblock für die externe Subroutine `spielen` vereinbart. Der Aktualparameter `ein_bild` in der Aktualparameterliste zu der Referenz auf die externe Subroutine `spielen` repräsentiert die Festpunktzahl 5, `aus_bild` die Festpunktzahl 6, `aus1_datei` die Festpunktzahl `20`, `aus2_datei` die Festpunktzahl `30` und `anz_scheiben` die Festpunktzahl 3. Auf das Programmbeispiel 9.6 wird hingewiesen.

Wie bereits in Abschnitt 9.2 erwähnt worden ist, wird zu jeder rekursiven Referenz auf ein rekursiv aufrufbares Unterprogramm eine eigenständige Unterprogrammkopie erzeugt. Zu einer solchen Unterprogrammkopie gehören unabhängig von anderen Unterprogrammkopien Formalparameter und nicht gesicherte Datenobjekte von lokalem Gültigkeitsbereich. Jede andere Datengröße wird im Fall eines externen Unterprogramms von allen Unterprogrammkopien geteilt. Die Schnittstelle einer direkt rekursiv aufrufbaren Subroutine ist für diese Subroutine explizit. Mit dem folgenden Beispiel zu dem direkt rekursiven Aufruf einer externen Subroutine wird partiell Programmbeispiel 9.6 wiedergegeben.

```
       Beispiel direkt rekursiver Aufruf einer externen Sub-
             routine

   PROGRAM tuerme_von_hanoi
     ...
     INTEGER :: anz_scheiben = 3, aus_bild = 6, aus1_datei = 20,      &
               aus2_datei = 30, ein_bild = 5
     ...
     CALL spielen ( ein_bild, aus_bild, aus1_datei, aus2_datei,      &
                    anz_scheiben )
     ...
   END PROGRAM tuerme_von_hanoi
     ...
   SUBROUTINE spielen ( ein_bild, aus_bild, aus1_datei, aus2_datei,  &
                        anz_scheiben )
     ...
     INTEGER, INTENT(IN) :: ein_bild, aus1_datei
     INTEGER, INTENT(INOUT) :: anz_scheiben, aus_bild, aus2_datei
     ...
     INTEGER :: opt_aus = 0, t_sek_nach = 0, startstab = 1,
               zielstab = 2, hilfsstab = 3
     ...
     opt_aus = aus1_datei
     ...
   CALL bewege (opt_aus, anz_scheiben, startstab, zielstab, hilfsstab)
     CALL SYSTEM_CLOCK (t_sek_nach)
     ...
   END SUBROUTINE spielen

   RECURSIVE SUBROUTINE bewege (opt_aus, n, start, ziel, hilf)
     ...
     INTEGER, INTENT(INOUT) :: opt_aus, n, start, ziel, hilf
     INTEGER :: m
     m = n - 1
       IF ( n > 1 ) CALL bewege (opt_aus, m, start, hilf, ziel)
         CALL ausgabe (opt_aus, n, start, ziel)
       IF ( n > 1 ) CALL bewege (opt_aus, m, hilf, ziel, start)
   END SUBROUTINE bewege
```

Im Beispiel wird die externe Subroutine bewege zunächst aus der externen Subroutine spielen referenziert. Der Aktualparameter opt_aus repräsentiert die Festpunktzahl 20, anz_scheiben die Festpunktzahl 3, startstab die Festpunktzahl 1, zielstab die Festpunktzahl 2 und hilfsstab die Festpunktzahl 3. Diese Referenz führt zu einer Sequenz von direkt rekursiven Aufrufen der Subroutine bewege und von Aufrufen der Subroutine ausgabe, die in der folgenden Tabelle zusammengefaßt werden. Danach wird die Ausführung der referenzierten Subroutine bewege abgeschlossen. Das Ergebnis der Ausführung der Subroutine ist in der aufrufenden Subroutine spielen verfügbar. Die Programmausführung wird fortgesetzt, indem die ausführbare Anweisung CALL SYSTEM_CLOCK(t_sek_nach) bearbeitet wird.

Tabelle 9.1   Sequenz von direkt rekursiven Aufrufen der Subroutine bewege und
                   von Aufrufen der Subroutine ausgabe am Beispiel

Aufruf Subroutine CALL	Werte Aktualparameter als Festpunktzahl
bewege(opt_aus, m, start, hilf, ziel)	20 2 1 3 2
bewege(opt_aus, m, start, hilf, ziel)	20 1 1 2 3
ausgabe(opt_aus, n, start, ziel)	20 1 1 2
ausgabe(opt_aus, n, start, ziel)	20 2 1 3
bewege(opt_aus, m, hilf, ziel, start)	20 1 2 3 1
ausgabe(opt_aus, n, start, ziel)	20 1 2 3
ausgabe(opt_aus, n, start, ziel)	20 3 1 2
bewege(opt_aus, m, hilf, ziel, start)	20 2 3 2 1
bewege(opt_aus, m, start, hilf, ziel)	20 1 3 1 2
ausgabe(opt_aus, n, start, ziel)	20 1 3 1
ausgabe(opt_aus, n, start, ziel)	20 2 3 2
bewege(opt_aus, m, hilf, ziel, start)	20 1 1 2 3
ausgabe(opt_aus, n, start, ziel)	20 1 1 2

9.4   Internes Unterprogramm

Ein Funktionsunterprogramm oder eine Subroutine, die auf eine Anweisung
CONTAINS in einem Hauptprogramm, einem externen Unterprogramm oder in einem
Modul-Unterprogramm folgen, werden als internes Unterprogramm und das jeweilige
Hauptprogramm, externe Unterprogramm oder Modul-Unterprogramm wird als umge-
bender Programmbaustein bezeichnet. Module und Modul-Unterprogramme werden,
wie bereits erwähnt, in Abschnitt 9.5 behandelt werden.

Abbildung 9.8   Übersicht interne Unterprogramme

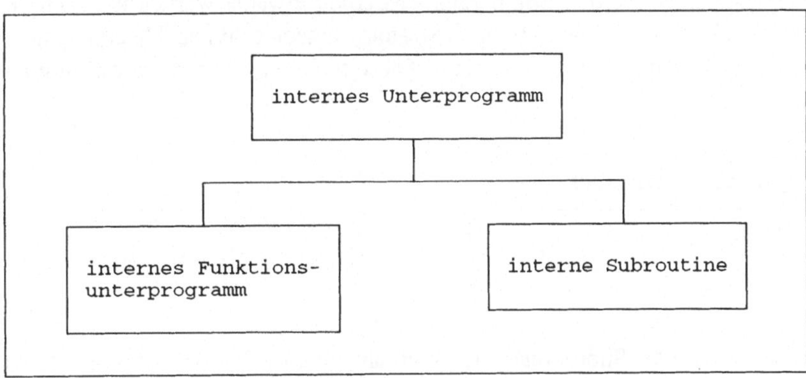

Ein internes Unterprogramm ist demnach entweder ein internes Funktionsunterprogramm oder eine interne Subroutine. Die Merkmale eines internen Unterprogramms weichen von den Eigenschaften externer Unterprogramme wesentlich ab. Diese Unterschiede werden im folgenden zusammengefaßt:

▶   Es ist unzulässig, in einem internen Unterprogramm ein internes Unterprogramm zu vereinbaren sowie eine Anweisung ENTRY zu spezifizieren.

▶   Der Name der Eingangsstelle eines internen Unterprogramms ist nicht global, sondern lokal in bezug auf den umgebenden Programmbaustein und die internen Unterprogramme, die in dem umgebenden Programmbaustein vereinbart sind. Es ist unzulässig, den Namen der Eingangsstelle eines internen Unterprogramms als Aktualparameter in der Aktualparameterliste zu der Referenz auf ein Unterprogramm zu spezifizieren.

▶   Ist das Ergebnis eines internen Funktionsunterprogramms vom Datentyp CHARACTER, dann ist es unzulässig, das Ergebnis mit übernommenem Wert des Typparameters LÄNGE zu vereinbaren.

▶   Es ist unzulässig, zu einem Schnittstellenblock die Schnittstellendeklaration eines internen Unterprogramms zu spezifizieren.

▶   Ein Operator-Funktionsunterprogramm läßt sich nicht als internes Funktionsunterprogramm, eine anwenderdefinierte Zuweisungsanweisung läßt sich nicht als interne Subroutine spezifizieren.

▶   Aus einem internen Unterprogramm sind spezifische Datenobjekte und Namen, die in dem umgebenden Programmbaustein vereinbart sind, über Umgebungszuordnung zugreifbar.

Der Begriff Umgebungszuordnung wird noch in diesem Abschnitt festgelegt werden. Interne Unterprogramme werden, wie bereits wiederholt erwähnt worden ist, nach der Anweisung CONTAINS in einem Hauptprogramm, einem externen Unterprogramm und einem Modul-Unterprogramm vereinbart. Diese nicht ausführbare Anweisung hat die folgende Syntax.

```
 Syntax CONTAINS

CONTAINS
```

Beispielsweise wird eine Subroutine wie folgt als internes Unterprogramm in den Quellcode eines Hauptprogramms integriert. Auf das Programmbeispiel 9.7 wird hingewiesen.

```
 Beispiel interne Subroutine im Hauptprogramm

PROGRAM intern_unterprog
...
  CONTAINS
     SUBROUTINE kontrolle_ein
       ...
     END SUBROUTINE kontrolle_ein
END PROGRAM intern_unterprog
```

Rahmenanweisungen einer internen Subroutine sind die Anweisung SUBROUTINE und die Anweisung END SUBROUTINE. Die nicht ausführbare Anweisung SUBROUTINE hat die folgende Syntax, die bereits in Abschnitt 9.3 ausführlich behandelt worden ist.

```
 Syntax SUBROUTINE

[RECURSIVE] SUBROUTINE s_name [ ( [f_p_liste] ) ]
```

Die Syntax der Anweisung END SUBROUTINE einer internen Subroutine weicht geringfügig von der Syntax der Anweisung END SUBROUTINE im Fall einer externen Subroutine ab. Diese ausführbare Anweisung hat die folgende Syntax.

Syntax **END SUBROUTINE**

END SUBROUTINE [s_name]

Ein s_name ersetzender Name in der Anweisung END SUBROUTINE muß mit dem Namen der Eingangsstelle der internen Subroutine übereinstimmen.

Rahmenanweisungen eines internen Funktionsunterprogramm sind die Anweisung FUNCTION und die Anweisung END FUNCTION. Die nicht ausführbare Anweisung FUNCTION hat die folgende Syntax, die bereits in Abschnitt 9.2 ausführlich behandelt worden ist.

Syntax **FUNCTION**

[p_f] FUNCTION f_name ([f_p_liste]) [RESULT(erg_n)]

Die Syntax der Anweisung END FUNCTION eines internen Funktionsunterprogramms weicht geringfügig von der Syntax der Anweisung END FUNCTION im Fall eines externen Funktionsunterprogramms ab. Diese ausführbare Anweisung hat die folgende Syntax.

Syntax **END FUNCTION**

END FUNCTION [f_name]

Ein f_name ersetzender Name in der Anweisung END FUNCTION muß mit dem Namen der Eingangsstelle des internen Funktionsunterprogramms übereinstimmen.

Bei der Schnittstellendeklaration eines internen Unterprogramms ist zu beachten, daß aus einem internen Unterprogramm spezifische Datenobjekte und Namen, die in dem umgebenden Programmbaustein vereinbart sind, über Umgebungszuordnung zugreifbar sind. Genauer formuliert sind aus internen Unterprogrammen, Modul-Unterprogrammen und in bezug auf die Vereinbarung abgeleiteter Datentypen gleichnamige Variablen, Konstanten, Unterprogramme sowie Schnittstellenblöcke, die in diesen Unterprogrammen vereinbart sind, abgeleitete Datentypen, Typparameter, Typkomponenten und Gruppennamen bei namenlistengesteuertem Datentransfer der umgebenden Gültigkeitseinheit zugreifbar. Gleichnamige Variablen, Konstanten, Unterprogramme sowie Schnittstellenblöcke, die in diesen Unterprogrammen vereinbart sind, abgeleitete Datentypen, Typparameter, Typkomponenten und Gruppennamen bei namenlistengesteuertem Datentransfer der umgebenden Gültigkeitseinheit, die aus internen Unterprogrammen, Modul-Unterprogrammen und in bezug auf die Vereinbarung abgeleiteter Datentypen zugreifbar sind, werden als zugreifbare Datenobjekte und vereinbarte Namen oder kurz als zugreifbare Namen bezeichnet. Der Zugang aus internen Unterprogrammen, Modul-Unterprogrammen und in bezug auf die Vereinbarung abgeleiteter Datentypen zu zugreifbaren Datenobjekten und vereinbarten Namen der umgebenden Gültigkeitseinheit über den Namen heißt *Umgebungszuordnung.*

Ein gleichlautender, in einer umgebenden Gültigkeitseinheit vereinbarter und nicht generischer Name ist aus einer eingebetteten Gültigkeitseinheit nicht zugreifbar, sofern dieser Name in der eingebetteten Gültigkeitseinheit lokal ist. In einer eingebetteten Gültigkeitseinheit gelten folgende Namen als lokal: der Name eines abgeleiteten Datentyps, der Name eines Datenobjekts, der in einer Anweisung zur Typdeklaration, einer Anweisung POINTER, TARGET oder SAVE spezifiziert wird, ein Name, der `name=init_ausdr` in einer Anweisung PARAMETER substituiert, ein Name, der zu einer Anweisung ALLOCATABLE oder zu einer Anweisung DIMENSION spezifiziert wird, der Name einer Variablen, die mit Hilfe der Anweisung DATA initial definiert wird, der Name einer Variablen, die zu einem gemeinsamen Speicherbereich gehört, der Name eines Äquivalenzobjekts in der Äquivalenzliste zu einer Anweisung EQUIVALENCE, ein Gruppenname, der zu einer Anweisung NAMELIST spezifiziert wird, der Name eines Schnittstellenblocks mit generischem Namen, ein Name, der `f_name` in einer Anweisung FUNCTION substituiert, der Name einer Anweisungsfunktion, der Name der Ergebnisvariablen eines Funktionsunterprogramms, der in einer Anweisung zur Typdeklaration vereinbart wird, ein Name, der `s_name` in einer Anweisung SUBROUTINE substituiert, der Name der Nebeneingangsstelle eines externen Unterprogramms oder eines Modul-Unterprogramms, ein Name, der in einer Anweisung FUNCTION `erg_n` zu dem Endsymbol RESULT substituiert, ein Name, der Name eines Formalparameters in der Formalparameterliste zu einer Anweisungsfunktion, zu einer Anweisung FUNCTION, einer Anweisung SUBROUTINE oder einer Anweisung ENTRY ist, ein Name, der `intr_name` in einer Anweisung INTRINSIC substituiert. Ein nicht zugreifbarer Name wird auch als verdeckter Name bezeichnet. Ist einem Namen in einer eingebetteten Gültigkeitseinheit das Attribut EXTERNAL zugeordnet, dann ist ein gleichlautender Name, der in der umgebenden Gültigkeitseinheit vereinbart und nicht generischer Name ist, ein verdeckter Name. Falls für eine eingebettete Gültigkeitseinheit ein Modulobjekt über die Referenz auf ein Modul zugänglich ist, dann ist ein gleichlautender Name, der in der umgebenden Gültigkeitseinheit vereinbart und nicht generischer Name ist, ein verdeckter Name.

Ist der Name eines Datenobjekts, der in einer umgebenden Gültigkeitseinheit vereinbart ist, deswegen ein verdeckter Name, weil ein gleichlautender Name zu einer Anweisung DATA in der eingebetteten Gültigkeitseinheit spezifiziert wird, dann ist es unzulässig, daß vor Ausführung dieser Anweisung DATA auf diese lokale Variable zugegriffen oder dieser lokalen Variablen ein Wert zugewiesen wird.

Ist aus einem internen Unterprogramm oder einem Modul-Unterprogramm ein Zeiger
über Umgebungszuordnung zugreifbar und dieser Zeiger ist beim Aufruf dieses internen Unterprogramms oder Modul-Unterprogramms zu einem Zeigerziel assoziiert, dann
gilt diese Assoziation auch zu Beginn der Ausführung des referenzierten internen Unterprogramms oder Modul-Unterprogramms. Die Assoziation zwischen Zeiger und
Zeigerziel läßt sich in dem aufgerufenen internen Unterprogramm oder Modul-Unterprogramm modifizieren. Wird die Ausführung des internen Unterprogramms oder Modul-Unterprogramms abgeschlossen und der Assoziationsstatus von Zeiger und Zeigerziel ist nicht undefiniert, so gilt nach dem Rücksprung für die umgebende Gültigkeitseinheit die Assoziation von Zeiger und Zeigerziel vor dem Rücksprung. Ist hingegen
der Assoziationsstatus von Zeiger und Zeigerziel vor dem Rücksprung undefiniert, dann
ist auch nach dem Rücksprung der Assoziationsstatus von Zeiger und Zeigerziel in der
umgebenden Gültigkeitseinheit undefiniert.

```
       Beispiel Umgebungszuordnung
              zugreifbarer Name, verdeckter Name

PROGRAM intern_unterprog
   ...
   REAL ( KIND(0.D0) ), ALLOCATABLE, DIMENSION (:) :: stichpr_feld
   REAL ( KIND(0.D0) ) :: keim = 0.D0
              ...
              CALL kontrolle_ein
              ...
   CONTAINS
      SUBROUTINE kontrolle_ein
      ...
         INTEGER :: index = 0
         INTEGER, DIMENSION ( 1 ) :: keim = 0
      ...
         WRITE (20, 2100)  index, stichpr_feld (index)
      ...
      END SUBROUTINE kontrolle_ein
END PROGRAM intern_unterprog
```

Im Beispiel wird die interne Subroutine `kontrolle_ein` aus dem Hauptprogramm
`interne_prozedur` referenziert. Aus der internen Subroutine ist `stichpr_feld`
zugreifbarer Name des Hauptprogramms. Da der Name `keim` in einer Anweisung zur
Typdeklaration in der internen Subroutine `kontrolle_ein` spezifiziert wird, ist dieser Name in der internen Subroutine lokal und der Name der im Hauptprogramm vereinbarten Variablen `keim` ist ein verdeckter Name. Auf das Programmbeispiel 9.7 wird
hingewiesen.

Da der Name der Eingangsstelle jedes internen Unterprogramms lokal ist in bezug auf
den umgebenden Programmbaustein und die internen Unterprogramme, die in dem umgebenden Programmbaustein vereinbart sind, läßt sich eine interne Subroutine nur in
dem umgebenden Programmbaustein oder in dessen internen Unterprogrammen aufrufen. Die Schnittstelle eines internen Unterprogramms ist explizit für den umgebenden
Programmbaustein und die internen Unterprogramme, die in dem umgebenden Pro-

grammbaustein vereinbart sind. Ausgeführt wird ein internes Unterprogramm aufgrund eines Aufrufs.

Der Aufruf eines internen Funktionsunterprogramms hat die folgende Syntax, die in Abschnitt 9.2 ausführlich behandelt worden ist.

```
Syntax Aufruf internes Funktionsunterprogramm

funktion_name ( [a_p_liste] )
```

Nach Abschluß der Ausführung eines referenzierten internen Funktionsunterprogramms wird die Programmkontrolle an den aufrufenden Programmbaustein zurückgegeben. Im Fall der fehlerfreien Ausführung dieses internen Funktionsunterprogramms steht das Ergebnis des Funktionsunterprogramms an der Aufrufstelle im aufrufenden Programmbaustein bereit.

Eine interne Subroutine wird referenziert, wenn eine Anweisung CALL ausgeführt wird. Die ausführbare Anweisung CALL hat die folgende Syntax, die ausführlich in Abschnitt 9.3 behandelt worden ist.

```
Syntax CALL

CALL s_name [ ( [a_p_liste] ) ]
```

Nach Abschluß der Ausführung einer referenzierten internen Subroutine wird die Programmkontrolle an eine ausführbare Anweisung des aufrufenden Programmbausteins übertragen.

```
Beispiel Aufruf einer internen Subroutine

PROGRAM intern_unterprog
   ...
   CALL kontrolle_ein
   ...
       CONTAINS
          SUBROUTINE kontrolle_ein
             ...
          END SUBROUTINE kontrolle_ein
END PROGRAM intern_unterprog
```

Im Beispiel wird die interne Subroutine kontrolle_ein aus dem Hauptprogramm interne_prozedur referenziert. Auf das Programmbeispiel 9.7 wird hingewiesen.

9.5 Modul und Modul-Unterprogramm

Modul bezeichnet eine nicht ausführbare Programmeinheit, deren formaler Aufbau in der Einleitung zu Kapitel 9 vorgestellt worden ist. Im Vereinbarungsteil eines Moduls lassen sich Anweisungen USE spezifizieren, Datentyp und Attribute von Datenobjekten deklarieren, abgeleitete Datentypen vereinbaren und Schnittstellenblöcke spezifizieren. Es ist unzulässig, im Vereinbarungsteil eines Moduls Anweisungsfunktionen, Anweisungen FORMAT und/oder Anweisungen ENTRY zu spezifizieren sowie automatisch erzeugbare Datenobjekte zu vereinbaren. Automatisch erzeugbare Datenobjekte werden, wie bereits erwähnt, in Abschnitt 9.7 behandelt werden. Ferner lassen sich in einem Modul nach einer Anweisung CONTAINS Modul-Unterprogramme als Modul-Funktionsunterprogramm oder als Modul-Subroutine spezifizieren.

Die Anweisung MODULE dient dazu, den Namen des Eingangspunkts eines Moduls zu spezifizieren. Dieser Name hat globalen Gültigkeitsbereich und ist als lokaler Name in diesem Modul unzulässig. Die nicht ausführbare Anweisung MODULE hat die folgende Syntax.

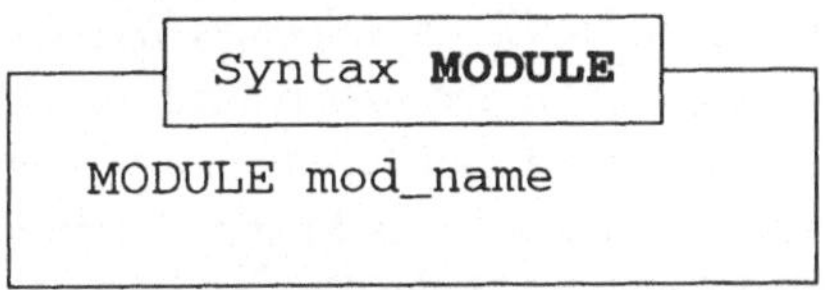

Dabei bezeichnet `mod_name` den Eingangspunkt eines Moduls. Ein Modul wird mit der Anweisung END MODULE abgeschlossen. Diese nicht ausführbare Anweisung hat die folgende Syntax.

Falls ein Name, der `mod_name` substituiert, zu der Anweisung END MODULE spezifiziert wird, dann muß dieser Name mit dem Namen übereinstimmen, der in der Anweisung MODULE `mod_name` ersetzt.

Ein Modul-Unterprogramm ist, wie bereits wiederholt erwähnt, ein Modul-Funktionsunterprogramm oder eine Modul-Subroutine. Die Syntax eines Modul-Funktionsunterprogramms weicht nur geringfügig von der Syntax eines externen Funktionsunterprogramms ab, und zwar in der Syntax der Abschlußanweisung eines Modul-Funktionsunterprogramms.

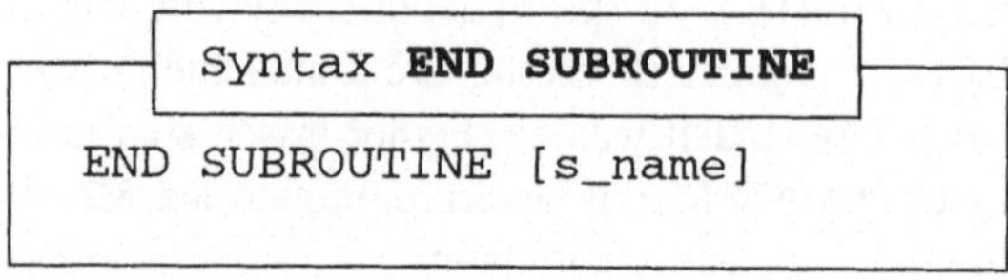

Analog hat die Abschlußanweisung einer Modul-Subroutine die folgende Syntax.

Für jedes Modul-Unterprogramm ist das Modul, in dem dieses Modul-Unterprogramm vereinbart ist, umgebende Gültigkeitseinheit. Im Fall eines Modul-Unterprogramms gelten die Aussagen, die in Abschnitt 9.4 zur Umgebungszuordnung, zu zugreifbaren und verdeckten Namen, zum Assoziationsstatus von Zeigern, die über Umgebungszuordnung zugreifbar sind, und über den Zugriff auf sowie die Zuweisung eines Werts an eine lokale Variable, deren Name zu einer Anweisung DATA spezifiziert wird, formuliert worden sind. In einem Modul-Unterprogramm lassen sich, wie bereits in Abschnitt 9.4 erwähnt, interne Unterprogramme vereinbaren. Der Name eines Modul-Unterprogramms ist lokal in bezug auf das umgebende Modul und die Modul-Unterprogramme, die in diesem Modul vereinbart sind. Daher läßt sich ein Modul-Unterprogramm nur in dem umgebenden Modul, einem Modul-Unterprogramm des umgebenden Moduls oder in einer Gültigkeitseinheit aufrufen, in der das umgebende Modul referenziert wird und für die das Modul-Unterprogramm zugänglich ist.

Es ist unzulässig, daß sich ein Modul direkt oder indirekt selbst referenziert. Für eine andere Gültigkeitseinheit, in der ein Modul referenziert wird, sind

▶   benannte Datenobjekte, Gruppennamen zu Anweisungen NAMELIST, abgeleitete Datentypen und Schnittstellenblöcke, die im Vereinbarungsteil dieses Moduls spezifiziert werden

▶   Modul-Unterprogramme, die in diesem Modul vereinbart werden

nur zugänglich, falls dem jeweiligen Namen, Operator- und Zuweisungsanweisung-Schnittstellenblock das Attribut PUBLIC zugeordnet ist.

Benannte Datenobjekte, Gruppennamen zu Anweisungen NAMELIST, abgeleitete Datentypen, Schnittstellenblöcke mit generischem Namen, Operator- und Zuweisungsanweisung-Schnittstellenblöcke, die im Vereinbarungsteil eines Moduls spezifiziert werden, **und** Modul-Unterprogramme dieses Moduls werden auch als *Modulobjekt*e bezeichnet. Ein Modulobjekt, dem das Attribut PUBLIC zugeordnet ist, heißt *sichtbar*.

Daraus geht hervor, daß sich der Zugang zu den Modulobjekten eines Moduls für eine Gültigkeitseinheit, in der das Modul referenziert wird, in diesem Modul einschränken läßt. Wird dem Namen eines Modulobjekts, einem Operator- oder einem Zuweisungs-anweisung-Schnittstellenblock das Attribut PRIVATE zugeordnet, so ist das zugehörige Modulobjekt für eine andere Gültigkeitseinheit nicht zugänglich. Das Attribut PRIVATE läßt sich einem Datenobjekt in der Anweisung zur Typdeklaration oder dem Namen eines Modulobjekts, einem Operator- sowie einem Zuweisungsanweisung-Schnittstellenblock mit Hilfe einer Anweisung PRIVATE zuordnen. Im Zusammenhang mit der Behandlung abgeleiteter Datentypen in Kapitel 6 ist dieses Attribut bereits er-wähnt worden. Die nicht ausführbare Anweisung PRIVATE hat die folgende Syntax.

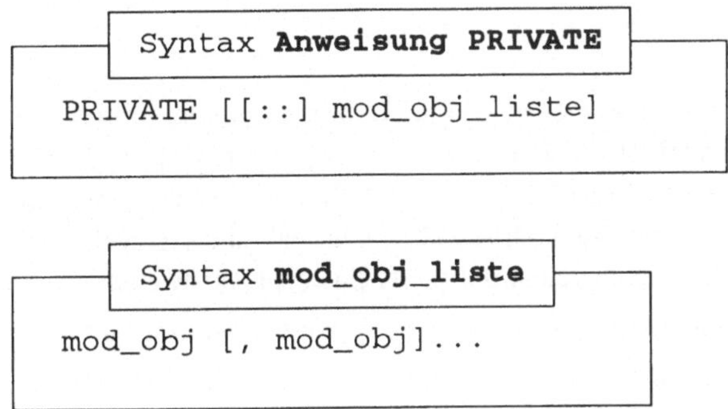

Dabei bezeichnet `mod_obj` den Namen eines Modulobjekts oder `OPERATOR(op)` im Fall eines Operator-Schnittstellenblocks für einen Operator `op` oder `ASSIGNMENT(=)` im Fall eines Zuweisungsanweisung-Schnittstellenblocks für eine anwenderdefinierte Zuweisungsanweisung.

Wird dem Namen eines Schnittstellenblocks mit generischem Namen das Attribut PRIVATE zugeordnet, sind die im Schnittstellenblock zusammengefaßten Unterpro-gramme unter ihrem spezifischen Namen sichtbar, sofern dieser Name nicht das Attri-but PRIVATE hat. Ist ein abgeleiteter Datentyp nicht sichtbar, dann muß dem Namen jedes Datenobjekts von diesem Datentyp das Attribut PRIVATE zugeordnet sein. Ist ferner ein Formaldatenobjekt in der Formalparameterliste eines Modul-Unterpro-gramms von abgeleitetem Datentyp und dieser abgeleitete Datentyp nicht sichtbar, dann muß dem Namen des Modul-Unterprogramms das Attribut PRIVATE zugeordnet sein.

Werden in einem Modul mehrere Anweisungen PRIVATE spezifiziert, so hat jeder Name eines Modulobjekts, jedes `OPERATOR(op)` im Fall eines Operator-Schnittstel-lenblocks für einen Operator `op` und jedes `ASSIGNMENT(=)` im Fall eines Zuwei-sungsanweisung-Schnittstellenblocks für eine anwenderdefinierte Zuweisungsanwei-sung, der ein `mod_obj` substituiert, das Attribut PRIVATE. Wird in einem Modul die Anweisung PRIVATE ohne Liste spezifiziert, so ist jedes Modulobjekt dieses Moduls nicht sichtbar, sofern ihm nicht explizit das Attribut PUBLIC zugeordnet wird. Andern-falls ist jedem Namen eines Modulobjekts, jedem `OPERATOR(op)` im Fall eines Operator-Schnittstellenblocks für einen Operator op und jedem ASSIGNMENT(=) im Fall eines Zuweisungsanweisung-Schnittstellenblocks für eine anwenderdefinierte Zuweisungsanweisung implizit das Attribut PUBLIC zugeordnet.

Explizit läßt sich das Attribut PUBLIC einem Datenobjekt in der Anweisung zur Typdeklaration oder einem Modulobjekt mit Hilfe einer Anweisung PUBLIC zuordnen. Die nicht ausführbare Anweisung PUBLIC hat die folgende Syntax.

```
         Syntax Anweisung PUBLIC

 PUBLIC [[::] mod_obj_liste]
```

Die Syntax von mod_obj_liste zur Anweisung PUBLIC stimmt mit der Syntax von mod_obj_liste zur Anweisung PRIVATE überein. Analog bezeichnet mod_obj den Namen eines Modulobjekts oder OPERATOR(op) im Fall eines Operator-Schnittstellenblocks für einen Operator op oder ASSIGNMENT(=) im Fall eines Zuweisungsanweisung-Schnittstellenblocks für eine anwenderdefinierte Zuweisungsanweisung.

Es ist unzulässig, dem Namen eines Modulobjekts oder OPERATOR(op) im Fall eines Operator-Schnittstellenblocks für einen Operator op oder ASSIGNMENT(=) im Fall eines Zuweisungsanweisung-Schnittstellenblocks sowohl explizit das Attribut PUBLIC als auch das Attribut PRIVATE zuzuordnen. Falls in einem Modul eine Anweisung PRIVATE ohne Liste spezifiziert wird, muß in diesem Modul zu jeder Anweisung PUBLIC eine Liste angegeben werden, die mod_obj_liste substituiert.

Wird aus einem Modul ein anderes Modul referenziert, so ist es zulässig, dem Namen eines Modulobjekts, einem OPERATOR(op) im Fall eines Operator-Schnittstellenblocks für einen Operator op sowie einem ASSIGNMENT(=) im Fall eines Zuweisungsanweisung-Schnittstellenblocks, der für das referenzierende Modul zugänglich ist, in diesem Modul das Attribut PRIVATE oder explizit das Attribut PUBLIC zuzuordnen.

Für eine Gültigkeitseinheit, in der ein Modul referenziert wird, sind höchstens die Modulobjekte des referenzierten Moduls zugänglich, denen implizit oder explizit das Attribut PUBLIC zugeordnet ist. Die Anweisung USE dient dazu, aus einer anderen Gültigkeitseinheit ein Modul zu referenzieren, so daß, vereinfachend formuliert, die sichtbaren Modulobjekte des Moduls für diese Gültigkeitseinheit zugänglich sind. Anweisungen USE sind unmittelbar nach einer Anweisung PROGRAM, FUNCTION, SUBROUTINE, MODULE oder BLOCK DATA im Vereinbarungsteil eines Programmbausteins zu spezifizieren. Auf die Darstellung der Reihenfolge von Anweisungen im Vereinbarungsteil einer Programmeinheit in Abbildung 2.2 wird hingewiesen. Die nicht ausführbare Anweisung USE hat die folgende Syntax.

```
  ┌─ Syntax USE ─┐
  │               │
    USE mod_name
  oder
    USE mod_name, l_nam => m_obj_n [, l_nam => m_obj_n]...
  oder
    USE mod_name, ONLY:
  oder
    USE mod_name, ONLY: ausw_obj_liste
```

Dabei bezeichnet `mod_name` den Namen eines Moduls, `l_nam` einen lokalen Namen
in der Gültigkeitseinheit, aus der das Modul referenziert wird, und `m_obj_n` den Namen eines sichtbaren Modulobjekts des Moduls, dessen Name `mod_name` ersetzt. Der
lokale Name, der ein `l_nam` substituiert, ist in der Gültigkeitskeitseinheit Name des
sichtbaren Modulobjekts, dessen Name `m_obj_n` ersetzt.

```
  ┌─ Beispiel Vergabe eines lokalen Namens für den Namen ─┐
  │            eines Modulobjekts                          │

  MODULE modul_daten
        REAL(KIND(0.D0)) :: x_koord, y_koord
  END MODULE modul_daten
      ...
      PROGRAM mod_beisp
        USE modul_daten, x => x_koord, y => y_koord
        ...
      END PROGRAM mod_beisp
```

Bezogen auf das Beispiel wird im Hauptprogramm `mod_beisp` mit Hilfe einer Anweisung USE das Modul `modul_daten` referenziert. Damit sind die sichtbaren Modulobjekte dieses Moduls für das Hauptprogramm zugänglich. Der lokale Name `x` wird
als Name des sichtbaren Modulobjekts mit dem Namen `x_koord` und der lokale Name
`y` wird als Name des sichtbaren Modulobjekts mit dem Namen `y_koord` des Moduls
`modul_daten` spezifiziert. Auf das Programmbeispiel 9.8 wird hingewiesen.

Die Syntax des Zwischensymbols `ausw_obj_liste` und die Syntax des Zwischensymbols `ausw_obj` sind wie folgt festgelegt.

```
  ┌─ Syntax ausw_obj_liste ─┐
  │                          │
    ausw_obj [, ausw_obj]...
```

```
┌──── Syntax ausw_obj ────┐
│                         
│      m_obj_n            
│  oder                   
│      l_nam => m_obj_n   
│  oder                   
│      OPERATOR(op)       
│  oder                   
│      ASSIGNMENT(=)      
│                         
└─────────────────────────┘
```

Dabei bezeichnet `m_obj_n` den Namen eines sichtbaren Modulobjekts des referenzierten Moduls und `l_nam` einen lokalen Namen in der Gültigkeitseinheit, aus der das Modul referenziert wird. Ferner steht `OPERATOR(op)` für einen Operator-Schnittstellenblock eines Operators `op` und `ASSIGNMENT(=)` für einen Zuweisungsanweisung-Schnittstellenblock einer anwenderdefinierten Zuweisungsanweisung, der im referenzierten Modul spezifiziert und sichtbar ist.

Wird in einer Gültigkeitseinheit eine Anweisung USE ohne das Endsymbol ONLY: spezifiziert, dann sind alle sichtbaren Modulobjekte des referenzierten Moduls für diese Gültigkeitseinheit zugänglich. Tritt der Name eines sichtbaren Modulobjekts nicht in einer so spezifizierten Anweisung USE auf, um ein `m_obj_n` zu einem Zwischensymbol `l_nam => m_obj_n` zu substituieren, so identifiziert dieser Name das sichtbare Modulobjekt in der referenzierenden Gültigkeitseinheit und ist von lokalem Gültigkeitsbereich. Dieser Name muß von allen anderen lokalen Namen einer Gültigkeitseinheit verschieden sein. Dies gilt nicht, falls der Name des sichtbaren Modulobjekts, das für eine Gültigkeitseinheit zugänglich ist, der Name eines Schnittstellenblocks mit generischem Namen ist oder der Name des sichtbaren Modulobjekts in der Gültigkeitseinheit nicht verwandt wird. Tritt hingegen der Name eines sichtbaren Modulobjekts in einer Anweisung USE auf, um ein `m_obj_n` zu einem Zwischensymbol `l_nam => m_obj_n` zu substituieren, so ist es zulässig, daß zwei verschiedene lokale Namen jeweils ein `l_nam` in einem solchen Zwischensymbol ersetzen.

```
┌──── Beispiel Vergabe zwei verschiedener lokaler Namen für den ────┐
│            Namen eines Modulobjekts                               
│                                                                   
│  MODULE modul_daten                                               
│        REAL(KIND(0.D0)) :: x_koord, y_koord                       
│  END MODULE modul_daten                                           
│   ...                                                             
│    PROGRAM mod_beisp                                              
│      USE modul_daten, x => x_koord, y => y_koord, z => y_koord    
│                                                                   
└───────────────────────────────────────────────────────────────────┘
```

Bezogen auf das Beispiel wird im Hauptprogramm `mod_beisp` mit Hilfe einer Anweisung USE das Modul `modul_daten` referenziert. Damit sind die sichtbaren Mo-

dulobjekte dieses Moduls für das Hauptprogramm zugänglich. Sowohl der lokale Name
y als auch der lokale Name z werden als Name des sichtbaren Modulobjekts mit dem
Namen y_koord des referenzierten Moduls spezifiziert. Auf das Programmbeispiel
9.8 wird hingewiesen.

Wird in einer Gültigkeitseinheit zu einer Anweisung USE das Endsymbol ONLY: angegeben, dann läßt sich unter den sichtbaren Modulobjekten des referenzierten Moduls
eine Auswahl von Modulobjekten spezifizieren, die für diese Gültigkeitseinheit zugänglich sind. Eine so spezifizierte Anweisung USE wirkt nur dann einschränkend in
bezug auf die sichtbaren Modulobjekte eines referenzierten Moduls, die für die referenzierende Gültigkeitseinheit zugänglich sind, wenn zu jeder Anweisung USE, mit der aus
dieser Gültigkeitseinheit das Modul referenziert wird, das Endsymbol ONLY: angegeben wird.

Falls zu einer Anweisung USE das Endsymbol ONLY: spezifiziert und keine Liste angegeben wird, die ausw_obj_liste substituiert, dann ist kein sichtbares Modulobjekt des referenzierten Moduls für die Gültigkeitseinheit zugänglich, aus der das Modul
referenziert wird. Dennoch muß eine so spezifizierte Anweisung USE nicht redundant
sein. Wie bereits in Abschnitt 9.2 im Zusammenhang mit dem Attribut SAVE erläutert
worden ist, nehmen nach Abschluß der Ausführung eines Unterprogramms nicht gesicherte lokale Variablen den Bestimmtheitsstatus an, undefiniert zu sein. Wird ein Modul aus einem Unterprogramm referenziert, so trifft dies auch auf nicht gesicherte Variablen zu, die als sichtbare Modulobjekte für dieses Unterprogramm zugänglich sind.
Wie ebenfalls bereits in Abschnitt 9.2 erörtert worden ist, gilt dies nicht für solche lokalen Variablen eines Unterprogramms, die als sichtbare Modulobjekte eines Moduls
für das Unterprogramm zugänglich sind, falls das Modul aus einer anderen Gültigkeitseinheit referenziert wird, aus der das Unterprogramm direkt oder indirekt aufgerufen
worden ist. Wird also in einer Gültigkeitseinheit, aus der dieses Unterprogramm direkt
oder indirekt aufgerufen wird, das Modul mit Hilfe einer Anweisung USE referenziert,
zu der das Endsymbol ONLY: und keine Liste spezifiziert ist, dann bleibt der Bestimmtheitsstatus derjenigen lokalen Variablen, die als sichtbare Modulobjekte für das
direkt oder indirekt referenzierte Unterprogramm zugänglich sind, auch nach Abschluß
der Ausführung dieses Unterprogramms erhalten. Falls zu einer Anweisung USE das
Endsymbol ONLY: spezifiziert und eine Liste angegeben wird, die ausw_obj_liste
substituiert, dann sind nur diejenigen sichtbaren Modulobjekte des referenzierten Moduls für die referenzierende Gültigkeitseinheit zugänglich, für die in dieser Liste ein
ausw_obj spezifiziert wird. Demnach läßt sich der Zugang zu den sichtbaren Modulobjekten eines Moduls für eine Gültigkeitseinheit, aus der das Modul referenziert wird,
in dieser Gültigkeitseinheit gezielt einschränken.

Bezogen auf das folgende Beispiel wird im Hauptprogramm mod_beisp mit Hilfe
einer Anweisung USE das Modul modul_dyn_felder referenziert. Zu dieser
Anweisung USE wird das Endsymbol ONLY: und eine Liste spezifiziert, die
ausw_obj_liste substituiert. Von den sichtbaren Modulobjekten dieses Moduls ist

damit für das Hauptprogramm nur das Modulobjekt mit dem Namen `r_feld1`
zugänglich. Auf das Programmbeispiel 9.8 wird hingewiesen.

```
        Beispiel Anweisung USE, zu der das Endsymbol ONLY:
                spezifiziert wird

MODULE modul_dyn_felder
 REAL (KIND(0.D0)), DIMENSION (:),      ALLOCATABLE, SAVE :: r_feld1
 REAL (KIND(0.D0)), DIMENSION (:,:),    ALLOCATABLE, SAVE :: r_feld2
 REAL (KIND(0.D0)), DIMENSION (:,:,:),  ALLOCATABLE, SAVE :: r_feld3
END MODULE modul_dyn_felder
   ...
PROGRAM mod_beisp
  ...
   USE modul_dyn_felder, ONLY:  r_feld1
```

Wird ein Modul aus einer umgebenden Gültigkeitseinheit referenziert und sind damit
sichtbare Modulobjekte dieses Moduls für die referenzierende Gültigkeitseinheit zugänglich, dann sind aus einem internen Unterprogramm, das in der umgebenden Gültigkeitseinheit vereinbart ist, auch die sichtbaren Modulobjekte, die für die umgebende
Gültigkeitseinheit zugänglich und die ferner zugreifbare Namen sind, über Umgebungszuordnung zugreifbar. Das gilt auch für den Fall, daß dieses Modul aus dem internen
Unterprogramm referenziert wird und zu der Anweisung USE sowohl das Endsymbol
ONLY: als auch das Zwischensymbol `ausw_obj_liste` spezifiziert wird.

```
        Beispiel Anweisung USE, zu der das Endsymbol ONLY:
                spezifiziert wird, und zugreifbare Namen

MODULE modul_s_produkt
  INTEGER :: l_var
  REAL (KIND(0.D0)), DIMENSION (:), ALLOCATABLE :: vektor1, vektor2
  REAL (KIND(0.D0)) :: sk_produkt
END MODULE modul_s_produkt
  ...
PROGRAM mod_beisp
  ...
  USE modul_s_produkt
    ...
   CONTAINS
     SUBROUTINE skalarprodukt ( vektor1, vektor2, n )
        USE modul_s_produkt, ONLY: sk_produkt
        IMPLICIT NONE
        INTEGER, INTENT(IN) :: n
        REAL (KIND(0.D0)), INTENT(IN), DIMENSION (n) :: vektor1, &
                                                        vektor2

          sk_produkt = 0.D0
          DO l_var=1,n
            sk_produkt = sk_produkt + vektor1(l_var) *           &
                                      vektor2(l_var)
          END DO
     END SUBROUTINE skalarprodukt
END PROGRAM mod_beisp
```

Im Beispiel ist das sichtbare Modulobjekt mit dem Namen `sk_produkt` für die interne Subroutine `skalarprodukt` zugänglich. Das sichtbare Modulobjekt mit dem Namen `l_var` ist für das Hauptprogramm `mod_beisp` zugänglich. Ferner ist `l_var` für die interne Subroutine `skalarprodukt` über Umgebungszuordnung zugreifbar. Die Namen der Formalparameter `vektor1`, `vektor2` in der Formalparameterliste zu der internen Subroutine `skalarprodukt` sind lokal. Daher sind die Namen `vektor1`, `vektor2` sichtbarer Modulobjekte, die für das Hauptprogramm zugänglich sind, für diese eingebettete Gültigkeitseinheit verdeckte Namen. Auf das Programmbeispiel 9.8 wird hingewiesen.

Es ist zulässig, in einer Gültigkeitseinheit ein Modul mehrfach mit Hilfe einer Anweisung USE zu referenzieren, zu der jeweils das Endsymbol `ONLY:` spezifiziert ist. Die Menge der sichtbaren Modulobjekte dieses Moduls, die für die referenzierende Gültigkeitseinheit zugänglich sind, wird jeweils erweitert. Andernfalls muß zu einer Anweisung USE jeweils der Name eines Moduls spezifiziert werden, der von dem Namen jedes anderen, aus dieser Gültigkeitseinheit referenzierten Moduls verschieden ist. Werden aus einer Gültigkeitseinheit verschiedene Module referenziert, dann ist das Problem, das aus gleichnamigen sichtbaren Modulobjekten resultiert, die für die referenzierende Gültigkeitseinheit zugänglich sind, besonders zu beachten.

Folgende wichtige Leistungen lassen sich adäquat durch die Referenz auf ein Modul erzielen:

▶ Zugang zu der Vereinbarung abgeleiteter Datentypen für verschiedene Gültigkeitseinheiten
Auf die Ausführungen zu abgeleiteten Datentypen und insbesondere zur Gleichheit von zwei abgeleiteten Datentypen in unterschiedlichen Gültigkeitseinheiten in Abschnitt 6.6 wird hingewiesen.

▶ Zugang zu Datenobjekten, insbesondere zu dynamisch speicherbaren Feldern, für verschiedene Gültigkeitseinheiten
Auf Unterschiede, die zu Variablen bestehen, die zu einem gemeinsamen Speicherbereich gehören, wird im folgenden Abschnitt eingegangen werden.

▶ Zugang zu gemeinsamen Speicherbereichen für verschiedene Gültigkeitseinheiten
Gemeinsame Speicherbereiche werden im folgenden Abschnitt behandelt werden.

▶ Zugang zu einfachen Schnittstellenblöcken externer Unterprogramme, die ggf. in einer Unterprogrammbibliothek zusammengefaßt sind, für verschiedene Gültigkeitseinheiten

Ist Formalparametern in der Formalparameterliste zu einem externen Unterprogramm das Attribut OPTIONAL zugeordnet, erleichtert der Zugang zu einem geeignet spezifizierten einfachen Schnittstellenblock dieses externen Unterprogramms, in einem aufrufenden Programmbaustein Schlüsselwortparameter korrekt zu spezifizieren. Schließlich gestattet der Zugang zu einem geeignet spezifizierten einfachen Schnittstellenblock eines externen Unterprogramms für die aufrufende Gültigkeitseinheit, daß sich formale Merkmale des Informationstransfers zwischen aufrufendem Programmbaustein und referenziertem Unterprogramm statisch stringent überprüfen lassen. Auf die Ausführungen zu einfachen Schnittstellenblöcken in Abschnitt 9.1 wird hingewiesen.

Ferner lassen sich Operator-Funktionsunterprogramme und Subroutinen, mit denen anwenderdefinierte Zuweisungsanweisungen vereinbart werden, als Modul-Unterprogramme spezifizieren sowie Operator-Schnittstellenblöcke und Zuweisungsanweisung-Schnittstellenblöcke als sichtbare Modulobjekte vereinbaren. Anwenderdefinierte Operatoren und anwenderdefinierte Zuweisungsanweisungen werden in Abschnitt 9.8 behandelt werden. Darüber hinaus eignet sich ein Modul dazu, um einen abgeleiteten Datentyp sowie die Operationen auf den Elementen der Wertemenge zu diesem Datentyp zu vereinbaren und damit, vereinfachend formuliert, einen abstrakten Datentyp zu spezifizieren. Gängiges Beispiel ist der Datentyp Menge (s.a. ISO/IEC (1991), S. 285 ff. sowie Michel, T. (1994), S. 441 ff.), der im Kontext anderer imperativer Programmiersprachen auch als (konkreter) Datentyp zur Verfügung gestellt wird.

9.6 Gemeinsame Speicherbereiche und Blockdaten Programmeinheit

Eine weitere Möglichkeit für den Informationstransfer zwischen Progammbausteinen eröffnen gemeinsame Speicherbereiche. Die Anweisung COMMON dient dazu, physikalische Speicherblöcke festzulegen, die aus mehreren Gültigkeitseinheiten eines ausführbaren Programms zugreifbar sind. Wird in einer Gültigkeitseinheit eine Anweisung COMMON spezifiziert, dann besteht aus dieser Gültigkeitseinheit Zugriff auf einen solchen zusammenhängenden Speicherbereich, der auch als gemeinsamer Speicherbereich bezeichnet wird. Es kann vorteilhaft sein, den Informationstransfer zwischen Programmbausteinen über gemeinsame Speicherbereiche zu realisieren, wenn es erforderlich ist, die Referenz auf Unterprogramme zu beschleunigen. Die nicht ausführbare Anweisung COMMON hat die folgende Syntax.

```
  Syntax COMMON

   COMMON g_sp_obj_liste [[,] /[g_sp_name]/            &
                                g_sp_obj_liste]...
oder
   COMMON // g_sp_obj_liste [[,] /[g_sp_name]/         &
                                g_sp_obj_liste]...
oder
   COMMON /g_sp_name/ g_sp_obj_liste [[,]             &
                      /[g_sp_name]/ g_sp_obj_liste]...
```

Dabei steht `g_sp_name` für den Namen eines gemeinsamen Speicherbereichs. Dieser Name hat globalen Gültigkeitsbereich. Ein gemeinsamer Speicherbereich, zu dem ein Name spezifiziert wird, der `g_sp_name` substituiert, heißt auch benannter gemeinsamer Speicherbereich. Andernfalls wird der gemeinsame Speicherbereich als unbenannter gemeinsamer Speicherbereich bezeichnet. Die Syntax des Zwischensymbols `g_sp_obj_liste` ist wie folgt festgelegt.

```
  Syntax g_sp_obj_liste

   l_var_name [, l_var_name]...
```

Wird zu einem gemeinsamen Speicherbereich in einer Gültigkeitseinheit eine Liste spezifiziert, die ein `g_sp_obj_liste` substituiert, dann ist diese Liste insofern spezifisch für diese Gültigkeitseinheit, als sie von der Liste verschieden sein kann, die zu diesem gemeinsamen Speicherbereich in einer anderen Gültigkeitseinheit spezifiziert wird. Es ist zulässig, in einer oder mit mehreren Anweisungen COMMON die Liste zu verlängern, die in einer Gültigkeitseinheit zu einem gemeinsamen Speicherbereich gehört. Das Zwischensymbol `l_var_name` hat die folgende Syntax.

```
  Syntax l_var_name

   var_name [(f_spez)]
```

Dabei bezeichnet `var_name` den Namen einer lokalen Variablen und `(f_spez)` eine Feldspezifikation für ein Feld mit expliziter Gestalt. Ein Name, der ein `var_name` substituiert, darf nur einmal in denjenigen Listen auftreten, die jeweils ein `g_sp_obj_liste` zu den Anweisungen COMMON in einer Gültigkeitseinheit ersetzen. Es ist unzulässig, daß der Name eines dynamisch speicherbaren Felds, eines automatisch erzeugbaren Datenobjekts, eines Datenobjekts von abgeleitetem Datentyp, der kein abgeleiteter Datentyp in Speicherfolge ist, der Name eines Formalparameters, der Haupteingangsstelle, einer Nebeneingangsstelle oder der Ergebnisvariablen eines Funktionsunterprogramms ein `var_name` substituiert. Wird zu einem Namen, der ein `var_name` ersetzt, eine Feldspezifikation angegeben, so wird damit dem zugehörigen Datenobjekt das Merkmal Feld zugeordnet. Die Indexgrenzen in jeder Dimension eines so vereinbarten Felds sind in der Feldspezifikation als konstante Spezifikationsausdrücke anzugeben. Es ist unzulässig, einem so vereinbarten Feld das Merkmal Zeiger zuzuordnen.

```
Beispiele benannter gemeinsamer Speicherbereich

PROGRAM minimal_areal
...
   INTEGER :: t_sek_vor, t_sek_nach, zeit
...
   COMMON /rech_e_par/ t_sek_vor, t_sek_nach
   COMMON /rech_a_par/ zeit
    ...
     CALL ber_rechenzeit
    ...
   WRITE ( 20, "(' Benötigte Rechenzeit   ', I12,' [sek] ')" )   &
                                                        zeit
...
END PROGRAM minimal_areal

SUBROUTINE ber_rechenzeit
   IMPLICIT NONE
      INTEGER :: t_sek_vor, t_sek_nach, zeit
      COMMON /rech_e_par/ t_sek_vor, t_sek_nach
      COMMON /rech_a_par/ zeit
      ...
END SUBROUTINE ber_rechenzeit
```

Bezogen auf das Beispiel werden in dem Hauptprogramm `minimal_areal` die benannten gemeinsamen Speicherbereiche `rech_e_par` und `rech_a_par` spezifiziert. Die Liste, die in dieser Gültigkeitseinheit `g_sp_obj_liste` zu dem benannten gemeinsamen Speicherbereich `rech_e_par` substituiert, wird aus den Namen der lokalen Variablen `t_sek_vor` und `t_sek_nach` gebildet. Die Liste, die im Hauptprogramm `g_sp_obj_liste` zu dem benannten gemeinsamen Speicherbereich `rech_a_par` ersetzt, wird aus dem Namen der lokalen Variablen `zeit` gebildet. Ferner werden in der externen Subroutine `ber_rechenzeit` die benannten gemeinsamen Speicherbereiche `rech_e_par` und `rech_a_par` spezifiziert. Die Liste, die in dieser Gültigkeitseinheit `g_sp_obj_liste` zu dem benannten gemeinsamen Speicherbereich `rech_e_par` substituiert, wird aus den Namen der lokalen Variablen `t_sek_vor` und `t_sek_nach` gebildet. Die Liste, die in dieser externen Subroutine `g_sp_obj_liste` zu dem benannten gemeinsamen Speicherbereich `rech_a_par` ersetzt, wird aus dem Namen der lokalen Variablen `zeit` gebildet. Auf das Programmbeispiel 9.9 wird hingewiesen.

Jeder gemeinsame Speicherbereich hat in einer Gültigkeitseinheit eine Speicherfolge. Diese Speicherfolge wird aus den Speichereinheiten oder Speicherfolgen der einzelnen Variablen gebildet, deren Name in dieser Gültigkeitseinheit ein `var_name` in einer Liste `g_sp_obj_liste` zu dem jeweiligen gemeinsamen Speicherbereich substituiert. Dabei ist die Reihenfolge, in der die Speichereinheiten oder Speicherfolgen der einzelnen Variablen in die Speicherfolge eines gemeinsamen Speicherbereichs eingehen, durch die Reihenfolge festgelegt, in der die Namen der Variablen in der (den) Liste(n) spezifiziert werden, die (jeweils ein) `g_sp_obj_liste` zu diesem gemeinsamen Speicherbereich ersetzt (ersetzen). Eine leere Speicherfolge ist zulässig, wie bereits in Abschnitt 6.7 erwähnt worden ist.

Eine Variable, deren Name ein `var_name` in einer Liste `g_sp_obj_liste` substituiert, wird auch als Variable bezeichnet, die zu der Speicherfolge des jeweiligen gemeinsamen Speicherbereich gehört. Wird zu einer Anweisung COMMON ein Name spezifiziert, der ein `g_sp_name` substituiert, dann gehören die Variablen, deren Name ein `var_name` in der nachfolgenden Liste `g_sp_obj_liste` ersetzt, zu der Speicherfolge dieses benannten gemeinsamen Speicherbereichs in dieser Gültigkeitseinheit. Andernfalls gehören die Variablen, deren Name ein `var_name` in einer Liste `g_sp_obj_liste` substituiert, zu der Speicherfolge des unbenannten gemeinsamen Speicherbereichs in dieser Gültigkeitseinheit. Datenobjekte, die zu einer Variablen assoziiert sind, deren Name ein `var_name` substituiert, werden aufgefaßt als Datenobjekte, die zu der Speicherfolge des jeweiligen gemeinsamen Speicherbereichs in dieser Gültigkeitseinheit gehören. Dies gilt insbesondere für Äquivalenzobjekte in einer Äquivalenzliste zu einer Anweisung EQUIVALENCE. Gehört eine Variable zu der Speicherfolge eines gemeinsamen Speicherbereichs und ist diese Variable Äquivalenzobjekt, dann gehören die Äquivalenzobjekte der zugehörigen Äquivalenzliste zu der Speicherfolge dieses gemeinsamen Speicherbereichs, sofern der Name eines solchen Äquivalenzobjekts nicht in einer Liste spezifiziert ist, die ein `g_sp_obj_liste` substituiert. Damit läßt sich die Speicherfolge eines gemeinsamen Speicherbereichs in einer Gültigkeitseinheit auch indirekt erweitern. Eine solche Ausdehnung ist jedoch nur zulässig, falls damit an die letzte Speichereinheit in der nicht indirekt erweiterten Speicherfolge eines gemeinsamen Speicherbereichs Speichereinheiten angefügt werden.

Die *Größe eines gemeinsamen Speicherbereichs* in bezug auf eine Gültigkeitseinheit ist gleich der Größe der Speicherfolge dieses gemeinsamen Speicherbereichs in dieser Gültigkeitseinheit einschließlich indirekter Ausdehnungen.

Zwischen den Merkmalen des unbenannten gemeinsamen Speicherbereichs und den Merkmalen eines benannten gemeinsamen Speicherbereichs bestehen die folgenden Unterschiede:

▶ Stimmen die Namen benannter gemeinsamer Speicherbereiche in verschiedenen Gültigkeitseinheiten überein, dann muß auch ihre Größe in bezug auf diese Gültigkeitseinheiten übereinstimmen. Hingegen ist es zulässig, daß sich die Größe des unbenannten gemeinsamen Speicherbereichs in bezug auf eine Gültigkeitseinheit von der Größe des unbenannten Speicherbereichs in bezug auf eine andere Gültigkeitseinheit unterscheidet.

▶ Gehört eine Variable, deren Name ein `var_name` in einer Liste `g_sp_obj_liste` substituiert und der nicht das Merkmal Zeiger zugeordnet ist, zu der Speicherfolge eines benannten gemeinsamen Speicherbereichs, dann es ist zulässig, diese Variable in einer Blockdaten Programmeinheit mit Hilfe einer Anweisung DATA oder mit Hilfe einer Anweisung zur Typdeklaration initial zu definieren. Hingegen läßt sich eine Variable, die zu der Speicherfolge eines unbenannten gemeinsamen Speicherbereichs gehört, nicht initial definieren.

▶ Wird die Ausführung eines Unterprogramms mit einer Anweisung RETURN oder der zugehörigen Anweisung END abgeschlossen, dann nehmen diejenigen nicht gesicherten, lokalen Variablen des Unterprogramms, die zu der Speicherfolge eines benannten gemeinsamen Speicherbereichs gehören, der nicht in einer Gültigkeitseinheit spezifiziert ist, aus der das Unterprogramm direkt oder indirekt referenziert worden ist, den Bestimmtheitsstatus an, undefiniert zu sein. Hingegen haben diejenigen Variablen, die zu der Speicherfolge eines unbenannten gemeinsamen Speicherbereichs gehören, dann den Bestimmtheitsstatus, definiert zu sein.

Da die Größe eines benannten gemeinsamen Speicherbereichs in bezug auf verschiedene Gültigkeitseinheiten übereinstimmen muß, kann es erforderlich sein, zu einer Liste, die in einer Gültigkeitseinheit ein `g_sp_obj_liste` zu diesem benannten gemeinsamen Speicherbereich substituiert, ergänzend Namen geeigneter Variablen zu spezifizieren.

In bezug auf ein ausführbares Programm beginnen die Speicherfolgen eines nicht leeren benannten gemeinsamen Speicherbereichs mit derselben Speichereinheit. Die Speicherfolgen eines nicht leeren benannten gemeinsamen Speicherbereichs stehen daher in Zuordnung über den Speicher. Dies gilt analog für die Speicherfolgen des nicht leeren unbenannten gemeinsamen Speicherbereichs. Daraus resultiert eine Assoziation von Datenobjekten verschiedener Gültigkeitseinheiten, die auch als Zuordnung über einen gemeinsamen Speicherbereich bezeichnet wird. Sollen Variablen einander über einen gemeinsamen Speicherbereich zugeordnet werden, dann sind die folgenden Regeln einzuhalten:

▶ Variablen, denen nicht das Merkmal Zeiger zugeordnet ist und die vom Regeldatentyp INTEGER, Regeldatentyp REAL, Datentyp DOUBLE PRECISION, Regeldatentyp COMPLEX, Regeldatentyp LOGICAL oder von abgeleitetem Datentyp in Speicherfolge sind mit Typkomponenten, deren Datentyp auf einen numerischen Regeldatentyp, den Datentyp DOUBLE PRECISION oder den Regeldatenyp LOGICAL zurückführbar ist, lassen sich über einen gemeinsamen Speicherbereich einander zuordnen.

▶ Variablen, die nicht das Merkmal Zeiger haben und die vom Regeldatentyp CHARACTER oder von abgeleitetem Datentyp in Speicherfolge sind mit Typkomponenten, deren Datentyp auf den Regeldatenyp CHARACTER zurückführbar ist, lassen sich über einen gemeinsamen Speicherbereich einander zuordnen.

▶ Variablen, denen nicht das Attribut POINTER zugeordnet ist und die von abgeleitetem Datentyp in Speicherfolge sind mit einer Typkomponente, deren Datentyp sich weder auf einen numerischen Regeldatentyp noch auf den Datentyp DOUBLE PRECISION noch auf den Regeldatentyp LOGICAL noch auf den Regeldatentyp CHARACTER zurückführen läßt, dürfen über einen gemeinsamen Speicherbereich nur Variablen des gleichen abgeleiteten Datentyps in Speicherfolge zugeordnet werden, die nicht das Merkmal Zeiger haben.

▶ Variablen, denen nicht das Attribut POINTER zugeordnet ist und die von internem Datentyp sind, der weder ein Regeldatentyp noch der Datentyp DOUBLE PRECISION ist, dürfen über einen gemeinsamen Speicherbereich nur Variablen zugeordnet werden, die von demselben internen Datentyp sind, in den Typparametern übereinstimmen und nicht das Merkmal Zeiger haben.

▶ Variablen, denen das Attribut POINTER zugeordnet ist, lassen sich über einen gemeinsamen Speicherbereich nur Variablen zuordnen, die von demselben Datentyp sind, in den Typparametern übereinstimmen, denselben Rang und ebenfalls das Merkmal Zeiger haben.

Bezogen auf das folgende Beispiel werden in dem Hauptprogramm `minimal_areal` die benannten gemeinsamen Speicherbereiche `erw_e_par` und `ind_a_par` spezifiziert. Die skalare Variable `anz_arten_0` und das Gesamtfeld `abundanzen` gehören in dieser Gültigkeitseinheit zu der Speicherfolge dieses benannten gemeinsamen Speicherbereichs. Zu der Speicherfolge des benannten gemeinsamen Speicherbereichs `ind__a_par` in dieser Gültigkeitseinheit gehören die skalare Variable

anz_arten_10 und die skalare Variable aequivalenzobjekt, die Äquivalenzobjekt ist und zu dem Gesamtfeld abundanz_10 in Zuordnung über den Speicher
steht. Demnach ist die Speicherfolge dieses benannten Speicherbereichs im Hauptprogramm indirekt erweiterte Speicherfolge und das Gesamtfeld abundanz_10 gehört zu
dieser Speicherfolge. In der externen Subroutine ind_erw_g_sp sind die benannten
gemeinsamen Speicherbereiche erw_e_par und ind_a_par analog spezifiziert.
Demnach sind die Variablen anz_arten_0 und abundanzen, die im Hauptprogramm vereinbart sind, und die Variablen anz_arten_0 und abundanzen, die
in der externen Subroutine vereinbart sind, einander über den benannten gemeinsamen Speicherbereich erw_e_par zugeordnet. Ebenso sind die Variablen
anz_arten_10, aequivalenzobjekt und abundanz_10, die im Hauptprogramm vereinbart sind, und die Variablen anz_arten_10, aequivalenzobjekt
und abundanz_10, die in der externen Subroutine vereinbart sind, einander über den
benannten gemeinsamen Speicherbereich ind_a_par zugeordnet. Name, Datentyp
und Typparameter der Variablen, die einander über einen gemeinsamen Speicher zugeordnet sind, stimmen überein, um die Fehleranfälligkeit der Zuordnung über gemeinsame Speicherbereiche zu reduzieren. Auf das Programmbeispiel 9.9 wird hingewiesen.

```
Beispiel indirekt erweiterte Speicherfolge eines benann-
       ten gemeinsamen Speicherbereichs

PROGRAM minimal_areal
    ...
    INTEGER :: aequivalenzobjekt, anz_arten_0, anz_arten_10,         &
            l_var = 0
    ...
    INTEGER, DIMENSION (32) :: abundanzen, abundanz_10
    ...
    COMMON /erw_e_par/ anz_arten_0, abundanzen
    ...
    COMMON /ind_a_par/ anz_arten_10, aequivalenzobjekt
    EQUIVALENCE (aequivalenzobjekt, abundanz_10)
    ...
        CALL ind_erw_g_sp
    ...
    DO l_var = 1, anz_arten_10
       WRITE ( 20, '(I5)' ) abundanz_10(l_var)
    END DO
    ...
END PROGRAM minimal_areal

SUBROUTINE ind_erw_g_sp
    ...
    INTEGER :: anz_arten_0, anz_arten_10, aequivalenzobjekt
    INTEGER, DIMENSION (32) :: abundanzen, abundanz_10
    ...
    COMMON /erw_e_par/ anz_arten_0, abundanzen
    COMMON /ind_a_par/ anz_arten_10, aequivalenzobjekt
    EQUIVALENCE (aequivalenzobjekt, abundanz_10)
    ...
END SUBROUTINE ind_erw_g_sp
```

Wird ein gemeinsamer Speicherbereich in einem Modul spezifiziert, dann ist es unzulässig, daß dieser gemeinsame Speicherbereich in einer Gültigkeitseinheit vereinbart wird, aus der dieses Modul referenziert wird. Ist ein sichtbares Modulobjekt für eine Gültigkeitseinheit zugänglich, dann ist es ferner unzulässig, den lokalen Namen dieses sichtbaren Modulobjekts in einer Liste `g_sp_obj_liste` zu spezifizieren.

Werden in einer Gültigkeitseinheit sowohl Anweisungen COMMON als auch Anweisungen EQUIVALENCE spezifiziert, gelten die folgenden Einschränkungen, die bereits in diesem Abschnitt angedeutet worden sind: Es ist unzulässig, eine Anweisung EQUIVALENCE so zu spezifizieren, daß in einer Gültigkeitseinheit die Speicherfolgen verschiedener gemeinsamer Speicherbereiche in Zuordnung über den Speicher stehen. Ferner ist es unzulässig, die Speicherfolge eines gemeinsamen Speicherbereichs indirekt so zu erweitern, daß eine Speichereinheit in der indirekt erweiterten Speicherfolge der ersten Speichereinheit in der nicht indirekt erweiterten Speicherfolge dieses gemeinsamen Speicherbereichs vorangeht.

Die Zuordnung über gemeinsame Speicherbereiche sollte nur sehr eingeschränkt für den Informationstransfer zwischen Programmbausteinen eingesetzt werden. Die Fehleranfälligkeit der Zuordnung über gemeinsame Speicherbereiche resultiert vor allem daraus, daß der Zugriff auf Speicherbereiche in einem solchen physikalischen Speicherblock aus mehreren Gültigkeitseinheiten ohne stringente Überprüfungen erfolgt, wie etwa auf Kompatibilität von Datentyp und Typparametern korrespondierender Variablen. Da sich unter Standard Fortran 90 ein Informationstransfer zwischen mehreren Programmbausteinen in der Regel adäquat über Module erreichen läßt, sollten gemeinsame Speicherbereiche nur in begründeten Ausnahmefällen dazu verwendet werden. In einem solchen Fall sollten der Name, der Datentyp und die Typparameter von Variablen übereinstimmen, die über einen gemeinsamen Speicherbereich einander zugeordnet sind. Auch aus konzeptioneller Sicht ist der Informationstransfer zwischen Programmbausteinen über Module stets der Zuordnung über gemeinsame Speicherbereiche vorzuziehen. Eine grundlegende Kritik an modularem Programmieren bezieht sich insbesondere auf die Fehleranfälligkeit des Informationstransfers zwischen Programmbausteinen. Diese Kritik hat dazu beigetragen, das Prinzip der Datenkapselung im Kontext objektorientierten Programmierens zu etablieren.

Wie bereits erwähnt worden ist, lassen sich Variablen, die zu einem benannten gemeinsamen Speicherbereich gehören und denen nicht das Merkmal Zeiger zugeordnet ist, in einer Blockdaten Programmeinheit mit Hilfe einer Anweisung DATA oder mit Hilfe einer Anweisung zur Typdeklaration initial definieren. Darin besteht die ausschließliche Aufgabe einer Blockdaten Programmeinheit. Der formale Aufbau dieser nicht ausführbaren Programmeinheit ist in Abschnitt 9.1 behandelt worden. Die Anweisung BLOCK DATA und die zugehörige Anweisung END BLOCK DATA lassen sich auffassen als die Anweisungen, die den Rahmen einer Blockdaten Programmeinheit bilden. Die nicht ausführbare Anweisung BLOCK DATA hat die folgende Syntax.

```
┌─ Syntax BLOCK DATA ─────────────────┐
│                                     │
│  BLOCK DATA [bl_daten_name]         │
│                                     │
└─────────────────────────────────────┘
```

Die Anweisung BLOCK DATA dient als erste Anweisung einer Blockdaten Programmeinheit dazu, den Namen des Eingangspunkts einer Blockdaten Programmeinheit implizit oder explizit zu spezifizieren. Ein `bl_daten_name` ersetzender Name hat globalen Gültigkeitsbereich. Es ist unzulässig, in einem ausführbaren Programm mehr als eine Anweisung BLOCK DATA ohne einen Namen zu spezifizieren, der `bl_daten_name` substituiert. Die zugehörige Anweisung END BLOCK DATA dient dazu, das Ende einer Blockdaten Programmeinheit festzulegen. Diese nicht ausführbare Anweisung hat die folgende Syntax.

```
┌─ Syntax END BLOCK DATA ─────────────┐
│                                     │
│  END [BLOCK DATA [bl_daten_name]]   │
│                                     │
└─────────────────────────────────────┘
```

Ein `bl_daten_name` ersetzender Name darf zu der Anweisung END BLOCK DATA nur spezifiziert werden, wenn zu der Anweisung BLOCK DATA ebenfalls ein Name angegeben wird. Dieser Name muß dann mit dem Namen übereinstimmen, der `bl_daten_name` in der Anweisung END BLOCK DATA substituiert.

```
┌─ Beispiel Blockdaten Programmeinheit ────────────────────────────┐
│ BLOCK DATA init_b_g_sp                                           │
│    ...                                                           │
│     INTEGER :: aequivalenzobjekt = 0, anz_arten_0 = 0,         & │
│                anz_arten_10 = 0,                               & │
│                t_sek_vor = 0, t_sek_nach = 0, zeit = 0          │
│     INTEGER, DIMENSION (32) :: abundanzen = 0, abundanz_10      │
│     REAL (KIND(0.D0)) :: s1 = 0.D0, s3 = 0.D0, es = 0.D0, es2 = 0.D0 │
│        COMMON /erw_e_par/ anz_arten_0, abundanzen               │
│        COMMON /erw_a_par/ s1, s3, es, es2                       │
│        COMMON /rech_e_par/ t_sek_vor, t_sek_nach               │
│        COMMON /rech_a_par/ zeit                                 │
│        COMMON /ind_a_par/ anz_arten_10, aequivalenzobjekt      │
│        EQUIVALENCE (aequivalenzobjekt, abundanz_10)            │
│ END BLOCK DATA init_b_g_sp                                      │
└──────────────────────────────────────────────────────────────────┘
```

Im Beispiel werden die Variablen, die zu den Speicherfolgen der benannten gemeinsamen Speicherbereiche `erw_e_par`, `erw_a_par`, `rech_e_par`, `rech_a_par` und `ind_a_par` in der Blockdaten Programmeinheit gehören, initial definiert mit Ausnahme des Gesamtfelds `abundanz_10`, das zu der Speicherfolge des benannten gemeinsamen Speicherbereichs `ind_a_par` in dieser Gültigkeitseinheit gehört. Auf das Programmbeispiel 9.9 wird hingewiesen.

Es ist zulässig, im Vereinbarungsteil einer Blockdaten Programmeinheit Anweisungen USE, Anweisungen zur Typdeklaration, Anweisungen IMPLICIT, COMMON, DATA und EQUIVALENCE zu spezifizieren, abgeleitete Datentypen zu vereinbaren, Datenobjekten die Attribute DIMENSION, PARAMETER, POINTER, SAVE oder TARGET und dem Namen eines Standardunterprogramms das Attribut INTRINSIC zuzuordnen. Hingegen ist es unzulässig, in einer Blockdaten Programmeinheit eines der Attribute ALLOCATABLE, EXTERNAL, INTENT, OPTIONAL, PRIVATE oder PUBLIC zu spezifizieren. Es ist ferner unzulässig, einen benannten gemeinsamen Speicherbereich in mehr als einer Blockdaten Programmeinheit eines ausführbaren Programms zu spezifizieren. Falls eine Variable, die in einer Blockdaten Programmeinheit zu der Speicherfolge eines benannten gemeinsamen Speicherbereichs gehört, initial definiert wird, dann muß jede weitere Variable, die zu der Speicherfolge dieses benannten gemeinsamen Speicherbereichs gehört, in dieser Blockdaten Programmeinheit deklariert werden, auch wenn sie nicht initial definiert wird.

9.7 Datengrößen in Unterprogrammen

In den Kapiteln 3 bis 8 sind anwendungsrelevante Varianten von Datenobjekten behandelt worden. Die unter Standard Fortran 90 zulässigen Varianten sind jedoch nicht vollständig ausgeschöpft worden. Die bisherige Darstellung wird mit den folgenden Übersichten 9.1 bis 9.5 zu Varianten von Datenobjekten ergänzt und zu jeder Variante ein Beispiel angegeben. Der Begriff Datenobjekt wird unter Standard Fortran 90 mit dem Begriff Datengröße verallgemeinert. Der Begriff Datengröße ist in Abschnitt 9.1 präzisiert worden. In diesem Abschnitt werden die Begriffe eingeschränkter Ausdruck und Spezifikationsausdruck festgelegt sowie automatisch erzeugbare Felder, Felder mit übernommener Gestalt und Felder mit übernommener Größe Felder behandelt werden.

Übersicht 9.1   Datenobjekte

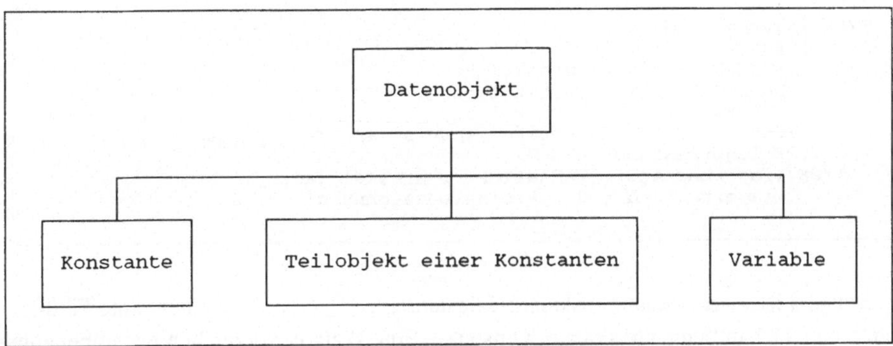

Übersicht 9.2   Konstanten

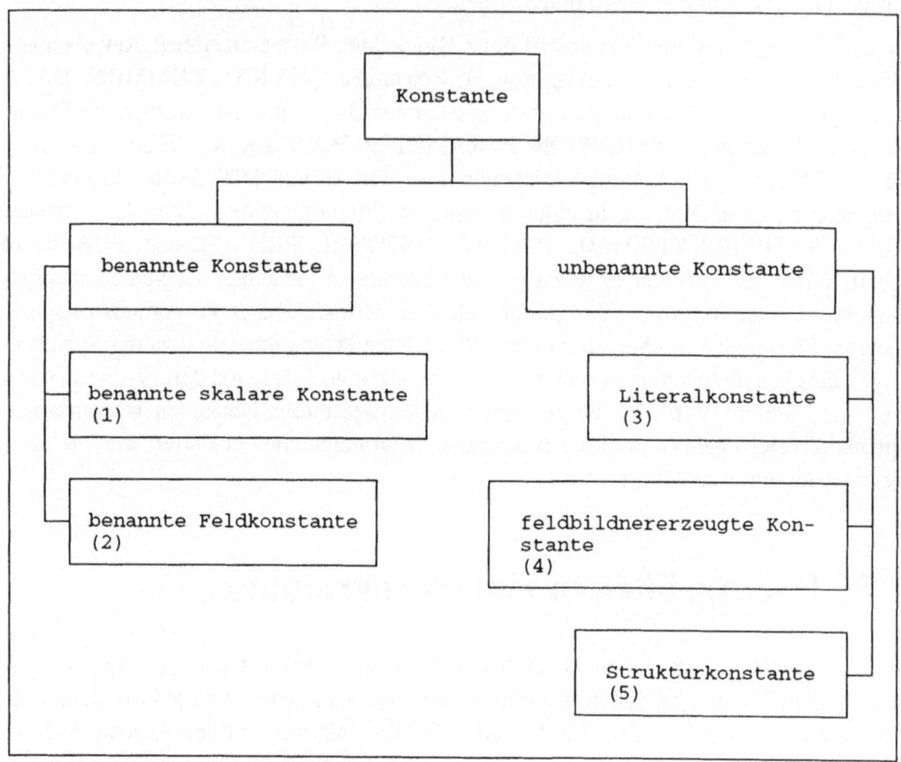


```
   Beispiel Konstanten

INTEGER, PARAMETER :: ein1=10                                        ! (1)

REAL, DIMENSION ( 4), PARAMETER :: kon_r_vektor =            &
                        (/1.2,1.5,1.7,1.0/)                          ! (2)

   WRITE ( 20, '(21X, I12)')  121                                   ! (3)

INTEGER, DIMENSION (4) :: index_v_2 = (/2,1,4,3/)                    ! (4)

TYPE lagerbestand
   SEQUENCE
      INTEGER          :: artikel_nr
      CHARACTER (28) :: artikel_bez
      INTEGER          :: artikel_anz
      REAL             :: artikel_epreis, artikel_gpreis
END TYPE lagerbestand
   TYPE (lagerbestand), PARAMETER :: artikel_lager_init =     &
        lagerbestand ( 0, 'Artikelbezeichnung', 0, 0., 0. )   ! (5)
```

Im Beispiel ist ein1 benannte skalare Konstante, kon_r_vektor benannte Feldkonstante und 121 unbenannte skalare Konstante. Eine skalare, vorzeichenlose unbenannte

Konstante vom Datentyp INTEGER, vom Datentyp REAL oder vom Datentyp COMPLEX, eine skalare unbenannte Konstante vom Datentyp CHARACTER, die nicht Zeichenteilkette ist, und eine skalare unbenannte Konstante vom Datentyp LOGICAL sowie eine binäre, oktale oder hexadezimale Konstante wird auch als *Literalkonstante* bezeichnet. Ferner ist (/2,1,4,3/) eine feldbildnererzeugte Konstante und `lagerbestand(0,'Artikelbezeichnung',0,0.,0.)` eine Strukturkonstante. Die mit (1), (2) und (4) kommentierten Anweisungen sind in dem Programmbeispiel 8.1, die mit (3) kommentierte Anweisung ist geringfügig modifiziert in dem Programmbeispiel 5.1 und die mit (5) kommentierte Anweisung ist in dem Programmbeispiel 6.4 spezifiziert.

Übersicht 9.3   Teilobjekte einer Konstanten

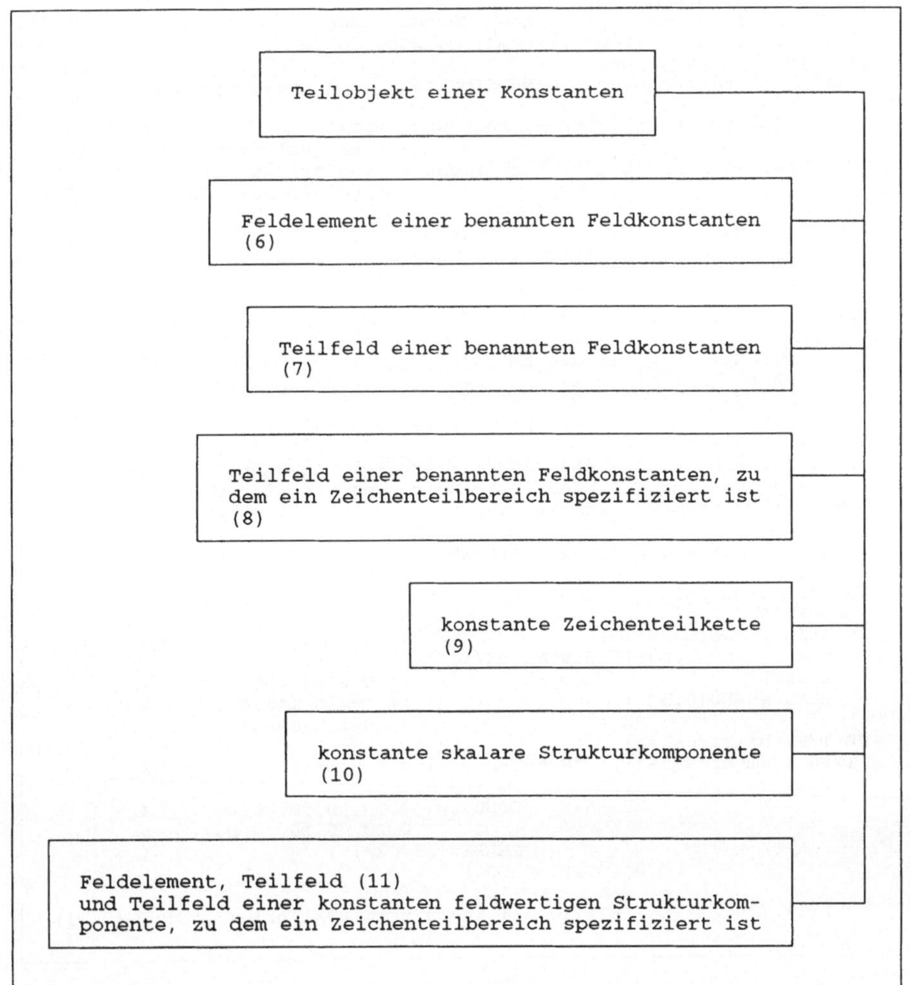

```
┌─ Beispiel Teilobjekte einer Konstanten ─┐
│
CHARACTER (16), DIMENSION(3), PARAMETER :: kon_telefonnr=  &
               (/ '(04421)      77831', '(0421)      175990',  &
                             '(030)  711 08 07' /)
   ...
TYPE rechnung_kopf
   CHARACTER (16) :: firma_name
   CHARACTER (24) :: firma_strasse
   CHARACTER (32) :: firma_ort
   CHARACTER (16) :: firma_tel
   CHARACTER (16) :: firma_fax
END TYPE rechnung_kopf
TYPE rechnung_betrag
   REAL           :: gesamtbetrag_netto
   REAL           :: mehrwertsteuer
   REAL           :: gesamtbetrag_brutto
END TYPE rechnung_betrag
TYPE gesamtrechnung
   TYPE(rechnung_kopf)   :: komp_rechnung_kopf
   TYPE(rechnung_betrag) :: komp_rechnung_betrag
END TYPE gesamtrechnung
   TYPE (gesamtrechnung), DIMENSION(10) :: akt_gesamtrechnung
   ...
   akt_gesamtrechnung(3)%komp_rechnung_kopf%firma_tel =    &
                            kon_telefonnr(3)      ! (6)
   akt_gesamtrechnung(1:2)%komp_rechnung_kopf%firma_tel =  &
                            kon_telefonnr(1:2)      ! (7)
   ...
   WRITE (20, '(/ (1X, A))') kon_telefonnr(1:2) (:7)      ! (8)
   akt_gesamtrechnung(3)%komp_rechnung_kopf%firma_tel =    &
                         '(04489) 55601'(:7)   ! (9)

TYPE lagerbestand
   SEQUENCE
      INTEGER        :: artikel_nr
      CHARACTER (28) :: artikel_bez
      INTEGER        :: artikel_anz
      REAL           :: artikel_epreis, artikel_gpreis
END TYPE lagerbestand
   TYPE (lagerbestand), PARAMETER :: artikel_lager_init =   &
       lagerbestand ( 0, 'Artikelbezeichnung', 0, 0., 0. )
   TYPE (lagerbestand) artikel_lager
...
 artikel_lager%artikel_anz = artikel_lager_init%artikel_anz  ! (10)

TYPE gammarus_sal
   SEQUENCE
   REAL (KIND(0.D0))                    :: kl_mittel
   REAL (KIND(0.D0)), DIMENSION(3,2) :: kl_orig
   INTEGER                              :: geschlecht
   REAL (KIND(0.D0))                    :: rel_n_masse,     &
                                           rel_t_masse
END TYPE gammarus_sal
   TYPE (gammarus_sal), PARAMETER :: ind_g_s_init =        &
     gammarus_sal ( 0.D0,                                  &
                    RESHAPE ( SOURCE=(/0.D0, 0.D0, 0.D0,   &
                                       0.D0, 0.D0, 0.D0/),  &
                              SHAPE=(/3, 2/) ),            &
                    0, 0.D0, 0.D0 )
   ...
   WRITE (20, '((36X,E24.15))') ind_g_s_init%kl_orig(:, 2)   ! (11)
```

Im Beispiel ist `kon_telefonnr(3)` Feldelement einer benannten Feldkonstanten, `kon_telefonnr(1:2)` Teilfeld einer benannten Feldkonstanten und `kon_telefonnr(1:2)(:7)` Teilfeld einer benannten Feldkonstanten, zu dem ein Zeichenteilbereich spezifiziert ist. Ferner ist `'(04489) 55601'(:7)` unbenannte konstante Zeichenteilkette, `artikel_lager_init%artikel_anz` konstante skalare Strukturkomponente und `ind_g_s_init%kl_orig(:,2)` Teilfeld einer konstanten feldwertigen Strukturkomponente. Teilweise geringfügig modifiziert sind die mit `(6)`, `(7)`, `(8)` und `(9)` kommentierten Anweisungen in dem Programmbeispiel 8.4, die mit `(10)` kommentierte Anweisung in dem Programmbeispiel 6.4 und die mit `(11)` kommentierte Anweisung in dem Programmbeispiel 8.3 spezifiziert.

Hinweis: Unter NAG FTN90, Version 2.18, werden Teilfelder einer benannten Feldkonstanten, zu denen ein Zeichenteilbereich spezifiziert ist, nicht in jedem Fall korrekt bearbeitet. Die mit `(8)` kommentierte Anweisung wird z.B. nicht fehlerfrei ausgeführt.

Übersicht 9.4   Variablen

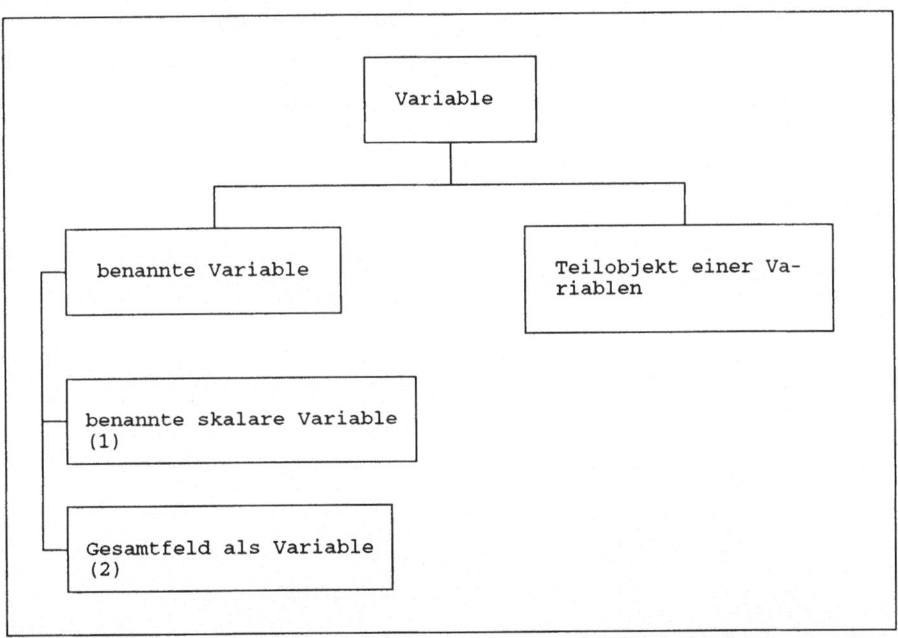


```
 Beispiel benannte Variable
INTEGER :: w_index_ord = 0
   ...
     WRITE ( 20, '(I2 /)') w_index_ord                          ! (1)
REAL, DIMENSION (10, -1:1) :: r_feld   = 0.
   ...
     READ ( ein1, * ) r_feld                                    ! (2)
```

Im Beispiel ist w_index_ord benannte skalare Variable und r_feld Gesamtfeld als
Variable. Teilweise geringfügig modifiziert sind die mit (1) und (2) kommentierten
Anweisungen in dem Programmbeispiel 8.1 spezifiziert.

Übersicht 9.5   Teilobjekte einer Variablen

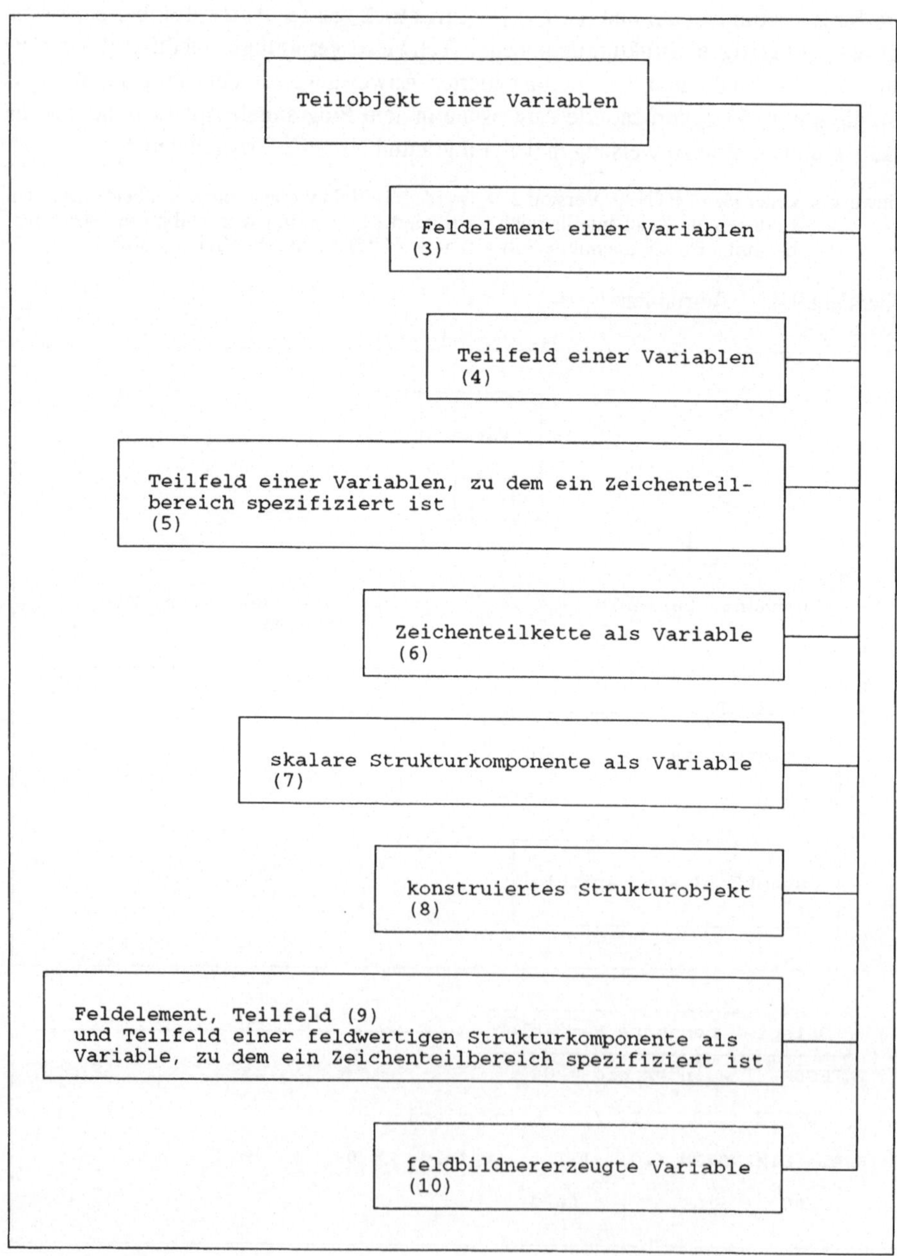

```
  ┌─ Beispiel Teilobjekte einer Variablen ─┐

     REAL, DIMENSION ( 4), PARAMETER ::  kon_r_vektor =           &
                                          (/1.2,1.5,1.7,1.0/)
     REAL, DIMENSION ( 4) ::  r_vektor_v = kon_r_vektor
       ...
        WRITE ( 20, 3100 ) r_vektor_v(2)                           ! (3)

     REAL (KIND(0.D0)), DIMENSION (10, -1:1) :: r_feld_2 = 0.D0
       ...
        WRITE ( 20, '(/ E23.16)' ) r_feld_2(2:10:2, 0)            ! (4)

     CHARACTER (16), DIMENSION(3), PARAMETER :: kon_telefonnr=  &
                                 (/ '(04421)     77831',     &
                                    '(0421)      175990',    &
                                    '(030)   711 08 07' /)
       ...
     CHARACTER (16), DIMENSION(3) :: var_telefonnr = kon_telefonnr
       ...
        WRITE (20,'((1X, A))') var_telefonnr(1:2) (:7)           ! (5)
       ...
        WRITE (20,'((1X, A))') var_telefonnr(3) (:7)             ! (6)

     TYPE lagerbestand
        SEQUENCE
           INTEGER         :: artikel_nr
           CHARACTER (28)  :: artikel_bez
           INTEGER         :: artikel_anz
           REAL            :: artikel_epreis, artikel_gpreis
     END TYPE lagerbestand
     ...
        TYPE (lagerbestand) artikel_lager
        REAL lager_gesamtwert
        ...
        lager_gesamtwert = lager_gesamtwert                        &
                           + artikel_lager%artikel_gpreis   ! (7)
```

Im Beispiel ist `r_vektor_v(2)` Feldelement und `r_feld_2(2:10:2,0)` Teilfeld einer Variablen sowie `var_telefonnr(1:2)(:7)` Teilfeld einer Variablen, zu dem ein Zeichenteilbereich spezifiziert ist. Ferner ist `var_telefonnr(3)(:7)` Zeichenteilkette als Variable und `artikel_lager%artikel_gpreis` skalare Strukturkomponente als Variable. Die mit (3) und (4) kommentierten Anweisungen sind geringfügig modifiziert in dem Programmbeispiel 8.1, die mit (5) und (6) kommentierten Anweisungen sind geringfügig modifiziert in dem Programmbeispiel 8.4 und die mit (7) markierte Anweisung ist in dem Programmbeispiel 6.4 spezifiziert.

In der folgenden Fortsetzung der Angabe je eines Beispiels zu Teilobjekten einer Variablen ist `gammarus_sal(1.25D0,RESHAPE(SOURCE=e_messung_kl, SHAPE=(/3,2/)), geschlecht_m, messwert_n_masse/max_n_masse, messwert_t_masse/max_t_masse)` konstruiertes Strukturobjekt. Ferner ist `ind_gam_sal(1)%kl_orig(2,:)` Teilfeld einer feldwertigen Strukturkomponente und `(/2,l_var_1,l_var_1+1,3/)` feldbildnererzeugte Variable. Die mit (8) und (9) kommentierten Anweisungen sind geringfügig modifiziert in dem Programmbeispiel 8.3 und die mit (10) kommentierte Anweisung ist geringfügig abgeändert in dem Programmbeispiel 8.1 spezifiziert.

```
┌─ Beispiel Teilobjekte einer Variablen ─┐
│
  INTEGER, PARAMETER :: geschlecht_m = 1
  ...
  REAL (KIND(0.D0)), PARAMETER :: max_n_masse = 57.1D0,        &
                                  max_t_masse =  9.8D0
  ...
  REAL (KIND(0.D0)) :: messwert_n_masse = 0.D0,               &
                       messwert_t_masse = 0.D0
  ...
  REAL (KIND(0.D0)), DIMENSION (6)  :: e_messung_kl = 0.D0
  TYPE gammarus_sal
    SEQUENCE
      REAL (KIND(0.D0))                  :: kl_mittel
      REAL (KIND(0.D0)), DIMENSION(3,2)  :: kl_orig
      INTEGER                            :: geschlecht
      REAL (KIND(0.D0))                  :: rel_n_masse,       &
                                            rel_t_masse
  END TYPE gammarus_sal
    ...
      TYPE (gammarus_sal), DIMENSION(50) :: ind_gam_sal
        ...
          ind_gam_sal(1) = gammarus_sal (               &
                           1.25D0,                      &
                           RESHAPE ( SOURCE=e_messung_kl,  &
                                 SHAPE=(/3, 2/) ),       &
                           geschlecht_m,                &
                           messwert_n_masse / max_n_masse,  &
                           messwert_t_masse / max_t_masse )    ! (8)
        ...

          ind_gam_sal(1)%kl_orig(2,:) = (/ 1.21D0, 1.22D0 /)         ! (9)

  INTEGER :: l_var_1 = 0
  ...
  INTEGER, DIMENSION (4) :: index_v_2 = (/2,1,4,3/)
    ...
      index_v_2 = (/2, l_var_1, l_var_1+1, 3/)                       ! (10)
```

Es ist u.a. in Anweisungen zur Typdeklaration zulässig, Ausdrücke mit Operanden zu spezifizieren, die Variable oder Teilobjekte einer Variablen sind, wobei die Primarausdrücke in einem solchen Ausdruck einigen Beschränkungen unterliegen. Daher wird ein solcher Ausdruck auch als *eingeschränkter Ausdruck* bezeichnet.

In einem eingeschränkten Ausdruck sind ausschließlich interne Operatoren zulässig und jeder Primärausdruck ist

▶   eine Konstante oder ein Teilobjekt einer Konstanten

▶   eine Variable, die Formalparameter ist, der weder das Attribut OPTIONAL hat noch Ausgabeparameter ist, oder ein Teilobjekt einer solchen Variablen

▶ eine Variable, die zu einem gemeinsamen Speicherbereich gehört, oder ein Teilobjekt einer solchen Variablen

▶ eine Variable, die über Umgebungszuordnung zugreifbar oder über die Referenz auf ein Modul zugänglich ist, oder ein Teilobjekt einer solchen Variablen

▶ eine feldbildnererzeugte Konstante oder Variable, wobei jeder Primärausdruck in einem Ausdruck, der ein `fb_ausdr_impl_do` substituiert, ein eingeschränkter Ausdruck ist und jeder Primärausdruck, aus denen sich die skalaren Ausdrücke zu `anf_p`, `end_p` und `schritt_p` einer impliziten Schleife zusammensetzen, die ein `fb_ausdr_impl_do` substituiert, ein eingeschränkter Ausdruck oder Laufvariable einer impliziten Schleife ist

▶ eine Strukturkonstante oder ein konstruiertes Strukturobjekt, wobei jede Strukturkomponente ein eingeschränkter Ausdruck ist

▶ eine Referenz auf eine Standardfunktion, die Elementfunktion und deren Ergebnis vom Datentyp INTEGER oder vom Datentyp CHARACTER ist, wobei jeder Aktualparameter in der Aktualparameterliste zu der referenzierten Elementfunktion ein eingeschränkter Ausdruck vom Datentyp INTEGER oder vom Datentyp CHARACTER ist

▶ eine Referenz auf eine der Standardfunktionen `REPEAT`, `RESHAPE`, `SELECTED_INT_KIND`, `SELECTED_REAL_KIND`, `TRANSFER` und `TRIM`, die zu den Transformationsfunktionen gehören, wobei jeder Aktualparameter in der Aktualparameterliste zu der referenzierten Transformationsfunktion ein eingeschränkter Ausdruck vom Datentyp INTEGER oder vom Datentyp CHARACTER ist

▶ eine Referenz auf eine der Standardfunktionen `LBOUND`, `SHAPE`, `SIZE` und `UBOUND`, die zu den Feldabfragefunktionen gehören, eine Referenz auf eine der Standardfunktionen `BIT_SIZE`, `LEN` und `KIND` oder eine Referenz auf eine der Standardfunktionen, die zu den numerischen Abfragefunktionen gehören, wobei jeder Aktualparameter in der Aktualparameterliste zu der referenzierten Abfragefunktion entweder ein eingeschränkter Ausdruck ist oder eine Variable, wobei die zugehörigen Werte von Typparametern oder Indexgrenzen, sofern sie mit der jeweiligen Abfragefunktion ermittelt werden, weder übernommener Wert sind noch über eine Anweisung ALLOCATE oder eine Zeigerassoziationsanweisung festgelegt worden sind

▶ ein eingeschränkter Ausdruck in runden Klammern.

Die Begriffe Element-, Transformations- und Abfragefunktion werden im Anhang A festgelegt. Die numerischen Abfragefunktionen werden in dem Unterabschnitt A.1.3 des Anhangs A behandelt.

Ist ein Feldelement oder ein Teilfeld als eingeschränkter Ausdruck zu spezifizieren, so ist jeder Indexausdruck in der Indexliste oder jeder Indexausdruck in der Teilfeldindexliste als eingeschränkter Ausdruck anzugeben. Ist eine Zeichenteilkette, zu der die Anfangsposition und/oder die Endposition des Zeichenteilbereichs explizit angegeben wird, als eingeschränkter Ausdruck zu spezifizieren, so muß der jeweilige anf_pos oder end_pos substituierende Ausdruck ein eingeschränkter Ausdruck sein.

Ein *Spezifikationsausdruck* ist ein skalarer eingeschränkter Ausdruck vom Datentyp INTEGER. Spezifikationsausdrücke dienen u.a. dazu, den Typparameter LÄNGE zu einem Datenobjekt vom Datentyp CHARACTER in einer Anweisung zur Typdeklaration sowie die untere und/oder die obere Indexgrenze in einer Dimension eines Felds zu spezifizieren. Es ist nur dann zulässig, in einer Anweisung einem Datenobjekt das Merkmal Feld zuzuordnen und dabei eine Indexgrenze in der Dimension eines Felds als Spezifikationsausdruck anzugeben, der Variable ist, falls der Name des Felds Formalparameter ist oder dieses Feld ein automatisch erzeugbares Feld oder Ergebnisvariable eines Funktionsunterprogramms ist.

```
┌─ Beispiel Spezifikationsausdruck ──────────────────────────────────────┐
│                                                                         │
│  FUNCTION median ( stichprobe, n1, n2 ) RESULT(sw_median)               │
│     IMPLICIT NONE                                                       │
│      INTEGER, INTENT(IN) :: n1, n2                                      │
│     ...                                                                 │
│     REAL (KIND(0.D0)) sw_median                                         │
│     REAL (KIND(0.D0)), DIMENSION (n1:n2), INTENT(IN) :: stichprobe      │
│                                                                         │
└─────────────────────────────────────────────────────────────────────────┘
```

Im Beispiel ist das Funktionsunterprogramm median ein externes Funktionsunterprogramm und die Formalparameter n1 und n2 in der Formalparameterliste zu diesem Funktionsunterprogrammm sind Variablen vom Datentyp INTEGER. Dem Datenobjekt stichprobe wird das Merkmal Feld in einer Anweisung zur Deklaration des Basisdatentyps zugeordnet. Die Variablen n1 und n2 dienen als Spezifikationsausdrücke dazu, die untere Indexgrenze und die obere Indexgrenze in der ersten Dimension dieses Felds zu spezifizieren. Auf das Programmbeispiel 9.a wird hingewiesen.

Eine Variable, die in einem Unterprogramm deklariert wird oder zu der Schnittstellendeklaration eines Unterprogramms in einem Schnittstellenblock spezifiziert wird, heißt *automatisch erzeugbare Variable*, falls

  ▶   der Name dieses Datenobjekts nicht Formalparameter in der Formalparameterliste zu diesem Unterprogramm ist

▶ mindestens eine Indexgrenze in einer Dimension dieses Datenobjekts oder, wenn die Variable vom Datentyp CHARACTER ist, der Typparameter LÄNGE als nicht konstanter Spezifikationsausdruck spezifiziert ist.

Es ist unzulässig, einer automatisch erzeugbaren Variablen das Attribut SAVE zuzuordnen. Es ist ferner unzulässig, einer automatisch erzeugbaren Variablen in der Anweisung zur Typdeklaration den Wert eines Initialisierungsausdrucks zuzuweisen. Darüber hinaus ist es unzulässig, eine automatisch erzeugbare Variable oder ein Teilobjekt einer automatisch erzeugbaren Variablen in einer Liste von Variablen und/oder impliziten Schleifen anzugeben, die ein d_liste_obj zu einer Anweisung DATA substituiert.

Wird die Programmkontrolle an ein Unterprogramm übertragen, in dem automatisch erzeugbare Variablen spezifiziert sind, dann werden zunächst die nicht konstanten Spezifikationsausdrücke in der jeweiligen Feldspezifikation ausgewertet sowie die nicht konstanten Spezifikationsausdrücke, die ein parameter_länge2 oder den Spezifikationsausdruck zu einem parameter_länge1 substituieren. Nimmt ein nicht konstanter Operand in einem solchen Spezifikationsausdruck während der Ausführung dieses Unterprogramms den Bestimmtheitsstatus an, undefiniert zu sein, oder erfolgt die Zuweisung eines Werts an eine solche Variable während der Ausführung dieses Unterprogramms, so resultieren daraus keine Auswirkungen auf den jeweiligen Wert des Typparameters LÄNGE oder auf die jeweilige Indexgrenze in der betreffenden Dimension der automatisch erzeugbaren Variablen.

Eine automatisch erzeugbare Variable, die in einem Unterprogramm deklariert wird und die ein Feld mit expliziter Gestalt ist, wird als *automatisch erzeugbares Feld* bezeichnet.

```
┌─ Beispiel automatisch erzeugbares Feld ─┐
SUBROUTINE austausch_rang1 ( r_feld1, r_feld2, n )
 IMPLICIT NONE
 INTEGER, INTENT(IN) :: n
 REAL (KIND(0.D0)), DIMENSION(n), INTENT(INOUT) :: r_feld1, r_feld2
 REAL (KIND(0.D0)), DIMENSION(n) :: feld_zw_speicher
```

Im Beispiel ist die Subroutine austausch_rang1 eine externe Subroutine und feld_zw_speicher ein automatisch erzeugbares Feld. Auf das Programmbeispiel 9.a wird hingewiesen.

Ferner läßt sich zu einem Datenobjekt, das in einem Unterprogramm deklariert wird, dessen Name Formalparameter in der Formalparameterliste zu diesem Unterprogramm ist und dem nicht das Attribut POINTER zugeordnet ist, eine Feldspezifikation so angeben, daß dieses Feld seine Gestalt von dem jeweiligen Aktualparameter in der Aktualparameterliste übernimmt, die zu dem Aufruf dieses Unterprogramms in dem aufrufenden Programmbaustein spezifiziert wird. Ein solches Feld wird als *Feld mit über-*

nommener Gestalt bezeichnet. Die Feldspezifikation für ein Feld mit übernommener Gestalt hat die folgende Syntax.

Syntax **Feldspezifikation**
Feld mit übernommener Gestalt

```
([u_dim_index] : [, [u_dim_index] :]6)
```

Dabei bezeichnet u_dim_index einen Spezifikationsausdruck, mit dem die untere Indexgrenze in einer Dimension spezifiziert wird.

Mit der Feldspezifikation für ein Feld mit übernommener Gestalt wird demnach nur der Rang, jedoch nicht die jeweilige Ausdehnung der Dimensionen des Felds festgelegt. Genauer formuliert übernimmt demnach ein Feld mit übernommener Gestalt nicht die Gestalt, sondern die jeweilige Ausdehnung der Dimensionen des Aktualparameters in der Aktualparameterliste, die zu dem Aufruf dieses Unterprogramms in dem aufrufenden Programmbaustein spezifiziert wird. Substituiert ein Spezifikationsausdruck ein u_dim_index in der Feldspezifikation für ein Feld mit übernommener Gestalt und bezeichnet w_spez_ausdr den Wert dieses Spezifikationsausdrucks sowie w_ausd_dim den Wert der Ausdehnung dieser Dimension des Aktualparameters, so beschreibt w_spez_ausdr + w_ausd_dim - 1 den Wert der oberen Indexgrenze in dieser Dimension des Felds mit übernommener Gestalt. Wird u_dim_index nicht spezifiziert, ist die untere Indexgrenze mit dem Wert 1 vorbesetzt.

Es ist unzulässig, daß ein Aktualparameter in der Aktualparameterliste zu der Referenz auf ein Unterprogramm, der zu einem Formalparameter korrespondiert, der ein Feld mit übernommener Gestalt repräsentiert, ein Feld mit übernommener Gestalt oder ein Skalar ist. Wird ein Feld mit übernommener Gestalt in einem externen Unterprogramm vereinbart, dann muß in einem Programmbaustein, aus dem dieses externe Unterprogramm referenziert wird, ein einfacher Schnittstellenblock für dieses Unterprogramm spezifiziert werden oder über die Referenz auf ein Modul zugänglich sein.

Im folgenden Beispiel ist die Subroutine regres_kl_modell eine externe Subroutine und x_feld, y_feld sind Felder mit übernommener Gestalt. Ein einfacher Schnittstellenblock für die externe Subroutine regres_kl_modell ist über die Referenz auf das Modul modul_schnittstellenbl für den aufrufenden Programmbaustein, das Hauptprogramm felder_gest_gr, zugänglich. Auf das Programmbeispiel 9.a wird hingewiesen.

```
          ┌─ Beispiel Feld mit übernommener Gestalt ─┐
  MODULE modul_schnittstellenb1
    INTERFACE
      ...
      SUBROUTINE regr_kl_model1 ( x_feld, y_feld, ls_sch_b,        &
                                                   ls_sch_a )
        REAL (KIND(0.D0)), DIMENSION(1:), INTENT(IN) :: x_feld,    &
                                                        y_feld
        REAL (KIND(0.D0)), INTENT(OUT) :: ls_sch_b, ls_sch_a
      END SUBROUTINE regr_kl_model1
      ...
    END INTERFACE
    ...
  END MODULE modul_schnittstellenb1

  PROGRAM felder_gest_gr
    USE modul_schnittstellenb1
    ...
    REAL (KIND(0.D0)) :: param_b = 0.D0, param_a = 0.D0
    REAL (KIND(0.D0)), ALLOCATABLE, DIMENSION (:)  :: x_feld,      &
                                                      y_feld
    ...
    CALL regr_kl_model1( x_feld, y_feld, param_b, param_a )
    ...
  END PROGRAM felder_gest_gr

  SUBROUTINE regres_kl_model1 ( x_feld, y_feld, ls_sch_b,         &
                                                ls_sch_a )
    IMPLICIT NONE
    REAL (KIND(0.D0)), DIMENSION(1:), INTENT(IN) :: x_feld, y_feld
    REAL (KIND(0.D0)), INTENT(OUT) :: ls_sch_b, ls_sch_a
```

Darüber hinaus läßt sich zu einem Datenobjekt, das in einem Unterprogramm deklariert wird und dessen Name Formalparameter in der Formalparameterliste zu diesem Unterprogramm ist, eine Feldspezifikation so angeben, daß die Größe dieses Felds von der Größe des Felds oder Teilfelds bestimmt wird, das über den jeweiligen Aktualparameter in der Aktualparameterliste bereitgestellt wird, die zu dem Aufruf dieses Unterprogramms in dem referenzierenden Programmbaustein spezifiziert wird. Ein solches Feld kann sich jedoch in der Gestalt von dem korrespondierenden Aktualparameter unterscheiden und wird daher als *Feld mit übernommener Größe* bezeichnet. Die Feldspezifikation für ein Feld mit übernommener Größe hat die folgende Syntax.

```
  ┌─ Syntax Feldspezifikation ─┐
  │      Feld mit übernommener Größe
  
  ([ [u_dim_index] : o_dim_index, ]⁶ [u_dim_index :] *)
```

Dabei bezeichnet u_dim_index einen Spezifikationsausdruck, mit dem die untere Indexgrenze in einer Dimension spezifiziert wird, und o_dim_index einen Spezifikationsausdruck, mit dem die obere Indexgrenze in einer Dimension spezifiziert wird. Wird ein u_dim_index nicht durch einen Spezifikationsausdruck substituiert, dann hat die untere Indexgrenze in dieser Dimension den Wert 1. Für die obere Indexgrenze in der Dimension, die in der Feldspezifikation am weitesten rechts spezifiziert ist, wird das Endsymbol * angegeben.

Die Größe eines Felds mit übernommener Größe ist wie folgt festgelegt:

▶ Ist der Aktualparameter, der zu einem Formalparameter korrespondiert, der ein Feld mit übernommener Größe repräsentiert, ein Feld, dessen Basisdatentyp vom Regeldatentyp CHARACTER verschieden ist, dann stimmt die Größe des Felds mit übernommener Größe mit der Größe des Felds überein, dessen Name Aktualparameter ist.

▶ Ist der Aktualparameter, der zu einem Formalparameter korrespondiert, der ein Feld mit übernommener Größe repräsentiert, ein Feldelement eines Felds, dessen Basisdatentyp vom Regeldatentyp CHARACTER verschieden ist, und bezeichnet w_ind_ord den Wert der Indexordnung des Feldelement sowie gr_feld die Größe des zugehörigen Felds, dann beschreibt gr_feld - w_ind_ord + 1 die Größe des Felds mit übernommener Größe.

▶ Ist der Aktualparameter, der zu einem Formalparameter korrespondiert, der ein Feld mit übernommener Größe repräsentiert, ein Feld, dessen Basisdatentyp der Regeldatentyp CHARACTER ist, oder ein Feldelement eines solchen Felds oder ein Feldelement eines solchen Felds, zu dem ein Zeichenteilbereich angegeben ist, und bezeichnet w_zsp_gesamt die Anzahl der Zeichenspeichereinheiten des zugehörigen Felds, w_zsp_start die Position der Zeichenspeichereinheit in Relation zu w_zsp_gesamt aufeinanderfolgenden Zeichenspeichereinheiten, die erste Zeichenspeichereinheit des Aktualparameters ist, und l_f_element die Anzahl der Zeichenspeichereinheiten, die ein Feldelement des Felds mit übernommener Größe hat, dann beschreibt der größere Wert aus der zweielementigen Menge {int_zsp,0} die Größe des Felds mit übernommener Größe, wobei int_zsp für den ganzzahligen Anteil des Werts steht, den (w_zsp_gesamt-w_zsp_start+1)/l_f_element repräsentiert.

Mit der Feldspezifikation eines Felds mit übernommener Größe wird dessen Rang festgelegt. Bezeichnet rg den Rang eines Felds mit übernommener Größe und ist rg größer als 1, dann muß das Produkt aus der Ausdehnung der ersten bis (rg-1)-ten Dimension kleiner oder gleich der Größe dieses Felds sein. Die Ausdehnung der Dimension, die in der Feldspezifikation am weitesten rechts spezifiziert wird, hängt von der jeweiligen Größe des Felds mit übernommener Größe ab. Daher wird unter Standard Fortran 90 ein Feld mit übernommener Größe so aufgefaßt, daß die Dimension, die in der Feldspezifikation am weitesten rechts spezifiziert ist, keine Ausdehnung hat. Daraus resultiert, daß ein Feld mit übernommener Größe keine Gestalt hat. Dies führt zu erheblichen Konsequenzen für den Zugriff auf ein Feld mit übernommener Größe als Gesamtfeld. Es ist nur dann zulässig, den Namen eines Felds mit übernommener Größe in einer ausführbaren Anweisung anzugeben, falls der Name als Aktualparameter in der Aktualparameterliste zu dem Aufruf einer Unterprogramms, das kein Standardunterprogramm ist und sofern die Gestalt des Aktualparameters irrelevant ist, oder in der Aktualparameterliste zu einer Referenz auf die Standardfunktion LBOUND spezifiziert wird. Diese Standardfunktion wird in dem Unterabschnitt A.1.14 des Anhangs A behandelt. Werden die Alternativen berücksichtigt, die unter Standard Fortran 90 dazu bestehen, Felder mit übernommener Größe einzusetzen, dann sollten solche Felder nur in begründeten Ausnahmefällen verwendet werden.

Ferner ist es unzulässig, die feldwertige Ergebnisvariable eines Funktionsunterprogramms, deren Name zugleich die Haupt- oder eine Nebeneingangsstelle dieses Funktionsunterprogramms identifiziert, als Feld mit übernommener Größe zu spezifizieren.

Zu einem Feld mit übernommener Größe lassen sich Teilfelder angeben. Wird die Referenz auf ein Teilfeld zu einem Feld mit übernommener Größe vom Basisdatentyp CHARACTER spezifiziert, so ist die Angabe eines Zeichenteilbereichs zulässig. Ist der Teilfeldindex, der in der Teilfeldindexliste am weitesten rechts positioniert ist, ein Indextripel, dann muß im Fall einer absteigenden Teilsequenz der Anfangswert und im Fall einer aufsteigenden Teilsequenz die obere Teilsequenzgrenze als skalarer Ausdruck vom Datentyp INTEGER spezifiziert werden. Im Gegensatz zu seinem Elternfeld hat demnach jedes Teilfeld eines Felds mit übernommener Größe eine Gestalt.

Wird die Programmkontrolle an ein Unterprogramm übertragen, in dem ein Feld mit übernommener Größe spezifiziert ist, werden zunächst die nicht konstanten Spezifikationsausdrücke in der Feldspezifikation ausgewertet, um die jeweilige Indexgrenze in der betreffenden Dimension dieses Felds zu bestimmen. Nimmt ein nicht konstanter Operand in einem solchen Spezifikationsausdruck während der Ausführung dieses Unterprogramms den Bestimmtheitsstatus an, undefiniert zu sein, oder erfolgt die Zuweisung eines Werts an eine solche Variable während der Ausführung dieses Unterprogramms, so resultieren daraus keine Auswirkungen auf diese Indexgrenze in der betreffenden Dimension des Felds mit übernommener Größe.

```
┌─── Beispiel Feld mit übernommener Größe ────────────────────┐
│                                                             │
│  SUBROUTINE summe_1_bis_n ( n, x_feld, summe_t_feld )       │
│     IMPLICIT NONE                                           │
│      INTEGER, INTENT(IN) :: n                               │
│      REAL (KIND(0.D0)), DIMENSION(*), INTENT(IN) :: x_feld  │
│      REAL (KIND(0.D0)), INTENT(OUT) :: summe_t_feld         │
│        summe_t_feld = SUM ( x_feld(1:n) )                   │
│                                                             │
└─────────────────────────────────────────────────────────────┘
```

Im Beispiel ist die Subroutine summe_1_bis_n eine externe Subroutine und x_feld ein Feld mit übernommener Größe. Der Name des Felds mit übernommener Größe ist als Aktualparameter in der Aktualparameterliste zu dem Aufruf der Standardfunktion

SUM unzulässig. Daher wird der Aktualparameter als Teilfeld des Felds mit übernommener Größe spezifiziert. Auf das Programmbeispiel 9.a wird hingewiesen.

9.8 Anwenderdefinierter Operator und anwenderdefinierte Zuweisungsanweisung

Bisher sind ausschließlich interne Operatoren behandelt und in Programmbeispielen verwendet worden. Vornehmlich aus zwei Gründen ist es zweckmäßig, den internen Operatoren anwenderdefinierte Operatoren hinzuzufügen und interne Operatoren zu erweitern: Interne Operatoren sind jeweils nur für Basisoperationen auf der Wertemenge zu einem internen Datentyp ausgelegt. Für Operationen auf der Wertemenge zu einem abgeleiteten Datentyp ist es erforderlich, anwenderdefinierte Operatoren zur Verfügung zu stellen. Unter Standard Fortran 90 lassen sich, wie bereits wiederholt erwähnt worden ist, anwenderdefinierte Operatoren vereinbaren, aber auch interne wie anwenderdefinierte Operatoren erweitern.

Anwenderdefinierte Operatoren werden festgelegt, indem ein Operator-Funktionsunterprogramm vereinbart und dazu ein Operator-Schnittstellenblock spezifiziert wird. Mit einem Operator-Funktionsunterprogramm wird, vereinfachend formuliert, der Algorithmus zur Berechnung der Werte einer Abbildung festgelegt, deren Definitionsbereich die Wertemenge zu einem Datentyp oder das kartesische Produkt von zwei Wertemengen ist. Diese Abbildung wird als Operator bezeichnet. Der zugehörige Operator-Schnittstellenblock dient auch dazu, das Endsymbol für diesen Operator zu vereinbaren. Dies gilt analog für den Fall, daß ein interner oder ein anwenderdefinierter Operator zu erweitern ist.

Ein Operator-Funktionsunterprogramm ist entweder ein externes Funktionsunterprogramm, ein Modul-Funktionsunterprogramm oder ein Formalparameter-Unterprogramm, das Platzhalter für ein externes Funktionsunterprogramm oder ein Modul-Funktionsunterprogramm ist. Auf die Darstellung von Syntax und Semantik eines externen Funktionsunterprogramms in Abschnitt 9.2 sowie eines Modul-Funktionsunterprogramms in Abschnitt 9.5 wird Bezug genommen. Darüber hinaus sind im Fall eines Operator-Funktionsunterprogramms die folgenden Bedingungen einzuhalten:

▶ Der Name eines Operator-Funktionsunterprogramms ist der Name der Haupt- oder einer Nebeneingangsstelle eines externen Funktionsunterprogramms oder eines Modul-Funktionsunterprogramms.

▶ Ist die Ergebnisvariable eines Operator-Funktionsunterprogramms vom Datentyp CHARACTER, dann ist es unzulässig, den Wert des Typparameters LÄNGE als übernommenen Wert zu spezifizieren.

▶ Die Formalparameterliste zu einem Operator-Funktionsunterprogramm besteht aus mindestens einem und höchstens zwei Formalparametern. Jeder Formalparameter ist Formaldatenobjekt und implizit Eingabeparameter. Es ist zulässig, einen solchen Formalparameter explizit als Eingabeparameter zu spezifizieren. Hingegen ist es unzulässig, einem solchen Formalparameter das Attribut OPTIONAL zuzuordnen.

In der Regel ist es zu bevorzugen, ein Operator-Funktionsunterprogramm als Modul-Funktionsunterprogramm zu vereinbaren. Ein solches Operator-Funktionsunterprogramm läßt sich (explizit) referenzieren wie ein Modul-Funktionsunterprogramm. Für ein Operator-Funktionsunterprogramm, das als externes Funktionsunterprogramm vereinbart wird, gilt dies analog. Ist jedoch in dem referenzierenden Programmbaustein ein Operator-Schnittstellenblock für das Operator-Funktionsunterprogramm als externes Funktionsunterprogramm spezifiziert oder ein Operator-Schnittstellenblock für das Operator-Funktionsunterprogramm als Modul-Funktionsunterprogramm über die Referenz auf ein Modul zugänglich, dann wird ein Operator-Funktionsunterprogramm auch referenziert, wenn eine unäre oder binäre Operation ausgeführt wird, die anwenderdefinierte, erweiterte anwenderdefinierte oder erweiterte interne Operation ist. Eine solche Referenz auf ein Operator-Funktionsunterprogramm wird auch als *impliziter Aufruf* bezeichnet. Die Begriffe anwenderdefinierte, erweiterte anwenderdefinierte und erweiterte interne Operation werden in diesem Abschnitt festgelegt werden.

Ein Operator-Schnittstellenblock ist Schnittstellenblock für einen anwenderdefinierten, für einen erweiterten anwenderdefinierten oder für einen erweiterten internen Operator. Wird ein Operator-Schnittstellenblock zu einem Operator-Funktionsunterprogramm oder zu Operator-Funktionsunterprogrammen vereinbart, wobei jedes Operator-Funktionsunterprogramm Modul-Funktionsunterprogramm ist, dann hat ein solcher Schnittstellenblock die folgende Syntax.

```
Syntax Operator-Schnittstellenblock,
       Operator-Funktionsunterprogramm(e) als
       Modul-Funktionsunterprogramm(e)

INTERFACE OPERATOR (op)
   MODULE PROCEDURE mod_f_nam [, mod_f_nam]...
END INTERFACE
```

Dabei steht `mod_f_nam` für den Namen der Haupt- oder einer Nebeneingangsstelle eines Modul-Funktionsunterprogramms, das Operator-Funktionsunterprogramm ist, und op bezeichnet das Endsymbol eines anwenderdefinierten, eines erweiterten anwenderdefinierten oder eines erweiterten internen Operators. Dieses Endsymbol hat die folgende Syntax.

Syntax **op**

```
int_op
.anw_op_name.
```

Dabei bezeichnet `int_op` das Endsymbol eines internen Operators und
`.anw_op_name.` das Zwischensymbol für einen anwenderdefinierten Operator, wobei `anw_op_name` für einen Operatornamen steht. Ein Operatorname hat die folgende
Syntax.

Syntax **anw_op_name**

```
alfazeichen[alfazeichen]³⁰
```

Dabei steht `alfazeichen` für ein Element aus der Menge der Alfazeichen. Diese
Menge ist in Abschnitt 2.3 festgelegt worden. Es ist unzulässig, daß das Endsymbol eines anwenderdefinierten Operators, das `.anw_op_name.` substituiert, mit der Darstellung einer Konstanten vom Regeldatentyp LOGICAL übereinstimmt.

Wird ein Operator-Schnittstellenblock zu einem Operator-Funktionsunterprogramm
oder zu Operator-Funktionsunterprogrammen vereinbart, wobei jedes Operator-Funktionsunterprogramm externes Funktionsunterprogramm ist, dann muß im Schnittstellenblock die Schnittstellendeklaration des jeweiligen Funktionsunterprogramms spezifiziert werden. Ein solcher Operator-Schnittstellenblock hat daher die folgende Syntax.

Syntax **Operator-Schnittstellenblock,
Operator-Funktionsunterprogramm(e) als
externes (externe) Funktionsunterpro-
gramm(e)**

```
INTERFACE OPERATOR (op)
 [p_f] FUNCTION f_name ( f_p_liste ) [RESULT(erg_n)]
        eingeschränkter Vereinbarungsteil
       END [FUNCTION [f_name]]
 [ [p_f] FUNCTION f_name ( f_p_liste ) [RESULT(erg_n)]
        eingeschränkter Vereinbarungsteil
          END [FUNCTION [f_name]] ]...
END INTERFACE
```

Dabei bezeichnet `op` das Endsymbol eines anwenderdefinierten, eines erweiterten anwenderdefinierten oder eines erweiterten internen Operators und `f_name` steht für den Namen der Haupt- oder einer Nebeneingangsstelle eines externen Funktionsunterprogramms. Die Syntax der Anweisungen FUNCTION und END FUNCTION im Fall eines externen Funktionsunterprogramms ist in Abschnitt 9.2 ausführlich behandelt worden. Die Schnittstellendeklaration eines Operator-Funktionsunterprogramms substituiert die Anweisungen, für die `eingeschränkter Vereinbarungsteil` steht. Auf die Ausführungen zur Schnittstellendeklaration eines Unterprogramms in Abschnitt 9.1 wird hingewiesen.

Wie bereits in Abschnitt 5.3 erwähnt worden ist, nimmt ein unärer anwenderdefinierter Operator die erste Stufe in der Auswertungshierarchie von Operatoren ein. Ein anwenderdefinierter binärer Operator wird auf der sechsten, der niedrigsten Hierarchiestufe ausgewertet. Die Hierarchiestufen 2 bis 5 der internen Operatoren sind in Tabelle 7.5 zusammengefaßt worden. Eine *anwenderdefinierte Operation* ist entweder eine unäre oder eine binäre anwenderdefinierte Operation. Bezeichnet `op` einen unären anwenderdefinierten Operator und ist `operand2` ein Operand von zulässigem Datentyp, dann beschreibt `op operand2` eine *unäre anwenderdefinierte Operation*. Analog heißt `operand1 op operand2` eine *binäre anwenderdefinierte Operation*.

```
        Beispiel binäre anwenderdefinierte Operation

MODULE modul_operatoren
   INTERFACE OPERATOR (.impl.)
      MODULE PROCEDURE op_implikation
   END INTERFACE
   ...
   CONTAINS
      FUNCTION op_implikation (log_ausdr1, log_ausdr2)        &
                                        RESULT(implikation)
         IMPLICIT NONE
            LOGICAL, INTENT(IN) :: log_ausdr1, log_ausdr2
            LOGICAL :: implikation
               IF ( .NOT.log_ausdr1 .OR. log_ausdr2) THEN
                  implikation = .TRUE.
               ELSE
                  implikation = .FALSE.
               END IF
      END FUNCTION op_implikation
   ...
END MODULE modul_operatoren

  PROGRAM anw_def_operator
     USE modul_operatoren
       ...
         LOGICAL ::  operand1 = .TRUE., operand2 = .TRUE.,        &
                     erg_anw_op = .TRUE.
       ...
         erg_anw_op = operand1 .impl. operand2
```

Bezogen auf das Beispiel wird im Modul `modul_operatoren` ein Operator-Funktionsunterprogramm, das Modul-Funktionsunterprogramm `op_implikation`, und dazu ein Operator-Schnittstellenblock vereinbart, mit dem das Endsymbol für den anwenderdefinierten Operator `.impl.` festgelegt wird. Für das Hauptprogramm `anw_def_operator` ist über die Referenz auf das Modul der Operator-Schnittstellenblock für das Operator-Funktionsunterprogrammm `op_implikation` zugänglich. Die Ausführung der anwenderdefinierten Operation `operand1 .impl. operand2` führt zu einem impliziten Aufruf dieses Operator-Funktionsunterprogramms. Auf das Programmbeispiel 9.b wird hingewiesen.

Wird ein Operator-Schnittstellenblock vereinbart und in der zugehörigen Anweisung INTERFACE das Zwischensymbol `op` durch das Endsymbol eines internen Operators substituiert, dann liegt ein Operator-Schnittstellenblock für einen erweiterten internen Operator vor. Der Name, der im Operator-Schnittstellenblock `mod_f_nam` oder `f_name` substituiert, muß der Name eines Operator-Funktionsunterprogramms sein, mit dem dieser interne Operator echt erweitert wird. Dazu ist es erforderlich, daß in der Formalparameterliste zu diesem Operator-Funktionsunterprogramm mindestens ein Formalparameter von einem Datentyp oder von einem Datentyp mit einem Typparameter KIND oder von einem Rang ist, so daß eine interne Operation mit einem Operanden von diesem Datentyp oder von dem Datentyp mit diesem Typparameter KIND oder von diesem Rang unzulässig ist. Zu einem unären internen Operator läßt sich nur ein unärer erweiterter interner Operator vereinbaren. Analog gilt, daß sich zu einem binären internen Operator nur ein binärer erweiterter interner Operator vereinbaren läßt. Jeder erweiterte interne Operator nimmt in bezug auf seine Auswertung die Hierarchie- und Prioritätsstufe des zugehörigen internen Operators ein. Auf die Zusammenfassung der Hierarchie- und Prioritätsstufen interner Operatoren in Tabelle 7.5 wird nochmals hingewiesen. Die Begriffe unäre und binäre anwenderdefinierte Operation lassen sich übertragen. Bezeichnet `op` einen unären erweiterten internen Operator und ist `operand2` Operand von einem Datentyp oder von einem Datentyp mit einem Typparameter KIND oder von einem Rang, so daß `op operand2` nicht bereits interne Operation ist, dann beschreibt `op operand2` eine *unäre erweiterte interne Operation*. Dies gilt analog für eine *binäre erweiterte interne Operation*. Demnach bestimmen die Merkmale Datentyp, Typparameter KIND und Rang eines Operanden, ob eine interne oder eine erweiterte interne Operation vorliegt.

Bezogen auf das folgende Beispiel wird im Modul `modul_operatoren` ein Operator-Funktionsunterprogramm, das Modul-Funktionsunterprogramm `op_gleich`, und dazu ein Operator-Schnittstellenblock vereinbart, wobei das Zwischensymbol `op` in der Anweisung INTERFACE durch das Endsymbol des internen Vergleichsoperators `.EQ.` substituiert wird. Der Formalparameter `bruch1` in der Formalparameterliste zu diesem Operator-Funktionsunterprogramm ist von dem abgeleiteten Datentyp `bruch`. Eine binäre interne Operation mit einem Operanden von diesem Datentyp und dem internen Vergleichsoperator `.EQ.` als Operator ist unzulässig. Demnach liegt ein erweiterter interner Operator vor. Für das Hauptprogramm `anw_def_operator` ist über die Referenz auf das Modul der Operator-Schnittstellenblock für das Operator-Funktionsunterprogrammm `op_gleich` zugänglich. Die Ausführung der binären erweiterten internen Operation `bruch1 .EQ. bruch2` führt zu einem impliziten Aufruf dieses Operator-Funktionsunterprogramms. Eine binäre interne Operation ist hingegen gegen `gek_bruch1%zaehler .EQ. gek_bruch2%zaehler`. Der erweiterte interne Operator `.EQ.` und der interne Operator `.EQ.` nehmen die vierte Stufe in der Auswertungshierarchie von Operatoren ein. Auf das Programmbeispiel 9.b wird hingewiesen.

```
Beispiel binäre erweiterte interne Operation

MODULE modul_operatoren
    ...
    TYPE bruch
        INTEGER :: zaehler, nenner
    END TYPE bruch
        INTERFACE OPERATOR (.EQ.)
            MODULE PROCEDURE op_gleich
        END INTERFACE
    CONTAINS

    ...
    FUNCTION op_gleich (bruch1, bruch2) RESULT(gleich)
        IMPLICIT NONE
        TYPE (bruch), INTENT(IN) :: bruch1, bruch2
            LOGICAL :: gleich
        TYPE (bruch) :: gek_bruch1 = bruch(0,1),                  &
                        gek_bruch2 = bruch(0,1)
            gek_bruch1 = kuerzen (bruch1)
            gek_bruch2 = kuerzen (bruch2)

            gleich = gek_bruch1%zaehler .EQ. gek_bruch2%zaehler   &
                        .AND.                                     &
                        gek_bruch1%nenner .EQ. gek_bruch2%nenner
    END FUNCTION op_gleich

    FUNCTION kuerzen (bruch1) RESULT(gek_bruch1)
        IMPLICIT NONE
            TYPE (bruch), INTENT(IN) :: bruch1
            TYPE (bruch) :: gek_bruch1
        ...
    END FUNCTION kuerzen
    ...
END MODULE modul_operatoren

  PROGRAM anw_def_operator
    USE modul_operatoren
      ...
        TYPE (bruch) :: bruch1 = bruch(0,1), bruch2 = bruch(0,1)
          ...
        IF ( bruch1 .EQ. bruch2 ) THEN
          ...
        END IF
```

Es ist zulässig, einen internen Operator mehrfach zu erweitern. Der zugehörige Operator-Schnittstellenblock ist dann für mindestens zwei Operator-Funktionsunterprogramme zu spezifizieren, mit denen dieser interne Operator echt erweitert wird. Ein solcher Operator-Schnittstellenblock ist davon abhängig zu spezifizieren, ob das jeweilige Operator-Funktionsunterprogramm Modul-Funktionsunterprogramm, externes Funktionsunterprogramm oder geeignetes Formalparameter-Unterprogramm ist. Eindeutigkeit ist zu gewährleisten. Dazu muß sich für jedes Paar von Operator-Funktionsunterprogrammen mindestens ein Formalparameter in der Formalparameterliste zu dem einen Operator-Funktionsunterprogramm von dem positionsgleichen Formalparameter in der Formalparameterliste zu dem anderen Operator-Funktionsunterprogramm in Datentyp, Typparameter KIND oder Rang unterscheiden.

Auch ein anwenderdefinierter Operator läßt sich erweitern. Der zugehörige Operator-Schnittstellenblock ist dann für mindestens zwei Operator-Funktionsunterprogramme zu spezifizieren, und zwar abhängig davon, ob das jeweilige Operator-Funktionsunterprogramm Modul-Funktionsunterprogramm, externes Funktionsunterprogramm oder geeignetes Formalparameter-Unterprogramm ist. Um Eindeutigkeit zu gewährleisten, muß sich für jedes Paar von Operator-Funktionsunterprogrammen mindestens ein Formalparameter in der Formalparameterliste zu dem einen Operator-Funktionsunterprogramm von dem positionsgleichen Formalparameter in der Formalparameterliste zu dem anderen Operator-Funktionsunterprogramm in Datentyp, Typparameter KIND oder Rang unterscheiden. Im Fall eines impliziten Aufrufs wird nach dem Datentyp, Typparameter KIND und dem Rang des oder der Operanden entschieden, welches Operator-Funktionsunterprogramm referenziert wird.

Wird eine binäre anwenderdefinierte, erweiterte anwenderdefinierte oder eine erweiterte interne Operation spezifiziert, dann ist zu gewährleisten, daß

▶   Datentyp, Typparameter, Rang und, falls der Rang von 0 verschieden ist, die Gestalt des ersten Operanden mit dem Datentyp, den Typparametern, dem Rang und, falls der Rang von 0 verschieden ist, der Gestalt des ersten Formalparameters in der Formalparameterliste zu dem zugehörigen Operator-Funktionsunterprogramm übereinstimmt

▶   Datentyp, Typparameter, Rang und, falls der Rang von 0 verschieden ist, die Gestalt des zweiten Operanden mit dem Datentyp, den Typparametern, dem Rang und, falls der Rang von 0 verschieden ist, der Gestalt des zweiten Formalparameters in der Formalparameterliste zu dem zugehörigen Operator-Funktionsunterprogramm übereinstimmt.

Dies gilt analog für den Fall einer unären anwenderdefinierten, erweiterten anwenderdefinierten oder erweiterten internen Operation.

Bisher sind ebenfalls ausschließlich interne Zuweisungsanweisungen behandelt und in Programmbeispielen verwendet worden. Wie bereits wiederholt erwähnt worden ist, lassen sich unter Standard Fortran 90 auch anwenderdefinierte Zuweisungsanweisungen vereinbaren. Es ist zweckmäßig, eine anwenderdefinierte Zuweisungsanweisung zu vereinbaren, wenn im algorithmischen Kontext Zuweisungen erforderlich sind, die sich mit den internen Zuweisungsanweisungen nicht realisieren lassen, wie etwa die Zuweisung des Ergebnisses der Auswertung eines Ausdrucks vom Datentyp CHARACTER an eine Variable vom Datentyp INTEGER. Um eine anwenderdefinierte Zuweisungsanweisung festzulegen, ist eine Subroutine zu vereinbaren und dazu ein Zuweisungsanweisung-Schnittstellenblock zu spezifizieren. Eine solche Subroutine, die auch als *Zuweisung-Subroutine* bezeichnet wird, dient dazu, in bezug auf eine anwenderdefinierte Zuweisungsanweisung sowohl Datentyp, Typparameter, Rang und Gestalt des Ergebnisses der Auswertung eines Ausdrucks als auch der Variablen zu vereinbaren, an die eine Wertzuweisung erfolgen soll, sowie die Operation zu spezifizieren, die zur Wertzuweisung auszuführen ist. Eine Zuweisung-Subroutine ist entweder eine externe Subroutine, eine Modul-Subroutine oder ein Formalparameter-Unterprogramm, das Platzhalter für eine externe Subroutine oder eine Modul-Subroutine ist. Auf die Darstellung von Syntax und Semantik einer externen Subroutine in Abschnitt 9.3 sowie einer Modul-Subroutine in Abschnitt 9.5 wird Bezug genommen. Ein Zuweisungsanweisung-Schnittstellenblock dient dazu, unter den referenzierbaren externen Subroutinen und den zugänglichen Modul-Subroutinen diejenigen auszuzeichnen, die Zuweisung-Subroutine sind. Eine anwenderdefinierte Zuweisungsanweisung hat die folgende Syntax.

```
        Syntax  anwenderdefinierte Zuweisungsanweisung

variable = ausdruck
```

Dabei bezeichnet `ausdruck` einen Ausdruck und `variable` den Namen oder Teilobjektbezeichner einer Variablen. Im Fall der Ausführung einer anwenderdefinierten Zuweisungsanweisung werden zunächst der Ausdruck `ausdruck` und die Variable `variable` voneinander unabhängig ausgewertet. Dann wird das Resultat der Auswertung des Ausdrucks der Variablen zugewiesen, deren Name oder Teilobjektbezeichner `variable` substituiert. Dazu wird, vereinfachend formuliert, eine Zuweisung-Subroutine referenziert. Es ist unzulässig, daß der Ausdruck, der in der Zuweisungsanweisung `ausdruck` substituiert, und die Variable, deren Name oder Teilobjektbezeichner in der Zuweisungsanweisung `variable` ersetzt, beide von numerischem Datentyp, beide vom Datentyp LOGICAL oder beide vom Datentyp CHARACTER mit demselben Typparameter KIND sind. Für den Fall, daß sowohl der Ausdruck, der in der Zuweisungsanweisung `ausdruck` substituiert, als auch die Variable, deren Name oder Teilobjektbezeichner in der Zuweisungsanweisung `variable` ersetzt, von dem gleichen abgeleiteten Datentyp sind, wird mit der anwenderdefinierten Zuweisungsanweisung die interne Zuweisungsanweisung für Datenobjekte von abgeleitetem Datentyp redefiniert.

Wird ein Zuweisungsanweisung-Schnittstellenblock zu einer Zuweisung-Subroutine oder zu Zuweisung-Subroutinen vereinbart, wobei jede Zuweisung-Subroutine Modul-Subroutine ist, dann hat ein solcher Schnittstellenblock die folgende Syntax.

```
      Syntax Zuweisungsanweisung-Schnittstellen-
             block, Zuweisung-Subroutine(n) als
             Modul-Subroutine(n)

INTERFACE ASSIGNMENT (=)
   MODULE PROCEDURE mod_s_nam [, mod_s_nam]...
END INTERFACE
```

Dabei steht mod_s_nam für den Namen der Haupt- oder einer Nebeneingangsstelle einer Modul-Subroutine, die Zuweisung-Subroutine ist.

Wird ein Zuweisungsanweisung-Schnittstellenblock zu einer Zuweisung-Subroutine oder zu Zuweisung-Subroutinen vereinbart, wobei jede Zuweisung-Subroutine externe Subroutine ist, dann muß im Schnittstellenblock die Schnittstellendeklaration der jeweiligen Subroutine spezifiziert werden. Ein solcher Zuweisungsanweisung-Schnittstellenblock hat daher die folgende Syntax.

```
      Syntax Zuweisungsanweisung-Schnittstellen-
             block, Zuweisung-Subroutine(n) als
             externe Subroutine(n)

INTERFACE ASSIGNMENT (=)
 [RECURSIVE] SUBROUTINE s_name [ ( [f_p_liste] ) ]
                    [eingeschränkter Vereinbarungsteil]
             END SUBROUTINE [s_name]
 [ [RECURSIVE] SUBROUTINE s_name [ ( [f_p_liste] ) ]
                    [eingeschränkter Vereinbarungsteil]
             END SUBROUTINE [s_name] ]...
END INTERFACE
```

Dabei bezeichnet s_name den Namen der Haupt- oder einer Nebeneingangsstelle einer externen Subroutine. Die Syntax der Anweisungen SUBROUTINE und END SUBROUTINE im Fall einer externen Subroutine ist in Abschnitt 9.3 ausführlich behandelt worden. Die Schnittstellendeklaration einer Zuweisung-Subroutine substituiert die Anweisungen, für die eingeschränkter Vereinbarungsteil steht. Auf die Ausführungen zur Schnittstellendeklaration eines Unterprogramms in Abschnitt 9.1 wird hingewiesen.

Die Formalparameterliste zu einer Zuweisung-Subroutine besteht aus genau zwei Formalparametern. Jeder dieser Formalparameter ist Formaldatenobjekt. Der erste Formalparameter ist implizit Ausgabeparameter, der zweite Formalparameter implizit Eingabeparameter. Es ist zulässig, dem ersten Formalparameter explizit das Merkmal Ausgabeparameter oder Ein-Ausgabeparameter zuzuordnen und den zweiten Formalparameter explizit als Eingabeparameter zu spezifizieren. Hingegen ist es unzulässig, einem solchen Formalparameter das Attribut OPTIONAL zuzuordnen.

In der Regel ist es zu bevorzugen, eine Zuweisung-Subroutine als Modul-Subroutine zu vereinbaren. Eine solche Zuweisung-Subroutine läßt sich (explizit) referenzieren wie eine Modul-Subroutine. Dies gilt analog für eine Zuweisung-Subroutine, die als externe Subroutine vereinbart wird. Ist jedoch in dem referenzierenden Programmbaustein ein Zuweisungsanweisung-Schnittstellenblock für die Zuweisung-Subroutine als externe Subroutine spezifiziert oder ein Zuweisungsanweisung-Schnittstellenblock für die Zuweisung-Subroutine als Modul-Subroutine über die Referenz auf ein Modul zugänglich, dann wird eine Zuweisung-Subroutine auch referenziert, wenn eine anwenderdefinierte Zuweisungsanweisung ausgeführt wird. Eine solche Referenz auf eine Zuweisung-Subroutine wird ebenfalls als *impliziter Aufruf* bezeichnet.

Für den impliziten Aufruf einer Zuweisung-Subroutine ist ferner zu gewährleisten, daß

▶ Datentyp, Typparameter, Rang und, falls der Rang von 0 verschieden ist, die Gestalt der Variablen, deren Name oder Teilobjektbezeichner in der Zuweisungsanweisung `variable` substituiert, mit dem Datentyp, den Typparametern, dem Rang und, falls der Rang von 0 verschieden ist, der Gestalt des ersten Formalparameters in der Formalparameterliste zu der zugehörigen Zuweisung-Subroutine übereinstimmt

▶ Datentyp, Typparameter, Rang und, falls der Rang von 0 verschieden ist, Gestalt des Ergebnisses der Auswertung des Ausdrucks, der in der Zuweisungsanweisung `ausdruck` ersetzt, mit dem Datentyp, den Typparametern, dem Rang und, falls der Rang von 0 verschieden ist, der Gestalt des zweiten Formalparameters in der Formalparameterliste zu der zugehörigen Zuweisung-Subroutine übereinstimmt.

Auch ein anwenderdefinierte Zuweisungsanweisung läßt sich erweitern. Der zugehörige Zuweisung-Schnittstellenblock ist dann für mindestens zwei Zuweisung-Subroutinen zu spezifizieren, und zwar abhängig davon, ob die jeweilige Zuweisung-Subroutine Modul-Subroutine, externe Subroutine oder geeignetes Formalparameter-Unterprogramm ist. Um Eindeutigkeit zu gewährleisten, muß sich für jedes Paar von Zuweisung-Subroutinen mindestens ein Formalparameter in der Formalparameterliste zu der einen Zuweisung-Subroutine von dem positionsgleichen Formalparameter in der Formalparameterliste zu der anderen Zuweisung-Subroutine in Datentyp, Typparameter KIND oder Rang unterscheiden. Wird eine erweiterte anwenderdefinierte Zuweisungsanweisung ausgeführt, dann bestimmen die Merkmale Datentyp, Typparameter KIND und Rang des Ergebnisses der Auswertung des Ausdrucks, der in der Zuweisungsanweisung `ausdruck` substituiert, sowie die Merkmale Datentyp, Typparameter KIND und Rang der Variablen, deren Name oder Teilobjektbezeichner `variable` ersetzt, welche Zuweisung-Subroutine referenziert wird.

```
┌─ Beispiel anwenderdefinierte Zuweisungsanweisung ─┐
│                                                     │
MODULE modul_zuweisung
    INTERFACE ASSIGNMENT (=)
       MODULE PROCEDURE character_an_integer
    END INTERFACE
  CONTAINS
  SUBROUTINE character_an_integer (int_var, char_ausdr)
     IMPLICIT NONE
        CHARACTER (LEN=*), INTENT(IN) :: char_ausdr
        INTEGER, INTENT(OUT) :: int_var
           READ(char_ausdr, *) int_var
  END SUBROUTINE character_an_integer
END MODULE modul_zuweisung

PROGRAM anw_def_zuweisung
   USE modul_zuweisung

     ...
     CHARACTER ( LEN=8 ) :: anf_datum='
     ...
     INTEGER :: index_atm = 0
        ...
        READ ( 10, * ) anf_datum
        ...
        index_atm = anf_datum(4:5)
```

Bezogen auf das Beispiel wird im Modul `modul_zuweisung` eine Zuweisung-Subroutine, die Modul-Subroutine `character_an_integer`, und dazu ein Zuweisungsanweisung-Schnittstellenblock vereinbart. Der Formalparameter `int_var` in der Formalparameterliste zu dieser Zuweisung-Subroutine ist vom Datentyp INTEGER, der Formalparameter `char_ausdr` in der Formalparameterliste zu dieser Zuweisung-Subroutine ist vom Datentyp CHARACTER. Es existiert keine interne Zuweisungsanweisung, so daß `ausdruck` durch einen Ausdruck substituierbar ist, dessen Auswertung ein Ergebnis vom Datentyp CHARACTER liefert, und sich `variable` durch den Namen oder Teilobjektbezeichner einer Variablen vom Datentyp INTEGER ersetzen läßt. Demnach liegt mit `index_atm = anf_datum(4:5)` keine interne Zuweisungsanweisung vor. Für das Hauptprogramm `anw_def_zuweisung` ist über die Referenz auf das Modul der Zuweisungsanweisung-Schnittstellenblock für die Zuweisung-Subroutine `character_an_integer` zugänglich. Die Ausführung der Zuweisungsanweisung `index_atm = anf_datum(4:5)` führt zu einem impliziten Aufruf dieser Zuweisung-Subroutine. Auf das Programmbeispiel 9.c wird hingewiesen.

9.9 Übungen zu Kapitel 9

9.1   Modifizieren Sie das von Ihnen entwickelte Standard Fortran 90 Programm zur Lösung von Aufgabe 8.3 so, daß dieses Programm insoweit modular aufgebaut ist, daß sowohl die Eingabe als auch die Ausgabe über Subroutinen organisiert wird!

Stellen Sie dazu mindestens je eine Subroutine

▶   für die Eingabe der Anfangsbesiedlung

▶   für die Ausgabe der Besiedlungsstruktur

bereit!

Organisieren Sie auch die Behandlung von Fehlern bei der dynamischen Speicherung eines Felds und bei der dynamischen Wiederfreigabe des Speicherbereichs, der von einem dynamischen gespeicherten Feld belegt wird, über je eine Subroutine!

9.2   Erstellen Sie ein Standard Fortran 90 Programm zur Berechnung von Näherungswerten für die Funktionswerte der Wahrscheinlichkeitsdichte der Standardnormalverteilung

$$f(x) = \frac{1}{z} \exp\left(-\frac{1}{2}x^2 \right), \quad x \in R \text{ und } z = (2\pi)^{1/2}$$

in Funktionsunterprogrammen, und zwar

a)   unter Verwendung der Standardfunktion EXP,

b)   unter Verwendung der Reihenentwicklung der Funktion

$$\exp\left(-\frac{1}{2}x^2 \right) = \sum_{n=0}^{\infty} (-1)^n \frac{1}{2^n} \frac{x^{2n}}{n!}, x \in R$$

Die iterative Berechnung des jeweiligen Funktionswerts ist in geeigneter Weise abzubrechen! Lassen Sie den Wert des Reihenglieds bei Abbruch der Iteration ausgeben!

c)   unter Verwendung der folgenden Polynom-Approximation

$$f(x) = \left(\sum_{n=0}^{5} a_{2n} x^{2n} \right)^{-1} + err(x)$$

mit $err(x)$ Fehler, $|err(x)| < 2.3*10^{-4}$ und

$$\begin{aligned}
a_0 &= 2.5052367 & a_6 &= 0.1306469 \\
a_2 &= 1.2831204 & a_8 &= -0.0202490 \\
a_4 &= 0.2264718 & a_{10} &= 0.0039132
\end{aligned}$$

Konstruieren Sie den Algorithmus zur Auswertung des Polynoms nach dem Horner-Schema!

Verwenden Sie den funktionalen Zusammenhang

$$f(x) = f(-x)!$$

Bestimmen Sie näherungsweise den maximalen Wert des Arguments für die Funktion, der für eine Approximation nach a), b), c) noch geeignet ist! Verwenden Sie zur Bestimmung der kleinsten positiven Gleitpunktzahl erhöhter Genauigkeit die Standardfunktion TINY!

Informieren Sie für größere Werte des Absolutbetrags des Arguments den Anwender Ihres Programms darüber, daß eine Approximation nicht erfolgt!

Organisieren Sie die Dateneingabe und die Ausgabe von Argumenten und approximierten Funktionswerten im Hauptprogramm!

Verwenden Sie für Berechnungen Gleitpunktzahlen erhöhter Genauigkeit!

Lassen Sie mit dem von Ihnen entwickelten Programm beispielhaft Berechnungen für die Werte durchführen, die in der Datei AUFGB9_2.DAT abgespeichert sind!

9.3 Erstellen Sie ein Standard Fortran 90 Programm zur Durchführung des Dispersionsindex-Tests!

Nullhypothese zu dem Dispersionsindex-Test ist

H_0: Die beobachteten Anzahlen von Objekten in disjunkten (zweidimensionalen) Flächen gleichen Flächeninhalts sind von einem homogenen Poisson-Prozeß erzeugt worden.

Schritt 1:

Bestimmen Sie aus beobachteten Anzahlen von Objekten in Rasterflächen von gleichem Flächeninhalt einen Schätzwert für den Erwartungswert mit Hilfe des Schätzers arithmetisches Mittel x_{am} und einen Schätzwert für die Varianz mit Hilfe des Schätzers s^2!

Berechnen Sie den beobachteten Wert für die Statistik

$$D_n \ = \ (n-1) s^2/x_{am},$$

wobei n den Stichprobenumfang bezeichnet.

Die Statistik D_n ist unter H_0 asymptotisch χ^2-verteilt mit $(n-1)$ Freiheitsgraden.

Schritt 2:

Berechnen Sie für die Wahrscheinlichkeit $P(\chi^2_{(n-1)} < D_n)$, $\chi^2_{(n-1)}$ χ^2-verteilte Zufallsvariable mit $(n-1)$ Freiheitsgraden, einen Näherungswert und geben Sie zu D_n diesen Näherungswert mit der zugehörigen Erläuterung seiner Bedeutung an!

Für eine χ^2-verteilte Zufallsvariable χ^2_k mit k Freiheitsgraden und für $x \in R$ gilt:

$$P(\chi^2_k < x) = (\tfrac{1}{2}x)^{k/2} * \exp(-x/2)/\Gamma((k+2)/2) * \{1 + \sum_{r=1}^{\infty} x^r/p(r)\}$$

mit $p(r) = [(k+2) * \ldots * (k+2r)]$ für $2 \le r$ und $p(1) = k+2$.

Ferner gilt für die Funktionswerte $\Gamma((k+2)/2)$ der Gammafunktion in dem Fall, daß $k \in N$ und k gerade ist:

$$\Gamma((k+2)/2) = \Gamma(m+1) = m! \text{ mit } k = 2m$$

sowie in dem Fall, daß $k \in N$ und k ungerade ist:

$$\Gamma((k+2)/2) = \Gamma((m+1)+1/2) \text{ mit } k = 2m+1 \text{ und}$$

$$\Gamma((m+1)+1/2) = 1 * \ldots * (2(s+1)-1) * \ldots * (2(m+1)-1) * q(m+1)$$

$$\text{mit } q(m+1) = \pi^{1/2}/2^{(m+1)} \text{ und } 0 \leq s < m.$$

Alternativ läßt sich ein Näherungswert für den Funktionswert $\Gamma(x)$, $x > 0$, ermitteln, indem zunächst ein Näherungswert für $\log_e(\Gamma(x))$, $x > 0$, mit Hilfe eines dazu geeigneten Algorithmus (s. z.B. Press, W.H. et al. (1988), S. 156 ff. oder Griffiths, P. and Hill, I.D. (1985), S. 243 ff.) berechnet wird. Dies erweist sich dann als zweckmäßig, wenn die Lösung der Aufgabe dahingehend erweitert wird, daß die Eingabe eines Werts für den Fehler 1. Art, den α-Fehler, vorgesehen wird und im Fall der zweiseitigen Alternativhypothese beim Dispersionsindex-Test Näherungswerte für die kritischen Werte $x_{\alpha/2}$ und $x_{1-\alpha/2}$ berechnet und ausgegeben werden. Dazu geeignete Algorithmen sind u.a. in Griffiths, P. and Hill, I.D. (1985), S. 157 ff. (Algorithmen AS 91, AS 111, AS 147 und AS 291) beschrieben.

Führen Sie mit dem von Ihnen entwickelten Programm mindestens eine Auswertung für die Stichprobenwerte durch, die in der Datei AUFGB9_3.DAT abgespeichert sind!

Hinweise:
Die Stichprobenwerte sind wie folgt in einer Datei abgespeichert:

```
[Einheiten]        [Objekte]
< Anzahl zu 0 >    0
< Anzahl zu 1 >    1
   ...                ...
```

Nur die beobachteten Anzahlen von Flächen zu einer fest vorgegebenen Anzahl von Objekten sind abgespeichert, die von 0 verschieden sind.

A   Standardunterprogramme

Von einem standardkonformen Fortran 90 Compilersystem sind 113 Standardunterprogramme bereitzustellen. Diese Standardunterprogramme dienen dazu, den Programmierer bei der Entwicklung von standardkonformen Programmen nachhaltig zu unterstützen. Im folgenden werden diese 113 Standardfunktionen und Standardsubroutinen kurzgefaßt beschrieben. Die Standardunterprogramme werden in 4 Klassen eingeteilt, und zwar in die Klasse der elementweise auswertenden Unterprogramme, der Abfragefunktionen, der Transformationsfunktionen und der Standardsubroutinen, die keine elementweise auswertenden Standardsubroutinen sind.

Ein Standardunterprogramm wird wie ein entsprechendes anwenderdefiniertes Unterprogramm referenziert. Die Schnittstelle eines Standardunterprogramms ist, wie bereits in Abschnitt 9.1 erwähnt, stets explizit. Unter den Standardfunktionen gibt es Funktionsunterprogramme mit generischem Namen. Wird eine Standardfunktion, die sowohl einen generischen als auch einen spezifischen Namen hat, mit ihrem generischen Namen referenziert, dann hat in der Regel das Ergebnis des Funktionsunterprogramms den Datentyp und Typparameter KIND des oder der Aktualparameter. Falls der Name einer Standardfunktion als Aktualparameter zu einem korrespondierenden Formalparameter-Unterprogramm spezifiziert wird, dann muß der spezifische Name dieser Standardfunktion angegeben werden. Ferner muß die Referenz auf das Formalparameter-Unterprogramm in dem aufgerufenen Unterprogramm so spezifiziert sein, daß jeder Aktualparameter skalar ist. In der Aktualparameterliste zu der Referenz auf ein Standardunterprogramm läßt sich jeder Aktualparameter auch als Schlüsselwortparameter spezifizieren. Erforderlich ist die Angabe eines Aktualparameters als Schlüsselwortparameter, falls zu einem der Position nach vorangehenden Formalparameter, dem das Attribut OPTIONAL zugeordnet ist, weder ein Aktualparameter über die Position noch als Schlüsselwortparameter korrespondiert.

Die Klasse der elementweise auswertenden Unterprogramme umfaßt Funktionsunterprogramme, die im folgenden kurz als Elementfunktionen bezeichnet werden, und eine Subroutine. Eine *Elementfunktion* ist ein Funktionsunterprogramm mit dem Merkmal, daß grundsätzlich jeder Aktualparameter in der Aktualparameterliste, die zu der Referenz auf das Funktionsunterprogramm spezifiziert wird, ein Skalar ist. Es ist allerdings zulässig, feldwertige Aktualparameter anzugeben. Dann wird, vereinfachend formuliert, eine solche Standardfunktion feldelementweise ausgewertet, wobei die Auswertungsreihenfolge nicht auf das Ergebnis der Elementfunktion wirkt. Falls jeder Aktualparameter in der Aktualparameterliste zu dem Aufruf einer Elementfunktion skalar ist, dann ist auch das Ergebnis des Funktionsunterprogramms skalar. Die Gestalt des Ergebnisses stimmt stets mit der Gestalt des Aktualparameters überein, der den größten Rang hat. Ist ferner die Anzahl der Aktualparameter in der Aktualparameterliste zu der Referenz auf eine Elementfunktion größer als 1, dann müssen die Aktualparameter konform sein. Demnach ist im Fall eines Aktualparameters vom Rang größer als 0 das Ergebnis einer

Elementfunktion ein Feld von der Gestalt der feldwertigen Aktualparameter in der Aktualparameterliste zu dem Aufruf dieser Elementfunktion. Wird ein Aktualparameter so spezifiziert, daß die Standardfunktion KIND referenziert wird, dann muß diese Referenz skalarer Initialisierungsausdruck vom Datentyp INTEGER sein. Die Auswertung dieses Ausdrucks muß einen Wert liefern, der unter dem jeweiligen Compilersystem kontextabhängig ein zulässiger Wert des Typparameters KIND ist.

```
Beispiel Elementfunktion

REAL, DIMENSION(5) :: x_feld = 0.
REAL (KIND(0.D0)) :: x = 0.D0
   ...
        x = ABS(x)
    x_feld = ABS(x_feld)
```

Im Beispiel ist der Aktualparameter x in der Aktualparameterliste zu dem Aufruf der Standardfunktion ABS skalare Variable und damit das Ergebnis dieser Elementfunktion skalar. Hingegen ist der Aktualparameter x_feld in der Aktualparameterliste zu der Referenz auf die Standardfunktion ABS ein Feld der Gestalt <<5>> und damit hat das Ergebnis dieser Elementfunktion die Gestalt <<5>>. Auf das Programmbeispiel A.1 wird hingewiesen.

```
Beispiel Elementfunktion und Standardfunktion KIND

INTEGER, PARAMETER :: kurz=SELECTED_INT_KIND(3)
INTEGER (kurz) :: var1 = 121_kurz
INTEGER :: var6 = 0
   ...
    var6 = INT(var1, KIND(var6))
```

Im Beispiel ist der Aktualparameter KIND(var6) in der Aktualparameterliste zu der Referenz auf die Standardfunktion INT skalare Datengröße und skalarer Initialisierungsausdruck vom Datentyp INTEGER. Auf das Programmbeispiel A.1 wird hingewiesen.

Analog gilt für eine elementweise auswertende Standardsubroutine, daß zu der Referenz feldwertige Aktualparameter in der Aktualparameterliste zulässig sind, eine solche Standardsubroutine jedoch, vereinfachend formuliert, feldelementweise ausgewertet wird. Entweder ist zu der Referenz auf eine solche Subroutine jeder Aktualparameter skalar oder jeder Aktualparameter, der zu einem Formalparameter korrespondiert, der Ausgabeparameter oder Ein-Ausgabeparameter ist, muß ein Feld derselben Gestalt und alle Aktualparameter in der Aktualparameterliste zu dem Aufruf einer solchen Subroutine müssen konform sein. Einzige elementweise auswertende Standardsubroutine ist die Subroutine MVBITS.

Als charakteristisches Merkmal einer Abfragefunktion gilt, daß das Ergebnis eines solchen Funktionsunterprogramms von Eigenschaften der Aktualparameter, jedoch nicht von deren Bestimmtheitsstatus abhängt. Der Bestimmtheitsstatus eines Aktualparameters in der Aktualparameterliste zu der Referenz auf eine Abfragefunktion kann undefiniert sein.

```
┌─ Beispiel Abfragefunktion ─┐
│                                                              │
│  REAL :: x_real                                              │
│     ...                                                      │
│  WRITE (aus1, 4000) PRECISION(x_real)                        │
│  4000 FORMAT (' Abfragefunktion PRECISION          '    / &  │
│               ' Regeldatentyp REAL                 '    / &  │
│               ' Darstellungsgenauigkeit im Dezimalsystem ', I3 /// ) │
│                                                              │
└──────────────────────────────────────────────────────────────┘
```

Im Beispiel hat der Aktualparameter `x_real` in der Aktualparameterliste zu dem Aufruf der Standardfunktion PRECISION den Bestimmtheitsstatus, undefiniert zu sein. Auf das Programmbeispiel A.1 wird hingewiesen.

Jede Standardfunktion, die weder zur Klasse der Elementfunktionen noch zur Klasse der Abfragefunktionen gehört, ist eine Transformationsfunktion. In der Regel sind Aktualparameter in der Aktualparameterliste zu dem Aufruf einer Transformationsfunktion feldwertig. Das Ergebnis eines solchen Funktionsunterprogramms kann skalar oder feldwertig sein, muß jedoch weder im Rang noch in der Gestalt mit dem Rang und der Gestalt eines oder mehrerer Aktualparameter übereinstimmen.

```
┌─ Beispiele Transformationsfunktion ─┐
│                                                          │
│  REAL :: erg_skalar_pr = 0.                              │
│  REAL, DIMENSION ( 3)    :: vektor_b = 0.                │
│  REAL, DIMENSION (10)    :: vektor_c = 0.                │
│  REAL, DIMENSION (10, 3) :: matrix_a = 0.                │
│     ...                                                  │
│       vektor_c = MATMUL(matrix_a, vektor_b)              │
│  erg_skalar_pr = DOT_PRODUCT(vektor_c, vektor_c)         │
│                                                          │
└──────────────────────────────────────────────────────────┘
```

Im Beipiel hat das Ergebnis der Transformationsfunktion MATMUL die Gestalt <<10>> und das Ergebnis der Transformationsfunktion DOT_PRODUCT hat den Rang 0. Auf das Programmbeispiel A.1 wird hingewiesen.

Die Klasse der Standardsubroutinen umfaßt Subroutinen zur Ermittlung von Zeitwerten und Datum, zur Erzeugung von Pseudozufallszahlen sowie zum Ersetzen der Werte einer Sequenz von Bits in der internen Darstellung von Festpunktzahlen. Es ist unzulässig, den Namen einer Standardsubroutine als Aktualparameter in der Aktualparameterliste zu der Referenz auf ein Unterprogramm zu verwenden. Wie bereits in Abschnitt 9.2 erwähnt worden ist, hat auch der Name einer Standardsubroutine in dem aufrufenden Programmbaustein lokalen Gültigkeitsbereich. Die Namen der Standardsubroutinen

dieser Klasse sind DATE_AND_TIME, MVBITS, RANDOM_NUMBER, RANDOM_SEED
und SYSTEM_CLOCK.

```
Beispiele Standardsubroutine aus der Klasse der Standard-
                        subroutinen

INTEGER :: size_n = 1, stat_dyn = 0, system_zeit = 0
INTEGER, ALLOCATABLE, DIMENSION (:) :: keim
REAL :: zufall = 0.
    ...
        CALL RANDOM_SEED ( SIZE=size_n )
    ...
    ALLOCATE ( keim(size_n), STAT=stat_dyn )
    ...
        CALL SYSTEM_CLOCK ( COUNT=system_zeit )
    ...
    keim = system_zeit
        CALL RANDOM_SEED ( PUT=keim )
        CALL RANDOM_NUMBER ( zufall )
```

Im Beispiel werden zunächst die Standardsubroutine RANDOM_SEED mit dem Schlüsselwortparameter size_n, die Standardsubroutine SYSTEM_CLOCK mit dem Schlüsselwortparameter system_zeit und die Standardsubroutine RANDOM_SEED mit
dem Schlüsselwortparameter keim referenziert. Der Aktualparameter zufall in der
Aktualparameterliste zu der Referenz auf die Standardsubroutine RANDOM_NUMBER ist
skalare Variable. Der Aufruf dieser Standardsubroutine liefert dann den Wert einer
gleichverteilten Pseudozufallszahl als Gleitpunktzahl. Auf das Programmbeispiel A.1
wird hingewiesen.

A.1 Standardfunktionen

Die Standardfunktionen lassen sich nach inhaltlichen Kriterien auch wie folgt zusammenfassen:

▶ Abfragefunktion zur Verfügbarkeit eines Aktualparameters

▶ numerische Funktionen

▶ numerische Abfragefunktionen

▶ mathematische Funktionen

▶ Zeichenmanipulationsfunktionen

▶ Abfragefunktion für Zeichenketten

▶ Funktionen zum Typparameter KIND

▶ Funktion zur Änderung des Typparameters KIND beim Datentyp LOGICAL

▶ Bitabfragefunktion und Bitmanipulationsfunktionen

▶ Transferfunktion

▶ Manipulationsfunktionen für Gleitpunktzahlen

▶ Funktionen zu Skalar- und Matrixprodukt

▶ Funktionen zu Eigenschaften von Masken und zur maskengesteuerten Auswertung von Feldern von numerischem Basisdatentyp

▶ Feldabfragefunktionen

▶ Funktionen zur Generierung von Feldern

▶ Feldgestaltungsfunktion

▶ Manipulationsfunktionen für Felder

▶ Funktionen zur Lokalisierung ausgezeichneter Feldelemente eines Felds

▶ Zeigerabfragefunktion.

Im folgenden werden zunächst die Standardfunktionen, eingeteilt in die vorgenannten Gruppen, kurzgefaßt beschrieben. Standardfunktionen mit generischem Namen werden mit ihrem generischen Namen angegeben. Auf den Namen einer Standardfunktion folgt in runden Klammern die Formalparameterliste zu dieser Standardfunktion. Ist einem Formalparameter in der Formalparameterliste zu einer Standardfunktion das Attribut OPTIONAL zugeordnet, wird der Name dieses Formalparameters in eckige Klammern gesetzt werden. Beides erleichtert dem Softwareentwickler, in der Aktualparameterliste zu dem Aufruf einer Standardfunktion Schlüsselwortparameter geeignet zu spezifizieren. Beispielsweise folgt auf den generischen Namen ABS der numerischen Funktion zur Bestimmung des Absolutbetrags (A). Ist in einem Programmbaustein ein Datenobjekt x vom Datentyp REAL deklariert oder zugänglich, so ließe sich diese Standardfunktion in diesem Programmbaustein auch mit ABS(A=x) referenzieren. Auf die Angabe des generischen Namens einer Standardfunktion und der zugehörigen Formalparameterliste in runden Klammern folgt eine Kurzbeschreibung der Leistung, die von der jeweiligen Standardfunktion erbracht wird. Die spezifischen Namen, Angaben zur Klassenzugehörigkeit, zu den Anforderungen an Aktualparameter, zum Datentyp und Typparametern des Ergebnisses der Standardfunktion, eine Kurzbeschreibung des Ergebnisses und in der Regel ein Beispiel zur Referenz schließen sich an. Dabei werden in der linken Spalte der tabellarischen Zusammenfassung der wesentlichen Merkmale eines Standardunterprogramms die folgenden Abkürzungen verwendet:

B_Stdf   Kurzbeschreibung der Leistung einer Standardfunktion

B_Stds   Kurzbeschreibung der Leistung einer Standardsubroutine

Sp_Name   Spezifischer Name einer Standardfunktion

A_param   Kurzbeschreibung Aktualparameter

Erg_Dtyp   Kurzbeschreibung Datentyp und Typparameter des Ergebnisses einer
                Standardfunktion

B_Erg   Kurzbeschreibung des Ergebnisses der Ausführung eines Standardunterprogramms

Beisp_Ref   Kurzbeschreibung eines Beispiels zur Referenz.

Wird unter Sp_Name der spezifische Name einer Standardfunktion mit dem Symbol ♦ markiert, dann ist dieser spezifische Name nicht als Aktualparameter zulässig.

A.1.1 Abfragefunktion zur Verfügbarkeit eines Aktualparameters

PRESENT(A)

B_Stdf Überprüfung auf Verfügbarkeit eines Aktualparameters zu einem Formalparameter mit dem Attribut OPTIONAL

Klasse Abfragefunktion

Erg_Dtyp Regeldatentyp LOGICAL, Skalar

B_Erg Wird bei der Referenz auf ein Unterprogramm zu einem Formalparameter mit dem Attribut OPTIONAL ein Aktualparameter spezifiziert, dann liefert der Aufruf der Standardfunktion PRESENT mit dem Namen dieses Formalparameters in dem aufgerufenen Unterprogramm den Wert von .TRUE.. Andernfalls liefert die Standardfunktion den Wert von .FALSE..

Beisp_Ref
```
FUNCTION ber_int_ta_reg (dateiname_ausgabe, aus1, a, b,        &
                         n, formal_f) RESULT ( w_b_integral )

...

CHARACTER (*), INTENT(IN), OPTIONAL :: dateiname_ausgabe
INTEGER, INTENT(IN), OPTIONAL :: aus1

...

   IF ( PRESENT(dateiname_ausgabe) .AND. PRESENT(aus1) ) THEN

      ...

   ENDIF
```
Auf das Programmbeispiel 9.2 wird hingewiesen.

A.1.2 Numerische Funktionen

ABS(A)

B_Stdf Berechnung des Absolutbetrags des Aktualparameters

Sp_Name ABS, CABS, DABS, IABS

Klasse Elementfunktion

A_param Aktualparameter zu dem Formaldatenobjekt A ist vom Datentyp INTEGER, REAL, DOUBLE PRECISION oder COMPLEX

spezifischer Name ABS, Aktualparameter zu A ist vom Regeldatentyp REAL

spezifischer Name CABS, Aktualparameter zu A ist vom Regeldatentyp COMPLEX

spezifischer Name DABS, Aktualparameter zu A ist vom Datentyp DOUBLE PRECISION

spezifischer Name IABS, Aktualparameter zu A ist vom Regeldatentyp INTEGER

Erg_Dtyp Datentyp und Typparameter KIND wie der Aktualparameter

Ist der Aktualparameter vom Datentyp COMPLEX, so ist das Ergebnis vom Datentyp REAL.

B_Erg Beschreibt a den Wert eines Aktualparameters zu A vom Datentyp INTEGER, REAL oder DOUBLE PRECISION als rationale Zahl, dann liefert die Standardfunktion den Wert von |a|. Steht z für einen Aktualparameter zu A vom Datentyp COMPLEX als komplexe Zahl mit $z = x + iy$, so liefert die Standardfunktion einen Näherungswert für $(x^2 + y^2)^{1/2}$.

Beisp_Ref ABS((3.0, 4.0)) liefert einen Näherungswert für $(25)^{1/2}$.

AIMAG(Z)

B_Stdf Bestimmung des Werts des Imaginärteils eines Aktualparameters vom Datentyp COMPLEX als Gleitpunktzahl

Sp_Name AIMAG

Klasse Elementfunktion

A_param Aktualparameter zu dem Formaldatenobjekt Z ist vom Datentyp COMPLEX

spezifischer Name AIMAG, Aktualparameter zu Z ist vom Regeldatentyp COMPLEX

Erg_Dtyp Datentyp REAL mit dem Typparameter KIND des Aktualparameters

B_Erg Beschreibt z einen Aktualparameter zu Z vom Datentyp COMPLEX als komplexe Zahl mit $z = x + iy$, dann liefert die Standardfunktion einen Näherungswert für die rationale Zahl y.

Beisp_Ref AIMAG((3.0, 4.0)) liefert die Gleitpunktzahl 4.0.

AINT(A [, KIND])

B_Stdf Bestimmung der Gleitpunktzahl, die den ganzzahligen Anteil einer Gleitpunktzahl repräsentiert, der durch Abschneiden ermittelt wird

Sp_Name AINT, DINT

Klasse Elementfunktion

A_param Aktualparameter zum Formaldatenobjekt A ist vom Datentyp REAL oder DOUBLE PRECISION,

Aktualparameter zu KIND ist ein skalarer Initialisierungsausdruck vom Datentyp INTEGER

spezifischer Name AINT, Aktualparameter zu A ist vom Regeldatentyp REAL, Aktualparameter zu KIND ist unzulässig

spezifischer Name DINT, Aktualparameter zu A ist vom Datentyp DOUBLE PRECISION, Aktualparameter zu KIND ist unzulässig

Erg_Dtyp Datentyp REAL mit dem Typparameter KIND des Aktualparameters, falls zu KIND kein Aktualparameter spezifiziert wird

Falls zu KIND ein skalarer Initialisierungsausdruck als Aktualparameter angegeben wird, ist der Wert dieses Ausdrucks Wert des Typparameters KIND des Ergebnisses.

B_Erg Beschreibt a den Wert des Aktualparameters zu A als rationale Zahl, dann liefert die Standardfunktion den Wert 0. für den Fall |a| < 1. Andernfalls liefert AINT die Gleitpunktzahl, die einen Näherungswert für den ganzzahligen Anteil von a repräsentiert, der sich durch Abschneiden ergibt.

Beisp_Ref AINT(3.283, KIND(0.D0)) liefert die Gleitpunktzahl 3.D0 erhöhter Genauigkeit.

A.1.1 Abfragefunktion zur Verfügbarkeit eines Aktualparameters

PRESENT (A)

B_Stdf   Überprüfung auf Verfügbarkeit eines Aktualparameters zu einem Formalparameter mit dem Attribut OPTIONAL

Klasse   Abfragefunktion

Erg_Dtyp   Regeldatentyp LOGICAL, Skalar

B_Erg   Wird bei der Referenz auf ein Unterprogramm zu einem Formalparameter mit dem Attribut OPTIONAL ein Aktualparameter spezifiziert, dann liefert der Aufruf der Standardfunktion PRESENT mit dem Namen dieses Formalparameters in dem aufgerufenen Unterprogramm den Wert von .TRUE.. Andernfalls liefert die Standardfunktion den Wert von .FALSE..

Beisp_Ref

```
FUNCTION ber_int_ta_reg (dateiname_ausgabe, aus1, a, b,        &
                         n, formal_f) RESULT ( w_b_integral )

 ...

CHARACTER (*), INTENT(IN), OPTIONAL :: dateiname_ausgabe
INTEGER, INTENT(IN), OPTIONAL :: aus1

 ...

   IF ( PRESENT(dateiname_ausgabe) .AND. PRESENT(aus1) ) THEN

      ...

   ENDIF
```

Auf das Programmbeispiel 9.2 wird hingewiesen.

A.1.2 Numerische Funktionen

ABS (A)

B_Stdf   Berechnung des Absolutbetrags des Aktualparameters

Sp_Name   ABS, CABS, DABS, IABS

Klasse   Elementfunktion

A_param   Aktualparameter zu dem Formaldatenobjekt A ist vom Datentyp INTEGER, REAL, DOUBLE PRECISION oder COMPLEX

spezifischer Name ABS, Aktualparameter zu A ist vom Regeldatentyp REAL

spezifischer Name CABS, Aktualparameter zu A ist vom Regeldatentyp COMPLEX

spezifischer Name DABS, Aktualparameter zu A ist vom Datentyp DOUBLE PRECISION

spezifischer Name IABS, Aktualparameter zu A ist vom Regeldatentyp INTEGER

Erg_Dtyp   Datentyp und Typparameter KIND wie der Aktualparameter

Ist der Aktualparameter vom Datentyp COMPLEX, so ist das Ergebnis vom Datentyp REAL.

B_Erg   Beschreibt a den Wert eines Aktualparameters zu A vom Datentyp INTEGER, REAL oder DOUBLE PRECISION als rationale Zahl, dann lie-

fert die Standardfunktion den Wert von lal. Steht z für einen Aktualparameter zu A vom Datentyp COMPLEX als komplexe Zahl mit z = x + iy, so liefert die Standardfunktion einen Näherungswert für $(x^2 + y^2)^{1/2}$.

Beisp_Ref ABS((3.0, 4.0)) liefert einen Näherungswert für $(25)^{1/2}$.

AIMAG(Z)

B_Stdf   Bestimmung des Werts des Imaginärteils eines Aktualparameters vom Da-
           tentyp COMPLEX als Gleitpunktzahl

Sp_Name   AIMAG

Klasse   Elementfunktion

A_param   Aktualparameter zu dem Formaldatenobjekt Z ist vom Datentyp
           COMPLEX

           spezifischer Name AIMAG, Aktualparameter zu Z ist vom Regeldatentyp
           COMPLEX

Erg_Dtyp   Datentyp REAL mit dem Typparameter KIND des Aktualparameters

B_Erg   Beschreibt z einen Aktualparameter zu Z vom Datentyp COMPLEX als
           komplexe Zahl mit z = x + iy, dann liefert die Standardfunktion einen
           Näherungswert für die rationale Zahl y.

Beisp_Ref AIMAG((3.0, 4.0)) liefert die Gleitpunktzahl 4.0.

AINT(A [, KIND])

B_Stdf   Bestimmung der Gleitpunktzahl, die den ganzzahligen Anteil einer Gleit-
           punktzahl repräsentiert, der durch Abschneiden ermittelt wird

Sp_Name   AINT, DINT

Klasse   Elementfunktion

A_param   Aktualparameter zum Formaldatenobjekt A ist vom Datentyp REAL oder
           DOUBLE PRECISION,

           Aktualparameter zu KIND ist ein skalarer Initialisierungsausdruck vom Da-
           tentyp INTEGER

           spezifischer Name AINT, Aktualparameter zu A ist vom Regeldatentyp
           REAL, Aktualparameter zu KIND ist unzulässig

           spezifischer Name DINT, Aktualparameter zu A ist vom Datentyp
           DOUBLE PRECISION, Aktualparameter zu KIND ist unzulässig

Erg_Dtyp   Datentyp REAL mit dem Typparameter KIND des Aktualparameters, falls
           zu KIND kein Aktualparameter spezifiziert wird

           Falls zu KIND ein skalarer Initialisierungsausdruck als Aktualparameter an-
           gegeben wird, ist der Wert dieses Ausdrucks Wert des Typparameters
           KIND des Ergebnisses.

B_Erg   Beschreibt a den Wert des Aktualparameters zu A als rationale Zahl, dann
           liefert die Standardfunktion den Wert 0. für den Fall lal < 1. Andernfalls
           liefert AINT die Gleitpunktzahl, die einen Näherungswert für den ganzzah-
           ligen Anteil von a repräsentiert, der sich durch Abschneiden ergibt.

Beisp_Ref AINT(3.283, KIND(0.D0)) liefert die Gleitpunktzahl 3.D0 erhöhter
           Genauigkeit.

ANINT(A [, KIND])

B_Stdf   Bestimmung der Gleitpunktzahl, die den ganzzahligen Anteil einer Gleitpunktzahl nach Rundung zur nächstgelegenen ganzen Zahl repräsentiert

Sp_Name   ANINT, DNINT

Klasse   Elementfunktion

A_param   Aktualparameter zum Formaldatenobjekt A ist vom Datentyp REAL oder DOUBLE PRECISION,

Aktualparameter zu KIND ist ein skalarer Initialisierungsausdruck vom Datentyp INTEGER

spezifischer Name ANINT, Aktualparameter zu A ist vom Regeldatentyp REAL, Aktualparameter zu KIND unzulässig

spezifischer Name DNINT, Aktualparameter zu A ist vom Datentyp DOUBLE PRECISION, Aktualparameter zu KIND unzulässig

Erg_Dtyp   Datentyp REAL mit dem Typparameter KIND des Aktualparameters, falls zu KIND kein Aktualparameter spezifiziert wird

Falls zu KIND ein skalarer Initialisierungsausdruck als Aktualparameter angegeben wird, ist der Wert dieses Ausdrucks Wert des Typparameters KIND des Ergebnisses.

B_Erg   Beschreibt a den Wert des Aktualparameters zu A als rationale Zahl, dann liefert die Standardfunktion für den Fall $a > 0$ die Gleitpunktzahl, die einen Näherungswert für den ganzzahligen Anteil von $a + 1/2$ repräsentiert, der sich durch Abschneiden ergibt. Andernfalls liefert ANINT die Gleitpunktzahl, die einen Näherungswert für den ganzzahligen Anteil des Werts $a - 1/2$ repräsentiert, der sich durch Abschneiden ergibt.

Beisp_Ref ANINT(2.783, KIND(0.D0)) liefert die Gleitpunktzahl 3.D0 erhöhter Genauigkeit und ANINT(-2.5) die Gleitpunktzahl -3.0 einfacher Genauigkeit.

CEILING(A)

B_Stdf   Bestimmung der kleinsten Festpunktzahl, die wertmäßig größer oder gleich einer Gleitpunktzahl ist

Klasse   Elementfunktion

A_param   Aktualparameter zum Formaldatenobjekt A ist vom Datentyp REAL oder DOUBLE PRECISION

Erg_Dtyp   Regeldatentyp INTEGER

B_Erg   Beschreibt a den Wert des Aktualparameters zu A als rationale Zahl, dann liefert die Standardfunktion den Wert der kleinsten ganzen Zahl b, für die $a \leq b$ gilt. Wird der Wert von b nicht in der Wertemenge repräsentiert, die den Regeldatentyp INTEGER charakterisiert, hat das Ergebnis der Standardfunktion den Bestimmtheitsstatus, undefiniert zu sein.

Beisp_Ref CEILING(2.7) liefert die Festpunktzahl 3 und CEILING(-2.7) die Festpunktzahl -2.

CMPLX(X [, Y] [, KIND])

B_Stdf Explizite Umwandlung von einem numerischen Datentyp zum Datentyp COMPLEX

Klasse Elementfunktion

A_param Aktualparameter zum Formaldatenobjekt X ist vom Datentyp INTEGER, REAL, DOUBLE PRECISION oder COMPLEX

Aktualparameter zum Formaldatenobjekt Y ist vom Datentyp INTEGER, REAL oder DOUBLE PRECISION

Ist der Aktualparameter zu X vom Datentyp COMPLEX, ist es unzulässig, einen Aktualparameter zu Y zu spezifizieren.

Aktualparameter zu KIND ist ein skalarer Initialisierungsausdruck vom Datentyp INTEGER

Erg_Dtyp Datentyp COMPLEX mit dem Typparameter KIND des Regeldatentyps REAL, falls zu KIND kein Aktualparameter spezifiziert wird

Falls zu KIND ein skalarer Initialisierungsausdruck als Aktualparameter angegeben wird, ist der Wert dieses Ausdrucks Wert des Typparameters KIND des Ergebnisses.

B_Erg Beschreibt x den Wert eines Aktualparameters zu X vom Datentyp INTEGER, REAL oder DOUBLE PRECISION als rationale Zahl und zu Y ist kein Aktualparameter spezifiziert, dann liefert die Standardfunktion das Ergebnis vom Datentyp COMPLEX, das die komplexe Zahl x + i0 repräsentiert.

Beschreibt x den Wert eines Aktualparameters zu X vom Datentyp INTEGER, REAL oder DOUBLE PRECISION als rationale Zahl und y den Wert eines Aktualparameters zu Y vom Datentyp INTEGER, REAL oder DOUBLE PRECISION als rationale Zahl, dann liefert die Standardfunktion das Ergebnis vom Datentyp COMPLEX, das die komplexe Zahl x + iy repräsentiert.

Beschreibt z einen Aktualparameter zu X vom Datentyp COMPLEX als komplexe Zahl, dann liefert die Standardfunktion das Ergebnis vom Datentyp COMPLEX, das die komplexe Zahl z repräsentiert.

Beisp_Ref CMPLX(2.783, KIND=KIND(0.D0)) liefert (2.783D0, 0.D0) dargestellt als Konstante vom Datentyp COMPLEX.

CONJG(Z)

B_Stdf Bestimmung der konjugiert komplexen Zahl

Sp_Name CONJG

Klasse Elementfunktion

A_param Aktualparameter zum Formaldatenobjekt Z ist vom Datentyp COMPLEX spezifischer Name CONJG, Aktualparameter zu Z ist vom Regeldatentyp COMPLEX

Erg_Dtyp Datentyp COMPLEX mit dem Typparameter KIND des Aktualparameters

B_Erg   Beschreibt z einen Aktualparameter zu `Z` vom Datentyp COMPLEX als komplexe Zahl z = x + iy, dann liefert die Standardfunktion das Ergebnis vom Datentyp COMPLEX, das die komplexe Zahl x - iy repräsentiert.

Beisp_Ref `CONJG((2.783, 3.287))` liefert `(2.783, -3.287)` dargestellt als Konstante vom Datentyp COMPLEX.

DBLE(A)

B_Stdf   Explizite Umwandlung von einem numerischen Datentyp zum Datentyp DOUBLE PRECISION

Klasse   Elementfunktion

A_param Aktualparameter zum Formaldatenobjekt `A` ist vom Datentyp INTEGER, REAL, DOUBLE PRECISION oder COMPLEX

Erg_Dtyp Datentyp DOUBLE PRECISION

B_Erg   Beschreibt a den Wert eines Aktualparameters zu `A` vom Datentyp DOUBLE PRECISION als rationale Zahl, dann liefert die Standardfunktion das Ergebnis vom Datentyp DOUBLE PRECISION, das a repräsentiert.

Beschreibt a den Wert eines Aktualparameters zu `A` vom Datentyp INTEGER oder REAL als rationale Zahl, dann liefert die Standardfunktion eine Gleitpunktzahl erhöhter Genauigkeit, die einen Näherungswert für a repräsentiert.

Beschreibt z einen Aktualparameter zu `A` vom Datentyp COMPLEX als komplexe Zahl und x den Wert des Realteils von z als rationale Zahl, dann liefert die Standardfunktion eine Gleitpunktzahl erhöhter Genauigkeit, die einen Näherungswert für x repräsentiert.

Beisp_Ref `DBLE(2.783)` liefert `2.783D0` dargestellt als Konstante vom Datentyp DOUBLE PRECISION.

Auf das Programmbeispiel 6.2 und die Ausführungen zur internen Darstellung von Gleitpunktzahlen in Abschnitt 6.7 wird in diesem Zusammenhang hingewiesen.

DIM(X, Y)

B_Stdf   Bestimmung des Werts der Differenz zwischen dem Wert des Aktualparameters zu `X` und dem Wert des Aktualparameters zu `Y`, falls dieser Wert größer oder gleich Null ist

Sp_Name `DDIM, DIM, IDIM, IABS`

Klasse   Elementfunktion

A_param Aktualparameter zum Formaldatenobjekt `X` ist vom Datentyp INTEGER, REAL oder DOUBLE PRECISION

Aktualparameter zum Formaldatenobjekt `Y` stimmt in Datentyp und Typparameter KIND mit dem Datentyp und dem Typparameter KIND des Aktualparameters zu X überein

spezifischer Name `DDIM`, Aktualparameter zu X ist vom Datentyp DOUBLE PRECISION, Aktualparameter zu Y ist vom Datentyp DOUBLE PRECISION spezifischer Name DIM, Aktualparameter zu X ist vom Regeldatentyp REAL, Aktualparameter zu Y ist vom Regeldatentyp REAL

spezifischer Name IDIM, Aktualparameter zu X ist vom Regeldatentyp INTEGER, Aktualparameter zu Y ist vom Regeldatentyp INTEGER

Erg_Dtyp   Datentyp und Typparameter KIND wie die Aktualparameter

B_Erg   Beschreibt x den Wert des Aktualparameters zu X als rationale Zahl und y den Wert des Aktualparameters zu Y als rationale Zahl, dann liefert die Standardfunktion einen Näherungswert für x - y, falls x > y gilt. Andernfalls liefert DIM als Wert eine Gleitpunktzahl Null mit dem Typparameter KIND der Aktualparameter.

Beisp_Ref   DIM(-3.0, 2.0) liefert die Gleitpunktzahl 0..

DPROD(X, Y)

B_Stdf   Bestimmung des Werts des Produkts des Aktualparameters zu X mit dem Aktualparameter zu Y als Gleitpunktzahl erhöhter Genauigkeit

Sp_Name   DPROD

Klasse   Elementfunktion

A_param   Aktualparameter zum Formaldatenobjekt X ist vom Regeldatentyp REAL
Aktualparameter zum Formaldatenobjekt Y ist vom Regeldatentyp REAL
spezifischer Name DPROD, Aktualparameter zu X ist vom Regeldatentyp REAL, Aktualparameter zu Y ist vom Regeldatentyp REAL

Erg_Dtyp   Datentyp DOUBLE PRECISION

B_Erg   Beschreibt x den Wert des Aktualparameters zu X als rationale Zahl und y den Wert des Aktualparameters zu Y als rationale Zahl, dann liefert die Standardfunktion einen Näherungswert für w, den Wert des Produkts von x und y, als Gleitpunktzahl erhöhter Genauigkeit.

Beisp_Ref   DPROD(-3.0, 2.0) liefert die Gleitpunktzahl -6.0D0.

FLOOR(A)

B_Stdf   Bestimmung der größten Festpunktzahl, die wertmäßig kleiner oder gleich einer Gleitpunktzahl ist

Klasse   Elementfunktion

A_param   Aktualparameter zum Formaldatenobjekt A ist vom Datentyp REAL oder DOUBLE PRECISION

Erg_Dtyp   Regeldatentyp INTEGER

B_Erg   Beschreibt a den Wert des Aktualparameters zu A als rationale Zahl, dann liefert die Standardfunktion den Wert der größten ganzen Zahl b, für die b ≤ a gilt. Wird der Wert von b nicht in der Wertemenge repräsentiert, die den Regeldatentyp INTEGER charakterisiert, hat das Ergebnis der Standardfunktion den Bestimmtheitsstatus, undefiniert zu sein.

Beisp_Ref   FLOOR(2.7) liefert die Festpunktzahl 2 und FLOOR(-2.7) die Festpunktzahl -3.

INT(A [, KIND])

B_Stdf	Explizite Umwandlung von einem numerischen Datentyp zum Datentyp INTEGER
Sp_Name	♦ IDINT, ♦ IFIX, ♦ INT
Klasse	Elementfunktion
A_param	Aktualparameter zum Formaldatenobjekt A ist vom Datentyp INTEGER, REAL, DOUBLE PRECISION oder COMPLEX

Aktualparameter zu KIND ist ein skalarer Initialisierungsausdruck vom Datentyp INTEGER

spezifischer Name IDINT, Aktualparameter zu A ist vom Datentyp DOUBLE PRECISION, Aktualparameter zu KIND ist unzulässig

spezifischer Name IFIX, Aktualparameter zu A ist vom Regeldatentyp REAL, Aktualparameter zu KIND ist unzulässig

spezifischer Name INT, Aktualparameter zu A ist vom Regeldatentyp REAL, Aktualparameter zu KIND ist unzulässig

Erg_Dtyp Datentyp INTEGER mit dem Typparameter KIND des Regeldatentyps INTEGER, falls zu KIND kein Aktualparameter spezifiziert wird

Falls zu KIND ein skalarer Initialisierungsausdruck als Aktualparameter angegeben wird, ist der Wert dieses Ausdrucks Wert des Typparameters KIND des Ergebnisses.

B_Erg Beschreibt a den Wert eines Aktualparameters zu A vom Datentyp INTEGER als ganze Zahl, dann liefert die Standardfunktion das Ergebnis vom Datentyp INTEGER, das a repräsentiert.

Beschreibt a den Wert eines Aktualparameters zu A vom Datentyp REAL oder DOUBLE PRECISION als rationale Zahl, dann liefert die Standardfunktion eine Festpunktzahl Null, falls $|a| < 1$ gilt. Andernfalls liefert INT die Festpunktzahl, die den ganzzahligen Anteil von a repräsentiert.

Beschreibt z einen Aktualparameter zu A vom Datentyp COMPLEX als komplexe Zahl und x den Wert des Realteils von z als rationale Zahl, dann liefert die Standardfunktion eine Festpunktzahl Null, falls $|x| < 1$ gilt. Andernfalls liefert INT die Festpunktzahl, die den ganzzahligen Anteil von x repräsentiert.

Falls der ganzzahlige Anteil von a oder der ganzzahlige Anteil von x nicht in der Wertemenge repräsentiert wird, die den Regeldatentyp INTEGER oder Datentyp INTEGER mit dem spezifizierten Typparameter KIND charakterisiert, hat das Ergebnis der Standardfunktion den Bestimmtheitsstatus, undefiniert zu sein.

Beisp_Ref INT(2.783, KIND=KIND(0)) liefert die Festpunktzahl 2.

MAX(A1, A2 [, A3]...)

B_Stdf	Bestimmung des Werts des Aktualparameters, der wertmäßig größer oder gleich dem Wert jedes anderen Aktualparameters ist
Sp_Name	♦ AMAX1, ♦ DMAX1, ♦ MAX0
Klasse	Elementfunktion

A_param   Aktualparameter vom Datentyp INTEGER, REAL oder DOUBLE
           PRECISION
           Die Aktualparameter müssen in Datentyp und Typparameter KIND über-
           einstimmen.
           spezifischer Name AMAX1, Aktualparameter vom Regeldatentyp REAL
           spezifischer Name DMAX1, Aktualparameter vom Datentyp DOUBLE
           PRECISION
           spezifischer Name MAX0, Aktualparameter vom Regeldatentyp INTEGER
Erg_Dtyp   Datentyp und Typparameter KIND wie die Aktualparameter
B_Erg   Beschreibt a_k den Wert des Aktualparameters zu dem k-ten Formaldatenob-
           jekt in der Formalparameterliste zu MAX für jedes k=1,...,n und gilt $a_k \le a_j$
           für alle k=1,...,n, dann liefert die Standardfunktion den Wert von a_j.
Beisp_Ref MAX(-9.0, 7.0, 2.0) liefert die Gleitpunktzahl 7.0.

MIN(A1, A2 [, A3]...)
B_Stdf   Bestimmung des Werts des Aktualparameters, der wertmäßig kleiner oder
           gleich dem Wert jedes anderen Aktualparameters ist
Sp_Name   ♦ AMIN1, ♦ DMIN1, ♦ MIN0
Klasse   Elementfunktion
A_param   Aktualparameter vom Datentyp INTEGER, REAL oder DOUBLE
           PRECISION
           Die Aktualparameter müssen in Datentyp und Typparameter KIND über-
           einstimmen.
           spezifischer Name AMIN1, Aktualparameter vom Regeldatentyp REAL
           spezifischer Name DMIN1, Aktualparameter vom Datentyp DOUBLE
           PRECISION
           spezifischer Name MIN0, Aktualparameter vom Regeldatentyp INTEGER
Erg_Dtyp   Datentyp und Typparameter KIND wie die Aktualparameter
B_Erg   Beschreibt a_k den Wert des Aktualparameters zu dem k-ten Formaldatenob-
           jekt in der Formalparameterliste zu MIN für jedes k=1,..,n und gilt $a_j \le a_k$
           für alle k=1,...,n, dann liefert die Standardfunktion den Wert von a_j.
Beisp_Ref MIN(-9.0, 7.0, 2.0) liefert die Gleitpunktzahl -9.0.

MOD(A, P)
B_Stdf   Bestimmung des Rests bei der Divison des Werts des Aktualparameters zu
           A durch den Wert des Aktualparameters zu P
Sp_Name   AMOD, DMOD, MOD
Klasse   Elementfunktion
A_param   Aktualparameter zum Formaldatenobjekt A ist vom Datentyp INTEGER,
           REAL oder DOUBLE PRECISION
           Aktualparameter zu P stimmt in Datentyp und Typparameter KIND mit
           dem Datentyp und Typparameter KIND des Aktualparameters zu A überein
           spezifischer Name AMOD, Aktualparameter zu A ist vom Regeldatentyp
           REAL, Aktualparameter zu P ist vom Regeldatentyp REAL

spezifischer Name DMOD, Aktualparameter zu A ist vom Datentyp
DOUBLE PRECISION, Aktualparameter zu P ist vom Datentyp DOUBLE
PRECISION

spezifischer Name MOD, Aktualparameter zu A ist vom Regeldatentyp
INTEGER, Aktualparameter zu P ist vom Regeldatentyp INTEGER

Erg_Dtyp   Datentyp und Typparameter KIND wie die Aktualparameter

B_Erg   Beschreibt a den Wert eines Aktualparameters zu A vom Datentyp
            INTEGER als ganze Zahl, p den Wert des Aktualparameters zu P als ganze
            Zahl mit $p \neq 0$ und b den ganzzahligen Anteil von a/p, dann liefert die Stan-
            dardfunktion den Wert von a - b x p als Festpunktzahl.

            Beschreibt a den Wert eines Aktualparameters zu A vom Datentyp REAL
            oder DOUBLE PRECISION als rationale Zahl, p den Wert des Aktualpara-
            meters zu P als rationale Zahl mit $p \neq 0$ und b den ganzzahligen Anteil von
            a/p, dann liefert die Standardfunktion einen Näherungswert für den Wert
            von a - b x p als Gleitpunktzahl.

            Beschreibt p den Wert des Aktualparameters zu P und gilt p = 0, dann ist
            das Ergebnis der Standardfunktion systemabhängig.

Beisp_Ref   MOD(-9, 2) liefert die Festpunktzahl -1 und MOD(-9.0, 2.0) einen
            Näherungswert für die Gleitpunktzahl -1.0.

MODULO(A, P)

B_Stdf   Bestimmung des Werts des Aktualparameters zu A modulo dem Wert des
            Aktualparameters zu P

Klasse   Elementfunktion

A_param   Aktualparameter zum Formaldatenobjekt A ist vom Datentyp INTEGER,
            REAL oder DOUBLE PRECISION

            Aktualparameter zu P stimmt in Datentyp und Typparameter KIND mit
            dem Datentyp und Typparameter KIND des Aktualparameters zu A überein

Erg_Dtyp   Datentyp und Typparameter KIND wie die Aktualparameter

B_Erg   Beschreibt a den Wert eines Aktualparameters zu A vom Datentyp
            INTEGER als ganze Zahl und p den Wert des Aktualparameters zu P als
            ganze Zahl mit p > 0, dann liefert die Standardfunktion den Wert der gan-
            zen Zahl r, so daß a = q x p + r gilt, wobei q ganze Zahl und $0 \leq r < p$ ist.
            Gilt unter sonst gleichen Bedingungen p < 0, dann liefert die Standardfunk-
            tion den Wert der ganzen Zahl r, so daß a = q x p + r gilt, wobei q ganze
            Zahl und $p < r \leq 0$ ist.

            Beschreibt a den Wert eines Aktualparameters zu A vom Datentyp REAL
            oder DOUBLE PRECISION als rationale Zahl, p den Wert des Aktualpara-
            meters zu P als rationale Zahl mit $p \neq 0$ und b den Wert der größten ganzen
            Zahl, für die $b \leq a/p$ gilt, dann liefert die Standardfunktion einen Nähe-
            rungswert für a - b x p als Gleitpunktzahl.

            Beschreibt p den Wert des Aktualparameters zu P und es gilt p = 0, dann ist
            das Ergebnis der Standardfunktion systemabhängig.

Beisp_Ref   MODULO(-9.0, 2.0) liefert einen Näherungswert für die Gleitpunkt-
            zahl 1.0, MODULO(9.0, -2.0) einen Näherungswert für die Gleit-
            punktzahl -1.0 und MODULO(-9, 2) liefert die Festpunktzahl 1.

NINT(A [, KIND])

B_Stdf   Bestimmung der Festpunktzahl, die den kleineren euklidischen Abstand
            zum Wert des Aktualparameters zu A hat

Sp_Name   IDNINT, NINT

Klasse   Elementfunktion

A_param   Aktualparameter zum Formaldatenobjekt A ist vom Datentyp REAL oder
            DOUBLE PRECISION

            Aktualparameter zu KIND ist ein skalarer Initialisierungsausdruck vom Da-
            tentyp INTEGER

            spezifischer Name IDNINT, Aktualparameter zu A ist vom Datentyp
            DOUBLE PRECISION, Aktualparameter zu KIND ist unzulässig

            spezifischer Name NINT, Aktualparameter zu A ist vom Regeldatentyp
            REAL, Aktualparameter zu KIND ist unzulässig

Erg_Dtyp   Regeldatentyp INTEGER, falls zu KIND kein Aktualparameter spezifiziert
            wird

            Falls zu KIND ein skalarer Initialisierungsausdruck als Aktualparameter an-
            gegeben wird, ist der Wert dieses Ausdrucks Wert des Typparameters
            KIND des Ergebnisses.

B_Erg   Beschreibt a den Wert des Aktualparameters zu A vom Datentyp REAL
            oder DOUBLE PRECISION als rationale Zahl mit $a \leq 0$, dann liefert die
            Standardfunktion den Wert des ganzzahligen Anteils von a - 1/2 als Fest-
            punktzahl. Gilt $0 < a$, dann liefert die Standardfunktion den Wert des ganz-
            zahligen Anteils von a + 1/2 als Festpunktzahl.

Beisp_Ref   NINT(2.783, KIND=KIND(0)) liefert die Festpunktzahl 3 (vom Re-
            geldatentyp INTEGER).

REAL(A [, KIND])

B_Stdf   Explizite Umwandlung von einem numerischen Datentyp zum Datentyp
            REAL

Sp_Name   ◆ FLOAT, ◆ REAL, ◆ SNGL

Klasse   Elementfunktion

A_param   Aktualparameter zum Formaldatenobjekt A ist vom Datentyp INTEGER,
            REAL, DOUBLE PRECISION oder COMPLEX

            Aktualparameter zu KIND ist ein skalarer Initialisierungsausdruck vom Da-
            tentyp INTEGER

            spezifischer Name FLOAT, Aktualparameter zu A ist vom Regeldatentyp
            INTEGER, Aktualparameter zu KIND ist unzulässig

            spezifischer Name REAL, Aktualparameter zu A ist vom Regeldatentyp
            REAL, Aktualparameter zu KIND ist unzulässig

spezifischer Name `SNGL`, Aktualparameter zu `A` ist vom Datentyp
DOUBLE PRECISION, Aktualparameter zu `KIND` ist unzulässig

Erg_Dtyp   Regeldatentyp REAL, falls der Aktualparameter zu `A` vom Datentyp
INTEGER oder REAL ist und zu `KIND` kein Aktualparameter spezifiziert
wird

Falls der Aktualparameter zu `A` vom Datentyp COMPLEX ist und zu `KIND`
kein skalarer Initialisierungsausdruck als Aktualparameter spezifiziert wird,
ist dem Ergebnis der Standardfunktion der Datentyp REAL mit dem Typparameter KIND des Aktualparameters zugeordnet.

Falls der Aktualparameter zu `A` vom Datentyp INTEGER, REAL oder
COMPLEX ist und zu `KIND` ein skalarer Initialisierungsausdruck als Aktualparameter angegeben wird, ist dem Ergebnis der Standardfunktion der
Datentyp REAL mit dem Wert dieses Ausdrucks als Wert des Typparameters KIND zugeordnet.

B_Erg   Beschreibt a den Wert eines Aktualparameters zu `A` vom Datentyp
INTEGER, REAL oder DOUBLE PRECISION als rationale Zahl, dann
liefert die Standardfunktion einen Näherungswert für a als Gleitpunktzahl.

Beschreibt z einen Aktualparameter zu `A` vom Datentyp COMPLEX als
komplexe Zahl mit $z = x + iy$, dann liefert die Standardfunktion einen Näherungswert für x als Gleitpunktzahl.

Beisp_Ref   `REAL(2.783, KIND=KIND(0.D0))` liefert `2.783D0` dargestellt als
Gleitpunktzahl erhöhter Genauigkeit.

`SIGN(A, B)`

B_Stdf   Bestimmung des Absolutbetrags des Werts des Aktualparameters zu `A` mit
dem Vorzeichen des Werts des Aktualparameters zu `B`

Sp_Name   `DSIGN, ISIGN, SIGN`

Klasse   Elementfunktion

A_param   Aktualparameter zum Formaldatenobjekt `A` ist vom Datentyp INTEGER
oder REAL

Aktualparameter zu `B` stimmt in Datentyp und Typparameter KIND mit
dem Datentyp und Typparameter KIND des Aktualparameters zu `A` überein

spezifischer Name `DSIGN`, Aktualparameter zu `A` ist vom Datentyp
DOUBLE PRECISION, Aktualparameter zu `B` ist vom Datentyp DOUBLE
PRECISION

spezifischer Name `ISIGN`, Aktualparameter zu `A` ist vom Regeldatentyp
INTEGER, Aktualparameter zu `B` ist vom Regeldatentyp INTEGER

spezifischer Name `SIGN`, Aktualparameter zu `A` ist vom Regeldatentyp
REAL, Aktualparameter zu `B` ist vom Regeldatentyp REAL

Erg_Dtyp   Datentyp und Typparameter KIND wie die Aktualparameter

B_Erg   Beschreibt a den Wert des Aktualparameters zu `A` als rationale Zahl und b
den Wert des Aktualparameters zu `B` als rationale Zahl mit $0 \le b$, dann liefert die Standardfunktion einen Näherungswert für lal. Andernfalls liefert
die Standardfunktion einen Näherungswert für -lal.

Beisp_Ref SIGN(-3.0, 2.0) liefert die Gleitpunktzahl 3.0.

Ferner lassen sich den numerischen Funktionen 4 Standardfunktionen mit ausschließlich spezifischem Namen zurechnen. Von den Festlegungen zur Notation in Abschnitt A.1 wird insofern abgewichen, als diese Standardfunktionen mit ihrem spezifischen Namen angegeben werden.

AMAX0(A1, A2 [, A3]...)

B_Stdf   Bestimmung des Werts des Aktualparameters, der wertmäßig größer oder gleich dem Wert jedes anderen Aktualparameters ist, wobei das Ergebnis der Standardfunktion vom Regeldatentyp REAL ist

Sp_Name   ♦ AMAX0

Klasse   Elementfunktion

A_param   Aktualparameter vom Regeldatentyp INTEGER

Erg_Dtyp   Regeldatentyp REAL

B_Erg   Beschreibt a_k den Wert des Aktualparameters zu dem k-ten Formaldatenobjekt in der Formalparameterliste zu AMAX0 für jedes k=1,...,n und gilt $a_k \le a_i$ für alle k=1,...,n, dann liefert die Standardfunktion einen Näherungswert für a_i als Gleitpunktzahl.

Beisp_Ref AMAX0(-9, 7, 2) liefert die Gleitpunktzahl 7.0.

AMIN0(A1, A2 [, A3]...)

B_Stdf   Bestimmung des Werts des Aktualparameters, der wertmäßig kleiner oder gleich dem Wert jedes anderen Aktualparameters ist, wobei das Ergebnis der Standardfunktion vom Regeldatentyp REAL ist

Sp_Name   ♦ AMIN0

Klasse   Elementfunktion

A_param   Aktualparameter vom Regeldatentyp INTEGER

Erg_Dtyp   Regeldatentyp REAL

B_Erg   Beschreibt a_k den Wert des Aktualparameters zu dem k-ten Formaldatenobjekt in der Formalparameterliste zu AMIN0 für jedes k=1,...,n und gilt $a_i \le a_k$ für alle k=1,...,n, dann liefert die Standardfunktion einen Näherungswert für a_i als Gleitpunktzahl.

Beisp_Ref AMIN0(-9, 7, 2) liefert die Gleitpunktzahl -9.0.

MAX1(A1, A2 [, A3]...)

B_Stdf   Bestimmung des Werts des Aktualparameters, der wertmäßig größer oder gleich dem Wert jedes anderen Aktualparameters ist, wobei das Ergebnis der Standardfunktion vom Regeldatentyp INTEGER ist

Sp_Name   ♦ MAX1

Klasse   Elementfunktion

A_param   Aktualparameter vom Regeldatentyp REAL

Erg_Dtyp   Regeldatentyp INTEGER

B_Erg   Beschreibt a_k den Wert des Aktualparameters zu dem k-ten Formaldatenobjekt in der Formalparameterliste zu MAX1 für jedes k=1,...,n als rationale

Zahl und gilt $a_k \leq a_i$ für alle k=1,...,n, dann liefert die Standardfunktion die Festpunktzahl 0, falls $|a_i| < 1$ gilt. Andernfalls liefert die Standardfunktion die Festpunktzahl, die den ganzzahligen Anteil von a_i repräsentiert.

Beisp_Ref `MAX1(-8.0, 4.0, 16.0)` liefert die Festpunktzahl `16`.

`MIN1(A1, A2 [, A3]...)`

B_Stdf Bestimmung des Werts des Aktualparameters, der wertmäßig kleiner oder gleich dem Wert jedes anderen Aktualparameters ist, wobei das Ergebnis der Standardfunktion vom Regeldatentyp INTEGER ist

Sp_Name ◆ `MIN1`

Klasse Elementfunktion

A_param Aktualparameter vom Regeldatentyp REAL

Erg_Dtyp Regeldatentyp INTEGER

B_Erg Beschreibt a_k den Wert des Aktualparameters zu dem k-ten Formaldatenobjekt in der Formalparameterliste zu `MAX1` für jedes k=1,...,n als rationale Zahl und gilt $a_i \leq a_k$ für alle k=1,...,n, dann liefert die Standardfunktion die Festpunktzahl 0, falls $|a_i| < 1$ gilt. Andernfalls liefert die Standardfunktion die Festpunktzahl, die den ganzzahligen Anteil von a_i repräsentiert.

Beisp_Ref `MIN1(-8.0, 4.0, 16.0)` liefert die Festpunktzahl `-8`.

A.1.3 Numerische Abfragefunktionen

In diesem Unterabschnitt wird Bezug genommen auf das Basismodell zur Darstellung von Festpunktzahlen, das in Abschnitt 5.6 vorgestellt worden ist, und auf das Basismodell zur Darstellung von Gleitpunktzahlen, das in Abschnitt 6.7 behandelt worden ist. Dabei wird das Basismodell zur Darstellung von Festpunktzahlen weiter konkretisiert, indem r der Wert 2 und q der Wert 31 zugeordnet wird. Das Modell zur Darstellung von Gleitpunktzahlen wird festgelegt, indem r im Basismodell auf den Wert 2 und q auf den Wert 24 gesetzt wird. Ferner wird e_{min} der Wert -126 und e_{max} der Wert 127 zugeordnet.

`DIGITS(X)`

B_Stdf Bestimmung der maximalen Anzahl darstellbarer Stellen in dem Modell zur Zahldarstellung, nach dem der Wert des Aktualparameters repräsentiert wird

Klasse Abfragefunktion

A_param Aktualparameter zum Formaldatenobjekt X ist vom Datentyp INTEGER, REAL oder DOUBLE PRECISION
skalare oder feldwertige Datengröße

Erg_Dtyp Regeldatentyp INTEGER, Skalar

B_Erg Ist der Aktualparameter zu X vom Datentyp INTEGER, dann liefert die Standardfunktion den Wert von q, mit dem die maximale Anzahl darstellbarer Stellen in dem zugehörigen Modell zur Darstellung von Festpunktzahlen festgelegt wird.

Ist der Aktualparameter zu X vom Datentyp REAL, dann liefert die Standardfunktion den Wert von q, mit dem die maximale Anzahl darstellbarer Stellen in dem zugehörigen Modell zur Darstellung von Gleitpunktzahlen festgelegt wird. Dies gilt analog für Aktualparameter zu X vom Datentyp DOUBLE PRECISION.

Beisp_Ref `DIGITS(-3.0)` liefert in dem spezifizierten Modell zur Darstellung von Gleitpunktzahlen (einfacher Genauigkeit) die Festpunktzahl 24.

EPSILON(X)

B_Stdf Bestimmung des Werts von r^{1-q} aufgrund der Werte von r und q in dem Modell zur Darstellung von Gleitpunktzahlen, nach dem der Wert des Aktualparameters repräsentiert wird

Klasse Abfragefunktion

A_param Aktualparameter zum Formaldatenobjekt X ist vom Datentyp REAL oder DOUBLE PRECISION
skalare oder feldwertige Datengröße

Erg_Dtyp Datentyp und Typparameter KIND wie der Aktualparameter, Skalar

B_Erg Beschreibt r den Wert von r und q den Wert von q in dem Modell zur Darstellung von Gleitpunktzahlen, nach dem der Wert des Aktualparameters zu X repräsentiert wird, dann liefert die Standardfunktion den Wert von r^{1-q} als Gleitpunktzahl.

Beisp_Ref `EPSILON(-3.0)` liefert in dem spezifizierten Modell zur Darstellung von Gleitpunktzahlen (einfacher Genauigkeit) die Gleitpunktzahl, die 2^{-23} entspricht.

HUGE(X)

B_Stdf Bestimmung des Werts der größten positiven Festpunktzahl in dem Modell zur Darstellung von Festpunktzahlen, nach dem der Wert des Aktualparameters repräsentiert wird
oder
Bestimmung des Werts der größten positiven Gleitpunktzahl in dem Modell zur Darstellung von Gleitpunktzahlen, nach dem der Wert des Aktualparameters repräsentiert wird

Klasse Abfragefunktion

A_param Aktualparameter zum Formaldatenobjekt X ist vom Datentyp INTEGER, REAL oder DOUBLE PRECISION
skalare oder feldwertige Datengröße

Erg_Dtyp Datentyp und Typparameter KIND wie der Aktualparameter, Skalar

B_Erg Ist der Aktualparameter zu X vom Datentyp INTEGER und beschreibt r den Wert von r sowie q den Wert von q in dem Modell zur Darstellung von Festpunktzahlen, nach dem der Wert des Aktualparameters zu X repräsentiert wird, dann liefert die Standardfunktion den Wert von r^q-1 als Festpunktzahl.

Ist der Aktualparameter zu X vom Datentyp REAL oder DOUBLE PRECISION und beschreibt r den Wert von r, q den Wert von q sowie e_max den Wert von e_{max} in dem Modell zur Darstellung von Gleitpunktzahlen, nach dem der Wert des Aktualparameters zu X repräsentiert wird, dann liefert die Standardfunktion den Wert von $(1-r^{-q})$ x r^{e_max} als Gleitpunktzahl.

Beisp_Ref   `HUGE(-3.0)` liefert in dem spezifizierten Modell zur Darstellung von Gleitpunktzahlen (einfacher Genauigkeit) die Gleitpunktzahl, die $(1-2^{-24})2^{127}$ entspricht.

MAXEXPONENT(X)

B_Stdf   Bestimmung des maximalen Werts des Exponenten in dem Modell zur Darstellung von Gleitpunktzahlen, nach dem der Wert des Aktualparameters repräsentiert wird

Klasse   Abfragefunktion

A_param   Aktualparameter zum Formaldatenobjekt X ist vom Datentyp REAL oder DOUBLE PRECISION
skalare oder feldwertige Datengröße

Erg_Dtyp   Regeldatentyp INTEGER, Skalar

B_Erg   Die Standardfunktion liefert unter Berücksichtigung des Typparameters KIND des Aktualparameters den Wert von e_{max} in dem zugehörigen Modell zur Darstellung von Gleitpunktzahlen als Festpunktzahl.

Beisp_Ref   `MAXEXPONENT(-3.0)` liefert in dem spezifizierten Modell zur Darstellung von Gleitpunktzahlen (einfacher Genauigkeit) die Festpunktzahl `127`.

MINEXPONENT(X)

B_Stdf   Bestimmung des minimalen Werts des Exponenten in dem Modell zur Darstellung von Gleitpunktzahlen, nach dem der Wert des Aktualparameters repräsentiert wird

Klasse   Abfragefunktion

A_param   Aktualparameter zum Formaldatenobjekt X ist vom Datentyp REAL oder DOUBLE PRECISION
skalare oder feldwertige Datengröße

Erg_Dtyp   Regeldatentyp INTEGER, Skalar

B_Erg   Die Standardfunktion liefert unter Berücksichtigung des Typparameters KIND des Aktualparameters den Wert von e_{min} in dem zugehörigen Modell zur Darstellung von Gleitpunktzahlen als Festpunktzahl.

Beisp_Ref   `MINEXPONENT(-3.0)` liefert in dem spezifizierten Modell zur Darstellung von Gleitpunktzahlen (einfacher Genauigkeit) die Festpunktzahl `-126`.

PRECISION(X)

B_Stdf   Bestimmung eines Näherungswerts für die Darstellungsgenauigkeit als Anzahl signifikanter Dezimalstellen in dem Modell zur Darstellung von Gleitpunktzahlen, nach dem der Wert des Aktualparameters repräsentiert wird

Klasse   Abfragefunktion

A_param   Aktualparameter zum Formaldatenobjekt X ist vom Datentyp REAL, DOUBLE PRECISION oder COMPLEX
           skalare oder feldwertige Datengröße

Erg_Dtyp   Regeldatentyp INTEGER, Skalar

B_Erg   Ist der Aktualparameter zu X vom Datentyp REAL oder DOUBLE PRECISION und beschreibt r den Wert von r und q den Wert von q in dem Modell zur Darstellung von Gleitpunktzahlen, nach dem der Wert des Aktualparameters zu X repräsentiert wird, sowie g_ant_dgen den Wert des ganzzahligen Anteils von $(q-1) \times \log_{10}(r)$, $\log_{10}$ dekadische Logarithmusfunktion, dann liefert die Standardfunktion den Wert von g_ant_dgen + m als Festpunktzahl. Dabei nimmt m den Wert 1 an, falls r den Wert 10^j mit $j \in N$ hat, und sonst den Wert 0. Dies gilt analog für Aktualparameter zu X vom Datentyp COMPLEX.

Beisp_Ref PRECISION(-3.0) liefert in dem spezifizierten Modell zur Darstellung von Gleitpunktzahlen (einfacher Genauigkeit) die Festpunktzahl 6 in Übereinstimmung mit dem Wert der ganzen Zahl, auf den die Auswertung des Ausdrucks INT(23 * LOG10(2)) führt.

RADIX(X)

B_Stdf   Bestimmung des Werts von r in dem Modell zur Zahldarstellung, nach dem der Wert des Aktualparameters repräsentiert wird

Klasse   Abfragefunktion

A_param   Aktualparameter zum Formaldatenobjekt X ist vom Datentyp INTEGER, REAL oder DOUBLE PRECISION
           skalare oder feldwertige Datengröße

Erg_Dtyp   Regeldatentyp INTEGER, Skalar

B_Erg   Ist der Aktualparameter zu X vom Datentyp INTEGER und beschreibt r den Wert von r in dem Modell zur Darstellung von Festpunktzahlen, nach dem der Wert des Aktualparameters zu X repräsentiert wird, dann liefert die Standardfunktion r als Festpunktzahl.

           Ist der Aktualparameter zu X vom Datentyp REAL oder DOUBLE PRECISION und beschreibt r den Wert von r in dem Modell zur Darstellung von Gleitpunktzahlen, nach dem der Wert des Aktualparameters zu X repräsentiert wird, dann liefert die Standardfunktion r als Festpunktzahl.

Beisp_Ref RADIX(-3.0) liefert in dem spezifizierten Modell zur Darstellung von Gleitpunktzahlen (einfacher Genauigkeit) die Festpunktzahl 2.

RANGE(X)

B_Stdf   Bestimmung des Wertebereichs des Exponenten im Dezimalsystem für das Modell zur Zahldarstellung, nach dem der Wert des Aktualparameters repräsentiert wird

Klasse   Abfragefunktion

A_param   Aktualparameter zum Formaldatenobjekt X ist vom Datentyp INTEGER, REAL, DOUBLE PRECISION oder COMPLEX
skalare oder feldwertige Datengröße

Erg_Dtyp Regeldatentyp INTEGER, Skalar

B_Erg   Ist der Aktualparameter zu X vom Datentyp INTEGER und beschreibt gr_fpz den Wert der größten darstellbaren Festpunktzahl in dem zugehörigen Modell zur Darstellung von Festpunktzahlen sowie g_ant_ber den Wert des ganzzahligen Anteils von $\log_{10}$(gr_fpz), $\log_{10}$ dekadische Logarithmusfunktion, dann liefert die Standardfunktion g_ant_ber als Festpunktzahl.
Ist der Aktualparameter zu X vom Datentyp REAL oder DOUBLE PRECISION und beschreibt gr_gpz den Wert der größten darstellbaren Gleitpunktzahl sowie kl_gpz den Wert der kleinsten darstellbaren Gleitpunktzahl größer als 0. in dem zugehörigen Modell zur Darstellung von Gleitpunktzahlen sowie g_ant_ber den Wert des ganzzahligen Anteils des Minimums von $\log_{10}$(gr_gpz) und -$\log_{10}$(kl_gpz), $\log_{10}$ dekadische Logarithmusfunktion, dann liefert die Standardfunktion g_ant_ber als Festpunktzahl. Dies gilt analog für Aktualparameter zu X vom Datentyp COMPLEX.

Beisp_Ref RANGE(-3.0) liefert in dem spezifizierten Modell zur Darstellung von Gleitpunktzahlen (einfacher Genauigkeit) die Festpunktzahl 38. Größte Gleitpunktzahl in dem spezifizierten Modell ist diejenige Gleitpunktzahl, deren Wert $(1-2^{-24})2^{127}$ entspricht, während kleinste Gleitpunktzahl größer als 0. diejenige Gleitpunktzahl ist, deren Wert 2^{-127} entspricht. Näherungswert für -$\log_{10}(2^{-127})$ ist 38.230809 und für $\log_{10}((1-2^{-24})2^{127})$ 38.230809. Der ganzzahlige Anteil des kleineren der beiden Näherungswerte ist demnach 38.

TINY(X)

B_Stdf   Bestimmung des Werts der kleinsten Gleitpunktzahl größer als 0. in dem Modell zur Darstellung von Gleitpunktzahlen, nach dem der Wert des Aktualparameters repräsentiert wird

Klasse   Abfragefunktion

A_param   Aktualparameter zum Formaldatenobjekt X ist vom Datentyp REAL oder DOUBLE PRECISION
skalare oder feldwertige Datengröße

Erg_Dtyp Datentyp und Typparameter KIND wie der Aktualparameter, Skalar

B_Erg   Beschreibt r den Wert von r und e_min den Wert von e_{min} in dem Modell zur Darstellung von Gleitpunktzahlen, nach dem der Wert des Aktualparameters zu X repräsentiert wird, dann liefert die Standardfunktion den Wert von r^{e_min-1} als Gleitpunktzahl.

Beisp_Ref   `TINY(-3.0)` liefert in dem spezifizierten Modell zur Darstellung von Gleitpunktzahlen (einfacher Genauigkeit) die Gleitpunktzahl, die 2^{-127} entspricht.

A.1.4 Mathematische Funktionen

ACOS(X)

B_Stdf   Berechnung eines Näherungswerts für den Hauptwert der Umkehrfunktion arc cos der trigonometrischen Funktion cos

Sp_Name   `ACOS, DACOS`

Klasse   Elementfunktion

A_param   Aktualparameter zum Formaldatenobjekt X ist vom Datentyp REAL oder DOUBLE PRECISION

spezifischer Name `ACOS`, Aktualparameter zu X ist vom Regeldatentyp REAL

spezifischer Name `DACOS`, Aktualparameter zu X ist vom Datentyp DOUBLE PRECISION

Erg_Dtyp   Datentyp und Typparameter KIND wie der Aktualparameter

B_Erg   Beschreibt x den Wert des Aktualparameters zu X als rationale Zahl und gilt $|x| \leq 1$, dann liefert die Standardfunktion einen Näherungswert für den Hauptwert der Umkehrfunktion arc cos(x) in Radian als Gleitpunktzahl. Beschreibt arc_cos_x den berechneten Näherungswert für den Hauptwert von arc cos(x) als rationale Zahl, dann gilt $0 \leq$ arc_cos_x $\leq \pi$.

Beisp_Ref   `ACOS(0.540302306D0)` liefert einen Näherungswert für arc cos(cos(1)) und damit näherungsweise die Gleitpunktzahl `1.D0`.

ASIN(X)

B_Stdf   Berechnung eines Näherungswerts für den Hauptwert der Umkehrfunktion arc sin der trigonometrischen Funktion sin

Sp_Name   `ASIN, DASIN`

Klasse   Elementfunktion

A_param   Aktualparameter zum Formaldatenobjekt X ist vom Datentyp REAL oder DOUBLE PRECISION

spezifischer Name `ASIN`, Aktualparameter zu X ist vom Regeldatentyp REAL

spezifischer Name `DASIN`, Aktualparameter zu X ist vom Datentyp DOUBLE PRECISION

Erg_Dtyp   Datentyp und Typparameter KIND wie der Aktualparameter

B_Erg   Beschreibt x den Wert des Aktualparameters zu X als rationale Zahl und gilt $|x| \leq 1$, dann liefert die Standardfunktion einen Näherungswert für den Hauptwert der Umkehrfunktion arc sin(x) in Radian als Gleitpunktzahl. Beschreibt arc_sin_x den berechneten Näherungswert für den Hauptwert von arc sin(x) als rationale Zahl, dann gilt $-\pi/2 \leq$ arc_sin_x $\leq \pi/2$.

Beisp_Ref ｜ `ASIN(0.841470985D0)` liefert einen Näherungswert für arc sin(sin(1)) und damit näherungsweise die Gleitpunktzahl `1.D0`.

ATAN(X)

B_Stdf ｜ Berechnung eines Näherungswerts für den Hauptwert der Umkehrfunktion arc tan der trigonometrischen Funktion tan

Sp_Name ｜ `ATAN, DATAN`

Klasse ｜ Elementfunktion

A_param ｜ Aktualparameter zum Formaldatenobjekt X ist vom Datentyp REAL oder DOUBLE PRECISION

spezifischer Name `ATAN`, Aktualparameter zu X ist vom Regeldatentyp REAL

spezifischer Name `DATAN`, Aktualparameter zu X ist vom Datentyp DOUBLE PRECISION

Erg_Dtyp ｜ Datentyp und Typparameter KIND wie der Aktualparameter

B_Erg ｜ Beschreibt x den Wert des Aktualparameters zu X als rationale Zahl, dann liefert die Standardfunktion einen Näherungswert für den Hauptwert der Umkehrfunktion arc tan(x) in Radian als Gleitpunktzahl. Beschreibt arc_tan_x den berechneten Näherungswert für den Hauptwert von arc tan(x) als rationale Zahl, dann gilt $-\pi/2 <$ arc_tan_x $< \pi/2$.

Beisp_Ref ｜ `ATAN(1.557407725D0)` liefert einen Näherungswert für arc tan(tan(1)) und damit näherungsweise die Gleitpunktzahl `1.D0`.

ATAN2(Y, X)

B_Stdf ｜ Berechnung eines Näherungswerts für den Hauptwert des Arguments einer komplexen Zahl

Sp_Name ｜ `ATAN2, DATAN2`

Klasse ｜ Elementfunktion

A_param ｜ Aktualparameter zum Formaldatenobjekt Y ist vom Datentyp REAL oder DOUBLE PRECISION

Aktualparameter zu X stimmt in Datentyp und Typparameter KIND mit dem Datentyp und Typparameter KIND des Aktualparameters zu Y überein

Ist der Wert des Aktualparameters zu Y eine Gleitpunktzahl `0.`, dann muß der Wert des Aktualparameters zu X von `0.` verschieden sein. Ist der Wert des Aktualparameters zu X eine Gleitpunktzahl `0.`, dann muß der Wert des Aktualparameters zu Y von `0.` verschieden sein.

spezifischer Name `ATAN2`, Aktualparameter zu Y ist vom Regeldatentyp REAL, Aktualparameter zu X ist vom Regeldatentyp REAL

spezifischer Name `DATAN2`, Aktualparameter zu Y ist vom Datentyp DOUBLE PRECISION, Aktualparameter zu X ist vom Datentyp DOUBLE PRECISION

Erg_Dtyp ｜ Datentyp und Typparameter KIND wie der Aktualparameter

B_Erg   Ist z = x + iy = |z|exp(iφ) komplexe Zahl und z ≠ 0 + 0i. Dann heißt φ Argument von z und es gilt φ = Arg z + 2kπ, k∈ Z und -π < Arg z ≤ π. Arg z wird als Hauptwert des Arguments von z bezeichnet.
          Ferner gilt Arg z = arc tan(y/x) für y ≥ 0, x > 0 und y < 0, x > 0, Arg z = π + arc tan(y/x) für y ≥ 0, x < 0, Arg z = arc tan(y/x) - π für y < 0, x < 0 sowie Arg z = arc tan(y/x) = π/2 für y > 0, x = 0 und Arg z = arc tan(y/x) = −π/2 für y < 0, x = 0.
          Beschreibt y den Wert des Aktualparameters zu Y als rationale Zahl und x den Wert des Aktualparameters zu X als rationale Zahl mit y ≠ 0 oder x ≠ 0, dann liefert die Standardfunktion einen Näherungswert für Arg z mit z = x + iy in Radian als Gleitpunktzahl.

Beisp_Ref ATAN2(-5.0, 3.0) liefert für Arg (3-5i) = arc tan(-5/3) einen Näherungswert und damit näherungsweise die Gleitpunktzahl -1.03038.

          COS(X)
B_Stdf   Berechnung eines Näherungswerts für den Funktionswert der trigonometrischen Funktion cos
Sp_Name   CCOS, COS, DCOS
Klasse   Elementfunktion
A_param   Aktualparameter zu dem Formaldatenobjekt X ist vom Datentyp REAL, DOUBLE PRECISION oder COMPLEX
          spezifischer Name CCOS, Aktualparameter zu X ist vom Regeldatentyp COMPLEX
          spezifischer Name COS, Aktualparameter zu X ist vom Regeldatentyp REAL
          spezifischer Name DCOS, Aktualparameter zu X ist vom Datentyp DOUBLE PRECISION
Erg_Dtyp Datentyp und Typparameter KIND wie der Aktualparameter
B_Erg   Beschreibt x den Wert des Aktualparameters zu X vom Datentyp REAL oder DOUBLE PRECISION in Radian als rationale Zahl, dann liefert die Standardfunktion einen Näherungswert für den Funktionswert cos(x) der trigonometrischen Funktion cos als Gleitpunktzahl. Beschreibt cos_x den berechneten Näherungswert für den Funktionswert cos(x) als rationale Zahl, dann gilt -1 ≤ cos_x ≤ 1.
          Ist z = x + iy komplexe Zahl, so gilt cos(z) = cos(x)cosh(y) - isin(x)sinh(y).
          Beschreibt z den Wert des Aktualparameters zu X vom Datentyp COMPLEX als komplexe Zahl mit z = x + iy und x den Wert des Realteils von z in Radian als rationale Zahl, dann liefert die Standardfunktion einen Näherungswert für den Funktionswert cos(z) der trigonometrischen Funktion cos, und zwar einen Näherungswert für cos(x)cosh(y), den Realteil von cos(z), als Gleitpunktzahl sowie einen Näherungswert für -sin(x)sinh(y), den Imaginärteil von cos(z), als Gleitpunktzahl.

Beisp_Ref COS((2.0, 3.0)) liefert einen Näherungswert für cos(2+3i), und zwar näherungsweise die Gleitpunktzahl -4.18963 als Näherungswert für den

Realteil von cos(z) sowie näherungsweise die Gleitpunktzahl `-9.10923` als Näherungswert für den Imaginärteil von cos(z).

COSH(X)

B_Stdf   Berechnung eines Näherungswerts für den Funktionswert der Hyperbel-funktion cosh

Sp_Name   `COSH`, `DCOSH`

Klasse   Elementfunktion

A_param   Aktualparameter zu dem Formaldatenobjekt X ist vom Datentyp REAL oder DOUBLE PRECISION

spezifischer Name `COSH`, Aktualparameter zu X ist vom Regeldatentyp REAL

spezifischer Name `DCOSH`, Aktualparameter zu X ist vom Datentyp DOUBLE PRECISION

Erg_Dtyp   Datentyp und Typparameter KIND wie der Aktualparameter

B_Erg   Beschreibt x den Wert des Aktualparameters zu X als rationale Zahl, dann liefert die Standardfunktion einen Näherungswert für den Funktionswert cosh(x) der Hyperbelfunktion cosh als Gleitpunktzahl.

Beisp_Ref   `COSH(1.0)` liefert einen Näherungswert für cosh(1) und damit näherungsweise die Gleitpunktzahl `1.54308`.

EXP(X)

B_Stdf   Berechnung eines Näherungswerts für den Funktionswert der Exponential-funktion exp

Sp_Name   `CEXP`, `DEXP`, `EXP`

Klasse   Elementfunktion

A_param   Aktualparameter zu dem Formaldatenobjekt X ist vom Datentyp REAL, DOUBLE PRECISION oder COMPLEX

spezifischer Name `CEXP`, Aktualparameter zu X ist vom Regeldatentyp COMPLEX

spezifischer Name `DEXP`, Aktualparameter zu X ist vom Datentyp DOUBLE PRECISION

spezifischer Name `EXP`, Aktualparameter zu X ist vom Regeldatentyp REAL

Erg_Dtyp   Datentyp und Typparameter KIND wie der Aktualparameter

B_Erg   Beschreibt x den Wert des Aktualparameters zu X vom Datentyp REAL oder DOUBLE PRECISION als rationale Zahl, dann liefert die Standard-funktion einen Näherungswert für den Funktionswert exp(x) der Exponen-tialfunktion.

Ist $z = x + iy$ komplexe Zahl, so gilt $\exp(z) = \exp(x)\cos(y) + i\exp(x)\sin(y)$.

Beschreibt z den Wert des Aktualparameters zu X vom Datentyp COMPLEX als komplexe Zahl mit $z = x + iy$ und y den Wert des Imagi-närteils von z in Radian als rationale Zahl, dann liefert die Standardfunktion einen Näherungswert für den Funktionswert exp(z) der Exponentialfunktion exp, und zwar einen Näherungswert für exp(x)cos(y), den Realteil von exp(z), als Gleitpunktzahl sowie einen Näherungswert für exp(x)sin(y), den Imaginärteil von exp(z), als Gleitpunktzahl.

Beisp_Ref EXP(1.0) liefert einen Näherungswert für exp(1) und damit näherungsweise die Gleitpunktzahl 2.71828.

LOG(X)

B_Stdf Berechnung eines Näherungswerts für den Funktionswert der Funktion $\log_e = \ln$

Sp_Name ALOG, CLOG, DLOG

Klasse Elementfunktion

A_param Aktualparameter zu dem Formaldatenobjekt X ist vom Datentyp REAL, DOUBLE PRECISION oder COMPLEX

Ist der Aktualparameters zu X vom Datentyp REAL oder DOUBLE PRECISION, dann muß der Wert des Aktualparameters größer als die Gleitpunktzahl 0. sein. Ist der Aktualparameter zu X vom Datentyp COMPLEX, dann muß der Wert des Aktualparameters von dem Wert (0., 0.), dargestellt als Konstante vom Regeldatentyp COMPLEX, verschieden sein.

spezifischer Name ALOG, Aktualparameter zu X ist vom Regeldatentyp REAL

spezifischer Name CLOG, Aktualparameter zu X ist vom Regeldatentyp COMPLEX

spezifischer Name DLOG, Aktualparameter zu X ist vom Datentyp DOUBLE PRECISION

Erg_Dtyp Datentyp und Typparameter KIND wie der Aktualparameter

B_Erg Beschreibt x den Wert des Aktualparameters zu X vom Datentyp REAL oder DOUBLE PRECISION als rationale Zahl mit x > 0, dann liefert die Standardfunktion einen Näherungswert für den Funktionswert ln(x) der Funktion ln als Gleitpunktzahl.

Ist z komplexe Zahl mit $z \neq 0 + 0i$ und $\varphi_H = $ Arg z Hauptwert des Arguments von z. Es gilt $\ln(z) = \ln(|z|) + i(\varphi_H + 2k\pi)$, $k \in Z$. Hauptwert des natürlichen Logarithmus von z ist $\ln_H(z) = \ln(|z|) + i\varphi_H$ mit $-\pi < \varphi_H \leq \pi$.

Beschreibt z den Wert des Aktualparameters zu X vom Datentyp COMPLEX als komplexe Zahl mit $z \neq 0 + 0i$, dann liefert die Standardfunktion einen Näherungswert für $\ln_H(z) = \ln(|z|) + i$ Arg z mit $-\pi < $ Arg $z \leq \pi$, den Hauptwert von ln(z) der Funktion ln, und zwar einen Näherungswert für ln(|z|), den Realteil von $\ln_H(z)$, als Gleitpunktzahl sowie einen Näherungswert für Arg z, den Imaginärteil von $\ln_H(z)$, als Gleitpunktzahl. Auf die Ausführungen zu Arg z, dem Hauptwert des Arguments von z, unter B_Erg zur Standardfunktion ATAN2 wird hingewiesen.

Beisp_Ref LOG(10.0) liefert einen Näherungswert für ln(10) und damit näherungsweise die Gleitpunktzahl 2.30259.

LOG10(X)

B_Stdf	Berechnung eines Näherungswerts für den Funktionswert der Funktion $\log_{10}$
Sp_Name	ALOG10, DLOG10
Klasse	Elementfunktion
A_param	Aktualparameter zu dem Formaldatenobjekt X ist vom Datentyp REAL oder DOUBLE PRECISION

Der Wert des Aktualparameters zu X muß größer als die Gleitpunktzahl 0. sein.

spezifischer Name ALOG10, Aktualparameter zu X ist vom Regeldatentyp REAL

spezifischer Name DLOG10, Aktualparameter zu X ist vom Datentyp DOUBLE PRECISION

Erg_Dtyp	Datentyp und Typparameter KIND wie der Aktualparameter
B_Erg	Beschreibt x den Wert des Aktualparameters zu X als rationale Zahl mit $x > 0$, dann liefert die Standardfunktion einen Näherungswert für den Funktionswert $\log_{10}(x)$ der Funktion $\log_{10}$ als Gleitpunktzahl.
Beisp_Ref	LOG10(10.0) liefert einen Näherungswert für $\log_{10}(10)$ und damit näherungsweise die Gleitpunktzahl 1.0.

SIN(X)

B_Stdf	Berechnung eines Näherungswerts für den Funktionswert der trigonometrischen Funktion sin
Sp_Name	CSIN, DSIN, SIN
Klasse	Elementfunktion
A_param	Aktualparameter zu dem Formaldatenobjekt X ist vom Datentyp REAL, DOUBLE PRECISION oder COMPLEX

spezifischer Name CSIN, Aktualparameter zu X ist vom Regeldatentyp COMPLEX

spezifischer Name DSIN, Aktualparameter zu X ist vom Datentyp DOUBLE PRECISION

spezifischer Name SIN, Aktualparameter zu X ist vom Regeldatentyp REAL

Erg_Dtyp	Datentyp und Typparameter KIND wie der Aktualparameter
B_Erg	Beschreibt x den Wert des Aktualparameters zu X vom Datentyp REAL oder DOUBLE PRECISION in Radian als rationale Zahl, dann liefert die Standardfunktion einen Näherungswert für den Funktionswert sin(x) der trigonometrischen Funktion sin als Gleitpunktzahl. Beschreibt sin_x den berechneten Näherungswert für den Funktionswert sin(x) als rationale Zahl, dann gilt $-1 \leq \text{sin_x} \leq 1$.

Ist $z = x + iy$ komplexe Zahl, so gilt $\sin(z) = \sin(x)\cosh(y) + i\cos(x)\sinh(y)$.

Beschreibt z den Wert des Aktualparameters zu X vom Datentyp COMPLEX als komplexe Zahl mit $z = x + iy$ und x den Wert des Realteils von z in Radian als rationale Zahl, dann liefert die Standardfunktion einen

Näherungswert für den Funktionswert sin(z) der trigonometrischen Funktion sin, und zwar einen Näherungswert für sin(x)cosh(y), den Realteil von sin(z), als Gleitpunktzahl sowie einen Näherungswert für cos(x)sinh(y), den Imaginärteil von cos(z), als Gleitpunktzahl.

Beisp_Ref `SIN(1.0)` liefert einen Näherungswert für sin(1) und damit näherungsweise die Gleitpunktzahl `0.841471`.

SINH(X)

B_Stdf   Berechnung eines Näherungswerts für den Funktionswert der Hyperbelfunktion sinh

Sp_Name   `DSINH, SINH`

Klasse   Elementfunktion

A_param   Aktualparameter zu dem Formaldatenobjekt `X` ist vom Datentyp REAL oder DOUBLE PRECISION

           spezifischer Name `DSINH`, Aktualparameter zu `X` ist vom Datentyp DOUBLE PRECISION

           spezifischer Name `SINH`, Aktualparameter zu `X` ist vom Regeldatentyp REAL

Erg_Dtyp   Datentyp und Typparameter KIND wie der Aktualparameter

B_Erg   Beschreibt x den Wert des Aktualparameters zu `X` als rationale Zahl, dann liefert die Standardfunktion einen Näherungswert für den Funktionswert sinh(x) der Hyperbelfunktion sinh als Gleitpunktzahl.

Beisp_Ref `SINH(1.0)` liefert einen Näherungswert für sinh(1) und damit näherungsweise die Gleitpunktzahl `1.17520`.

SQRT(X)

B_Stdf   Berechnung eines Näherungswerts für die positive zweite Wurzel des Werts des Aktualparameters

Sp_Name   `CSQRT, DSQRT, SQRT`

Klasse   Elementfunktion

A_param   Aktualparameter zu dem Formaldatenobjekt `X` ist vom Datentyp REAL, DOUBLE PRECISION oder COMPLEX

           Ist der Aktualparameter zu `X` vom Datentyp REAL oder DOUBLE PRECISION, dann muß der Wert des Aktualparameters größer oder gleich der Gleitpunktzahl `0.` sein.

           spezifischer Name `CSQRT`, Aktualparameter zu `X` ist vom Regeldatentyp COMPLEX

           spezifischer Name `DSQRT`, Aktualparameter zu `X` ist vom Datentyp DOUBLE PRECISION

           spezifischer Name `SQRT`, Aktualparameter zu `X` ist vom Regeldatentyp REAL

Erg_Dtyp   Datentyp und Typparameter KIND wie der Aktualparameter

B_Erg   Beschreibt x den Wert des Aktualparameters zu `X` vom Datentyp REAL oder DOUBLE PRECISION als rationale Zahl mit $x \geq 0$, dann liefert die

Standardfunktion einen Näherungswert für die positive zweite Wurzel von x als Gleitpunktzahl. Beschreibt wurzel2_x den berechneten Näherungswert für die zweite Wurzel von x als rationale Zahl, dann gilt $0 \leq$ wurzel2_x.

Sei $z \in C$, $z \neq 0 + 0i$ und φ_H = Arg z Hauptwert des Arguments von z mit $-\pi < \varphi_H \leq \pi$. Dann gilt, $z_k = |z|^{1/2} [\cos(\varphi_H/2 + k\pi) + i\sin(\varphi_H/2 + k\pi)]$, k=0,1, ist Lösung der Gleichung $w^2 = z$, $w \in C$, C Menge der komplexen Zahlen.

Beschreibt z den Wert des Aktualparameters zu X vom Datentyp COMPLEX als komplexe Zahl mit φ_H Hauptwert des Arguments von z, dann liefert die Standardfunktion einen Näherungswert für $z_0 = |z|^{1/2} [\cos(\varphi_H/2) + i\sin(\varphi_H/2)]$, die zweite Wurzel von z mit $|z|^{1/2} \cos(\varphi_H/2) \geq 0$, und zwar einen Näherungswert für $|z|^{1/2} \cos(\varphi_H/2)$, den Realteil von z_0, als Gleitpunktzahl sowie einen Näherungswert für $|z|^{1/2} \sin(\varphi_H/2)$, den Imaginärteil von z_0, als Gleitpunktzahl.

Beisp_Ref   `SQRT(4.0)` liefert einen Näherungswert für die positive zweite Wurzel von 4 und damit näherungsweise die Gleitpunktzahl `2.0`.

TAN(X)

B_Stdf   Berechnung eines Näherungswerts für den Funktionswert der trigonometrischen Funktion tan

Sp_Name   DTAN, TAN

Klasse   Elementfunktion

A_param   Aktualparameter zu dem Formaldatenobjekt X ist vom Datentyp REAL oder DOUBLE PRECISION

spezifischer Name `DTAN`, Aktualparameter zu X ist vom Datentyp DOUBLE PRECISION

spezifischer Name `TAN`, Aktualparameter zu X ist vom Regeldatentyp REAL

Erg_Dtyp   Datentyp und Typparameter KIND wie der Aktualparameter

B_Erg   Beschreibt x den Wert des Aktualparameters zu X in Radian als rationale Zahl, dann liefert die Standardfunktion einen Näherungswert für den Funktionswert tan(x) der trigonometrischen Funktion tan als Gleitpunktzahl. Beschreibt tan_x den berechneten Näherungswert für den Funktionswert tan(x) als rationale Zahl, dann gilt $-\infty <$ tan_x $< \infty$.

Beisp_Ref   `TAN(1.0)` liefert einen Näherungswert für tan(1) und damit näherungsweise die Gleitpunktzahl `1.55741`.

TANH(X)

B_Stdf   Berechnung eines Näherungswerts für den Funktionswert der Hyperbelfunktion tanh

Sp_Name   DTANH, TANH

Klasse   Elementfunktion

A_param   Aktualparameter zu dem Formaldatenobjekt X ist vom Datentyp REAL oder DOUBLE PRECISION

spezifischer Name DTANH, Aktualparameter zu X ist vom Datentyp
DOUBLE PRECISION
spezifischer Name TANH, Aktualparameter zu X ist vom Regeldatentyp
REAL

Erg_Dtyp   Datentyp und Typparameter KIND wie der Aktualparameter

B_Erg   Beschreibt x den Wert des Aktualparameters zu X als rationale Zahl, dann
           liefert die Standardfunktion einen Näherungswert für den Funktionswert
           tanh(x) der Hyperbelfunktion tanh als Gleitpunktzahl.

Beisp_Ref TANH(1.0) liefert einen Näherungswert für tanh(1) und damit nähe-
           rungsweise die Gleitpunktzahl 0.761594.

A.1.5 Zeichenmanipulationsfunktionen

ACHAR(I)

B_Stdf   Bestimmung des Zeichens mit der Position im ASCII-Zeichensatz, die dem
           Wert des Aktualparameters entspricht

Klasse   Elementfunktion

A_param   Aktualparameter zu dem Formaldatenobjekt I ist vom Datentyp INTEGER

Erg_Dtyp   Regeldatentyp CHARACTER mit 1 als Wert des Typparameters LÄNGE

B_Erg   Beschreibt i den Wert des Aktualparameters zu I vom Datentyp INTEGER
           als natürliche Zahl mit $0 \leq i \leq 127$, dann liefert die Standardfunktion das
           Zeichen mit der Position i im ASCII-Zeichensatz, sofern dieses Zeichen zu
           dem prozessorabhängigen Zeichensatz gehört. Andernfalls ist das Ergebnis
           der Standardfunktion ACHAR systemabhängig. Korrespondiert zu der Positi-
           on i im ASCII-Zeichensatz ein Buchstabe und dieser Buchstabe gehört nicht
           zu dem Zeichensatz, der prozessorseitig unterstützt wird, dann liefert die
           Standardfunktion den Groß- oder alternativ den Kleinbuchstaben, der zu
           dem prozessorabhängigen Zeichensatz gehört.

Beisp_Ref ACHAR(61) liefert '=' dargestellt als Zeichenkonstante, falls das Gleich-
           heitszeichen zum prozessorabhängigen Zeichensatz gehört.

ADJUSTL(STRING)

B_Stdf   Linksbündiges Ausrichten der Zeichenteilkette einer Zeichenkette, die mit
           dem ersten von einem Leerzeichen verschiedenen Zeichen beginnt, wobei
           führende Leerzeichen entfernt und als nachlaufende Leerzeichen der Zei-
           chenteilkette angefügt werden

Klasse   Elementfunktion

A_param   Aktualparameter zu dem Formaldatenobjekt STRING ist vom Datentyp
           CHARACTER

Erg_Dtyp   Datentyp, Typparameter LÄNGE und Typparameter KIND wie der Ak-
           tualparameter

B_Erg   Die Standardfunktion liefert einen modifizierten Wert des Aktualparameters
           so, daß führende Leerzeichen des Werts entfernt und dieselbe Anzahl von
           Leerzeichen als nachlaufende Leerzeichen angefügt werden.

Beisp_Ref ADJUSTL('   Fortran 90 ') liefert 'Fortran 90   ' dargestellt als Zeichenkonstante.

ADJUSTR(STRING)

B_Stdf   Rechtsbündiges Ausrichten der Zeichenteilkette einer Zeichenkette, die mit
dem ersten von einem Leerzeichen verschiedenen Zeichen beginnt, wobei
nachlaufende Leerzeichen entfernt und als führende Leerzeichen der Zeichenteilkette vorangestellt werden

Klasse   Elementfunktion

A_param   Aktualparameter zu dem Formaldatenobjekt STRING ist vom Datentyp
CHARACTER

Erg_Dtyp   Datentyp, Typparameter LÄNGE und Typparameter KIND wie der Aktualparameter

B_Erg   Die Standardfunktion liefert einen modifizierten Wert des Aktualparameters
so, daß nachlaufende Leerzeichen des Werts entfernt und dieselbe Anzahl
von Leerzeichen als führende Leerzeichen vorangestellt werden.

Beisp_Ref ADJUSTR(' Fortran 90   ') liefert '   Fortran 90' dargestellt als Zeichenkonstante.

CHAR(I [, KIND])

B_Stdf   Bestimmung des Zeichens mit der Position im prozessorabhängigen Zeichensatz, die dem Wert des Aktualparameters entspricht

Sp_Name   ♦ CHAR

Klasse   Elementfunktion

A_param   Aktualparameter zu dem Formaldatenobjekt I ist vom Datentyp INTEGER
Beschreibt i den Wert des Aktualparameters zu I vom Datentyp INTEGER,
dann ist für einen prozessorabhängigen Zeichensatz vom Umfang n zu gewährleisten, daß $0 \le i \le n-1$ gilt.
Aktualparameter zu KIND ist ein skalarer Initialisierungsausdruck vom Datentyp INTEGER
spezifischer Name CHAR, Aktualparameter zu I ist vom Regeldatentyp
INTEGER, Aktualparameter zu KIND ist unzulässig

Erg_Dtyp   Regeldatentyp CHARACTER mit 1 als Wert des Typparameters LÄNGE,
falls zu KIND kein Aktualparameter spezifiziert wird
Wird zu KIND ein skalarer Initialisierungsausdruck als Aktualparameter angegeben, ist der Wert dieses Ausdrucks Wert des Typparameters KIND des
Ergebnisses.

B_Erg   Die Standardfunktion liefert unter Berücksichtigung des Typparameters
KIND das Zeichen mit Position i im prozessorabhängigen Zeichensatz.

Beisp_Ref CHAR(61) liefert im Fall des ASCII-Zeichensatzes '=' dargestellt als
Zeichenkonstante.

IACHAR(C)

B_Stdf   Bestimmung der Position des Zeichens im ASCII-Zeichensatz, das Wert des Aktualparameters ist

Klasse   Elementfunktion

A_param   Aktualparameter zu dem Formaldatenobjekt C ist vom Regeldatentyp CHARACTER mit 1 als Wert des Typparameters LÄNGE

Erg_Dtyp Regeldatentyp INTEGER

B_Erg   Beschreibt c den Wert des Aktualparameters zu C vom Regeldatentyp CHARACTER als Zeichen und gehört c zum ASCII-Zeichensatz, dann liefert die Standardfunktion die Position dieses Zeichens im ASCII-Zeichensatz. Beschreibt i den Wert dieser Position, so gilt $0 \leq i \leq 127$. Andernfalls ist das Ergebnis der Standardfunktion prozessorabhängig.

Beisp_Ref IACHAR('=') liefert die Festpunktzahl 61.

ICHAR(C)

B_Stdf   Bestimmung der Position des Zeichens im prozessorabhängigen Zeichensatz, das Wert des Aktualparameters ist

Sp_Name   ♦ ICHAR

Klasse   Elementfunktion

A_param   Aktualparameter zu dem Formaldatenobjekt C ist vom Datentyp CHARACTER mit 1 als Wert des Typparameters LÄNGE
          Der Wert des Aktualparameters ist ein darstellbares Zeichen.
          spezifischer Name ICHAR, Aktualparameter zu C ist vom Regeldatentyp CHARACTER

Erg_Dtyp Regeldatentyp INTEGER

B_Erg   Beschreibt c den Wert des Aktualparameters zu C vom Datentyp CHARACTER als darstellbares Zeichen, dann liefert die Standardfunktion die Position dieses Zeichens im prozessorabhängigen Zeichensatz. Beschreibt i den Wert dieser Position, so gilt $0 \leq i \leq n-1$ für einen prozessorabhängigen Zeichensatz vom Umfang n.

Beisp_Ref ICHAR('=') liefert im Fall des ASCII-Zeichensatzes die Festpunktzahl 61.

INDEX(STRING, SUBSTRING [, BACK])

B_Stdf   Bestimmung der Anfangsposition einer Zeichenteilkette in der Elternzeichenkette

Sp_Name   INDEX

Klasse   Elementfunktion

A_param   Aktualparameter zu dem Formaldatenobjekt STRING ist vom Datentyp CHARACTER, Aktualparameter zu dem Formaldatenobjekt SUBSTRING ist vom Datentyp CHARACTER mit dem Typparameter KIND des Aktualparameters zu STRING und Aktualparameter zu dem Formaldatenobjekt BACK ist vom Datentyp LOGICAL spezifischer Name INDEX, Aktualparameter zu STRING ist vom Regeldatentyp CHARACTER, Aktualparameter zu SUBSTRING ist vom Regeldatentyp CHARACTER, Aktualparameter zu BACK ist unzulässig

Erg_Dtyp   Regeldatentyp INTEGER

B_Erg   Wird zu BACK kein Aktualparameter spezifiziert oder hat der Aktualparameter zu BACK den Wert von .FALSE. und ist ferner e_zeichenkette Name des Aktualparameters zu STRING, dann liefert die Standardfunktion den Wert der Anfangsposition derjenigen Zeichenteilkette zu e_zeichenkette als Festpunktzahl, die am weitesten links in der Elternzeichenkette auftritt und deren Wert mit dem Wert des Aktualparameters zu SUBSTRING übereinstimmt. Falls eine solche Zeichenteilkette zu der Elternzeichenkette e_zeichenkette nicht existiert oder der Wert des Typparameters LÄNGE des Aktualparameters zu STRING kleiner ist als der Wert des Typparameters LÄNGE des Aktualparameters zu SUBSTRING, liefert die Standardfunktion die Festpunktzahl 0. Ist der Wert des Typparameters LÄNGE des Aktualparameters zu SUBSTRING 0, dann liefert die Standardfunktion die Festpunktzahl 1.

Hat der Aktualparameter zu BACK den Wert von .TRUE. und ist ferner e_zeichenkette Name des Aktualparameters zu STRING, dann liefert die Standardfunktion den Wert der Anfangsposition derjenigen Zeichenteilkette zu e_zeichenkette als Festpunktzahl, die am weitesten rechts in der Elternzeichenkette auftritt und deren Wert mit dem Wert des Aktualparameters zu SUBSTRING übereinstimmt. Falls eine solche Zeichenteilkette zu der Elternzeichenkette e_zeichenkette nicht existiert oder der Wert des Typparameters LÄNGE des Aktualparameters zu STRING kleiner ist als der Wert des Typparameters LÄNGE des Aktualparameters zu SUBSTRING, liefert die Standardfunktion die Festpunktzahl 0. Ist der Wert des Typparameters LÄNGE des Aktualparameters zu SUBSTRING 0, dann liefert die Standardfunktion die Festpunktzahl, deren Wert mit dem um 1 erhöhten Wert des Typparameters LÄNGE des Aktualparameters zu STRING übereinstimmt.

Beisp_Ref   INDEX('FORTRAN', 'R') liefert die Festpunktzahl 3 und INDEX('FORTRAN', 'R', .TRUE.) die Festpunktzahl 5.

LEN_TRIM(STRING)

B_Stdf   Bestimmung der Anzahl von Zeichen des Werts des Aktualparameters ohne nachlaufende Leerzeichen

Klasse   Elementfunktion

A_param   Aktualparameter zu dem Formaldatenobjekt STRING ist vom Datentyp CHARACTER

Erg_Dtyp   Regeldatentyp INTEGER

B_Erg   Beschreibt c den Wert des Aktualparameters zu STRING vom Datentyp CHARACTER als Zeichenfolge, dann liefert die Standardfunktion die Festpunktzahl, deren Wert mit der Anzahl der Zeichen von c ohne nachlaufende

Leerzeichen übereinstimmt. Ist jedes Zeichen von c Leerzeichen, dann liefert die Standardfunktion die Festpunktzahl 0.

Beisp_Ref `LEN_TRIM(' Fortran 90   ')` liefert die Festpunktzahl 11.

`LGE(STRING_A, STRING_B)`

B_Stdf Überprüfung der lexikalischen Größer-Gleich-Relation basierend auf der ASCII-Zeichenreihenfolge für den Wert des Aktualparameters zu `STRING_A` in Bezug auf den Wert des Aktualparameters zu `STRING_B`

Sp_Name ♦ `LGE`

Klasse Elementfunktion

A_param Aktualparameter zu dem Formaldatenobjekt `STRING_A` ist vom Regeldatentyp CHARACTER

Aktualparameter zu dem Formaldatenobjekt `STRING_B` ist vom Regeldatentyp CHARACTER

spezifischer Name `LGE`, Aktualparameter zu `STRING_A` ist vom Regeldatentyp CHARACTER, Aktualparameter zu `STRING_B` ist vom Regeldatentyp CHARACTER

Erg_Dtyp Regeldatentyp LOGICAL

B_Erg Sind die Werte des Typparameters LÄNGE des Aktualparameters zu `STRING_A` und des Aktualparameters zu `STRING_B` verschieden, wird der lexikalische Vergleich so ausgeführt, als wäre der Wert des Aktualparameters mit dem kleineren Wert des Typparameters LÄNGE nach rechts mit Leerzeichen bis zur Länge des Werts des anderen Aktualparameters aufgefüllt. Falls der Wert eines der Aktualparameter ein Zeichen enthält, das nicht zum ASCII-Zeichensatz gehört, ist das Ergebnis der Standardfunktion prozessorabhängig. Die Standardfunktion liefert den Wert von `.TRUE.`, falls die Werte der Aktualparameter gleich sind oder der Wert des Aktualparameters zu `STRING_A` lexikalisch größer ist als der Wert des Aktualparameters zu `STRING_B`. Ist der Wert des Typparameters LÄNGE für die Werte beider Aktualparameter 0, gelten sie als gleich. Andernfalls liefert die Standardfunktion den Wert von `.FALSE.`. Auf die Ausführungen in Abschnitt 7.3 zu Vergleichsausdrücken mit Operanden vom Datentyp CHARACTER wird hingewiesen.

Beisp_Ref `LGE('EINS', 'ZWEI')` liefert den Wert von `.FALSE.`.

`LGT(STRING_A, STRING_B)`

B_Stdf Überprüfung der lexikalischen Größer-Relation basierend auf der ASCII-Zeichenreihenfolge für den Wert des Aktualparameters zu `STRING_A` in Bezug auf den Wert des Aktualparameters zu `STRING_B`

Sp_Name ♦ `LGT`

Klasse Elementfunktion

A_param Aktualparameter zu dem Formaldatenobjekt `STRING_A` ist vom Regeldatentyp CHARACTER

Aktualparameter zu dem Formaldatenobjekt STRING_B ist vom Regeldatentyp CHARACTER

spezifischer Name LGT, Aktualparameter zu STRING_A ist vom Regeldatentyp CHARACTER, Aktualparameter zu STRING_B ist vom Regeldatentyp CHARACTER

Erg_Dtyp   Regeldatentyp LOGICAL

B_Erg   Sind die Werte des Typparameters LÄNGE des Aktualparameters zu STRING_A und des Aktualparameters zu STRING_B verschieden, wird der lexikalische Vergleich so ausgeführt, als wäre der Wert des Aktualparameters mit dem kleineren Wert des Typparameters LÄNGE nach rechts mit Leerzeichen bis zur Länge des Werts des anderen Aktualparameters aufgefüllt. Falls der Wert eines der Aktualparameter ein Zeichen enthält, das nicht zum ASCII-Zeichensatz gehört, ist das Ergebnis der Standardfunktion prozessorabhängig. Die Standardfunktion liefert den Wert von .TRUE., falls der Wert des Aktualparameters zu STRING_A lexikalisch größer ist als der Wert des Aktualparameters zu STRING_B. Andernfalls liefert die Standardfunktion den Wert von .FALSE.. Auf die Ausführungen in Abschnitt 7.3 zu Vergleichsausdrücken mit Operanden vom Datentyp CHARACTER wird hingewiesen.

Beisp_Ref LGT('EINS', 'ZWEI') liefert den Wert von .FALSE..

LLE(STRING_A, STRING_B)

B_Stdf   Überprüfung der lexikalischen Kleiner-Gleich-Relation basierend auf der ASCII-Zeichenreihenfolge für den Wert des Aktualparameters zu STRING_A in Bezug auf den Wert des Aktualparameters zu STRING_B

Sp_Name   ♦ LLE

Klasse   Elementfunktion

A_param   Aktualparameter zu dem Formaldatenobjekt STRING_A ist vom Regeldatentyp CHARACTER

Aktualparameter zu dem Formaldatenobjekt STRING_B ist vom Regeldatentyp CHARACTER

spezifischer Name LLE, Aktualparameter zu STRING_A ist vom Regeldatentyp CHARACTER, Aktualparameter zu STRING_B ist vom Regeldatentyp CHARACTER

Erg_Dtyp   Regeldatentyp LOGICAL

B_Erg   Sind die Werte des Typparameters LÄNGE des Aktualparameters zu STRING_A und des Aktualparameters zu STRING_B verschieden, wird der lexikalische Vergleich so ausgeführt, als wäre der Wert des Aktualparameters mit dem kleineren Wert des Typparameters LÄNGE nach rechts mit Leerzeichen bis zur Länge des Werts des anderen Aktualparameters aufgefüllt. Falls der Wert eines der Aktualparameter ein Zeichen enthält, das nicht zum ASCII-Zeichensatz gehört, ist das Ergebnis der Standardfunktion prozessorabhängig. Die Standardfunktion liefert den Wert von .TRUE., falls die Werte der Aktualparameter gleich sind oder der Wert des

Aktualparameters zu STRING_A lexikalisch kleiner ist als der Wert des Aktualparameters zu STRING_B. Ist der Wert des Typparameters LÄNGE *für die Werte beider Aktualparameter 0, gelten sie als gleich. Andernfalls* liefert die Standardfunktion den Wert von .FALSE.. Auf die Ausführungen in Abschnitt 7.3 zu Vergleichsausdrücken mit Operanden vom Datentyp CHARACTER wird hingewiesen.

Beisp_Ref LLE('EINS', 'ZWEI') liefert den Wert von .TRUE..

LLT(STRING_A, STRING_B)

B_Stdf   Überprüfung der lexikalischen Kleiner-Relation basierend auf der ASCII-Zeichenreihenfolge für den Wert des Aktualparameters zu STRING_A in Bezug auf den Wert des Aktualparameters zu STRING_B

Sp_Name   ♦ LLT

Klasse   Elementfunktion

A_param   Aktualparameter zu dem Formaldatenobjekt STRING_A ist vom Regeldatentyp CHARACTER
           Aktualparameter zu dem Formaldatenobjekt STRING_B ist vom Regeldatentyp CHARACTER
           spezifischer Name LLT, Aktualparameter zu STRING_A ist vom Regeldatentyp CHARACTER, Aktualparameter zu STRING_B ist vom Regeldatentyp CHARACTER

Erg_Dtyp   Regeldatentyp LOGICAL

B_Erg   Sind die Werte des Typparameters LÄNGE des Aktualparameters zu STRING_A und des Aktualparameters zu STRING_B verschieden, wird der lexikalische Vergleich so ausgeführt, als wäre der Wert des Aktualparameters mit dem kleineren Wert des Typparameters LÄNGE nach rechts mit Leerzeichen bis zur Länge des Werts des anderen Aktualparameters aufgefüllt. Falls der Wert eines der Aktualparameter ein Zeichen enthält, das nicht zum ASCII-Zeichensatz gehört, ist das Ergebnis der Standardfunktion prozessorabhängig. Die Standardfunktion liefert den Wert von .TRUE., falls der Wert des Aktualparameters zu STRING_A lexikalisch kleiner ist als der Wert des Aktualparameters zu STRING_B. Andernfalls liefert die Standardfunktion den Wert von .FALSE.. Auf die Ausführungen in Abschnitt 7.3 zu Vergleichsausdrücken mit Operanden vom Datentyp CHARACTER wird hingewiesen.

Beisp_Ref LLT('EINS', 'ZWEI') liefert den Wert von .TRUE..

REPEAT(STRING, NCOPIES)

B_Stdf   Wiederholte Verkettung einer Zeichenkette

Klasse   Transformationsfunktion

A_param   Aktualparameter zu dem Formaldatenobjekt STRING ist vom Datentyp CHARACTER, skalare Datengröße
           Aktualparameter zu dem Formaldatenobjekt NCOPIES ist vom Datentyp INTEGER, skalare Datengröße

	Der Wert des Aktualparameters zu NCOPIES ist größer oder gleich 0.
Erg_Dtyp	Datentyp CHARACTER mit dem Typparameter KIND des Aktualparameters und dem Wert des Typparameter LÄNGE, der mit dem Wert des Produkts aus dem Wert des Aktualparameters zu NCOPIES und dem Wert des Typparameters LÄNGE des Aktualparameters zu STRING übereinstimmt, Skalar
B_Erg	Ist zeichenkette Name des Aktualparameters zu STRING und n Wert des Aktualparameters zu NCOPIES mit $n \geq 0$, dann liefert die Standardfunktion die n-fache Verkettung der Zeichenkette zeichenkette.
Beisp_Ref	REPEAT(' --- ', 3) liefert ' --- --- --- ' dargestellt als Zeichenkonstante.

SCAN(STRING, SET [, BACK])

B_Stdf	Bestimmung der Position eines Zeichens aus einer Menge von Zeichen in einer Zeichenkette
Klasse	Elementfunktion
A_param	Aktualparameter zu dem Formaldatenobjekt STRING ist vom Datentyp CHARACTER, Aktualparameter zu dem Formaldatenobjekt SET ist vom Datentyp CHARACTER mit dem Typparameter KIND des Aktualparameters zu STRING und Aktualparameter zu dem Formaldatenobjekt BACK ist vom Datentyp LOGICAL
Erg_Dtyp	Regeldatentyp INTEGER
B_Erg	Wird zu BACK kein Aktualparameter spezifiziert oder hat der Aktualparameter zu BACK den Wert von .FALSE. und ist ferner e_zeichenkette Name des Aktualparameters zu STRING sowie c das Zeichen in dem Wert des Aktualparameters zu SET, das erstmals zugleich in e_zeichenkette auftritt, dann liefert die Standardfunktion den Wert dieser Position von c in e_zeichenkette.
	Hat der Aktualparameter zu BACK den Wert von .TRUE. und ist e_zeichenkette Name des Aktualparameters zu STRING sowie c das Zeichen in dem Wert des Aktualparameters zu SET, das letztmals zugleich in e_zeichenkette auftritt, dann liefert die Standardfunktion den Wert dieser Position von c in e_zeichenkette.
	Enthält der Wert des Aktualparameters zu SET kein Zeichen, das in dem Wert des Aktualparameters zu STRING auftritt, dann liefert die Standardfunktion die Festpunktzahl 0. Ist der Wert des Typparameters LÄNGE des Aktualparameters zu STRING oder Wert des Typparameters LÄNGE des Aktualparameters zu SET 0, dann liefert die Standardfunktion ebenfalls die Festpunktzahl 0.
Beisp_Ref	SCAN('Fortran', 'tr') liefert die Festpunktzahl 3 und SCAN('Fortran', 'tr', .TRUE.) die Festpunktzahl 5.

TRIM(STRING)

B_Stdf   Bestimmung der Zeichenteilkette einer Zeichenkette, indem aus dieser Zeichenkette die nachlaufenden Leerzeichen entfernt werden

Klasse   Transformationsfunktion

A_param   Aktualparameter zu dem Formaldatenobjekt STRING ist vom Datentyp CHARACTER, skalare Datengröße

Erg_Dtyp   Datentyp und Typparameter KIND wie der Aktualparameter, Wert des Typparameters LÄNGE ist der Wert des Typparameters LÄNGE des Aktualparameters zu STRING reduziert um die Anzahl nachlaufender Leerzeichen im Wert des Aktualparameters

B_Erg   Die Standardfunktion liefert einen modifizierten Wert des Aktualparameters so, daß nachlaufende Leerzeichen des Werts entfernt werden.

Beisp_Ref   TRIM(' Fortran 90 ') liefert ' Fortran 90' dargestellt als Zeichenkonstante.

VERIFY(STRING, SET [, BACK])

B_Stdf   Bestimmung der Position eines Zeichens in einer Zeichenkette, das in einer Menge von Zeichen nicht auftritt

Klasse   Elementfunktion

A_param   Aktualparameter zu dem Formaldatenobjekt STRING ist vom Datentyp CHARACTER, Aktualparameter zu dem Formaldatenobjekt SET ist vom Datentyp CHARACTER mit dem Typparameter KIND des Aktualparameters zu STRING und Aktualparameter zu dem Formaldatenobjekt BACK ist vom Datentyp LOGICAL

Erg_Dtyp   Regeldatentyp INTEGER

B_Erg   Wird zu BACK kein Aktualparameter spezifiziert oder hat der Aktualparameter zu BACK den Wert von .FALSE. und ist ferner e_zeichenkette Name des Aktualparameters zu STRING sowie c das erste Zeichen in dem Wert von e_zeichenkette, das nicht zugleich in dem Wert des Aktualparameters zu SET auftritt, dann liefert die Standardfunktion den Wert dieser Position von c in e_zeichenkette.

            Hat der Aktualparameter zu BACK den Wert von .TRUE. und ist e_zeichenkette Name des Aktualparameters zu STRING sowie c das am weitesten rechts positionierte Zeichen in dem Wert von e_zeichenkette, das nicht zugleich in dem Wert des Aktualparameters zu SET auftritt, dann liefert die Standardfunktion den Wert dieser Position von c in e_zeichenkette.

            Enthält der Wert des Aktualparameters zu STRING kein Zeichen, das nicht zugleich in dem Wert des Aktualparameters zu SET auftritt, dann liefert die Standardfunktion die Festpunktzahl 0. Ist der Wert des Typparameters LÄNGE des Aktualparameters zu STRING 0, dann liefert die Standardfunktion ebenfalls die Festpunktzahl 0.

Beisp_Ref   VERIFY('Fortran', 'tr') liefert die Festpunktzahl 1 und VERIFY('Fortran', 'tr', .TRUE.) die Festpunktzahl 7.

A.1.6 Abfragefunktion für Zeichenketten

LEN(STRING)

B_Stdf   Bestimmung des Werts des Typparameters LÄNGE des Aktualparameters
Sp_Name   LEN
Klasse   Abfragefunktion
A_param   Aktualparameter zu dem Formaldatenobjekt STRING ist vom Datentyp
          CHARACTER
          skalare oder feldwertige Datengröße
          spezifischer Name LEN, Aktualparameter zu STRING ist vom Regeldaten-
          typ CHARACTER
Erg_Dtyp Regeldatentyp INTEGER, Skalar
B_Erg   Beschreibt c den Wert des Aktualparameters zu STRING vom Datentyp
          CHARACTER als Zeichenfolge, dann liefert die Standardfunktion die Fest-
          punktzahl, deren Wert mit der Anzahl der Zeichen von c übereinstimmt.
Beisp_Ref LEN(' Fortran 90 ') liefert die Festpunktzahl 12.

A.1.7 Funktionen zum Typparameter KIND

KIND(X)

B_Stdf   Bestimmung des Werts des Typparameters KIND des Aktualparameters
Klasse   Abfragefunktion
A_param   Aktualparameter zu dem Formaldatenobjekt X ist von internem Datentyp
Erg_Dtyp Regeldatentyp INTEGER, Skalar
B_Erg   Beschreibt k den Wert des Typparameters KIND des Aktualparameters zu X
          von internem Datentyp als ganze Zahl mit $k \geq 0$, dann liefert die Standard-
          funktion die Festpunktzahl, deren Wert k ist.
Beisp_Ref KIND(0.D0) liefert den Wert des Typparameter KIND als Festpunktzahl,
          der zu der Wertemenge gehört, die zur Menge der Gleitpunktzahlen erhöh-
          ter Genauigkeit korrespondiert.

SELECTED_INT_KIND(R)

B_Stdf   Bestimmung des Werts eines Typparameters KIND, der zu einer Werte-
          menge zum Datentyp INTEGER gehört, von der mindestens die ganzen
          Zahlen n mit $-10^{i_arg} < n < 10^{i_arg}$ repräsentiert werden, wobei i_arg den
          Wert des Aktualparameters bezeichnet
Klasse   Transformationsfunktion
A_param   Aktualparameter zu dem Formaldatenobjekt R ist vom Datentyp INTEGER
          skalare Datengröße
Erg_Dtyp Regeldatentyp INTEGER, Skalar
B_Erg   Beschreibt i_arg den Wert des Aktualparameters zu R vom Datentyp
          INTEGER als ganze Zahl, dann liefert die Standardfunktion den Wert des
          Typparameters KIND, der zu der Wertemenge zum Datentyp INTEGER ge-
          hört, die mindestens die ganzen Zahlen n mit $-10^{i_arg} < n < 10^{i_arg}$ reprä-

sentiert. Falls eine solche Wertemenge zum Datentyp INTEGER nicht existiert, liefert die Standardfunktion die Festpunktzahl -1. Ist das Kriterium für mehr als eine Wertemenge zum Datentyp INTEGER erfüllt, dann liefert die Standardfunktion den Wert des Typparameters KIND, der zu der Wertemenge zum Datentyp INTEGER gehört, für die der Wert, der den Exponentenbereich charakterisiert, minimal ist. Falls damit der Wert des Typparameters KIND nicht eindeutig festgelegt ist, dann liefert die Standardfunktion den wertmäßig kleinsten unter diesen Werten des Typparameters KIND.

Beisp_Ref   SELECTED_INT_KIND(9) liefert den Wert des Typparameters KIND als Festpunktzahl, der zu der Wertemenge gehört, die den Regeldatentyp INTEGER charakterisiert. Dabei wird vorausgesetzt, daß die Elemente der Wertemenge, die den Regeldatentyp INTEGER charakterisiert, nach dem Modell zur Darstellung von Festpunktzahlen repräsentiert werden, das in Unterabschnitt A.1.3 konkretisiert worden ist. Kurz rekapituliert ist in diesem Modell r der Wert 2 und q der Wert 31 zugeordnet.

```
SELECTED_REAL_KIND(P, [ R])
oder
SELECTED_REAL_KIND([P], R)
```

B_Stdf   Bestimmung des Werts eines Typparameters KIND, der zu einer Wertemenge zum Datentyp REAL gehört, deren Elemente mindestens die Anzahl signifikanter Dezimalstellen als Darstellungsgenauigkeit repräsentieren, die mit dem Wert des Aktualparameters zu P vorgegeben wird, und/oder die mindestens den Exponentenbereich repräsentiert, der mit dem Wert des Aktualparameters zu R festgelegt wird

Klasse   Transformationsfunktion

A_param   Aktualparameter zu dem Formaldatenobjekt P ist vom Datentyp INTEGER skalare Datengröße

            Aktualparameter zu dem Formaldatenobjekt R ist vom Datentyp INTEGER skalare Datengröße

Erg_Dtyp   Regeldatentyp INTEGER, Skalar

B_Erg   Beschreibt p den Wert des Aktualparameters zu P vom Datentyp INTEGER als natürliche Zahl, dann liefert die Standardfunktion den Wert des Typparameters KIND, der zu der Wertemenge zum Datentyp REAL gehört, deren Elemente mindestens p signifikante Dezimalstellen repräsentieren. Falls eine solche Wertemenge zum Datentyp REAL nicht existiert, liefert die Standardfunktion die Festpunktzahl -1.

            Beschreibt e den Wert des Aktualparameters zu R vom Datentyp INTEGER als ganze Zahl mit $e \geq 0$, dann liefert die Standardfunktion den Wert des Typparameters KIND, der zu der Wertemenge zum Datentyp REAL gehört, die mindestens den durch e festgelegten Exponentenbereich repräsentiert. Falls eine solche Wertemenge zum Datentyp REAL nicht existiert, liefert die Standardfunktion die Festpunktzahl -2.

Beschreibt p den Wert des Aktualparameters zu P vom Datentyp INTEGER als natürliche Zahl und beschreibt e den Wert des Aktualparameters zu R vom Datentyp INTEGER als ganze Zahl mit $e \geq 0$, dann liefert die Standardfunktion den Wert des Typparameters KIND, der zu der Wertemenge zum Datentyp REAL gehört, die mindestens den durch e festgelegten Exponentenbereich repräsentiert und deren Elemente mindestens p signifikante Dezimalstellen repräsentieren. Falls keine Wertemenge zum Datentyp REAL existiert, die mindestens den durch e festgelegten Exponentenbereich repräsentiert und deren Elemente mindestens p signifikante Dezimalstellen repräsentieren, liefert die Standardfunktion die Festpunktzahl -3.

Ist das Kriterium oder sind die Kriterien für mehr als eine Wertemenge zum Datentyp REAL erfüllt, dann liefert die Standardfunktion den Wert des Typparameters KIND, der zu der Wertemenge zum Datentyp REAL gehört, deren Elemente die geringste Darstellungsgenauigkeit repräsentieren. Falls damit der Wert des Typparameters KIND nicht eindeutig festgelegt ist, dann liefert die Standardfunktion den wertmäßig kleinsten unter diesen Werten des Typparameters KIND.

Beisp_Ref `SELECTED_REAL_KIND(6, 38)` liefert den Wert des Typparameters KIND als Festpunktzahl, der zu der Wertemenge gehört, die den Regeldatentyp REAL charakterisiert. Dabei wird vorausgesetzt, daß die Elemente der Wertemenge, die den Regeldatentyp REAL charakterisiert, nach dem Modell zur Darstellung von Gleitpunktzahlen repräsentiert werden, das in Unterabschnitt A.1.3 konkretisiert worden ist. Kurz rekapituliert wird dann in diesem Modell r auf den Wert 2 und q auf den Wert 24 gesetzt. Ferner ist e_{min} der Wert -126 und e_{max} der Wert 127 zugeordnet.

A.1.8 Funktion zur Änderung des Typparameters KIND beim Datentyp LOGICAL

`LOGICAL(L [, KIND])`

B_Stdf Änderung des Typparameters KIND, der dem Wert des Aktualparameters zu L zugeordnet ist

Klasse Elementfunktion

A_param Aktualparameter zum Formaldatenobjekt L ist vom Datentyp LOGICAL
Aktualparameter zu KIND ist ein skalarer Initialisierungsausdruck vom Datentyp INTEGER

Erg_Dtyp Datentyp LOGICAL mit dem Typparameter KIND des Regeldatentyps LOGICAL, falls zu KIND kein Aktualparameter spezifiziert wird
Falls zu KIND ein skalarer Initialisierungsausdruck als Aktualparameter angegeben wird, ist der Wert dieses Ausdrucks Wert des Typparameters KIND des Ergebnisses.

B_Erg Beschreibt w_wert den Wert des Aktualparameters zu L vom Datentyp LOGICAL als Wahrheitswert und ist zu KIND kein Aktualparameter spezifiziert, dann liefert die Standardfunktion w_wert als Element der Werte-

menge zum Regeldatentyp LOGICAL. Andernfalls liefert die Standardfunktion w_wert als Element derjenigen Wertemenge zum Datentyp
LOGICAL mit dem Wert des Typparameters KIND, der Wert des Aktualparameters zu KIND ist.

Beisp_Ref Ist log_var Name einer Variablen vom Datentyp LOGICAL, dann liefert
LOGICAL(log_var .OR. .NOT.log_var) den Wert von .TRUE.
unabhängig von dem Typparameter KIND, der zu der Variablen log_var
vereinbart ist.

A.1.9 Bitabfragefunktion und Bitmanipulationsfunktionen

In diesem Unterabschnitt wird Bezug genommen auf das folgende Modell zur Darstellung vorzeichenloser Festpunktzahlen:

$$ j = \sum_{k=0}^{s-1} w_k \times 2^k $$

Im diesem Modell bezeichnet

w_k eine ganze Zahl mit $0 \leq w_k \leq 1$
Mit w_k wird eine Ziffer im Dualsystem festgelegt.

s   eine ganze Zahl größer als 0
Mit s wird die maximale Anzahl darstellbarer Stellen im Dualsystem festgelegt.

Bei der binären internen Darstellung einer vorzeichenlosen Festpunktzahl nimmt die
Wertigkeit der Bitposition von rechts nach links zu. Auf die Abbildung 5.2 in Abschnitt
5.6 wird in diesem Zusammenhang hingewiesen. Ausschließlich Bitabfragen und Bit-
manipulationen beziehen sich auf das Modell zur Darstellung vorzeichenloser Festpunktzahlen.

BIT_SIZE(I)

B_Stdf   Bestimmung der Anzahl s von Dualstellen in dem Modell zur Darstellung
vorzeichenloser Festpunktzahlen

Klasse   Abfragefunktion

A_param   Aktualparameter zu dem Formaldatenobjekt I ist vom Datentyp INTEGER

Erg_Dtyp   Datentyp und Typparameter KIND wie der Aktualparameter, Skalar

B_Erg   Beschreibt s den Wert von s in dem Modell zur Darstellung vorzeichenloser Festpunktzahlen als natürliche Zahl, dann liefert die Standardfunktion
die Festpunktzahl, deren Wert s ist.

Beisp_Ref BIT_SIZE(12) liefert die Festpunktzahl 32. Dabei wird vorausgesetzt,
daß s in dem Modell zur Darstellung vorzeichenloser Festpunktzahlen den
Wert 32 hat.

BTEST(I, POS)

B_Stdf   Bestimmung des Wahrheitswerts, daß ein Bit in der internen Darstellung des Werts des Aktualparameters zu I mit der Position, die mit dem Wert des Aktualparameters zu POS festgelegt wird, auf 1 gesetzt ist

Klasse   Elementfunktion

A_param   Aktualparameter zum Formaldatenobjekt I ist vom Datentyp INTEGER
Aktualparameter zum Formaldatenobjekt POS ist vom Datentyp INTEGER
Der Wert des Aktualparameters zu POS ist größer oder gleich 0 und kleiner oder gleich dem Wert von s in dem Modell zur Darstellung vorzeichenloser Festpunktzahlen.

Erg_Dtyp Regeldatentyp LOGICAL

B_Erg   Beschreibt pos den Wert des Aktualparameters zu POS vom Datentyp INTEGER als ganze Zahl mit $0 \leq pos \leq s-1$, s Wert von s in dem Modell zur Darstellung vorzeichenloser Festpunktzahlen, dann liefert die Standardfunktion den Wert von .TRUE., falls das Bit mit der Position pos in der internen Darstellung des Werts des Aktualparameters zu I auf 1 gesetzt ist. Andernfalls liefert die Standardfunktion den Wert von .FALSE..

Beisp_Ref BTEST(8, 3) liefert den Wert von .TRUE..

IAND(I, J)

B_Stdf   Bitweise Verknüpfung der Werte der Aktualparameter mit dem Operator Konjunktion

Klasse   Elementfunktion

A_param   Aktualparameter zum Formaldatenobjekt I ist vom Datentyp INTEGER
Aktualparameter zu J stimmt in Datentyp und Typparameter KIND mit dem Datentyp und Typparameter KIND des Aktualparameters zu I überein

Erg_Dtyp Datentyp INTEGER mit dem Typparameter KIND der Aktualparameter

B_Erg   Beschreibt pos_i die Position eines Bits in der internen Darstellung des Werts des Aktualparameters zu I vom Datentyp INTEGER, pos_j dieselbe Bitposition in der internen Darstellung des Werts des Aktualparameters zu J vom Datentyp INTEGER und ist 0 der Wahrheitswert falsch und 1 der Wahrheitswert wahr zugeordnet, dann wird entsprechend dem Eintrag zu op1 .AND. op2 in Tabelle 7.4 der Wahrheitswert für die Verknüpfung der zu den Bitwerten korrespondierenden Wahrheitswerte mit dem Operator Konjunktion bestimmt. Diese Operation wird für jedes der s Paare (pos_i, pos_j), s Wert von s in dem Modell zur Darstellung vorzeichenloser Festpunktzahlen, durchgeführt. Dann liefert die Standardfunktion die Festpunktzahl, die sich aufgrund der internen Darstellung des Ergebnisses der s Operationen nach dem Modell zur Darstellung von Festpunktzahlen ergibt.

Beisp_Ref IAND(1, 3) liefert die Festpunktzahl 1.

IBCLR(I, POS)

B_Stdf   Setzen eines Bits auf 0, dessen Position in der internen Darstellung des
           Werts des Aktualparameters zu I mit dem Wert des Aktualparameters zu
           POS festgelegt wird
Klasse   Elementfunktion
A_param   Aktualparameter zum Formaldatenobjekt I ist vom Datentyp INTEGER
           Aktualparameter zum Formaldatenobjekt POS ist vom Datentyp INTEGER
           Der Wert des Aktualparameters zu POS ist größer oder gleich 0 und kleiner
           oder gleich dem Wert von s-1, s Wert von s in dem Modell zur Darstellung
           vorzeichenloser Festpunktzahlen.
Erg_Dtyp   Datentyp INTEGER mit dem Typparameter KIND des Aktualparameters
           zu I
B_Erg   Beschreibt pos den Wert des Aktualparameters zu POS vom Datentyp
           INTEGER als ganze Zahl mit $0 \le pos \le s-1$, s Wert von s in dem Modell
           zur Darstellung vorzeichenloser Festpunktzahlen, dann wird in der internen
           Darstellung des Werts des Aktualparameters zu I das Bit in der Position
           pos auf 0 gesetzt und die Standardfunktion liefert die Festpunktzahl, die
           sich aufgrund dieser internen Darstellung nach dem Modell zur Darstellung
           von Festpunktzahlen ergibt.
Beisp_Ref IBCLR(14, 1) liefert die Festpunktzahl 12.

IBITS(I, POS, LEN)

B_Stdf   Extrahieren einer Bitteilsequenz aus der internen Darstellung des Werts des
           Aktualparameters zu I
Klasse   Elementfunktion
A_param   Aktualparameter zum Formaldatenobjekt I ist vom Datentyp INTEGER
           Aktualparameter zum Formaldatenobjekt POS ist vom Datentyp INTEGER
           Der Wert des Aktualparameters zu POS ist größer oder gleich 0 und kleiner
           oder gleich dem Wert von s-1, s Wert von s in dem Modell zur Darstellung
           vorzeichenloser Festpunktzahlen.
           Aktualparameter zum Formaldatenobjekt LEN ist vom Datentyp INTEGER
           Der Wert des Aktualparameters zu LEN ist größer oder gleich 0.
           Die Summe der Werte der Aktualparameter zu POS und LEN ist kleiner
           oder gleich dem Wert von s in dem Modell zur Darstellung vorzeichenloser
           Festpunktzahlen.
Erg_Dtyp   Datentyp INTEGER mit dem Typparameter KIND des Aktualparameters
           zu I
B_Erg   Beschreibt pos den Wert des Aktualparameters zu POS vom Datentyp
           INTEGER als ganze Zahl mit $0 \le pos \le s-1$, s Wert von s in dem Modell
           zur Darstellung vorzeichenloser Festpunktzahlen, len den Wert des Aktual-
           parameters zu LEN vom Datentyp INTEGER als ganze Zahl mit $len \ge 0$ und
           gilt $pos + len \le s$, dann werden aus der internen Darstellung des Werts des
           Aktualparameters zu I die Bits in den Positionen pos bis pos + len - 1 ex-
           trahiert. Diese Bits werden rechtsbündig in einem s Bits umfassenden Spei-

cherbereich abgelegt und in diesem Speicherbereich die Bits mit den vor-laufenden Positionen (s-1) bis len auf 0 gesetzt. Dann liefert die Standard-funktion die Festpunktzahl, die sich aufgrund dieser Sequenz von s Bits nach dem Modell zur Darstellung von Festpunktzahlen ergibt.

Beisp_Ref   IBITS(14, 1, 3) liefert die Festpunktzahl 7.

IBSET(I, POS)

B_Stdf   Setzen eines Bits auf 1, dessen Position in der internen Darstellung des Werts des Aktualparameters zu I mit dem Wert des Aktualparameters zu POS festgelegt wird

Klasse   Elementfunktion

A_param   Aktualparameter zu dem Formaldatenobjekt I ist vom Datentyp INTEGER
Aktualparameter zu dem Formaldatenobjekt POS ist vom Datentyp INTEGER
Der Wert des Aktualparameters zu POS ist größer oder gleich 0 und kleiner oder gleich dem Wert von s-1, s Wert von s in dem Modell zur Darstellung vorzeichenloser Festpunktzahlen.

Erg_Dtyp   Datentyp INTEGER mit dem Typparameter KIND des Aktualparameters zu I

B_Erg   Beschreibt pos den Wert des Aktualparameters zu POS vom Datentyp INTEGER als ganze Zahl mit $0 \leq pos \leq s-1$, s Wert von s in dem Modell zur Darstellung vorzeichenloser Festpunktzahlen, dann wird in der internen Darstellung des Werts des Aktualparameters zu I das Bit in der Position pos auf 1 gesetzt und die Standardfunktion liefert die Festpunktzahl, die sich aufgrund dieser internen Darstellung nach dem Modell zur Darstellung von Festpunktzahlen ergibt.

Beisp_Ref   IBSET(12, 1) liefert die Festpunktzahl 14.

IEOR(I, J)

B_Stdf   Bitweise Operationen mit ausschließender Disjunktion als Operator auf den Werten der Aktualparameter

Klasse   Elementfunktion

A_param   Aktualparameter zum Formaldatenobjekt I ist vom Datentyp INTEGER
Aktualparameter zu J stimmt in Datentyp und Typparameter KIND mit dem Datentyp und Typparameter KIND des Aktualparameters zu I überein

Erg_Dtyp   Datentyp INTEGER mit dem Typparameter KIND der Aktualparameter

B_Erg   Beschreibt pos_i die Position eines Bits in der internen Darstellung des Werts des Aktualparameters zu I vom Datentyp INTEGER, pos_j dieselbe Bitposition in der internen Darstellung des Werts des Aktualparameters zu J vom Datentyp INTEGER und ist 0 der Wahrheitswert falsch und 1 der Wahrheitswert wahr zugeordnet, dann wird entsprechend dem Eintrag in Tabelle A.1 der Wahrheitswert bestimmt, den die bitweise Operation mit ausschließender Disjunktion als Operator auf den Wahrheitswerten liefert, die zu dem Bitwert des Operanden in Position pos_i und in Position pos_j korrespondieren.

Tabelle A.1   Wahrheitswert logischer Ausdrücke beim Operator ausschließende Disjunktion

op_1	op_2	$op_1 \circ op_2$
wahr	wahr	falsch
wahr	falsch	wahr
falsch	wahr	wahr
falsch	falsch	falsch

In Tabelle A.1 bezeichnet ∘ den Operator ausschließende Disjunktion.
Diese bitweise Operation wird für jedes der s Tupel (pos_i, pos_j), s Wert von s in dem Modell zur Darstellung vorzeichenloser Festpunktzahlen, durchgeführt. Dann liefert die Standardfunktion die Festpunktzahl, die sich aufgrund der internen Darstellung des Ergebnisses der s bitweisen Operationen nach dem Modell zur Darstellung von Festpunktzahlen ergibt.

Beisp_Ref   IEOR(1, 3) liefert die Festpunktzahl 2.

IOR(I, J)

B_Stdf   Bitweise Operationen mit nicht ausschließender Disjunktion als Operator auf den Werten der Aktualparameter

Klasse   Elementfunktion

A_param   Aktualparameter zu dem Formaldatenobjekt I ist vom Datentyp INTEGER Aktualparameter zu J stimmt in Datentyp und Typparameter KIND mit dem Datentyp und Typparameter KIND des Aktualparameters zu I überein

Erg_Dtyp   Datentyp INTEGER mit dem Typparameter KIND der Aktualparameter

B_Erg   Beschreibt pos_i die Position eines Bits in der internen Darstellung des Werts des Aktualparameters zu I vom Datentyp INTEGER, pos_j dieselbe Bitposition in der internen Darstellung des Werts des Aktualparameters zu J vom Datentyp INTEGER und ist 0 der Wahrheitswert falsch und 1 der Wahrheitswert wahr zugeordnet, dann wird entsprechend dem Eintrag zu op_1 .OR. op_2 in Tabelle 7.4 der Wahrheitswert bestimmt, den die bitweise Operation mit nicht ausschließender Disjunktion als Operator auf den Wahrheitswerten liefert, die zu dem Bitwert des Operanden in Position pos_i und in Position pos_j korrespondieren. Diese bitweise Operation wird für jedes der s Tupel (pos_i, pos_j), s Wert von s in dem Modell zur Darstellung vorzeichenloser Festpunktzahlen, durchgeführt. Dann liefert die Standardfunktion die Festpunktzahl, die sich aufgrund der internen Darstellung des Ergebnisses der s bitweisen Operationen nach dem Modell zur Darstellung von Festpunktzahlen ergibt.

Beisp_Ref   IOR(1, 3) liefert die Festpunktzahl 3.

ISHFT(I, SHIFT)

B_Stdf   Verschieben der Bitwerte der Bits in der internen Darstellung des Werts des Aktualparameters zu I um die Anzahl von Positionen, die mit dem Wert des Aktualparameters zu SHIFT festgelegt wird

Klasse   Elementfunktion

A_param   Aktualparameter zu dem Formaldatenobjekt I ist vom Datentyp INTEGER
            Aktualparameter zu dem Formaldatenobjekt SHIFT ist vom Datentyp INTEGER
            Der Wert des Aktualparameters zu SHIFT ist größer oder gleich -s und kleiner oder gleich s, s Wert von s in dem Modell zur Darstellung vorzeichenloser Festpunktzahlen.

Erg_Dtyp   Datentyp INTEGER mit dem Typparameter KIND des Aktualparameters zu I

B_Erg   Beschreibt v den Wert des Aktualparameters zu SHIFT vom Datentyp INTEGER als ganze Zahl und gilt $0 < v \leq s$, s Wert von s in dem Modell zur Darstellung vorzeichenloser Festpunktzahlen, dann wird jeder Bitwert in der internen Darstellung des Werts des Aktualparameters zu I um v Positionen nach links verschoben. Dabei gehen die Bitwerte der Bits in den Positionen (s-1) bis (s-v) verloren und die Bitwerte der Bits in den Positionen 0 bis (v-1) werden auf 0 gesetzt. Gilt hingegen $-s \leq v < 0$, dann wird jeder Bitwert in der internen Darstellung des Werts des Aktualparameters zu I um v Positionen nach rechts verschoben. Dabei gehen die Bitwerte der Bits in den Positionen 0 bis (v-1) verloren und die Bitwerte der Bits in den Positionen (s-1) bis (s-v) werden auf 0 gesetzt. Für den Fall v=0 wird die interne Darstellung des Werts des Aktualparameters zu I nicht verändert. Die Standardfunktion liefert die Festpunktzahl, die sich aufgrund der internen Darstellung des Ergebnisses nach dem Modell zur Darstellung von Festpunktzahlen ergibt.

Beisp_Ref   ISHFT(3, 1) liefert die Festpunktzahl 6.

ISHFTC(I, SHIFT [, SIZE])

B_Stdf   Ringförmiges Umpositionieren der Bitwerte der am weitesten rechts positionierten Bits in der internen Darstellung des Werts des Aktualparameters zu I, wobei die Anzahl dieser Bits mit dem Wert des Aktualparameters zu SIZE und die Anzahl der Positionen mit dem Wert des Aktualparameters zu SHIFT festgelegt wird

Klasse   Elementfunktion

A_param   Aktualparameter zu dem Formaldatenobjekt I ist vom Datentyp INTEGER
            Aktualparameter zu dem Formaldatenobjekt SHIFT ist vom Datentyp INTEGER
            Der Wert des Aktualparameters zu SHIFT ist größer oder gleich -u und kleiner oder gleich u, u Wert des Aktualparameters zu SIZE.

Aktualparameter zu dem Formaldatenobjekt SIZE ist vom Datentyp INTEGER

Der Wert des Aktualparameters zu SIZE ist größer als 0 und kleiner oder gleich s, s Wert von s in dem Modell zur Darstellung vorzeichenloser Festpunktzahlen. Vorbesetzung für die Anzahl umzupositionierender Bits ist der Wert s.

Erg_Dtyp   Datentyp INTEGER mit dem Typparameter KIND des Aktualparameters zu I

B_Erg   Beschreibt u den Wert des Aktualparameters zu SIZE vom Datentyp INTEGER als ganze Zahl mit $0 < u \le s$ oder den Wert der Vorbesetzung als ganze Zahl s, s Wert von s in dem Modell zur Darstellung vorzeichenloser Festpunktzahlen, sowie v den Wert des Aktualparameters zu SHIFT vom Datentyp INTEGER als ganze Zahl und gilt $0 < v \le u$, dann wird jeder Bitwert der Bits mit den Positionen 0 bis (u-1) in der internen Darstellung des Werts des Aktualparameters zu I ringförmig um v Positionen im Uhrzeigersinn umpositioniert. Dabei bleiben die Bitwerte der Bits in den Positionen u bis (s-1) unverändert. Gilt hingegen $-u \le v < 0$, dann wird jeder Bitwert der Bits mit den Positionen 0 bis (u-1) in der internen Darstellung des Werts des Aktualparameters zu I ringförmig um v Positionen entgegen dem Uhrzeigersinn umpositioniert. Auch dabei bleiben die Bitwerte der Bits in den Positionen u bis (s-1) unverändert. Für den Fall v=0 wird die interne Darstellung des Werts des Aktualparameters zu I nicht verändert. Die Standardfunktion liefert die Festpunktzahl, die sich aufgrund der internen Darstellung des Ergebnisses nach dem Modell zur Darstellung von Festpunktzahlen ergibt.

Beisp_Ref   ISHFTC(3, 2, 3) liefert die Festpunktzahl 5.

NOT(I)

B_Stdf   Bitweise Operationen mit der Negation als Operator auf dem Wert des Aktualparameters

Klasse   Elementfunktion

A_param   Aktualparameter zu dem Formaldatenobjekt I ist vom Datentyp INTEGER

Erg_Dtyp   Datentyp INTEGER mit dem Typparameter KIND der Aktualparameter

B_Erg   Beschreibt pos_i die Position eines Bits in der internen Darstellung des Werts des Aktualparameters zu I vom Datentyp INTEGER und ist 0 der Wahrheitswert falsch und 1 der Wahrheitswert wahr zugeordnet, dann wird entsprechend dem Eintrag zu .NOT. op_1 in Tabelle 7.4 der Wahrheitswert bestimmt, den die unäre bitweise Operation mit der Negation als Operator auf dem Wahrheitswert liefert, der zu dem Bitwert des Operanden in Position pos_i korrespondiert. Diese bitweise Operation wird für jede der s Positionen pos_i, s Wert von s in dem Modell zur Darstellung vorzeichenloser Festpunktzahlen, durchgeführt. Dann liefert die Standardfunktion die Festpunktzahl, die sich aufgrund der internen Darstellung des Ergebnisses der s bitweisen Operationen nach dem Modell zur Darstellung von Festpunktzahlen ergibt.

Beisp_Ref   NOT(3) liefert im Fall der Dualzahldarstellung von Festpunktzahlen im Zweierkomplement die Festpunktzahl -4.

A.1.10 Transferfunktion

TRANSFER(SOURCE, MOLD [, SIZE])

B_Stdf   Zuordnung von Datentyp und Typparametern des Aktualparameters zu MOLD zu der internen Darstellung des Werts des Aktualparameters zu SOURCE

Klasse   Transformationsfunktion

A_param   Aktualparameter zu dem Formaldatenobjekt SOURCE ist von beliebigem Datentyp

skalare oder feldwertige Datengröße

Aktualparameter zu dem Formaldatenobjekt MOLD ist von beliebigem Datentyp

skalare oder feldwertige Datengröße

Aktualparameter zu dem Formaldatenobjekt SIZE ist vom Datentyp INTEGER, skalare Datengröße

Es ist unzulässig, daß Aktualparameter zu SIZE ein Formaldatenobjekt mit dem Attribut OPTIONAL ist.

Erg_Dtyp   Datentyp und Typparameter des Aktualparameters zu MOLD

Ist der Aktualparameter zu MOLD ein Skalar und wird zu SIZE kein Aktualparameter spezifiziert, dann ist das Ergebnis der Standardfunktion ein Skalar.

Ist der Aktualparameter zu MOLD feldwertig und wird zu SIZE kein Aktualparameter spezifiziert, dann ist das Ergebnis der Standardfunktion ein Feld vom Rang 1. Die Größe dieses eindimensionalen Felds ist so festgelegt, daß die Länge des Speicherbereichs für die interne Darstellung der Feldelemente minimal und nicht geringer ist als die Länge des Speicherbereichs für die interne Darstellung des Aktualparameters zu SOURCE.

Falls zu SIZE ein Aktualparameter spezifiziert wird, dann ist das Ergebnis der Standardfunktion ein Feld vom Rang 1 und mit der Größe, die Wert des Aktualparameters zu SIZE ist.

B_Erg   Stimmt die Länge des Speicherbereichs für die interne Darstellung des Ergebnisses der Standardfunktion mit der Länge des Speicherbereichs für die interne Darstellung des Werts des Aktualparameters zu SOURCE überein, dann hat das Ergebnis der Standardfunktion die interne Darstellung wie der Wert des Aktualparameters zu SOURCE. Überschreitet die Länge des Speicherbereichs, der für die interne Darstellung des Ergebnisses der Standardfunktion erforderlich ist, die Länge des Speicherbereichs für die interne Darstellung des Werts des Aktualparameters zu SOURCE, dann hat das Ergebnis der Standardfunktion in Bezug auf den gemeinsamen Speicherbereich die interne Darstellung wie der Wert des Aktualparameters zu SOURCE und in Bezug auf den überschreitenden Speicherbereich den Bestimmtheitsstatus, undefiniert zu sein. Unterschreitet die Länge des Speicherbereichs, der für die interne Darstellung des Ergebnisses der Standardfunktion erforderlich ist, die Länge des Speicherbereichs für die interne Darstellung des Werts des Aktualparameters zu SOURCE, dann stimmt die interne Darstellung des Ergebnisses der Standardfunktion mit der internen Darstellung des Werts des Aktualparameters zu SOURCE in den am weitesten links angeordneten Bits bis zur Länge des Speicherbereichs überein, der für die interne Darstellung des Ergebnisses der Standardfunktion erforderlich ist.

Beisp_Ref TRANSFER(0.75, 0) liefert die Festpunktzahl 1061158912. Sei z Name einer Variablen vom Regeldatentyp COMPLEX. Dann liefert TRANSFER((/ 1.0, 2.0, 4.0 /), z, 1) als Ergebnis ein Feld vom Rang 1 und der Größe 1 sowie als erstes Feldelement (1.0, 2.0) dargestellt als Konstante vom Regeldatentyp COMPLEX. Ferner liefert TRANSFER((/ 1.0, 2.0, 4.0 /), z, 2) als Ergebnis ein Feld vom Rang 1 und der Größe 2 sowie als Realteil des zweiten Feldelements 4.0 dargestellt als Konstante vom Regeldatentyp REAL. Der Imaginärteil des zweiten Feldelements hat den Bestimmtheitsstatus, undefiniert zu sein.

A.1.11 Manipulationsfunktionen für Gleitpunktzahlen

In diesem Unterabschnitt wird Bezug genommen auf das Basismodell zur Darstellung von Gleitpunktzahlen, das in Abschnitt 6.7 behandelt worden ist. Dabei wird das Basismodell zur Darstellung von Gleitpunktzahlen weiter konkretisiert, indem r im Basismodell auf den Wert 2 und q auf den Wert 24 gesetzt wird. Ferner wird e_{min} der Wert -126 und e_{max} der Wert 127 zugeordnet.

EXPONENT(X)

B_Stdf   Bestimmung des Werts des Exponenten e in der internen Darstellung des Werts des Aktualparameters

Klasse   Elementfunktion

A_param   Aktualparameter zum Formaldatenobjekt X ist vom Datentyp REAL oder DOUBLE PRECISION

Erg_Dtyp   Regeldatentyp INTEGER

B_Erg   Beschreibt e den Wert des Exponenten in der internen Darstellung des Werts des Aktualparameters zu X vom Datentyp REAL als ganze Zahl mit $e \neq 0$ und wird e in der Wertemenge zum Regeldatentyp INTEGER repräsentiert, dann liefert die Standardfunktion den Wert von e als Festpunktzahl. Gilt $e=0$, dann liefert die Standardfunktion die Festpunktzahl 0. Falls e nicht in der Wertemenge zum Regeldatentyp INTEGER repräsentiert wird, dann hat das Ergebnis der Standardfunktion den Bestimmtheitsstatus, undefiniert zu sein.

Beisp_Ref   EXPONENT(2.0) liefert in dem spezifizierten Modell zur Darstellung von Gleitpunktzahlen (einfacher Genauigkeit) die Festpunktzahl 2.

FRACTION(X)

B_Stdf   Bestimmung des Werts der Mantisse in der internen Darstellung des Werts des Aktualparameters

Klasse   Elementfunktion

A_param   Aktualparameter zum Formaldatenobjekt X ist vom Datentyp REAL oder DOUBLE PRECISION

Erg_Dtyp   Datentyp und Typparameter KIND wie der Aktualparameter

B_Erg   Beschreibt y den Wert der Mantisse in der internen Darstellung des Werts des Aktualparameters zu X vom Datentyp REAL als rationale Zahl, dann liefert die Standardfunktion den Wert von y als Gleitpunktzahl.

Beisp_Ref   FRACTION(7.0) liefert in dem spezifizierten Modell zur Darstellung von Gleitpunktzahlen (einfacher Genauigkeit) die Gleitpunktzahl 0.875.

NEAREST(X,S)

B_Stdf   Bestimmung des Werts der Gleitpunktzahl, die nächster Nachbar zu dem Wert des Aktualparameters ist

Klasse   Elementfunktion

A_param   Aktualparameter zum Formaldatenobjekt X ist vom Datentyp REAL oder DOUBLE PRECISION
Aktualparameter zum Formaldatenobjekt S ist vom Datentyp REAL oder DOUBLE PRECISION
Der Wert des Aktualparameters zu S ist von 0 verschieden.

Erg_Dtyp   Datentyp und Typparameter KIND wie der Aktualparameter zu X

B_Erg   Beschreibt s den Wert des Aktualparameters zu S vom Datentyp REAL als rationale Zahl mit s < 0, x den Wert des Aktualparameters zu X als rationale Zahl und y die größte rationale Zahl mit y < x, die als Gleitpunktzahl intern darstellbar ist, dann liefert die Standardfunktion den Wert von y als Gleitpunktzahl. Gilt s > 0 und ist y die kleinste rationale Zahl mit x < y, die als Gleitpunktzahl intern darstellbar ist, dann liefert die Standardfunktion den Wert von y als Gleitpunktzahl.

Beisp_Ref   NEAREST(3.0, 1.0) liefert in dem spezifizierten Modell zur Darstellung von Gleitpunktzahlen (einfacher Genauigkeit) die rationale Zahl $3+2^{-22}$ als Gleitpunktzahl.

RRSPACING(X)

B_Stdf   Bestimmung des Werts des Produkts aus dem Wert der Mantisse in der internen Darstellung des Werts des Aktualparameters und dem Wert r^p, r Wert von r und p Wert von p in dem Modell zur Darstellung von Gleitpunktzahlen

Klasse   Elementfunktion

A_param   Aktualparameter zum Formaldatenobjekt X ist vom Datentyp REAL oder DOUBLE PRECISION

Erg_Dtyp   Datentyp und Typparameter KIND wie der Aktualparameter zu X

B_Erg   Beschreibt u den Wert des Absolutbetrags des Werts des Aktualparameters zu X vom Datentyp REAL in dem Modell zur Darstellung von Gleitpunktzahlen mit $u = 2^e \times (2^{-1} + f_2 \times 2^{-2} + \ldots + f_{24} \times 2^{-24})$ und v den Wert von $2^e \times 2^{-24} = 2^{e-24}$, dann liefert die Standardfunktion den Wert von $u/v = (2^{-1} + f_2 \times 2^{-2} + \ldots + f_{24} \times 2^{-24}) \times 2^{24} = (2^{-23} + f_2 \times 2^{-22} + \ldots + f_{24})$ als Gleitpunktzahl.

Im Fall der Darstellung des Werts des Aktualparameters zu X im Dualsystem wird mit 2^{e-24} die Wertigkeit der am weitesten rechts positionierten Stelle angegeben. Ferner beschreibt u/v den Wert des Produkts aus dem Wert der Mantisse in der internen Darstellung des Werts des Aktualparameters zu X und dem Wert 2^{24}. Allgemeiner beschreibt u/v das Produkt aus dem Wert der Mantisse in der internen Darstellung des Werts des Aktualparameters zu X und dem Wert r^p, r Wert von r und p Wert von p in dem Modell zur Darstellung von Gleitpunktzahlen.

Beisp_Ref   RRSPACING(-3.0) liefert in dem spezifizierten Modell zur Darstellung von Gleitpunktzahlen (einfacher Genauigkeit) die rationale Zahl $(2^{-1} + 2^{-2}) \times 2^{24}$ als Gleitpunktzahl.

SCALE(X,I)

B_Stdf   Bestimmung des Werts des Produkts aus dem Wert des Aktualparameters und der Potenz von r, die mit dem Wert des Aktualparameters zu I festgelegt wird, wobei r den Wert von r in dem Modell zur Darstellung von Gleitpunktzahlen bezeichnet

Klasse   Elementfunktion

A_param   Aktualparameter zum Formaldatenobjekt X ist vom Datentyp REAL oder DOUBLE PRECISION

Aktualparameter zum Formaldatenobjekt I ist vom Datentyp INTEGER

Erg_Dtyp   Datentyp und Typparameter KIND wie der Aktualparameter zu X

B_Erg   Beschreibt y den Wert des Aktualparameters zu X vom Datentyp REAL als rationale Zahl, i den Wert des Aktualparameters zu I als ganze Zahl und wird $y \times 2^i$ in der Wertemenge repräsentiert, die den Datentyp REAL mit dem Typparameter KIND charakterisiert, der dem Aktualparameter zu X zugeordnet ist, dann liefert die Standardfunktion den Wert von $y \times 2^i$ als Gleitpunktzahl. Falls $y \times 2^i$ nicht in dieser Wertemenge repräsentiert wird, so ist das Ergebnis der Standardfunktion systemabhängig.

Demnach beschreibt $y \times 2^i$ eine Skalierung der internen Darstellung des Werts des Aktualparameters zu X. Allgemeiner beschreibt $y \times r^i$ eine Skalierung der internen Darstellung des Werts des Aktualparameters zu X, wobei r den Wert von r in dem Modell zur Darstellung von Gleitpunktzahlen bezeichnet.

Beisp_Ref   SCALE(3.0, 2) liefert in dem spezifizierten Modell zur Darstellung von Gleitpunktzahlen (einfacher Genauigkeit) die Gleitpunktzahl 12.0.

SET_EXPONENT(X,I)

B_Stdf   Bestimmung des Werts des Produkts aus dem Wert der Mantisse in der internen Darstellung des Werts des Aktualparameters und der Potenz von r, die mit dem Wert des Aktualparameters zu I festgelegt wird, wobei r den Wert von r in dem Modell zur Darstellung von Gleitpunktzahlen bezeichnet

Klasse   Elementfunktion

A_param   Aktualparameter zum Formaldatenobjekt X ist vom Datentyp REAL oder DOUBLE PRECISION

             Aktualparameter zum Formaldatenobjekt I ist vom Datentyp INTEGER

Erg_Dtyp   Datentyp und Typparameter KIND wie der Aktualparameter zu X

B_Erg   Beschreibt y den Wert der Mantisse in der internen Darstellung des Werts des Aktualparameters zu X vom Datentyp REAL als rationale Zahl, i den Wert des Aktualparameters zu I als ganze Zahl und wird $y \times 2^i$ in der Wertemenge repräsentiert, die den Datentyp REAL mit dem Typparameter KIND charakterisiert, der dem Aktualparameter zu X zugeordnet ist, dann liefert die Standardfunktion den Wert von $y \times 2^i$ als Gleitpunktzahl. Wird $y \times 2^i$ nicht in dieser Wertemenge repräsentiert, dann ist das Ergebnis der Standardfunktion systemabhängig.

             Allgemeiner beschreibt $y \times r^i$ den Wert des Produkts aus dem Wert der Mantisse in der internen Darstellung des Werts des Aktualparameters zu X und r^i, wobei r den Wert von r in dem Modell zur Darstellung von Gleitpunktzahlen bezeichnet.

Beisp_Ref   SET_EXPONENT(3.0, 3) liefert in dem spezifizierten Modell zur Darstellung von Gleitpunktzahlen (einfacher Genauigkeit) die Gleitpunktzahl 6.0.

SPACING(X)

B_Stdf   Bestimmung des Werts von r^{e-p}, e Wert des Exponenten in der internen Darstellung des Werts des Aktualparameters, r Wert von r und p Wert von p in dem Modell zur Darstellung von Gleitpunktzahlen

Klasse   Elementfunktion

A_param   Aktualparameter zum Formaldatenobjekt X ist vom Datentyp REAL oder DOUBLE PRECISION

Erg_Dtyp   Datentyp und Typparameter KIND wie der Aktualparameter zu X

B_Erg   Beschreibt e den Wert des Exponenten in der internen Darstellung des Werts des Aktualparameters zu X vom Datentyp REAL und wird 2^{e-24} in der Wertemenge repräsentiert, die den Datentyp REAL mit dem Typparameter KIND charakterisiert, der dem Aktualparameter zu X zugeordnet ist, dann liefert die Standardfunktion den Wert von 2^{e-24} als Gleitpunktzahl. Wird 2^{e-24} nicht in dieser Wertemenge repräsentiert, so liefert die Standardfunktion das Ergebnis, den der Aufruf der Standardfunktion TINY mit dem Wert des Aktualparameters zu X als Aktualparameter lieferte.

Mit 2^{e-24} wird für die Darstellung des Werts des Aktualparameters zu X im Dualsystem die Wertigkeit der am weitesten rechts positionierten Stelle angegeben. Allgemeiner wird mit r^{e-p} für die Darstellung des Werts des Aktualparameters zu X in dem Zahlsystem, das mit dem Wert r für r in dem Modell zur Darstellung von Gleitpunktzahlen festgelegt wird, die Wertigkeit der am weitesten rechts positionierten Stelle angegeben. Dabei ist p Wert von p in diesem Modell.

Beisp_Ref SPACING(3.0) liefert in dem spezifizierten Modell zur Darstellung von Gleitpunktzahlen (einfacher Genauigkeit) die rationale Zahl 2^{-22} als Gleitpunktzahl.

A.1.12 Funktionen zu Skalar- und Matrixprodukt

DOT_PRODUCT(VECTOR_A, VECTOR_B)

B_Stdf Bestimmung des Werts des Skalarprodukts von zwei Vektoren

Klasse Transformationsfunktion

A_param Aktualparameter zu dem Formaldatenobjekt VECTOR_A ist von numerischem Datentyp oder vom Datentyp LOGICAL

Der Wert des Aktualparameters zu VECTOR_A ist feldwertig und vom Rang 1.

Aktualparameter zu dem Formaldatenobjekt VECTOR_B ist von numerischem Datentyp oder vom Datentyp LOGICAL

Der Wert des Aktualparameters zu VECTOR_B ist feldwertig, vom Rang 1 und von der Größe des Werts des Aktualparameters zu VECTOR_A. Ist der Aktualparameter zu VECTOR_A von numerischem Datentyp, so ist der Aktualparameter zu VECTOR_B von numerischem Datentyp. Ist der Aktualparameter zu VECTOR_A vom Datentyp LOGICAL, so ist der Aktualparameter zu VECTOR_B vom Datentyp LOGICAL.

Erg_Dtyp Numerischer Datentyp und Typparameter KIND, die dem Ergebnis der binären numerischen Operation mit den Aktualparametern zu VECTOR_A und VECTOR_B als Operanden und dem numerischen Operator * zugeordnet sind, falls der Aktualparameter zu VECTOR_A von numerischem Datentyp ist, Skalar

Datentyp LOGICAL und Typparameter KIND des Werts des Aktualparameters zu VECTOR_A, falls der Aktualparameter zu VECTOR_A vom Datentyp LOGICAL ist und die Werte des Typparameters KIND der Werte der Aktualparameter zu VECTOR_A und VECTOR_B übereinstimmen, Skalar

Stimmen die Werte des Typparameters KIND der Werte der Aktualparameter zu VECTOR_A und VECTOR_B nicht überein, so ist der Wert des Typparameters KIND des Ergebnisses der Standardfunktion systemabhängig.

B_Erg Ist dem Aktualparameter zu VECTOR_A der Datentyp INTEGER, REAL oder DOUBLE PRECISION zugeordnet und der Wert des Aktualparameters zu VECTOR_A ist kein leeres Feld, dann liefert die Standardfunktion den Wert des Skalarprodukts für die Werte der Aktualparameter zu VECTOR_A und VECTOR_B als Fest- oder Gleitpunktzahl. Ist der Wert des Aktualparameters zu VECTOR_A ein leeres Feld, so liefert die Standardfunktion die rationale Zahl 0 als Fest- oder Gleitpunktzahl.

Beschreibt $z_a = [z_{a1},...,z_{an}]^T$ den Wert des Aktualparameters zu VECTOR_A vom Datentyp COMPLEX als Vektor komplexer Zahlen, $y_b = [y_{b1},...,y_{bn}]^T$ den Wert des Aktualparameters zu VECTOR_B von numerischem Datentyp als Vektor ganzer, rationaler oder komplexer Zahlen und z_{ka} den zu z_a konjugierten Vektor, so ist der Wert des Skalarprodukts von z_a und y_b die Summe der Werte der Realteile von $z_{kav} \times y_{bv}$, $v=1,...,n$. Ist dem Aktualparameter zu VECTOR_A der Datentyp COMPLEX zugeordnet und ist der Wert des Aktualparameters zu VECTOR_A kein leeres Feld, dann liefert die Standardfunktion den Wert des Skalarprodukts von z_a und y_b als Gleitpunktzahl. Ist der Wert des Aktualparameters zu VECTOR_A ein leeres Feld, so liefert die Standardfunktion die rationale Zahl 0 als Gleitpunktzahl.

Ist dem Aktualparameter zu VECTOR_A der Datentyp LOGICAL zugeordnet und der Wert des Aktualparameters zu VECTOR_A ist kein leeres Feld, dann liefert die Standardfunktion den Wert von .TRUE., falls mindestens eine der binären logischen Operationen mit dem Wert eines Feldelements des Werts des Aktualparameters zu VECTOR_A und dem Wert des Feldelements des Aktualparameters zu VECTOR_B von gleicher Indexordnung als Operanden sowie dem logischen Operator .AND. den Wert von .TRUE. liefert. Andernfalls liefert die Standardfunktion den Wert von .FALSE.. Dies gilt insbesondere, falls der Wert des Aktualparameters zu VECTOR_A ein leeres Feld ist.

Beisp_Ref   DOT_PRODUCT((/ 1, 2, 3 /), (/ 2, 3, 4 /)) liefert die Festpunktzahl 20.

MAT_MUL(MATRIX_A, MATRIX_B)

B_Stdf   Bestimmung des Ergebnisses des Matrixprodukts von zwei Matrizen
Klasse   Transformationsfunktion
A_param   Aktualparameter zu dem Formaldatenobjekt MATRIX_A ist von numerischem Datentyp oder vom Datentyp LOGICAL
Der Wert des Aktualparameters zu MATRIX_A ist feldwertig und vom Rang 1 oder 2.
Aktualparameter zu dem Formaldatenobjekt MATRIX_B ist von numerischem Datentyp oder vom Datentyp LOGICAL
Der Wert des Aktualparameters zu MATRIX_B ist feldwertig und vom Rang 1 oder 2.
Ist der Aktualparameter zu MATRIX_A von numerischem Datentyp, so ist der Aktualparameter zu MATRIX_B von numerischem Datentyp. Ist der Aktualparameter zu MATRIX_A vom Datentyp LOGICAL, so ist der Aktualparameter zu MATRIX_B vom Datentyp LOGICAL. Hat der Aktualpa-

rameter zu `MATRIX_B` den Rang 1, dann hat der Aktualparameter zu `MATRIX_A` den Rang 2. Hat der Aktualparameter zu `MATRIX_A` den Rang 1, dann hat der Aktualparameter zu `MATRIX_B` den Rang 2. Die Ausdehnung der ersten Dimension des Werts des Aktualparameters zu `MATRIX_B` stimmt mit der Ausdehnung der letzten Dimension des Werts des Aktualparameters zu `MATRIX_A` überein.

Erg_Dtyp   Numerischer Datentyp und Typparameter KIND, die einer binären numerischen Operation zugeordnet sind mit dem Wert eines Feldelements des Werts des Aktualparameters zu `MATRIX_A` und dem Wert eines Feldelements des Werts des Aktualparameters zu `MATRIX_B` als Operanden und mit einem der numerischen Operatoren +, -, * oder / als Operator, falls der Aktualparameter zu `MATRIX_A` von numerischem Datentyp ist

Auf Tabelle 6.3, Tabelle 6.4a und 6.4b wird hingewiesen.

Datentyp LOGICAL und Typparameter KIND der Werte der Aktualparameter zu `MATRIX_A` und `MATRIX_B`, falls der Aktualparameter zu `MATRIX_A` vom Datentyp LOGICAL ist und die Werte des Typparameters KIND der Werte der Aktualparameter zu `MATRIX_A` und `MATRIX_B` übereinstimmen

Stimmen die Werte des Typparameters KIND der Werte der Aktualparameter zu `MATRIX_A` und `MATRIX_B` nicht überein, so ist der Wert des Typparameters KIND des Ergebnisses der Standardfunktion systemabhängig.

Hat der Wert des Aktualparameters zu `MATRIX_A` die Gestalt <<n,m>> und der Wert des Aktualparameters zu `MATRIX_B` die Gestalt <<m,k>>, dann hat das Ergebnis der Standardfunktion die Gestalt <<n,k>>. Hat der Wert des Aktualparameters zu `MATRIX_A` die Gestalt <<n,m>> und der Wert des Aktualparameters zu `MATRIX_B` die Gestalt <<m>>, dann hat das Ergebnis der Standardfunktion die Gestalt <<n>>. Hat der Wert des Aktualparameters zu `MATRIX_A` die Gestalt <<m>> und der Wert des Aktualparameters zu `MATRIX_B` die Gestalt <<m,k>>, dann hat das Ergebnis der Standardfunktion die Gestalt <<k>>.

B_Erg   Beschreibt **A** den Wert des Aktualparameters zu `MATRIX_A` von numerischem Datentyp mit der Gestalt <<n,m>> als Matrix, **B** den Wert des Aktualparameters zu `MATRIX_B` von numerischem Datentyp mit der Gestalt <<m,k>> als Matrix und • den Operator Matrixprodukt, dann liefert die Standardfunktion das Ergebnis des Matrixprodukts **A** • **B** als Feld von dem Basisdatentyp wie unter Erg_Dtyp beschrieben mit der Gestalt <<n,k>>.

Beschreibt **A** den Wert des Aktualparameters zu `MATRIX_A` vom Datentyp LOGICAL mit der Gestalt <<n,m>> als Matrix, **B** den Wert des Aktualparameters zu `MATRIX_B` vom Datentyp LOGICAL mit der Gestalt <<m,k>> als Matrix, $\mathbf{a}_i = [a_{i1},...,a_{im}]$ die i-te Zeile von **A**, $\mathbf{b}_j = [b_{1j},...,b_{mj}]^T$ die j-te Spalte von **B** mit $\mathbf{a}_i \wedge \mathbf{b}_j = [a_{i1} \wedge b_{1j},...,a_{im} \wedge b_{mj}]^T$, $\wedge$ Operator Konjunktion, sowie e_{ij} das Matrixelement in der i-ten Zeile und j-ten Spalte der Ergebnismatrix **E**, dann hat e_{ij} den Wahrheitswert wahr, falls mindestens ein $a_{ik} \wedge b_{kj}$, k=1,...,m, den Wahrheitswert wahr hat, und sonst den Wahrheitswert falsch. Die Standardfunktion liefert als Ergebnis ein Feld vom Datentyp LOGICAL mit der Gestalt <<n,k>>, dessen Feldelemente die Werte der Matrixelemente von **E** repräsentieren.

Analog gilt dies für den Fall, daß der Wert des Aktualparameters zu MATRIX_A die Gestalt <<n,m>> sowie der Wert des Aktualparameters zu MATRIX_B die Gestalt <<m>> hat und damit das Ergebnis der Standardfunktion ein Feld mit der Gestalt <<n>> ist. Ebenso gilt dies analog für den Fall, daß der Wert des Aktualparameters zu MATRIX_A die Gestalt <<m>> sowie der Wert des Aktualparameters zu MATRIX_B die Gestalt <<m,k>> hat und damit das Ergebnis der Standardfunktion ein Feld mit der Gestalt <<k>> ist.

Beisp_Ref Beschreibt $A = [a_1, a_2, a_3]$ mit $a_1 = [1, 2]^T$, $a_2 = [2, 3]^T$ und $a_3 = [3, 4]^T$ den Wert des Aktualparameters zu MATRIX_A von numerischem Datentyp sowie $B = [b_1, b_2]$ mit $b_1 = [1, 2, 3]^T$ und $b_2 = [2, 3, 4]^T$ den Wert des Aktualparameters zu MATRIX_B, dann beschreibt Matrix $C = [c_1, c_2]$ mit $c_1 = [14, 20]^T$, $c_2 = [20, 29]^T$ das Ergebnis des Matrixprodukts von **A** und **B** und die Standardfunktion liefert als Ergebnis ein Feld der Gestalt <<2,2>> vom Basisdatentyp INTEGER. Die Festpunktzahlen 14, 20, 20, 29 sind die Werte der Feldelemente dieses Felds in Feldelementreihenfolge.

Beschreibt $A = [a_1, a_2, a_3]$ mit $a_1 = [\text{wahr, wahr}]^T$, $a_2 = [\text{falsch, falsch}]^T$ und $a_3 = [\text{falsch, wahr}]^T$ den Wert des Aktualparameters zu MATRIX_A sowie $B = [b_1, b_2]$ mit $b_1 = [\text{falsch, falsch, wahr}]^T$ und $b_2 = [\text{wahr, falsch, falsch}]^T$ den Wert des Aktualparameters zu MATRIX_B, dann beschreibt Matrix $C = [c_1, c_2]$ mit $c_1 = [\text{falsch, wahr}]^T$ und $c_2 = [\text{wahr, wahr}]^T$ das Ergebnis des Matrixprodukts von **A** und **B** und die Standardfunktion liefert als Ergebnis ein Feld der Gestalt <<2,2>> vom Basisdatentyp LOGICAL. Die Werte von .FALSE., .TRUE., .TRUE. und .TRUE. sind die Werte der Feldelemente dieses Felds in Feldelementreihenfolge.

A.1.13 Funktionen zu Eigenschaften von Masken und zur maskengesteuerten Auswertung von Feldern von numerischem Basisdatentyp

ALL(MASK [, DIM])

B_Stdf Bestimmung des Wahrheitswerts, daß jedes Feldelement des Werts des Aktualparameters zu MASK den Wert von .TRUE. hat
oder
Bestimmung der Wahrheitswerte, daß jedes der Feldelemente des Werts des Aktualparameters zu MASK, deren Indizes die Indexwertesequenz zu einer ausgewählten Dimension durchlaufen, während der (die) Index (Indizes) zu der (den) anderen Dimension(en) des Werts des Aktualparameters zu MASK jeweils konstant ist (sind), den Wert von .TRUE. hat, wobei die ausge-

wählte Dimension mit dem Wert des Aktualparameters zu DIM festgelegt wird

Klasse Transformationsfunktion

A_param Aktualparameter zu dem Formaldatenobjekt MASK ist vom Datentyp LOGICAL

Der Wert des Aktualparameters zu MASK ist feldwertig.

Aktualparameter zu dem Formaldatenobjekt DIM ist vom Datentyp INTEGER, Skalar

Der Wert des Aktualparameters zu DIM ist größer oder gleich 1 und kleiner oder gleich n, falls der Wert des Aktualparameters zu MASK vom Rang n ist. Es ist unzulässig, als Aktualparameter zu DIM den Namen eines Formalparameters mit dem Attribut OPTIONAL zu spezifizieren.

Erg_Dtyp Datentyp LOGICAL und Typparameter KIND des Werts des Aktualparameters zu MASK

Wird zu DIM kein Aktualparameter spezifiziert oder ist der Wert des Aktualparameters zu MASK ein Feld vom Rang 1, dann ist Ergebnis der Standardfunktion ein Skalar. Andernfalls ist das Ergebnis der Standardfunktion ein Feld vom Rang (n-1) mit der Gestalt $<<d_1,...,d_{dim-1},d_{dim+1},...,d_n>>$, wenn der Wert des Aktualparameters zu MASK vom Rang n mit der Gestalt $<<d_1,...,d_{dim-1},d_{dim},d_{dim+1},...,d_n>>$ und dim Wert des Aktualparameters zu DIM ist. Gilt dim=1, ist das Ergebnis der Standardfunktion ein Feld der Gestalt $<<d_2,...,d_n>>$. Gilt dim=n, ist das Ergebnis der Standardfunktion ein Feld der Gestalt $<<d_1,...,d_{n-1}>>$.

B_Erg Ist der Wert des Aktualparameters zu MASK ein Feld vom Rang 1 oder wird zu DIM kein Aktualparameter spezifiziert und hat jedes Feldelement des Werts des Aktualparameters zu MASK den Wert von .TRUE. oder ist der Wert des Aktualparameters zu MASK ein leeres Feld, dann liefert die Standardfunktion den Wert von .TRUE.. Ist der Wert des Aktualparameters zu MASK kein leeres Feld und hat unter sonst gleichen Bedingungen mindestens ein Feldelement des Werts des Aktualparameters zu MASK den Wert von .FALSE., dann liefert die Standardfunktion den Wert von .FALSE.

Beschreibt n den Rang des Werts des Aktualparameters zu MASK als natürliche Zahl mit n > 1, dim den Wert des Aktualparameters zu DIM als natürliche Zahl und $(s_1,...,s_{dim-1},s_{dim+1},...,s_n)$ die Indexliste eines Feldelements des Ergebnisses der Standardfunktion als (n-1)-Tupel ganzer Zahlen, dann hat dieses Feldelement den Wert von .TRUE., falls jedes Feldelement des Werts des Aktualparameters zu MASK mit der Indexliste $(s_1,...,s_{dim-1},i_{dim},s_{dim+1},...,s_n)$ den Wert von .TRUE. hat, wobei $u_dim_index \le i_{dim} \le o_dim_index$ gilt und u_dim_index den Wert der unteren Indexgrenze, o_dim_index den Wert der oberen Indexgrenze der Dimension als ganze Zahl beschreibt. Falls unter sonst gleichen Bedingungen mindestens ein Feldelement dieses Teilfelds den Wert von .FALSE. hat, dann hat das Feldelement des Ergebnisses der Standardfunktion mit der Indexliste $(s_1,...,s_{dim-1},s_{dim+1},...,s_n)$ als (n-1)-Tupel ganzer Zahlen den Wert von .FALSE. Die Standardfunktion liefert als Ergebnis ein Feld vom Rang (n-1) mit der Gestalt $<<d_1,...,d_{dim-1},d_{dim+1},...,d_n>>$ vom Basisdatentyp LOGICAL. Gilt dim=1 oder dim=n, so ist die vorangegangene Darstellung der jeweiligen Indexliste und der Gestalt geeignet anzupassen, wie unter Erg_Dtyp für die Darstellung der Gestalt des Ergebnisses der Standardfunktion beschrieben.

Beisp_Ref   Beschreibt $A = [a_1, a_2, a_3]$ mit a_1 = [wahr, wahr]^T, a_2 = [falsch, falsch]^T und a_3 = [falsch, wahr]^T den Wert des Aktualparameters zu MASK und 1 den Wert des Aktualparameters zu DIM als natürliche Zahl, dann liefert die Standardfunktion als Ergebnis ein Feld vom Rang 1 mit der Gestalt $<<3>>$ vom Basisdatentyp LOGICAL. Die Werte von .TRUE., .FALSE. und .FALSE. sind die Werte der Feldelemente dieses Felds in Feldelementreihenfolge. Beschreibt unter sonst gleichen Bedingungen 2 den Wert des Aktualparameters zu DIM als natürliche Zahl, dann liefert die Standardfunktion als Ergebnis ein Feld vom Rang 1 mit der Gestalt $<<2>>$ vom Basisdatentyp LOGICAL. Die Werte von .FALSE. und .FALSE. sind die Werte der Feldelemente dieses Felds in Feldelementreihenfolge.

ANY(MASK [, DIM])

B_Stdf   Bestimmung des Wahrheitswerts, daß mindestens ein Feldelement des Werts des Aktualparameters zu MASK den Wert von .TRUE. hat
oder
Bestimmung der Wahrheitswerte, daß mindestens eines der Feldelemente des Werts des Aktualparameters zu MASK, deren Indizes die Indexwertesequenz zu einer ausgewählten Dimension durchlaufen, während der (die) Index (Indizes) zu der (den) anderen Dimension(en) des Werts des Aktualparameters zu MASK jeweils konstant ist (sind), den Wert von .TRUE. hat, wobei die ausgewählte Dimension mit dem Wert des Aktualparameters zu DIM festgelegt wird

Klasse   Transformationsfunktion

A_param   Aktualparameter zu dem Formaldatenobjekt MASK ist vom Datentyp LOGICAL
Der Wert des Aktualparameters zu MASK ist feldwertig.
Aktualparameter zu dem Formaldatenobjekt DIM ist vom Datentyp INTEGER, Skalar
Der Wert des Aktualparameters zu DIM ist größer oder gleich 1 und kleiner oder gleich n, falls der Wert des Aktualparameters zu MASK vom Rang n ist. Es ist unzulässig, als Aktualparameter zu DIM den Namen eines Formalparameters mit dem Attribut OPTIONAL zu spezifizieren.

Erg_Dtyp   Datentyp LOGICAL und Typparameter KIND des Werts des Aktualparameters zu MASK
Wird zu DIM kein Aktualparameter spezifiziert oder ist der Wert des Aktualparameters zu MASK ein Feld vom Rang 1, dann ist Ergebnis der Standardfunktion ein Skalar. Andernfalls ist das Ergebnis der Standardfunktion

ein Feld vom Rang (n-1) mit der Gestalt $<<d_1,...,d_{dim-1},d_{dim+1},...,d_n>>$, wenn der Wert des Aktualparameters zu MASK vom Rang n mit der Gestalt $<<d_1,...,d_{dim-1},d_{dim},d_{dim+1},...,d_n>>$ und dim Wert des Aktualparameters zu DIM ist. Gilt dim=1, ist das Ergebnis der Standardfunktion ein Feld der Gestalt $<<d_2,...,d_n>>$. Gilt dim=n, ist das Ergebnis der Standardfunktion ein Feld der Gestalt $<<d_1,...,d_{n-1}>>$.

B_Erg   Ist der Wert des Aktualparameters zu MASK kein leeres Feld und ist der Wert des Aktualparameters zu MASK ein Feld vom Rang 1 oder wird zu DIM kein Aktualparameter spezifiziert und mindestens ein Feldelement des Werts des Aktualparameters zu MASK hat den Wert von .TRUE., dann liefert die Standardfunktion den Wert von .TRUE.. Hat unter sonst gleichen Bedingungen jedes Feldelement des Werts des Aktualparameters zu MASK den Wert von .FALSE. oder ist der Wert des Aktualparameters zu MASK ein leeres Feld, dann liefert die Standardfunktion den Wert von .FALSE.. Beschreibt n den Rang des Werts des Aktualparameters zu MASK als natürliche Zahl mit n > 1, dim den Wert des Aktualparameters zu DIM als natürliche Zahl und $(s_1,...,s_{dim-1},s_{dim+1},...,s_n)$ die Indexliste eines Feldelements des Ergebnisses der Standardfunktion als (n-1)-Tupel ganzer Zahlen, dann hat dieses Feldelement den Wert von .TRUE., falls mindestens ein Feldelement des Werts des Aktualparameters zu MASK mit der Indexliste $(s_1,...,s_{dim-1},i_{dim},s_{dim+1},...,s_n)$ den Wert von .TRUE. hat, wobei u_dim_index $\leq i_{dim} \leq$ o_dim_index gilt und u_dim_index den Wert der unteren Indexgrenze, o_dim_index den Wert der oberen Indexgrenze der Dimension als ganze Zahl beschreibt. Hat unter sonst gleichen Bedingungen jedes Feldelement dieses Teilfelds den Wert von .FALSE., dann hat das Feldelement des Ergebnisses der Standardfunktion mit der Indexliste $(s_1,...,s_{dim-1},s_{dim+1},...,s_n)$ als (n-1)-Tupel ganzer Zahlen den Wert von .FALSE.. Die Standardfunktion liefert als Ergebnis ein Feld vom Rang (n-1) mit der Gestalt $<<d_1,...,d_{dim-1},d_{dim+1},...,d_n>>$ vom Basisdatentyp LOGICAL. Gilt dim=1 oder dim=n, so ist die vorangegangene Darstellung der jeweiligen Indexliste und der Gestalt geeignet anzupassen, wie unter Erg_Dtyp für die Darstellung der Gestalt des Ergebnisses der Standardfunktion beschrieben.

Beisp_Ref Beschreibt $\mathbf{A} = [\mathbf{a}_1, \mathbf{a}_2, \mathbf{a}_3]$ mit $\mathbf{a}_1 = [\text{wahr, wahr}]^T$, $\mathbf{a}_2 = [\text{falsch, falsch}]^T$ und $\mathbf{a}_3 = [\text{falsch, wahr}]^T$ den Wert des Aktualparameters zu MASK und 1 den Wert des Aktualparameters zu DIM als natürliche Zahl, dann liefert die Standardfunktion als Ergebnis ein Feld vom Rang 1 mit der Gestalt $<<3>>$ vom Basisdatentyp LOGICAL. Der Wert von .TRUE., .FALSE. und .TRUE. sind die Werte der Feldelemente dieses Felds in Feldelementreihenfolge. Beschreibt unter sonst gleichen Bedingungen 2 den Wert des Aktualparameters zu DIM als natürliche Zahl, dann liefert die Standardfunktion als Ergebnis ein Feld vom Rang 1 mit der Gestalt $<<2>>$ vom Basisdatentyp LOGICAL. Der Wert von .TRUE. und .TRUE. sind die Werte der Feldelemente dieses Felds in Feldelementreihenfolge.

COUNT(MASK [, DIM])

B_Stdf   Bestimmung der Anzahl der Feldelemente des Werts des Aktualparameters zu MASK, die den Wert von .TRUE. haben

oder

Bestimmung der jeweiligen Anzahl derjenigen Feldelemente des Werts des Aktualparameters zu MASK, die den Wert von .TRUE. haben und deren Indizes die Indexwertesequenz zu einer ausgewählten Dimension durchlaufen, während der (die) Index (Indizes) zu der (den) anderen Dimension(en) des Werts des Aktualparameters zu MASK jeweils konstant ist (sind), wobei die ausgewählte Dimension mit dem Wert des Aktualparameters zu DIM festgelegt wird

Klasse   Transformationsfunktion

A_param   Aktualparameter zu dem Formaldatenobjekt MASK ist vom Datentyp LOGICAL

Der Wert des Aktualparameters zu MASK ist feldwertig.

Aktualparameter zu dem Formaldatenobjekt DIM ist vom Datentyp INTEGER, Skalar

Der Wert des Aktualparameters zu DIM ist größer oder gleich 1 und kleiner oder gleich n, falls der Wert des Aktualparameters zu MASK vom Rang n ist. Es ist unzulässig, als Aktualparameter zu DIM den Namen eines Formalparameters mit dem Attribut OPTIONAL zu spezifizieren.

Erg_Dtyp   Regeldatentyp INTEGER

Wird zu DIM kein Aktualparameter spezifiziert oder ist der Wert des Aktualparameters zu MASK ein Feld vom Rang 1, dann ist Ergebnis der Standardfunktion ein Skalar. Andernfalls ist das Ergebnis der Standardfunktion ein Feld vom Rang (n-1) mit der Gestalt $\ll d_1,...,d_{dim-1},d_{dim+1},...,d_n\gg$, wenn der Wert des Aktualparameters zu MASK vom Rang n mit der Gestalt $\ll d_1,...,d_{dim-1},d_{dim},d_{dim+1},...,d_n\gg$ und dim Wert des Aktualparameters zu DIM ist. Gilt dim=1, ist das Ergebnis der Standardfunktion ein Feld der Gestalt $\ll d_2,...,d_n\gg$. Gilt dim=n, ist das Ergebnis der Standardfunktion ein Feld der Gestalt $\ll d_1,...,d_{n-1}\gg$.

B_Erg   Ist der Wert des Aktualparameters zu MASK kein leeres Feld und ist der Wert des Aktualparameters zu MASK ein Feld vom Rang 1 oder wird zu DIM kein Aktualparameter spezifiziert, dann liefert die Standardfunktion den Wert der Anzahl der Feldelemente des Werts des Aktualparameters zu MASK, die den Wert von .TRUE. haben, als Festpunktzahl. Ist der Wert des Aktualparameters zu MASK ein leeres Feld, dann liefert die Standardfunktion die Festpunktzahl 0.

Beschreibt n den Rang des Werts des Aktualparameters zu MASK als natürliche Zahl mit n > 1, dim den Wert des Aktualparameters zu DIM als natürliche Zahl und $(s_1,...,s_{dim-1},s_{dim+1},...,s_n)$ die Indexliste eines Feldelements des Ergebnisses der Standardfunktion als (n-1)-Tupel ganzer Zahlen, dann repräsentiert der Wert dieses Feldelements die natürliche Zahl, die gleich der Anzahl der Feldelemente des Werts des Aktualparameters zu MASK mit

der Indexliste $(s_1,...,s_{dim-1},i_{dim},s_{dim+1},...,s_n)$ ist, die den Wert von .TRUE.
haben, wobei u_dim_index $\leq i_{dim} \leq$ o_dim_index gilt und u_dim_index den
Wert der unteren Indexgrenze, o_dim_index den Wert der oberen Indexgrenze der Dimension als ganze Zahl beschreibt. Die Standardfunktion liefert als Ergebnis ein Feld vom Rang (n-1) mit der Gestalt
$<<d_1,...,d_{dim-1},d_{dim+1},...,d_n>>$ vom Basisdatentyp Regeldatentyp INTEGER.
Gilt dim=1 oder dim=n, so ist die vorangegangene Darstellung der jeweiligen Indexliste und der Gestalt geeignet anzupassen, wie unter Erg_Dtyp für
die Darstellung der Gestalt des Ergebnisses der Standardfunktion beschrieben.

Beisp_Ref   Beschreibt $\mathbf{A} = [\mathbf{a}_1, \mathbf{a}_2, \mathbf{a}_3]$ mit $\mathbf{a}_1 = $ [wahr, wahr]^T, $\mathbf{a}_2 = $ [falsch, falsch]^T
und $\mathbf{a}_3 = $ [falsch, wahr]^T den Wert des Aktualparameters zu MASK und 1
den Wert des Aktualparameters zu DIM als natürliche Zahl, dann liefert die
Standardfunktion als Ergebnis ein Feld vom Rang 1 mit der Gestalt $<<3>>$
vom Basisdatentyp Regeldatentyp INTEGER. Die Festpunktzahlen 2, 0
und 1 sind die Werte der Feldelemente dieses Felds in Feldelementreihenfolge. Beschreibt unter sonst gleichen Bedingungen 2 den Wert des Aktualparameters zu DIM als natürliche Zahl, dann liefert die Standardfunktion als
Ergebnis ein Feld vom Rang 1 mit der Gestalt $<<2>>$ vom Basisdatentyp
Regeldatentyp INTEGER. Die Festpunktzahlen 1 und 2 sind die Werte der
Feldelemente dieses Felds in Feldelementreihenfolge.

MAXVAL(ARRAY [, DIM] [, MASK])

B_Stdf   Bestimmung des maximalen Werts unter den Werten der Feldelemente des
Werts des Aktualparameters zu ARRAY
oder
Bestimmung des maximalen Werts unter den Werten derjenigen Feldele-
mente des Werts des Aktualparameters zu ARRAY, für die das jeweilig kor-
respondierende Feldelement des Werts des Aktualparameters zu MASK den
Wert von .TRUE. hat
oder
Bestimmung des jeweilig maximalen Werts unter den Werten derjenigen
Feldelemente des Werts des Aktualparameters zu ARRAY, deren Indizes die
Indexwertesequenz zu einer ausgewählten Dimension durchlaufen, während
der (die) Index (Indizes) zu der (den) anderen Dimension(en) des Werts des
Aktualparameters zu ARRAY jeweils konstant ist (sind), wobei die ausge-
wählte Dimension mit dem Wert des Aktualparameters zu DIM festgelegt
wird
oder
Bestimmung des jeweilig maximalen Werts unter den Werten derjenigen
Feldelemente des Werts des Aktualparameters zu ARRAY, deren Indizes die
Indexwertesequenz zu einer ausgewählten Dimension durchlaufen, während
der (die) Index (Indizes) zu der (den) anderen Dimension(en) des Werts des
Aktualparameters zu ARRAY jeweils konstant ist (sind) und für die das je-

weilig korrespondierende Feldelement des Werts des Aktualparameters zu
MASK den Wert von .TRUE. hat, wobei die ausgewählte Dimension mit
dem Wert des Aktualparameters zu DIM festgelegt wird

Klasse   Transformationsfunktion

A_param   Aktualparameter zu dem Formaldatenobjekt ARRAY ist vom Datentyp
INTEGER, REAL oder DOUBLE PRECISION

Der Wert des Aktualparameters zu ARRAY ist feldwertig.

Aktualparameter zu dem Formaldatenobjekt DIM ist vom Datentyp
INTEGER, Skalar

Der Wert des Aktualparameters zu DIM ist größer oder gleich 1 und kleiner
oder gleich n, falls der Wert des Aktualparameters zu ARRAY vom Rang n
ist. Es ist unzulässig, als Aktualparameter zu DIM den Namen eines Formalparameters mit dem Attribut OPTIONAL zu spezifizieren.

Aktualparameter zu dem Formaldatenobjekt MASK ist vom Datentyp
LOGICAL

Der Wert des Aktualparameters zu MASK ist konform zu dem Wert des Aktualparameters zu ARRAY.

Erg_Dtyp   Datentyp und Typparameter KIND wie der Aktualparameter zu ARRAY
Wird zu DIM kein Aktualparameter spezifiziert oder ist der Wert des Aktualparameters zu ARRAY ein Feld vom Rang 1, dann ist Ergebnis der Standardfunktion ein Skalar. Andernfalls ist das Ergebnis der Standardfunktion
ein Feld vom Rang (n-1) mit der Gestalt $<<d_1,...,d_{dim-1},d_{dim+1},...,d_n>>$,
wenn der Wert des Aktualparameters zu ARRAY vom Rang n mit der Ge-
stalt $<<d_1,...,d_{dim-1},d_{dim},d_{dim+1},...,d_n>>$ und dim Wert des Aktualparameters
zu DIM ist. Gilt dim=1, ist das Ergebnis der Standardfunktion ein Feld der
Gestalt $<<d_2,...,d_n>>$. Gilt dim=n, ist das Ergebnis der Standardfunktion ein
Feld der Gestalt $<<d_1,...,d_{n-1}>>$.

B_Erg   Ist der Wert des Aktualparameters zu ARRAY kein leeres Feld und ist der
Wert des Aktualparameters zu ARRAY ein Feld vom Rang 1 oder wird zu
DIM kein Aktualparameter spezifiziert, dann liefert die Standardfunktion
den maximalen Wert unter den Werten der Feldelemente des Werts des Aktualparameters zu ARRAY. Falls darüber hinaus zu MASK ein Aktualparame-
ter·spezifiziert ist, dann liefert die Standardfunktion den maximalen Wert
unter den Werten derjenigen Feldelemente des Werts des Aktualparameters
zu ARRAY, für die das jeweilig korrespondierende Feldelement des Werts
des Aktualparameters zu MASK den Wert von .TRUE. hat. Ist der Wert des
Aktualparameters zu ARRAY ein leeres Feld oder hat jedes Feldelement des
Werts des Aktualparameters zu MASK den Wert von .FALSE., dann liefert
die Standardfunktion die kleinste Festpunktzahl oder Gleitpunktzahl, die in
dem Modell zur Zahldarstellung darstellbar ist, nach dem der Wert jedes
Feldelements des Werts des Aktualparameters zu ARRAY repräsentiert wird.
Beschreibt n den Rang des Werts des Aktualparameters zu ARRAY als
natürliche Zahl mit n > 1, dim den Wert des Aktualparameters zu DIM als
natürliche Zahl und $(s_1,...,s_{dim-1},s_{dim+1},...,s_n)$ die Indexliste eines Feldele-

ments des Ergebnisses der Standardfunktion als (n-1)-Tupel ganzer Zahlen, dann repräsentiert der Wert dieses Feldelements den maximalen Wert unter den Werten derjenigen Feldelemente des Werts des Aktualparameters zu ARRAY mit der Indexliste $(s_1,...,s_{dim-1},i_{dim},s_{dim+1},...,s_n)$, wobei u_dim_index $\leq i_{dim} \leq$ o_dim_index gilt und u_dim_index den Wert der unteren Indexgrenze, o_dim_index den Wert der oberen Indexgrenze der Dimension als ganze Zahl beschreibt. Ist darüber hinaus zu MASK ein Aktualparameter spezifiziert, dann liefert die Standardfunktion den maximalen Wert unter den Werten derjenigen Feldelemente des Werts des Aktualparameters zu ARRAY mit der Indexliste $(s_1,...,s_{dim-1},i_{dim},s_{dim+1},...,s_n)$, für die das jeweilig korrespondierende Feldelement des Werts des Aktualparameters zu MASK den Wert von .TRUE. hat. Falls jedes der korrespondierenden Feldelemente des Werts des Aktualparameters zu MASK den Wert von .FALSE. hat, dann repräsentiert der Wert des Feldelements mit der Indexliste $(s_1,...,s_{dim-1},s_{dim+1},...,s_n)$ die kleinste Festpunktzahl oder Gleitpunktzahl, die in dem Modell zur Zahldarstellung darstellbar ist, nach dem der Wert jedes Feldelements des Werts des Aktualparameters zu ARRAY repräsentiert wird. Die Standardfunktion liefert als Ergebnis ein Feld vom Rang (n-1) mit der Gestalt $<<d_1,...,d_{dim-1},d_{dim+1},...,d_n>>$ vom Basisdatentyp des Werts des Aktualparameters zu ARRAY. Gilt dim=1 oder dim=n, ist die Darstellung der jeweiligen Indexliste und der Gestalt geeignet anzupassen, wie unter Erg_Dtyp für die Darstellung der Gestalt beschrieben.

Beisp_Ref Beschreibt $\mathbf{A} = [\mathbf{a}_1, \mathbf{a}_2, \mathbf{a}_3]$ mit $\mathbf{a}_1 = [2, 12]^T$, $\mathbf{a}_2 = [4, 102]^T$, $\mathbf{a}_3 = [14, 104]^T$ den Wert des Aktualparameters zu ARRAY vom Basisdatentyp Regeldatentyp INTEGER, 1 den Wert des Aktualparameters zu DIM als natürliche Zahl und $\mathbf{B} = [\mathbf{b}_1, \mathbf{b}_2, \mathbf{b}_3]$ mit $\mathbf{b}_1 = [\text{wahr, falsch}]^T$, $\mathbf{b}_2 = [\text{wahr, wahr}]^T$, $\mathbf{b}_3 = [\text{wahr, falsch}]^T$ den Wert des Aktualparameters zu MASK, dann liefert die Standardfunktion als Ergebnis ein Feld vom Rang 1 mit der Gestalt $<<3>>$ vom Basisdatentyp Regeldatentyp INTEGER. Die Festpunktzahlen 2, 102 und 14 sind die Werte der Feldelemente dieses Felds in Feldelementreihenfolge. Beschreibt unter sonst gleichen Bedingungen 2 den Wert des Aktualparameters zu DIM als natürliche Zahl, dann liefert die Standardfunktion als Ergebnis ein Feld vom Rang 1 mit der Gestalt $<<2>>$ vom Basisdatentyp Regeldatentyp INTEGER. Die Festpunktzahlen 14 und 102 sind die Werte der Feldelemente dieses Felds in Feldelementreihenfolge.

MINVAL(ARRAY [, DIM] [, MASK])

B_Stdf   Bestimmung des minimalen Werts unter den Werten der Feldelemente des Werts des Aktualparameters zu ARRAY
oder
Bestimmung des minimalen Werts unter den Werten derjenigen Feldelemente des Werts des Aktualparameters zu ARRAY, für die das jeweilig kor-

respondierende Feldelement des Werts des Aktualparameters zu MASK den Wert von .TRUE. hat

oder

Bestimmung des jeweilig minimalen Werts unter den Werten derjenigen Feldelemente des Werts des Aktualparameters zu ARRAY, deren Indizes die Indexwertesequenz zu einer ausgewählten Dimension durchlaufen, während der (die) Index (Indizes) zu der (den) anderen Dimension(en) des Werts des Aktualparameters zu ARRAY jeweils konstant ist (sind), wobei die ausgewählte Dimension mit dem Wert des Aktualparameters zu DIM festgelegt wird

oder

Bestimmung des jeweilig minimalen Werts unter den Werten derjenigen Feldelemente des Werts des Aktualparameters zu ARRAY, deren Indizes die Indexwertesequenz zu einer ausgewählten Dimension durchlaufen, während der (die) Index (Indizes) zu der (den) anderen Dimension(en) des Werts des Aktualparameters zu ARRAY jeweils konstant ist (sind) und für die das jeweilig korrespondierende Feldelement des Werts des Aktualparameters zu MASK den Wert von .TRUE. hat, wobei die ausgewählte Dimension mit dem Wert des Aktualparameters zu DIM festgelegt wird

Klasse	Transformationsfunktion
A_param	Aktualparameter zu dem Formaldatenobjekt ARRAY ist vom Datentyp INTEGER, REAL oder DOUBLE PRECISION

Der Wert des Aktualparameters zu ARRAY ist feldwertig.

Aktualparameter zu dem Formaldatenobjekt DIM ist vom Datentyp INTEGER, Skalar

Der Wert des Aktualparameters zu DIM ist größer oder gleich 1 und kleiner oder gleich n, falls der Wert des Aktualparameters zu ARRAY vom Rang n ist. Es ist unzulässig, als Aktualparameter zu DIM den Namen eines Formalparameters mit dem Attribut OPTIONAL zu spezifizieren.

Aktualparameter zu dem Formaldatenobjekt MASK ist vom Datentyp LOGICAL

Der Wert des Aktualparameters zu MASK ist konform zu dem Wert des Aktualparameters zu ARRAY.

Erg_Dtyp Datentyp und Typparameter KIND wie der Aktualparameter zu ARRAY

Wird zu DIM kein Aktualparameter spezifiziert oder ist der Wert des Aktualparameters zu ARRAY ein Feld vom Rang 1, dann ist Ergebnis der Standardfunktion ein Skalar. Andernfalls ist das Ergebnis der Standardfunktion ein Feld vom Rang (n-1) mit der Gestalt $<<d_1,...,d_{dim-1},d_{dim+1},...,d_n>>$, wenn der Wert des Aktualparameters zu ARRAY vom Rang n mit der Gestalt $<<d_1,...,d_{dim-1},d_{dim},d_{dim+1},...,d_n>>$ und dim Wert des Aktualparameters zu DIM ist. Gilt dim=1, ist das Ergebnis der Standardfunktion ein Feld der Gestalt $<<d_2,...,d_n>>$. Gilt dim=n, ist das Ergebnis der Standardfunktion ein Feld der Gestalt $<<d_1,...,d_{n-1}>>$.

B_Erg   Ist der Wert des Aktualparameters zu ARRAY kein leeres Feld und ist der
Wert des Aktualparameters zu ARRAY ein Feld vom Rang 1 oder wird zu
DIM kein Aktualparameter spezifiziert, dann liefert die Standardfunktion
den minimalen Wert unter den Werten der Feldelemente des Werts des Aktualparameters zu ARRAY. Falls darüber hinaus zu MASK ein Aktualparameter spezifiziert ist, dann liefert die Standardfunktion den minimalen Wert
unter den Werten derjenigen Feldelemente des Werts des Aktualparameters
zu ARRAY, für die das jeweilig korrespondierende Feldelement des Werts
des Aktualparameters zu MASK den Wert von .TRUE. hat. Ist der Wert des
Aktualparameters zu ARRAY ein leeres Feld oder hat jedes Feldelement des
Werts des Aktualparameters zu MASK den Wert von .FALSE., dann liefert
die Standardfunktion die größte Festpunktzahl oder Gleitpunktzahl, die in
dem Modell zur Zahldarstellung darstellbar ist, nach dem der Wert jedes
Feldelements des Werts des Aktualparameters zu ARRAY repräsentiert wird.
Beschreibt n den Rang des Werts des Aktualparameters zu ARRAY als
natürliche Zahl mit n > 1, dim den Wert des Aktualparameters zu DIM als
natürliche Zahl und $(s_1,...,s_{dim-1},s_{dim+1},...,s_n)$ die Indexliste eines Feldelements des Ergebnisses der Standardfunktion als (n-1)-Tupel ganzer Zahlen, dann repräsentiert der Wert dieses Feldelements den minimalen Wert
unter den Werten derjenigen Feldelemente des Werts des Aktualparameters zu ARRAY mit der Indexliste $(s_1,...,s_{dim-1},i_{dim},s_{dim+1},...,s_n)$, wobei
u_dim_index $\leq i_{dim} \leq$ o_dim_index gilt und u_dim_index den Wert der unteren Indexgrenze, o_dim_index den Wert der oberen Indexgrenze der Dimension als ganze Zahl beschreibt. Ist darüber hinaus zu MASK ein Aktualparameter spezifiziert, dann liefert die Standardfunktion den minimalen
Wert unter den Werten derjenigen Feldelemente des Werts des Aktualparameters zu ARRAY mit der Indexliste $(s_1,...,s_{dim-1},i_{dim},s_{dim+1},...,s_n)$, für die
das jeweilig korrespondierende Feldelement des Werts des Aktualparameters zu MASK den Wert von .TRUE. hat. Falls jedes der korrespondierenden Feldelemente des Werts des Aktualparameters zu MASK den Wert von
.FALSE. hat, dann repräsentiert der Wert des Feldelements mit der Indexliste $(s_1,...,s_{dim-1},s_{dim+1},...,s_n)$ die größte Festpunktzahl oder Gleitpunktzahl, die in dem Modell zur Zahldarstellung darstellbar ist, nach dem der
Wert jedes Feldelements des Werts des Aktualparameters zu ARRAY repräsentiert wird. Die Standardfunktion liefert als Ergebnis ein Feld vom Rang
(n-1) mit der Gestalt $<<d_1,...,d_{dim-1},d_{dim+1},...,d_n>>$ vom Basisdatentyp des
Werts des Aktualparameters zu ARRAY. Gilt dim=1 oder dim=n, ist die
Darstellung der jeweiligen Indexliste und der Gestalt geeignet anzupassen,
wie unter Erg_Dtyp für die Darstellung der Gestalt beschrieben.

Beisp_Ref   Beschreibt $\mathbf{A} = [\mathbf{a}_1, \mathbf{a}_2, \mathbf{a}_3]$ mit $\mathbf{a}_1 = [2, 12]^T$, $\mathbf{a}_2 = [4, 102]^T$, $\mathbf{a}_3 = [14, 104]^T$
den Wert des Aktualparameters zu ARRAY vom Basisdatentyp Regeldaten-
typ INTEGER, 1 den Wert des Aktualparameters zu DIM als natürliche
Zahl und $\mathbf{B} = [\mathbf{b}_1, \mathbf{b}_2, \mathbf{b}_3]$ mit $\mathbf{b}_1 = [wahr, falsch]^T$, $\mathbf{b}_2 = [wahr, wahr]^T$,
$\mathbf{b}_3 = [wahr, falsch]^T$ den Wert des Aktualparameters zu MASK, dann liefert

die Standardfunktion als Ergebnis ein Feld vom Rang 1 mit der Gestalt
<<3>> vom Basisdatentyp Regeldatentyp INTEGER. Die Festpunktzahlen
2, 4 und 14 sind die Werte der Feldelemente dieses Felds in Feldelementreihenfolge. Beschreibt unter sonst gleichen Bedingungen 2 den Wert des
Aktualparameters zu DIM als natürliche Zahl, dann liefert die Standardfunktion als Ergebnis ein Feld vom Rang 1 mit der Gestalt <<2>> vom Basisdatentyp Regeldatentyp INTEGER. Die Festpunktzahlen 2 und 102 sind
die Werte der Feldelemente dieses Felds in Feldelementreihenfolge.

	PRODUCT(ARRAY [, DIM] [, MASK])
B_Stdf	Bestimmung eines Näherungswerts für den Wert des Produkts aus den Werten der Feldelemente des Werts des Aktualparameters zu ARRAY

PRODUCT(ARRAY [, DIM] [, MASK])

B_Stdf   Bestimmung eines Näherungswerts für den Wert des Produkts aus den Werten der Feldelemente des Werts des Aktualparameters zu ARRAY
oder
Bestimmung eines Näherungswerts für den Wert des Produkts aus den Werten derjenigen Feldelemente des Werts des Aktualparameters zu ARRAY,
für die das jeweilig korrespondierende Feldelement des Werts des Aktualparameters zu MASK den Wert von .TRUE. hat
oder
Bestimmung eines Näherungswerts für den jeweiligen Wert des Produkts
aus den Werten derjenigen Feldelemente des Werts des Aktualparameters
zu ARRAY, deren Indizes die Indexwertesequenz zu einer ausgewählten Dimension durchlaufen, während der (die) Index (Indizes) zu der (den) anderen Dimension(en) des Werts des Aktualparameters zu ARRAY jeweils konstant ist (sind), wobei die ausgewählte Dimension mit dem Wert des Aktualparameters zu DIM festgelegt wird
oder
Bestimmung eines Näherungswerts für den jeweiligen Wert des Produkts
aus den Werten derjenigen Feldelemente des Werts des Aktualparameters
zu ARRAY, deren Indizes die Indexwertesequenz zu einer ausgewählten Dimension durchlaufen, während der (die) Index (Indizes) zu der (den) anderen Dimension(en) des Werts des Aktualparameters zu ARRAY jeweils konstant ist (sind) und für die das jeweilig korrespondierende Feldelement des
Werts des Aktualparameters zu MASK den Wert von .TRUE. hat, wobei
die ausgewählte Dimension mit dem Wert des Aktualparameters zu DIM
festgelegt wird

Klasse   Transformationsfunktion

A_param   Aktualparameter zu dem Formaldatenobjekt ARRAY ist vom Datentyp
INTEGER, REAL, DOUBLE PRECISION oder COMPLEX
Der Wert des Aktualparameters zu ARRAY ist feldwertig.

Aktualparameter zu dem Formaldatenobjekt DIM ist vom Datentyp
INTEGER, Skalar
Der Wert des Aktualparameters zu DIM ist größer oder gleich 1 und kleiner
oder gleich n, falls der Wert des Aktualparameters zu ARRAY vom Rang n

ist. Es ist unzulässig, als Aktualparameter zu DIM den Namen eines Formalparameters mit dem Attribut OPTIONAL zu spezifizieren.

Aktualparameter zu dem Formaldatenobjekt MASK ist vom Datentyp
LOGICAL

Der Wert des Aktualparameters zu MASK ist konform zu dem Wert des Aktualparameters zu ARRAY.

Erg_Dtyp   Datentyp und Typparameter KIND wie der Aktualparameter zu ARRAY

Wird zu DIM kein Aktualparameter spezifiziert oder ist der Wert des Aktualparameters zu ARRAY ein Feld vom Rang 1, dann ist Ergebnis der Standardfunktion ein Skalar. Andernfalls ist das Ergebnis der Standardfunktion
ein Feld vom Rang (n-1) mit der Gestalt $<<d_1,...,d_{dim-1},d_{dim+1},...,d_n>>$,
wenn der Wert des Aktualparameters zu ARRAY vom Rang n mit der Ge-
stalt $<<d_1,...,d_{dim-1},d_{dim},d_{dim+1},...,d_n>>$ und dim Wert des Aktualparameters
zu DIM ist. Gilt dim=1, ist das Ergebnis der Standardfunktion ein Feld der
Gestalt $<<d_2,...,d_n>>$. Gilt dim=n, ist das Ergebnis der Standardfunktion ein
Feld der Gestalt $<<d_1,...,d_{n-1}>>$.

B_Erg   Ist der Wert des Aktualparameters zu ARRAY kein leeres Feld und ist der
Wert des Aktualparameters zu ARRAY ein Feld vom Rang 1 oder wird zu
DIM kein Aktualparameter spezifiziert, dann liefert die Standardfunktion ei-
nen Näherungswert für den Wert des Produkts aus den Werten der Feldele-
mente des Werts des Aktualparameters zu ARRAY. Falls darüber hinaus zu
MASK ein Aktualparameter spezifiziert ist, dann liefert die Standardfunktion
einen Näherungswert für den Wert des Produkts aus den Werten derjenigen
Feldelemente des Werts des Aktualparameters zu ARRAY, für die das jeweilig korrespondierende Feldelement des Werts des Aktualparameters zu
MASK den Wert von .TRUE. hat. Ist der Wert des Aktualparameters zu
ARRAY ein leeres Feld oder hat jedes Feldelement des Werts des Aktualparameters zu MASK den Wert von .FALSE., dann liefert die Standardfunktion den Wert, der 1 oder 1 + 0i in dem Modell zur Zahldarstellung repräsentiert, nach dem der Wert jedes Feldelements des Werts des Aktualparameters zu ARRAY dargestellt wird.

Beschreibt n den Rang des Werts des Aktualparameters zu ARRAY als natürliche Zahl mit n > 1, dim den Wert des Aktualparameters zu DIM als natürliche Zahl und $(s_1,...,s_{dim-1},s_{dim+1},...,s_n)$ die Indexliste eines Feldelements
des Ergebnisses der Standardfunktion als (n-1)-Tupel ganzer Zahlen, dann
repräsentiert der Wert dieses Feldelements einen Näherungswert für den
Wert des Produkts aus den Werten derjenigen Feldelemente des Werts des
Aktualparameters zu ARRAY mit $(s_1,...,s_{dim-1},i_{dim},s_{dim+1},...,s_n)$ als Indexliste, wobei $u_dim_index \leq i_{dim} \leq o_dim_index$ gilt und u_dim_index den
Wert der unteren Indexgrenze, o_dim_index den Wert der oberen Indexgrenze der Dimension als ganze Zahl beschreibt. Ist darüber hinaus zu
MASK ein Aktualparameter spezifiziert, dann liefert die Standardfunktion
einen Näherungswert für den Wert des Produkts aus den Werten derjenigen
Feldelemente des Werts des Aktualparameters zu ARRAY mit der Indexliste

$(s_1,...,s_{dim-1},i_{dim},s_{dim+1},...,s_n)$, für die das jeweilig korrespondierende Feldelement des Werts des Aktualparameters zu MASK den Wert von .TRUE. hat. Falls jedes der korrespondierenden Feldelemente des Werts des Aktualparameters zu MASK den Wert von .FALSE. hat, dann hat das Feldelement mit der Indexliste $(s_1,...,s_{dim-1},s_{dim+1},...,s_n)$ den Wert, der 1 oder 1 + 0i in dem Modell zur Zahldarstellung repräsentiert, nach dem der Wert jedes Feldelements des Werts des Aktualparameters zu ARRAY dargestellt wird. Die Standardfunktion liefert als Ergebnis ein Feld vom Rang (n-1) mit der Gestalt $<<d_1,...,d_{dim-1},d_{dim+1},...,d_n>>$ vom Basisdatentyp des Werts des Aktualparameters zu ARRAY. Gilt dim=1 oder dim=n, ist die Darstellung der jeweiligen Indexliste und der Gestalt geeignet anzupassen, wie unter Erg_Dtyp für die Darstellung der Gestalt beschrieben.

Beisp_Ref   Beschreibt $\mathbf{A} = [\mathbf{a}_1, \mathbf{a}_2, \mathbf{a}_3]$ mit $\mathbf{a}_1 = [2, 12]^T$, $\mathbf{a}_2 = [4, 102]^T$, $\mathbf{a}_3 = [14, 104]^T$ den Wert des Aktualparameters zu ARRAY vom Basisdatentyp Regeldatentyp INTEGER, 1 den Wert des Aktualparameters zu DIM als natürliche Zahl und $\mathbf{B} = [\mathbf{b}_1, \mathbf{b}_2, \mathbf{b}_3]$ mit $\mathbf{b}_1 = [wahr, falsch]^T$, $\mathbf{b}_2 = [wahr, wahr]^T$, $\mathbf{b}_3 = [wahr, falsch]^T$ den Wert des Aktualparameters zu MASK, dann liefert die Standardfunktion als Ergebnis ein Feld vom Rang 1 mit der Gestalt $<<3>>$ vom Basisdatentyp Regeldatentyp INTEGER. Die Festpunktzahlen 2, 408 und 14 sind die Werte der Feldelemente dieses Felds in Feldelementreihenfolge. Beschreibt unter sonst gleichen Bedingungen 2 den Wert des Aktualparameters zu DIM als natürliche Zahl, dann liefert die Standardfunktion als Ergebnis ein Feld vom Rang 1 mit der Gestalt $<<2>>$ vom Basisdatentyp Regeldatentyp INTEGER. Die Festpunktzahlen 112 und 102 sind die Werte der Feldelemente dieses Felds in Feldelementreihenfolge.

SUM(ARRAY [, DIM] [, MASK])

B_Stdf   Bestimmung eines Näherungswerts für den Wert der Summe aus den Werten der Feldelemente des Werts des Aktualparameters zu ARRAY
oder
Bestimmung eines Näherungswerts für den Wert der Summe aus den Werten derjenigen Feldelemente des Werts des Aktualparameters zu ARRAY, für die das jeweilig korrespondierende Feldelement des Werts des Aktualparameters zu MASK den Wert von .TRUE. hat
oder
Bestimmung eines Näherungswerts für den jeweiligen Wert der Summe aus den Werten derjenigen Feldelemente des Werts des Aktualparameters zu ARRAY, deren Indizes die Indexwertesequenz zu einer ausgewählten Dimension durchlaufen, während der (die) Index (Indizes) zu der (den) anderen Dimension(en) des Werts des Aktualparameters zu ARRAY jeweils kon-

stant ist (sind), wobei die ausgewählte Dimension mit dem Wert des Aktualparameters zu DIM festgelegt wird
oder
Bestimmung eines Näherungswerts für den jeweiligen Wert der Summe aus den Werten derjenigen Feldelemente des Werts des Aktualparameters zu ARRAY, deren Indizes die Indexwertesequenz zu einer ausgewählten Dimension durchlaufen, während der (die) Index (Indizes) zu der (den) anderen Dimension(en) des Werts des Aktualparameters zu ARRAY jeweils konstant ist (sind) und für die das jeweilig korrespondierende Feldelement des Werts des Aktualparameters zu MASK den Wert von .TRUE. hat, wobei die ausgewählte Dimension mit dem Wert des Aktualparameters zu DIM festgelegt wird

Klasse	Transformationsfunktion
A_param	Aktualparameter zu dem Formaldatenobjekt ARRAY ist vom Datentyp INTEGER, REAL, DOUBLE PRECISION oder COMPLEX

Der Wert des Aktualparameters zu ARRAY ist feldwertig.

Aktualparameter zu dem Formaldatenobjekt DIM ist vom Datentyp INTEGER, Skalar

Der Wert des Aktualparameters zu DIM ist größer oder gleich 1 und kleiner oder gleich n, falls der Wert des Aktualparameters zu ARRAY vom Rang n ist. Es ist unzulässig, als Aktualparameter zu DIM den Namen eines Formalparameters mit dem Attribut OPTIONAL zu spezifizieren.

Aktualparameter zu dem Formaldatenobjekt MASK ist vom Datentyp LOGICAL

Der Wert des Aktualparameters zu MASK ist konform zu dem Wert des Aktualparameters zu ARRAY.

Erg_Dtyp	Datentyp und Typparameter KIND wie der Aktualparameter zu ARRAY

Wird zu DIM kein Aktualparameter spezifiziert oder ist der Wert des Aktualparameters zu ARRAY ein Feld vom Rang 1, dann ist Ergebnis der Standardfunktion ein Skalar. Andernfalls ist das Ergebnis der Standardfunktion ein Feld vom Rang (n-1) mit der Gestalt $\ll d_1,...,d_{dim-1},d_{dim+1},...,d_n\gg$, wenn der Wert des Aktualparameters zu ARRAY vom Rang n mit der Gestalt $\ll d_1,...,d_{dim-1},d_{dim},d_{dim+1},...,d_n\gg$ und dim Wert des Aktualparameters zu DIM ist. Gilt dim=1, ist das Ergebnis der Standardfunktion ein Feld der Gestalt $\ll d_2,...,d_n\gg$. Gilt dim=n, ist das Ergebnis der Standardfunktion ein Feld der Gestalt $\ll d_1,...,d_{n-1}\gg$.

B_Erg	Ist der Wert des Aktualparameters zu ARRAY kein leeres Feld und ist der Wert des Aktualparameters zu ARRAY ein Feld vom Rang 1 oder wird zu DIM kein Aktualparameter spezifiziert, dann liefert die Standardfunktion einen Näherungswert für den Wert der Summe aus den Werten der Feldelemente des Werts des Aktualparameters zu ARRAY. Falls darüber hinaus zu MASK ein Aktualparameter spezifiziert ist, dann liefert die Standardfunktion einen Näherungswert für den Wert der Summe aus den Werten derjenigen Feldelemente des Werts des Aktualparameters zu ARRAY, für die das je-

weilig korrespondierende Feldelement des Werts des Aktualparameters zu MASK den Wert von .TRUE. hat. Ist der Wert des Aktualparameters zu ARRAY ein leeres Feld oder hat jedes Feldelement des Werts des Aktualparameters zu MASK den Wert von .FALSE., dann liefert die Stan-dardfunktion den Wert, der 0 oder $0 + 0i$ in dem Modell zur Zahldarstellung repräsentiert, nach dem der Wert jedes Feldelements des Werts des Aktualparameters zu ARRAY dargestellt wird.

Beschreibt n den Rang des Werts des Aktualparameters zu ARRAY als natürliche Zahl mit $n > 1$, dim den Wert des Aktualparameters zu DIM als natürliche Zahl und $(s_1,...,s_{dim-1},s_{dim+1},...,s_n)$ die Indexliste eines Feldelements des Ergebnisses der Standardfunktion als (n-1)-Tupel ganzer Zahlen, dann repräsentiert der Wert dieses Feldelements einen Näherungswert für den Wert der Summe aus den Werten derjenigen Feldelemente des Werts des Aktualparameters zu ARRAY mit $(s_1,...,s_{dim-1},i_{dim},s_{dim+1},...,s_n)$ als Indexliste, wobei $u_dim_index \leq i_{dim} \leq o_dim_index$ gilt und u_dim_index den Wert der unteren Indexgrenze, o_dim_index den Wert der oberen Indexgrenze der Dimension als ganze Zahl beschreibt. Ist darüber hinaus zu MASK ein Aktualparameter spezifiziert, dann liefert die Standardfunktion einen Näherungswert für den Wert der Summe aus den Werten derjenigen Feldelemente des Werts des Aktualparameters zu ARRAY mit der Indexliste $(s_1,...,s_{dim-1},i_{dim},s_{dim+1},...,s_n)$, für die das jeweilig korrespondierende Feldelement des Werts des Aktualparameters zu MASK den Wert von .TRUE. hat. Falls jedes der korrespondierenden Feldelemente des Werts des Aktualparameters zu MASK den Wert von .FALSE. hat, dann hat das Feldelement mit der Indexliste $(s_1,...,s_{dim-1},s_{dim+1},...,s_n)$ den Wert, der 0 oder $0 + 0i$ in dem Modell zur Zahldarstellung repräsentiert, nach dem der Wert jedes Feldelements des Werts des Aktualparameters zu ARRAY dargestellt wird. Die Standardfunktion liefert als Ergebnis ein Feld vom Rang (n-1) mit der Gestalt $<<d_1,...,d_{dim-1},d_{dim+1},...,d_n>>$ vom Basisdatentyp des Werts des Aktualparameters zu ARRAY. Gilt dim=1 oder dim=n, ist die Darstellung der jeweiligen Indexliste und der Gestalt geeignet anzupassen, wie unter Erg_Dtyp für die Darstellung der Gestalt beschrieben.

Beisp_Ref Beschreibt $A = [a_1, a_2, a_3]$ mit $a_1 = [2, 12]^T$, $a_2 = [4, 102]^T$, $a_3 = [14, 104]^T$ den Wert des Aktualparameters zu ARRAY vom Basisdatentyp Regeldatentyp INTEGER, 1 den Wert des Aktualparameters zu DIM als natürliche Zahl und $B = [b_1, b_2, b_3]$ mit $b_1 = [wahr, falsch]^T$, $b_2 = [wahr, wahr]^T$, $b_3 = [wahr, falsch]^T$ den Wert des Aktualparameters zu MASK, dann liefert die Standardfunktion als Ergebnis ein Feld vom Rang 1 mit der Gestalt $<<3>>$ vom Basisdatentyp Regeldatentyp INTEGER. Die Festpunktzahlen 2, 106 und 14 sind die Werte der Feldelemente dieses Felds in Feldelementreihenfolge. Beschreibt unter sonst gleichen Bedingungen 2 den Wert des Aktualparameters zu DIM als natürliche Zahl, dann liefert die Standardfunktion als Ergebnis ein Feld vom Rang 1 mit der Gestalt $<<2>>$ vom

Basisdatentyp Regeldatentyp INTEGER. Die Festpunktzahlen 20 und 102 sind die Werte der Feldelemente dieses Felds in Feldelementreihenfolge.

A.1.14 Feldabfragefunktionen

ALLOCATED(ARRAY)

B_Stdf   Bestimmung des Existenzstatus eines dynamisch speicherbaren Felds

Klasse   Abfragefunktion

A_param   Aktualparameter zu dem Formaldatenobjekt ARRAY ist von internem oder abgeleitetem Datentyp

Der Wert des Aktualparameters zu ARRAY ist ein dynamisch speicherbares Feld.

Erg_Dtyp Regeldatentyp LOGICAL, Skalar

B_Erg   Hat der Wert des Aktualparameters zu ARRAY den Existenzstatus, existent zu sein, dann liefert die Standardfunktion den Wert von .TRUE.. Falls der Wert des Aktualparameters zu ARRAY den Existenzstatus hat, nicht existent zu sein, dann liefert die Standardfunktion den Wert von .FALSE.. Ist der Existenzstatus des Aktualparameters zu ARRAY undefiniert, dann ist der Bestimmtheitsstatus des Ergebnisses der Standardfunktion, undefiniert zu sein.

Beisp_Ref Ist dyn_feld1 Name eines dynamisch gespeicherten Felds, dann liefert ALLOCATED(dyn_feld1) den Wert von .TRUE..

LBOUND(ARRAY [, DIM])

B_Stdf   Bestimmung des Werts der unteren Indexgrenze in einer ausgewählten Dimension des Werts des Aktualparameters zu ARRAY, wobei diese Dimension mit dem Wert des Aktualparameters zu DIM festgelegt wird
oder
Bestimmung des Werts der unteren Indexgrenze in jeder Dimension des Werts des Aktualparameters zu ARRAY

Klasse   Abfragefunktion

A_param   Aktualparameter zu dem Formaldatenobjekt ARRAY ist von internem oder abgeleitetem Datentyp

Der Wert des Aktualparameters zu ARRAY ist feldwertig. Ist Aktualparameter zu ARRAY der Name eines dynamisch speicherbaren Felds, so ist es unzulässig, daß dieses Feld den Existenzstatus hat, nicht existent zu sein. Dies gilt analog für den Fall eines Teilobjektbezeichners eines Teilfelds zu einem dynamisch speicherbaren Feld als Aktualparameter zu ARRAY. Ist Aktualparameter zu ARRAY der Name eines Feldzeigers, so ist es unzulässig, daß dieser Zeiger den Assoziationsstatus hat, disassoziiert zu sein.

Aktualparameter zu dem Formaldatenobjekt DIM ist vom Datentyp INTEGER, Skalar

Der Wert des Aktualparameters zu DIM ist größer oder gleich 1 und kleiner oder gleich n, falls der Wert des Aktualparameters zu ARRAY vom Rang n

	ist. Es ist unzulässig, als Aktualparameter zu DIM den Namen eines Formalparameters mit dem Attribut OPTIONAL zu spezifizieren.
Erg_Dtyp	Regeldatentyp INTEGER Wird zu DIM ein Aktualparameter spezifiziert, dann ist Ergebnis der Standardfunktion ein Skalar. Andernfalls ist das Ergebnis der Standardfunktion ein Feld vom Rang 1 mit der Gestalt <<n>>, wenn der Wert des Aktualparameters zu ARRAY vom Rang n ist.
B_Erg	Beschreibt n den Rang des Aktualparameters zu ARRAY als natürliche Zahl mit $n \geq 1$, dim den Wert des Aktualparameters zu DIM mit $1 \leq \text{dim} \leq n$ und ist der Wert des Aktualparameters zu ARRAY ein Teilfeld oder ein Feldausdruck, der weder Name eines Gesamtfelds noch Teilobjektbezeichner einer Strukturkomponente ohne Teilfeldindexliste ist, oder hat die ausgewählte Dimension die Ausdehnung 0, dann liefert die Standardfunktion die Festpunktzahl 1. Andernfalls liefert die Standardfunktion den Wert der unteren Indexgrenze in der ausgewählten Dimension als Festpunktzahl. Ist zu DIM kein Aktualparameter spezifiziert und beschreibt n den Rang des Aktualparameters zu ARRAY als natürliche Zahl mit $n \geq 1$ und kennzeichnet j die j-te Dimension des Werts des Aktualparameters zu ARRAY als natürliche Zahl mit $1 \leq j \leq n$, dann repräsentiert der Wert des j-ten Feldelements des Ergebnisses der Standardfunktion die Festpunktzahl 1, falls der Aktualparameter zu ARRAY ein Teilfeld oder ein Feldausdruck ist, der weder Name eines Gesamtfelds noch Teilobjektbezeichner einer Strukturkomponente ohne Teilfeldindexliste ist, oder die j-te Dimension die Ausdehnung 0 hat. Andernfalls repräsentiert der Wert dieses Feldelements den Wert der unteren Indexgrenze in der j-ten Dimension als Festpunktzahl.
Beisp_Ref	Wird mit REAL, DIMENSION(2:4, 0:1) :: kl_orig eine Typkomponente zu einem abgeleiteten Datentyp vereinbart und ist ind_gam_sal Strukturvariable von diesem abgeleiteten Datentyp, dann liefert der Aufruf LBOUND(ind_gam_sal%kl_orig) der Standardfunktion als Ergebnis ein Feld vom Rang 1 mit der Gestalt <<2>> vom Basisdatentyp Regeldatentyp INTEGER. Die Festpunktzahlen 2 und 0 sind die Werte der Feldelemente dieses Felds in Feldelementreihenfolge. Unter sonst gleichen Bedingungen liefert der Aufruf der Standardfunktion LBOUND(ind_gam_sal%kl_orig + 0.01) als Ergebnis ebenfalls ein Feld vom Rang 1 mit der Gestalt <<2>> vom Basisdatentyp Regeldatentyp INTEGER. Die Werte der Feldelemente dieses Felds in Feldelementreihenfolge sind jedoch die Festpunktzahlen 1 und 1.

SHAPE(SOURCE)

B_Stdf	Bestimmung des Werts der Gestalt des Werts des Aktualparameters zu SOURCE
Klasse	Abfragefunktion
A_param	Aktualparameter zu dem Formaldatenobjekt SOURCE ist von internem oder abgeleitetem Datentyp

Der Wert des Aktualparameters zu SOURCE ist skalar oder feldwertig. Der Name eines Felds mit übernommener Größe ist als Aktualparameter zu SOURCE unzulässig. Ist Aktualparameter zu SOURCE der Name eines dynamisch speicherbaren Felds, so ist es unzulässig, daß dieses Feld den Existenzstatus hat, nicht existent zu sein. Dies gilt analog für den Fall eines Teilobjektbezeichners eines Teilfelds zu einem dynamisch speicherbaren Feld als Aktualparameter zu SOURCE. Ist Aktualparameter zu SOURCE der Name eines Feldzeigers, so ist es unzulässig, daß dieser Zeiger den Assoziationsstatus hat, disassoziiert zu sein.

Erg_Dtyp Regeldatentyp INTEGER

Das Ergebnis der Standardfunktion ist ein Feld vom Rang 1 mit der Gestalt <<n>>, wenn der Wert des Aktualparameters zu SOURCE vom Rang n und $n \geq 1$ ist. Andernfalls ist das Ergebnis der Standardfunktion ein leeres Feld vom Rang 1.

B_Erg Beschreibt n den Rang des Aktualparameters zu SOURCE als natürliche Zahl mit $n \geq 1$ sowie $<<d_1,...,d_j,...,d_n>>$ die Gestalt des Aktualparameters zu SOURCE als n-Tupel natürlicher Zahlen und kennzeichnet j die j-te Dimension des Werts des Aktualparameters zu SOURCE als natürliche Zahl mit $1 \leq j \leq n$, dann repräsentiert der Wert des j-ten Feldelements des Ergebnisses der Standardfunktion d_j als Festpunktzahl.

Beisp_Ref Ist r_feld Name eines Gesamtfelds mit der Feldspezifikation (2:10, -1:1) und der Name dieses Felds Aktualparameter zu SOURCE, dann liefert die Standardfunktion als Ergebnis ein Feld vom Rang 1 mit der Gestalt <<2>> vom Basisdatentyp Regeldatentyp INTEGER. Die Festpunktzahlen 9 und 3 sind die Werte der Feldelemente dieses Felds in Feldelementreihenfolge.

SIZE(ARRAY [, DIM])

B_Stdf Bestimmung des Werts der Ausdehnung einer ausgewählten Dimension des Werts des Aktualparameters zu ARRAY, wobei diese Dimension mit dem Wert des Aktualparameters zu DIM festgelegt wird
oder
Bestimmung des Werts der Größe des Werts des Aktualparameters zu ARRAY

Klasse Abfragefunktion

A_param Aktualparameter zu dem Formaldatenobjekt ARRAY ist von internem oder abgeleitetem Datentyp
Der Wert des Aktualparameters zu ARRAY ist feldwertig. Ist Aktualparameter zu ARRAY der Name eines dynamisch speicherbaren Felds, so ist es unzulässig, daß dieses Feld den Existenzstatus hat, nicht existent zu sein. Dies gilt analog für den Fall eines Teilobjektbezeichners eines Teilfelds zu einem dynamisch speicherbaren Feld als Aktualparameter zu ARRAY. Ist Aktualparameter zu ARRAY der Name eines Feldzeigers, so ist es unzulässig, daß dieser Zeiger den Assoziationsstatus hat, disassoziiert zu sein. Falls Aktual-

parameter zu ARRAY der Name eines Felds mit übernommener Größe ist, dann muß zu DIM ein Aktualparameter spezifiziert werden, dessen Wert kleiner ist als der Rang des Werts des Aktualparameters zu ARRAY.

Aktualparameter zu dem Formaldatenobjekt DIM ist vom Datentyp INTEGER, Skalar

Der Wert des Aktualparameters zu DIM ist größer oder gleich 1 und kleiner oder gleich n, falls der Wert des Aktualparameters zu ARRAY vom Rang n ist.

Erg_Dtyp	Regeldatentyp INTEGER, Skalar
B_Erg	Beschreibt n den Rang des Aktualparameters zu ARRAY als natürliche Zahl mit n ≥ 1 und dim den Wert des Aktualparameters zu DIM mit 1 ≤ dim ≤ n, dann liefert die Standardfunktion den Wert der Ausdehnung dieser Dimension als Festpunktzahl. Andernfalls liefert die Standardfunktion den Wert der Größe des Werts des Aktualparameters zu ARRAY.
Beisp_Ref	Ist r_feld Name eines Gesamtfelds mit der Feldspezifikation (2:10, -1:1), dann liefert der Aufruf SIZE(r_feld, 1) der Standardfunktion als Ergebnis die Festpunktzahl 9. Unter sonst gleichen Bedingungen liefert der Aufruf SIZE(r_feld) der Standardfunktion die Festpunktzahl 27.

UBOUND(ARRAY [, DIM])

B_Stdf	Bestimmung des Werts der oberen Indexgrenze in einer ausgewählten Dimension des Werts des Aktualparameters zu ARRAY, wobei diese Dimension mit dem Wert des Aktualparameters zu DIM festgelegt wird oder Bestimmung des Werts der oberen Indexgrenze in jeder Dimension des Werts des Aktualparameters zu ARRAY
Klasse	Abfragefunktion
A_param	Aktualparameter zu dem Formaldatenobjekt ARRAY ist von internem oder abgeleitetem Datentyp Der Wert des Aktualparameters zu ARRAY ist feldwertig. Ist Aktualparameter zu ARRAY der Name eines dynamisch speicherbaren Felds, so ist es unzulässig, daß dieses Feld den Existenzstatus hat, nicht existent zu sein. Dies gilt analog für den Fall eines Teilobjektbezeichners eines Teilfelds eines dynamisch speicherbaren Felds als Aktualparameter zu ARRAY. Ist Aktualparameter zu ARRAY der Name eines Feldzeigers, so ist es unzulässig, daß dieser Zeiger den Assoziationsstatus hat, disassoziiert zu sein. Falls Aktualparameter zu ARRAY der Name eines Felds mit übernommener Größe ist, dann muß zu DIM ein Aktualparameter spezifiziert werden, dessen Wert kleiner ist als der Rang des Werts des Aktualparameters zu ARRAY. Aktualparameter zu dem Formaldatenobjekt DIM ist vom Datentyp INTEGER, Skalar Der Wert des Aktualparameters zu DIM ist größer oder gleich 1 und kleiner oder gleich n, falls der Wert des Aktualparameters zu ARRAY vom Rang n

ist. Es ist unzulässig, als Aktualparameter zu DIM den Namen eines Formalparameters mit dem Attribut OPTIONAL zu spezifizieren.

Erg_Dtyp   Regeldatentyp INTEGER

Wird zu DIM ein Aktualparameter spezifiziert, dann ist Ergebnis der Standardfunktion ein Skalar. Andernfalls ist das Ergebnis der Standardfunktion ein Feld vom Rang 1 mit der Gestalt <<n>>, wenn der Wert des Aktualparameters zu ARRAY vom Rang n ist.

B_Erg   Beschreibt n den Rang des Aktualparameters zu ARRAY als natürliche Zahl mit $n \geq 1$, dim den Wert des Aktualparameters zu DIM mit $1 \leq \text{dim} \leq n$ und ist der Wert des Aktualparameters zu ARRAY ein Teilfeld oder ein Feldausdruck, der weder Name eines Gesamtfelds noch Teilobjektbezeichner einer Strukturkomponente ohne Teilfeldindexliste ist, dann liefert die Standardfunktion den Wert der Anzahl der Indizes, die zu dem Teilfeldindex zu dieser Dimension gehören, oder den Wert der Ausdehnung dieser Dimension als Festpunktzahl. Ist insbesondere die Ausdehnung der ausgewählten Dimension oder die Anzahl der Indizes des Teilfeldindexes 0, so liefert die Standardfunktion die Festpunktzahl 0. Andernfalls liefert die Standardfunktion den Wert der oberen Indexgrenze in der ausgewählten Dimension als Festpunktzahl, wenn diese Dimension nicht die Ausdehnung 0 hat.

Ist zu DIM kein Aktualparameter spezifiziert und beschreibt n den Rang des Aktualparameters zu ARRAY als natürliche Zahl mit $n \geq 1$ und kennzeichnet j die j-te Dimension des Werts des Aktualparameters zu ARRAY als natürliche Zahl mit $1 \leq j \leq n$, dann repräsentiert der Wert des j-ten Feldelements des Ergebnisses der Standardfunktion den Wert der Ausdehnung der j-ten Dimension oder den Wert der Anzahl der Indizes, die zu dem Teilfeldindex zu dieser Dimension gehören, als Festpunktzahl, falls der Aktualparameter zu ARRAY ein Teilfeld oder ein Feldausdruck ist, der weder Name eines Gesamtfelds noch Teilobjektbezeichner einer Strukturkomponente ohne Teilfeldindexliste ist. Hat insbesondere die Ausdehnung der j-ten Dimension oder die Anzahl der Indizes des Teilfeldindexes den Wert 0, so liefert die Standardfunktion die Festpunktzahl 0. Andernfalls repräsentiert der Wert dieses Feldelements den Wert der oberen Indexgrenze in der j-ten Dimension als Festpunktzahl, wenn diese Dimension nicht die Ausdehnung 0 hat.

Beisp_Ref   Wird mit `REAL, DIMENSION(2:4, 0:1) :: kl_orig` eine Typkomponente zu einem abgeleiteten Datentyp vereinbart und ist `ind_gam_sal` Strukturvariable von diesem abgeleiteten Datentyp, dann liefert der Aufruf `UBOUND(ind_gam_sal%kl_orig)` der Standardfunktion als Ergebnis ein Feld vom Rang 1 mit der Gestalt <<2>> vom Basisdatentyp Regeldatentyp INTEGER. Die Festpunktzahlen 4 und 1 sind die Werte der Feldelemente dieses Felds in Feldelementreihenfolge. Unter sonst gleichen Bedingungen liefert der Aufruf der Standardfunktion `UBOUND(ind_gam_sal%kl_orig + 0.01)` als Ergebnis ebenfalls ein Feld vom Rang 1 mit der Gestalt <<2>> vom Basisdatentyp Regeldatentyp INTEGER. Die Festpunktzahlen 3 und 2 sind die Werte der Feldelemente dieses Felds in Feldelementreihenfolge.

A.1.15 Funktionen zur Generierung von Feldern

MERGE(TSOURCE, FSOURCE, MASK)

B_Stdf   Bestimmung jedes Werts des Ergebnisses der Standardfunktion alternativ als ein Wert des Werts des Aktualparameters zu TSOURCE oder als ein Wert des Werts des Aktualparameters zu FSOURCE in Abhängigkeit vom Wahrheitswert des korrespondierenden Werts des Werts des Aktualparameters zu MASK

Klasse   Elementfunktion

A_param   Aktualparameter zu dem Formaldatenobjekt TSOURCE ist von internem oder abgeleitetem Datentyp

Aktualparameter zu dem Formaldatenobjekt FSOURCE stimmt in Datentyp und Typparameter(n) mit dem Datentyp und dem (den) Typparameter(n) des Aktualparameters zu TSOURCE überein

Aktualparameter zu dem Formaldatenobjekt MASK ist vom Datentyp LOGICAL

Unter Standard Fortran 90 wird nicht verlangt, daß die Werte der Aktualparameter von gleichem Rang oder von gleicher Gestalt sind.

Erg_Dtyp   Datentyp und Typparameter wie der Aktualparameter zu TSOURCE

B_Erg   Ist der Wert des Aktualparameters zu TSOURCE, zu FSOURCE und zu MASK kein leeres Feld und beschreiben tsource_j, fsource_j und mask_j die Werte der Aktualparameter oder die Werte korrespondierender Feldelemente der Werte der Aktualparameter, falls die Werte der Aktualparameter feldwertig sind, dann liefert die Standardfunktion den Wert tsource_j, falls mask_j den Wert von .TRUE. repräsentiert, und andernfalls den Wert fsource_j.

Beisp_Ref   Beschreibt $\mathbf{A} = [\mathbf{a}_1, \mathbf{a}_2, \mathbf{a}_3]$ mit $\mathbf{a}_1 = [2, 12]^T$, $\mathbf{a}_2 = [4, 14]^T$, $\mathbf{a}_3 = [6, 16]^T$ den Wert des Aktualparameters zu TSOURCE vom Basisdatentyp Regeldatentyp INTEGER, $\mathbf{B} = [\mathbf{b}_1, \mathbf{b}_2, \mathbf{b}_3]$ mit $\mathbf{b}_1 = [5, 15]^T$, $\mathbf{b}_2 = [7, 17]^T$, $\mathbf{b}_3 = [9, 19]^T$ den Wert des Aktualparameters zu FSOURCE vom Basisdatentyp Regeldatentyp INTEGER und $\mathbf{C} = [\mathbf{c}_1, \mathbf{c}_2, \mathbf{c}_3]$ mit $\mathbf{c}_1 = [\text{wahr, wahr}]^T$, $\mathbf{c}_2 = [\text{falsch, wahr}]^T$, $\mathbf{c}_3 = [\text{wahr, falsch}]^T$ den Wert des Aktualparameters zu MASK vom Basisdatentyp Regeldatentyp LOGICAL, dann liefert die Standardfunktion als Ergebnis ein Feld vom Rang 2 mit der Gestalt <<2,3>> vom Basisdatentyp Regeldatentyp INTEGER. Die Festpunktzahlen 2, 12 , 7, 14, 6 und 19 sind die Werte der Feldelemente dieses Felds in Feldelementreihenfolge.

PACK(ARRAY, MASK [, VECTOR])

B_Stdf   Bestimmung der Werte der Feldelemente eines Felds vom Rang 1 aus den Werten der Feldelemente des Werts des Aktualparameters zu ARRAY, für

die das jeweilig korrespondierende Feldelement des Werts des Aktualparameters zu MASK den Wert von .TRUE. hat
oder
Bestimmung der Werte der Feldelemente eines Felds vom Rang 1 als Werte der Feldelemente des Werts des Aktualparameters zu ARRAY, falls der Wert des Aktualparameters zu MASK skalar ist und .TRUE. repräsentiert

Klasse   Transformationsfunktion

A_param   Aktualparameter zu dem Formaldatenobjekt ARRAY ist von internem oder abgeleitetem Datentyp
Der Wert des Aktualparameters zu ARRAY ist feldwertig.
Aktualparameter zu dem Formaldatenobjekt MASK ist vom Datentyp LOGICAL
Der Wert des Aktualparameters zu MASK ist konform zu dem Wert des Aktualparameters zu ARRAY.
Aktualparameter zu dem Formaldatenobjekt VECTOR stimmt in Datentyp und Typparameter(n) mit dem Datentyp und dem (den) Typparameter(n) des Aktualparameters zu ARRAY überein
Der Wert des Aktualparameters zu VECTOR ist vom Rang 1. Ist der Wert des Aktualparameters zu MASK feldwertig und beschreibt m die Anzahl der Feldelemente des Aktualparameters zu MASK, die den Wert von .TRUE. haben, dann muß die Größe des Werts des Aktualparameters zu VECTOR größer oder gleich m sein. Falls der Wert des Aktualparameters zu MASK skalar ist und .TRUE. repräsentiert, dann muß die Größe des Werts des Aktualparameters zu VECTOR größer oder gleich der Größe des Werts des Aktualparameters zu ARRAY sein.

Erg_Dtyp   Datentyp und Typparameter wie der Aktualparameter zu ARRAY
Das Ergebnis der Standardfunktion ist ein Feld vom Rang 1. Beschreibt vektor den Wert des Aktualparameters zu VECTOR als ein Feld vom Rang 1 und erg_pack das Ergebnis der Standardfunktion als ein Feld vom Rang 1, dann hat erg_pack die Größe von vektor. Ist zu VECTOR kein Aktualparameter spezifiziert und der Wert des Aktualparameters zu MASK feldwertig und beschreibt m die Anzahl der Feldelemente des Aktualparameters zu MASK, die den Wert von .TRUE. haben, dann hat erg_pack die Größe m. Falls zu VECTOR kein Aktualparameter spezifiziert ist und der Wert des Aktualparameters zu MASK sowohl skalar ist als auch .TRUE. repräsentiert, dann hat erg_pack die Größe des Werts des Aktualparameters zu ARRAY.

B_Erg   Ist zu VECTOR kein Aktualparameter spezifiziert und beschreibt erg_pack das Ergebnis der Standardfunktion als ein Feld vom Rang 1, erg_pack_i den Wert des i-ten Feldelements in Feldelementreihenfolge von erg_pack und ist der Wert des Aktualparameters zu MASK feldwertig, dann stimmt erg_pack_i mit dem Wert des Feldelements des Werts des Aktualparameters zu ARRAY überein, das zu dem i-ten Feldelement in Feldelementreihenfolge des Werts des Aktualparameters zu MASK korrespondiert, das den

Wert von .TRUE. hat. Beschreibt erg_pack das Ergebnis der Standardfunktion als ein Feld vom Rang 1, erg_pack_i den Wert des i-ten Feldelements in Feldelementreihenfolge von erg_pack und ist der Wert des Aktualparameters zu MASK skalar und repräsentiert .TRUE., dann stimmt erg_pack_i mit dem Wert des i-ten Feldelements in Feldelementreihenfolge des Werts des Aktualparameters zu ARRAY überein.

Ist zu VECTOR ein Aktualparameter spezifiziert, der Wert des Aktualparameters zu MASK feldwertig und beschreibt j die Größe des Werts des Aktualparameters zu VECTOR sowie k die Größe des Werts des Aktualparameters zu MASK jeweils als natürliche Zahl mit j > k, dann hat erg_pack_i, das i-te Feldelement des Ergebnisses der Standardfunktion mit k < i ≤ j, den Wert des i-ten Feldelements des Werts des Aktualparameters zu VECTOR. Ist der Wert des Aktualparameters zu MASK skalar und beschreibt j die Größe des Werts des Aktualparameters zu VECTOR sowie n die Größe des Werts des Aktualparameters zu ARRAY jeweils als natürliche Zahl mit j > n, dann hat erg_pack_i, das i-te Feldelement des Ergebnisses der Standardfunk-tion mit n < i ≤ j, den Wert des i-ten Feldelements des Werts des Aktualparameters zu VECTOR.

Beisp_Ref Beschreibt $A = [a_1, a_2, a_3]$ mit $a_1 = [2, 12]^T$, $a_2 = [4, 14]^T$, $a_3 = [6, 16]^T$ den Wert des Aktualparameters zu ARRAY vom Basisdatentyp Regeldatentyp INTEGER und $B = [b_1, b_2, b_3]$ mit $b_1 = [\text{wahr}, \text{falsch}]^T$, $b_2 = [\text{wahr}, \text{wahr}]^T$, $b_3 = [\text{falsch}, \text{wahr}]^T$ den Wert des Aktualparameters zu MASK vom Basisdatentyp Regeldatentyp LOGICAL, dann liefert die Standardfunktion als Ergebnis ein Feld vom Rang 1 mit der Gestalt <<4>> vom Basisdatentyp Regeldatentyp INTEGER. Die Festpunktzahlen 2, 4, 14, 16 sind die Werte der Feldelemente dieses Felds in Feldelementreihenfolge. Beschreibt unter sonst gleichen Bedingungen $V = [3, 5, 7, 9, 11, 13, 15]^T$ den Wert des Aktualparameters zu VECTOR vom Basisdatentyp Regeldatentyp INTEGER, dann liefert die Standardfunktion als Ergebnis ein Feld vom Rang 1 mit der Gestalt <<7>> vom Basisdatentyp Regeldatentyp INTEGER. Die Festpunktzahlen 2, 4, 14, 16, 11, 13 und 15 sind die Werte der Feldelemente dieses Felds in Feldelementreihenfolge.

SPREAD(SOURCE, DIM, NCOPIES)

B_Stdf Bestimmung der Werte der Feldelemente eines Felds vom Rang n + 1, wobei n Rang des Werts des Aktualparameters zu SOURCE ist, als Wert des Aktualparameters zu SOURCE oder aus den Werten der Feldelemente des Werts des Aktualparameters zu SOURCE, in Abhängigkeit von dem Wert des Aktualparameters zu DIM und dem Wert des Aktualparameters zu NCOPIES

Klasse Transformationsfunktion

A_param Aktualparameter zu dem Formaldatenobjekt SOURCE ist von internem oder abgeleitetem Datentyp

Der Wert des Aktualparameters zu SOURCE ist skalar oder feldwertig. Ist der Wert des Aktualparameters zu SOURCE feldwertig und beschreibt n den Rang des Werts des Aktualparameters zu SOURCE als natürliche Zahl, dann gilt n < 7.

Aktualparameter zu dem Formaldatenobjekt DIM ist vom Datentyp INTEGER, Skalar

Der Wert des Aktualparameters zu DIM ist größer oder gleich 1 und kleiner oder gleich (n + 1), falls der Wert des Aktualparameters zu SOURCE vom Rang n ist.

Aktualparameter zu dem Formaldatenobjekt NCOPIES ist vom Datentyp INTEGER, Skalar

Erg_Dtyp   Datentyp und Typparameter wie der Aktualparameter zu SOURCE

Das Ergebnis der Standardfunktion ist ein Feld vom Rang $(n + 1)$, wobei n den Rang des Werts des Aktualparameters zu SOURCE als ganze Zahl mit $n \geq 0$ beschreibt. Ist der Wert des Aktualparameters zu SOURCE skalar und beschreibt anz_kop den Wert des Aktualparameters zu NCOPIES als ganze Zahl mit $anz_kop \geq 0$ sowie max_anz das Maximum der Elemente der Menge {anz_kop, 0} als ganze Zahl mit $max_anz \geq 0$, dann hat das Ergebnis der Standardfunktion die Gestalt <<max_anz>>. Ist der Wert des Aktualparameters zu SOURCE feldwertig und beschreibt dim den Wert des Aktualparameters zu DIM, $<<d_1,...,d_{dim-1},d_{dim},...,d_n>>$ die Gestalt des Aktualparameters zu SOURCE als n-Tupel natürlicher Zahlen, anz_kop den Wert des Aktualparameters zu NCOPIES als ganze Zahl mit $anz_kop \geq 0$ sowie max_anz das Maximum der Elemente der Menge {anz_kop, 0} als ganze Zahl mit $max_anz \geq 0$, dann hat das Ergebnis der Standardfunktion die Gestalt $<<d_1,...,d_{dim-1},max_anz,d_{dim},...,d_n>>$. Gilt dim=1, ist das Ergebnis der Standardfunktion ein Feld der Gestalt $<<max_anz,d_1,...,d_n>>$.

B_Erg   Beschreibt n den Rang des Aktualparameters zu SOURCE als ganze Zahl mit n = 0, anz_kop den Wert des Aktualparameters zu NCOPIES als ganze Zahl mit $anz_kop \geq 0$ sowie max_anz das Maximum der Elemente der Menge {anz_kop, 0} als ganze Zahl mit $max_anz \geq 0$, dann hat jeder Wert des Ergebnisses der Standardfunktion den Wert des Aktualparameters zu SOURCE.

Beschreibt n den Rang des Aktualparameters zu SOURCE als natürliche Zahl, dim den Wert des Aktualparameters zu DIM als natürliche Zahl und $(s_1,...,s_{dim-1},s_{dim},s_{dim+1},...,s_{n+1})$ die Indexliste eines Feldelements des Ergebnisses der Standardfunktion als (n+1)-Tupel ganzer Zahlen, dann repräsentiert der Wert dieses Feldelements den Wert desjenigen Feldelements des Werts des Aktualparameters zu SOURCE mit $(s_1,...,s_{dim-1},s_{dim+1},...,s_{n+1})$ als Indexliste. Gilt dim=1, ist die Darstellung der jeweiligen Indexliste geeignet anzupassen, wie unter Erg_Dtyp für die Darstellung der Gestalt beschrieben.

Beisp_Ref Beschreibt $\mathbf{A} = [\mathbf{a}_1, \mathbf{a}_2, \mathbf{a}_3]$ mit $\mathbf{a}_1 = [2, 12]^T$, $\mathbf{a}_2 = [4, 14]^T$, $\mathbf{a}_3 = [6, 16]^T$ den Wert des Aktualparameters zu SOURCE vom Basisdatentyp Regeldatentyp

INTEGER, 1 den Wert des Aktualparameters zu DIM vom Regeldatentyp
INTEGER und 4 den Wert des Aktualparameters zu NCOPIES vom Regeldatentyp INTEGER, dann liefert die Standardfunktion als Ergebnis ein Feld
vom Rang 3 mit der Gestalt <<4,2,3>> vom Basisdatentyp Regeldatentyp
INTEGER. Die Festpunktzahlen 2, 2, 2, 2, 12, 12, 12, 12, 4, 4, 4, 4, 14,
14, 14, 14, 6, 6, 6, 6, 16, 16, 16, und 16 sind die Werte der Feldelemente dieses Felds in Feldelementreihenfolge. Beschreibt unter sonst gleichen Bedingungen 2 den Wert des Aktualparameters zu DIM vom Regeldatentyp INTEGER, dann liefert die Standardfunktion als Ergebnis ein Feld
vom Rang 3 mit der Gestalt <<2,4,3>> vom Basisdatentyp Regeldatentyp
INTEGER. Die Festpunktzahlen Die Festpunktzahlen 2, 12, 2, 12, 2, 12,
2, 12, 4, 14, 4, 14, 4, 14, 4, 14, 6, 16, 6, 16, 6, 16, 6 und 16 sind die
Werte der Feldelemente dieses Felds in Feldelementreihenfolge.

UNPACK(VECTOR, MASK, FIELD)

B_Stdf   Bestimmung der Werte der Feldelemente eines Felds aus den Werten der
Feldelemente des Werts des Aktualparameters zu VECTOR vom Rang 1, für
die das jeweilig korrespondierende Feldelement des Werts des Aktualparameters zu MASK den Wert von .TRUE. hat, und aus den Werten der Feldelemente des Werts des Aktualparameters zu FIELD, für die das jeweilig
korrespondierende Feldelement des Werts des Aktualparameters zu MASK
den Wert von .FALSE. hat

oder

Bestimmung der Werte der Feldelemente eines Felds aus den Werten der
Feldelemente des Werts des Aktualparameters zu VECTOR vom Rang 1, für
die das jeweilig korrespondierende Feldelement des Werts des Aktualparameters zu MASK den Wert von .TRUE. hat, und als Wert des Aktualparameters zu FIELD, für die das jeweilig korrespondierende Feldelement des
Werts des Aktualparameters zu MASK den Wert von .FALSE. hat

Klasse   Transformationsfunktion

A_param   Aktualparameter zu dem Formaldatenobjekt VECTOR ist von internem oder
abgeleitetem Datentyp

Der Wert des Aktualparameters zu VECTOR ist vom Rang 1. Beschreibt m
die Anzahl der Feldelemente des Aktualparameters zu MASK, die den Wert
von .TRUE. haben, dann muß die Größe des Werts des Aktualparameters
zu VECTOR größer oder gleich m sein.

Aktualparameter zu dem Formaldatenobjekt MASK ist vom Datentyp
LOGICAL

Der Wert des Aktualparameters zu MASK ist feldwertig.

Aktualparameter zu dem Formaldatenobjekt FIELD stimmt in Datentyp
und Typparameter(n) mit dem Datentyp und dem (den) Typparameter(n)
des Aktualparameters zu VECTOR überein

Der Wert des Aktualparameters zu FIELD ist konform zu dem Wert des
Aktualparameters zu MASK.

Erg_Dtyp   Datentyp und Typparameter wie der Aktualparameter zu VECTOR
           Das Ergebnis der Standardfunktion ist ein Feld mit der Gestalt des Werts
           des Aktualparameters zu MASK.
B_Erg   Beschreibt n den Rang des Werts des Aktualparameters zu MASK als natür-
           liche Zahl, erg_unpack das Ergebnis der Standardfunktion als ein Feld vom
           Rang n, erg_unpack_i den Wert des i-ten Feldelements in Feldelementrei-
           henfolge von erg_unpack und hat das i-te Feldelement in Feldelementrei-
           henfolge des Werts des Aktualparameters zu MASK den Wert von .TRUE.,
           dann stimmt erg_unpack_i mit dem Wert des i-ten Feldelements des Werts
           des Aktualparameters zu VECTOR überein. Ist der Wert des Aktualparame-
           ters zu FIELD skalar und beschreibt erg_unpack_i den Wert des i-ten Feld-
           elements in Feldelementreihenfolge von erg_unpack und hat das i-te Feld-
           element in Feldelementreihenfolge des Werts des Aktualparameters zu
           MASK den Wert von .FALSE., dann repräsentiert erg_unpack_i den Wert
           des Aktualparameters zu FIELD. Ist der Wert des Aktualparameters zu
           FIELD feldwertig und beschreibt erg_unpack_i den Wert des i-ten Feld-
           elements in Feldelementreihenfolge von erg_unpack und hat das i-te Feld-
           element in Feldelementreihenfolge des Werts des Aktualparameters zu
           MASK den Wert von .FALSE., dann repräsentiert erg_unpack_i den Wert
           des i-ten Feldelements in Feldelementreihenfolge des Werts des Aktualpa-
           rameters zu FIELD.
Beisp_Ref Beschreibt $\mathbf{A} = [\mathbf{a}_1]$ mit $\mathbf{a}_1 = [2, 12, 4, 14]^T$ den Wert des Aktualparameters
           zu VECTOR vom Basisdatentyp Regeldatentyp INTEGER, $\mathbf{B} = [\mathbf{b}_1, \mathbf{b}_2, \mathbf{b}_3]$
           mit $\mathbf{b}_1 = [\text{wahr, falsch}]^T$, $\mathbf{b}_2 = [\text{wahr, wahr}]^T$, $\mathbf{b}_3 = [\text{falsch, wahr}]^T$ den Wert
           des Aktualparameters zu MASK vom Basisdatentyp Regeldatentyp
           LOGICAL und $\mathbf{C} = [\mathbf{c}_1, \mathbf{c}_2, \mathbf{c}_3]$ mit $\mathbf{c}_1 = [1, 3]^T$, $\mathbf{c}_2 = [5, 7]^T$, $\mathbf{b}_3 = [9, 11]^T$
           den Wert des Aktualparameters zu FIELD vom Basisdatentyp Regeldaten-
           typ INTEGER, dann liefert die Standardfunktion als Ergebnis ein Feld vom
           Rang 2 mit der Gestalt <<2,3>> vom Basisdatentyp Regeldatentyp
           INTEGER. Die Festpunktzahlen 2, 3, 12, 4, 9 und 14 sind die Werte der
           Feldelemente dieses Felds in Feldelementreihenfolge. Beschreibt unter
           sonst gleichen Bedingungen 5 den Wert des Aktualparameters zu FIELD
           vom Basisdatentyp Regeldatentyp INTEGER, dann liefert die Standard-
           funktion als Ergebnis ein Feld vom Rang 2 mit der Gestalt <<2,3>> vom
           Basisdatentyp Regeldatentyp INTEGER. Die Festpunktzahlen 2, 5, 12, 4,
           5 und 14 sind die Werte der Feldelemente dieses Felds in Feldelementrei-
           henfolge.

A.1.16 Feldgestaltungsfunktion

           RESHAPE(SOURCE, SHAPE [, PAD] [, ORDER])
B_Stdf   Bestimmung der Werte der Feldelemente eines Felds, dessen Gestalt mit
           dem Wert des Aktualparameters zu SHAPE festgelegt wird, aus den Werten
           der Feldelemente des Werts des Aktualparameters zu SOURCE

Klasse	Transformationsfunktion
A_param	Aktualparameter zu dem Formaldatenobjekt SOURCE ist von internem oder abgeleitetem Datentyp

Der Wert des Aktualparameters zu SOURCE ist feldwertig. Falls zu PAD kein Aktualparameter spezifiziert wird oder der Wert des Aktualparameters zu PAD ein leeres Feld ist, muß die Größe des Werts des Aktualparameters zu SOURCE größer oder gleich der Größe des Ergebnisses der Standardfunktion sein.

Aktualparameter zu dem Formaldatenobjekt SHAPE ist vom Datentyp INTEGER

Der Wert des Aktualparameters zu SHAPE ist ein Feld vom Rang 1. Die Größe des Werts des Aktualparameters zu SHAPE ist konstant und größer oder gleich 1 und kleiner oder gleich 7. Der Wert jedes Feldelements repräsentiert den Wert einer natürlichen Zahl.

Aktualparameter zu dem Formaldatenobjekt PAD stimmt in Datentyp und Typparameter(n) mit dem Datentyp und dem (den) Typparameter(n) des Aktualparameters zu SOURCE überein

Der Wert des Aktualparameters zu PAD ist feldwertig.

Aktualparameter zu dem Formaldatenobjekt ORDER ist vom Datentyp INTEGER

Der Wert des Aktualparameters zu ORDER ist ein Feld mit der Gestalt des Werts des Aktualparameters zu SHAPE. Hat der Wert des Aktualparameters zu ORDER die Gestalt $<<n>>$ mit $1 \leq n \leq 7$, dann läßt sich der Wert des Aktualparameters zu ORDER als n-Tupel $(ord_1, ord_2, ..., ord_{n-1}, ord_n)$ beschreiben, das sich aufgrund einer Permutation der n aufsteigend nach ihrem Wert angeordneten natürlichen Zahlen $1, 2, ..., n-1, n$ ohne Wiederholung ergibt. Wird zu ORDER kein Aktualparameter spezifiziert, dann erfolgt die Auswertung der Standardfunktion so, als repräsentierte der Aktualparameter zu ORDER das n-Tupel $(1, 2, ..., n-1, n)$.

Erg_Dtyp	Datentyp und Typparameter wie der Aktualparameter zu SOURCE

Beschreibt $(d_1, d_2, ..., d_{n-1}, d_n)$ den Wert des Aktualparameters zu SHAPE als n-Tupel natürlicher Zahlen, dann ist Ergebnis der Standardfunktion ein Feld mit der Gestalt $<<d_1, d_2, ..., d_{n-1}, d_n>>$.

B_Erg	Ist sowohl zu ORDER als auch zu PAD kein Aktualparameter spezifiziert und beschreibt erg_reshape_i den Wert des i-ten Feldelements in Feldelementreihenfolge des Ergebnisses der Standardfunktion, dann stimmt erg_reshape_i mit dem Wert des i-ten Feldelements in Feldelementreihenfolge des Werts des Aktualparameters zu SOURCE überein.

Ist zu ORDER kein Aktualparameter, jedoch zu PAD ein Aktualparameter spezifiziert und beschreibt m die Größe des Werts des Aktualparameters zu SOURCE, k die Größe des Werts des Aktualparameters zu PAD sowie erg_reshape_i den Wert des i-ten Feldelements in Feldelementreihenfolge des Ergebnisses der Standardfunktion mit $i \leq m$, dann stimmt erg_reshape_i mit dem Wert des i-ten Feldelements in Feldelementreihenfolge des Werts des Aktualparameters zu SOURCE überein. Gilt unter sonst gleichen Bedingungen m < i mit i = m + s + jk, $1 \leq s \leq k$ und $0 \leq j$, dann stimmt erg_reshape_i mit dem Wert des s-ten Feldelements in Feldelementreihenfolge des Werts des Aktualparameters zu PAD überein.

Ist zu ORDER ein Aktualparameter, jedoch zu PAD kein Aktualparameter spezifiziert und beschreibt $(ord_1, ord_2, ..., ord_{n-1}, ord_n)$ den Wert des Aktualparameters zu ORDER als n-Tupel sowie erg_reshape_i den Wert des i-ten Feldelements in permutierter Feldelementreihenfolge des Ergebnisses der Standardfunktion, dann stimmt erg_reshape_i mit dem Wert des i-ten Feldelements in Feldelementreihenfolge des Werts des Aktualparameters zu SOURCE überein. Für den Fall eines n-Tupels $(ord_1, ord_2, ..., ord_{n-1}, ord_n)$ ist die Anordnung der Feldelemente eines n-dimensionalen Felds in permutierter Feldelementreihenfolge so festgelegt, daß die Indizes der Indexwertesequenz zu der ord_j-ten Dimension vor den Indizes zu der $ord_{(j+1)}$-ten Dimension mit j=1,...,n-1 variiert werden.

Ist sowohl zu ORDER als auch zu PAD ein Aktualparameter spezifiziert und beschreibt $(ord_1, ord_2, ..., ord_{n-1}, ord_n)$ den Wert des Aktualparameters zu ORDER als n-Tupel, m die Größe des Werts des Aktualparameters zu SOURCE, k die Größe des Werts des Aktualparameters zu PAD sowie erg_reshape_i den Wert des i-ten Feldelements in permutierter Feldelementreihenfolge des Ergebnisses der Standardfunktion mit $i \leq m$, dann stimmt erg_reshape_i mit dem Wert des i-ten Feldelements in Feldelementreihenfolge des Werts des Aktualparameters zu SOURCE überein. Gilt unter sonst gleichen Bedingungen m < i mit i = m + s + jk, $1 \leq s \leq k$ und $0 \leq j$, dann stimmt erg_reshape_i mit dem Wert des s-ten Feldelements in Feldelementreihenfolge des Werts des Aktualparameters zu PAD überein.

Beisp_Ref   Beschreibt $\mathbf{A} = [\mathbf{a}_1]$ mit $\mathbf{a}_1 = [2, 4, 6, 8, 10]^T$ den Wert des Aktualparameters zu SOURCE vom Basisdatentyp Regeldatentyp INTEGER, $\mathbf{b}_1 = [2, 4]^T$ den Wert des Aktualparameters zu SHAPE vom Basisdatentyp Regeldatentyp INTEGER, $\mathbf{C} = [\mathbf{c}_1]$ mit $\mathbf{c}_1 = [1, 3]^T$ den Wert des Aktualparameters zu PAD vom Basisdatentyp Regeldatentyp INTEGER und $\mathbf{d}_1 = [2, 1]^T$ den Wert des Aktualparameters zu ORDER vom Basisdatentyp Regeldatentyp INTEGER, dann liefert die Standardfunktion als Ergebnis ein Feld vom Rang 2 mit der Gestalt <<2,4>> vom Basisdatentyp Regeldatentyp INTEGER. Die Festpunktzahlen 2, 10, 4, 1, 6, 3, 8 und 1 sind die Werte der Feldelemente dieses Felds in Feldelementreihenfolge. Ist unter sonst gleichen Bedingungen kein Aktualparameter zu ORDER spezifiziert, dann liefert die Standardfunktion als Ergebnis ein Feld vom Rang 2 mit der Gestalt <<2,4>> vom Basisdatentyp Regeldatentyp INTEGER. Die Festpunktzahlen 2, 4, 6, 8, 10, 1, 3 und 1 sind die Werte der Feldelemente dieses Felds in Feldelementreihenfolge.

A.1.17 Manipulationsfunktionen für Felder

CSHIFT(ARRAY, SHIFT [, DIM])

B_Stdf   Bestimmung der Werte der Feldelemente eines eindimensionalen Felds, dessen Gestalt mit der Gestalt des Werts des Aktualparameters zu ARRAY übereinstimmt, die sich aufgrund einer Ringverschiebung der Werte der Feldelemente des Werts des Aktualparameters zu ARRAY ergeben
oder
Bestimmung der Werte der Feldelemente eines n-dimensionalen Felds mit n > 1, dessen Gestalt mit der Gestalt des Werts des Aktualparameters zu ARRAY übereinstimmt, die sich aufgrund einer Ringverschiebung der Werte der Feldelemente derjenigen eindimensionalen Teilfelder des Werts des Aktualparameters zu ARRAY ergeben, deren Feldelemente die Indizes der Indexwertesequenz zu einer ausgewählten Dimension durchlaufen, während der (die) Index (Indizes) zu der (den) anderen Dimension(en) des Werts des Aktualparameters zu ARRAY jeweils konstant ist (sind), wobei die ausgewählte Dimension mit dem Wert des Aktualparameters zu DIM festgelegt wird oder die erste Dimension ist und die Ringverschiebung für verschiedene eindimensionale Teilfelder unterschiedlich sein kann

Klasse   Transformationsfunktion

A_param   Aktualparameter zu dem Formaldatenobjekt ARRAY ist von internem oder abgeleitetem Datentyp
Der Wert des Aktualparameters zu ARRAY ist feldwertig.
Aktualparameter zu dem Formaldatenobjekt SHIFT ist vom Datentyp INTEGER
Hat der Wert des Aktualparameters zu ARRAY den Rang 1, dann ist der Wert des Aktualparameters zu SHIFT skalar. Hat der Wert des Aktualparameters zu ARRAY den Rang n mit n > 1, dann ist der Wert des Aktualparameters zu SHIFT skalar oder ein Feld vom Rang (n-1). Ist der Wert des Aktualparameters zu SHIFT ein Feld vom Rang (n-1) und hat der Wert des Aktualparameters zu ARRAY die Gestalt $<<d_1,...,d_{dim-1},d_{dim},d_{dim+1},...,d_n>>$, dann hat der Wert des Aktualparameters zu SHIFT die Gestalt $<<d_1,...,d_{dim-1},d_{dim+1},...,d_n>>$. Gilt dim=1, ist der Wert des Aktualparameters zu SHIFT ein Feld der Gestalt $<<d_2,...,d_n>>$. Gilt dim=n, ist der Wert des Aktualparameters zu SHIFT ein Feld der Gestalt $<<d_1,...,d_{n-1}>>$.
Aktualparameter zu dem Formaldatenobjekt DIM ist vom Datentyp INTEGER, Skalar
Der Wert des Aktualparameters zu DIM ist größer oder gleich 1 und kleiner oder gleich n, falls der Wert des Aktualparameters zu ARRAY vom Rang n ist. Wird zu DIM kein Aktualparameter spezifiziert, dann erfolgt die Auswertung der Standardfunktion so, als repräsentierte der Aktualparameter zu DIM die natürliche Zahl 1.

Erg_Dtyp   Datentyp und Typparameter wie der Aktualparameter zu ARRAY
Das Ergebnis der Standardfunktion ist ein Feld mit der Gestalt des Werts des Aktualparameters zu ARRAY.

B_Erg   Ist der Wert des Aktualparameters zu ARRAY ein Feld vom Rang 1 mit der
            Gestalt <<k>> und beschreibt erg_cshift_i den Wert des i-ten Feldelements
            in Feldelementreihenfolge des Ergebnisses der Standardfunktion sowie
            vs_pos den Wert des Aktualparameters zu SHIFT, dann stimmt
            erg_cshift_i mit dem Wert des j-ten Feldelements in Feldelementreihen-
            folge des Werts des Aktualparameters zu ARRAY überein, wobei
            $j = (i + vs_pos - 1)$ modulo k für $1 \leq i \leq k$ gilt. Für $a, p \in Z$ mit $p > 0$ bezeich-
            net a modulo p die eindeutig bestimmte ganze Zahlen r mit $a = q \times p + r$,
            $0 \leq r < p$ und $q \in Z$.

            Beschreibt vs_pos den Wert des Aktualparameters zu SHIFT als ganze
            Zahl und gilt $vs_pos < 0$, dann erfolgt die Ringverschiebung in der Rich-
            tung, die der Indexwertesequenz zu der ersten Dimension entspricht. An-
            dernfalls erfolgt die Ringverschiebung entgegen der Richtung, die der In-
            dexwertesequenz zu der ersten Dimension entspricht.

            Ist der Wert des Aktualparameters zu ARRAY ein Feld vom Rang n, $n > 1$,
            und beschreibt dim den Wert des Aktualparameters zu DIM oder 1 als na-
            türliche Zahl, cshift_feld den Wert des Aktualparameters zu ARRAY mit der
            Gestalt $<<d_1,...,d_{dim-1},d_{dim},d_{dim+1},...,d_n>>$, tf_cshift_feld das Teilfeld von
            cshift_feld mit der Teilfeldindexliste $(s_1,...,s_{dim-1},:,s_{dim+1},...,s_n)$, vs_pos_s
            den Wert des Aktualparameters zu SHIFT, falls dieser Wert skalar ist, oder
            vs_pos_f den Wert des Feldelements des Werts des Aktualparameters zu
            SHIFT mit der Indexliste $(s_1,...,s_{dim-1},s_{dim+1},...,s_n)$ sowie tf_erg_cshift das
            Teilfeld des Ergebnisses der Standardfunktion mit der Teilfeldindexliste
            $(s_1,...,s_{dim-1},:,s_{dim+1},...,s_n)$, dann liefert die Standardfunktion diejenigen
            Werte für die Feldelemente von tf_erg_cshift wie im Fall eines entsprechen-
            den eindimensionalen Felds als Aktualparameter zu ARRAY mit vs_pos_s
            oder vs_pos_f als skalarer Wert des Aktualparameters zu SHIFT. Gilt
            dim=1 oder dim=n, ist die Darstellung der Indexliste zu einem Feldelement
            des Werts des Aktualparameters zu SHIFT geeignet anzupassen, wie unter
            A_param beschrieben. Dies gilt analog für die Teilfeldindexliste zu dem
            Teilfeld tf_cshift_feld wie für die Teilfeldindexliste zu dem Teilfeld
            tf_erg_cshift.

Beisp_Ref   Beschreibt $\mathbf{A} = [\mathbf{a}_1]$ mit $\mathbf{a}_1 = [2, 12, 4, 14, 6, 16]^T$ den Wert des Aktualpara-
            meters zu ARRAY vom Basisdatentyp Regeldatentyp INTEGER und 2 den
            Wert des Aktualparameters zu SHIFT vom Regeldatentyp INTEGER, dann
            liefert die Standardfunktion als Ergebnis ein Feld vom Rang 1 mit der Ge-
            stalt <<6>> vom Basisdatentyp Regeldatentyp INTEGER. Die Festpunkt-
            zahlen 4, 14, 6, 16, 2 und 12 sind die Werte der Feldelemente dieses
            Felds in Feldelementreihenfolge. Beschreibt unter sonst gleichen Bedingun-
            gen -2 den Wert des Aktualparameters zu SHIFT vom Regeldatentyp
            INTEGER, dann liefert die Standardfunktion als Ergebnis ebenfalls ein Feld
            vom Rang 1 mit der Gestalt <<6>> vom Basisdatentyp Regeldatentyp
            INTEGER. Die Festpunktzahlen 6, 16, 2, 12, 4 und 14 sind die Werte der
            Feldelemente dieses Felds in Feldelementreihenfolge.

Beschreibt $\mathcal{A} = [\mathbf{A}_1, \mathbf{A}_2]$ mit $\mathbf{A}_1 = [\mathbf{a}_{11}, \mathbf{a}_{21}, \mathbf{a}_{31}]$, $\mathbf{A}_2 = [\mathbf{a}_{12}, \mathbf{a}_{22}, \mathbf{a}_{32}]$ und $\mathbf{a}_{11} = [1, 2]^T$, $\mathbf{a}_{21} = [3, 4]^T$, $\mathbf{a}_{31} = [5, 6]^T$, $\mathbf{a}_{12} = [7, 10]^T$, $\mathbf{a}_{22} = [8, 11]^T$, $\mathbf{a}_{32} = [9, 12]^T$ den Wert des Aktualparameters zu ARRAY vom Basisdatentyp Regeldatentyp INTEGER, $\mathbf{B} = [\mathbf{b}_1, \mathbf{b}_2]$ mit $\mathbf{b}_1 = [-1, 1]^T$, $\mathbf{b}_2 = [-2, 2]^T$ den Wert des Aktualparameters zu SHIFT vom Basisdatentyp Regeldatentyp INTEGER und 2 den Wert des Aktualparameters zu DIM vom Regeldatentyp INTEGER, dann liefert die Standardfunktion als Ergebnis ein Feld vom Rang 3 mit der Gestalt <<2,3,2>> vom Basisdatentyp Regeldatentyp INTEGER. Die Festpunktzahlen 5, 4, 1, 6, 3, 2, 8, 12, 9, 10, 7 und 11 sind die Werte der Feldelemente dieses Felds in Feldelementreihenfolge.

EOSHIFT(ARRAY, SHIFT [, BOUNDARY] [, DIM])

B_Stdf — Bestimmung der Werte der Feldelemente eines eindimensionalen Felds, dessen Gestalt mit der Gestalt des Werts des Aktualparameters zu ARRAY übereinstimmt, die sich aufgrund einer Verschiebung der Werte der Feldelemente des Werts des Aktualparameters zu ARRAY und aufgrund der Zuweisung des Werts des Aktualparameters zu BOUNDARY oder eines vorbesetzten Werts an diejenigen Felelemente ergeben, die in Feldelementreihenfolge entweder vorangehen oder nachfolgen

oder

Bestimmung der Werte der Feldelemente eines n-dimensionalen Felds mit n > 1, dessen Gestalt mit der Gestalt des Werts des Aktualparameters zu ARRAY übereinstimmt, die sich aufgrund einer Verschiebung der Werte der Feldelemente und aufgrund der Zuweisung eines vorbesetzten Werts oder des Werts des Aktualparameters zu BOUNDARY oder des Werts eines Feldelements des Werts des Aktualparameters zu BOUNDARY an die in Feldelementreihenfolge entweder vorangehenden oder nachfolgenden Feldelemente derjenigen eindimensionalen Teilfelder des Werts des Aktualparameters zu ARRAY ergeben, deren Feldelemente die Indizes der Indexwertesequenz zu einer ausgewählten Dimension durchlaufen, während der (die) Index (Indizes) zu der (den) anderen Dimension(en) des Werts des Aktualparameters zu ARRAY jeweils konstant ist (sind), wobei die ausgewählte Dimension mit dem Wert des Aktualparameters zu DIM festgelegt wird oder die erste Dimension ist und die Verschiebung für verschiedene eindimensionale Teilfelder unterschiedlich sein kann

Klasse — Transformationsfunktion

A_param — Aktualparameter zu dem Formaldatenobjekt ARRAY ist von internem oder abgeleitetem Datentyp

Der Wert des Aktualparameters zu ARRAY ist feldwertig.

Aktualparameter zu dem Formaldatenobjekt SHIFT ist vom Datentyp INTEGER

Hat der Wert des Aktualparameters zu ARRAY den Rang 1, dann ist der Wert des Aktualparameters zu SHIFT skalar. Hat der Wert des Aktualparameters zu ARRAY den Rang n mit n > 1, dann ist der Wert des Aktualparameters zu SHIFT skalar oder ein Feld vom Rang (n-1). Ist der Wert des Aktualparameters zu SHIFT ein Feld vom Rang (n-1) und hat der Wert des Aktualparameters zu ARRAY die Gestalt $<<d_1,...,d_{dim-1},d_{dim},d_{dim+1},...,d_n>>$, dann hat der Wert des Aktualparameters zu SHIFT die Gestalt $<<d_1,...,d_{dim-1},d_{dim+1},...,d_n>>$. Gilt dim=1, ist der Wert des Aktualparameters zu SHIFT ein Feld der Gestalt $<<d_2,...,d_n>>$. Gilt dim=n, ist der Wert des Aktualparameters zu SHIFT ein Feld der Gestalt $<<d_1,...,d_{n-1}>>$.

Aktualparameter zu dem Formaldatenobjekt BOUNDARY stimmt in Datentyp und Typparameter(n) mit dem Datentyp und dem (den) Typparameter(n) des Aktualparameters zu ARRAY überein

Hat der Wert des Aktualparameters zu ARRAY den Rang 1, dann ist der Wert des Aktualparameters zu BOUNDARY skalar. Hat der Wert des Aktualparameters zu ARRAY den Rang n mit n > 1, dann ist der Wert des Aktualparameters zu BOUNDARY skalar oder ein Feld vom Rang (n-1). Ist der Wert des Aktualparameters zu BOUNDARY ein Feld vom Rang (n-1) und hat der Wert des Aktualparameters zu ARRAY die Gestalt $<<d_1,...,d_{dim-1},d_{dim},d_{dim+1},...,d_n>>$, dann hat der Wert des Aktualparameters zu BOUNDARY die Gestalt $<<d_1,...,d_{dim-1},d_{dim+1},...,d_n>>$. Gilt dim=1, ist der Wert des Aktualparameters zu BOUNDARY ein Feld der Gestalt $<<d_2,...,d_n>>$. Gilt dim=n, ist der Wert des Aktualparameters zu BOUNDARY ein Feld der Gestalt $<<d_1,...,d_{n-1}>>$.

Tabelle A.2   Vorbesetzer Wert, falls zu BOUNDARY kein Aktualparameter spezifiziert wird

Basisdatentyp des Werts des Aktualparameters zu ARRAY	vorbesetzter Wert
INTEGER	0
REAL	0.0
COMPLEX	(0.0, 0.0)
LOGICAL	.FALSE.
CHARACTER lä Wert des Typparameters LÄNGE	Zeichenkonstante, wobei jedes der lä signifikanten Zeichen ein Leerzeichen ist

Ist der Aktualparameter zu ARRAY von internem Basisdatentyp und wird zu BOUNDARY kein Aktualparameter spezifiziert, dann erfolgt die Auswertung der Standardfunktion so, als wäre der Wert des Aktualparameters zu BOUNDARY skalar und repräsentierte den jeweiligen, in Tabelle A.2 angegebenen Wert, der überwiegend als Konstante von dem jeweiligen Regeldatentyp dargestellt wird.

Aktualparameter zu dem Formaldatenobjekt DIM ist vom Datentyp INTEGER, Skalar

Der Wert des Aktualparameters zu DIM ist größer oder gleich 1 und kleiner oder gleich n, falls der Wert des Aktualparameters zu ARRAY vom Rang n ist. Wird zu DIM kein Aktualparameter spezifiziert, dann erfolgt die Auswertung der Standardfunktion so, als repräsentierte der Aktualparameter zu DIM die natürliche Zahl 1.

Erg_Dtyp   Datentyp und Typparameter wie der Aktualparameter zu ARRAY
Das Ergebnis der Standardfunktion ist ein Feld mit der Gestalt des Werts des Aktualparameters zu ARRAY.

B_Erg   Ist der Wert des Aktualparameters zu ARRAY ein Feld vom Rang 1 mit der Gestalt <<k>> und beschreibt erg_eoshift_i den Wert des i-ten Feldelements in Feldelementreihenfolge des Ergebnisses der Standardfunktion sowie vs_pos den Wert des Aktualparameters zu SHIFT, dann ist erg_eoshift_i Wert des j-ten Feldelements in Feldelementreihenfolge des Werts des Aktualparameters zu ARRAY mit $j = i + vs_pos$, falls $u_1_index \leq j \leq o_1_index$ gilt, wobei u_1_index den Wert der unteren Indexgrenze und o_1_index den Wert der oberen Indexgrenze der ersten Dimension als ganze Zahl beschreibt. Andernfalls stimmt erg_eoshift_i mit dem entsprechenden vorbesetzten Wert oder mit dem Wert des Aktualparameters zu BOUNDARY überein.

Beschreibt vs_pos den Wert des Aktualparameters zu SHIFT als ganze Zahl und gilt $vs_pos < 0$, dann erfolgt die Verschiebung in der Richtung, die der Indexwertesequenz zu der ersten Dimension entspricht. Andernfalls erfolgt die Verschiebung entgegen der Richtung, die der Indexwertesequenz zu der ersten Dimension entspricht.

Ist der Wert des Aktualparameters zu ARRAY ein Feld vom Rang n, $n > 1$, und beschreibt dim den Wert des Aktualparameters zu DIM oder 1 als natürliche Zahl, eoshift_feld den Wert des Aktualparameters zu ARRAY mit der Gestalt $<<d_1,...,d_{dim-1},d_{dim},d_{dim+1},...,d_n>>$, tf_eoshift_feld das Teilfeld von eoshift_feld mit der Teilfeldindexliste $(s_1,...,s_{dim-1},:,s_{dim+1},...,s_n)$, vs_pos_s den Wert des Aktualparameters zu SHIFT, falls dieser Wert skalar ist, oder vs_pos_f den Wert des Feldelements mit der Indexliste $(s_1,...,s_{dim-1},s_{dim+1},...,s_n)$ des Werts des Aktualparameters zu SHIFT, randw_s den vorbesetzten Wert oder den Wert des Aktualparameters zu BOUNDARY, falls dieser Wert skalar ist, oder randw_f den Wert des Feldelements mit der Indexliste $(s_1,...,s_{dim-1},s_{dim+1},...,s_n)$ des Werts des Aktualparameters zu BOUNDARY sowie tf_erg_eoshift das Teilfeld des Ergebnisses der Standardfunktion mit der Teilfeldindexliste $(s_1,...,s_{dim-1},:,s_{dim+1},...,s_n)$, dann liefert die Standardfunktion diejenigen

Werte für die Feldelemente von tf_erg_eoshift wie im Fall eines entsprechenden eindimensionalen Felds als Aktualparameter zu ARRAY mit vs_pos_s oder vs_pos_f als skalarer Wert des Aktualparameters zu SHIFT und mit randw_s oder randw_f als skalarer Wert des Aktualparameters zu BOUNDARY. Gilt dim=1 oder dim=n, ist die Darstellung der Indexliste zu einem Feldelement des Werts des Aktualparameters zu SHIFT geeignet anzupassen, wie unter A_param für die Darstellung der Gestalt beschrieben. Dies gilt analog für die Indexliste zu einem Feldelement des Werts des Aktualparameters zu BOUNDARY, für die Teilfeldindexliste zu dem Teilfeld tf_eoshift_feld wie für die Teilfeldindexliste zu dem Teilfeld tf_erg_eoshift.

Beisp_Ref Beschreibt $\mathbf{A} = [\mathbf{a}_1]$ mit $\mathbf{a}_1 = [2, 12, 4, 14, 6, 16]^T$ den Wert des Aktualparameters zu ARRAY vom Basisdatentyp Regeldatentyp INTEGER, 2 den Wert des Aktualparameters zu SHIFT vom Regeldatentyp INTEGER und 3 den Wert des Aktualparameters zu BOUNDARY vom Regeldatentyp INTEGER, dann liefert die Standardfunktion als Ergebnis ein Feld vom Rang 1 mit der Gestalt <<6>> vom Basisdatentyp Regeldatentyp INTEGER. Die Festpunktzahlen 4, 14, 6, 16, 3 und 3 sind die Werte der Feldelemente dieses Felds in Feldelementreihenfolge. Beschreibt unter sonst gleichen Bedingungen -2 den Wert des Aktualparameters zu SHIFT vom Regeldatentyp INTEGER, dann liefert die Standardfunktion als Ergebnis ebenfalls ein Feld vom Rang 1 mit der Gestalt <<6>> vom Basisdatentyp Regeldatentyp INTEGER. Die Festpunktzahlen 3, 3, 2, 12, 4 und 14 sind die Werte der Feldelemente dieses Felds in Feldelementreihenfolge.

Beschreibt $\mathcal{A} = [\mathbf{A}_1, \mathbf{A}_2]$ mit $\mathbf{A}_1 = [\mathbf{a}_{11}, \mathbf{a}_{21}, \mathbf{a}_{31}]$ und $\mathbf{a}_{11} = [2, 8]^T$, $\mathbf{a}_{21} = [4, 10]^T$, $\mathbf{a}_{31} = [6, 12]^T$ sowie $\mathbf{A}_2 = [\mathbf{a}_{12}, \mathbf{a}_{22}, \mathbf{a}_{32}]$ und $\mathbf{a}_{12} = [14, 20]^T$, $\mathbf{a}_{22} = [16, 22]^T$, $\mathbf{a}_{32} = [18, 24]^T$ den Wert des Aktualparameters zu ARRAY vom Basisdatentyp Regeldatentyp INTEGER, $\mathbf{B} = [\mathbf{b}_1, \mathbf{b}_2]$ mit $\mathbf{b}_1 = [-1, 1]^T$, $\mathbf{b}_2 = [-2, 2]^T$ den Wert des Aktualparameters zu SHIFT vom Basisdatentyp Regeldatentyp INTEGER , $\mathbf{C} = [\mathbf{c}_1, \mathbf{c}_2]$ mit $\mathbf{c}_1 = [3, 5]^T$, $\mathbf{c}_2 = [7, 9]^T$ den Wert des Aktualparameters zu BOUNDARY vom Basisdatentyp Regeldatentyp INTEGER und 2 den Wert des Aktualparameters zu DIM vom Regeldatentyp INTEGER, dann liefert die Standardfunktion als Ergebnis ein Feld vom Rang 3 mit der Gestalt <<2,3,2>> vom Basisdatentyp Regeldatentyp INTEGER. Die Festpunktzahlen 3, 10, 2, 12, 4, 5, 7, 24, 7, 9, 14 und 9 sind die Werte der Feldelemente dieses Felds in Feldelementreihenfolge.

TRANSPOSE(MATRIX)

B_Stdf Bestimmung der Werte einer transponierten Matrix

Klasse Transformationsfunktion

A_param Aktualparameter zu dem Formaldatenobjekt MATRIX ist von internem oder abgeleitetem Datentyp
Der Wert des Aktualparameters zu MATRIX ist ein Feld vom Rang 2.

Erg_Dtyp Datentyp und Typparameter wie der Aktualparameter zu MATRIX

Ist der Wert des Aktualparameters zu MATRIX ein Feld mit der Gestalt <<m,n>>, dann ist Ergebnis der Standardfunktion ein Feld mit der Gestalt <<n,m>>.

B_Erg   Beschreibt erg_transpose den Wert des Feldelements mit der Indexliste (j_2, i_1) des Ergebnisses der Standardfunktion, dann stimmt erg_transpose mit dem Wert des Feldelements mit der Indexliste (i_1, j_2) des Werts des Aktualparameters zu MATRIX überein, wobei u_1_index $\leq i_1 \leq$ o_1_index, u_2_index $\leq j_2 \leq$ o_2_index gilt und u_1_index den Wert der unteren Indexgrenze, o_1_index den Wert der oberen Indexgrenze der ersten Dimension sowie u_2_index den Wert der unteren Indexgrenze, o_2_index den Wert der oberen Indexgrenze der zweiten Dimension als ganze Zahl beschreibt.

Beisp_Ref   Beschreibt $\mathbf{A} = [\mathbf{a}_1, \mathbf{a}_2, \mathbf{a}_3]$ mit $\mathbf{a}_1 = [2, 12]^T$, $\mathbf{a}_2 = [4, 102]^T$, $\mathbf{a}_3 = [14, 104]^T$ den Wert des Aktualparameters zu MATRIX vom Basisdatentyp Regeldatentyp INTEGER, dann liefert die Standardfunktion als Ergebnis ein Feld vom Rang 2 mit der Gestalt <<3,2>> vom Basisdatentyp Regeldatentyp INTEGER. Die Festpunktzahlen 2, 4, 14, 12, 102 und 104 sind die Werte der Feldelemente dieses Felds in Feldelementreihenfolge.

A.1.18 Funktionen zur Lokalisierung ausgezeichneter Feldelemente eines Felds

MAXLOC(ARRAY [, MASK])

B_Stdf   Bestimmung des Werts der Position in der Indexwertesequenz zu der jeweiligen Dimension für jeden Index der Indexliste des Feldelements des Werts des Aktualparameters zu ARRAY, das als erstes Feldelement in Feldelementreihenfolge den maximalen Wert in der Menge der Werte der Feldelemente des Werts des Aktualparameters zu ARRAY repräsentiert
oder
Bestimmung des Werts der Position in der Indexwertesequenz zu der jeweiligen Dimension für jeden Index der Indexliste des Feldelements des Werts des Aktualparameters zu ARRAY, das als erstes Feldelement in Feldelementreihenfolge den maximalen Wert in der Menge der Werte derjenigen Feldelemente des Werts des Aktualparameters zu ARRAY repräsentiert, für die das jeweilig korrespondierende Feldelement des Werts des Aktualparameters zu MASK den Wert von .TRUE. hat

Klasse   Transformationsfunktion

A_param   Aktualparameter zu dem Formaldatenobjekt ARRAY ist vom Datentyp INTEGER, REAL oder DOUBLE PRECISION
Der Wert des Aktualparameters zu ARRAY ist feldwertig.
Aktualparameter zu dem Formaldatenobjekt MASK ist vom Datentyp LOGICAL
Der Wert des Aktualparameters zu MASK ist konform zu dem Wert des Aktualparameters zu ARRAY.

Erg_Dtyp   Regeldatentyp INTEGER, Feld
            Das Ergebnis der Standardfunktion ist ein Feld vom Rang 1 mit der Gestalt
            $<<n>>$, wenn der Wert des Aktualparameters zu ARRAY vom Rang n ist.

B_Erg   Ist zu MASK kein Aktualparameter spezifiziert und der Wert des Aktualpa-
            rameters zu ARRAY kein leeres Feld und beschreibt n den Rang des Werts
            des Aktualparameters zu ARRAY als natürliche Zahl, max_wert den maxi-
            malen Wert in der Menge der Werte der Feldelemente des Werts des Aktu-
            alparameters zu ARRAY, $(s_1,...,s_n)$ die Indexliste des ersten Feldelements in
            Feldelementreihenfolge des Werts des Aktualparameters zu ARRAY, das
            max_wert repräsentiert, ausdehn_i die Ausdehnung der i-ten Dimension
            und pos_i die Position von s_i in der Indexwertesequenz zu der i-ten Dimen-
            sion mit $1 \leq$ pos_i $\leq$ ausdehn_i, dann liefert die Standardfunktion die Werte
            der pos_i für $1 \leq i \leq n$. Ist der Wert des Aktualparameters zu ARRAY ein
            leeres Feld, dann ist das Ergebnis der Standardfunktion systemabhängig.
            Ist zu MASK ein Aktualparameter spezifiziert und der Wert des Aktualpara-
            meters zu ARRAY kein leeres Feld und beschreibt n den Rang des Werts des
            Aktualparameters zu ARRAY als natürliche Zahl, max_wert den maximalen
            Wert in der Menge der Werte derjenigen Feldelemente des Werts des Aktu-
            alparameters zu ARRAY, für die das jeweilig korrespondierende Feldele-
            ment des Werts des Aktualparameters zu MASK den Wert von .TRUE. hat,
            $(s_1,...,s_n)$ die Indexliste des ersten Feldelements in Feldelementreihen-
            folge des Werts des Aktualparameters zu ARRAY, das max_wert reprä-
            sentiert, ausdehn_i die Ausdehnung der i-ten Dimension und pos_i die
            Position von s_i in der Indexwertesequenz zu der i-ten Dimension mit
            $1 \leq$ pos_i $\leq$ ausdehn_i, dann liefert die Standardfunktion die Werte der
            pos_i für $1 \leq i \leq n$. Ist der Wert des Aktualparameters zu ARRAY ein leeres
            Feld oder hat jedes Feldelement des Werts des Aktualparameters zu MASK
            den Wert von .FALSE., dann ist das Ergebnis der Standardfunktion sy-
            stemabhängig.

Beisp_Ref   Beschreibt $\mathbf{A} = [\mathbf{a}_1, \mathbf{a}_2, \mathbf{a}_3]$ mit $\mathbf{a}_1 = [2, 12]^T$, $\mathbf{a}_2 = [14, 4]^T$, $\mathbf{a}_3 = [14, 104]^T$
            den Wert des Aktualparameters zu ARRAY vom Basisdatentyp Regel-
            datentyp INTEGER und $\mathbf{B} = [\mathbf{b}_1, \mathbf{b}_2, \mathbf{b}_3]$ mit $\mathbf{b}_1 = $ [falsch, wahr]^T,
            $\mathbf{b}_2 = $ [wahr, wahr]^T, $\mathbf{b}_3 = $ [wahr, falsch]^T den Wert des Aktualparameters zu
            MASK vom Basisdatentyp LOGICAL, dann liefert die Standardfunktion als
            Ergebnis ein Feld vom Rang 1 mit der Gestalt $<<2>>$ vom Basisdatentyp
            Regeldatentyp INTEGER. Die Festpunktzahlen 1 und 2 sind die Werte der
            Feldelemente dieses Felds in Feldelementreihenfolge.

            MINLOC(ARRAY [, MASK])

B_Stdf   Bestimmung des Werts der Position in der Indexwertesequenz zu der jewei-
            ligen Dimension für jeden Index der Indexliste des Feldelements des Werts
            des Aktualparameters zu ARRAY, das als erstes Feldelement in Feldele-

mentreihenfolge den minimalen Wert in der Menge der Werte der Feldelemente des Werts des Aktualparameters zu ARRAY repräsentiert
oder
Bestimmung des Werts der Position in der Indexwertesequenz zu der jeweiligen Dimension für jeden Index der Indexliste des Feldelements des Werts des Aktualparameters zu ARRAY, das als erstes Feldelement in Feldelementreihenfolge den minimalen Wert in der Menge der Werte derjenigen Feldelemente des Werts des Aktualparameters zu ARRAY repräsentiert, für die das jeweilig korrespondierende Feldelement des Werts des Aktualparameters zu MASK den Wert von .TRUE. hat

Klasse   Transformationsfunktion

A_param   Aktualparameter zu dem Formaldatenobjekt ARRAY ist vom Datentyp INTEGER, REAL oder DOUBLE PRECISION
Der Wert des Aktualparameters zu ARRAY ist feldwertig.
Aktualparameter zu dem Formaldatenobjekt MASK ist vom Datentyp LOGICAL
Der Wert des Aktualparameters zu MASK ist konform zu dem Wert des Aktualparameters zu ARRAY.

Erg_Dtyp Regeldatentyp INTEGER, Feld
Das Ergebnis der Standardfunktion ist ein Feld vom Rang 1 mit der Gestalt <<n>>, wenn der Wert des Aktualparameters zu ARRAY vom Rang n ist.

B_Erg   Ist zu MASK kein Aktualparameter spezifiziert und der Wert des Aktualparameters zu ARRAY kein leeres Feld und beschreibt n den Rang des Werts des Aktualparameters zu ARRAY als natürliche Zahl, min_wert den minimalen Wert in der Menge der Werte der Feldelemente des Werts des Aktualparameters zu ARRAY, $(s_1,...,s_n)$ die Indexliste des ersten Feldelements in Feldelementreihenfolge des Werts des Aktualparameters zu ARRAY, das min_wert repräsentiert, ausdehn_i die Ausdehnung der i-ten Dimension und pos_i die Position von s_i in der Indexwertesequenz zu der i-ten Dimension mit $1 \leq$ pos_i $\leq$ ausdehn_i, dann liefert die Standardfunktion die Werte der pos_i für $1 \leq i \leq n$. Ist der Wert des Aktualparameters zu ARRAY ein leeres Feld, dann ist das Ergebnis der Standardfunktion systemabhängig.
Ist zu MASK ein Aktualparameter spezifiziert und der Wert des Aktualparameters zu ARRAY kein leeres Feld und beschreibt n den Rang des Werts des Aktualparameters zu ARRAY als natürliche Zahl, min_wert den minimalen Wert in der Menge der Werte derjenigen Feldelemente des Werts des Aktualparameters zu ARRAY, für die das jeweilig korrespondierende Feldelement des Werts des Aktualparameters zu MASK den Wert von .TRUE. hat, $(s_1,...,s_n)$ die Indexliste des ersten Feldelements in Feldelementreihenfolge des Werts des Aktualparameters zu ARRAY, das min_wert repräsentiert, ausdehn_i die Ausdehnung der i-ten Dimension und pos_i die Position von s_i in der Indexwertesequenz zu der i-ten Dimension mit $1 \leq$ pos_i $\leq$ ausdehn_i, dann liefert die Standardfunktion die Werte der pos_i für $1 \leq i \leq n$. Ist der Wert des Aktualparameters zu ARRAY ein leeres

Feld oder hat jedes Feldelement des Werts des Aktualparameters zu MASK den Wert von .FALSE., dann ist das Ergebnis der Standardfunktion systemabhängig.

Beisp_Ref Beschreibt $\mathbf{A} = [\mathbf{a}_1, \mathbf{a}_2, \mathbf{a}_3]$ mit $\mathbf{a}_1 = [5, 12]^T$, $\mathbf{a}_2 = [6, 15]^T$, $\mathbf{a}_3 = [6, 3]^T$ den Wert des Aktualparameters zu ARRAY vom Basisdatentyp Regeldatentyp INTEGER und $\mathbf{B} = [\mathbf{b}_1, \mathbf{b}_2, \mathbf{b}_3]$ mit $\mathbf{b}_1 = [\text{falsch, wahr}]^T$, $\mathbf{b}_2 = [\text{wahr, wahr}]^T$, $\mathbf{b}_3 = [\text{wahr, falsch}]^T$ den Wert des Aktualparameters zu MASK vom Basisdatentyp LOGICAL, dann liefert die Standardfunktion als Ergebnis ein Feld vom Rang 1 mit der Gestalt <<2>> vom Basisdatentyp Regeldatentyp INTEGER. Die Festpunktzahlen 1 und 2 sind die Werte der Feldelemente dieses Felds in Feldelementreihenfolge.

A.1.19 Zeigerabfragefunktion

ASSOCIATED(POINTER [, TARGET])

B_Stdf Bestimmung des Wahrheitswerts, daß der Zeiger, der Wert des Aktualparameters zu POINTER ist, den Assoziationsstatus hat, assoziiert zu sein
oder
Bestimmung des Wahrheitswerts, daß der Zeiger, der Aktualparameter zu POINTER ist, zu dem Zeigerziel assoziiert ist, das Wert des Aktualparameters zu TARGET ist und dem nicht das Attribut POINTER zugeordnet ist
oder
Bestimmung des Wahrheitswerts, daß der Zeiger, der Aktualparameter zu POINTER ist, und das Zeigerziel, das Wert des Aktualparameters zu TARGET und Zeiger ist, zu demselben Zeigerziel assoziiert sind

Klasse Abfragefunktion

A_param Aktualparameter zu dem Formaldatenobjekt POINTER ist von internem oder abgeleitetem Datentyp und Zeiger
Es ist unzulässig, daß der Zeiger, der Wert des Aktualparameters zu POINTER ist, den Assoziationsstatus hat, undefiniert zu sein.
Aktualparameter zu dem Formaldatenobjekt TARGET ist Zeiger oder Zeigerziel
Ist der Wert des Aktualparameters zu TARGET Zeiger, dann ist es unzulässig, daß dieser Zeiger den Assoziationsstatus hat, undefiniert zu sein.

Erg_Dtyp Regeldatentyp LOGICAL

B_Erg Ist zu TARGET kein Aktualparameter spezifiziert, dann liefert die Standardfunktion den Wert von .TRUE., falls der Wert des Aktualparameters zu POINTER den Assoziationsstatus hat, assoziiert zu sein. Andernfalls liefert die Standardfunktion den Wert von .FALSE..
Ist zu TARGET ein Aktualparameter spezifiziert und dem Wert des Aktualparameters zu TARGET ist nicht das Attribut POINTER zugeordnet, dann liefert die Standardfunktion den Wert von .TRUE., falls der Wert des Aktualparameters zu POINTER zu dem Wert des Aktualparameters zu

TARGET assoziiert ist. Andernfalls liefert die Standardfunktion den Wert von `.FALSE.`.

Ist zu TARGET ein Aktualparameter spezifiziert und der Wert des Aktualparameters zu TARGET ist Zeiger, dann liefert die Standardfunktion den Wert von `.TRUE.`, falls der Wert des Aktualparameters zu `POINTER` und der Wert des Aktualparameters zu TARGET zu demselben Zeigerziel assoziiert sind. Andernfalls liefert die Standardfunktion den Wert von `.FALSE.`.

Beisp_Ref

```
PROGRAM zeiger
   ...
INTEGER :: stat_dyn = 0
   ...
REAL, DIMENSION (:, :), ALLOCATABLE, TARGET :: r_feld
REAL, DIMENSION (:), POINTER :: spalte, zeile
   ...
ALLOCATE ( r_feld(5,5), STAT=stat_dyn )
   ...
spalte => r_feld(:, 1)
zeile  => r_feld(1, :)
   ...
   IF ( ASSOCIATED(spalte) ) spalte = 5.0
   IF ( ASSOCIATED(zeile) )  zeile = spalte
      ...
   IF ( .NOT. ASSOCIATED(spalte, r_feld(:, 1)) ) THEN
         ...
   ELSE IF ( ASSOCIATED(spalte, zeile)) ) THEN
         ...
   ENDIF
```

Der Aufruf der Standardfunktion mit `spalte` als Aktualparameter zu `POINTER` und der Aufruf der Standardfunktion mit `zeile` als Aktualparameter zu `POINTER` liefert jeweils den Wert von `.TRUE.`. Der Aufruf der Standardfunktion mit `spalte` als Aktualparameter zu `POINTER` und `r_feld(:, 1)` als Aktualparameter zu TARGET liefert den Wert von `.TRUE.`. Der Aufruf der Standardfunktion mit `spalte` als Aktualparameter zu `POINTER` und `zeile` als Aktualparameter zu TARGET liefert den Wert von `.FALSE.`. Auf das Programmbeispiel 8.6 wird hingewiesen.

A.2 Standardsubroutinen

Im folgenden werden die Standardsubroutinen kurzgefaßt beschrieben. Auf den Namen einer Standardsubroutine folgt in runden Klammern die Formalparameterliste zu dieser Standardsubroutine. Ist einem Formalparameter in der Formalparameterliste zu einer Standardsubroutine das Attribut OPTIONAL zugeordnet, wird der Name dieses Formalparameters in eckige Klammern gesetzt werden. Auf die Angabe des Namens einer Standardsubroutine und der zugehörigen Formalparameterliste in runden Klammern folgt eine Kurzbeschreibung der Leistung, die von der jeweiligen Standardsubroutine erbracht wird. Angaben zu den Anforderungen an Aktualparameter, eine Kurzbeschreibung des Ergebnisses und in der Regel ein Beispiel zur Referenz schließen sich an. Dabei wird in der linken Spalte der tabellarischen Zusammenfassung der wesentlichen Merkmale einer Standardsubroutine Kurzbeschreibung der Leistung mit B_Stds, Aktualparameter mit A_param, Kurzbeschreibung des Ergebnisses mit B_Erg sowie Beispiel zur Referenz mit Beisp_Ref abgekürzt.

	`DATE_AND_TIME([DATE] [, TIME] [, ZONE] [, VALUES])`
B_Stds	Bestimmung des Werts der Uhrzeit und/oder des Datums in einer Darstellung, die zu der Empfehlung des Standards ISO 8601 (1988) kompatibel ist, und/oder des Werts der Zeitdifferenz zur mittleren Greenwichzeit für die aktuelle Zeitzone
Klasse	Subroutine
A_param	Aktualparameter zu dem Formaldatenobjekt `DATE` ist vom Regeldatentyp CHARACTER, skalares Datenobjekt

Dem Formaldatenobjekt `DATE` ist das Merkmal Ausgabeparameter zugeordnet. Es ist erforderlich, daß der Wert des Typparameters LÄNGE des Werts des Aktualparameters zu `DATE` größer oder gleich 8 ist, damit der Wert des Aktualparameters das Ergebnis nach Ausführung der Standardsubroutine vollständig repräsentiert.

Aktualparameter zu dem Formaldatenobjekt `TIME` ist vom Regeldatentyp CHARACTER, skalares Datenobjekt

Dem Formaldatenobjekt `TIME` ist das Merkmal Ausgabeparameter zugeordnet. Es ist erforderlich, daß der Wert des Typparameters LÄNGE des Werts des Aktualparameters zu `TIME` größer oder gleich 10 ist, damit der Wert des Aktualparameters das Ergebnis nach Ausführung der Standardsubroutine vollständig repräsentiert.

Aktualparameter zu dem Formaldatenobjekt `ZONE` ist vom Regeldatentyp CHARACTER, skalares Datenobjekt

Dem Formaldatenobjekt `ZONE` ist das Merkmal Ausgabeparameter zugeordnet. Es ist erforderlich, daß der Wert des Typparameters LÄNGE des Werts des Aktualparameters zu `TIME` größer oder gleich 5 ist, damit der Wert des Aktualparameters das Ergebnis nach Ausführung der Standardsubroutine vollständig repräsentiert.

Aktualparameter zu dem Formaldatenobjekt VALUES ist vom Regeldatentyp INTEGER

Dem Formaldatenobjekt VALUES ist das Merkmal Ausgabeparameter zugeordnet. Der Wert des Aktualparameters zu VALUES ist ein Feld vom Rang 1. Es ist erforderlich, daß die Ausdehnung der ersten Dimension des Werts des Aktualparameters zu VALUES größer oder gleich 8 ist.

B_Erg   Ist zu DATE ein Aktualparameter spezifiziert und beschreibt lä den Wert des Typparameters LÄNGE des Aktualparameters zu DATE als natürliche Zahl mit lä $\geq$ 8, dann repräsentiert der Wert des Aktualparameters zu DATE nach Ausführung der Standardsubroutine auf den 8 am weitesten links angeordneten Zeichenspeichereinheiten eine Darstellung von CCYYMMDD. Dabei steht CC für die externe Darstellung des Jahrhunderts in 2 Zeichen, YY für die externe Darstellung des Jahres innerhalb des Jahrhunderts in 2 Zeichen, MM für die externe Darstellung des Monats innerhalb des Jahres in 2 Zeichen und DD für die externe Darstellung des Tages innerhalb des Monats in 2 Zeichen. Ist der Wert des Datums nicht ermittelbar, dann repräsentiert der Wert des Aktualparameters zu DATE nach Ausführung der Standardsubroutine auf den 8 am weitesten links angeordneten Zeichenspeichereinheiten jeweils ein Leerzeichen.

Ist zu TIME ein Aktualparameter spezifiziert und beschreibt lä den Wert des Typparameters LÄNGE des Aktualparameters zu TIME als natürliche Zahl mit lä $\geq$ 10, dann repräsentiert der Wert des Aktualparameters zu TIME nach Ausführung der Standardsubroutine auf den 10 am weitesten links angeordneten Zeichenspeichereinheiten eine Darstellung von hhmmss.sss. Dabei steht hh für die externe Darstellung der Stunde innerhalb des Tages in 2 Zeichen, mm für die externe Darstellung der Minuten zu der Stunde in 2 Zeichen und ss.sss für die externe Darstellung der Sekunden und Millisekunden mit dem Dezimalpunkt als Trennzeichen zu den Minuten in 6 Zeichen. Ist der Wert der Uhrzeit nicht ermittelbar, dann repräsentiert der Wert des Aktualparameters zu TIME nach Ausführung der Standardsubroutine auf den 10 am weitesten links angeordneten Zeichenspeichereinheiten jeweils ein Leerzeichen.

Ist zu ZONE ein Aktualparameter spezifiziert und beschreibt lä den Wert des Typparameters LÄNGE des Aktualparameters zu ZONE als natürliche Zahl mit lä $\geq$ 5, dann repräsentiert der Wert des Aktualparameters zu ZONE nach Ausführung der Standardsubroutine auf den 5 am weitesten links angeordneten Zeichenspeichereinheiten eine Darstellung von $\pm$hhmm. Dabei steht $\pm$ für die externe Darstellung des Vorzeichens der Zeitdifferenz zur mittleren Greenwichzeit für die aktuelle Zeitzone mit einem Zeichen, hh für die externe Darstellung der Stunden in 2 Zeichen und mm für die externe Darstellung der Minuten in 2 Zeichen. Ist der Wert der Zeitdifferenz zur mittleren Greenwichzeit nicht ermittelbar, dann repräsentiert der Wert des Aktualparameters zu ZONE nach Ausführung der Standardsubroutine auf

den 5 am weitesten links angeordneten Zeichenspeichereinheiten jeweils ein
Leerzeichen.

Ist zu VALUES ein Aktualparameter spezifiziert und beschreibt ausdehn_1
die Ausdehnung der ersten Dimension des Werts des Aktualparameters zu
VALUES als natürliche Zahl mit ausdehn_1 $\geq$ 8, dann repräsentieren die
Feldelemente mit den Werten 1,...,8 der Indexordnung des Werts des Aktualparameters zu VALUES nach Ausführung der Standardsubroutine die folgenden Festpunktzahlen. Das Feldelement mit der Indexordnung 1 repräsentiert den Wert von Jahrhundert, Jahrzehnt und Jahr als Festpunktzahl.
Das Feldelement mit der Indexordnung 2 repräsentiert den Wert des Monats
innerhalb des Jahres als Festpunktzahl. Das Feldelement mit der Indexordnung 3 repräsentiert den Wert des Tages innerhalb des Monats als Festpunktzahl. Das Feldelement mit der Indexordnung 4 repräsentiert den Wert
der Zeitdifferenz zur mittleren Greenwichzeit für die aktuelle Zeitzone in
Minuten als Festpunktzahl. Das Feldelement mit der Indexordnung 5 repräsentiert den Wert der Stunde innerhalb des Tages als Festpunktzahl. Beschreibt h diesen Wert als natürliche Zahl, so gilt $0 \leq h \leq 23$. Das Feldelement mit der Indexordnung 6 repräsentiert den Wert der Minuten zu dieser
Stunde als Festpunktzahl. Beschreibt m diesen Wert als natürliche Zahl, so
gilt $0 \leq m \leq 59$. Das Feldelement mit der Indexordnung 7 repräsentiert den
Wert der Sekunden zu diesen Minuten als Festpunktzahl. Beschreibt s diesen Wert als natürliche Zahl, so gilt $0 \leq s \leq 59$. Das Feldelement mit der Indexordnung 8 repräsentiert den Wert der Millisekunden zu diesen Sekunden
als Festpunktzahl. Beschreibt m_sek diesen Wert als natürliche Zahl, so gilt
$0 \leq$ m_sek ≤ 999. Ist einer dieser Werte nicht ermittelbar, dann repräsentiert
das jeweilige Feldelement nach Ausführung der Standardsubroutine den
Wert, den die Auswertung des Ausdrucks -HUGE(0) ergäbe.

Beisp_Ref   ...

```
CHARACTER (8)  ::            datum = ' '
CHARACTER (10) ::           uhrzeit = ' '
CHARACTER (5)  :: zeitdiff_gmt = ' '
INTEGER, DIMENSION (8) :: datum_zeit = 0

   ...

CALL DATE_AND_TIME(datum, uhrzeit, zeitdiff_gmt, datum_zeit)

   ...
```

Wird die Standardsubroutine am 19. August 1996 um etwa 13.27 Uhr Orts-
zeit aufgerufen und ist die Zeitdifferenz zur mittleren Greenwichzeit für die
aktuelle Zeitzone nicht ermittelbar, dann repräsentiert nach Ausführung der
Standardsubroutine datum den Wert '19960819', dargestellt als Zeichenkonstante. Ferner repräsentiert uhrzeit den Wert '132706.000',
dargestellt als Zeichenkonstante. Ist die Zeitdifferenz zur mittleren
Greenwichzeit für die aktuelle Zeitzone nicht ermittelbar, repräsentiert
zeitdiff_gmt den Wert '   ', dargestellt als Zeichenkonstante.
Darüber hinaus repräsentiert das Feldelement datum_zeit(1) die Fest-

punktzahl `1996`, `datum_zeit(2)` die Festpunktzahl 8, das Feldelement
`datum_zeit(3)` die Festpunktzahl 19, `datum_zeit(4)` die Festpunktzahl `-2147483647`, `datum_zeit(5)` die Festpunktzahl 13,
`datum_zeit(6)` die Festpunktzahl 27, `datum_zeit(7)` die Festpunktzahl 6 und `datum_zeit(8)` die Festpunktzahl `921`.

Im Fall der Standardsubroutine MVBITS wird Bezug genommen auf das Modell zur Darstellung vorzeichenloser Festpunktzahlen, das im Unterabschnitt A.1.9 vorgestellt worden ist.

           MVBITS(FROM, FROMPOS, LEN, TO, TOPOS)

B_Stds	Bestimmung des Werts des Aktualparameters zu TO nach dem Ersetzen der Werte einer Sequenz von Bits in der internen Darstellung des Werts des Aktualparameters zu TO durch die Werte eine Sequenz von Bits aus der internen Darstellung des Werts des Aktualparameters zu FROM
Klasse	Elementsubroutine
A_param	Aktualparameter zu dem Formaldatenobjekt FROM ist vom Datentyp INTEGER

Dem Formaldatenobjekt FROM ist das Merkmal Eingabeparameter zugeordnet.

Aktualparameter zu dem Formaldatenobjekt FROMPOS ist vom Datentyp INTEGER

Dem Formaldatenobjekt FROMPOS ist das Merkmal Eingabeparameter zugeordnet. Es ist erforderlich, daß der Wert des Aktualparameters zu FROMPOS größer oder gleich 0 ist. Die Summe der Werte des Aktualparameters zu FROMPOS und des Aktualparameters zu LEN ist kleiner oder gleich der maximalen Anzahl s darstellbarer Dualstellen in dem Modell zur Darstellung vorzeichenloser Festpunktzahlen, nach dem sich die interne Darstellung des Werts des Aktualparameters zu FROM als vorzeichenlose Festpunktzahl interpretieren läßt.

Aktualparameter zu dem Formaldatenobjekt LEN ist vom Datentyp INTEGER

Dem Formaldatenobjekt LEN ist das Merkmal Eingabeparameter zugeordnet. Es ist erforderlich, daß der Wert des Aktualparameters zu LEN größer oder gleich 0 ist.

Aktualparameter zu dem Formaldatenobjekt TO stimmt in Datentyp und Typparameter KIND mit dem Datentyp und Typparameter KIND des Aktualparameters zu FROM überein

Dem Formaldatenobjekt TO ist das Merkmal Ein-Ausgabeparameter zugeordnet. Der Wert des Aktualparameters zu TO ist Variable.

Aktualparameter zu dem Formaldatenobjekt TOPOS ist vom Datentyp INTEGER

Dem Formaldatenobjekt TOPOS ist das Merkmal Eingabeparameter zugeordnet. Es ist erforderlich, daß der Wert des Aktualparameters zu TOPOS

größer oder gleich 0 ist. Die Summe der Werte des Aktualparameters zu
TOPOS und des Aktualparameters zu LEN ist kleiner oder gleich der maximalen Anzahl s darstellbarer Dualstellen in dem Modell zur Darstellung
vorzeichenloser Festpunktzahlen, nach dem sich die interne Darstellung des
Werts des Aktualparameters zu TO als vorzeichenlose Festpunktzahl interpretieren läßt.

B_Erg   Beschreibt bits_von die interne Darstellung des Werts des Aktualparameters
zu FROM interpretiert als vorzeichenlose Festpunktzahl nach dem zugehörigen Modell zu Darstellung vorzeichenloser Festpunktzahlen, s die maximale Anzahl darstellbarer Dualstellen in diesem Modell als natürliche Zahl,
bits_nach die interne Darstellung des Werts des Aktualparameters zu TO interpretiert als vorzeichenlose Festpunktzahl, von_pos den Wert des Aktualparameters zu FROMPOS als ganze Zahl mit von_pos $\geq$ 0, lä den Wert des
Aktualparameters zu LEN als natürliche Zahl mit lä $\geq$ 0, nach_pos den Wert
des Aktualparameters zu TOPOS als ganze Zahl mit nach_pos $\geq$ 0 und gilt
von_pos + lä $\leq$ s, nach_pos + lä $\leq$ s, dann sind nach Ausführung der Standardsubroutine die Werte der Bits mit den Wertigkeiten
nach_pos,...,nach_pos + lä von bits_nach durch die Werte der Bits mit den
Wertigkeiten von_pos,...,von_pos + lä von bits_von ersetzt worden, während jeder weitere Bitwert von bits_nach nicht verändert worden ist.

Beisp_Ref   ...

```
INTEGER :: alfa = 0, beta = 0

    ...

    alpha = 7
    beta = 10

    ...

CALL MVBITS(alpha, 2, 2, beta, 0)

    ...
```

Nach Ausführung der Standardsubroutine repräsentiert beta die Festpunktzahl 9. Ist unter sonst gleichen Bedingungen alpha auch Aktualparameter zu TO, dann repräsentiert alpha nach Ausführung der Standardsubroutine die Festpunktzahl 5.

RANDOM_NUMBER(HARVEST)

B_Stds   Erzeugung einer gleichverteilten Pseudozufallszahl, die größer oder gleich
0 und kleiner als 1 ist, falls der Aktualparameter zu HARVEST skalare Variable ist
oder
Erzeugung gleichverteilter Pseudozufallszahlen, die größer oder gleich 0
und kleiner als 1 sind und deren Anzahl mit der Größe des Werts des Aktualparameters zu HARVEST übereinstimmt, falls der Aktualparameter zu
HARVEST feldwertige Variable ist

Klasse   Subroutine

A_param Aktualparameter zu dem Formaldatenobjekt HARVEST ist vom Datentyp
REAL
Dem Formaldatenobjekt HARVEST ist das Merkmal Ausgabeparameter zu-
geordnet.

B_Erg Beschreibt glv_pzz den skalaren Wert des Aktualparameters zu HARVEST
nach Ausführung der Standardsubroutine mit $0 \le glv_pzz_i < 1$ als rationale
Zahl, dann repräsentiert glv_pzz den Wert einer gleichverteilten Pseudozufallszahl als Gleitpunktzahl.

Beschreibt glv_pzz den Wert der feldwertigen Variablen, die Aktualparameter zu HARVEST ist, nach Ausführung der Standardsubroutine und
glv_pzz_i den Wert des Feldelements i-ter Indexordnung von glv_pzz mit
$0 \le glv_pzz_i < 1$ als rationale Zahl, dann repräsentiert glv_pzz_i den Wert
einer gleichverteilten Pseudozufallszahl als Gleitpunktzahl.

Beisp_Ref ...

```
INTEGER, ALLOCATABLE, DIMENSION (:) :: keim
INTEGER :: size_n = 1, system_zeit = 0, stat_dyn = 0
REAL :: zufall = 0.

    ...

CALL RANDOM_SEED ( SIZE=size_n )
ALLOCATE ( keim(size_n), STAT=stat_dyn )

    ...

CALL SYSTEM_CLOCK ( COUNT=system_zeit )

    ...

keim = system_zeit
CALL RANDOM_SEED ( PUT=keim )
CALL RANDOM_NUMBER ( zufall )

    ...
```

Nach Ausführung der Standardsubroutine repräsentiert zufall eine
gleichverteilte Pseudozufallszahl als Gleitpunktzahl. Auf das Programmbeispiel A.1 wird hingewiesen.

Ist unter sonst gleichen Bedingungen zufall Name eines Gesamtfelds mit
der Ausdehnung 10 in der ersten Dimension und mit der Ausdehnung 2 in
der zweiten Dimension, dann repräsentiert nach Ausführung der Standardsubroutine zufall 20 gleichverteilte Pseudozufallszahlen jeweils als
Gleitpunktzahl.

RANDOM_SEED[([SIZE] [, PUT] [, GET])]

B_Stds Bestimmung des Anfangswerts zur Erzeugung gleichverteilter Pseudozufallszahlen mit dem Pseudozufallszahlen-Generator RANDOM_NUMBER

Klasse Subroutine

A_param Aktualparameter zu dem Formaldatenobjekt SIZE ist vom Regeldatentyp
INTEGER, skalares Datenobjekt
Dem Formaldatenobjekt SIZE ist das Merkmal Ausgabeparameter zuge-
ordnet.

Aktualparameter zu dem Formaldatenobjekt PUT ist vom Regeldatentyp INTEGER

Dem Formaldatenobjekt PUT ist das Merkmal Eingabeparameter zugeordnet. Der Wert des Aktualparameters zu PUT ist ein Feld vom Rang 1. Es ist erforderlich, daß die Ausdehnung der ersten Dimension des Werts des Aktualparameters zu PUT größer oder gleich der natürlichen Zahl ist, die der Wert des Aktualparameters zu SIZE nach Ausführung der Standardsubroutine als Festpunktzahl repräsentiert.

Aktualparameter zu dem Formaldatenobjekt GET ist vom Regeldatentyp INTEGER

Dem Formaldatenobjekt GET ist das Merkmal Ausgabeparameter zugeordnet. Der Wert des Aktualparameters zu GET ist ein Feld vom Rang 1. Es ist erforderlich, daß die Ausdehnung der ersten Dimension des Werts des Aktualparameters zu GET größer oder gleich der natürlichen Zahl ist, die der Wert des Aktualparameters zu SIZE nach Ausführung der Standardsubroutine als Festpunktzahl repräsentiert.

Es ist zulässig, keinen oder einen Aktualparameter zu genau einem der Formaldatenobjekte SIZE, PUT oder GET zu spezifizieren.

B_Erg   Ist zu SIZE ein Aktualparameter spezifiziert und beschreibt anz_int den Wert des Aktualparameters zu SIZE nach Ausführung der Standardsubroutine als natürliche Zahl, dann repräsentiert anz_int die Anzahl der numerischen Speichereinheiten, die systemabhängig vorgesehen sind, um einen Anfangswert für die Erzeugung gleichverteilter Pseudozufallszahlen mit dem Pseudozufallszahlen-Generator RANDOM_NUMBER abzuspeichern. Anfangswert ist eine geeignete natürliche Zahl.

Ist zu PUT ein Aktualparameter spezifiziert und beschreibt anz_int den Wert des Aktualparameters zu SIZE nach Ausführung der Standardsubroutine als natürliche Zahl sowie ausdehn_1 die Ausdehnung der ersten Dimension des Werts des Aktualparameters zu PUT mit ausdehn_1 $\geq$ anz_int, dann dient der Wert des Aktualparameters zu PUT dazu, den Anfangswert für die Erzeugung gleichverteilter Pseudozufallszahlen mit dem Pseudozufallszahlen-Generator RANDOM_NUMBER festzulegen.

Ist zu GET ein Aktualparameter spezifiziert und beschreibt anz_int den Wert des Aktualparameters zu SIZE nach Ausführung der Standardsubroutine als natürliche Zahl sowie ausdehn_1 die Ausdehnung der ersten Dimension des Werts des Aktualparameters zu GET mit ausdehn_1 $\geq$ anz_int, dann repräsentiert der Wert des Aktualparameters zu GET den Wiederaufsetzwert für die Erzeugung (weiterer) gleichverteilter Pseudozufallszahlen mit dem Pseudozufallszahlen-Generator RANDOM_NUMBER, so daß sich die Sequenz der bisher erzeugten Pseudozufallszahlen mit der (den) Pseudozufallszahl(en) fortsetzen läßt, die bei gegebenem Anfangswert als nächste erzeugt worden wäre(n).

Ist kein Aktualparameter spezifiziert, dann dient der Aufruf der Standardsubroutine dazu, systemabhängig den Anfangswert für die Erzeugung gleichverteilter Pseudozufallszahlen mit dem Pseudozufallszahlen-Generator RANDOM_NUMBER festzulegen.

Beisp_Ref ...

```
INTEGER, ALLOCATABLE, DIMENSION (:) :: keim
INTEGER :: size_n = 1, system_zeit = 0, stat_dyn = 0
REAL, DIMENSION (10, 2) :: g_zufall = 0.
REAL :: zufall = 0.
...
CALL RANDOM_SEED ( SIZE=size_n )
ALLOCATE ( keim(size_n), STAT=stat_dyn )
...
CALL SYSTEM_CLOCK ( COUNT=system_zeit )
keim = system_zeit
CALL RANDOM_SEED ( PUT=keim )
CALL RANDOM_NUMBER ( zufall )
CALL RANDOM_SEED ( GET=keim )
...
CALL RANDOM_SEED ( PUT=keim )
CALL RANDOM_NUMBER ( zufall )
...
keim = system_zeit
g_zufall = 0.
CALL RANDOM_SEED ( PUT=keim )
CALL RANDOM_NUMBER ( g_zufall(1:2,1) )
...
CALL RANDOM_SEED
CALL RANDOM_NUMBER ( zufall )
...
```

Wird `keim` als Schlüsselwortparameter mit `PUT=` spezifiziert und repräsentiert `system_zeit` die Festpunktzahl `41429879`, dann repräsentiert `zufall` nach Ausführung der Standardsubroutine eine gleichverteilte Pseudozufallszahl als Gleitpunktzahl, und zwar bei diesem Anfangswert stets dieselbe Gleitpunktzahl. Im Fall des Pseudozufallszahlen-Generators RANDOM_NUMBER, der unter NAG FTN90, Version 2.11 implementiert ist, repräsentiert `zufall` näherungsweise die Gleitpunktzahl `0.245531`. Wird `keim` als Schlüsselwortparameter mit `GET=` spezifiziert, dann repräsentiert `keim` nach Ausführung der Standardsubroutine den Wiederaufsetzwert als Festpunktzahl. Im Fall der Standardsubroutine RANDOM_SEED, die unter NAG FTN90, Version 2.11, implementiert ist, repräsentiert `keim` die Festpunktzahl `527274725`. Wird `keim` wiederum als Schlüsselwortparameter mit `PUT=` spezifiziert, dann repräsentiert `zufall` nach Ausführung der Standardsubroutine RANDOM_NUMBER, die unter NAG FTN90, Version 2.11, implementiert ist, näherungsweise die Gleitpunktzahl `0.646699`.

Wird keim wiederum der Wert zugewiesen, der auf Variablen system_zeit abgespeichert ist, und keim wiederum als Schlüsselwortparameter mit PUT= spezifiziert, dann repräsentieren die Feldelemente g_zufall(1,1) und g_zufall(2,1) nach Ausführung der Standardsubroutine RANDOM_NUMBER, die unter NAG FTN90, Version 2.11, implementiert ist, näherungsweise die Gleitpunktzahlen 0.245531 und 0.0.646699.

Wird zu keinem der Formaldatenobjekte in der Formalparameterliste zu der Standardsubroutine ein Aktualparameter spezifiziert, dann wird der Anfangswert zur Erzeugung gleichverteilter Pseudozufallszahlen systemabhängig festgelegt.

SYSTEM_CLOCK ([COUNT] [, COUNT_RATE] [, COUNT_MAX])

B_Stds   Bestimmung eines systemabhängigen Werts, der auf dem Wert der Systemuhr basiert, des Werts der Taktrate der Systemuhr und des Maximums dieser systemabhängigen Werte

Klasse   Subroutine

A_param   Aktualparameter zu dem Formaldatenobjekt COUNT ist vom Regeldatentyp INTEGER, skalares Datenobjekt

Dem Formaldatenobjekt COUNT ist das Merkmal Ausgabeparameter zugeordnet.

Aktualparameter zu dem Formaldatenobjekt COUNT_RATE ist vom Regeldatentyp INTEGER, skalares Datenobjekt

Dem Formaldatenobjekt COUNT_RATE ist das Merkmal Ausgabeparameter zugeordnet.

Aktualparameter zu dem Formaldatenobjekt COUNT_MAX ist vom Regeldatentyp INTEGER

Dem Formaldatenobjekt COUNT_MAX ist das Merkmal Ausgabeparameter zugeordnet.

B_Erg   Ist zu COUNT ein Aktualparameter spezifiziert, ist eine Systemuhr verfügbar und beschreibt anz_takte den Wert des Aktualparameters zu COUNT nach Ausführung der Standardsubroutine, dann repräsentiert anz_takte einen systemabhängigen Wert als Festpunktzahl, der auf dem aktuellen Wert des Systemuhr basiert. Dieser systemabhängige Wert wird für jeden Takt der Systemuhr um 1 erhöht. Wird anz_takte als natürliche Zahl aufgefaßt und beschreibt max_anz_takte den Wert des Aktualparameters zu COUNT_MAX als natürliche Zahl, dann gilt $0 \leq$ anz_takte $\leq$ max_anz_takte. Ist keine Systemuhr verfügbar, dann repräsentiert anz_takte nach Ausführung der Standardsubroutine als Festpunktzahl den Wert, den die Auswertung des Ausdrucks -HUGE(0) ergäbe.

Ist zu COUNT_RATE ein Aktualparameter spezifiziert, ist eine Systemuhr verfügbar und beschreibt takt_rate den Wert des Aktualparameters zu COUNT_RATE nach Ausführung der Standardsubroutine, dann repräsentiert takt_rate die Anzahl der Takte der Systemuhr pro Sekunde als Festpunktzahl. Ist keine Systemuhr verfügbar, dann repräsentiert takt_rate nach Ausführung der Standardsubroutine 0 als Festpunktzahl.

Ist zu COUNT_MAX ein Aktualparameter spezifiziert, ist eine Systemuhr verfügbar und beschreibt max_anz_takte den Wert des Aktualparameters zu COUNT_MAX nach Ausführung der Standardsubroutine, dann repräsentiert max_anz_takte das Maximum dieser systemabhängigen Werte. Wird das Maximum angenommen, dann repräsentiert der systemabhängige Wert nach dem nächsten Takt der Systemuhr 0 als Festpunktzahl. Ist keine Systemuhr verfügbar, dann repräsentiert max_anz_takte nach Ausführung der Standardsubroutine 0 als Festpunktzahl.

Beisp_Ref   ...

```
INTEGER :: anz_takte = 0, max_anz_takte = 0, takt_rate = 0

...

CALL SYSTEM_CLOCK (anz_takte, takt_rate, max_anz_takte)

...
```

Ist eine Systemuhr vorhanden mit einer Taktrate von 1000 Takten pro Sekunde und Werten von 00:00:00:000 bis 23:59:59:999, dann repräsentiert nach Ausführung der Standardsubroutine SYSTEM_CLOCK, die unter NAG FTN90, Version 2.11, implementiert ist, takt_rate die Festpunktzahl 1000, max_anz_takte die Festpunktzahl 86399999 und bei einem Wert der Systemuhr von 11:30:23:891 anz_takte 41429891 als Festpunktzahl.

Literaturverzeichnis

Adams, J.C., Brainerd, W.S., Martin, J.T., Smith, B.T. & Wagener, J.L. (1992): Fortran 90 Handbook. Complete ANSI/ISO Reference. New York etc.: Intertext Publications, McGraw-Hill

Aho, A.V., Sethi, R. & Ullmann, J.D. (1989a): Compilerbau. Teil 1., unv. Nachdr. - Bonn etc.: Addison-Wesley

Aho, A.V., Sethi, R. & Ullmann, J.D. (1989b): Compilerbau. Teil 2., unv. Nachdr. - Bonn etc.: Addison-Wesley

Coy, W. (1992): Aufbau und Arbeitsweise von Rechenanlagen. Eine Einführung in Rechnerarchitektur und Rechnerorganisation für das Grundstudium der Informatik. 2. verb. und erw. Aufl. - Braunschweig etc.: Vieweg

Brainerd, W.S., Goldberg, C.H., and Adams, J.C. (1990): Programmer's Guide to Fortran 90. New York etc.: Intertext Publications, McGraw-Hill

Engeln-Müllges, G. and Uhlig, F. (1996): Numerical Algorithms with Fortran. Berlin: Springer

Gehrke, W. (1991): Fortran 90. Referenz-Handbuch. Der neue Fortran-Standard. München etc.: Hanser

Gehrke, W. (1995): Fortran 90 Language Guide. London etc.: Springer

Griffiths, P. and Hill, I.D. (eds.) (1985): Applied Statistics Algorithms. Chichester: Horwood

Heisterkamp, M. (1991): Fortran 90. Eine informelle Einführung. Mannheim etc.: BI-Wissenschaftsverlag

ISO/IEC (eds.) (1991): Information technology - Programming languages - Fortran. International Standard 1539. 2nd ed. - Genf

Knuth, D.E. (1968): The Art of Computer Programming. Volume 3: Sorting and Searching. Reading etc.: Addison-Wesley

Langer, E. (1993): Programmieren in Fortran. Wien etc.: Springer

Lazou, C. (1992): Fortran and C in Scientific Computing. Proceedings of the Conference Held at London, November 23-25, 1992. Uxbridge: UNICOM

Metcalf, M. & Reid, J. (1988): Fortran 8x. Der neue Standard. München etc.: Hanser

Metcalf, M. & Reid, J. (1990): Fortran 90 Explained. Oxford etc.: Oxford University Press

Michel, T. (1994): Fortran 90. Lehr- und Handbuch. Mannheim etc.: BI-Wissenschaftsverlag

Ott, H.J. (1991): Software-Systementwicklung. Praxisorientierte Verfahren und Methoden. München etc.: Hanser

Pfeifer, D., Bäumer, H.-P., and Schleier, U. (1996): The "Minimal Area" Problem in Ecology: A Spatial Poisson Process Approach. Computational Statistics, 11, 415-428

Press, W.H. et al. (1988): Numerical Recipes. The Art of Scientific Computing. 3rd repr. - Cambridge etc.: Cambridge University Press

Redwine, C. (1995): Upgrading to Fortran 90. New York etc.: Springer

Sedgewick, R. (1994): Algorithmen. 3., unv. Nachdr. - Bonn etc. Addison-Wesley.

The Numerical Algorithms Group Ltd. (ed.) (1992): FTN90 Reference Manual. Compiler System Reference. Revision A. Oxford: NAG

Überhuber, C. & Meditz, P. (1993): Software-Entwicklung in Fortran 90. Wien etc.: Springer

Wexelblat, R.L. (ed.) (1981): History of Programming Languages. New York etc.: Academic Press

Wojcieszynski, B. & Wojcieszynski, R. (1993): Fortran 90. Programmieren mit dem neuen Standard. Bonn etc.: Addison-Wesley

Zürn, M., Laun, U. & Küster, U. (1992): Objektorientierte Programmierumgebung für Anwendungen der Linearen Algebra in FORTRAN 90. Forschungs- und Entwicklungsberichte. RUS - 13. Stuttgart: Rechenzentrum Universität Stuttgart (RUS), Institut für Computeranwendungen, Abt. Computersimulation und Visualisierung (ICA II) und Anwendungen der Informatik im Maschinenwesen (AIM)